# 单片机学习指导

## (第 2 版)

李朝青　刘晓培　刘艳玲　等 编著

北京航空航天大学出版社

## 内容简介

本书基于89C51，并归纳了目前流行的诸多单片机教材中的共性、重点内容及学习要求，对重点、难点结合实例加以分析讨论；增加了串行扩展总线内容及一些典型的串行A/D、D/A、EEPROM接口实例，对实用程序及仿真调试方法也加以讨论；给出了一个较大的题库及题库详解，同时也给出了《单片机原理及接口技术(第5版)》中各章习题的详解。

本书可作为大中专学生自学、应试及教师备课参考。

**图书在版编目(CIP)数据**

单片机学习指导 / 李朝青等编著. -- 2版. -- 北京 ：北京航空航天大学出版社，2021.1

ISBN 978-7-5124-3235-2

Ⅰ. ①单… Ⅱ. ①李… Ⅲ. ①单片微型计算机Ⅳ. ①TP368.1

中国版本图书馆CIP数据核字(2020)第011200号



**单片机学习指导(第2版)**

李朝青 刘晓培 刘艳玲 等 编著

责任编辑 董宜斌

*

北京航空航天大学出版社出版发行

北京市海淀区学院路37号(邮编100191) http://www.buaapress.com.cn

发行部电话：(010)82317024 传真：(010)82328026

读者信箱：copyrights@buaacm.com.cn 邮购电话：(010)82316936

涿州市新华印刷有限公司印装 各地书店经销

*

开本：710×1 000 1/16 印张：30.75 字数：655千字

2021年1月第2版 2021年1月第1次印刷 印数：3 000册

ISBN 978-7-5124-3235-2 定价：79.00元

若本书有倒页、脱页、缺页等印装质量问题，请与本社发行部联系调换。联系电话：(010)82317024

# 前 言

单片机及嵌入式系统技术发展日新月异。单片机在各院校设课已有二十多年的历史,8 位的 51 系列单片机及兼容机至今仍是教学的主流。作者依据认识规律,学习研究通用的诸多“单片机原理及应用”“单片机及接口”类教材,并通过总结几十年来的教学、科研和实验的经验,编写了这本学习指导书。希望对学生自学、自测验、考研及教师备课有所帮助。

书中对 51 系列通用单片机教材中的重点、难点加以分析与讨论,有些问题加以增加深度与广度;同时补充了串行扩展总线的内容及串行 A/D、D/A、EEPROM 的一些典型的接口实例,并提供一个较大的题库及题库详解。

作者于 1999 年出版的《单片机原理及接口技术(简明修订版)》,得到各大高校、中专院校的认可。本书是《单片机原理及接口技术(第 5 版)》的配套用书,基于 89C51 单片机编写。原教材中各章节习题较多,应一些同行及读者的要求,对各章的习题做了详解;同时,原教材中第 2、4、10 章没有习题,这次补充了习题及习题解答。同时本书附有大量的考题库,并给出了解答。

参加本书编写的人员还有卢晋、王志勇、袁其平、李克骄、沈怡琳、曹文嫣和李运等。

由于作者水平有限,书中难免有错,敬请同行及读者指正。

李朝青<br>2021 年 1 月

# 前　言

# 目 录

# 第0章 单片机学习(教学)大纲

## 0.1 课程的目的与任务

单片机(单片机及接口/单片机原理及应用)课程是计算机应用与维护、应用物理、应用电子技术、自动控制、机械电子等专业的一门必修课程。本书以89C51单片机为典型机,详细介绍片内结构、工作原理、接口技术和单片机在各领域中的应用,使学生掌握单片机应用系统设计和开发的基本技能。

## 0.2 课程的基本要求

- 了解单片机的特点及发展概况,常用的89C51单片机在各领域中的应用。
- 熟悉89C51单片机内部结构、引脚功能以及单片机执行指令的时序;熟悉单片机的存储器结构和输入/输出端口结构特点。
- 熟练掌握89C51单片机的寻址方式及指令系统,掌握单片机的程序设计方法。
- 掌握单片机中断源的建立和撤销、外部中断的扩充,并能灵活运用中断系统。
- 熟练掌握单片机定时器/计数器的结构、使用方法和应用。
- 掌握单片机串行接口的结构及应用。
- 掌握单片机程序存储器、数据存储器及I/O接口的扩充方法。
- 熟悉单片机键盘、显示器,串行及并行A/D、D/A的接口技术及编程。
- 了解单片机应用系统基本的设计方法和开发过程。

## 0.3 课程的教学内容

- 概述:微机的基础知识、单片机特点及发展概况、常用单片机系列介绍、数制及码制变换。
- 89C51单片机结构及原理:MCS-51单片机结构、存储器结构、输入/输出端口结构、CPU时序和其他电路、单片机的工作过程。

- 89C51单片机指令系统:指令系统简介、寻址方式、指令系统应用举例。
- 汇编语言程序设计知识:程序设计的方法、步骤和技巧。
- 单片机的中断系统:89C51的中断系统、中断的处理过程、外部中断的扩充方法、中断系统的应用举例。
- 单片机定时功能及应用:定时器/计数器的结构与工作原理、定时器/计数器的操作模式及应用、定时器综合应用举例。
- 单片机串行接口及应用:串行接口结构与工作原理、工作方式与波特率设置、串行接口应用举例。
- 单片机系统扩展:串行及并行扩展总线的产生、程序存储器的扩展、数据存储器扩展。
- 单片机人-机通道、前向通道和后向通道输入及输出接口:键盘输入及接口、显示器及接口、打印机接口及应用、串行及并行D/A转换接口及应用、串行及并行A/D转换接口及应用。
- 单片机应用系统及应用程序实例。
- 单片机应用系统的开发与开发工具:单片机的开发系统、开发工具和仿真调试方法。

## 0.4 实验题目(参考)

本课程是一门应用范围广、实验性强的计算机应用课程。实验设备可采用MCS-51单片机仿真器,可完成4~8个实验题目。

- 实验仿真器的操作使用练习。
- 89C51汇编语言程序设计和调试。
- TTL芯片输入/输出实验。
- 定时器/计数器应用实验。
- 串行通信实验。
- 键盘显示器接口实验。
- 串行及并行A/D、D/A接口实验。
- 综合实验(电子钟、定时器、串行接口、中断)。

## 0.5 讲课学时分配

讲课学时分配如表0-1所列。

**表 0-1　讲课学时分配(供参考)**

| 序号 | 内容 | 学时 |
| --- | --- | --- |
| 1 | 微机基础知识 | 3 |
| 2 | 89C51 片内结构及原理 | 6 |
| 3 | 指令系统 | 8 |
| 4 | 汇编语言程序设计知识及程序举例 | 4 |
| 5 | 中断系统 | 5 |
| 6 | 定时器及应用 | 4 |
| 7 | 应用系统配置(键盘/LED、串行及并行 A/D、D/A)及接口 | 12 |
| 8 | 串行接口及串行通信 | 8 |
| 总计 | | 50 |

## 0.6　教材与参考书

● **教　材**

李朝青.单片机原理及接口技术(第 5 版).北京:北京航空航天大学出版社,2017

● **参考书**

1　余永权.Flash 单片机原理及应用.北京:电子工业出版社,1997

2　张迎新.单片机初级教程.北京:北京航空航天大学出版社,2001

3　李勋.单片微型计算机大学读本.北京:北京航空航天大学出版社,1998

4　李维祥.单片机原理及应用.天津:天津大学出版社,2000

5　李广第.单片机基础(修订版).北京:北京航空航天大学出版社,2001

6　余永权.ATMEL89 系列单片机应用技术.北京:北京航空航天大学出版社,2002

# 第1章　微机基础知识

## 1.1　学习目的及要求

熟悉微处理器、微型机和单片机的概念及组成。

掌握计算中常用数制及数制间的转换。

熟悉计算机编码中常用的BCD码和ASCII码及其特点。

熟悉数据在计算机中的表示方法，即带符号数(原码、反码及补码)和无符号数在计算机中的显示方法。

## 1.2　重点内容及问题讨论

### 1.2.1　微处理器、微机和单片机的概念

首先，我们介绍一下微处理器(microprocessor，简称μP)、微型计算机(microcomputer，简称微机，μC)和单片机(single chip microcomputer)的概念。

微处理器(芯片)本身不是计算机，是小型计算机或微型计算机的控制和处理部分。

微机则是具有完整运算及控制功能的计算机。它除了包括微处理器(作为它的中央处理单元CPU——Central Processing Unit)外，还包括存储器、接口适配器(即输入/输出接口电路)以及输入/输出(I/O)设备等。图1-1所示为微机的各组成部分。其中，微处理器由控制器、运算器和若干个寄存器组成；I/O设备与微处理器需要通过接口适配器(即I/O接口)连接；存储器是指微机内部的存储器(RAM、ROM、EPROM或Flash ROM等芯片)。

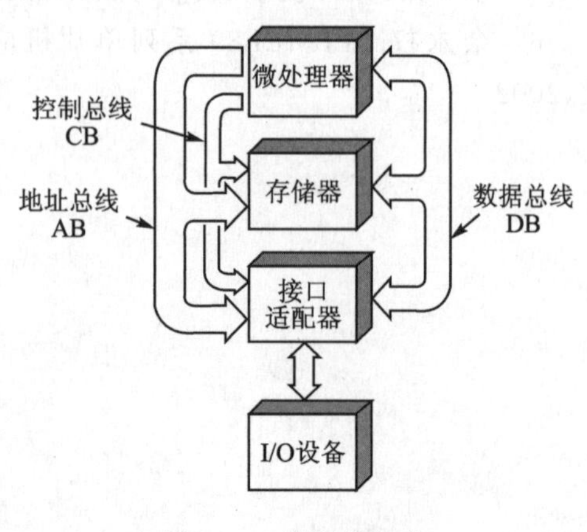

图1-1　微机的组成

将微处理器、一定容量的RAM和ROM、I/O口以及定时器等电路集成在一块

芯片上,构成单片微型计算机,简称单片机。

### 1. 微处理器(机)的组成

微处理器包括两个主要部分:运算器和控制器。

图 1-2 所示是一个较详细的,由微处理器、存储器和 I/O 接口组成的计算机结构示意图。为了简化问题,在 CPU 中只画出了主要的寄存器和控制电路,并且假设所有的计数器、寄存器和总线都是 8 位宽度,即要求多数主要寄存器和存储器能保存 8 位(bit)数据,同时传送数据的总线由 8 根并行导线组成。

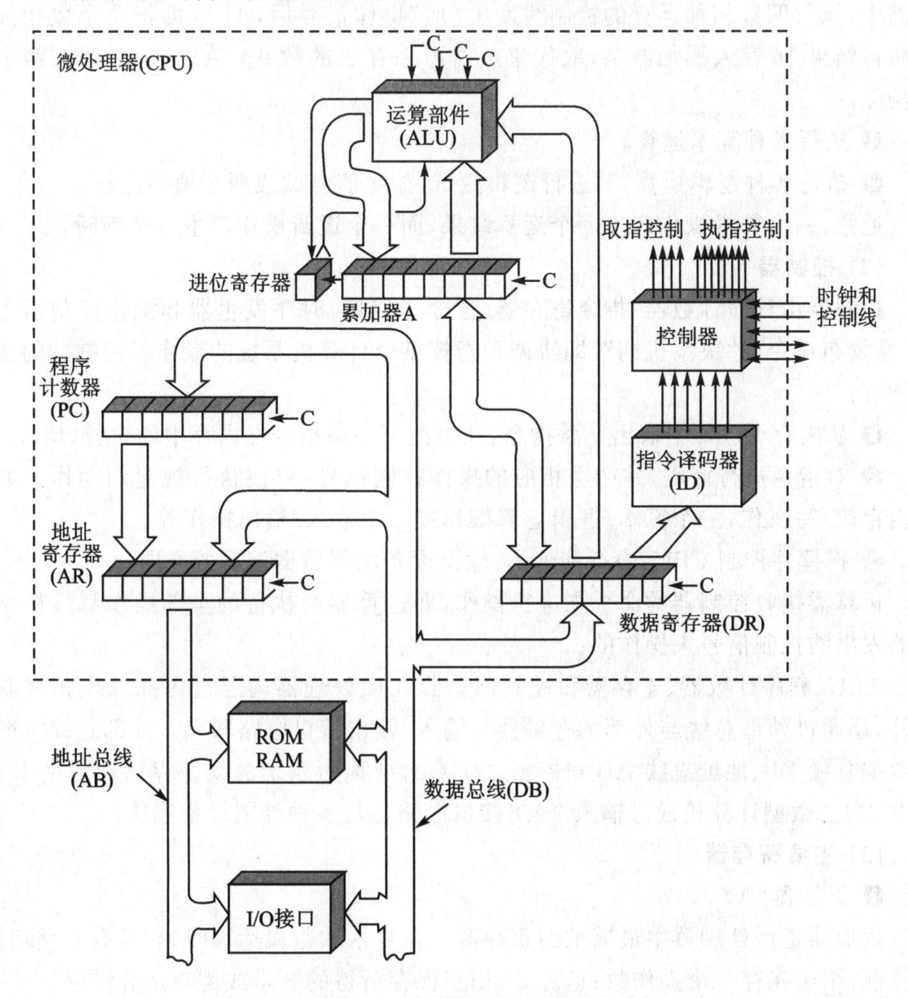


图 1-2　计算机结构示意图

#### (1) 运算器

运算器由运算部件——算术逻辑单元(Arithmetic & Logical Unit,ALU)、累加器和寄存器等几部分组成。ALU 的作用是把传送到微处理器的数据进行算术或逻辑运算。ALU 主要的输入来源有两个:一个是累加器 A,另一个是数据寄存器。

ALU能够完成这两个输入数据的相加或相减运算,也能够完成某些逻辑运算。ALU执行不同的运算操作是由不同控制线上的信号(在图1-2方框图上的标志为C)所确定的。

通常,ALU接收来自累加器A和数据寄存器(DR)的两个8位二进制数,因为要对这些数据进行某些操作,所以将这两个输入的数据均称为操作数。

ALU可对两个操作数进行加、减、与、或、比较大小等操作,最后将结果存入累加器A。例如:两个数7和9相加,在相加之前,操作数9放在累加器中,7放在数据寄存器中,执行两数相加运算的控制线发出"加"操作信号后,ALU即把两个数相加并把所得结果16存入累加器A,取代累加器原来存放的数9。总之,运算器有两个主要功能:

❶ 执行各种算术运算。

❷ 执行各种逻辑运算,并进行逻辑测试,如零值测试或两个值的比较。

通常,一个算术操作产生一个运算结果,而一个逻辑操作产生一个判断。

**(2) 控制器**

控制器由程序计数器、指令寄存器、指令译码器、时序发生器和操作控制器等组成,是发布命令的"决策机构",即协调和指挥整个计算机系统的操作。控制器的主要功能有:

❶ 从内存ROM中取出一条指令,并指出下一条指令在内存中的位置(地址)。

❷ 对指令进行译码,并产生相应的操作控制信号,以便执行规定的动作。如一次内存读/写操作,一个算术/逻辑运算操作或一个输入/输出操作等。

❸ 指挥并控制CPU、内存和输入/输出设备之间数据流动的方向。

运算器接收控制器的命令来进行操作,即运算器所执行的全部操作都是根据控制器发出的控制信号来操作的。

ALU、程序计数器、寄存器和控制部分除在微处理器内通过内部总线相互联系以外,还通过外部总线与外部的存储器和输入/输出接口电路联系。外部总线一般分为数据总线DB、地址总线AB和控制总线CB,统称为系统总线。存储器包括RAM和ROM。微型计算机通过输入/输出接口电路可与各种外围设备连接。

**(3) 主要寄存器**

❶ 累加器(A)

累加器是微处理器中最繁忙的寄存器。在算术和逻辑运算时,它具有双重功能:运算前,用于保存一个操作数;运算后,用于保存所得的算术或逻辑运算结果。

❷ 数据寄存器(DR)

数据(缓冲)寄存器是通过数据总线向存储器和输入/输出设备送(写)或取(读)数据的暂存单元。它可以保存一条正在译码的指令,也可以保存正在送往存储器中存储的一个数据字节等。

❸ 指令寄存器(IR)及指令译码器(ID)

指令寄存器用来保存当前正在执行的一条指令。当执行一条指令时,先把它从内存(ROM)取到数据寄存器中,然后再传送到指令寄存器(图中未画出)。指令分为操作码和地址码字段,由二进制数字组成。为执行给定的指令,指令译码器必须对操作码进行译码,以便确定所要求的操作。指令寄存器中操作码字段的输出就是指令译码器的输入。操作码一经译码后,即可向操作控制器发出具体操作的特定信号。

❹ 程序计数器(PC)

为了保证程序能够连续地执行下去,CPU 必须采取某些手段来确定下一条指令的地址。程序计数器正是起到了这种作用,所以通常又称其为指令地址计数器。在程序开始执行前,必须将其起始地址,即程序的第一条指令所在的内存单元地址送入 PC;当执行指令时,CPU 将自动修改 PC 的内容,使之总是指示出将要执行的下一条指令的地址。由于大多数指令都是按顺序执行的,所以修改的过程通常只是简单的加 1 操作。

❺ 地址寄存器(AR)

地址寄存器用于保存当前 CPU 所要访问的内存单元或 I/O 设备的地址。由于内存和 CPU 之间存在着速度上的差别,所以必须使用地址寄存器来保持地址信息,直到内存读/写操作完成为止。

因此,当 CPU 和内存进行信息交换(即 CPU 从存储器 RAM 存/取数据或者 CPU 从内存 ROM 读出指令)时,都要使用地址寄存器和数据寄存器;同样,如果把外围设备的地址作为内存地址单元来看待的话,当 CPU 和外围设备交换信息时,也需要使用地址寄存器和数据寄存器。

### 2. 存储器和输入/输出(I/O)接口

#### (1) 存储器

计算机采取“存储程序”的工作方式,即事先把程序加载到计算机的存储器中,当启动运行后,计算机便自动进行工作。计算器虽然也有运算和控制的功能,但它不是“存储程序”式的自动工作方式,所以不能称为计算机。

如图 1-3 所示,假设某台微型计算机使用 256B(8 位)的存储器(包含 ROM 和 RAM)存储程序和数据,两根 8 位总线和若干控制线把存储器和 CPU 连接起来,地址总线将一个 8 位二进制数(能表示 256 个单元)从 CPU 送到存储器的地址译码器。每个存储单元被赋予一个唯一的地址,规定第一单元地址为 0,最后一单元地址为 255(用二进制表示为 11111111B,用十六进制表示为 FFH)。在地址总线上,通过 8 位地址线选择指定的单元,地址译码器的输出可以唯一确定被选择的存储单元。

存储器 RAM 还从 CPU 接收控制信号,从而确定对存储器执行何种操作。“读”信号表明要读出被选单元的内容,并将数据放到数据总线上,由总线送到 CPU;“写”信号表明要把数据总线上的数据写入指定的存储单元中。

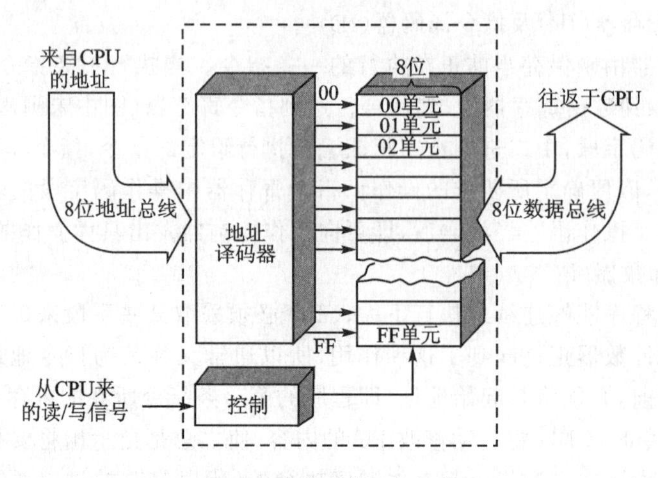


图 1-3 随机存取存储器

**(2) I/O 接口及外设**

从图 1-2 可以看到,I/O 接口与地址总线、数据总线的连接同存储器一样,每个外部设备与微处理器的连接必须经过接口适配器(I/O 接口)。每个 I/O 接口及其对应的外部设备(如 A/D、D/A 等)都有一个固定的地址,在 CPU 的控制下实现从外部设备的输入(读)和对外部设备的输出(写)操作。

## 1.2.2 常用数制和编码

### 1. 数制及数制间转换

**(1) 数 制**

数制是计数的进位制。单片机中常用的有三种数制:二进制、十进制和十六进制。其中只有二进制数是计算机能直接处理的。但是二进制数表达过于繁杂,所以引入十六进制数。十进制是人们最习惯和熟悉的数制。在用单片机解决问题时三种数制都是经常使用的。

❶ 十进制(decimal)

(a) 十进制数常以 D 结尾表示,一般可省略。

(b) 用 0,1,2,3,4,5,6,7,8,9 十个数码表示数的大小。

(c) 基数为 10,逢 10 进 1。

(d) 按权展开式为

$$
\text{十进制数}=\sum_{-m}^{n-1}a_i\times 10^i=
$$

$$
a_{n-1}\times 10^{n-1}+a_{n-2}\times 10^{n-2}+\cdots+a_0\times 10^0+a_{-1}\times 10^{-1}+a_{-2}\times 10^{-2}+\cdots+a_{-m}\times 10^{-m}
$$

其中,$a_i$ 表示十进制数的第 $i$ 位,权为 $10^i$,$a_i$ 从 0~9 十个数字中选用;$m$、$n$ 为正整数，$n$为小数点左边的位数，$m$为小数点右边的位数。

例如：

$$99.66=9\times10^1+9\times10^0+6\times10^{-1}+6\times10^{-2}$$

小数点左边第一个“9”代表“90”($9\times10^1$)，即这个“9”的权值为10，第二个“9”代表“9”($9\times10^0$)，即这个“9”的权值为1；小数点右边的第一个“6”代表“0.6”($6\times10^{-1}$)，即这个“6”的权值为“0.1”，第二个“6”代表“0.06”($6\times10^{-2}$)，即这个“6”的权值为“0.01”。

❷ 二进制(binary)

(a) 二进制数常以B结尾表示。

(b) 用0,1两个数码表示数的大小。

(c) 基数为2，逢2进1。

(d) 按权展开式为

$$二进制数=\sum_{-m}^{n-1}a_i\times2^i=$$

$$a_{n-1}\times2^{n-1}+a_{n-2}\times2^{n-2}+\cdots+a_0\times2^0+a_{-1}\times10^{-1}+$$

$$a_{-2}\times2^{-2}+\cdots+a_{-m}\times2^{-m}$$

其中，$a_i$表示二进制数的第$i$位，权为$2^i$，$a_i$从0、1两个数字中选用；$m$、$n$为正整数，$n$为小数点左边的位数，$m$为小数点右边的位数。

例如：

$$101.11B=1\times2^2+0\times2^1+1\times2^0+1\times2^{-1}+1\times2^{-2}$$

❸ 十六进制(hexadecimal)

(a) 十六进制数常以H结尾表示。

(b) 用0,1,2,3,4,5,6,7,8,9,A,B,C,D,E,F十六个数码表示数的大小。

(c) 基数为16，逢16进1。

(d) 按权展开式为

$$十六进制数=\sum_{-m}^{n-1}a_i\times16^i=$$

$$a_{n-1}\times16^{n-1}+a_{n-2}\times16^{n-2}+\cdots+a_0\times16^0+a_{-1}\times16^{-1}+$$

$$a_{-2}\times16^{-2}+\cdots+a_{-m}\times16^{-m}$$

其中，$a_i$表示十六进制数的第$i$位，权为$16^i$，$a_i$从0～9，A～F十六个数码中选用；$m$、$n$为正整数，$n$为小数点左边的位数，$m$为小数点右边的位数。

例如：

$$A4B.CH=10\times16^2+4\times16^1+11\times16^0+12\times16^{-1}$$

部分数的三种数制对照见表1-1。

表 1-1　部分数的三种数制对照表

| 二进制(B) | 十六进制(H) | 十进制(D) | 二进制(B) | 十六进制(H) | 十进制(D) |
|---|---|---|---|---|---|
| 0000 | 0 | 0 | 1000 | 8 | 8 |
| 0001 | 1 | 1 | 1001 | 9 | 9 |
| 0010 | 2 | 2 | 1010 | A | 10 |
| 0011 | 3 | 3 | 1011 | B | 11 |
| 0100 | 4 | 4 | 1100 | C | 12 |
| 0101 | 5 | 5 | 1101 | D | 13 |
| 0110 | 6 | 6 | 1110 | E | 14 |
| 0111 | 7 | 7 | 1111 | F | 15 |

**(2) 三种数制间的相互转换**

❶ 二进制与十进制间的转换

(a) 二进制转换为十进制。二进制数转换成十进制数的方法是按权展开后求和。例如:

$$1011.01B = 1\times2^3 + 0\times2^2 + 1\times2^1 + 1\times2^0 + 0\times2^{-1} + 1\times2^{-2} = 11.25D$$

(b) 十进制转换为二进制。十进制数转换成二进制数要分整数和小数两部分进行。

整数部分的转换采用“除2取余”法:除2取余,商为0止,余数倒置。

**例 1-1**　将十进制数26转换成二进制数。

**解**

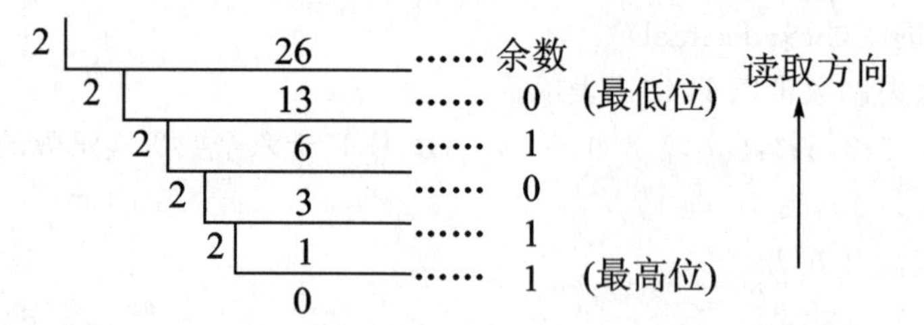


所以,26D=11010B。

小数部分的转换采用“乘2取整”法:乘2取整,直到小数部分为0或满足精度要求,整数正置。

**例 1-2**　将十进制数0.625转换成二进制数。

**解**

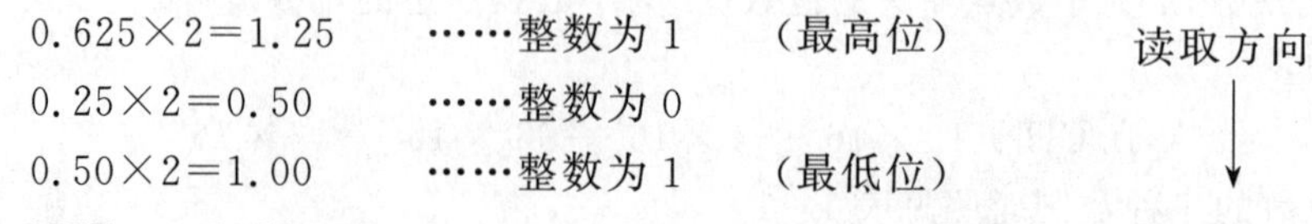


所以,0.625D=0.101B。

综上两例,得

$$26.625D=11010.101B$$

❷ 十六进制与十进制间的转换

(a) 十六进制转换为十进制的方法同样也是按权展开后求和。例如:

$$2BEH=2\times16^2+11\times16^1+14\times16^0=702D$$

(b) 十进制转换为十六进制与十进制转换为二进制时类似,也分整数和小数两部分进行。

整数部分采用“除 16 取余”法。

**例 1-3**　将十进制数 1192 转换为十六进制数。

**解**

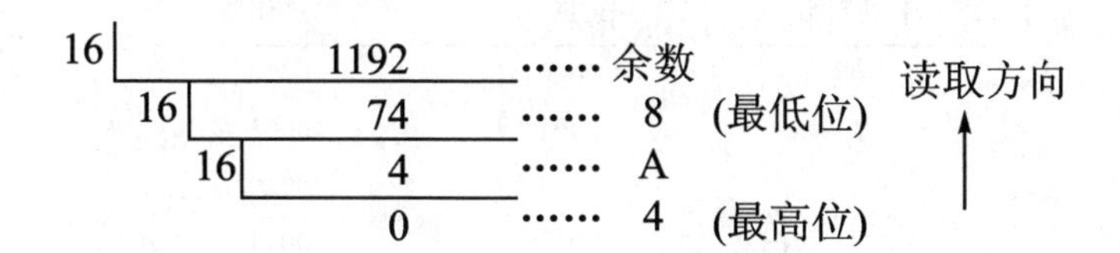


所以,1192D=4A8H。

小数部分采用“乘 16 取整”法。

**例 1-4**　将十进制数 0.359375 转换为十六进制数。

**解**

| | | | |
|---|---|---|---|
| $0.359375\times16=5.75$ | 整数…… 5 | (最高位) | 读取方向 |
| $0.75\times16=12.0$ | 整数……12 | (最低位) | ↓ |

所以,0.359375=0.5CH。

综上两例,得

$$1192.359375D=4A8.5CH$$

另外,十进制转换为十六进制时也可将十进制先转换为二进制,再将二进制转换为十六进制。

❸ 二进制与十六进制间的转换

由表 1-1 可以看出,4 位二进制数对应 1 位十六进制数,所以二进制数转换为十六进制数的方法是:将要转换的二进制数以小数点为界向左和向右 4 位一组分开,不足 4 位补 0,然后将 4 位二进制数表示为 1 位十六进制数。

**例 1-5**　将二进制数 10100110.0111111 转换成十六进制数。

**解**

1010, 0110.0111, 1110

A　6.　7　E

所以,10100110.0111111B=A6.7EH。

同理,十六进制数转换为二进制数时,将每一位十六进制转换为对应的 4 位二进制数即可。

### 2. 常用二进制码

由于计算机只能识别“0”和“1”两种状态,因而计算机处理的任何信息必须以二进制形式表示,这些二进制形式的代码即为二进制编码(encode)。计算机中常用的二进制编码有 BCD 码和 ASCII 码等。

**(1) BCD(Binary Coded Decimal)码——二-十进制码**

BCD 码是一种二进制形式的十进制码,也称二-十进制码。它用 4 位二进制数表示一位十进制数,最常用的是 8421BCD 码,见表 1-2。

**表 1-2 8421BCD 码表**

| 十进制数 | BCD 码 | 二进制数 |
|---|---|---|
| 0 | 0000 | 0000 |
| 1 | 0001 | 0001 |
| 2 | 0010 | 0010 |
| 3 | 0011 | 0011 |
| 4 | 0100 | 0100 |
| 5 | 0101 | 0101 |
| 6 | 0110 | 0110 |
| 7 | 0111 | 0111 |
| 8 | 1000 | 1000 |
| 9 | 1001 | 1001 |
| 10 | 0001 0000 | 1010 |
| 11 | 0001 0001 | 1011 |
| 12 | 0001 0010 | 1100 |
| 13 | 0001 0011 | 1101 |
| 14 | 0001 0100 | 1110 |
| 15 | 0001 0101 | 1111 |

8421BCD 码用 0000H～1001H 代表十进制数 0～9,运算法则是逢 10 进 1。8421BCD 码每位的权分别是“8”“4”“2”“1”,故得此名。

例如:1649 的 BCD 码为 0001 0110 0100 1001。

**(2) ASCII(American Standard Code for Information Interchange)码**

ASCII 码是一种字符编码,是美国信息交换标准代码的简称,见表 1-3。它由 7 位二进制数码构成,共有 128 个字符。

ASCII 码主要用于微机与外设通信。当微机与 ASCII 码制的键盘、打印机及 CRT 等连用时,均以 ASCII 码形式数据传输。例如,当敲微机的某一键,键盘中的单片机便将所敲的键码转换成 ASCII 码传入微机进行相应处理。

表 1-3　ASCII 码字符表(美国信息交换标准码)

| 高位 | 低位 | | | | | | | | | | | | | | | |
|---|---|---|---|---|---|---|---|---|---|---|---|---|---|---|---|---|
| | 0 | 1 | 2 | 3 | 4 | 5 | 6 | 7 | 8 | 9 | A | B | C | D | E | F |
| | 0000 | 0001 | 0010 | 0011 | 0100 | 0101 | 0110 | 0111 | 1000 | 1001 | 1010 | 1011 | 1100 | 1101 | 1110 | 1111 |
| 0 000 | NUL | SOH | STX | ETX | EOT | ENQ | ACK | DEL | BS | HT | LF | VT | FF | CR | SO | SI |
| 1 001 | DLE | DC1 | DC2 | DC3 | DC4 | NAK | SYN | ETB | CAN | EM | SUB | ESC | FS | GS | RS | US |
| 2 010 | SP | ! | “ | # | $ | % | & | ‘ | ( | ) | * | + | ， | — | 。 | / |
| 3 011 | 0 | 1 | 2 | 3 | 4 | 5 | 6 | 7 | 8 | 9 | : | ; | < | = | > | ? |
| 4 100 | @ | A | B | C | D | E | F | G | H | I | J | K | L | M | N | O |
| 5 101 | P | Q | R | S | T | U | V | W | X | Y | Z | [ | \ | ] | ↑ | ← |
| 6 110 | 、 | a | b | c | d | e | f | g | h | i | j | k | l | m | n | o |
| 7 111 | p | q | r | s | t | u | v | w | x | y | z | { | \| | } | ~ | DEL |

## 1.2.3　数据在计算机中的表示

8 位单片机处理的是 8 位二进制数。8 位二进制数又分成带符号数和无符号数两种。

### 1. 带符号数

带符号的 8 位二进制数用最高位 D7 表示数的正或负，“0”代表“+”，“1”代表“-”，D7 称为符号位，D6～D0 为数值位，如图 1-4 所示。

图 1-4　8 位二进制数表示

上述的 8 位带符号二进制数又有三种不同表达形式，即原码、反码和补码。在计算机中，所有带符号数都是以补码形式存放的。

**(1) 原　码**

一个二进制数，用最高位表示数的符号，其后各位表示数值本身，这种表示方法称为原码。原码的表示范围是 -127～+127，例如：

X=+1011010B　$[X]_{原}$=01011010B；　X=-1011010B　$[X]_{原}$=11011010B

**(2) 反　码**

正数的反码与原码相同。符号位一定为“0”，其余位为数值位。负数的反码符号位为“1”，数值位将其原码的数值位逐位求反。反码的表示范围是 -127～+127，例如：

X=-1011010B　　$[X]_{原}$=11011010B　　$[X]_{反}$=10100101B

**(3) 补　码**

正数的补码与原码相同。负数的补码符号位为 1，数值位将其原码的数值位逐位求反后加 1，即负数的反码加 1。补码的表示范围是 -128～+127，例如：

$X=-1011010B$ $[X]_{补}=10100110B$

**例 1-6** 怎样根据真值求补码,或根据补码求真值?

**答** 只有两种求补数的情况:一是求负数的补码,用绝对值"取反加 1"的求补运算得其补码;二是求负数(补码)的真值,可先将该补码数用"取反加 1"的求补运算得其绝对值,再在绝对值前添加一负号。

## 2. 无符号数

无符号的 8 位二进制数没有符号位,从 D7~D0 皆为数值位,所以 8 位无符号二进制数的表示范围是 0~+255。8 位二进制数码的不同表达含义见表 1-4。

**表 1-4 数的表示方法**

| 8 位二进制数 | 无符号数 | 原码 | 反码 | 补码 |
| --- | --- | --- | --- | --- |
| 00000000 | 0 | +0 | +0 | +0 |
| 00000001 | 1 | +1 | +1 | +1 |
| 00000010 | 2 | +2 | +2 | +2 |
| ⋮ | ⋮ | ⋮ | ⋮ | ⋮ |
| 01111100 | 124 | +124 | +124 | +124 |
| 01111101 | 125 | +125 | +125 | +125 |
| 01111110 | 126 | +126 | +126 | +126 |
| 01111111 | 127 | +127 | +127 | +127 |
| 10000000 | 128 | −0 | −127 | −128 |
| 10000001 | 129 | −1 | −126 | −127 |
| 10000010 | 130 | −2 | −125 | −126 |
| ⋮ | ⋮ | ⋮ | ⋮ | ⋮ |
| 11111100 | 252 | −124 | −3 | −4 |
| 11111101 | 253 | −125 | −2 | −3 |
| 11111110 | 254 | −126 | −1 | −2 |
| 11111111 | 255 | −127 | −0 | −1 |

**例 1-7** 8 位补码数的表示范围为何是不对称的−128~127? 80H 究竟是+128 还是−128?

**答** 8 位原码和反码的表示范围都是对称的−127~+127,而补码不对称的原因是"0"(无论是+0 还是−0)只占用了一个编码,这便节省下来一个编码值,可以让−127~+127 的某一边界再拓宽一点。那么,该编码值加给哪一边更适合呢? 如果让+127 变为+128 的话,会导致对应的 8 位二进制代码的最高位为"1",变成负数的含义,不可取。所以只能加到负数边界,让−127 变为−128,此时对应的 8 位二进制代码是 10000000B,其十六进制数为 80H。

要回答 80H 对应的十进制数究竟是多少,首先要确定 80H 究竟是指无符号数还是符号数。如果指的是无符号数,则 80H 的大小就是+128;如果 80H 是补码数(计算机内的符号数一律用补码表示),其真值的计算应当遵循"取反加 1"后添加一负的规则，便得到－80H＝－128 的结果。

初学者常常感到困惑：为何对 80H 进行求补操作之后得到的还是 80H？没错，因为 80H＋80H 可以得到一个最小进位，所以无符号数 80H(＋80H)与补码数 80H(－80H)就互为补数了。

请注意“补码”与“补数”的区别，符号数在计算机内必须以补码形式来存放和参与运算，而负数转化为补码的方法便是求补操作——计算其绝对值的补数(绝对值取反加 1)。

### 3. 机器数与真值

机器数：计算机中以二进制形式表示的数。

真值：机器数所代表的数值。

例如：机器数 10001010B，它的真值为

$$\begin{cases} 138 & (\text{无符号数}) \\ -10 & (\text{原码}) \\ -117 & (\text{反码}) \\ -118 & (\text{补码}) \end{cases}$$

## 1.3 嵌入式系统的概念

嵌入式系统如今已深入国民经济众多技术领域。业界很多专家从各个不同角度对它进行了定义。归根结底，嵌入式系统(embeded system)指的是将计算机直接嵌入至应用系统中。它与具有海量存储和高速数值计算的通用计算机系统有完全不同的要求。

与通用计算机相比，嵌入式系统最显著的特点在于其测控对象是工控领域。将工控领域的测控对象嵌入到工控应用系统中，实现嵌入式应用的计算机称为嵌入式计算机系统，简称嵌入式系统。

嵌入式系统随着应用领域和方式的不同，分为 4 种不同的类型：工控计算机、通用 CPU 模块、嵌入式微处理器(embedded processor)和嵌入式微控制器(embedded microcontrollers，即单片机)。前两者是基于通用 CPU 的计算机系统，后两者则是芯片形态的计算机系统。在四种嵌入式系统中，单片机有唯一的、专门为嵌入式应用设计的体系结构与指令系统，能最好地满足面对控制对象、应用系统的嵌入以及现场的可靠运行和非凡的控制品质要求。因此，单片机是发展最快、品种最多、数量最大的嵌入式系统。目前，国内外公认的标准体系结构是 Intel 的 MCS－51 系列，其中 8051 已被许多厂家作为基核，发展了许多 SoC 兼容系列，所有这些系列都统称为 80C51 系列。

# 第2章 89C51单片机芯片内部结构及原理

## 2.1 学习目的及要求

熟悉 Intel 的 MCS-51 系列单片机及其兼容机 89C51 芯片内部结构及原理。

89C51 与 Intel 87C51 的区别仅在于 89C51 是用可电改写的闪速存储器 Flash ROM 取代了 87C51 的 EPROM。近几年,在 51 兼容机中,廉价的 89C51 得到了极其广泛的应用,已经取代了 8031 和 8751 芯片。

Intel、ATMEL 和 PHILIPS 等公司的 51 兼容机芯片的片内存储器配置见表 2-1。

**表 2-1 89C51 及兼容机片内资源**

| 子系列 | 片内 ROM 形式 | | | | ROM | RAM | SFR | 寻址范围 | I/O 特性 | | | 中断源 |
|---|---|---|---|---|---|---|---|---|---|---|---|---|
| | Flash ROM | 无 | ROM | EPROM | 容量 | 容量 | 字节数 | | 定时器 | 并行口 | 串行口 | |
| 51 子系列 | 89C51 | 8031 | 8051 | 8751 | 4KB | 128B | 21B | 2×64KB | 2×16 | 4×8 | 1 | 5 |
| | | 80C31 | 80C51 | 87C51 | 4KB | 128B | 21B | 2×64KB | 2×16 | 4×8 | 1 | 5 |
| 52 子系列 | 89C52 | 8032 | 8052 | 8752 | 8KB | 256B | 26B | 2×64KB | 3×16 | 4×8 | 1 | 6 |
| | | 80C32 | 80C52 | 87C52 | 8KB | 256B | 26B | 2×64KB | 3×16 | 4×8 | 1 | 6 |

MCS-51 系列单片机以 8xC51 表示,x 的不同取值表示片内 ROM 的不同类型(本书以下统称 89C51),如下所示:

$$x=\begin{cases}0 & \text{ROM}\\ 7 & \begin{cases}\text{EPROM}\\ \text{OTP ROM}\end{cases}\\ 9 & \text{Flash ROM}\end{cases}$$

- 熟悉 89C51 的内部结构。
- 掌握 89C51 的存储器配置及特点。
- 熟练掌握 21 个特殊功能寄存器(SFR)的功能。
- 了解并行 I/O 端口内部结构。
- 掌握各个引脚的功能,达到会应用的目的。
- 了解 89C51 CPU 的时序及单片机的工作过程。
- 熟悉 89C51 的复位电路及复位功能。
- 熟练掌握堆栈的概念。

# 2.2　重点内容及问题讨论

## 2.2.1　89C51 芯片内部结构

89C51 内部各功能部件、存储器(Flash ROM 和 RAM)、4 个并行 I/O 端口(P0～P3)、串行通信口(利用 P3 口中的两根线)、运算器、累加器 A 及各个 SFR 配置框图如图 2-1 所示。

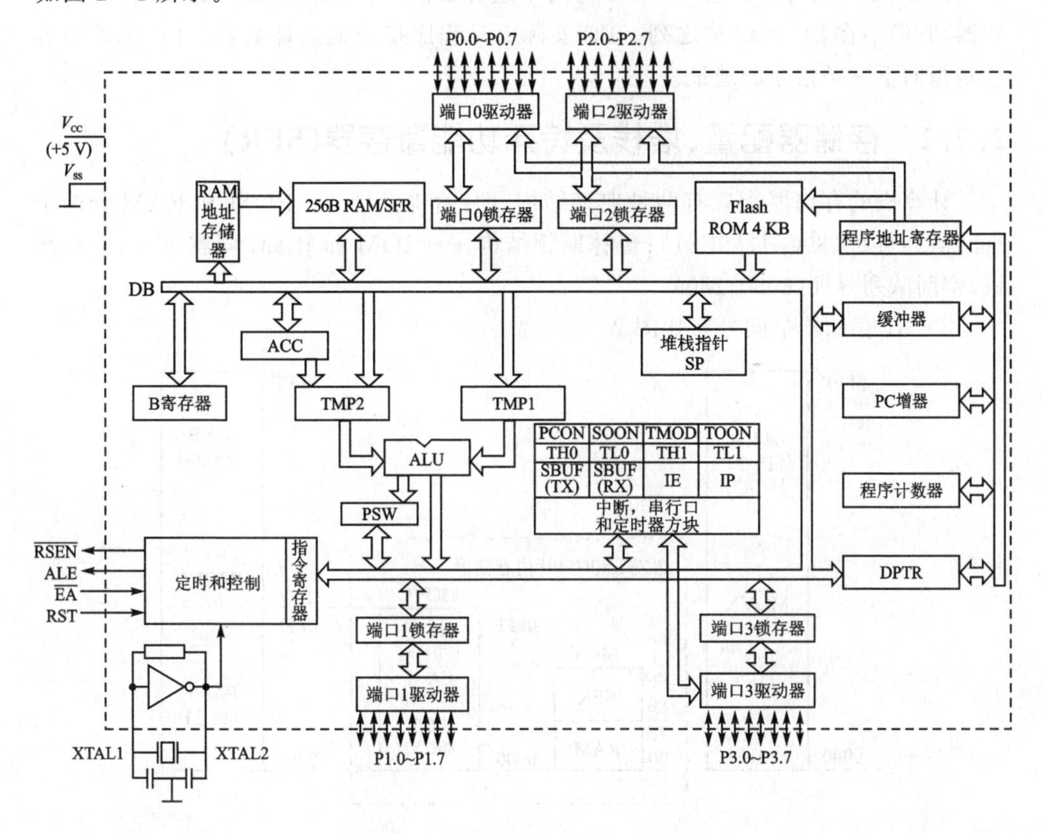


图 2-1　89C51 单片机芯片内结构图

与 8031 不同,89C51 解放了 P0 口和 P2 口,在不进行外扩 RAM 时,P0 口和 P2 口可作为普通的 I/O 口,这就等于增加了 16 根 I/O 口线。

图 2-1 中粗线为 8 位数据总线(DB),各功能部件均通过三态门(图中未画出)挂在总线上,这就是总线的概念。三态门技术发明以后,计算机总线才出现。在很小的硅片上能集成几十万个晶体管,这要归功于三态门技术的出现。

一根普通的导线,通过三态门挂上很多逻辑部件,如图 2-2 所示,那么这根导线就可称为总线。

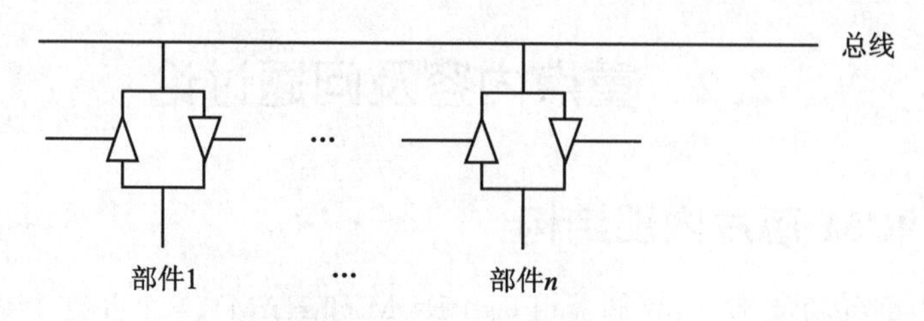


图 2-2 总线示意图

图 2-1 中的 TMP1 和 TMP2 为两个运算数的 8 位暂存器，PC 为 16 位程序计数器，它们不在 21 个 SFR 之列。PC 实际上是程序指令地址计数器。PC 中的内容总是指向下一条指令的地址。

## 2.2.2 存储器配置、堆栈及特殊功能寄存器(SFR)

计算机的存储器配置有两种典型结构，即：哈佛结构——ROM 和 RAM 分两个空间队列寻址(80C51/89C51)；普林斯顿结构——ROM 和 RAM 同在一个(一般微机)空间队列寻址(8080,280)。

89C51 存储器空间分布如图 2-3 所示。

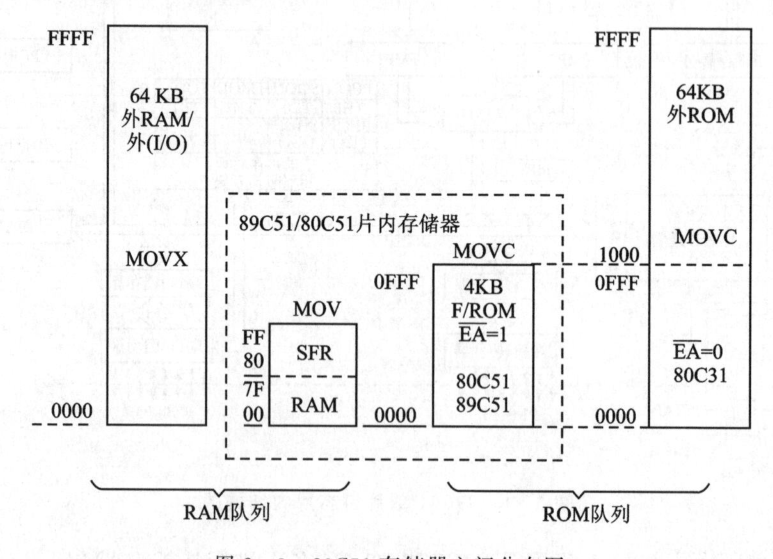


图 2-3 89C51 存储器空间分布图

### 1. ROM 空间

此队列空间存放程序，但在 ROM(ROM/EPROM/Flash ROM)的低地址空间 0000H～002AH，这些单元被保留，留给上电复位后引导程序地址及 5 个中断服务程序的入口地址，见表 2-2。

表 2-2　保留的存储单元

| 存储单元 | 保留目的 |
|---|---|
| 0000H～0002H | 复位后初始化引导程序地址 |
| 0003H～000AH | 外部中断 0 |
| 000BH～0012H | 定时器 0 溢出中断 |
| 0013H～001AH | 外部中断 1 |
| 001BH～0022H | 定时器 1 溢出中断 |
| 0023H～002AH | 串行接口中断 |
| 002BH | 定时器 2 中断(8PC52 才有) |

在实际应用系统中,主程序的存放是从 0030H 单元开始的,如图 2-4 所示。

系统上电复位后,89C51 从 0000H 单元开始执行程序,引导程序 ATMP 0030H,转移到 0030H 单元开始执行主程序。

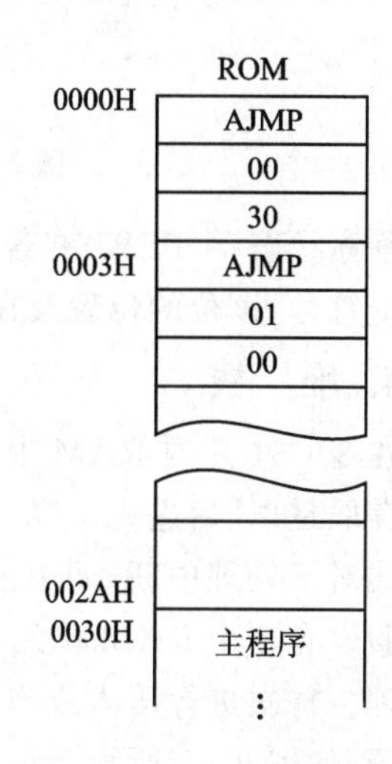


图 2-4　主程序开始地址

## 2. RAM 空间

### (1) 片外 RAM

89C51 可外扩 64KB RAM,片外 RAM 与片外 I/O 设备(如 A/D、D/A、I/O 芯片等)在此队列统一编址,并使用 MOVX 指令,使 $\overline{RD}$ 和 $\overline{WR}$ 引脚有效,实现对外设的控制。

### (2) 片内低 128B RAM

低地址 00H～1FH 为 4 组(R0～R7)32 个工作寄存器,20H～2FH 为 16B 可位寻址(128 位),剩余部分为堆栈区和数据区。

## 3. SFR

片内 RAM 高 128B 为特殊功能寄存器区,共有 21 个可作符号寻址的 SFR,其中有 11 个 SFR 也可作为位寻址。

对于高 128B 的 128～255 地址的硬件寄存器,并不是空间中的全部地址都有意义。图 2-5 表示有含义的地址及对 89C51 芯片预先定义的各 SFR 地址。

图 2-6 表示指派给每一个 SFR 位地址的各个位,及 RAM 中可位寻址的各个位。

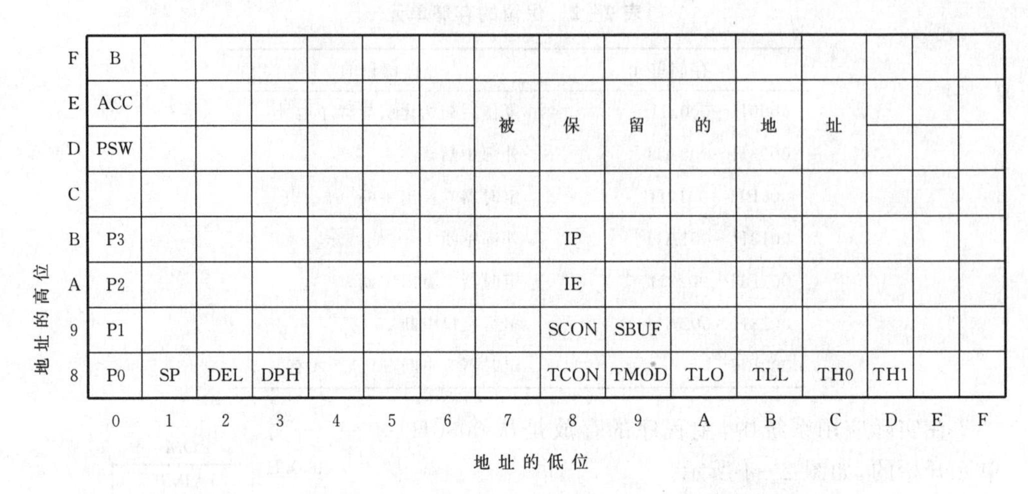


**图 2-5 89C51 硬件寄存器(SFR)地址分布**

程序状态字(PSW)有若干反映 89C51 状态的状态位。图 2-7 表示预先定义了位地址符号、该位的位置及在 PSW 中每一位的含义。

## 4. 堆 栈

在 89C51 片内 RAM 中开辟一个区域(即在 SP 中装入一个地址,例如 60H),数据的存取是以"后进先出"的结构方式处理,好像冲锋枪中压入的子弹。这种数据结构方式对于处理中断,调用子程序都非常方便。

假设有 8 个 RAM 单元,每个单元都在其右面编有地址。栈顶由堆栈指针 SP 自动管理。每次进行压入或弹出操作以后,堆栈指针便自动调整以保持指示堆栈顶部的位置,如图 2-8 所示。

在使用堆栈之前,先给 SP 赋值,以规定堆栈的起始位置,称为栈底。当数据压入堆栈后,SP 自动加 1,即 RAM 地址单元加 1 以指出当前栈顶位置。89C51 的这种堆栈结构属于向上生长型的堆栈(另一种属于向下生长型的堆栈)。

89C51 的堆栈指针 SP 是一个双向计数器。进栈时,SP 内容自动增值,出栈时自动减值。存取信息必须按"后进先出"或"先进后出"的规则进行。

数据写入堆栈称为压入堆栈(PUSH),也叫入栈。数据从堆栈中读出称之为弹出堆栈(POP),也叫出栈。先入栈的数据由于存放在栈的底部,因此后出栈;而后入栈的数据存放在栈的顶部,因此先出栈。

微型计算机多在主存储器中开辟堆栈,这种堆栈称为外堆栈。外堆栈的主要优点是堆栈容量大,可以认为堆栈空间是无限的,因此能实现无限制的中断嵌套和子程序嵌套;但外堆栈的缺点是操作速度较慢。

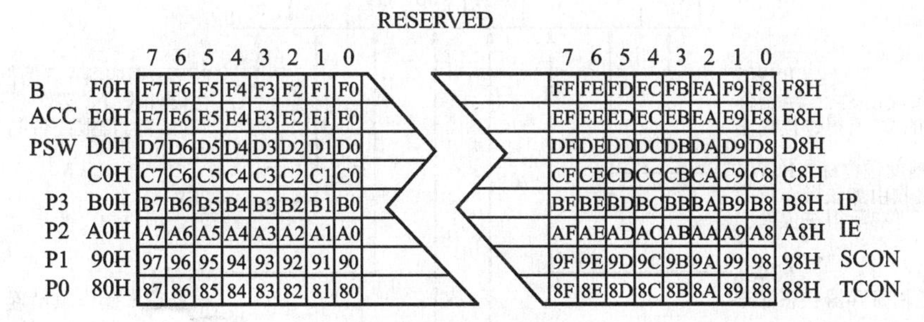


(a) SFR中可作为位寻址的11 B

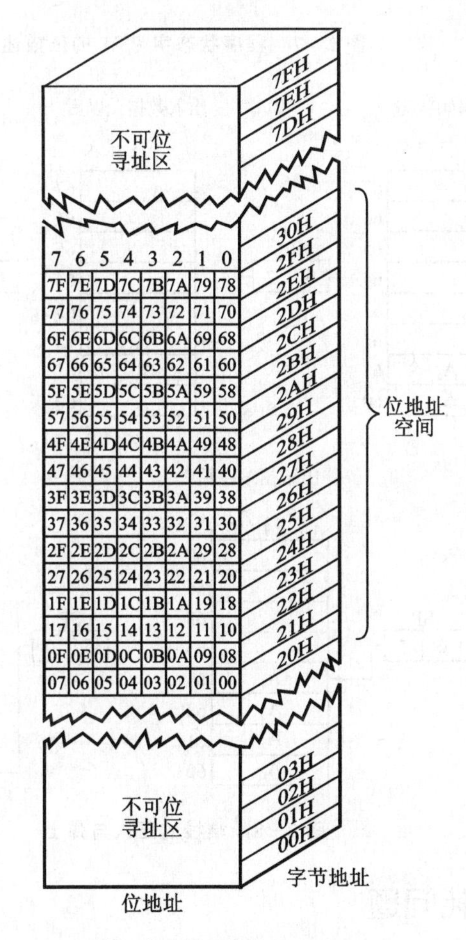


(b) RAM中可作为位寻址的16 B

**图 2-6　SFR 寻址示意图**

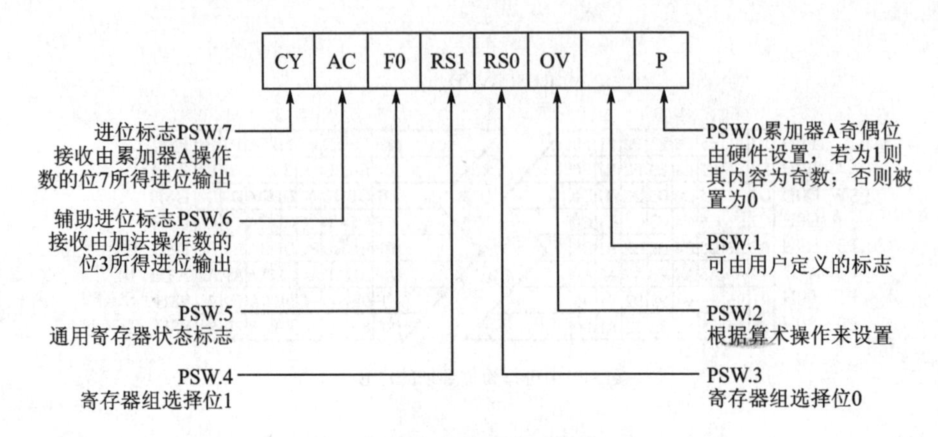


图 2-7　程序状态字 PSW 的位描述

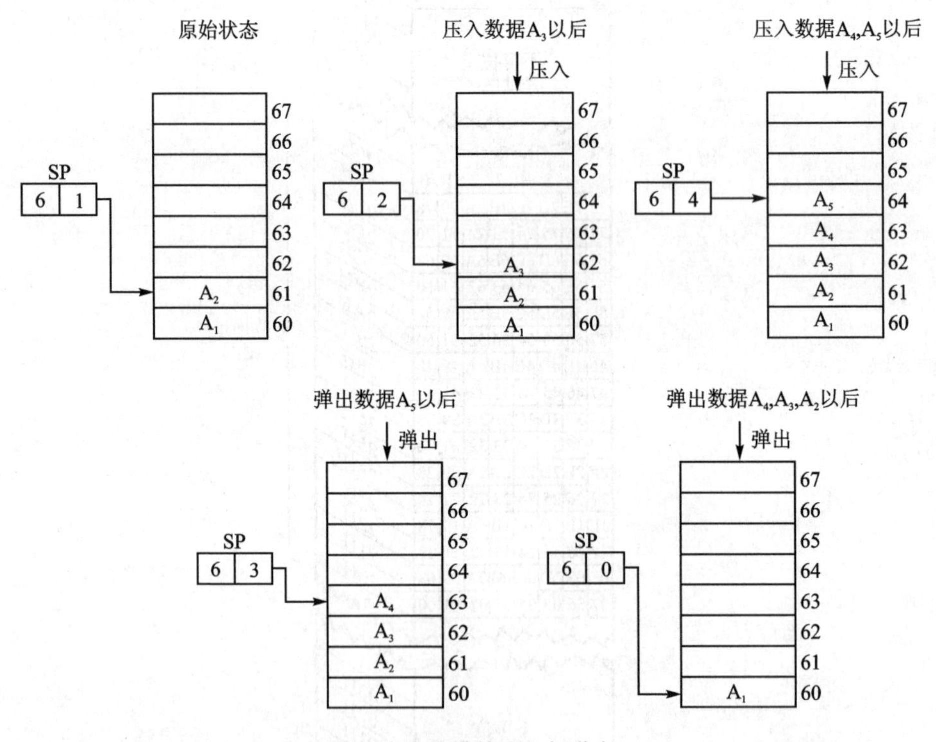


图 2-8　堆栈的压入与弹出

## 2.2.3　低功耗问题

89C51 为 CMOS 工艺，有 HMOS 器件所不具备的两个低功耗运作方式，即休闲方式和掉电保护方式。图 2-9 所示为实现这两种方式的内部电路。由图 2-9 可见：① 休闲方式下(PCON 中 $\overline{IDL}$=0)，振荡器仍继续运行，但 $\overline{IDL}$ 封锁了去 CPU 的与门。故 CPU 此时得不到时钟信号，而中断、串行接口和定时器等环节却仍在时钟控制下正常运行。② 掉电方式下(PCON 中 $\overline{PD}$=0),振荡器冻结。

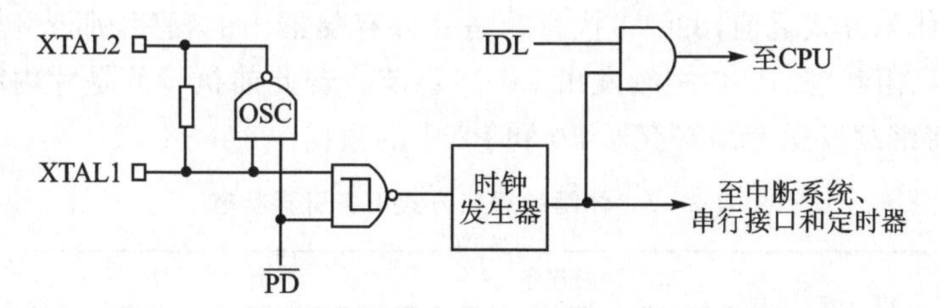


图 2-9　休闲和掉电方式实现电路

下面我们分别讨论这两种运作方式。

## 1. 方式的设定

休闲方式和掉电方式是通过对专用寄存器 PCON(地址 87H)相应位置 1 而启动的。

图 2-10 所示为 89C51 电源控制寄存器 PCON 各位的分布情况。HMOS 器件的 PCON 只包括一个 SMOD 位,其他 4 位(3～0)是 CHMOS 器件才有的。图 2-10 中各符号的名称和功能如下:

SMOD——波特率倍频位。若此位为 1,则串行口方式 1、方式 2 和方式 3 的波特率加倍。

GF1 和 GF0——通用标志位。

PD——掉电方式位。此位写 1 即启动掉电方式,由图 2-9 可见,此时时钟冻结。

IDL——休闲方式位。此位写 1 即启动休闲方式,这时 CPU 因无时钟控制而停止运作。如果同时向 PD 和 IDL 两位写 1,则 PD 优先。

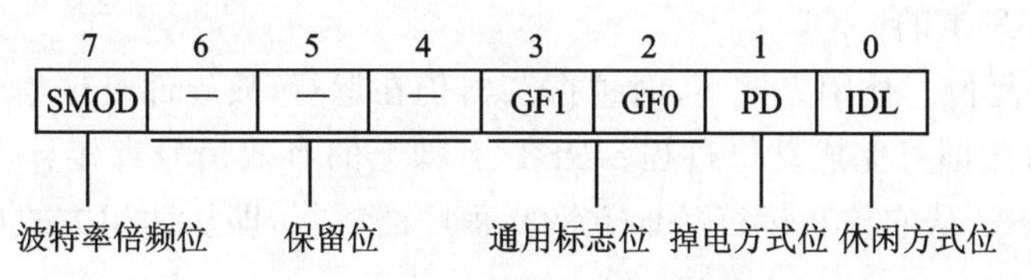


图 2-10　电源控制寄存器 PCON

## 2. 休闲(待机)方式

因为 PCON 寄存器不可按位寻址,所以欲置休闲方式必须用字节操作指令。例如,执行 ORL PCON,#1 指令后,89C51 进入休闲方式。这时内部时钟去 CPU 的通路被切断,而至中断、串行口和定时器等功能部件的途径却依旧畅通无阻。CPU 状态全部原封不动:堆栈指针、程序计数器、累加器、PSW 以及所有其他寄存器中均保持其原数据不变。各引脚亦保持其进入休闲方式时所具有的逻辑状态。

通常 CPU 耗电量要占芯片耗电的 80%～90%,故 CPU 停止工作就会大大降低功耗。

89C51 处于休闲方式期间,ALE 和 $\overline{PSEN}$ 引脚输出逻辑高电平 $V_{OH}$。这样,片外EPROM也处于禁止状态。表2-3所列为这两种方式下各有关引脚的逻辑状态。如果在进入休闲方式之前,89C51执行的是片外存储器中的程序,那么P0口各引脚此时将处于高阻状态,P2口继续发出PC高字节。若此前执行的是片内程序,则P0口和P2口将继续发送专用寄存器P0和P2中的数据。

表2-3　休闲和掉电方式下各引脚状态

| 引　脚 | 执行片内程序 | | 执行片外程序 | |
|---|---|---|---|---|
| | 休　闲 | 掉　电 | 休　闲 | 掉　电 |
| ALE | 1 | 0 | 1 | 0 |
| $\overline{\text{PSEN}}$ | 1 | 0 | 1 | 0 |
| P0 | SFR数据 | SFR数据 | 高阻 | 高阻 |
| P1 | SFR数据 | SFR数据 | SFR数据 | SFR数据 |
| P2 | SFR数据 | SFR数据 | PCH | SFR数据 |
| P3 | SFR数据 | SFR数据 | SFR数据 | SFR数据 |

有两种方法可用来终止休闲方式。

(1) 中断。发生任何中断,都会导致PCON.0位被硬件清0,从而也就终止了休闲方式。执行过RETI指令,即中断处理结束后,程序将从休闲方式启动指令后面恢复程序的执行。

PCON的两个通用标志位GF1和GF0,可用来指示中断是在正常运作期间发生的,还是在休闲方式期间发生的。例如,休闲方式的启动指令可同时把一个或者两个通用标志位置1,各中断服务程序根据对通用标志位的检查结果,就可判断出中断是在什么情况下发生的。

(2) 硬件复位。休闲方式下,时钟振荡器仍在运行,故硬件复位信号只需保持两个机器周期有效即可完成复位过程。RST引脚上的有效信号直接异步地将IDL位清0。此时CPU从它停止运行的地方恢复程序的执行,即从休闲方式的启动指令后面继续下去。

应当指出,用硬件复位使器件退出休闲方式,在执行1,2条指令后,将导致89C51复位,所有端口锁存器位都被写成1,各SFR均被初始化成复位值,程序从0000H单元重新开始执行。

### 3. 掉电(停机)保护方式

若PCON寄存器的PD位被写成1,则89C51进入掉电运作方式。此时片内振荡器停振,时钟冻结,所有功能均暂时停止。但是只要$V_{CC}$存在,片内RAM和SFR就将保持其内容不变。掉电方式下,唯一的$I_{CC}$就是漏电流,通常为$\mu$A数量级。

89C51处于掉电方式时,由表2-3可见,ALE和$\overline{\text{PSEN}}$引脚输出逻辑低电平$V_{OL}$。这样设计的目的,主要是为了便于在掉电方式下撤销对片内RAM以外电路的供电,从而进一步降低功耗。

如果在执行片内程序时启动了掉电方式，那么各接口引脚将继续输出其相应 SFR 的内容。即使 89C51 由片外程序进入掉电方式，P2 口也输出其 SFR 的数据，但 P0 口将处于高阻状态。

退出掉电方式的唯一方法是硬件复位。复位操作使所有 SFR 均恢复成初始值，并从 0000H 单元重新开始执行程序。因此，定时器、中断允许、波特率和接口状态等均需重新安排，但片内 RAM 的内容并不受影响。掉电方式下，$V_{CC}$ 供电可降至 2 V。

## 2.2.4　基于时序定时单位

89C51 或其他 80C51 单片机的基本时序定时单位有 4 个：

**振荡周期**　晶振的振荡周期，为最小的时序单位。

**状态周期**　振荡频率经单片机内的二分频器分频后提供给片内 CPU 的时钟周期。因此，一个状态周期包含 2 个振荡周期。

**机器周期(MC)**　1 个机器周期由 6 个状态周期即 12 个振荡周期组成，是计算机执行一种基本操作的时间单位。

**指令周期**　执行一条指令所需的时间。一个指令周期由 1～4 个机器周期组成，依据指令不同而不同，见教材附录 A。

4 种时序单位中，振荡周期和机器周期是单片机内计算其他时间值（例如，波特率、定时器的定时时间等）的基本时序单位。下面是单片机外接晶振频率 12 MHz 时的各种时序单位的大小。

$$\text{振荡周期}=\frac{1}{f_{\text{osc}}}=\frac{1}{12\ \text{MHz}}=0.083\ 3\ \mu\text{s}$$

$$\text{状态周期}=\frac{2}{f_{\text{osc}}}=\frac{2}{12\ \text{MHz}}=0.167\ \mu\text{s}$$

$$\text{机器周期}=\frac{12}{f_{\text{osc}}}=\frac{12}{12\ \text{MHz}}=1\ \mu\text{s}$$

$$\text{指令周期}=(1\sim4)\ \text{机器周期}：1\sim4\ \mu\text{s}$$

4 个时序单位从小到大依次是节拍（振荡脉冲周期，$\frac{1}{f_{\text{osc}}}$）、状态周期（时序周期）、机器周期和指令周期，如图 2-11 所示。

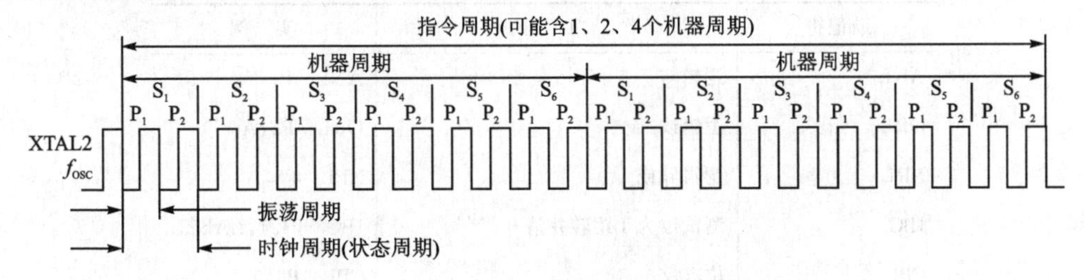


图 2-11　89C51 单片机各种周期的相互关系

# 2.3 难点内容及问题讨论——读锁存器及读引脚

以P0端口的结构为例,如图2-12所示。P0口某位引脚的内容和D锁存器的内容有时是不一致的。

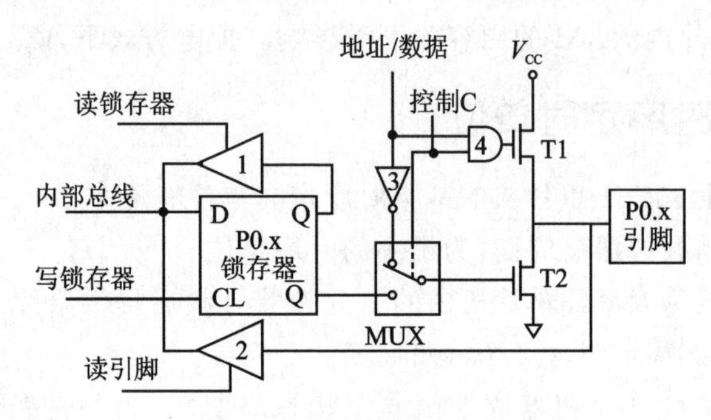


**图2-12 P0口某位结构**

## 2.3.1 读锁存器

89C51有几条输出指令功能特别强,属于"读—修改—写"指令,例如,执行"ANL P0,A"指令的过程是:不直接读引脚上的数据,而是CPU先读P0口D锁存器中的数据,当"读锁存器"信号有效,三态缓冲器1开通,Q端数据送入内部总线和累加器A中的数据进行逻辑"与"操作,结果送回P0口的端口锁存器。此时,引脚的状态和锁存器的内容(Q端状态)是一致的。

对于"读—修改—写"指令,直接读锁存器而不是读端口引脚是为了避免错读引脚上的电平信号。例如,若用一根端口引脚线去驱动一个晶体管的基极,当向此端口线写"1"时,三极管导通,并把引脚上的电平拉低,这时CPU如要从引脚读取数据,则会把此数据(应为"1")错读为"0";若从锁存器读取而不是读引脚,则读出的应该是正确的数值"1"。

当指令中的目的操作数是端口或端口的某位时,常使用表2-4所列出的指令。

**表2-4 I/O端口常用指令**

| 助记符 | 功 能 | 实 例 |
| --- | --- | --- |
| ANL | 逻辑与 | ANL P1,A |
| ORL | 逻辑或 | ORL P2,A |
| XRL | 逻辑异或 | XPL P3,A |
| JBC | 测试位为1跳转并清0 | JBC P1.1,LABEL |
| CPL | 位求反 | CPL P3,0 |

**续表 2 - 4**

| 助记符 | 功　能 | 实　例 |
|---|---|---|
| INC | 增 1 | INC　P2 |
| DEC | 减 1 | DEC　P2 |
| DJNZ | 减 1,结果不为 0 跳转 | DJNZ　P3,LABEL |
| MOV　PX,Y C | 把进位位送入 PX 口的第 Y 位 | |
| CLR　PX,Y | 清 PX 口的 Y 位 | |
| SET　PX,Y | 置 PX 口的 Y 位 | |

## 2.3.2　读引脚

图 2 - 12 中的三态缓冲器 2 用于 CPU 直接读端口引脚的数据。当执行一条由端口输入的指令时,读引脚脉冲把三态缓冲器 2 打开,这样,端口引脚上的数据经过缓冲器 2 写入到内部总线。这类输入操作由数据传送指令实现(如 MbV A,P0)。

另外,从图 2 - 12 中还可看出,在读端口引脚数据时,由于输出驱动 FET(T2)并接在引脚上,如果 FET(T2)导通就会将输入的高电平拉成低电平,从而产生误读。所以,在端口进行输入操作前,应先向端口锁存器写入 1,也就是使锁存器 $\overline{Q}$=0。因为控制线 C=0,因此 T1 和 T2 全截止,引脚处于悬浮状态,可作高阻抗输入。

# 第3章 89C51 指令系统

## 3.1 学习目的及要求

- 熟悉机器语言、汇编语言及其区别。
- 熟悉 89C51 汇编语言指令的格式,其格式为:

操作码 〔目的操作数〕,〔源操作数〕

操作码和操作数都有对应的二进制代码,指令代码有单字节、双字节或三字节三种类型。

- 熟悉 89C51 汇编语言“程序行”或“汇编语言语句”的格式,其格式为:

〔标号:〕〔操作码〕,〔操作数〕;〔注释〕

- 掌握 89C51 的 7 种寻址方式,并能实际应用。会计算相对寻址方式中的目标地址或偏移量 rel。
- 熟记 89C51 的 111 条汇编语言指令,并会根据课题需要编制汇编语言程序。
- 熟悉指令的功能、操作的对象和结果,以及指令执行后对 PSW 各个位的影响。

89C51 指令系统的特点是不同的存储器空间寻址方式不同,适用的指令不同,必须进行区分。

## 3.2 重点内容及问题讨论

### 3.2.1 寻址方式

寻址方式一般是指寻找源操作数所在地址的存储器空间,见表 3-1。

例如 MOV A,#55H,它究竟属于立即寻址还是寄存器寻址呢?这要看以哪个操作数为参照系了。因为操作数可分为源操作数(即数据从哪里来)和目的操作数(数据准备送到哪里去),所以在讨论 MOV A,#55H 这条指令时,对于源操作数 55H 来说是“立即数寻址”,但对于目的操作数 A 来说则属于“寄存器寻址”。我们重点讨论的是源操作数,所以此例为立即数寻址方式。

表 3-1 操作数寻址方式和有关空间

| 寻址方式 | 源操作数寻址空间 | 指令举例 |
|---|---|---|
| 立即数寻址 | 程序存储器 ROM 中 | MOV A,#55H |
| 直接寻址 | 片内 RAM 低 128B<br>特殊功能寄存器 SFR | MOV A,55H |
| 寄存器寻址 | 工作寄存器 R0～R7<br>A,B,C,DPTR | MOV 55H,R3 |
| 寄存器间接寻址 | 片内 RAM 低 128B[@R0,@R1,SP(仅 PUSH,POP)]<br>片外 RAM(@R0,@R1,@DPTR) | MOV A,@R0<br>MOVX A,@DPTR |
| 变址寻址 | 程序存储器(@A+PC,@A+DPTR) | MOVC A,@A+DPTR |
| 相对寻址 | 程序存储器 256B 范围(PC+偏移量) | SJMP 55H |
| 位寻址 | 片内 RAM 的 20H～2FH 字节位地址<br>部分特殊功能寄存器位地址 | CLR 00H<br>SETB EA |

## 3.2.2 传送指令 MOV、MOVX 和 MOVC 的使用

在 89C51 指令系统中,不同的存储器空间,使用不同的传送指令,如图 2-3 所示。

MOV 指令只访问片内 RAM(即片内 RAM 和 SFR 区),而 MOV 操作不仅可以访问片内 RAM 区的各字节单元,也可以访问位单元。MOV 指令的操作码将会使片内 RAM 和 SFR 区选通。

MOVX 指令专门用于访问片外 64KB 的 RAM(包括片外 I/O 外设芯片),对应的读/写指令为“MOVX A,@DPTR”和“MOVX @DPTR,A”以及“MOVX A,@Ri”和“MOVX @Ri,A”。MOVX 指令的操作码会使 $\overline{RD}$ 或 $\overline{WR}$ 信号有效,导致片外的数据存储区或外设,如 A/D、D/A 等选通。

MOVC 指令专门用来访问片内或片外 64KB 的 ROM 空间。对于这个空间,用户如果要读取其中的特殊数据(例如表格内容),必须用“MOVC A,@A+DPTR”或“MOVC A,@A+PC”指令来进行操作。

MOVC 指令的操作码会选通片内 ROM 区,或使 $\overline{PSEN}$ 信号有效选通片外 ROM 区。

### 1. MOV

MOV 指令在片内存储器的操作功能如图 3-1 所示。

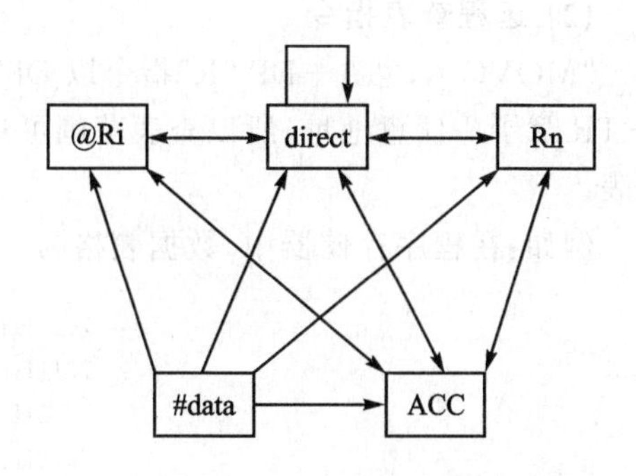

图 3-1 传送指令在片内存储器的操作功能

### 2. MOVC

在 89C51 指令系统中,有两条极为

有用的查表指令,可用于查阅存放在程序存储器中的数据表格。

```
MOVC A,@A+DPTR   ;先(PC)+1→PC,后〔(A)+(DPTR)〕→A,一字节
MOVC A,@A+PC     ;先(PC)+1→PC,后〔(A)+(PC)〕→A,一字节
```

上述两条指令操作过程如图3-2所示。

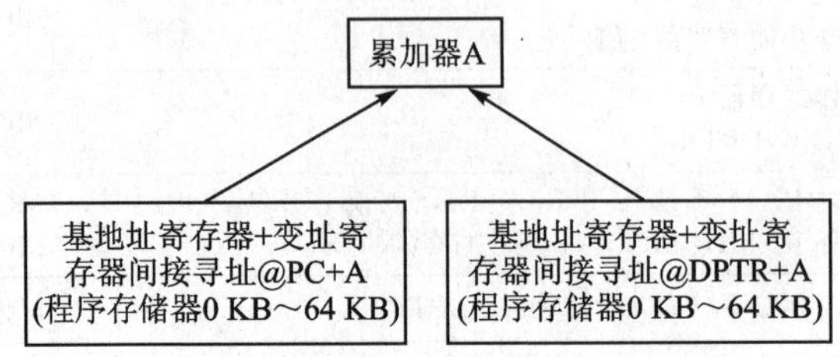


**图3-2 程序存储器传送(查表)**

**(1) 近程查表指令**

CPU读取单字节指令"MOVC A,@A+PC"后,PC中的内容先自动加1,然后将新的PC内容与累加器A中的8位无符号数相加形成地址,最后取出该地址单元中的内容送入累加器A。这种查表操作很方便,但只能查找指令所在地址以后256B范围内的代码或常数,所以称为近程查表。

例如:在程序存储器中,数据表格为

|  |  |
|---|---|
| 1010H: | 02H |
| 1011H: | 04H |
| 1012H: | 06H |
| 1013H: | 08H |

执行程序

```
1000H:MOV A,#0DH          ;0DH→A,查表的偏移量
1002H:MOVC A,@A+PC        ;(0DH+1003H)→A
1003H:MOV R0,A            ;(A)→R0
```

结果为(A)=02H,(R0)=02H,(PC)=1004H。

**(2) 远程查表指令**

"MOVC A,@A+DPTR"指令以DPTR为基址寄存器进行查表。使用前,先给DPTR赋予一任意地址,所以查表范围可达整个程序存储器的64KB空间,称为远程查表。

例如:在程序存储器中,数据表格为

|  |  |
|---|---|
| 7010H: | 02H |
| 7011H: | 04H |
| 7012H: | 06H |
| 7013H: | 08H |

执行程序

```
1000H：MOV A,#10H          ;10H→A
1002H：PUSH DPH            ;DPH 入栈 } 保护 DPTR
1004H：PUSH DPL            ;DPL 入栈 }
1006H：MOV DPTR,#7000H     ;7000H→DPTR
1009H：MOVC A,@A+DPTR      ;(10H+7000H)→A
100AH：POP DPL             ;DPL 出栈 } 恢复 DPTR,先进后出
100CH：POP DPH             ;DPH 出栈 }
```

结果为(A)＝02H,(PC)＝100EH,(DPTR)＝原值。

### 3. MOVX

在 89C51 指令系统中,CPU 对片外 RAM 或片外 I/O 外设芯片的访问只能用寄存器间接寻址的方式,且仅有 4 条指令,即

①MOVX, A,@Ri　　;((Ri))→A,且使 $\overline{RD}$＝0

②MOVX A,@DPTR　;((DPTR))→A,使 $\overline{RD}$＝0

③MOVX @Ri,A　　;(A)→(Ri),使 $\overline{WR}$＝0

④MOVX @DPTR,A　;(A)→(DPTR),使 $\overline{WR}$＝0

第②、④两条指令以 DPTR 为片外数据存储器 16 位地址指针,寻址范围达 64KB。其功能是在 DPTR 所指定的片外数据存储器与累加器 A 之间传送数据。

第①、③两条指令是用 R0 或 R1 作低 8 位地址指针,由 P0 口送出,寻址范围是 256B。这两条指令完成以 R0 或 R1 为地址指针的片外数据存储器与累加器 A 之间的数据传送。

上述 4 条指令的操作如图 3－3 所示。

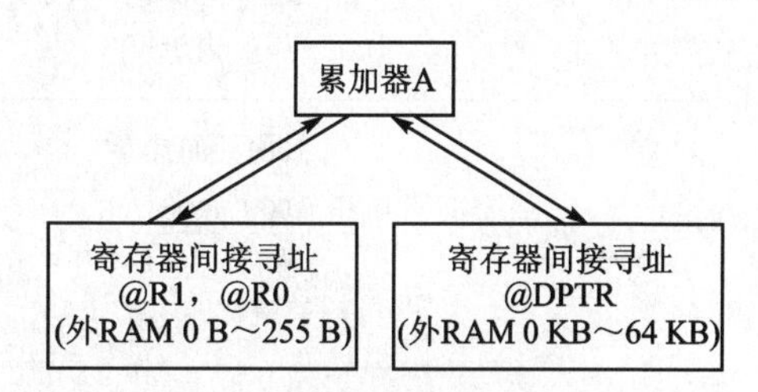


**图 3－3　外部数据存储器传送操作**

若片外数据存储器的地址空间上有 I/O 接口芯片,则上述 4 条指令就是 89C51 的输入/输出指令。89C51 没有专门的输入/输出指令,它只能用这种方式与外部设备打交道。

MOVX 与 MOVC 指令的传送操作如图 3－4 所示。

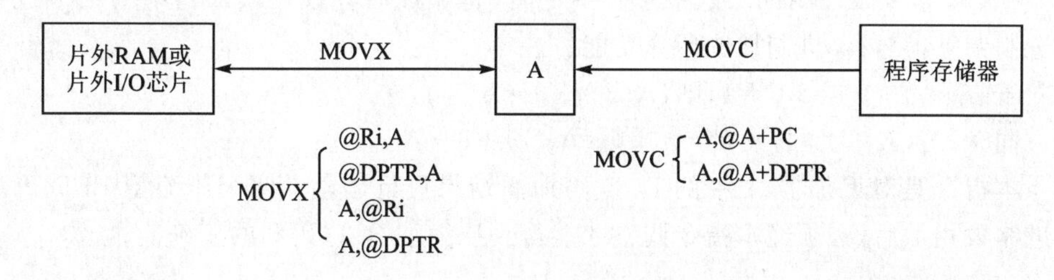


**图 3－4　MOVX、MOVC 操作**

### 3.2.3 BCD 数(码)加法与 DA A 指令

在计算机中,十进制数是用 BCD 数(码)表示的。用 4 位二进制数表示一位十进制数,称为二-十进制数,简称 BCD 数。

在计算机中,两个二进制数相加是按逢 2 进 1,对两个 4 位二进制数相加是按逢 16 进 1。但对于两个 BCD 数相加时,也是按逢 16 进 1,而十进制数(即 BCD 数)相加应按逢 10 进 1。这样,计算机在十进制加法运算(逢 16 进 1)时就会出现错误,需进行加 6 修正。DA A 指令就是用来进行加 6 修正的指令。

表 3-2 列出进行 BCD 数加法时需加 6 或不加 6 的情况。

**表 3-2 BCD 数加法时需加 6 或不加 6 的情况表**

| 十进制加法 | BCD 数加法 | |
|---|---|---|
| | 两 BCD 数按二进制相加 | 十进制调整(加 6 修正) |
| 58<br>+ 34<br>92 | 0101 1000<br>+ 0011 0100<br>1000 1100 大于 9 | 1000 1100<br>+ 0000 0110<br>1001 0010 |
| 29<br>+ 48<br>77 | **0010 1001**<br>**+ 0100 1000**<br>**0111 0001 不大于9**<br>**有进位** | 0111 0001<br>+ 0000 0110<br>0111 0111 |
| 92<br>+ 89<br>181 | **1001 0010**<br>**+ 1000 1001**<br>**10001 1011 大于9**<br>**有进位** | 10001 1011<br>+ 0110 0110<br>11000 0001 |
| 42<br>+ 33<br>75 | 0100 0010<br>+ 0011 0011<br>0111 0101 不大于 9 | 不需要加 6 修正 |

DA A 指令跟在 ADD 或 ADDC 指令后,将相加后存放在累加器中的结果进行十进制调整,完成十进制加法运算功能。

若$(A_{0\sim3})>9$或 AC=1,则$(A_{0\sim3})+6\rightarrow A_{0\sim3}$;

同时,若$(A_{4\sim7})>9$或 CY=1,则$(A_{4\sim7})+6\rightarrow A_{4\sim7}$。

本指令是对累加器 A 中的 BCD 码加法结果进行调整。两个压缩型 BCD 码按二进制数相加后,必须经本指令调整才能得到压缩型 BCD 码和的正确值。

本指令的操作过程为:若累加器 A 的低 4 位数值大于 9 或者第 3 位向第 4 位产生进位(即辅助进位位 AC 为 1),则需将 A 的低 4 位内容加 6 调整,以产生低 4 位正确的 BCD 码值。如果加 6 调整后,低 4 位产生进位,且高 4 位均为 1 时,则内部加法将置位 CY;反之,并不清除 CY 标志位。

若累加器 A 的高 4 位的值大于 9 或进位位 CY=1,则高 4 位需加 6 调整,以产生高 4 位正确的 BCD 码值。同样,在加 6 调整后产生最高进位,则置位 CY;反之,不清除 CY。如果这时 CY 置位,表示和的 BCD 码值≥100。这对多字节十进制加法有用,不影响 OV 标志。

由此可见,执行“DA A”后,CPU 根据累加器 A 的原始数值和 PSW 的状态,由硬件自动对累加器 A 进行加 06H、60H 或 66H 的操作。

必须注意,本指令不能简单地把累加器 A 中的十六进制数变换成 BCD 码,也不能用于十进制减法的调整。

**例 3-1**　设累加器 A 内容为 01010110B(即为 56 的 BCD 码),寄存器 R3 内容为 01100111B(67 的 BCD 码),CY 内容为 1。

执行下列指令:

```
ADDC  A,R3
DA    A
```

第一条指令是执行带进位的二进制数加法,相加后累加器 A 的内容为 10111110B(0BEH),且 CY=0,AC=0;然后执行调整指令“DA A”。因为高 4 位值为 11,大于 9,低 4 位值为 14,亦大于 9,所以内部需进行加 66H 操作,结果为 124 的 BCD 码,即

```
      (A): 01010110     BCD: 56
     (R3): 01100111     BCD: 67
 (+)(CY): 00000001     BCD: 01
-----------------------------------
       和  10111110
     调正  01100110
-----------------------------------
       1   00100100     BCD: 124
```

## 3.2.4　控制程序转移指令

控制程序转移指令包括调用指令和转移指令。

### 1. 调用指令(LCALL、ACALL)

#### (1) 短调用指令

短调用指令提供 11 位目标地址,限定在 2KB 地址空间内调用,这与 MCS-48 的调用指令相同。

| 汇编指令格式 | 机器码格式 | 操作 |
| --- | --- | --- |
| ACALL addr11; | $a_{10}a_9a_8 1$ \| 0001<br>$addr_{0\sim7}$ | 先(PC)+2→PC,断点值<br>(SP)+1→SP<br>$(PC_{0\sim7})$→(SP)<br>(SP)+1→SP<br>$(PC_{8\sim15})$→(SP)<br>(以上四步)压入断点<br>$addr_{0\sim10}$→$PC_{0\sim10}$(2KB区内地址),($PC_{11\sim15}$)不变 |

本指令为双字节双周期指令,执行完本指令,程序计数器(PC)先加2指向下一条指令的地址,然后将PC值压入堆栈保存,栈指针(SP)加2,接着将11位目标地址($addr_{0\sim10}$)送入程序计数器的低11位,即$PC_{0\sim10}$,高5位(PC11~15)不变。即由指令的第一字节的高3位$a_{8\sim10}$、第二字节的$addr_{0\sim7}$共11位和当前PC值的高5位($PC_{11\sim15}$)组成16位转移目标地址。因此,所调用的子程序首地址必须在ACALL指令后第一个字节为起始的2KB范围内的程序存储器中。

由指令代码的格式可见,指令的操作码与被调用子程序的入口地址的页面号有关。由指令代码的第一字节$a_{10}a_9a_8$项可知,本指令共有8种操作码。每一种操作码对应PC的高8位($a_{15}\sim a_8$),构成32个页面号。

例如,$a_{10}a_9a_8$=000,操作码为11H,PC值高8位的变化范围为00000000~11111000,所以对应的32个页面号分别为00H,08H,…,F0H,F8H。由指令的第二字节$a_0\sim a_7$决定该页内的寻址单元。一页等于256个字节单元(00H~FFH)。

指令的8种操作码对应8×32=256个页面号(AJMP指令也与此类同)。

8种操作码的形成见表3-3。

**表3-3 8种操作码的形成**

| $\underbrace{a_{10}a_9a_8 1}$<br>页地址 | 0001<br>操作码 | $\underbrace{a_7a_6\cdots a_1a_0}$<br>页内单元地址 |
| --- | --- | --- |
| 0001 | 11H | 0页内0~255单元 |
| 0011 | 31H | 1页内0~255单元 |
| 0101 | 51H | 2页内0~255单元 |
| 0111 | 71H | 3页内0~255单元 |
| 1001 | 91H | 4页内0~255单元 |
| 1011 | B1H | 5页内0~255单元 |
| 1101 | D1H | 6页内0~255单元 |
| 1111 | F1H | 7页内0~255单元 |

$a_{10}a_9a_8$=000时,由于$PC_{15\sim11}$($a_{15}\sim a_{11}$)的不同组合,可形成32个页面号(对应操作码11H时),如表3-4所列。

**表 3-4　32 个页面号形成表**

| $\underbrace{a_{15}a_{14}a_{13}a_{12}a_{11}}$ PC 中 | $\underbrace{a_{10}a_9a_8}$ 含操作码中 | 形成页面号 |
|---|---|---|
| 0 0 0 0 0 | 0 0 0 | 0 0 H |
| 0 0 0 0 1 | 0 0 0 | 0 8 H |
| ⋮ | ⋮ | ⋮ |
| 1 1 1 1 1 | 0 0 0 | F 8 H |

对应于 8 种操作码可形成 8×32＝256 个页面号，如表 3-5 所列，此表对手工汇编很有用。

**表 3-5　ACALL 和 ALJMP 指令操作码与页面的关系**

| 子程序入口转移地址页面号 | | | | | | | | | | | | | | | | 操作码 | |
|---|---|---|---|---|---|---|---|---|---|---|---|---|---|---|---|---|---|
| | | | | | | | | | | | | | | | | ACALL | AJMP |
| 00 | 08 | 10 | 18 | 20 | 28 | 30 | 38 | 40 | 48 | 50 | 58 | 60 | 68 | 70 | 78 | 11 | 01 |
| 80 | 88 | 90 | 98 | A0 | A8 | B0 | B8 | C0 | C8 | D0 | D8 | E0 | E8 | F0 | F8 | | |
| 01 | 09 | 11 | 19 | 21 | 29 | 31 | 39 | 41 | 49 | 51 | 59 | 61 | 69 | 71 | 79 | 31 | 21 |
| 81 | 89 | 91 | 99 | A1 | A9 | B1 | B9 | C1 | C9 | D1 | D9 | E1 | E9 | F1 | F9 | | |
| 02 | 0A | 12 | 1A | 22 | 2A | 32 | 3A | 42 | 4A | 52 | 5A | 62 | 6A | 72 | 7A | 51 | 41 |
| 82 | 8A | 92 | 9A | A2 | AA | B2 | BA | C2 | CA | D2 | DA | E2 | EA | F2 | FA | | |
| 03 | 0B | 13 | 1B | 23 | 2B | 33 | 3B | 43 | 4B | 53 | 5B | 63 | 6B | 73 | 7B | 71 | 61 |
| 83 | 8B | 93 | 9B | A3 | AB | B3 | BB | C3 | CB | D3 | DB | E3 | EB | F3 | FB | | |
| 04 | 0C | 14 | 1C | 24 | 2C | 34 | 3C | 44 | 4C | 54 | 5C | 64 | 6C | 74 | 7C | 91 | 81 |
| 84 | 8C | 94 | 9C | A4 | AC | B4 | BC | C4 | CC | D4 | DC | E4 | EC | F4 | FC | | |
| 05 | 0D | 15 | 1D | 25 | 2D | 35 | 3D | 45 | 4D | 55 | 5D | 65 | 6D | 75 | 7D | B1 | A1 |
| 85 | 8D | 95 | 9D | A5 | AD | B5 | BD | C5 | CD | D5 | DD | E5 | ED | F5 | FD | | |
| 06 | 0E | 16 | 1E | 26 | 2E | 36 | 3E | 46 | 4E | 56 | 5E | 66 | 6E | 76 | 7E | D1 | C1 |
| 86 | 8E | 96 | 9E | A6 | AE | B6 | BE | C6 | CE | D6 | DE | E6 | EE | F6 | FE | | |
| 07 | 0F | 17 | 1F | 27 | 2F | 37 | 3F | 47 | 4F | 57 | 5F | 67 | 6F | 77 | 7F | F1 | E1 |
| 87 | 8F | 97 | 9F | A7 | AF | B7 | BF | C7 | CF | D7 | DF | E7 | EF | F7 | FF | | |

**例 3-2**　设(SP)＝07H，符号地址“SUBRTN”所对应的程序存储器实际地址为 0345H，在(PC)＝0123H 处执行指令：

ACALL　SUBRTN

执行结果：(PC)＋2＝0123H＋2＝0125H，压入堆栈；(SP)＋1＝07H＋1＝08H，压入 25H；(SP)＋1＝08H＋1＝09H，压入 01H。(SP)＝09H，SUBRTN＝0345H 送入 PC，(PC)＝0345H，程序转向子程序首地址 0345H 单元开始执行。这里 PC 值的高 5 位内容不变，仅把 123H 变成 345H。寻址范围在 0125H 为起始地址的同一个 2KB 范围内。

**(2) 长调用指令**

由于 89C51 系列单片机可寻址 64KB 的程序存储器，为了方便地寻址 64KB 范围内任一子程序空间,特设有长调用指令。

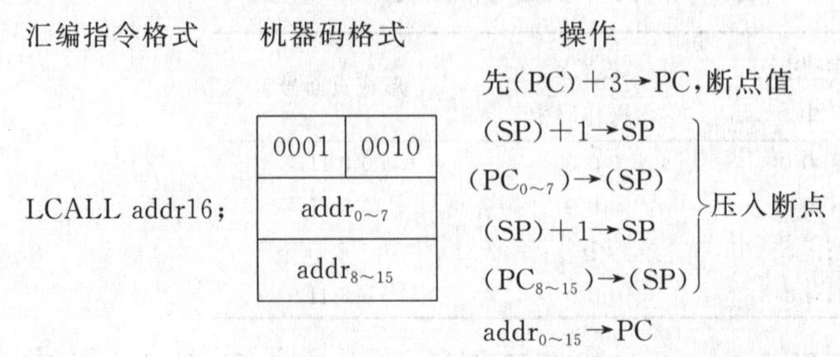


LCALL 指令提供16位目标地址,以调用64KB范围内所指定的子程序。执行本指令,首先(PC)+3→PC,以获得下一条指令地址;然后把这16位地址(断点值,即返回到LCALL指令的下一条指令地址)压入堆栈(先压入$PC_{0\sim7}$低位字节,后压入$PC_{8\sim15}$高位字节),栈指针SP加2指向栈顶;接着将16位目标地址$addr_{16}$送入程序计数器PC,从而使程序转向目标地址($addr_{16}$),开始执行被调用的子程序。这样,子程序的首地址可设置在64KB程序存储器地址空间的任何位置。

## 2. 转移指令

### (1) 无条件转移指令(4条)

无条件转移指令是指,当程序执行到该指令时,程序无条件转移到指令所提供的地址处执行。无条件转移类指令有短转移、长转移、相对转移和间接转移(散转指令)4条。

❶ 短转移指令

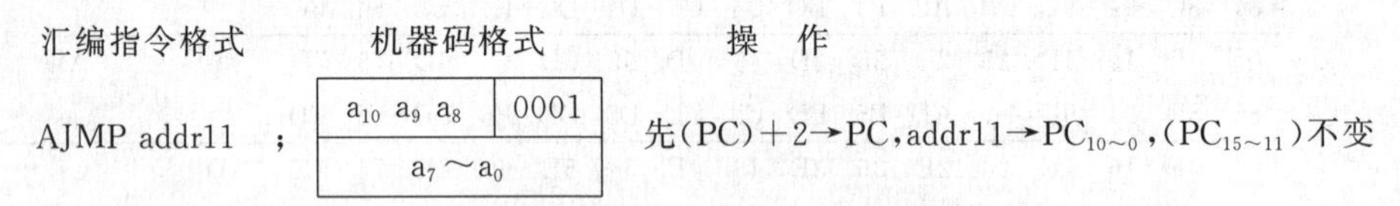


这条指令提供11位地址,可在2KB范围内无条件转移到由$a_{10}\sim a_0$所指出的地址单元中去。

因为指令只提供低11位地址,高5位为原$PC_{11\sim15}$位的值,因此,转移的目标地址必须在AJMP后面指令的第一个字节开始的同一个2KB范围内。

本指令同ACALL指令一样,有8种操作码,形成256个页面号。转移操作见图3-5及表3-5。

❷ 长转移指令

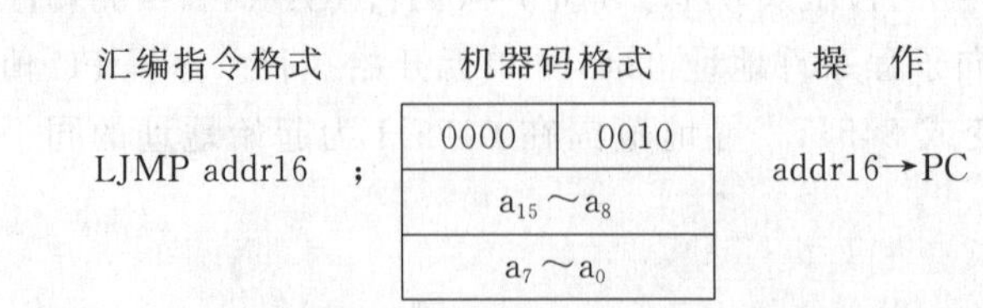

指令提供 16 位目标地址，将指令的第二、第三字节地址码分别装入 PC 的高 8 位和低 8 位中，程序无条件转向指定的目标地址去执行。

由于直接提供 16 位目标地址，所以程序可转向 64KB 程序存储器地址空间的任何单元，操作如图 3－6 所示。

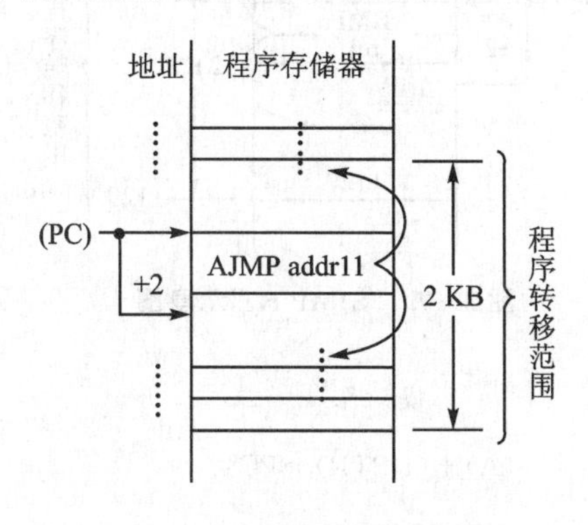


图 3－5 AJMP 转移示意图

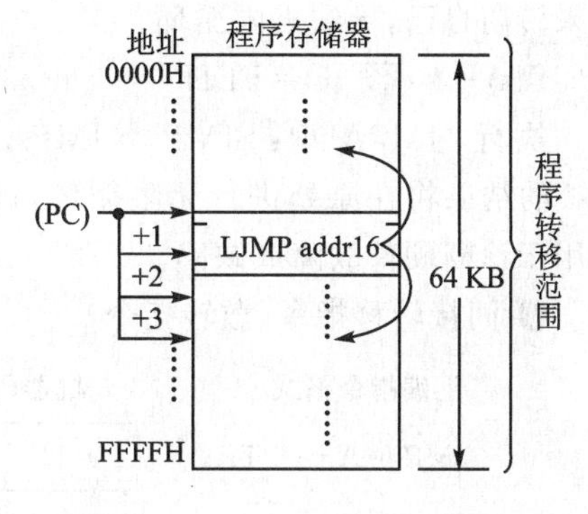


图 3－6 LJMP 转移示意图

❸ 相对转移(短转移)指令

| 汇编指令格式 | 机器码格式 | | 操 作 |
|---|---|---|---|
| SJMP rel; | 1000 | 0000 | 先(PC)＋2→PC，后(PC)＋rel→PC |
| | rel(相对地址) | | |

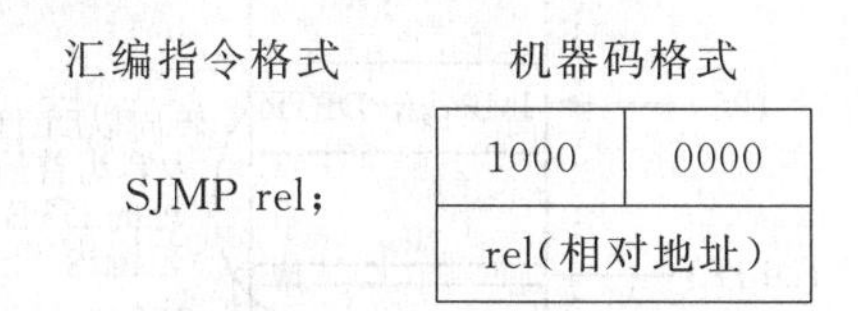

指令的操作数是相对地址，rel 是一个带符号的偏移字节数(2 的补码)，其范围为－128～＋127(00H～7FH 对应表示 0～＋127，80H～FFH 对应表示－128～－1)。负数表示反向转移，正数表示正向转移。该指令为双字节指令，执行时先将 PC 内容加 2，再加相对地址 rel，就得到了转移目标地址，操作如图 3－7 所示。

例如：在(PC)＝0100H 地址单元有条“SJMP rel”指令，若 rel＝55H(正数)，则正向转移到 0102H＋0055H＝1507H 地址处；若 rel＝F6H(负数)，则反向转移到 0102H＋FFF6H＝00F8H 地址处。

在用汇编语言编写程序时，rel 可以是一个转移目的地址的标号，由汇编程序在汇编过程中自动计算偏移地址，并且填入指令代码中。在手工汇编时，可用转移目的地址减转移指令所在的源地址，再减转移指令字节数 2 得到偏移字节数 rel。

**例 3－3** SJMP RELADR。

设标号 RELADR 的地址值为 0123H，该指令地址(PC)＝0100H，相对地址偏移量 rel＝0123H－(0100＋2)＝21H。

执行指令“SJMP RELADR”的结果为(PC)＋2＋rel＝0123H，装入 PC 中，控制程序转向 0123H 去执行。在手工汇编时，应将 rel 值填入指令的第二字节。

显然，一条带有 FEH 相对地址(rel)的 SJMP 指令将是一条单指令的无限循环。因为 FEH 是补码，它的真值是－2，目的地址＝PC＋2－2＝PC，结果转向自己，导致无限循环。

**例 3-4** 设 rel＝FEH。

执行“JMPADR：SJMP JMPADR”的结果将在原处进行无限循环，这可用于诊断硬件故障或缺陷。

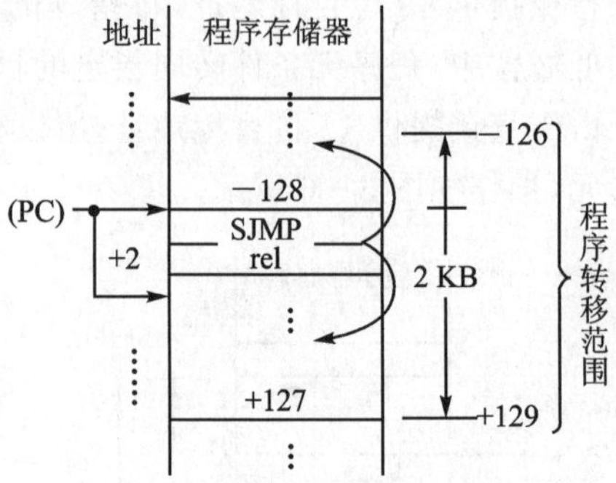

图 3-7 “SJMP rel”示意图

❹ 间接转移指令(散转指令)

| 汇编指令格式 | 机器码格式 | | 操 作 |
|---|---|---|---|
| JMP @A＋DPTR； | 0111 | 0011 | (A)＋(DPTR)→PC |

该指令的转移地址由数据指针 DPTR 的 16 位数和累加器 A 的 8 位数进行无符号数相加形成，并直接送入 PC。指令执行过程对 DPTR，A 和标志位均无影响。这条指令可代替众多的判别跳转指令，具有散转功能(又称散转指令)。转移操作如图 3-8 所示。

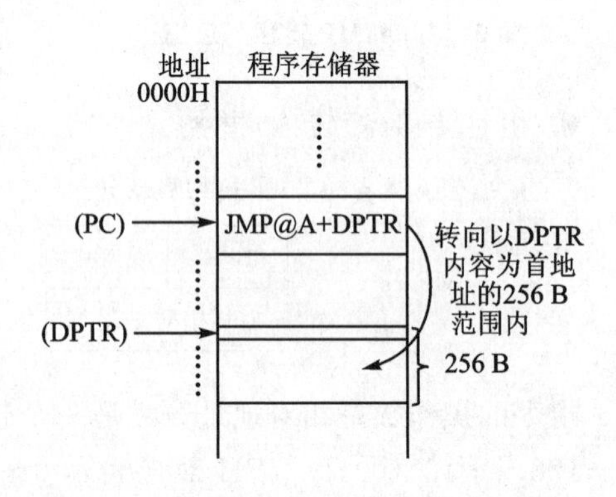


图 3-8 “JMP @A＋DPTR”转移示意图

**例 3-5** 根据累加器 A 中命令键键值，设计命令键操作程序入口跳转表。

```
        CLR  C            ;清进位
        RLC  A            ;键值乘 2
        MOV  DPTR,#JPTAB  ;指向命令键跳转表首址
        JMP  @A+DPTR      ;散转到命令键入口
JPTAB:  AJMP CCS0         ;双字节指令
        AJMP CCS1
        AJMP CCS2
          ⋮
```

从程序中看出，当(A)＝00H 时，散转到 CCS0；当(A)＝01H，散转到 CCS1……由于 AJMP 是双字节指令，散转前 A 中键值应先乘 2。

**(2) 条件转移指令(8 条)**

这里只讨论 CJNE 和 DJNZ 两条。

❶ 比较转移指令 CJNE

CJNE　(目的字节),(源字节),　rel;　三字节指令

它的功能是对指定的目的字节和源字节进行比较,若它们的值不相等,则转移。转移的目标地址为当前的 PC 值加 3 后,再加指令的第三字节偏移量(rel)。若目的字节内的数大于源字节内的数,则进位标志位 CY 清 0;若目的字节数小于源字节数,则置位进位标志位 CY;若二者相等,则往下执行。本指令执行后不影响任何操作数。

这类指令的源操作数和目的操作数有 4 种寻址方式,即 4 条指令。

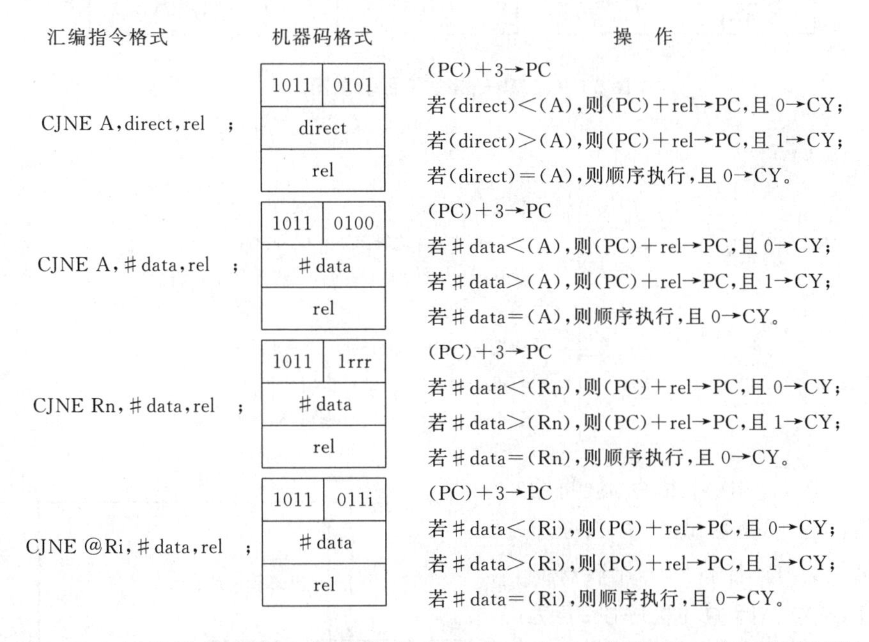


89C51 新增设的这条比较转移指令内容丰富,功能很强。它可以是累加器内容与立即数或直接地址单元内容进行比较的结果,可以是工作寄存器内容与立即数进行比较的结果,也可以是内部 RAM 单元内容与立即数进行比较的结果。若二者比较的结果不相等,则程序转向目标地址((PC)+rel→PC)去执行;当源字节内容大于目的字节内容时,置位 CY;否则复位 CY。CJNE 指令流程图如图 3-9 所示。

由于这是一条三字节指令,取出第三字节(rel),(PC)+3 指向下条指令的第一个字节的地址,然后对源字节数和目的字节数进行比较,判定比较结果。由于这时 PC 的当前值已是(PC)+3,因此,程序的转移范围应是从(PC)+3 为起始地址的+127～-128 共 256B 单元地址。

❷ 循环转移指令 DJNE

89C51 循环转移指令同样功能很强。它比 Intel 8048 增设了以直接地址单元内容作为循环控制寄存器使用的功能,连同工作寄存器 Rn,派生出很多条循环转移指令。这是其他微型计算机所不及的。

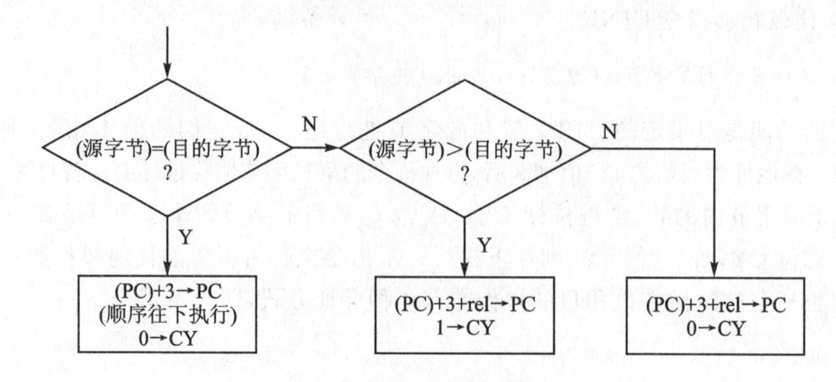


**图 3-9　CJNE 指令流程示意图**

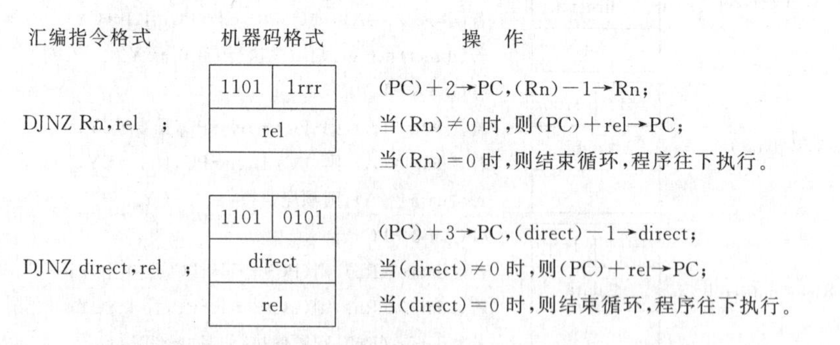

| 汇编指令格式 | 机器码格式 | 操　作 |
|---|---|---|
| DJNZ Rn,rel　; | 1101 1rrr<br>rel | (PC)＋2→PC,(Rn)－1→Rn;<br>当(Rn)≠0时,则(PC)＋rel→PC;<br>当(Rn)＝0时,则结束循环,程序往下执行。 |
| DJNZ direct,rel　; | 1101 0101<br>direct<br>rel | (PC)＋3→PC,(direct)－1→direct;<br>当(direct)≠0时,则(PC)＋rel→PC;<br>当(direct)＝0时,则结束循环,程序往下执行。 |

程序每执行一次本指令,就将第一操作数的字节变量减1,并判断字节变量是否为0。若不为0,则转移到目标地址,继续执行循环程序段;若为0,则终止循环程序段的执行,程序往下执行。

其中,rel为相对DJZN指令的下一条指令第一个字节的相对偏移量,用一个带符号的8位数表示。所以,循环转移的目标地址应为DJNZ指令的下条指令地址和偏移量之和(即当前PC值加rel)。

DJNZ指令操作的流程图如图3-10所示。

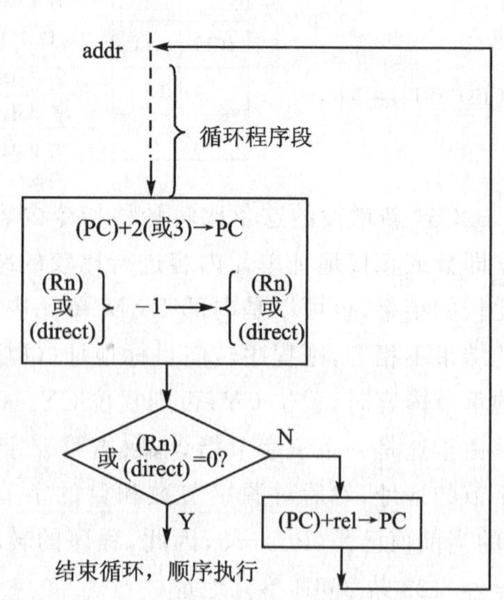


**图 3-10　DJNZ 指令流程示意图**

### 3.2.5　一些问题的讨论

**1. 关于 OV(PSW.2)的讨论**

当执行有符号数的加法指令 ADD 或减法指令 SUBB,且 D6 位有向 D7 位的进位或借位,$C_{6Y}=1$ 时,而 D7 位没有向 CY 位的进位或借位,$C_{7Y}=0$ 时,则 OV=1 或 $C_{6Y}=0$,$C_{7Y}=1$ 则 OV=1,所以溢出的逻辑表达式为：

$$OV=C_{6Y}\oplus C_{7Y}$$

因此溢出标志位在硬件上可以通过一个异或门获得。溢出即当结果超出了一个字长所能表示的数据范围。例如有符号数字长为 8 位,最高位(D7)用于表示正负号,数据有效位为 7 位,能表示－128～＋127 之间的数,若超出此范围即产生溢出。

例：　　0 1 0 1 0 1 0 0(＋8 4)

　　　＋0 1 1 0 1 0 0 1(＋1 0 5)

CY=0　　1 0 1 1 1 1 0 1(＋1 8 9)结果为负数产生了正溢出

$C_{6Y}=1$　$C_{7Y}=0$　$OV=C_{6Y}\oplus C_{7Y}=1\oplus 0=1$

在 MCS-51 中,无符号数乘法指令 MUL 的执行结果也会影响溢出标志位。当置于累加器 A 和寄存器 B 中的两个乘数的积超过 255 时,OV=1,否则为 0,有溢出时积的高 8 位在 B 中,积的低 8 位在 A 中。因此,OV=0 时,积没有超过 255,B 中无高位积,这意味着只要从 A 中取得乘积即可,否则要从 BA 寄存器对中取得乘积。

除法指令 DIV 也会影响溢出标志。当除数为 0 时,OV=1,否则为 0。

**2. MOV P1,#0FFH 应当理解为输出全"1"到 P1 口呢,还是理解为从 P1 口读引脚(输入)的预备动作呢?**

若所接外设为单纯输出设备,则理解为送出全"1"信号;若所接外设为单纯输入设备,则理解为读并行口数据之前的预备动作。

**3. 对符号数的运算结果怎样才能"保号"?**

在进行加减类算术运算时,只要保证两个原始操作数是正确的补码形式,则结果必然能"保号";若不能保号则说明此时"溢出",计算机会自动置位 OV 标志。

在进行乘除、移位等运算时,需要用户在编程时多加小心,人为添加保号动作,确保符号正确。例如,将－4 除以 2 的操作,计算机内通常是将－4 的补码 111111100B 右移一次得到,如果右移时没有注意从左边添加"1",则会出现不合理的结果 0111110。因此,一个能"保号"的具体技巧是每次右移时用符号位($D_7$ 位)从左边加以弥补。

当需要将单字节符号数扩展为双字节时,也需要注意"保号"。对于用补码表示的数,正数的符号扩展应该在其前面补 0;而负数的符号扩展,则应该在前面补 1。例如:68 用 8 位表示为 44H,用 16 位表示为 0044H;－68 用 8 位表示为 BCH,用 16 位表示为 FFBCH。

原码数的扩展则比较简单,例如单字节扩展为双字节时,仅将符号位移至双字节的最高位($D_{15}$)即可。

因无符号数是正数,无符号数的扩展是在其前面补0,如无符号数255用8位表示为FFH,用16位表示为00FFH。

**4. 89C51并行口的读引脚和读锁存器指令(或读-改-写指令)有何区别?**

以P1口外接输出设备时的情况为例。当P1口的某一位接上了一个阻抗很小的输出设备时,若想查看一下单片机刚才向它输出的信息是“0”还是“1”,不能直接从引脚读信号。正确的做法是查询D锁存器Q端的状态,那里储存的才是前一时刻送给P1口的真实信号。也就是说,凡遇“读取P1口前一状态以便修改后再送出”的情形,都应当读取P1口D锁存器Q端的信息而不是引脚信息。

当P1口外接输入设备时,要想使P1口引脚上反映真实的输入信号,必须要设法先让MOS管截止,否则当MOS管导通时,P1口引脚上将永远为低电平,无法正确反映外设的输入信号。让MOS管截止的最简单办法就是给P1口的相应位送一个“1”电平,这就是读引脚之前一定要先送出“1”的由来。

例如MOV C,P1.0肯定是读P1.0的引脚,而CPL P1.0则肯定是读锁存器,即读-改-写指令,它会先读P1.0的锁存器Q端状态,接着取反,然后再次送到P1.0引脚上。我们唯一要注意的是,在读引脚指令之前附加一个写“1”指令,例如在MOV C,P1.0之前一定要添加一条SETB P1.0的指令。同样,传送指令MOV A,P1也是读引脚指令,ANL P1,A是读锁存器指令。

**5. 乘除操作产生溢出含义是什么?**

乘法指令只有一条MUL AB,显然两个乘数应该预先存入A和B中。乘积则在指令执行后会自动存放在B和A(合计为16位长度)中,且B的内容为此乘积的高8位,A为低8位。

两个单字节数相乘,乘积无论如何都不会超过双字节,所以MUL AB执行后没有进位和溢出的可能。但是这条指令仍然借用了溢出标志位OV作为另一种二态信息的标志,即当乘积不超过单字节时(B的内容为0)令OV=0,而乘积超过单字节时(B的内容不为0)令OV=1。

除法指令也只有一条DIV AB,规定被除数应该预先存入A中,而除数存入B中。指令执行后会自动将商放入A,余数放入B中。

除法操作中一定要避免除数为0的情况,除数B=0是最典型的溢出,必有OV=1;自然,除数B≠0则溢出标志位OV=0。

**6. 把累加器A写成A与写成ACC有什么不同?**

A和ACC虽指的是同一个寄存器,但在指令中它们是有区别的。ACC在汇编后的机器指令中必有一个字节的操作数是ACC的字节地址EOH,而A则隐含在指令操作码中。所以,符号指令中的A不能用ACC代替;反之,特殊功能寄存器直接寻址和位名称寻址要用ACC,而不能用A代替。

# 第4章　汇编语言程序设计知识

## 4.1　学习目的及要求

- 熟悉用汇编语言编写程序的步骤、方法和技巧。
- 习惯模块化的程序设计方法。
- 熟悉汇编语言程序的基本结构类型、语法规则和常用的伪指令等。
- 通过仿真器的操作练习，熟练掌握汇编语言源程序的编辑、汇编与调试(10.3节有简介)的过程和方法。

与高级语言程序设计不同，汇编语言程序设计要求设计人员对单片机的硬件结构有较详细的了解。编程时，数据存放、寄存器和工作单元的使用等要由设计者安排；而高级语言程序设计时，这些工作是由计算机软件完成的，程序设计人员不必考虑。

## 4.2　重点内容及问题讨论

### 4.2.1　关于汇编语言程序设计的步骤和方法

**1. 设计准备**

首先根据设计任务或控制对象、控制过程的要求建立相关的数学模型，然后选择适当的算法，最后进行程序结构设计。

程序结构设计是将所采用的算法转化为汇编语言程序的准备阶段，特别是对于情况复杂的大型课题，进行程序结构设计是必需的。程序结构设计分为：模块化程序设计、结构程序设计及自顶向下设计等。

**2. 绘制程序流程图**

确定了程序结构以后，根据所选算法绘制流程图，即将程序编写的顺序用规定的图形表述，从而使程序的流向清晰生动地展示出来。

程序流程图是用规定的图形、流向线及必要的文字符号表达编程思路、算法及程序结构的平面图形，是程序结构的体现。

标准的流程图符号如图4-1所示。

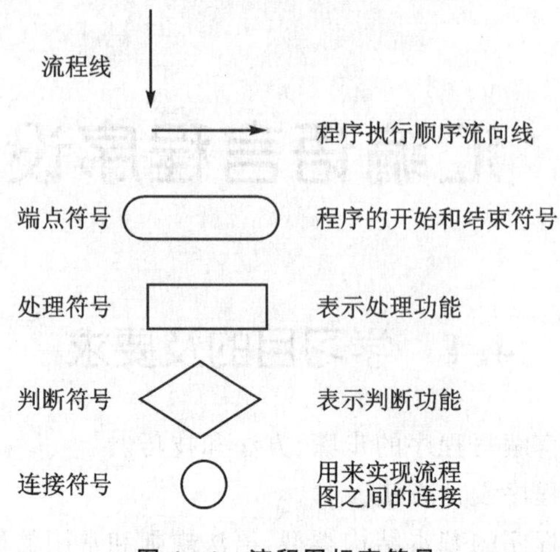


图4-1　流程图规定符号

**3. 汇编语言源程序的编辑**

根据程序流程图将每一个规定图形写出相应的若干条汇编语言指令,便构成了汇编语言源程序。

**4. 程序的汇编**

程序的汇编是将汇编语言源程序转换为机器语言目标程序的翻译过程。汇编语言源程序只有通过汇编才能被CPU执行。

汇编通常可分人工汇编和计算机汇编两种。人工汇编是由汇编者对照指令码表,将汇编语言源程序中每条语句的指令代码分别查出,然后将这些指令代码以字节为单位从源程序的起始地址开始依次排列形成目标程序。机器汇编则是利用汇编软件(称为汇编程序)在计算机上完成上述过程。

### 4.2.2　编程注意事项及技巧

❶ 尽量采用循环结构和子程序。这样可以使程序的总容量大大减少,提高程序的效率,节省内存。在多重循环时,要注意各种循环的初值和循环结束条件。

❷ 尽量少用无条件转移指令。这样可以使程序条理更加清楚,从而减少错误。

❸ 对于通用的子程序,考虑到其通用性,除了用于存放子程序入口参数的寄存器外,子程序中用到的其他寄存器的内容应压入堆栈(返回前再弹出),即保护现场。但一般不必把标志寄存器压入堆栈。

❹ 由于中断请求是随机产生的,所以在中断处理程序中,除了要保护处理程序中用到的寄存器外,还要保护标志寄存器。因为在中断处理过程中,难免对标志位产生影响,而中断处理结束后返回主程序时,可能会遇到以中断前的状态标志为依据的条件转移指令,如果标志位被破坏,则整个程序就会被打乱。

❺ 累加器是信息传递的枢纽。用累加器传递入口参数或返回参数比较方便，即在调用子程序时，通过累加器传递程序的入口参数；或反过来，通过累加器向主程序传递返回参数。所以，在子程序中，一般不必把累加器内容压入堆栈。

### 4.2.3　汇编语言程序设计的结构类型

汇编语言程序设计方法有多种，其中结构化程序依据了“任何复杂的程序都可分解为顺序结构部分、分支结构部分、循环结构部分和子程序”的原则，将大而复杂的程序进行分解设计，如图 4-2 所示。

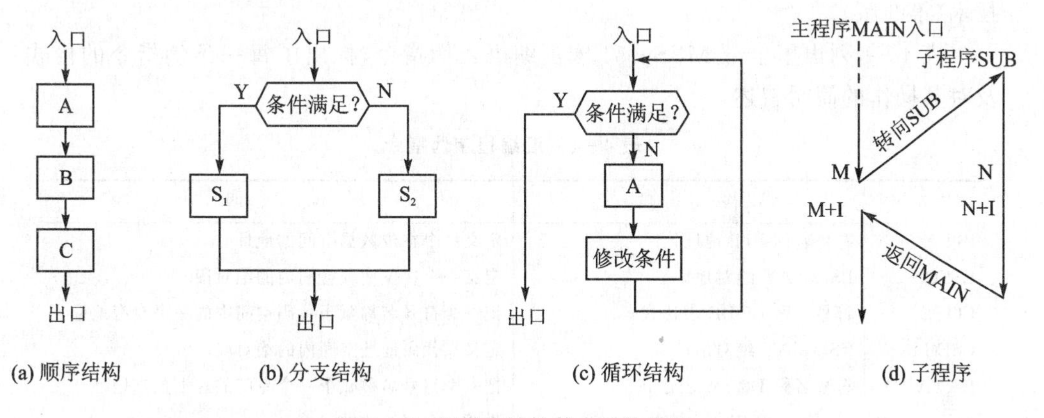


**图 4-2　程序设计的基本结构类型**

结构化程序设计具有结构清晰、易于读写、易于验证和可靠性高等特点，在程序设计中被广泛使用。

#### 1. 顺序结构程序

顺序结构程序是程序结构中最简单的一种。用程序流程图表示时，一个处理框紧跟着一个处理框，如图 4-2(a)所示。其特点是执行程序时，从第一条指令开始顺序执行，直到最后一条指令执行完闭。

#### 2. 分支结构程序

分支结构程序又称分支程序，如图 4-2(b)所示。它根据条件判断选择相应的程序入口，通常用条件转移指令形成简单分支结构。

#### 3. 循环结构程序

循环结构程序又称循环程序，如图 4-2(c)所示。循环程序用于需要多次重复操作的场合，即程序段中有部分指令需要多次执行。在循环程序的设计中，通常用条件转移指令产生循环标志。已知重复操作次数时，一般使用 DJNZ 指令作循环控制。

#### 4. 子程序

子程序结构如图 4-2(d)所示。M＋I 为断点地址，I＝2/3。

## 4.2.4 汇编程序伪指令

"汇编程序"是一种软件的名称,它是将汇编语言程序译成机器码或将机器码译成汇编语言的一种软件。

不同的微机系统有不同的汇编程序(汇编软件),也就定义了不同的汇编命令。这些由英文字母表示的汇编命令称为伪指令。伪指令不是真正的指令,无对应的机器码,在汇编时不产生目标程序(机器码),只是用来对汇编过程进行某种控制。标准的 MCS-51 汇编程序(如 Intel 的 ASM51)定义的常用伪指令见《单片机原理及接口技术(第5版)》。

表4-1列出了全部 MCS-51 宏汇编语言伪指令,标出了每一条伪指令的格式及对其操作的简明叙述。

表4-1 汇编程序伪指令

| 伪指令 | 格式 | 说明 |
|---|---|---|
| BIT | 符号名称 BIT 地址 | 定义一个在位数据空间的地址 |
| BSEG | BSEG〔AT 绝对地址〕 | 定义一个在位地址空间内的绝对段 |
| CODE | 符号名称 CODE 表达式 | 把一个符号名称赋予代码空间内的一个专有地址 |
| CSEG | CSEG〔AT 绝对地址〕 | 定义在代码地址空间内的绝对段 |
| DATA | 符号名称 DATA 表达式 | 把一个符号名称赋予一个专门的片上数据地址 |
| DB | 〔标号:〕DB 表达式清单 | 生成一个字节值的清单 |
| DBIT | 〔标号:〕D 式 BIT 表达 | 以位为单位在 BIT 类型的段内保留一个空间 |
| DS | 〔标号:〕DS 表达式 | 以字节为单位保留空间;递增当前段的位置计数器 |
| DSEG | DSEG〔AT 绝对地址〕 | 定义一个在间接的内部数据空间之内的一个绝对段 |
| DW | 〔标号:〕DW 表达式清单 | 产生各字值的清单 |
| END | END | 表明程序结束 |
| EQU | 符号名称 EQU 表达式或符号名称 EQU 特殊汇编符号 | 永远地设置符号值 |
| EXTRN | EXTRN 段类型 (符号名称清单) | 定义在当前模块中被访问的各符号,当前模块是在其他模块中被定义的 |
| IDATA | 符号名称 IDATA 表达式 | 把一个符号名称赋予一个专门的间接的内部地址 |
| ISEG | ISEG〔AT 绝对地址〕 | 定义一个在内部数据空间中的绝对段 |
| NAME | NAME 模块名称 | 规定当前模块的名称 |
| ORG | ORG 表达式 | 设置当前段的位置计数器 |
| PUBLIC | PUBLIC 名称的清单 | 说明能够用于当前模块之外的各符号 |
| RSEG | RSEG 段名称 | 选择一个可以重新定位的段 |
| SEGMENT | 符号名称 SEGMENT 可重新定位的段类型 | 定义一个可重新定位的段 |
| SET | 符号名称 SET 表达式或符号名称 SET 特殊汇编符号 | 永久地设置符号值 |

续表 4-1

| 伪指令 | 格　　式 | 说　　明 |
|---|---|---|
| USING | USING 表达式 | 设置预先定义了的符号寄存器的地址并使汇编程序为该规定的寄存器组保留空间 |
| XDATA | 符号名称 XDATA 表达式 | 把一个符号名指派给一个规定的片外数据地址 |
| XSEG | XSEG〔AT 绝对地址〕 | 在外部数据地址空间内定义一个绝对段 |

### 4.2.5 问题讨论

**1. 在 89C51 指令中没有暂停或程序结束指令,END 指令到底能不能实现程序的正常结束?**

MCS-51 指令中确实没有暂停或程序结束指令,这可以理解为单片机在实用场合中常常被要求一通电就开始工作,直到断电停止,无须专设停止指令。所以,在上机调试程序时,一定要注意在源程序末尾加上 SJMP $ 等死循环(简称踏步)指令,或者干脆采用程序末尾加设断点的调试方法。

如果不附加踏步指令会出现什么后果呢?大家可以设想一下,当最后一条指令执行完毕后,PC 还会继续加 1,指向程序下面的存储单元,但此单元存放的是随机二进制码,把它当作指令来译码和执行会造成死机(或称程序跑飞)。

那么,END 伪指令是否能代替 SJMP $ 等踏步指令呢?答案是绝对不能!因为 END 属于伪指令,根本就没有相应的机器码,它的作用仅仅是告诉编译程序,将某一段源程序翻译成机器码的工作到此为止。也就是说,它是提供给编译系统的结束命令,而不是提供给 CPU 执行指令的结束命令。

**2. 为什么书写源程序时必须在某些数据或地址的前面多添一个"前导"0,否则汇编就通不过?**

由于部分十六进制数是用数字和字母来表示的,而程序内的标号也常用字母表示。为了将文字和数字区分开,几乎所有的汇编语言都规定,凡是以字母打头的数据量,应当在前面添加一个数字"0"。至于直接地址量,它也是数据量的一种,前面也应该添加数字"0"。例如:

```
MOV   A,#0FFH        ;字母开头的数据量
MOV   A,0D0H         ;字母开头的地址量
```

## 4.3 补充编程举例

**例 4-1**　请编制单字节 BCD 码数的乘法程序。

**解**　算法:用"累加法"。

假设两个乘数分别放在片内 RAM 的 60H 和 61H 单元,积放入 62H 和 63H 单

元,且62H存放积的高8位,则编程的目的是实现(60H)×(61H)=(62H)(63H)。

```
       MOV    63H,#00H        ;将16位乘积单元清零
       MOV    62H,#00H
       CLR    A
LOOP:  PUSH   ACC             ;保护累加次数计数器
       MOV    A,60H           ;取出一个乘数
       ADD    A,63H           ;将乘数与部分积的低8位相加
       DA     A               ;对部分积进行二至十进制调整
       MOV    63H,A           ;刷新乘积的低8位内容
       CLR    A
       ADDC   A,62H           ;若低8位累加时产生了进位则乘积的高8位要增1
       DA     A               ;同样需要进行二至十进制调整
       MOV    62H,A           ;刷新乘积的高8位内容
       POP    ACC
       ADD    A,#01H          ;累加次数增1(想一想,为什么此处不能用
                              ;INC A指令?)
       DA     A
       CJNE   A,61H,LOOP      ;与另一乘数相比较,看是否累加了足够的次数?
       SJMP   $               ;若已经累加了(61H)次,则结束
```

**例4-2**　请编制单字节BCD码数的除法程序。

**解**　算法:用"累减法"。要将减法操作变为加法操作,这样才能正确使用DA指令。

假设被除数放在片内RAM的60H单元,除数放在61H单元,商放在62H单元,余数放入63H单元,则编程的目的是实现(60H)÷(61H)=(62H)(63H)。

```
       MOV    62H,#00H        ;先将存储商数的单元清零
       CLR    C
       MOV    A,#9AH          ;2位BCD数的模为99+1=9AH
       SUBB   A,61H           ;9AH-(61H),61H中BCD变补数
       MOV    R2,A            ;先求出除数的补数并存入R2备用
LOOP:  MOV    A,60H
       CJNE   A,61H,$+3       ;先判断被除数是否大于除数,若不大于除数则
                              ;结束程序
       JC     DONE
       ADD    A,R2            ;若被除数大于(或等于)除数则可以相减
       DA     A
       MOV    60H,A           ;将当前的差值(即余数)存入被除数单元(60H)
       MOV    A,62H           ;商单元加1并进行DA A调整
       ADD    A,#01H
```

```
        DA      A
        MOV     62H,A
        SJMP    LOOP
DONE:   MOV     A,60H           ;直到当前的余数小于除数,则停止运算
        MOV     63H,A           ;将余数放入规定的余数单元(63H)
        SJMP    $
```

**例 4-3**　编写双字节乘法(16 位×8 位)子程序,并写出主程序。

**解**　被乘数放在(R4)(R3)中,乘数放在(R2)中,结果放在(R7)(R6)(R5)中,编程根据是:

$$(R4)(R3)(R2)=[(R4)\cdot 2^8+(R3)]\cdot(R2)=$$
$$(R4)\cdot(R2)\cdot 2^8+(R3)\cdot(R2)$$

例如:　　$25\times3=(2\times10+5)\times3=2\times3\times10+5\times3$

16 位×8 位乘法子程序如下:

```
NFA:    MOV     A,R2            ;乘数→A
        MOV     B,R3            ;被乘数低位→B
        MUL     AB              ;(R3)·(R2)
        MOV     R5,A            ;存积的低 8 位,(R3)×(R2)积存于(R6)(R5)
        MOV     R6,B            ;存积的高 8 位
        MOV     A,R2            ;(R2)→A,乘数→A
        MOV     B,R4            ;(R4)→B,被乘数高位→B
        MUL     AB              ;A×B→BA,(R4)·(R2)
        ADD     A,R6            ;第一次乘积的高位和第二次乘积的低位相加,
                                ;相当于乘以 2^8
        MOV     R6,A            ;存积的次高位
        MOV     A,B             ;B→A
        ADDC    A,#00H          ;实际上是加前次加法的进位
        MOV     R7,A            ;存积的高位
        RET                     ;子程序返回
```

主程序如下:

```
START:  MOV     R2,#D2
        MOV     R3,#D3
        MOV     R4,#D4
        ACALL   NFA
        AJMP    $
```

**例 4-4**　编写双字节除法(16 位÷8 位)子程序,并写出主程序。

**解**　将被除数放在(R6)(R5)中,除数放在(R4)中。在程序运行中,(R5)保存被

除数低位和商,(R6)保存余数;设07H存放中间标志位,程序执行完后,(R5)为商,(R6)为余数,其程序框图如图4-3所示。

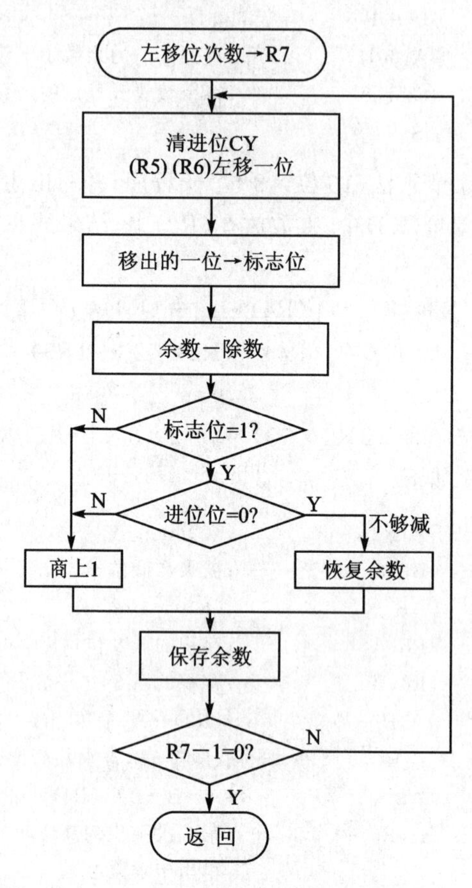


**图4-3　双字节除法子程序流程图**

程序清单如下:

```
DV:   MOV   R7,#08H      ;移位次数装入R7
S0:   CLR   C            ;清C
      MOV   A,R5         ;被除数低位存入A
      RLC   A            ;连同进位循环左移一位
      MOV   R5,A         ;左移后回存R5
      MOV   A,R6         ;被除数高位存A
      RLC   A            ;连同进位位循环左移,被除数R6R5整体左移一位
      MOV   07H,C        ;保留最高位(最高位→C,C→07H)
      CLR   C            ;清进位标志
      SUBB  A,R4         ;余数高位减去除数
      JB    07H,S1       ;最高位为1转S1
```

```
        JNC     S1          ;没有借位转 S1
        ADD     A,R4        ;产生借位,恢复余数
        SJMP    S2          ;转 S2
S1:     INC     R5          ;产生商
S2:     MOV     R6,A        ;保留余数高位
        DJNZ    R7,S0       ;循环
        RET                 ;返回
```

主程序同例 4－3。

**例 4－5**　将片内 RAM 21H、20H 单元中的 3 位压缩存放的 8421BCD 码(例如 235),转换成二进制数,其结果仍存放于 21H、20H 中。

**解**

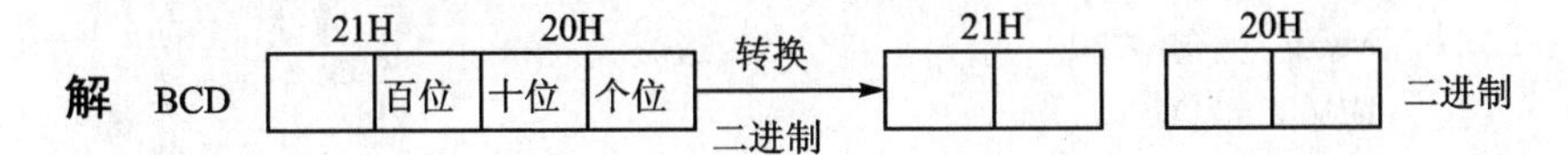


转换方法:二进制数=(百位)×64H+(十位)×0AH+(个位)=

$$2\times100+3\times10+5$$

```
        ORG     0100H
        MOV     SP,#60H
START:  PUSH    20H         ;保护十位
        PUSH    20H         ;保护个位
        MOV     A,21H       ;百位→A
        ANL     A,#0FH      ;屏蔽高 4 位
        MOV     B,#64H      ;乘数→B
        MUL     AB          ;百位×64H
        MOV     21H,B       ;高位→21H
        MOV     20H,A       ;低位→20H
        POP     A           ;恢复十、个位
        ANL     A,#0F0H     ;保留十位数
        SWAP    A           ;十位数→A 低位
        MOV     B,#0AH      ;乘数 0AH→B
        MUL     AB          ;十位×0AH
        ADD     A,20H       ;低 8 位加低 8 位
        MOV     20H,A       ;保存低 8 位
        MOV     A,B         ;高 8 位送 A
        ADDC    A,21H       ;带进位高位相加
        MOV     21H,A       ;保存高 8 位
        POP     A           ;恢复个位
        ANL     A,#0FH      ;保留个位
        ADD     A,20H       ;低 8 位加个位
```

```
        MOV     20H,A           ;保存低 8 位
        MOV     A,21H           ;高 8 位送 A
        ADDC    A,#00H          ;高 8 位加进位
        MOV     21H,A           ;保存高 8 位
        SJMP    $               ;结束
```

**例 4-6** 编写程序,将一个字节的二进制数转换为 BCD 数(0～255),并存入片内 RAM 31H 和 32H 单元中。

**解** 用除 10 取余法。设待转换的一个字节无符号二进制数在片内 RAM 30H 单元中,转换程序如下:

```
        MOV     A,30H
        MOV     B,#10
        DIV     AB
        MOV     32H,B           ;存个位
        MOV     B,#10
        DIV     AB
        XCH     A,B             ;将十位放字节的高 4 位
        SWAP    A
        ORL     32H,A           ;将十位与个位拼合存入 32H 中
        MOV     31H,B           ;存百位
        SJMP    $
```

**例 4-7** 在图 4-4 中,若数据为有符号数,求数据块中正数的累加和。编程并注释。

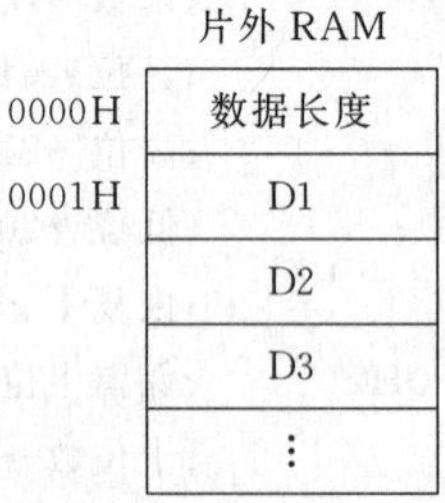

片外 RAM

|  |  |
| --- | --- |
| 0000H | 数据长度 |
| 0001H | D1 |
| | D2 |
| | D3 |
| | ⋮ |

**图 4-4 片外 RAM 数据块**

**解**

```
        ORG     0030H
START:  XRL     A,A             ;清 A
        MOV     DPTR,#0000H  ⎫
        MOVX    A,@DPTR      ⎬  ;数据块长度→10H
        MOV     10H,A        ⎭
        MOV     B,#00H          ;0→B,B 为累加和
        MOV     DPTR,#0001H     ;DPTR 指向数据块首地址
TWO:    MOVX    A,@DPTR         ;取数→A
```

```
        PUSH    A               ;A 入栈(取数入栈)
        ANL     A,#80H          ;取该数的符号
        JNZ     ONE             ;是负数,转 ONE
        POP     A               ;是正数,恢复该数
        ADD     A,B             ;累加
        MOV     B,A             ;和送 B
        SJMP    SO              ;转 SO,为下一次作准备
ONE:    POP     A               ;是负数将数取出不累加
SO:     INC     DPTR            ;地址指针增 1
        DJNZ    10H,TWO         ;数据块长度减 1,没处理完继续
        MOV     A,B             ;处理完累加和送 B
        SJMP    $
```

**例 4-8**　求图 4-4 中数据的补码,并存放于原数据所在单元。请编程并注释。

**解**

```
        ORG     0030H
STATR:  MOV     DPTR,#0000H  ⎫
        MOVX    A,@DPTR      ⎬ ;数据块长度→10H
        MOV     10H,A        ⎭
        MOV     DPTR,#0001H     ;DPTR 指向数据块首地址
TWO:    MOVX    A,@DPTR         ;取数送 A
        PUSH    A               ;A 入栈(取数入栈)
        ANL     A,#80H          ;取该数的符号
        JZ      ONE             ;是正数,转 ONE
        POP     A               ;是负数,恢复该数
        XRL     A,#7FH          ;取反(0⊕1=1,1⊕1=0)
        ADD     A,#01H          ;加 1 成补码
        MOVX    @DPRT,A         ;补码送回原单元
        SJMP    SO
ONE:    POP     A               ;是正数将数取出不处理
SO:     INC     DPTR            ;地址指针加 1
        DJNZ    10H,TWO         ;数据块长度减 1,最后一个数处理完?
        SJMP    $
```

**例 4-9**　若图 4-4 中数据为无符号数,求数据块中大于 64H(100)的数的个数。请编程并注释。

**解**

```
        ORG     0030H
START:  MOV     DPTR,#0000H  ⎫
        MOVX    A,@DPTR      ⎬ ;数据块长度→10H
        MOV     10H,A        ⎭
        MOV     20H,#00H        ;0→20H 作为大于 64H 数的计数器
```

```
        INC     DPTR            ;DPTR 指向数据块首地址
THREE:  MOVX    A,@DPTR         ;取数送 A
        CJNE    A,#64H,ONE      ;(A)与 100 相比,不相等转 ONE
        LJMP    TWO             ;相等转 TWO
ONE:    JC      TWO             ;小于 100,转 TWO
        INC     20H             ;大于 100,计数器 20H 单元加 1
TWO:    INC     DPTR            ;≤100,地址指针加 1
        DJNZ    10H,THREE       ;都处理完?
        MOV     A,20H           ;大于 100 的个数→A
        SJMP    $
```

**例 4-10** 有一原码形式的带符号数,试编写求其补码的程序。

**解** 原码形式的正数,其补码同原码;原码形式的负数,其补码等于其绝对值(即将其符号位变为 0)的补数。注意的是对原码求补(求反加 1)时,要用加指令,不能用增 1 指令。这是因为增 1 指令不影响进位位 CY。设原码形式的带符号数在片内 RAM 30H 和 31H 中,求得的码放入内部 RAM 32H 和 33H 中。程序如下:

```
        MOV     A,30H
        JNB     ACC.7,NN        ;判原码的符号
        ANL     A,#7FH          ;求原码负数的绝对值
        CPL     A               ;求反加 1
        MOV     32H,A
        MOV     A,31H
        CPL     A
        ADD     A,#1
        MOV     33H,A
        MOV     A,32H
        ADDC    A,#0
        MOV     32H,A
        SJMP    $
NN:     MOV     32H,A
        MOV     33H,31H
        SJMP    $
```

**例 4-11** 编写程序段,将片外 RAM 中 2100H 单元内容的奇数位变反,偶数位不变。

**解**

```
        MOV     DPTR,#2100H
        MOVX    A,@DPTR
        XRL     A,#55H          ;55H 即 01010101B
        MOVX    @DPTR,A
```

有关 ANL、CRL、XRL 的操作规律归纳如下表：

| ANL A,#0FFH　;A 不变 | ORL A,#0FFH　;A=FFH | XRL A,#0FFH　$A=\overline{A}$ |
|---|---|---|
| ANL A,#00H　;A=0 | ORL A,#00H　;A 不变 | XRL A,#00H　;A 不变 |

**例 4-12**　查指令表，写出下列两条指令的机器码，并比较机器码中操作数排列次序的特点。

**解**　(1) MOV 78H,#80H

(2) MOV 78H,80H

MOV 78H,#80H 指令的机器码是 757880，而 MOV 78H,80H 指令的机器码是 858078。前者的两个操作数是顺序放置，后者的两个操作数则是逆序放置。这说明 MOV direct1,direct2 这一条符号指令所对应的机器指令中，其操作数的放置次序与其他指令不同。

**例 4-13**　用软件实现图 4-5 所示 TTL 组合逻辑电路逻辑功能。

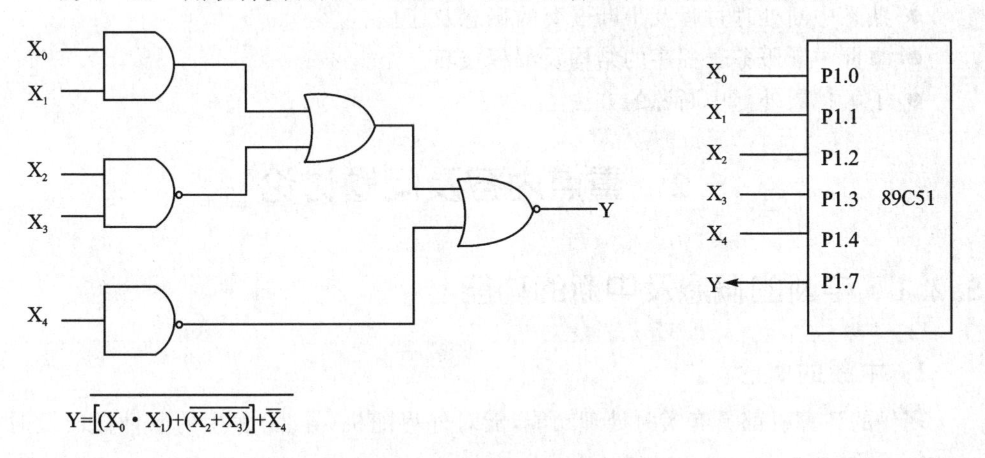


**图 4-5　组合逻辑的软件模拟**

**解**

|  |  |  |
|---|---|---|
| MOV | C,P1.0 | ;$X_0 \rightarrow C$ |
| ANL | C,P1.1 | ;$X_0 \cdot X_1$ |
| MOV | 7FH,C | ;$(X_0 \cdot X_1) \rightarrow 7FH$ |
| MOV | C,P1.2 | ;$X_2 \rightarrow C$ |
| ORL | C,P1.3 | ;$X_2+X_3$ |
| CPL | C | ;$\overline{X_2+X_3}$ |
| ORL | C,7FH | ;$(\overline{X_2+X_3})+(X_0 \cdot X_1)$ |
| ORL | C,$\overline{P1.4}$ | |
| MOV | P1.7,C | ;$\overline{(\overline{X_2+X_3})+(X_0 \cdot X_1)+\overline{X_4}}$ |

# 第5章　89C51中断系统

## 5.1　学习目的及要求

- 了解一般微机和89C51的输入/输出(I/O)方式。
- 熟悉中断的概念及中断的功能。
- 掌握中断系统的硬件结构,5个中断源的含意。
- 熟练掌握各中断控制寄存器中各控制位功能及标志位的含意。
- 熟悉中断处理过程及中断嵌套的概念及应用。
- 掌握中断服务子程序的结构及编程技巧。
- 了解扩展外部中断源的方法。

## 5.2　重点内容及问题讨论

### 5.2.1　中断的概念及中断的功能

#### 1. 中断的概念

现代的计算机都具有实时处理功能,能对外界随机(异步)发生的事件做出及时的处理,这就是靠中断技术来实现的。

当CPU正在处理某件事情的时候,外部发生的某一事件(如一个电平的变化,一个脉冲沿的发生或定时器计数溢出等)请求CPU迅速去处理,于是,CPU暂时中止当前的工作,转去处理所发生的事件。中断服务处理完该事件以后,再回到原来被中止的地方,继续原来的工作,这样的过程称为中断,如图5-1所示。实现这种功能的部件称为中断系统(中断机构),产生中断的请求源称为中断源。中断源向CPU提出的处理请求,称为中断请求或中断申请。CPU暂时中止自身的事务,转去处理事件的过程,称为CPU的中断响应

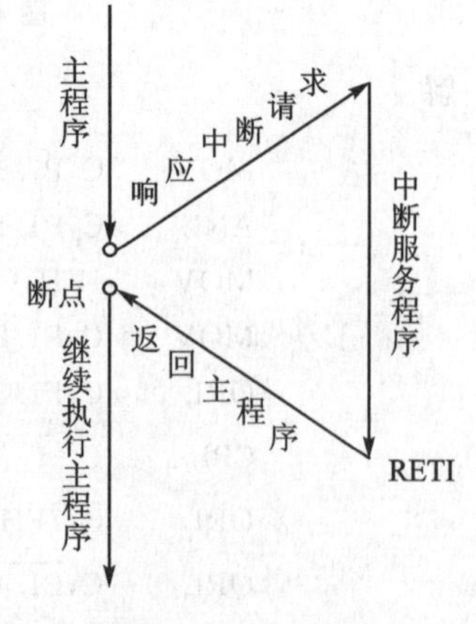

图5-1　中断流程

过程。对事件的整个处理过程,称为中断服务(或中断处理)。处理完毕,再回到原来被中止的地方,称为中断返回。

为帮助读者理解中断操作,这里作个比喻。把CPU比作正在写报告的有限公司总经理,将中断比作电话呼叫。总经理的主要任务是写报告,可是如果电话铃响了(一个中断),她写完正在写的字或句子,然后去接电话。听完电话以后,她又回来从打断的地方继续写。在这个比喻中,电话铃声相当于向总经理请求中断。

从这个比喻中还能对比出程序控制传送方式(无条件传送或查询方式传送)的缺点,如果不设中断请求(电话铃声),我们就会被置于可笑的境地:总经理写了报告中的几个字以后,拿起电话听听对方是否有人呼叫,如果没有,放下电话再写几个字;接着再一次检查这个电话。很明显,这种方法浪费了一个重要的资源——总经理的时间。

这个简单的比喻说明了中断功能的重要性。如果没有中断技术,CPU的大量时间可能会浪费在原地踏步的操作。

### 2. 中断的功能

采用中断技术能实现以下的功能:

#### (1) 分时操作

计算机的中断系统可以使CPU与外设同时工作。CPU在启动外设后,便继续执行主程序;而外设被启动后,开始进行准备工作。当外设准备就绪时,就向CPU发出中断请求,CPU响应该中断请求并为其服务完毕后,返回到原来的断点处继续运行主程序。外设在得到服务后,也继续进行自己的工作。因此,CPU可以使多个外设同时工作,并分时为各外设提供服务,从而大大提高了CPU的利用率和输入/输出的速度。

#### (2) 实时处理

当计算机用于实时控制时,请求CPU提供服务是随机发生的。有了中断系统,CPU就可以立即响应并加以处理。

#### (3) 故障处理

计算机在运行时往往会出现一些故障,如电源断电、存储器奇偶校验出错、运算溢出等。有了中断系统,当出现上述情况时,CPU可及时转去执行故障处理程序,自行处理故障而不必停机。

## 5.2.2 中断系统的硬件结构及中断源

### 1. 硬件结构

89C51单片机中断系统的结构如图5-2所示。89C51单片机有5个中断请求源(89C52单片机有6个),4个用于中断控制的寄存器IE、IP、TCON(用6位)和SCON(用2位),用来控制中断的类型、中断的开/关和各种中断源的优先级别。5个中断源有2个中断优先级,每个中断源可以编程为高优先级或低优先级中断,可以实现二级中断服务程序嵌套。

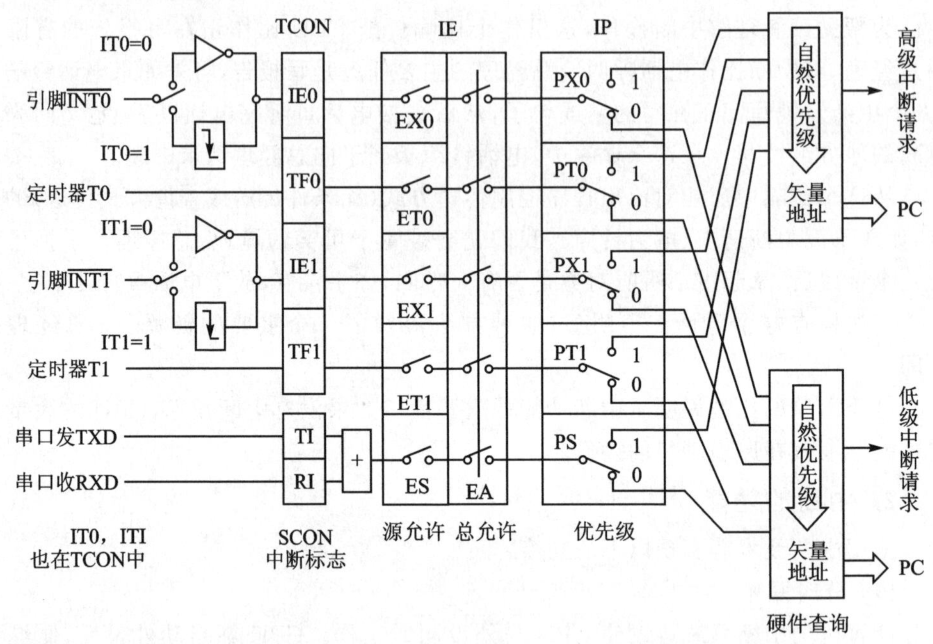


图 5-2 中断系统结构

## 2. 中断源

89C51 单片机有 5 个中断源:2 个外部中断源——$\overline{INT0}$、$\overline{INT1}$;3 个内部中断源——定时器/计数器 T0、T1 溢出中断和串行接口发送(TI)或接收(RI)中断,如图 5-2 所示。

$\overline{INT0}$、$\overline{INT1}$ 由引脚 P3.2 和 P3.3 引入,是外部信号向 89C51 CPU 申请中断的途径;T0、T1 和串行接口中断是单片机内部产生的中断申请信号。

通常,中断源有以下几种:

**(1) I/O 设备**

一般的 I/O 设备(键盘、打印机、A/D 转换器等)在完成自身的操作后,向 CPU 发出中断请求,请求 CPU 为其服务。

**(2) 硬件故障**

例如,电源断电就要求把正在执行的程序的一些重要信息(继续正确执行程序所必需的信息,如程序计数器、各寄存器的内容以及标志位的状态等)保存下来,以便重新供电后能从断点处继续执行。另外,目前绝大多数计算机的 RAM 使用半导体存储器,故电源断电后,必须接上备用电源,以保护存储器中的内容。所以,通常在直流电源上并联大容量的电容器,当断电时,因电容器的容量大,故直流电源电压不会立即变为 0,而是下降得很缓慢,当电压下降到一定值时,就向 CPU 发出中断请求,由计算机的中断系统执行上述各项操作。

**(3) 实时时钟**

在控制中常会遇到定时检测和控制的情况，若用 CPU 执行一段程序来实现延时的话，则在规定时间内，CPU 便不能进行其他任何操作，从而降低了 CPU 的利用率。因此，常采用专门的时钟电路。当需要定时时，CPU 发出命令，启动时钟电路开始计时，待到达规定的时间后，时钟电路发出中断请求，CPU 响应并加以处理。

**(4) 为调试程序而设置的中断源**

一个新的程序编好后，必须经过反复调试才能正确可靠地工作。在调试程序时，为了检查中间结果的正确性或为寻找问题所在，往往在程序中设置断点或单步运行程序，一般称这种中断为自愿中断。而 I/O 设备、硬件故障、实时时钟三种中断是由随机事件引起的中断，称为强迫中断。

### 3. 中断源请求标志

单片机如何了解上述中断源是否申请中断呢？其实中断源向 89C51 的 CPU 申请中断时要做的第一件事就是通过硬件在单片机内做一个“标记”。CPU 通过“标记”了解申请中断的情况，这些“标记”分别记在特殊功能寄存器 TCON、SCON 中。

**(1) TCON 中的中断标志位**

TCON 为定时器/计数器 T0 和 T1 的控制寄存器，同时也锁存 T0 和 T1 的溢出中断标志及外部中断 0 和 1 的中断标志等。与中断有关的位如图 5 - 3 所示。

| | 8FH | 8EH | 8DH | 8CH | 8BH | 8AH | 89H | 88H |
|---|---|---|---|---|---|---|---|---|
| TCON (88H) | TF1 | | TF0 | | IE1 | IT1 | IE0 | IT0 |

**图 5 - 3　TCON 中的中断标志位**

**(2) SCON 中的中断标志位**

SCON 为串行口控制寄存器，其低 2 位锁存串行口的接收中断和发送中断标志 RI 和 TI。SCON 中 TI 和 RI 的格式如图 5 - 4 所示。

| | | | | | | | 99H | 98H |
|---|---|---|---|---|---|---|---|---|
| SCON (98H) | | | | | | | TI | RI |

**图 5 - 4　SCON 中的中断标志位**

## 5.2.3　中断的控制

### 1. 中断开/关(允许/禁止)控制

89C51 对中断源的开放或屏蔽是由中断允许寄存器 IE 控制的。IE 的格式如图 5 - 5 所示。

|  | AFH | AEH | ADH | ACH | ABH | AAH | A9H | A8H |
|---|---|---|---|---|---|---|---|---|
| IE (A8H) | EA |  |  | ES | ET1 | EX1 | ET0 | EX0 |

图 5-5 中断允许控制位

中断允许寄存器 IE 对中断的开放和关闭实现两级控制。所谓两级控制,就是有一个总的开关中断控制位 EA(IE.7),当 EA=0 时,屏蔽所有的中断申请,即任何中断申请都不接受;当 EA=1 时,CPU 开放中断,但 5 个中断源还要由 IE 的低 5 位的各对应控制位的状态进行中断允许控制(见图 5-2)。

## 2. 中断优先级控制

89C51 有两个中断优先级。每一个中断请求源均可编程为高优先级中断或低优先级中断。中断系统中有两个不可寻址的“优先级生效”触发器,一个指出 CPU 是否正在执行高优先级的中断服务程序,另一个指出 CPU 是否正在执行低优先级中断服务程序。这两个触发器为 1 时,则分别屏蔽所有的中断请求。另外,89C51 片内有一个中断优先级寄存器 IP,其格式如图 5-6 所示。

|  |  |  |  | BCH | BBH | BAH | B9H | B8H |
|---|---|---|---|---|---|---|---|---|
| IP (B8H) |  |  |  | PS | PT1 | PX1 | PT0 | PX0 |

图 5-6 中断优先级寄存器 IP 的控制位

有了 IP 的控制,可实现如下功能:

**(1) 按内部查询顺序排队**

通常,系统中有多个中断源,因此就会出现数个中断源同时提出中断请求的情况。这样,就必须由设计者事先根据它们的轻重缓急,为每个中断源确定一个 CPU 为其服务的顺序号。当数个中断源同时向 CPU 发出中断请求时,CPU 根据中断源顺序号的次序依次响应其中断请求。

**(2) 实现中断嵌套**

当 CPU 正在处理一个中断请求时,又出现了另一个优先级比它高的中断请求,这时,CPU 就暂时中止执行对原来优先级较低的中断源的服务程序,保护当前断点,转去响应优先级更高的中断请求,并为其服务。待服务结束,再继续执行原来较低级的中断服务程序。该过程称为中断嵌套(类似于子程序的嵌套),该中断系统称为多级中断系统。二级中断嵌套的中断过程如图 5-7 所示。

**例 5-1** 设 89C51 的片外中断为高优先级,片内中断为低优先级。试设置 IP 相应值。

**解** (a) 用字节操作指令

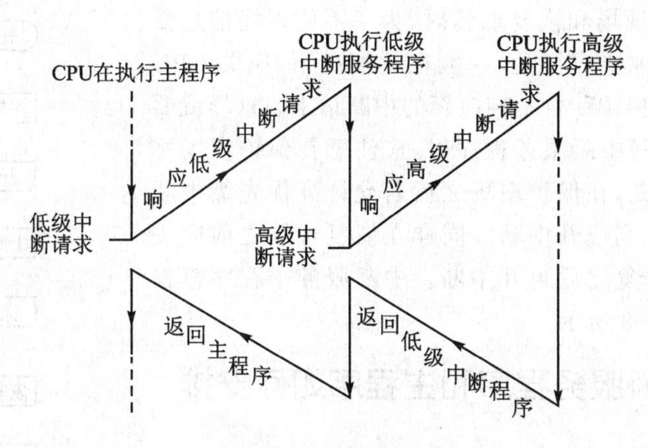


图 5－7　二级中断嵌套

MOV　IP,＃05H 或 MOV　0B8H,＃05H

(b) 用位操作指令

```
SETB   PX0
SETB   PX1
CLR    PS
CLR    PT0
CLR    PT1
```

## 5.2.4　中断处理及中断服务子程序结构

CPU 响应中断结束后即转至中断服务程序的入口。从中断服务程序的第一条指令开始到返回指令为止,这个过程称为中断处理或称中断服务。不同的中断源服务的内容及要求各不相同,其处理过程也就有所区别。一般情况下,中断处理包括两部分内容:一是保护现场,二是为中断源服务。

现场通常有 PSW、工作寄存器、专用寄存器等。如果在中断服务程序中要用这些寄存器,则在进入中断服务之前应将它们的内容保护起来,谓之保护现场;同时在中断结束之后,执行 RETI 指令之前应恢复现场。

中断服务是针对中断源的具体要求进行处理,用户在编写中断服务程序时应注意以下几点:

- 各中断源的入口矢量地址之间,只相隔 8 个单元,一般中断服务程序是容纳不下的,因而最常用的方法是在中断入口矢量地址单元处存放一条无条件转移指令,而转至存储器其他的任何空间去;
- 若要在执行当前中断程序时禁止更高优先级中断,应用软件关闭 CPU 中断,或屏蔽更高级中断源的中断,在中断返回前再开放中断;

● 在保护现场和恢复现场时,为了不使现场信息受到破坏或造成混乱,一般在此情况下,应关CPU中断,使CPU暂不响应新的中断请求。这样就要求在编写中断服务程序时,应注意在保护现场之前关中断,在保护现场之后若允许高优先级中断打断它,则应开中断。同样在恢复现场之前应关中断,恢复之后再开中断。中断服务子程序流程如图5-8所示。

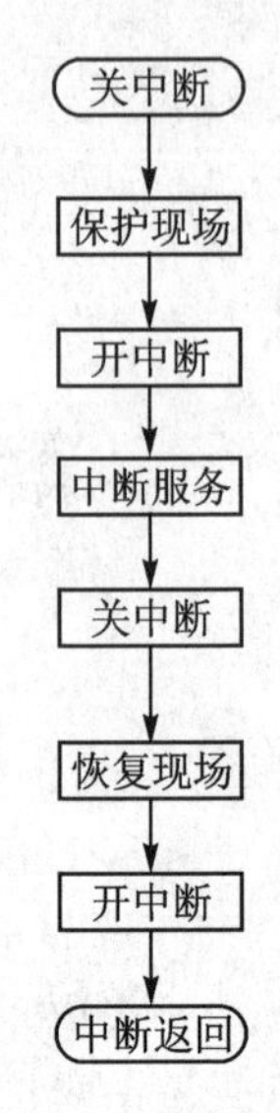


**图5-8 中断服务子程序流程图**

## 5.2.5 中断服务程序和主程序如何安排

### 1. 主程序

#### (1) 主程序的起始地址

MCS-51系列单片机复位后,(PC)=0000H,而0003H~002BH分别为各中断源的入口地址。所以,编程时应在0000H处写一条跳转指令(一般为跳转指令),使CPU在执行程序时,从0000H跳过各中断源的入口地址。主程序则是以跳转的目标地址作为起始地址开始编写,一般从0030H开始,如图5-9所示。

#### (2) 主程序的初始化内容

所谓初始化,是对将要用到的89C51系列单片机内部部件进行初始工作状态设定。89C51系列单片机复位后,特殊功能寄存器IE和IP的内容均为00H,所以应对IE和IP进行初始化编程,以开放CPU中断,允许某些中断源中断和设置中断优先级等。

### 2. 中断服务程序

#### (1) 中断服务程序的起始地址

当CPU接收到中断请求信号并予以响应后,CPU把当前的PC内容压入栈中进行保护,然后转入相应的中断服务程序入口处执行。MCS-51系列单片机的中断系统对五个中断源分别规定了各自的入口地址,但这些入口地址相距很近(仅8个字节)。如果中断服务程序的指令代码少于8个字节,则可从规定的中断服务程序入口地址开始,直接编写中断服务程序;若中断服务程序的指令代码大于8个字节,则应采用与主程序相同的方法,在相应的入口处写一条跳转指令,并以跳转指令的目标地址作为中断服务程序的起始地址进行编程。

以$\overline{\text{INT0}}$为例,中断矢量地址为0003H,中断服务程序从0200H开始,如图5-10所示。

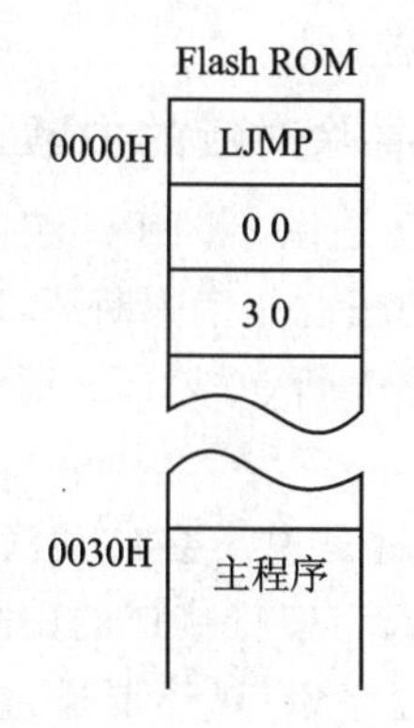


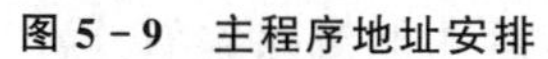
图 5-9 主程序地址安排

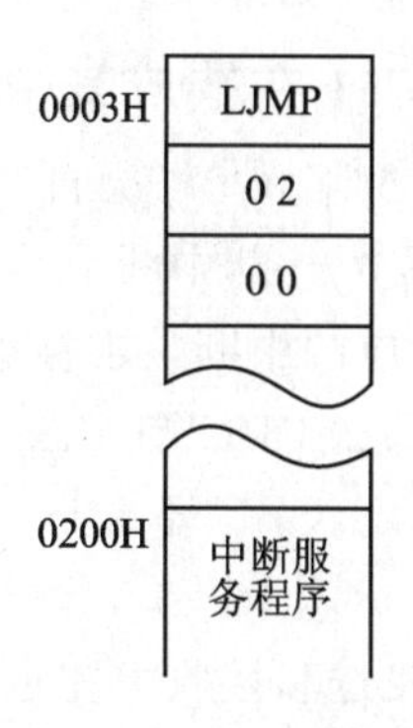


图 5-10 中断服务程序地址

**(2) 中断服务程序编制中的注意事项**

- 确定是否保护现场。
- 及时清除那些不能被硬件自动清除的中断请求标志，以免产生错误的中断。
- 中断服务程序中的压栈(PUSH)与弹栈(POP)指令必须成对使用，以确保中断服务程序的正确返回。
- 主程序和中断程序之间的参数传递与主程序和子程序的参数传递方式相同。

# 5.3 一些难点问题的讨论

## 5.3.1 中断响应时间及中断请求标志的撤销

### 1. 关于中断响应时间

所谓中断响应时间是指从查询中断请求标志位到转向中断区入口地址所需的机器周期数。89C51 单片机的最短响应时间为 3 个机器周期。其中中断请求标志位查询占 1 个机器周期。而这个机器周期又恰好是指令的最后一个机器周期，在这个机器周期结束后，中断即被响应，需 2 个机器周期，总计 3 个机器周期。中断响应最长时间为 8 个机器周期。若中断标志查询时，刚好是开始执行 RET、RETI 或访问 IE、IP 的指令，则需把当前指令执行完再继续执行一条指令后，才能进行中断响应。执行 RET、RETI 或访问 IE、IP 的指令最长需 2 个机器周期。而如果继续执行的那条指令恰好是 MUL(乘)或 DIV(除)指令，则又需 4 个机器周期。从而形成了 8 个机器周期的最长响应时间。

在一般情况下，外中断响应时间都是大于 3 个机器周期而小于 8 个机器周期。当然，如果出现同级或高级中断正在响应或服务中需等待的时候，那么响应时间就无法计算了。

在一般应用情况下，中断响应时间的长短通常无须考虑。只有在精确定时的应用场合,才需要知道中断响应时间,以保证精确的定时控制。

**2. 89C51在响应某中断请求后是否会自动清除对应的中断请求标志**

一般情况下,CPU会自动影响TCON的内容,也就是说,当CPU响应了外部中断0、定时器0、外部中断1、定时器1这4个中断源中的任意一个中断请求后,会立即自动地将对应的中断请求标志位清零。但是,如果外部中断0(或1)的请求方式是低电平触发,那么CPU则无法自动清零。

可以肯定,CPU不会自动影响SCON的内容,也就是说不会自动清除串行收/发中断请求标志RI和TI,这么设计是有其道理的。因为串行接口的中断服务包含两个内容:发送和接收。在进入串行接口的中断处理程序以后,还要通过识别RI和TI的状态来判定是执行接收操作还是发送操作,然后才能清除它们。所以,89C51单片机的中断系统将清除串行接口中断请求标志位的任务交给软件来完成。

## 5.3.2 关于中断请求的撤销

CPU响应某中断请求后,在中断返回(RETI)之前,该中断请求应该撤销,否则会引起另一次中断。89C51各中断源请求撤销的方法各不相同,分别为:

- 定时器0和定时器1的溢出中断。CPU在响应中断后,就由硬件自动清除TF0或TF1标志位,即中断请求自动撤销,无须采取其他措施。
- 外部中断请求的撤销与设置的中断触发方式有关。对于边沿触发方式的外部中断,CPU在响应中断后,也是由硬件自动将IE0或IE1标志位清除的,也无需采取其他措施。
- 串行接口的中断。CPU响应后,硬件不能自动清除TI和RI标志位,因此在CPU响应中断后,必须在中断服务程序中,用软件来清除相应的中断标志位,以撤销中断请求。

**1. 方案一**

对于电平触发方式的外部中断,在硬件上,CPU对$\overline{INT0}$和$\overline{INT1}$引脚的信号完全没有控制。

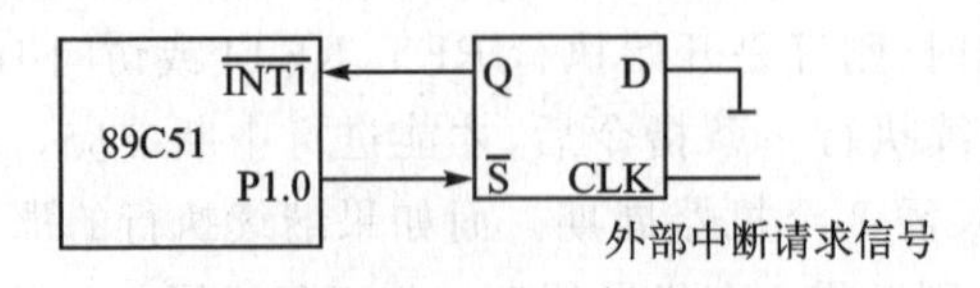


图5-11 撤销外部中断请求方案

如图5-11所示是一种可行的方案。外部中断请求信号不直接加在$\overline{INT1}$引脚上,而是加在D触发器的CLK时钟端。由于D端接地,当外部中断请求的正脉冲信号出现在CLK端时,D触发器置0使$\overline{INT1}$有效,向CPU发出中断请求。CPU响应中断后,利用一根接口线作为应答线,图中的P1.0接D触发器的S端,在中断服务程序中用下面2条指令撤销中断请求:

```
ANL    P1,#0FEH    ;使P1.0输出0
```

```
ORL        P1,#01H        ;使P1.0输出1
```

这2条指令执行后,使P1.0输出一个负脉冲,其持续时间为2个机器周期,足以使D触发器置位,而撤销端口外部中断请求。

第二条指令是不可少的,否则,D触发器的S端始终有效,而$\overline{\text{INT}}$端始终为1,无法再次中断。

## 2. 方案二

采用电平触发的目的主要是为了保证能够有效地采集到外部中断信号。因为$\overline{\text{INTx}}$引脚每个机器周期波采样一次,若采取边沿触发方式,则引脚处的高电平和低电平值应至少各保持一个机器周期,才能确保CPU检测到电平的跳变,将中断请求标志IE置1。因此,在外部中断请求信号持续较长的时间时,采用边沿触发方式较为合适;而在外部中断请求信号持续较短的时间时,采用电平沿触发方式较为合适。如果不能确定外部中断请求信号的持续时间,则采用图5-12所示的电路和电平沿触发方式较为合适,但这种方案多占用了1条I/O口线,并且多用了2条指令。

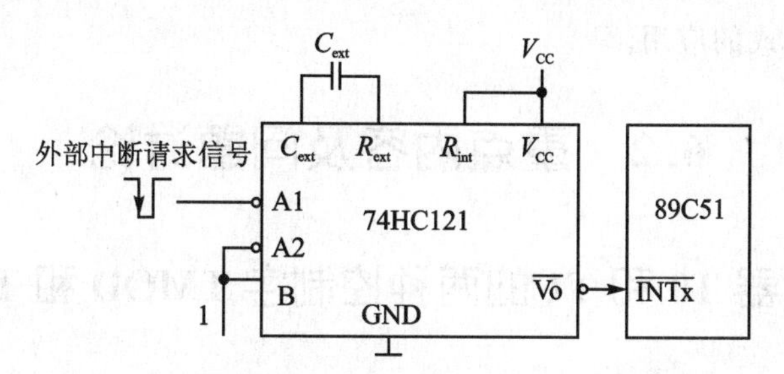


**图5-12　使用单稳态触发器的外部中断请求方案**

在不能确定外部中断请求信号的持续时间时,为了确保单片机对外部中断请求信号的响应,可使用如图5-12所示的方案:使用一个不可重复的、边沿触发的单稳态触发器(如74HC121),将外部中断请求信号放大,但仍采取边沿触发方式,这样中断请求可自动撤除。与采用电平触发方式相比,软件方面得到简化,同时节省了一根I/O口线,这在接口线紧张时更有意义。这个电路还有一个特别的优点:即使确定外部中断请求信号的持续时间短于一个机器周期,该电路也能保证单片机响应外部中断。

图5-12中,74HC121使用的是内部电阻$R_{\text{ext}}$(约为2 kΩ),因此$C_{\text{ext}}$取1 000 pF电容,就可使输出脉冲的宽度满足89C51对外部中断信号长度的要求。若将A1、A2接地,B端输入触发脉冲,还可将上升沿作为外部中断请求信号触发74HC121。

# 第6章 89C51定时器及应用

## 6.1 学习目的及要求

- 熟悉89C51内部两个16位定时器/计数器T0和T1的硬件结构及其与CPU的关系。
- 掌握T0和T1的两种工作方式(即计数方式与定时方式),四种工作模式(即计数器长度)。
- 牢记TMOD和TCON各位的含意,学会定时器控制及应用方法;掌握定时器四种模式的应用。

## 6.2 重点内容及问题讨论

### 6.2.1 定时器T0和T1的两种控制字TMOD和TCON

**1. TMOD**

工作模式控制寄存器TMOD不能位寻址,只能用字节设置定时器工作模式,低半字节设定T0,高半字节设定T1,如图6-1所示。

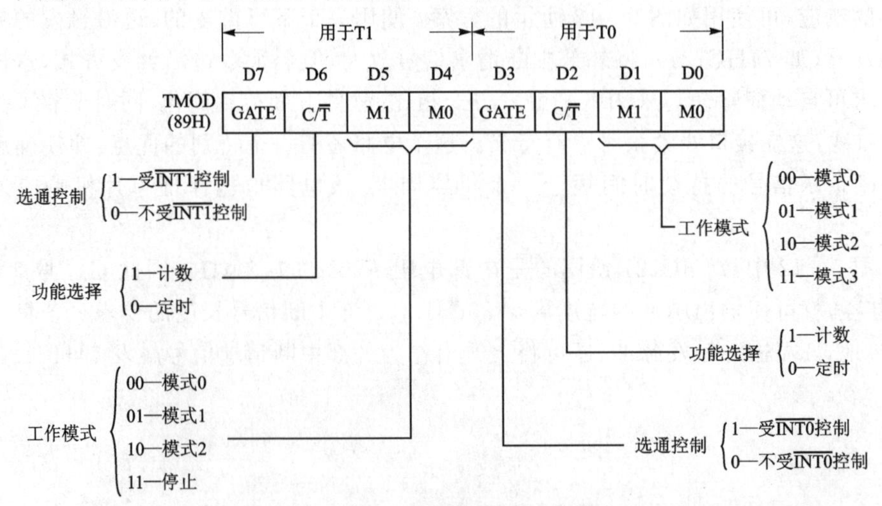


图6-1 TMOD各位定义及具体的意义

### 2. TCON

定时器控制寄存器 TCON 可字节寻址，也可位寻址，其控制功能及溢出标志如图 6-2 所示。

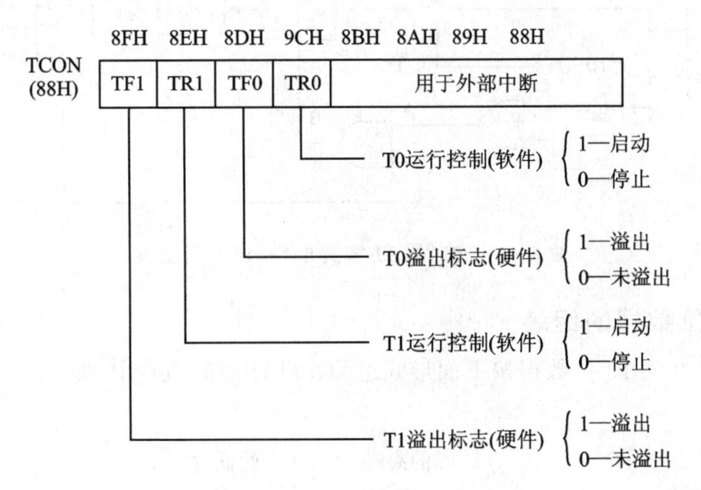


**图 6-2　TCON 各位定义及具体的意义**

## 6.2.2　模式 0

### 1. 电路结构

模式 0 是由选择定时器(T0 或 T1)的高 8 位或低 5 位组成的一个 13 位定时器/计数器。图 6-3 是 T0 在模式 0 时的逻辑电路结构(请读者记住该电路结构，以便于编程应用)。

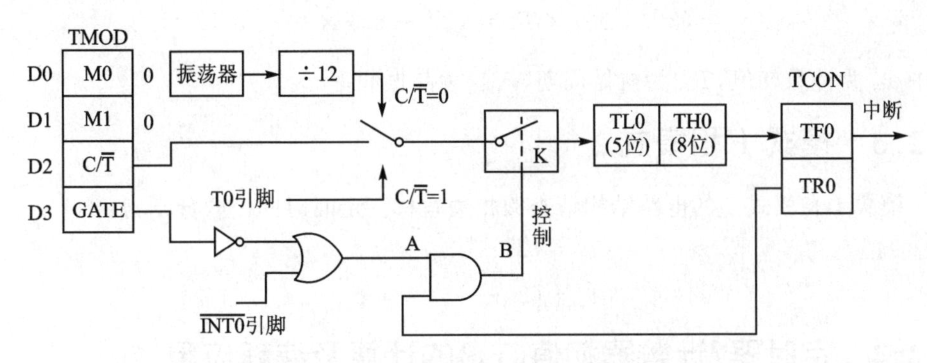


**图 6-3　定时器 T0 模式 0——13 位计数器**

T1 模式 0 的电路结构与 T0 模式 0 的电路结构相同，只是 $\overline{INT0}$ 引脚要换为 $\overline{INT1}$，如图 6-4 所示。

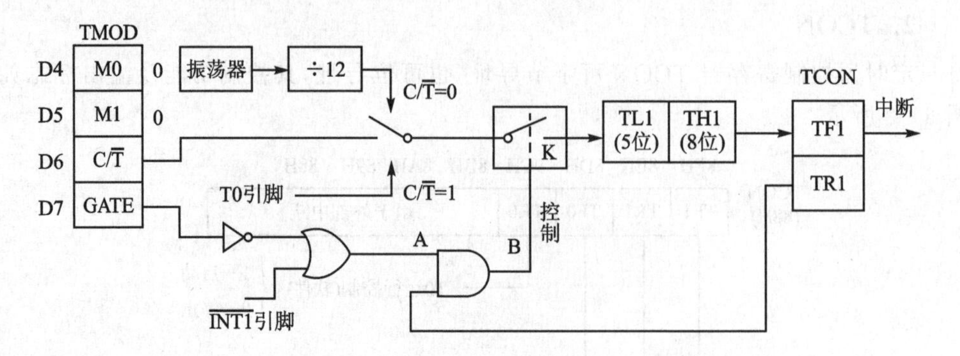


图 6-4 定时器 T1 模式 0——13 位计数器

### 2. 13 位数据的组装

T0 模式 0 的 13 位数据按下面形式组装在 TH0 和 TL0 中,即

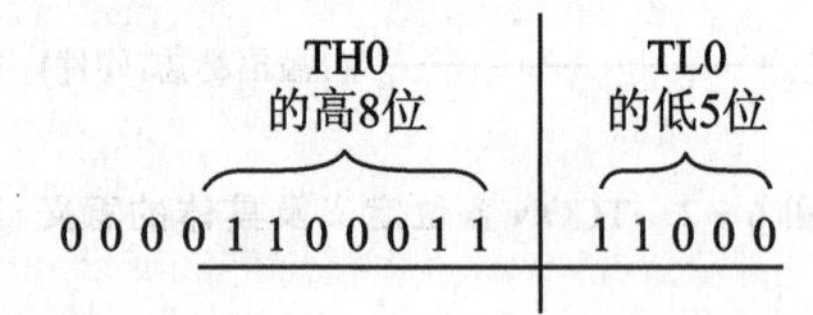


则 T0 中的数据为 0C78H。

### 3. 定时时间公式

在图 6-4 中,$C/\overline{T}=0$ 时,控制开关接通振荡器 12 分频输出端,T1 对机器周期计数。这就是定时工作方式。其定时时间为

$$t_0=(2^{13}-x_0)\times T_m=(2^{13}-x_0)\times\frac{1}{f_{OSC}}\times 12$$

式中 $x_0$ 为计数初值,$T_m$ 为机器周期,$f_{OSC}$ 为晶振频率。

## 6.2.3 模式 1 和模式 2

模式 1 和模式 2 的电路结构请查阅相关教材。定时时间公式分别为:

$$t_1=(2^{16}-x_0)\times T_m$$

$$t_2=(2^{8}-x_0)\times T_m$$

## 6.2.4 定时器/计数器初值($x_0$)的计算及编程应用

T0 和 T1 在系统复位后均为 00H,若需要改变其计数个数,则要预先设置初值($x_0$)。

### 1. 定时器/计数器在各种工作方式下的最大计数和最长定时

#### (1) 最大计数值

模式 0：$2^{13}=8\ 192$

模式 1：$2^{16}=65\ 536$

模式 2、3：$2^{8}=256$

#### (2) 最长定时

设 $f_{OSC}=6$ MHz，则一个机器周期 $T_{m}=12/6$ MHz$=2\ \mu s$

模式 0：$t_{max}=2^{13}\times T_{m}=16.384$ ms

模式 1：$t_{max}=2^{16}\times T_{m}=131.072$ ms

模式 2、3：$t_{max}=2^{8}\times T_{m}=0.512$ ms

### 2. 初值计算

#### (1) 作计数器时

初值 $x_0'$=最大计数值－计数个数 $X$

#### (2) 作定时器时

初值 $x_0'$=最大计数值－(定时时间 $t$/机器周期 $T_m$)

### 3. 编程步骤

使用定时器/计数器首先要对其进行初始化。初始化内容包括：

❶ 设置控制字 TMOD，用户应根据实际需要的定时时间或计数值选择相应的工作模式；

❷ 装初值；

❸ 启动定时器/计数器(软件或外部信号)；

❹ 开中断。

## 6.3 难点讨论

### 6.3.1 GATE 位的讨论

TMOD 中 GATE 位(见图 6－3)为门控位。该位的状态(0 或 1)决定定时器 T0/T1 运行控制取决于 TR0/TR1 一个条件，还是 TR0/TR1 和 $\overline{\text{INT0}}$/$\overline{\text{INT1}}$ 引脚两个条件。

#### 1. GATA=0 时

GATE=0 时，使"或"门输出 A 点电位保持为 1，"或"门被封锁，于是，引脚 $\overline{\text{INT0}}$ 输入信号无效。这时，"或"门输出的 1 打开"与"门。B 点电位取决于 TR0 的状态，于是，由 TR0 一位就可控制计数开关 K，开启或关断 T0。

$$TR0=\begin{cases}1 & \text{T0 运行(计数)} \\ 0 & \text{T0 停止计数}\end{cases}$$

## 2. GATA=1时

当GATE=1时,A点电位取决于$\overline{INT0}$(P3.2)引脚的输入电平。仅当$\overline{INT0}$输入高电平且TR0=1时,B点才是高电平,计数开关K闭合,T0开始计数;当$\overline{INT0}$由1变0时,T0停止计数。这一特性可以用来测量在$\overline{INT0}$端出现的正脉冲的宽度。

当图6-4为定时器T1时,$\overline{INT0}$引脚即改为$\overline{INT1}$。

$\overline{INT0}$和TR0是与的关系,即

$$B=(\overline{INT0})\cdot(TR0)$$

如图6-5所示。

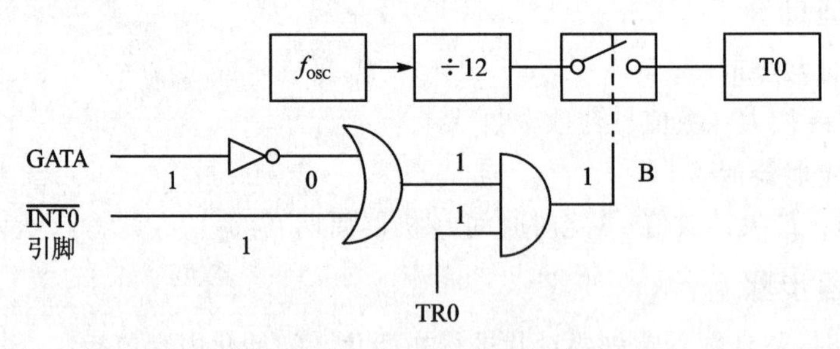


图6-5 T0的定时方式

**例6-1** 应用门控位GATE测照相机快门打开时间。

**解** 此题实际上就是要求测出INT0引脚上出现的正脉冲宽度。T0应工作在定时方式。TMOD的门控位GATE为1且运行控制位TR0(或TR1)为1时,定时器/计数器的启动和关闭受外部中断引脚信号INT0(INT1)控制。为此在初始化程序中使T0工作于模式1,置GATE=1,TR1=1;一旦$\overline{INT0}$(P3.2)引脚出现高电平时,T1开始对机器周期$T_m$计数,直到$\overline{INT0}$出现低电平,T0停止计数;然后读出T0的计数值乘以$T_m$。测试过程如图6-6所示。

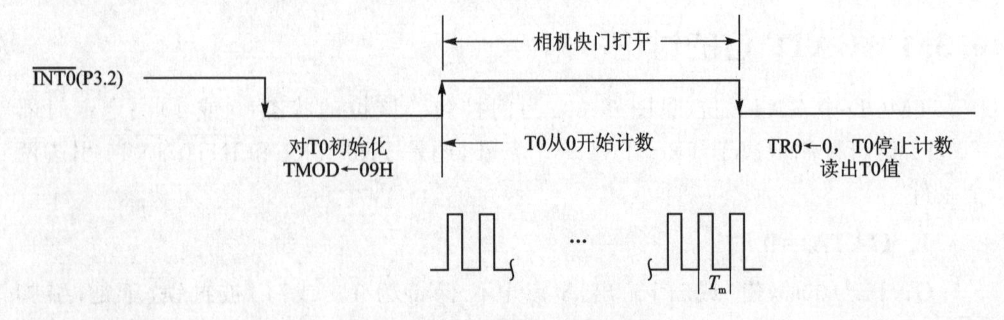


图6-6 测相机快门时间原理

程序：

```
BEGIN:  MOV  TMOD,#09H          ;T0为定时器模式1,GATE置1
        MOV  TL0,#00H
        MOV  TH0,#00H
WAIT1:  JB   P3.2  WAIT1        ;等待INT0变低
        SETB TR0                ;为启动T0作好准备
WAIT2:  JNB  P3.2, WAIT2        ;等待正脉冲到,并开始计数
WAIT3:  JB   P3.2, WAIT3        ;等待INT0变低
        CLR  TR0                ;停止T0计数
        MOV  R0, #70H
        MOV  @R0,TL0            ;存放TL0的计数值
        INC  R0
        MOV  @R0,TH0            ;存放TH0的计数值
        SJMP $
```

## 6.3.2　模式 3

模式 3 只适用于 T0。

定时器 T1 无工作模式 3 状态，若将 T1 设置为模式 3，就会使 T1 立即停止计数，也就是保持住原有的计数值，作用相当于使 TR1＝0，封锁"与"门，断开计数开关 K。

若将 T0 设置为模式 3，则 TL0 和 TH0 将被分成为两个相互独立的 8 位计数器，如图 6－7 所示。

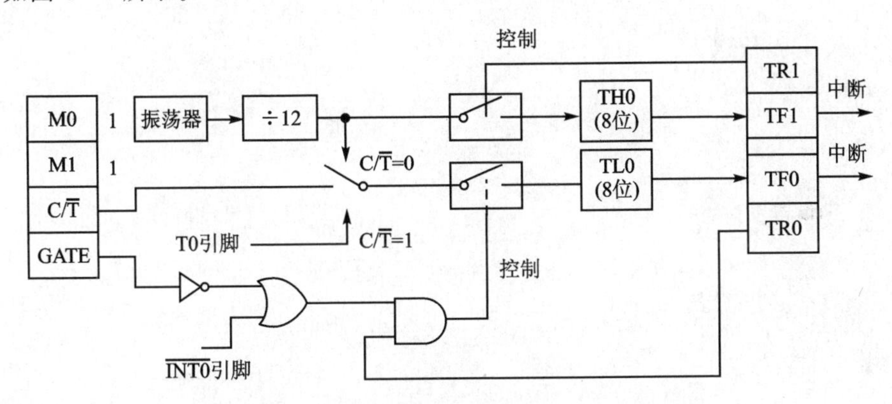


图 6－7　T0 模式 3 结构：分成两个 8 位计数器

其中，TL0 用原 T0 的各控制位、引脚和中断源，即 C/$\overline{T}$、GATE、TR0、TF0、T0(P3.4)引脚以及 $\overline{\text{INT0}}$(P3.2)引脚。TL0 除仅用 8 位寄存器外，其功能和操作与模式 0(13 位计数器)、模式 1(16 位计数器)完全相同。TL0 也可工作在定时器方式或计数器方式。

TH0只可用作简单的内部定时功能(见图6-7上半部分)。它占用了定时器T1的控制位TR1和T1的中断标志位TF1,其启动和关闭仅受TR1的控制。

在定时器T0用作模式3时,T1仍可设置为模式0~2,如图6-8所示。由于TR1和TF1被定时器T0占用,计数器开关K已被接通,此时,仅用T1控制位C/$\overline{T}$切换其定时器或计数器工作方式就可使T1运行。计数器(8位、13位或16位)溢出时,只能将输出送入串行接口或用于不需要中断的场合。一般情况下,当定时器T1用作串行接口波特率发生器时,定时器T0才设置为工作模式3。此时,常把定时器T1设置为模式2,用作波特率发生器,如图6-8(b)所示。

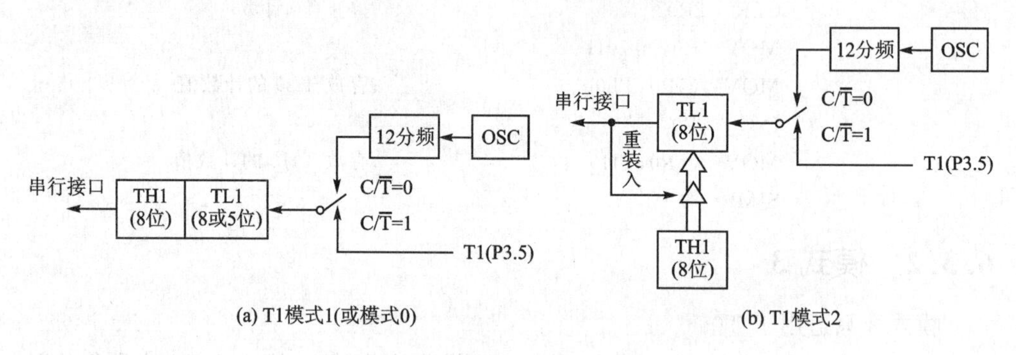


图6-8 T0模式3下的T1结构

# 第7章 89C51串行接口及串行通信技术

## 7.1 学习目的及要求

- 熟悉数据通信中的并行/串行、同步/异步、单工/双工以及波特率等概念。
- 掌握双机通信时要有协议的原因以及通信协议的主要内容。
- 熟悉89C51串行接口的基本结构,熟练掌握串行接口控制寄存器SCON各个位的含意及其控制功能。
- 熟练掌握89C51串行接口的4种工作方式及其实际应用,熟悉不同工作方式下的波特率公式。
- 熟悉RS-232C、RS-422A/RS-485标准接口总线及串行通信硬件的设计。
- 熟悉串行接口中断的概念及89C51—89C51间接收/发送程序的设计思想。熟悉多机通信的基本原理及硬件系统。
- 了解89C51与PC机间通信的硬件系统及软件设计。

## 7.2 重点内容及问题讨论

### 7.2.1 89C51串行接口的结构及工作原理

89C51串行接口内部结构很复杂,图7-1给出了89C51工作于方式1时串行接口的功能简图和相应的时序图。

89C51通过引脚RXD(P3.0,串行数据接收端)和引脚TXD(P3.1,串行数据发送端)与外界进行通信。其内部结构简化示意图如图7-2所示。图中有两个物理上独立的接收/发送缓冲器SBUF,它们占用同一地址99H,可同时发送/接收数据。发送缓冲器只能写入,不能读出;接收缓冲器只能读出,不能写入。

串行发送与接收的速率与移位时钟同步。89C51用定时器T1作为串行通信的波特率发生器,T1溢出率经2分频(或不分频)后,又经16分频作为串行发送或接收的移位脉冲。移位脉冲的速率即是波特率。

从图7-2中可看出,接收器是双缓冲结构,在前一个字节被从接收缓冲器SBUF读出之前,第二个字节即开始被接收(串行输入至移位寄存器),但是,在第二

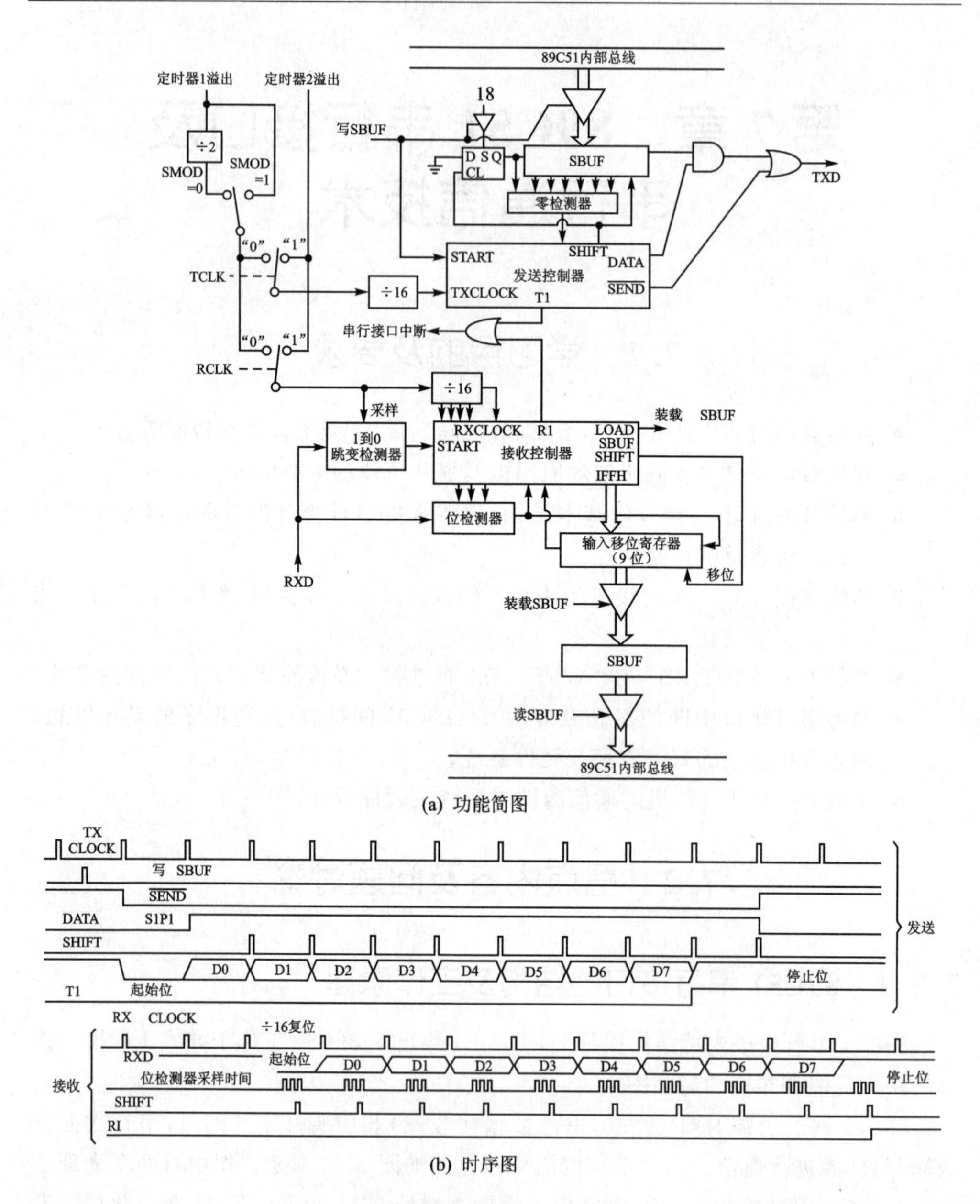


(a) 功能简图

(b) 时序图

图 7-1 串行接口方式 1

个字节接收完毕而前一个字节 CPU 未读取时，会丢失前一个字节。

串行接口的发送/接收都是以特殊功能寄存器 SBUF 的名义进行读/写的。当向 SBUF 发"写"命令时(执行"MOV SBUF,A"指令)，即向发送缓冲器 SBUF 装载数据，并开始由 TXD 引脚向外发送一帧数据，发送完便发送中断标志位 TI=1。

在满足串行口接收中断标志位 RI(SCON.0)=0 的条件下，置允许接收位 REN

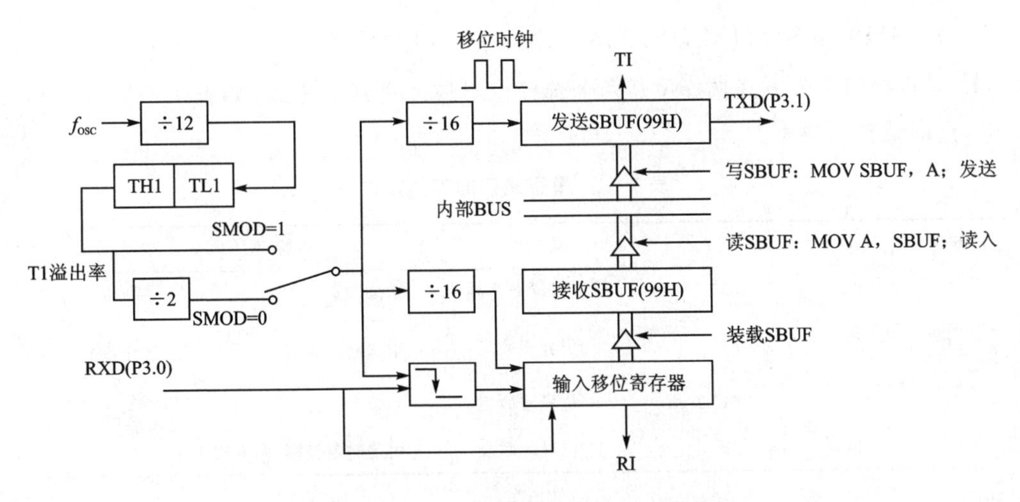


图 7－2　串行接口内部结构示意简图

(SCON.4)＝1，将会接收一帧数据进入移位寄存器，并装载到接收 SBUF 中，同时使 RI＝1。当发"读"SBUF 命令时(执行"MOV　A，SBUF"指令)，便由接收缓冲器(SBUF)取出信息并通过 89C51 内部总线送 CPU。

对于发送缓冲器，因为发送时 CPU 是主动的，不会产生重叠错误，一般不需要用双缓冲器结构来保持最大传送速率。

## 7.2.2　串行接口控制寄存器 SOCN

直接控制串行接口的只有一个控制寄存器 SOCN，其各个位的控制功能如图 7－3 所示。

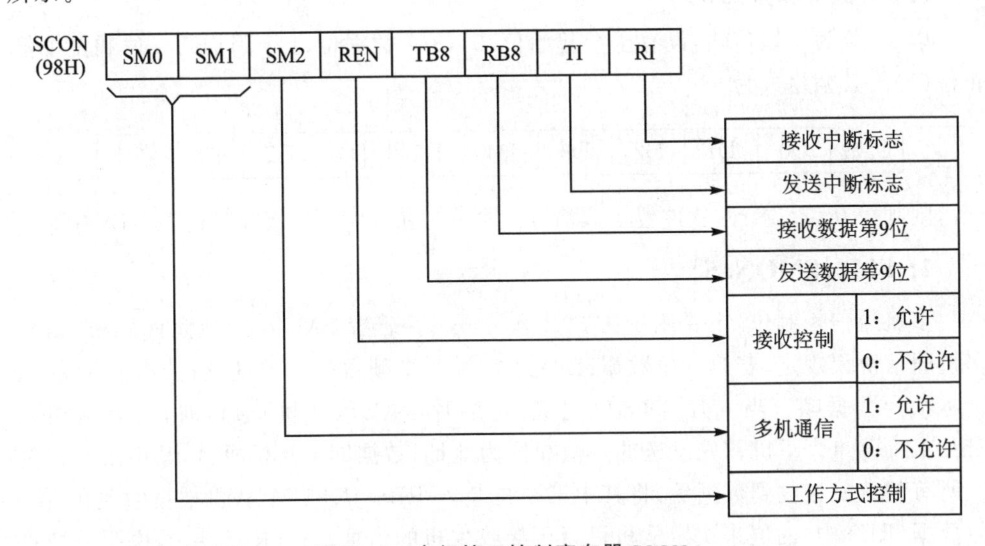


图 7－3　串行接口控制寄存器 SCON

### 1. SM0 和 SM1(SCON.7,SCON.6)

串行接口工作方式选择位。两个选择位对应 4 种通信方式,如表 7-1 所示,其中,$f_{OSC}$ 是振荡频率。

表 7-1 串行接口的工作方式

| SM0 | SM1 | 工作方式 | 说明 | 波特率 |
|---|---|---|---|---|
| 0 | 0 | 方式 0 | 同步移位寄存器 | $f_{OSC}/12$ |
| 0 | 1 | 方式 1 | 10 位异步收发 | 由定时器控制:$\frac{2^{SMOD}}{32}\times$(T1 溢出率) |
| 1 | 0 | 方式 2 | 11 位异步收发 | $f_{OSC}/32$ 或 $f_{OSC}/64$ |
| 1 | 1 | 方式 3 | 11 位异步收发 | 由定时器控制:同方式 1 |

**(1) 方式 0**

以 8 位数据为一帧,不设起始位和停止位,先发送或接收最低位。其帧格式为

| … | D0 | D1 | D2 | D3 | D4 | D5 | D6 | D7 | … |
|---|---|---|---|---|---|---|---|---|---|

**(2) 方式 1**

以 10 位为一帧传输,设有 1 个起始位(0),8 个数据位和 1 个停止位(1)。其帧格式为

| 起始 | D0 | D1 | D2 | D3 | D4 | D5 | D6 | D7 | 停止 |
|---|---|---|---|---|---|---|---|---|---|

**(3) 方式 2 和方式 3**

以 11 位为 1 帧传输,设有 1 个起始位(0),8 个数据位,1 个附加第 9 位和 1 个停止位(1)。其帧格式为

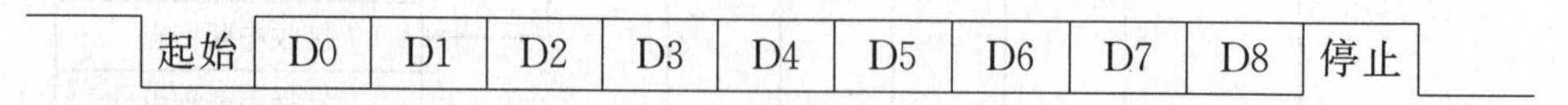


附加第 9 位(D8)由软件置 1 或清 0。发送时在 TB8 中,接收时送入 RB8 中。

### 2. SM2(SMON.5)

多机通信控制位,主要用于方式 2 和方式 3。若置 SM2=1,则允许多机通信。多机通信协议规定,若第 9 位数据(D8)为 1,说明本帧数据为地址帧;若第 9 位为 0,则本帧为数据帧。当一片 89C51(主机)与多片 89C51(从机)通信时,所有从机的 SM2 位都置 1。主机首先发送的一帧数据为地址,数据即某从机机号,其中第 9 位为 1,所有的从机接收到数据后,将其中第 9 位装入 RB8 中。各个从机根据收到的第 9 位数据(RB8 中)的值来决定从机可否再接收主机的信息。若(RB8)=0,说明是数据帧,则接收中断标志位 RI=0,信息丢失;若(RB8)=1,说明是地址帧,数据装入

SBUF并置RI=1,中断所有从机,被寻址的目标从机清除SM2以接收主机发来的一帧数据,其他从机仍然保持SM2=1。

若SM2=0,则不属于多机通信情况,接收一帧数据后,不管第9位数据是0还是1,都置RI=1,接收到的数据装入SBUF中。

根据SM2这个功能,可实现多个89C51应用系统的串行通信。

在方式1时,若SM2=1,则只有接收到有效停止位时,RI才置1,以便接收下一帧数据;在方式0时,SM2必须是0,RI才置1。

### 3. REN(SCON.4)

允许接收控制位。由软件置1或清0,只有当REN=1时才允许接收,相当于串行接收的开关;若REN=0,则禁止接收。

在串行通信接收控制过程中,如果满足RI=0和REN=1(允许接收)的条件,就允许接收,一帧数据就装载入接收SBUF中。

### 4. TB8(SCON.3)

发送数据的第9位(D8)并装入TB8中。在方式2或方式3中,根据发送数据的需要由软件置位或复位。在许多通信协议中可用作奇偶校验位,也可在多机通信中作为发送地址帧或数据帧的标志位。对于后者,TB8=1,说明该帧数据为地址;TB8=0,说明该帧数据为数据字节。在方式0或方式1中,该位未用。

### 5. RB8(SCON.2)

接收数据的第9位。在方式2或方式3中,接收到的第9位数据放在RB8位。根据约定,第9位是奇/偶校验位,或是地址/数据标识位。在方式2或方式3多机通信中,若SM2=1,RB8=1,说明收到的数据为地址帧。

在方式1中,若SM2=0(即不是多机通信情况),RB8中存放的是已接收到的停止位;在方式0中,该位未用。

### 6. TI(SCON.1)

发送中断标志。在一帧数据发送完时被置位。在方式0串行发送第8位结束或其他方式串行发送到停止位的开始时由硬件置位,可用软件查询。它同时也申请中断,TI置位意味着向CPU提供“发送缓冲器SBUF已空”的信息,CPU可以准备发送下一帧数据。串行口发送中断被响应后,TI不会自动清0,必须由软件清0。

### 7. RI(SCON.0)

接收中断标志。在接收到一帧有效数据后由硬件置位。在方式0中,第8位数据发送结束时,由硬件置位;在其他3种方式中,当接收到停止位中间时由硬件置位。RI=1,申请中断,表示一帧数据接收结束,并已装入接收SBUF中,要求CPU取走数据。CPU响应中断,取走数据。RI也必须由软件清0,清除中断申请,并准备接收下一帧数据。

串行发送中断标志 TI 和接收中断标志 RI 是同一个中断源,CPU 事先不知道是发送中断 TI 还是接收中断 RI 产生的中断请求,所以,在全双工通信时,必须由软件来判别。

复位时,SCON 所有位均清 0。

表 7-2 列出了串行接口方式 1、方式 3 常用波特率及 T1 的初值。

**表 7-2 常用波特率与其他参数选取关系**

| 串行接口工作方式 | 波特率/($b \cdot s^{-1}$) | $f_{OSC}$/MHz | 定时器 T1 | | | |
|---|---|---|---|---|---|---|
| | | | SMOD | C/$\overline{T}$ | 模 式 | 定时器初值 |
| 方式 0 | 1M | 12 | × | × | × | × |
| 方式 2 | 375k | 12 | 1 | × | × | × |
| | 187.5k | 12 | 0 | × | × | × |
| 方式 1 和方式 3 | 62.5k | 12 | 1 | 0 | 2 | FFH |
| | 19.2k | 11.059 | 1 | 0 | 2 | FDH |
| | 9.6k | 11.059 | 0 | 0 | 2 | FDH |
| | 4.8k | 11.059 | 0 | 0 | 2 | FAH |
| | 2.4k | 11.059 | 0 | 0 | 2 | F4H |
| | 1.2k | 11.059 | 0 | 0 | 2 | E8H |
| | 137.5 | 11.059 | 0 | 0 | 2 | 1DH |
| | 110 | 12 | 0 | 0 | 1 | FEEBH |
| 方式 0 | 0.5M | 6 | × | × | × | × |
| 方式 2 | 187.5k | 6 | 1 | × | × | × |
| 方式 1 和方式 3 | 19.2k | 6 | 1 | 0 | 2 | FEH |
| | 9.6k | 6 | 1 | 0 | 2 | FDH |
| | 4.8k | 6 | 0 | 0 | 2 | FDH |
| | 2.4k | 6 | 0 | 0 | 2 | FAH |
| | 1.2k | 6 | 0 | 0 | 2 | F3H |
| | 0.6k | 6 | 0 | 0 | 2 | E6H |
| | 110 | 6 | 0 | 0 | 2 | 72H |
| | 55 | 6 | 0 | 0 | 1 | FEEBH |

## 7.2.3　RS－232C 标准接口总线

利用 89C51 单片机的串行口与 PC 机的串行口 COM1 或 COM2 进行串行通信，将单片机采集的数据传送到 PC 机中，由 PC 机的高级语言或数据库语言对数据进行整理及统计等复杂处理；或者实现 PC 机对远程前沿单片机的控制。

在实现计算机与计算机、计算机与外设间的串行通信时，通常采用标准通信接口，这样就能很方便地把各种计算机、外部设备、测量仪器等有机地连接起来，进行串行通信。RS－232C 是由美国电子工业协会(EIA)正式公布的，在异步串行通信中应用最广的标准总线(C 表示此标准修改了 3 次)。它包括按位串行传输的电气和机械方面的规定，适用于短距离或带调制解调器的通信场合。为了提高数据传输率和通信距离，EIA 又公布了 RS－422、RS－423 和 RS－485 串行总线接口标准。

### 1. 采用 1488 和 1489 电平转换芯片实现 89C51 与 PC 机通信

利用 PC 机配置的异步通信适配器，可以很方便地完成 PC 机与 89C51 单片机的数据通信。PC 机与 89C51 单片机通信最简单的连接是零调制三线经济型，这是进行全双工通信所必需的数目最少的线路。

由于 89C51 单片机输入、输出电平为 TTL 电平，而 PC 机配置的是 RS－232C 标准串行接口，二者的电气规范不一致，因此，要完成 PC 机与单片机的数据通信，必须进行电平转换。图 7－4 所示为 PC 机与 89C51 单片机的接口电路图。

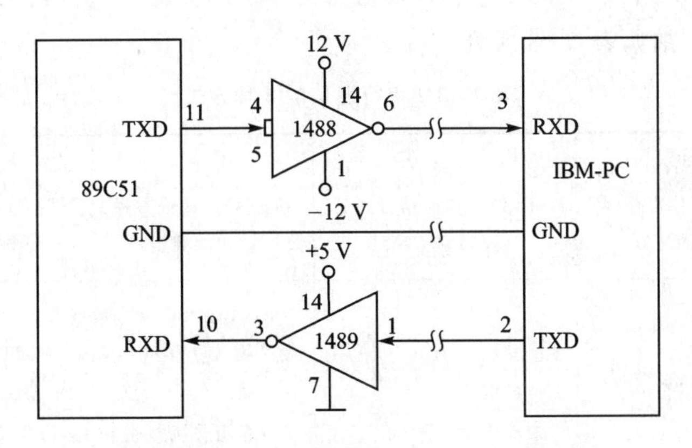


**图 7－4　PC 机与单片机串行通信接口线路图**

### 2. 采用单电源芯片 MAX232 实现 89C51 与 PC 机的通信

从 MAX232 芯片中两路发送接收中任选一路作为接口。要注意其发送、接收的引脚要对应。如使 $T1_{IN}$ 接单片机的发送端 TXD，则 PC 机的 RS－232 的接收端 RXD 一定要对应接 $T1_{OUT}$ 引脚。同时，$R1_{OUT}$ 接单片机的 RXD 引脚，PC 机的 RS－232 的发送端 TXD 对应接 $R1_{IN}$ 引脚。其接口电路如图 7－5 所示。

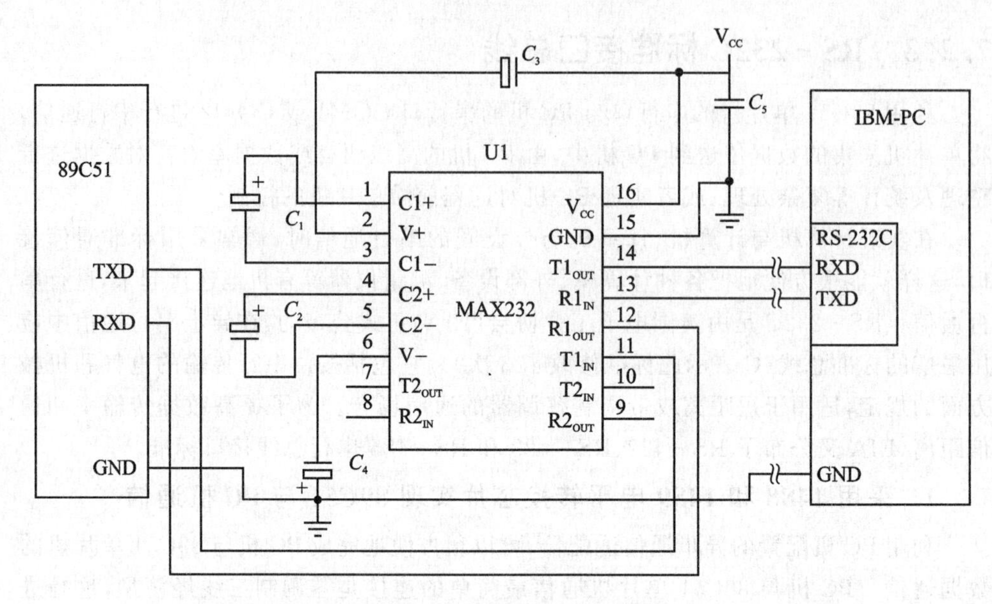


注:$C_1 \sim C_4$ 要用钽电容(独石电容效果不好),电容要尽量靠近MAX232。

**图7-5 采用MAX232接口的串行通信电路图**

## 7.2.4 89C51全双工的异步通信接口4种工作方式小结

4种方式归纳如表7-3所列。

**表7-3 串行通信的4种方式**

| | 方式0<br>8位移位寄存器<br>输入输出方式 | 方式1<br>10位异步通信方式<br>波特率可变 | 方式2<br>11位异步通信方式<br>波特率固定 | 方式3<br>11位异步通信方式<br>波特率可变 |
|---|---|---|---|---|
| 一帧数据格式 | 8位数据 | 1个起始位“0”<br>8个数据位<br>1个停止位“1” | 1个起始位“0”,9个数据位,1个停止位“1”<br>发送第9位由SCON的TB8提供<br>接收第9位存于SCON的$RB_8$位<br>第9位可作为校验位,亦可作为多机通信的地址/数据特征位 | |
| 波特率 | 固定为$\frac{f_{OSC}}{12}$ | 波特率可变<br>$=\frac{2^{SMOD}}{32}\times$(T1溢出率)<br>$=\frac{2^{SMOD}}{32}\times\frac{f_{OSC}}{12(256-x)}$ | 波特率固定<br>$=\frac{2^{SMOD}}{64}f_{OSC}$ | 波特率可变<br>$=\frac{2^{SMOD}}{32}\times$(T1溢出率)<br>$=\frac{2^{SMOD}}{32}\times\frac{f_{OSC}}{12(256-x)}$ |

续表 7－3

| | 方式 0<br>8 位移位寄存器<br>输入输出方式 | 方式 1<br>10 位异步通信方式<br>波特率可变 | 方式 2<br>11 位异步通信方式<br>波特率固定 | 方式 3<br>11 位异步通信方式<br>波特率可变 |
|---|---|---|---|---|
| 引脚功能 | TXD 输出 $\frac{f_{OSC}}{12}$ 频率的同步脉冲<br>RXD 作为数据的输入、输出端 | TXD 数据输出端<br>RXD 数据输入端 | 同方式 1 | 同方式 1 |
| 应用 | 常用于扩展 I/O 口 | 两机通信 | 多用于多机通信 | 多用于多机通信 |

在串行通信的编程中，如果是方式 1 和方式 3，初始化程序中必须对定时计数器 T1 进行初始化编程以选择波特率。发送程序应注意先发送再检查状态 TI；而接收程序应注意先检查状态 RI 再接收，即发送过程是先发后查，而接收过程是先查后收。无论发送前或接收前都应该先将 TI 或 RI 状态清零，因为无论是查询方式还是中断方式，发送或接收后都不会自动清状态标志，必须用程序将 TI 和 RI 清 0。

### 7.2.5　关于串行接口的编程讨论

串行通信的编程有两种方式：查询方式和中断方式。两种方式中当发送或接收数据后都要注意清 TI 或 RI。

#### 1. 查询方式

查询方式的发送数据块子程序流程如图 7－6(a)所示，查询方式的接收数据块子程序流程如图 7－6(b)所示。

#### 2. 中断方式

中断方式对 TI 和 SCON 的初始化同查询方式对 TI 和 SCON 的初始化，不同的是要置位 EA(中断总开关)和 ES(允许串行中断)，中断方式的发送和接收的流程如图 7－7(a)和(b)所示。

### 7.2.6　点对点通信编程举例

**例 7－1**　将 89C51 的 RXD(P3.0)和 TXD(3.1)短接，P1.0 接一个发光二极管(如图 7－8 所示)，编一个串口自发自收(查询方式)通信程序，检查本单片机的串行接口是否完好。$f_{OSC}$＝12 MHz，波特率＝600，取 SMOD＝0。

**解**　波特率$=\frac{1}{32}\times\frac{f_{OSC}}{12(256-x)}$

T1 初值 $x=204=$CCH

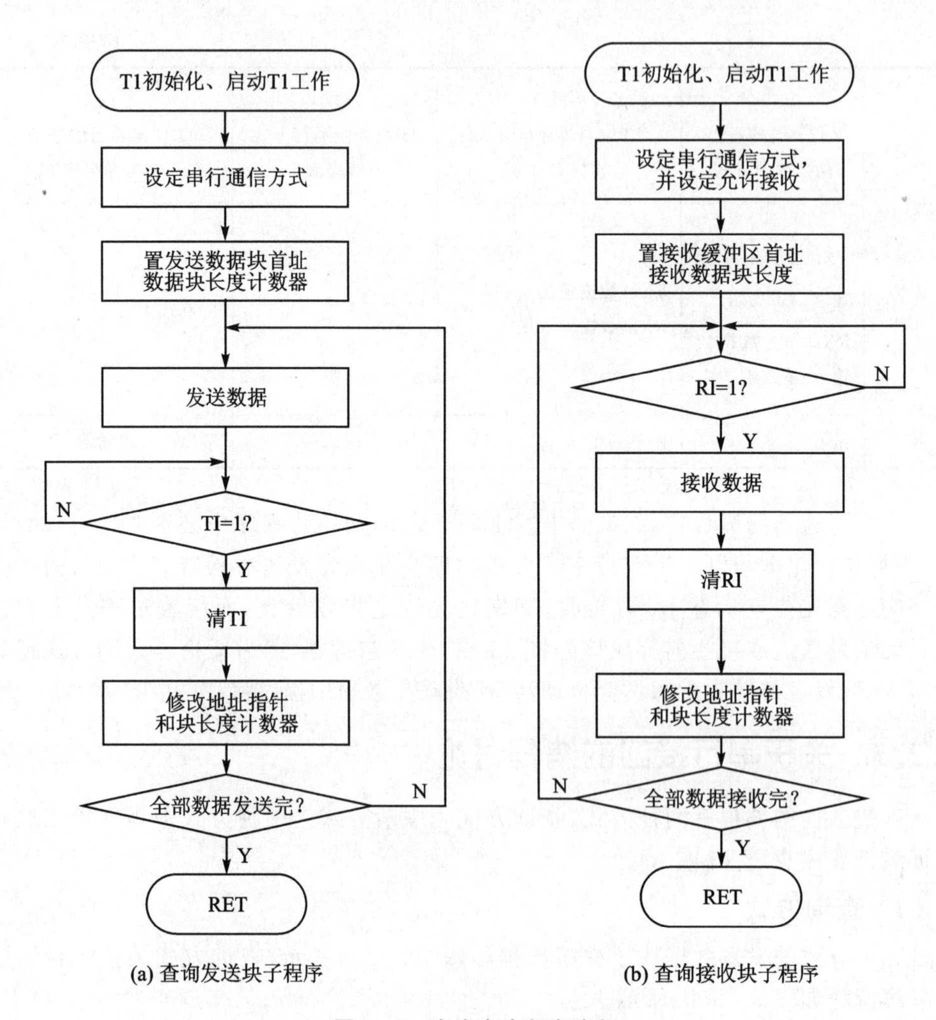


(a) 查询发送块子程序　　(b) 查询接收块子程序

图 7-6 查询方式程序流程

串行接口自检(查询方式)程序如下:

```
START:MOV     TMOD,#20H       ;T1 工作于模式 2
      MOV     TH1,#0CCH
      MOV     TL1,#0CCH       ;设置 T1 初值
      SETB    TR1             ;启动 T1
      MOV     SCON,#50H       ;串行接口工作方式 1,允许接收
ABC:  CLR     TI
      MOV     P1,#0FEH        ;LED 灭
      ACALL   DAY             ;延时
      MOV     A,#0FFH
      MOV     SBUF,A          ;发送数据 FFH
      JNB     RI,$            ;RI≠1 等待
```

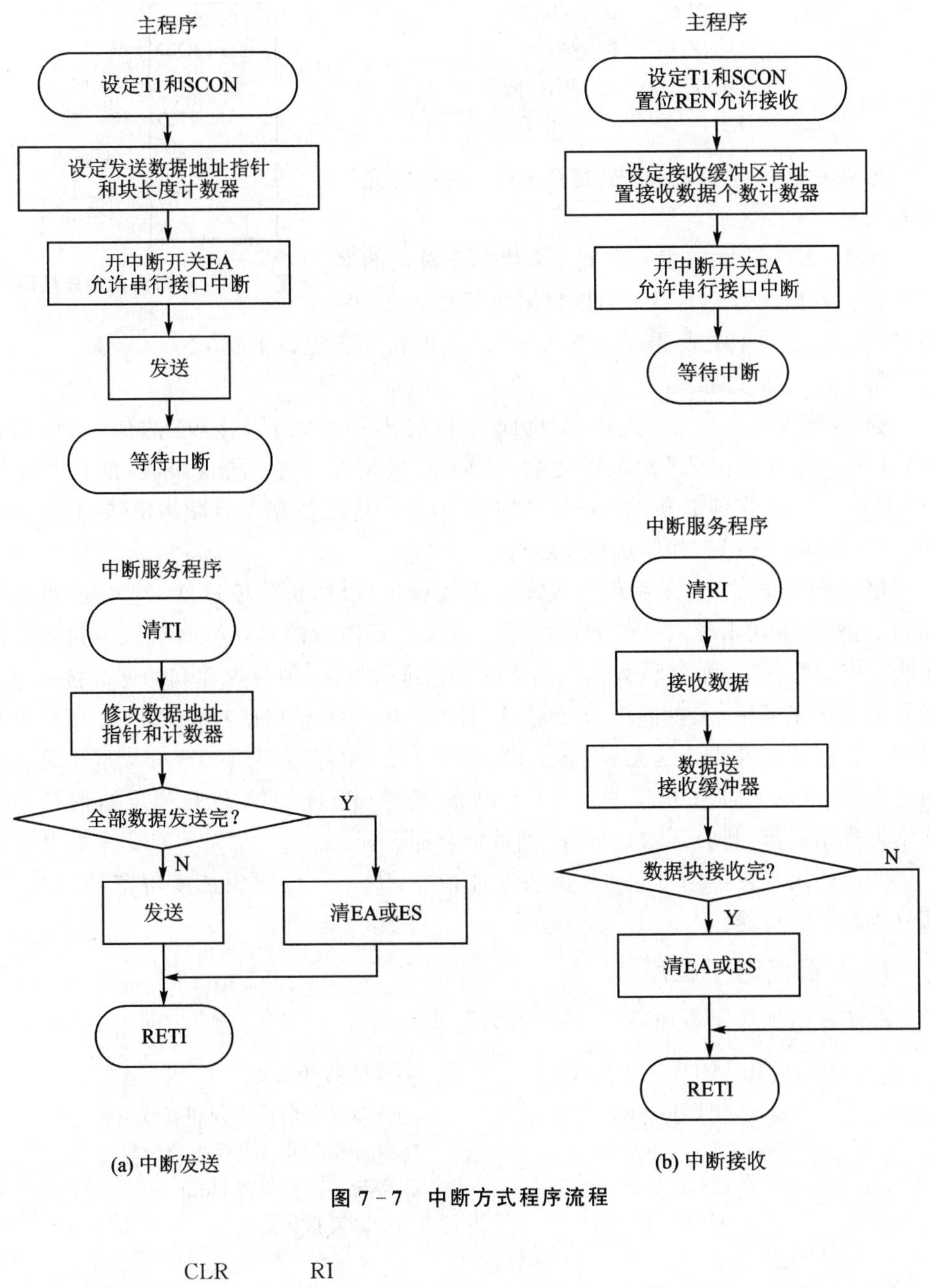


图 7－7　中断方式程序流程

```
        CLR     RI
        MOV     A,SBUF          ;接收数据,A=FFH
        MOV     P1,A            ;灯亮
        ACALL   DAY             ;延时
        SJMP    ABC
DAY:    MOV     R6,#0FFH
```

```
DAL:    MOV     R7,#0FFH
        DJNZ    R7,$
        DJNZ    R6,DAL
        RET
```

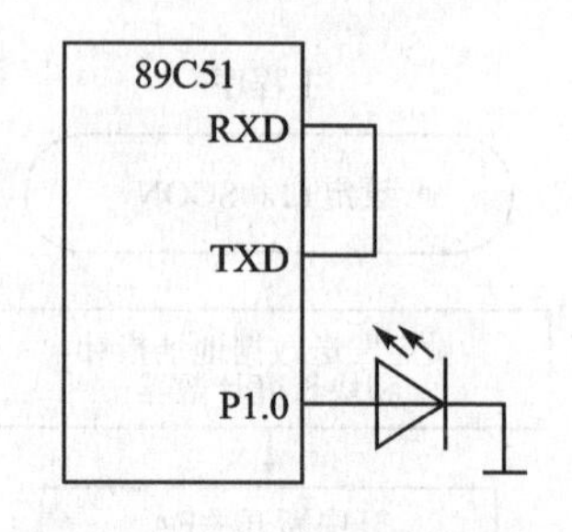


图7-8 点对点通信连接图

如果发送接收正确,可观察到P1.0接的发光二极管闪亮。

**例7-2** 设计A(发)、B(收)单片机点对点的通信程序。数据块首地址为50H,数据块长度为16字节(即10H)。设双方晶振频率都为6 MHz,波特率选定为1 200 b/s。

**解** 通信协议如下:

❶ 数据块传送之前,先由A机向B机发出一个“请求接收”的信号(用数据AAH表示),当B机收到“AA”之后,再向A机反馈一个“同意接收”的回答信号(BBH);当A机收到B机的“BB”后才能开始正式传送数据。若联络出错,则在各自的LED上显示EEH,并停止程序运行。

❷ 数据传送之中,采用串口方式1(无校验位)以加快传输速度,但另配“部分累加和”的校验方式来核对所传数据块是否正确。具体做法是:A、B机双方每发送或接收一字节数据后,都将该数据与前面的数据进行累加(但只保存和的低8位),待全部数据传送完毕后,A机再传送“部分累加和”(仅一字节数据)给B机,由B机进行对比。若相等则说明传送无误,马上向A机反馈“相等”信号(00H);若不相等则说明有误码,也马上向A机反馈一个“不相等”信号(FFH)。A机收到反馈信号00H则结束程序运行;若收到的是FFH则重传全部数据。

所用通用寄存器:R0——数据块地址指针;R1——数据块长度寄存器;R2——部分累加和寄存器。

## 1. A机发送子程序

发送数据预置于累加器A,累加校验和放入R2。

```
SENT:   MOV SBUF,A          ;发送A中数据
        ADD A,R2            ;A数据与前面部分和进行累加
        MOV R2,A            ;保存新的累加和低8位
        JNB TI,$            ;等待一帧数据发送完
        CLR TI              ;清除发送标志
        RET
```

## 2. B机接收子程序

接收数据放入以R0为地址的片内RAM中,累加校验和放入R2。

```
RE:     JNB RI,$            ;等待一帧数据传入
        CLR RI              ;有数据传入则立即清除接收标志RI
```

```
        MOV A,SBUF
        MOV @R0,A                 ;保存数据
        ADD A,R2                  ;该数据与前面部分和进行累加
        MOV R2,A                  ;保存新的累加和的低8位
        RET
```

### 3. 显示A中数据子程序

将A中两位十六进制数据拆分后分别送入P1和P2连接的两位七段显示器显示。本子程序用到了DPTR,但A的内容仍保留。

```
LED2:   PUSH ACC                  ;保护现场
        PUSH ACC                  ;再次暂存A中数据以备拆字之用
        MOV DPTR,#SEGPT
        ANL A,#0F0H               ;将A拆分,以便显示
        SWAP A
        MOVC A,@A+DPTR
        MOV P1,A                  ;将A的高4位送显示
        POP ACC
        ANL A,#0FH
        MOVC A,@A+DPTR
        MOV P2,A                  ;将A的低4位送显示
        POP ACC                   ;恢复现场
        RET
SEGPT:  DB 40H,79H,24H,30H,19H,12H,2,78H,0,18H,8,3,46H,21H,6,0EH
```

### 4. A机发送主程序如下:

```
        MOV SCON,#50H             ;串行接口工作方式1,允许接收
        MOV PCON,#0               ;取SMOD=0
        MOV TMOD,#20H             ;定时器T1工作于模式2
        MOV TH1,#0F3H             ;波特率1 200 b/s,fOSC=6 MHz,则T1
                                  ;计数初值为F3H
        MOV TL1,#0F3H
        SETB TR1                  ;启动T1
LOOP1:  MOV A,#0AAH               ;联络信号AA送A
        MOV SBUF,A                ;发送联络信号AA
        ACALL LED2                ;调显示子程序,显示联络信号AA
        JNB TI,$                  ;等待发送完
        CLR TI                    ;发送完,清TI
        JNB RI,LOOP1              ;等待B机应答
        CLR RI                    ;B机应答后,清RI
```

```
          MOV A,SBUF            ;接收B机应答信号
          CJNE A,#0BBH,ERROR    ;应答正确否? 不正确转ERROR
          ACALL LED2            ;应答正确,显示应答信号BB,开始发送数据
          MOV R0,#50H           ;置发送数据区首址
          MOV R1,#10H           ;置发送数据字节长度
          MOV R2,#00H           ;累加和寄存器清0
LOOP2:    MOV A,@R0             ;取一字节数据
          ACALL SENT            ;发送一字节数据
          INC R0                ;修改数据区地址指针
          DJNZ R1,LOOP2         ;数据块未发送完,继续发送
          MOV SBUF,R2           ;数据块发送完,发送校验和
          JNB TI,$              ;等待发送完
          CLR TI                ;发送完,清TI
          JNB RI,$              ;等待B机回传校验信号
          CLR RI                ;B机回传后,清RI
          MOV A,SBUF            ;读入回传数据
          JZ LOOP3              ;B机校验正确,转LOOP3,显示OO并结束
          MOV A,#0FFH           ;校验出错,显示FF并结束
          SJMP LOOP3
ERROR:    MOV A,#0EEH           ;联络出错,显示EE并结束
LOOP3:    ACALL LED2
          SJMP $
SENT:     ……
          RET
LED2:     ……
          RET
```

**5. B机接收主程序如下:**

```
          MOV SCON,#50H         ;串行接口工作于方式1,允许接收
          MOV PCON,#00H         ;取SMOD=0
          MOV TMOD,#20H         ;定时器T1工作于模式2
          MOV TH1,#0F3H
          MOV TL1,#0F3H         ;波特率1200 b/s,fOSC=6 MHz,T1计数
                                ;初值为F3H
          SETB TR1              ;启动T1
          JNB RI,$              ;等待接收A机联络信号
          MOV A,SBUF            ;读入联络信号
          CJNE A,#0AAH,ERROR1   ;联络信号是AA吗? 不是转ERROR1
          MOV A,#0BBH           ;联络信号是AA,应答信号BB送A
```

```
         MOV SBUF,A              ;发送应答信号 BB
         JNB TI,$                ;等待发送完
         CLR TI                  ;发送完,清 TI
         ACALL LED2              ;显示应答信号 BB
         CLR RI                  ;此动作一定要滞后(清 RI)!
         MOV R0,#50H             ;置接收数据区首址
         MOV R1,#10H             ;置接收数据字节长度
         MOV R2,#00H             ;累加和寄存器清 0
LOOP4:   ACALL RE                ;接收一字节数据
         INC R0                  ;修改地址指针
         DJNZ R1,LOOP4           ;数据块未接收完转 LOOP4,继续接收
         JNB RI,$                ;接收完,等待接收 A 机发来的校验和
         CLR RI                  ;接收到校验和,清 RI
         MOV A,SBUF              ;读入接收校验和
         CJNE A,02H,ERROR2       ;收发两边校验和相等吗?不等转 ERROR2
         MOV A,#00H              ;相等,00 送 A,转 LOOP5
         SJMP LOOP5              ;发送、显示校验正确标志 00,并结束
ERROR1:  MOV A,#0EEH             ;联络出错,EE 送 A
         CLR RI                  ;清 RI
         ACALL LED2              ;显示 EE 并结束
         SJMP $
ERROR2:  MOV A,#0FFH             ;校验出错,FF 送 A
LOOP5:   MOV SBUF,A              ;发送、显示校验出错标志 FF,并结束
         ACALL LED2
         JNB TI,$
         CLR TI
         SJMP $
RE:      ……
         RET
LED2:    ……
         RET
```

**例 7-3**　甲乙两机按工作方式1进行串行数据通信,甲乙双方的 $f_{OSC}=11.059$ MHz,波特率为2 400 b/s,甲机将片外RAM 300H~301H单元的内容向乙机发送,先发送数据块长度,再发送数据。甲机数据全部发送完后,向乙机发送一个累加校验和。乙机接收数据进行累加和校验,若与甲机发送的累加和一致,发送数据AAH,表示接收正确;若不一致,发送数据BBH,甲机接收BBH后,重发数据,请编写程序。

**解**

系统时钟频率 $f_{OSC}=11.059$ MHz,由表7-2可知。当波特率为2 400 b/s时,

取 SMOD=0,T1 的计数初值为 F4H。

约定 R6 作为数据长度计数器,计数 32 字节。采用减 1 计数,初值取 0,R5 作为累加和寄存器。

## 1. 甲机发送数据块子程序:

```
TRT:  MOV    TMOD,#20H        ;定时器 T1 工作于模式 2
      MOV    TH1,#0F4H
      MOV    TL1,#0F4H        ;置 T1 计数初值
      SETB   TR1              ;启动 T1
      MOV    SCON,#50H        ;串行接口初始化为方式 1,允许接收
RPT:  MOV    DPTR,#3000H
      MOV    R6,#20H          ;R6 为发送数据块字节长度 32
      MOV    R5,#00H          ;R5 存放累加和,置初值 00H
      MOV    SBUF,R6          ;发送数据块字节长度
L1:   JBC    TI,L2            ;发送完,清 TI,转 L2
      AJMP   L1               ;未发送完,等待
L2:   MOVX   A,@DPTR          ;读取数据
      MOV    SBUF,A           ;发送数据
      ADD    A,R5             ;形成累加和送 R5
      MOV    R5,A
      INC    DPTR             ;修改地址指针
L4:   JBC    TI,L3            ;数据发送完,清 TI,转 L3
      AJMP   L4               ;未发送完,等待
L3:   DJNZ   R6,L2            ;全部数据发送完?未发送完,继续发送
      MOV    SBUF,R5          ;发送完,发送累加和(校验码)
L6:   JBC    TI,L5            ;发送完,清 TI,转 L5
      AJMP   L6               ;未发送完,等待
L5:   JBC    RI,L7            ;等乙机回答,乙机应答后清 RI,转 L7
      AJMP   L5               ;否则等待
L7:   MOV    A,SBUF
      JZ     L8               ;应答正确返回
      AJMP   RPT              ;应答有错,重发
L8:   RET
```

## 2. 乙机接收数据块子程序

乙机接收甲机发送的数据,并写入以 3000H 为首地址的片外数据存储器中。首先接收数据长度,然后接收数据。当接收 32 字节后,接收校验码,进行累加和校验。数据传送结束时,向甲机发送一个状态字节,表示传送正确或出错。

接收程序的约定同发送程序。

接收程序清单：

```
RSU：  MOV    TMOD,＃20H        ;T1工作于模式2
       MOV    TH1,＃0F4H
       MOV    TL1,＃0F4H        ;置T1初值
       SETB   TR1               ;启动T1
       MOV    SCON,＃50H        ;串行接口初始化方式1,允许接收
RPT：  MOV    DPTR,＃3000H      ;置接收缓冲区首址
L0：   JBC    RI,L1             ;等待接收字节长度,接收到,清RI
       AJMP   L0                ;未接收到,等待
L1：   MOV    A,SBUF
       MOV    R6,A              ;接收字节长度送R6
       MOV    R5,＃00H          ;累加和寄存器清0
WTD：  JBC    RI,L2             ;等待接收数据,接收到,清RI
       AJMP   WTD               ;未接收到,等待
L2：   MOV    A,SBUF            ;接收数据
       MOVX   @DPTR,A           ;接收数据存入数据缓冲区
       INC    DPTR              ;修改地址指针
       ADD    A,R5
       MOV    R5,A              ;计算累加和(校验码)
       DJNZ   R6,WTD            ;数据未接收完,继续接收
L5：   JBC    RI,L4             ;接收完,接收对方发来的累加和(校验码)
       AJMP   L5
L4：   MOV    A,SBUF
       XRL    A,R5              ;接收的校验码和计算的校验码是否相同?
       JZ     L6                ;相同,则正确转L6
       MOV    SBUF,＃0BBH       ;不同,则出错,发送出错标志BBH
L8：   JBC    TI,L7             ;发送完,清TI,转L7
       AJMP   L8                ;未发送完,等待
L7：   AJMP   RPT               ;重新接收数据
L6：   MOV    SBUF,＃0AAH       ;正确回送标志AAH
L9：   JBC    TI,L10            ;发送完返回
       AJMP   L9
L10：  RET
```

**例7-4**　利用串行接口方式0扩展I/O接口,同时接8个数码管,使片内RAM30H～37H单元的内容(非压缩的BCD数)依次显示在8个数码管上。数码管为共阴极,字形码"0"～"F"列在表TBA中。

**解**　由于TXD、RXD运行在工作方式0时,可方便地连接串入并出移位寄存器74LS164,TXD发送移位脉冲,RXD发送数据,P1.0用于显示器的输入控制,通过

74LS164 接 8 个数码管,电路如图 7-9 所示。

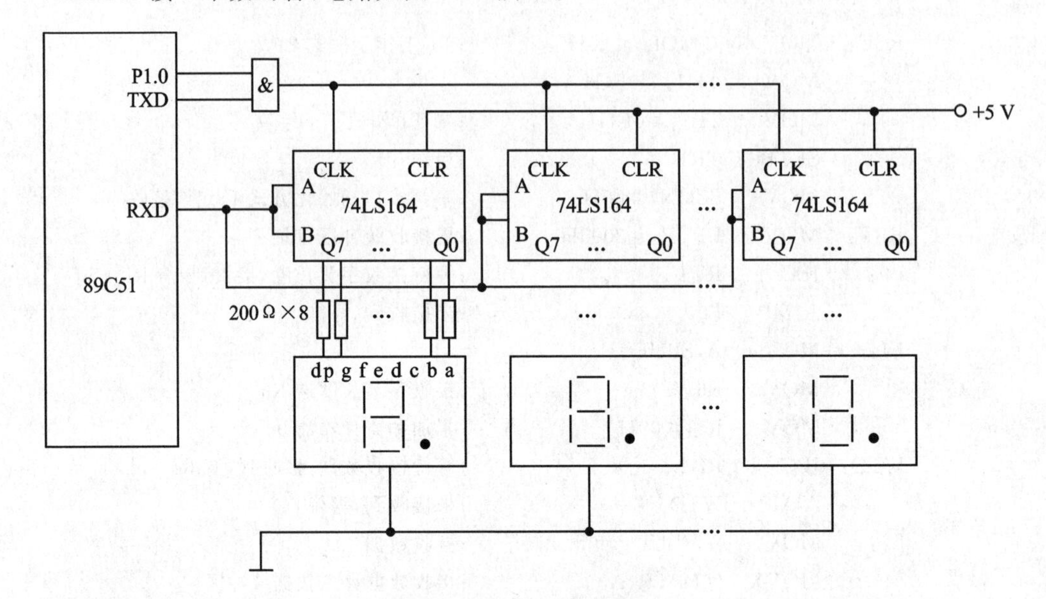


**图 7-9 例 7-4 电路图**

程序如下:

```
        ORG     0050H
        SETB    P1.0              ;允许移位寄存器工作
        MOV     SCON,#0           ;选串行接口方式 0
        MOV     R7,#08H           ;待显示数据个数送 R7
        MOV     R0,#37H           ;R0 指向显示缓冲区末地址
        MOV     DPTR,#TBA         ;DPTR 指向字形表首址
DLO:    MOV     A,@R0             ;取待显示数据
        MOVC    A,@A+DPTR         ;查字形表
        MOV     SBUF,A            ;送出显示
        INB     TI,$              ;一帧输出完?
        CLR     TI                ;已完,清中断标志
        DEC     R0                ;修改显示缓冲区地址
        DJNZ    R7,DLO            ;数据全部发送完? 未发送完,继续发送
        CLR     P1.0              ;发送完,关发送脉冲,数码静态显示
                                  ;在数码管上
        SJMP    $
TBA:    DB  3FH,06H,5BH,4FH,66H,6DH  ;共阴极 7 段 LED 显示字型编码表
        DB  7DH,07H,7FH,6FH,77H,7CH
        DB  39H, 5EH,79H,71H,00H,40H
```

# 7.3　难点分析及讨论

## 7.3.1　89C51 - 89C51 多机通信

在许多场合，单机及双机通信不能满足实际需要，而需多台单片机互相配合才能完成某个过程或任务。多台单片机间的相互配合是按实际需要将它们组成一定形式的网络，使它们之间相互通信，以完成各种功能。目前，最常使用的多机通信网络形式有以下 4 种。

串行总线形网络结构、环形网络结构、星形网络结构、树形网络结构，如图 7 - 10 所示。

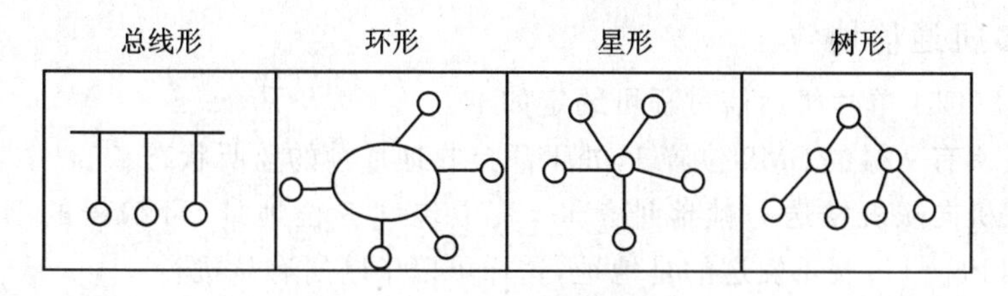


图 7 - 10　4 种计算机网络拓扑结构

串行总线形主从式多机通信全双工结构如图 7 - 11 所示；半双工结构如图 7 - 12 所示。

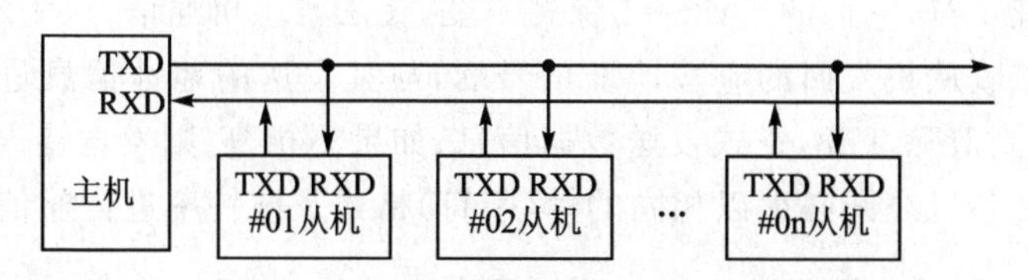


图 7 - 11　串行总线形主从式全双工

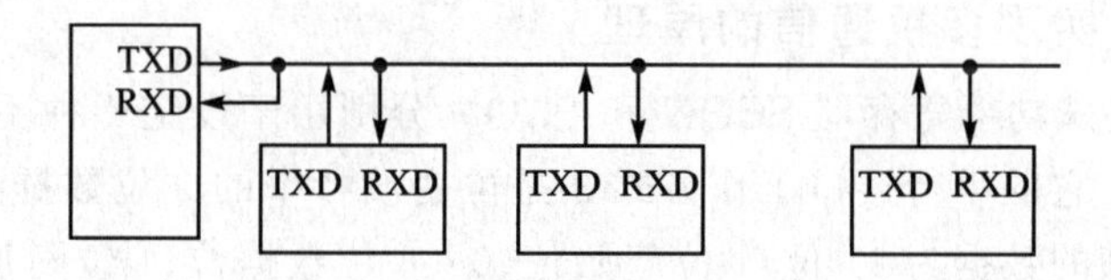


图 7 - 12　串行总线形主从式半双工

### 1. 多机通信原理

89C51 的全双工串行通信接口具有多机通信功能。在多机通信中，为了保证主机与所选择的从机实现可靠的通信，必须保证通信接口具有识别功能，可以通过控制 89C51 的串行接口控制寄存器 SCON 中的 SM2 位来实现多机通信的功能，其控制原理简述如下：

利用89C51串行接口方式2或方式3及串行接口控制寄存器SCON中的SM2和RB8的配合可完成主从式多机通信。串行接口以方式2或方式3接收时,若SM2为1,则仅当从机接收到的第9位数据(在RB8中)为1时,数据才装入接收缓冲器SBUF,并置RI=1,同时向CPU申请中断;如果接收到的第9位数据为0,则不置位中断标志RI,信息丢失。而SM2为0时,则接收到一个数据字节后,不管第9位数据是1还是0都产生中断标志RI,接收到的数据装入SBUF。应用这个特点,便可实现多个89C51之间的串行通信。

主从式多机通信,即在数台单片机中有一台是主机,其余的为从机,从机要服从主机的调度、支配。89C51单片机的串行接口方式2、方式3就适合于这种主从式的通信结构(严格地说,各机之间还要配接RS-232C或RS-422标准接口,以增大通信距离)。

**2. 多机通信协议**

多个89C51单片机通信过程可约定如下:

- 使所有从机的SM2位置1,处于只接收地址帧的监听状态。
- 主机向从机发送一帧地址信息,其中包含8位地址,可编程的第9位为1(TB8=1),表示发送的是地址,这样可以中断所有从机。
- 从机接收到地址后,都来判别主机发来的地址信息是否与本从机地址相符。若为本机地址,则清除SM2,进入正式通信状态,并把本机的地址发送回主机作为应答信号,然后开始接收主机发送过来的数据或命令信息。其他从机由于地址不符,它们的SM2=1保持不变,无法与主机通信,从中断返回。
- 主机接收从机发回的应答地址信号后,与其发送的地址信息进行比较,如果相符,则清除TB8,正式发送数据信息;如果不相符,则发送错误信息。
- 通信的各机之间必须以相同的帧(字符)格式及波特率进行通信。

### 7.3.2 PC机与多台89C51的通信

**1. 89C51实现多机通信的原理**

89C51的特殊功能寄存器SCON和PCON分别用于设定4种不同的通信方式及定义波特率。它的串行接口工作方式3是可变波特率的9位数据异步通信方式,发送或接收一帧的数据为11位:1位起始位(0)、8位数据位、1位附加的校验位和1位停止位(1)。其中,附加的第9位数据是可编程的,利用这一可控的第9位数据,可实现多机通信。关于可编程的第9位数据的用法在前面已详细讲述过,这里不再重述。

**2. PC机与多个89C51通信的原理**

利用PC机的串行通信适配器,其核心为可编程通用异步收发器UART 8250芯片,8250芯片有10个可寻址寄存器供CPU读/写,实现与外界的数据通信,制订通信协议和提供通信状态信息。

89C51单片机的串行通道是一个全双工的串行通信口,既可以实现双机通信,也可以实现多机通信。当串行接口工作在方式2或方式3时,若特殊功能寄存器SCON的SM2由软件置为"1",则为多机方式;若SM2为"0",则为9位异步通信方式。

在多机通信时,89C51发送的帧格式是11位,其中第9位是SCON中的TB8,它是多机通信时发送地址(TB8=1)或发送数据(TB8=0)的标志。串行发送时,自动装入串行帧格式的相应位。在接收端,一帧数据的第9位信息被装入SCON的RB8中,接收机根据RB8以及SM2的状态确定是否产生串行中断标志,从而可以响应或不响应串行中断,这样就实现了多机通信。

PC机的串行通信由接口芯片8250完成。它并不具备多机通信功能,也不能产生TB8或者RB8,但可以灵活使用8250芯片,用软件完成多机通信功能。8250芯片可以发送几种字长,其中最长的一帧为11位,与89C51发送的帧格式相比,差别仅在第9位,即PC机的8250芯片发送的第9位是奇/偶校验位,而不是相应的地址/数据标志,可以采用软件编程的方法使8250芯片的奇/偶位形成正确的地址/数据标志。

### 3. PC机与89C51的多机通信控制问题

前面介绍了89C51通过控制SCON中的SM2位可控制多机通信,使主机与一个从机通信。但PC机的串行通信没有这一功能,其串行接口发出的数据可设为与89C51串行数据格式相匹配的11位格式,其中第9位是奇偶位。PC机的串行通信接口是以8250芯片为核心部件组成的。虽然8250芯片本身并不具备89C51系列单片机的多机通信功能,但通过软件的办法,可使得8250芯片满足89C51单片机通信的要求。方法是:

8250芯片可发送11位数据帧,这11位数据帧由1位起始位、8位数据位、1位奇偶校验位和1位停止位组成,其格式为

| 起始位 | D0 | D1 | D2 | D3 | D4 | D5 | D6 | D7 | 奇偶位 | 停止位 |
|---|---|---|---|---|---|---|---|---|---|---|

而89C51单片机多机通信的典型数据帧格式为

| 起始位 | D0 | D1 | D2 | D3 | D4 | D5 | D6 | D7 | TB8 | 停止位 |
|---|---|---|---|---|---|---|---|---|---|---|

其中,TB8是可编程位,通过使其为0或为1而将数据帧和地址帧区别开来。

主机送出地址信息,同时控制奇偶位为1(对应89C51的TB8)以引起从机的中断,之后控制奇偶位为0,发送数据或指令。对PC机来说,奇偶位通常是自动产生的,它根据8位数据的奇偶情况而定,因而大多数设计者均采用人为控制8位数据的奇偶:将8位数据的某一位(一般是D7位)作为奇偶控制位,以达到间接控制奇偶位的目的。这种方法实现起来,不但有软件开销,还会使通信速度减慢。因为每次将欲

发送的数据送往串行接口发送之前,先要经软件调整奇偶情况,花费一定的时间,而且有效传送位数由8位降为7位。

比较上面两种数据格式可知:它们的数据位长度相同,不同的仅在于奇偶校验位和TB8。如果通过软件的方法对8250芯片的奇偶校验位编程,使得在发送地址时为"1",发送数据时为"0",则8250芯片的奇偶校验位就可以完全模拟单片机多机通信的TB8位。对于这一点是不难办到的,只要给8250芯片的通信线控制寄存器写入特定的控制字即可。

仔细研究串行接口的通信线控制寄存器3FB的D5位功能可发现,在串行接口初始化时,设3FB的D5=1,D3=1;而在发送地址时置D4=0,在发送数据时置D4=1,这样便实现了89C51中TB8的功能,同时不必每次都进行调整。这种方法不仅节省了软件开支,而且提高了通信速度。

通过对8250芯片线路控制寄存器(LCR)的设置,可使8250芯片具有很大的灵活性。要使8250芯片与89C51实现多机通信,关键在于控制它的线路状态,使它的数据传输格式与89C51保持一致。根据8250芯片线路控制寄存器(LCR)的结构特点,可以在编程中作如下选择:

若要求8250芯片发送帧的奇偶校验位为"1",只须执行

```
MOV     DX,3FBH
MOV     AL,2BH
OUT     DX,AL
```

这3条语句,此时的帧格式为

| 起始位 | D0 | D1 | D2 | D3 | D4 | D5 | D6 | D7 | 1 | 停止位 |
|---|---|---|---|---|---|---|---|---|---|---|

若要求8250的奇偶校验位为"0",只需执行

```
MOV     DX,3FBH
MOV     AL,3BH
OUT     DX,AL
```

这3条语句,此时的帧格式为

| 起始位 | D0 | D1 | D2 | D3 | D4 | D5 | D6 | D7 | 0 | 停止位 |
|---|---|---|---|---|---|---|---|---|---|---|

显然,前者可作为多机通信中的地址帧,而后者可作为数据帧。

### 4. PC机非标准波特率的设置

89C51单片机系统时钟绝大多数情况下都采用6 MHz的石英晶体振荡器,其串行接口的波特率是由其内部定时器TH1(8位)决定,具体计算公式为

$$B_{aud}=(f_{OSC}\times 2^{SMOD})/[32\times 12\times (256-TH1)]=$$

$$(15\ 625 \times 2^{SMOD})/(256 - TH1)$$

式中,SMOD 可编程控制,TH1 的不同值所确定的波特率如表 7-4 所列。

如果用 BASIC 或直接调用 ROM BIOS INT14(串行接口中断),那么只能设置几种标准的波特率。但是 89C51 很难实现这些标准波特率。如 4 800 的波特率,对使用 6 MHz 晶振的单片机就无法实现。然而在实际应用中,不大可能只为满足标准波特率要求而选择晶振。另一方面,在保证可靠通信的前提下,总是希望通信速度尽可能快,所以,可以通过直接对 8250 芯片的除数锁存器编程,以取得非标准的波特率。表 7-4 列出了在不同 TH1 值时 PC 机所对应的最接近除数及波特率,尽管 PC 机的波特率与 89C51 的波特率存在差别,但由于异步串行通信允许二者不完全一致,因此表 7-4 列出了对应波特率通信是可以实现的。特别说明的是这一点也是经实验验证可行的。

**表 7-4　TH1 不同值时,89C51 的波特率及 PC 机所能实现的最接近波特率**

| TH1 | $B_{aud}$(89C51) | | PC 机对应除数 | 除数取整 | 取整后的 $B_{aud}$ |
|---|---|---|---|---|---|
| | SMOD=0 | SMOD=1 | | | |
| 253 | 5 208.3 | | 22.1 | 22 | 5 236.4 |
| 251 | 3 125 | | 36.9 | 37 | 3 113.5 |
| 249 | | 4 464 | 25.8 | 26 | 4 430.8 |
| 248 | 1 953.1 | | 58.9 | 59 | 1 952.9 |
| 247 | | 3 472 | 33.2 | 33 | 3 490.9 |
| 245 | 1 420.5 | | 81.1 | 81 | 1 422.2 |
| 245 | | 2 840.9 | 40.6 | 41 | 2 809.8 |

假设多机通信波特率计算值为 2 400,由于单片机无法实现,因此可设计为 1 953。在单片机上令 TH1=248 且 SMOD=0,而在 PC 机上令除数等于 59,这样便可实现通信。

### 5. 分布式多机通信系统的硬件结构

整个通信系统的结构设计为主从式串行总线形,由于 PC 机给出的是标准 RS-232C 电平,而 89C51 串行接口给出的是 TTL 电平,为此在单片机 89C51 的串行接口 TxD、RxD 端加 MAX232 以实现 TTL 电平和 RS-232 电平间的转换。硬件设计如图 7-13 所示。

### 6. 采用 RS-422A 标准总线的通信系统

RS-422A 标准是美国电气工业协会(EIA)公布的"平衡电压数字接口电路的电气特性"标准,是为改善 RS-232C 标准的电气特性,又考虑与 RS-232C 兼容而制定的。

RS-422A 比 RS-232C 传输信号距离长、速度快,传输率最大为 10 Mb/s,在此速率下,电缆允许长度为 120 m;如采用较低传输速率,在 90 000 b/s 时最大距离可

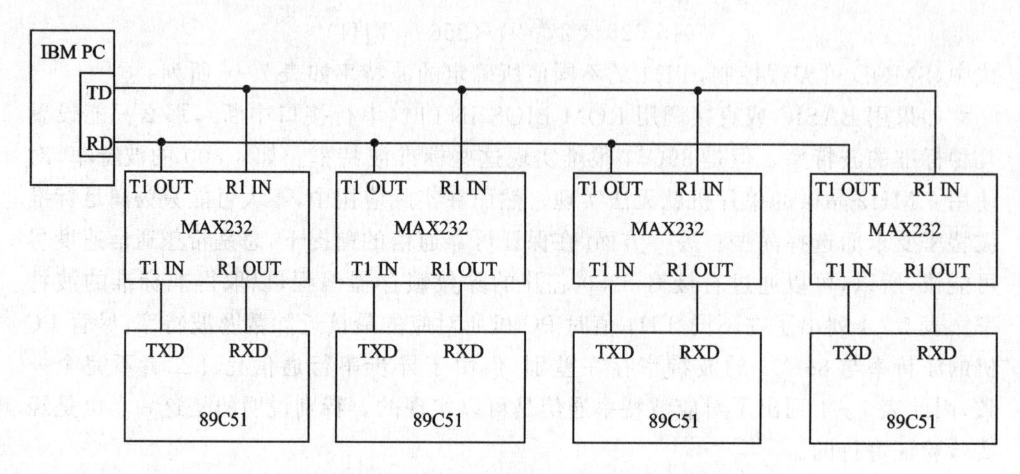


图 7-13　多个单片机与 PC 机通信电路

达 1 200 m。

RS-422A 每个通道要用二根信号线,如果其中一根是逻辑 1 状态,另一根就为逻辑 0。RS-422A 电路由发送器、平衡连接电缆、电缆终端负载、接收器组成。RS-422A 规定电路中只允许有一个发送器,可有多个接收器,因此,通常采用点对点通信方式。该标准允许驱动器输出为±(2 V～6 V),接收器可以检测到的输入信号电平可低到 200 mV。

目前,RS-422 与 TTL 的电平转换最常用的芯片是传输线驱动器 SN75174 或 MC3487 和传输线接收器 SN75175 或 MC3486,其内部结构及引脚如图 7-14 所示。

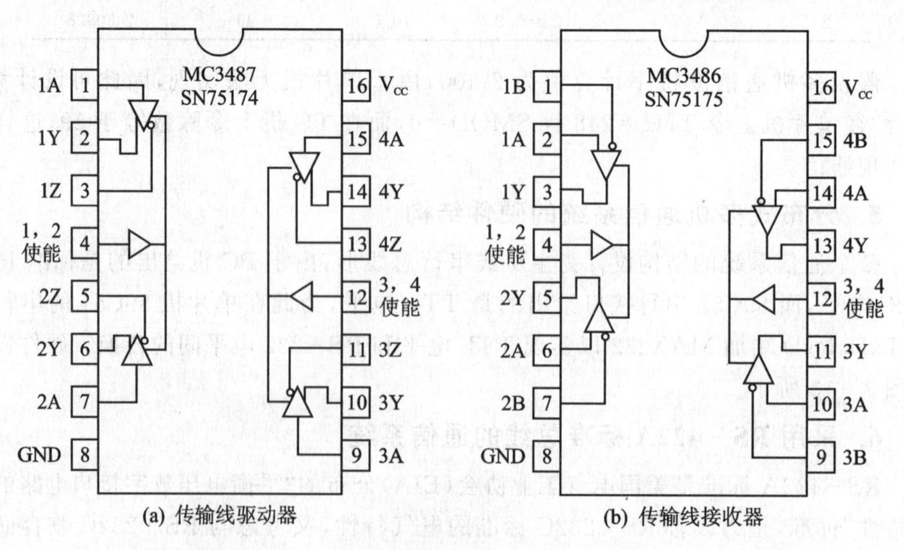


(a) 传输线驱动器　　　　(b) 传输线接收器

图 7-14　RS-422 电平转换芯片 SN75174 和 SN75175

SN75174 芯片是具有三态输出的单片 4 差分线驱动器,其设计符合 EIA 标准

RS－422A 规范，适用于噪声环境中长总线线路的多点传输，采用＋5 V 电源供电，功能上可与 MC3487 芯片互换。

SN75175 芯片是具有三态输出的单片 4 差分接收器，其设计符合 EIA 标准 RS－422A 规范，适用于噪声环境中长总线线路上的多点总线传输，该片采用＋5 V 电源供电，功能上可与 MC3486 芯片互换。

这里主要讨论采用 RS－422A 标准总线实现上位机与多台前沿下位控制机之间的远距离通信的问题。

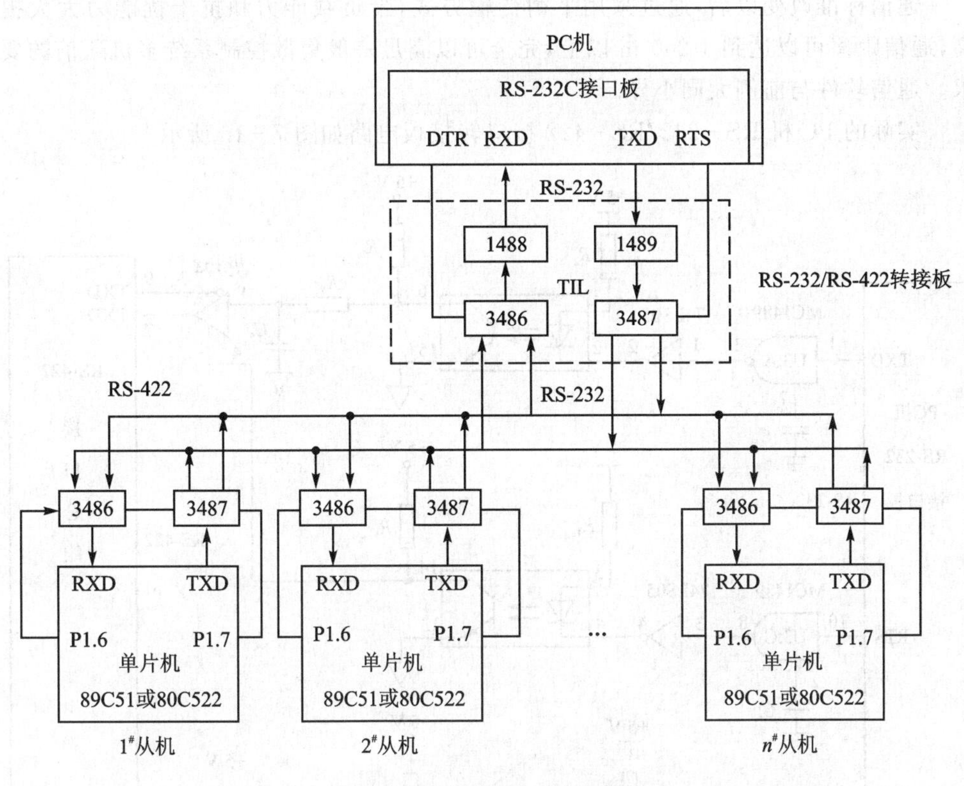


图 7－15　控制网络系统结构图

分布式通信系统网络采用了主从式串行总线结构，如图 7－15 所示。所有下位控制机全部挂在上位 PC 机的串行通信 RS－422A 标准总线上，下位控制机之间不进行通信，只在上位机和下位机之间进行主从方式通信。

PC 机中一般都有一块 RS－232 串行通信板，该板完成串行数据转换和串行数据接收、发送的任务，采用 RS－232C 通信标准。这块板使用简单，不加调制解调器时，只用 3 条线即可完成通信功能。其不足之处是带负载能力差、通信范围小——不超过十几米，很难满足一般集散控制系统的需要。为了充分利用这块现有的串行接口板，并且进一步扩大通信范围，可制作一块 RS－232/RS－422 通信转接板，接在 PC 机 RS－232 串行总线和通信线路之间，这样就把通信标准从 RS－232C 标准变成了 RS-422A 标准。RS-232/RS-422 通信转接板电路如图 7-15 中虚线框内部分所示。

转接板中的 MC1488 和 MC1489 是实现 RS-232 标准通信的一对芯片。前者发送,完成 TTL 电平到 RS-232 标准电平的转换;后者接收,完成从 RS-232 标准电平到 TTL 电平的转换。MC3487 和 MC3486 是实现 RS-422 标准通信的一对芯片。前者发送,把 TTL 电平变成 RS-422 标准电平;后者接收,将 RS-422 标准电平变成 TTL 电平。

通信标准改变以后,通过采用平衡传输方式,带负载能力和抗干扰能力大大提高,通信距离可以达到 1 200 m 以上,完全可以满足一般集散控制系统多机通信的要求。通信软件与前例大同小异。

实际的 PC 机 RS-232/RS-422 接口转接板电路如图 7-16 所示。

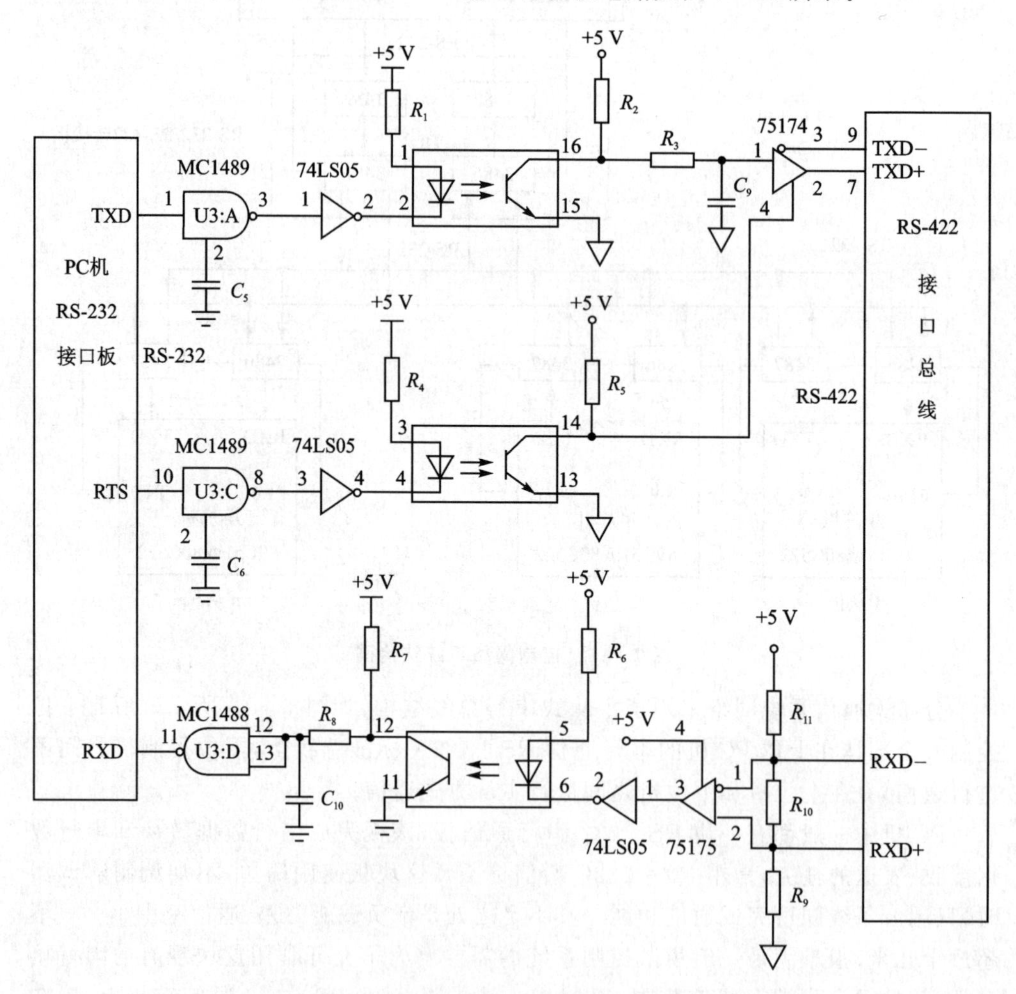


图 7-16 PC 机 RS-232/RS-422 转接板电路

当PC机发送数据时，首先由RS－232口的请求发送信号RTS的1电平经MC1489→74LS05→光电隔离器到达75174的三态控制端，打开75174的三态门；发送的数据由TXD经MC1489→74LS05→光电隔离器到75174的输入端，经75174输出转换成双端输出的RS－422标准电平信号，从而完成了RS－232到RS－422的转换。

当PC机接收数据时，75175的三态控制端接高电平，三态门常开，75175双端输入(RXD＋和RXD－)的信号变成单端输出，经74LS05→光电隔离器→MC1488输入给PC机RS－232口的RXD端，从而完成了RS－422到RS－232标准的转换。

# 第8章 单片机小系统及片外扩展

## 8.1 学习目的及要求

- 熟悉三总线的概念,掌握通过总线进行最小系统设计及外部扩展的方法。
- 掌握89C51单芯片最小系统的硬件结构。
- 了解过去常用的80C31+74HC373+DS2764三片最小系统的电路结构。
- 熟悉EPROM、Flash ROM、RAM和EEPROM芯片的性能及其扩展的方法。
- 掌握 $\overline{WR}$ 和 $\overline{RD}$ 控制信号线的含意及读/写(输入/输出)的程序设计方法。
- 掌握TTL/CMOS简单I/O芯片的硬件扩展及编程方法。
- 熟悉SPI、$I^2C$ 及1-wire串行扩展总线接口技术,掌握SPI接口及编程。
- 熟悉8255芯片的结构、功能、控制字及其与89C51/8031的接口方法及程序设计方法。

## 8.2 重点内容及问题讨论

### 8.2.1 三总线的讨论

89C51是可以通过片外引脚进行系统扩展的,这些用于系统扩展的片外引脚构成单片机的外部三总线结构:地址总线(AB)、数据总线(DB)和控制总线(CB),如图8-1所示。单片机通过这些总线与外部扩展芯片相连,从而弥补了片内硬件资源的不足,满足了实际应用的需要。

**1. 地址总线(AB)**

如图8-1所示,地址总线为16根,P2口仅作高8位地址线(A15~A8),故不需外加锁存器;P0口分时用做扩展系统的低8位地址线(A7~A0)和数据线(D7~D0),P0口输出的低8位地址由地址锁存允许信号ALE的下沿锁存,经地址锁存器输出低8位地址(A7~A0),此后P0口用做数据线。

**2. 数据总线(DB)**

数据总线为8根。数据总线由P0口担任,即图8-1中D7~D0。

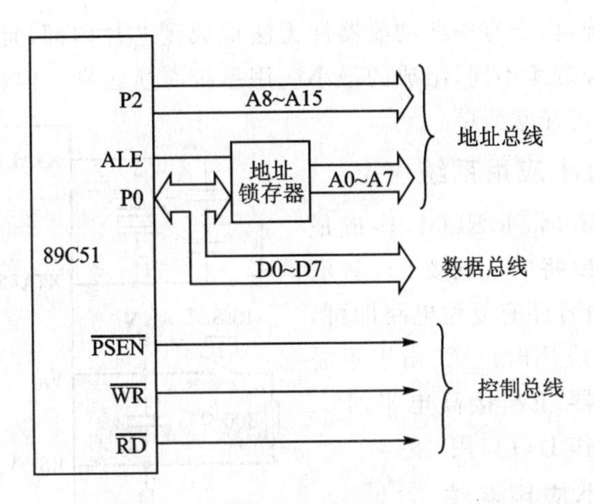


图 8-1　89C51 扩展的三总线

P0 口的带负载能力为 8 个 TTL(其他口线为 4 个 TTL),所以在进行应用系统设计时,要充分利用 P0 口线的带负载能力,如图 8-2 所示。

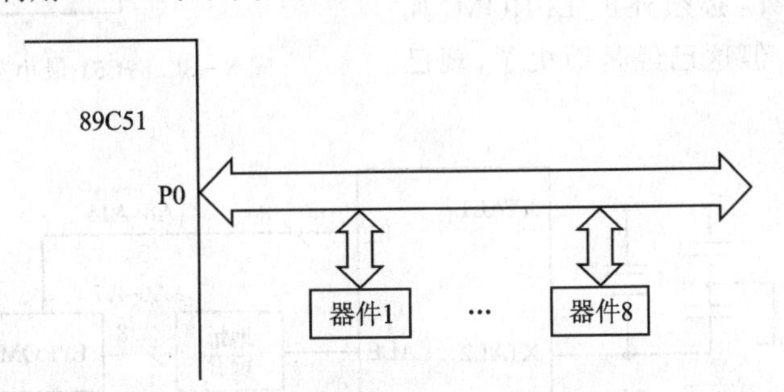


图 8-2　可带 8 个 TTL 负载的 P0 口

**3. 控制总线(CB)**

用于系统扩展的控制总线主要有:

$\overline{RD}$(P3.7)、$\overline{WR}$(P3.6):用于片外 RAM 或片外 I/O 芯片的读/写控制。执行指令 MOVX 时,根据读/写要求使 $\overline{RD}$ 或 $\overline{WR}$ 有效;

$\overline{PSEN}$:用于片外 ROM 的读选通控制,执行指令时自动生成;

ALE:用于 P0 口低 8 位地址锁存控制,它是系统硬件生成的固有信号;

$\overline{EA}$:用于片内/片外程序存储器的选择控制,一般根据系统扩展情况由外电路设置。当 $\overline{EA}$=1,且 PC 值小于 0FFFH 时,CPU 访问内部 ROM,PC 值超出 0FFFH 时,则自动转向外部 ROM;当 $\overline{EA}$=0 时,无论片内有无 ROM,CPU 只访问外部 ROM。使用 8031 时,$\overline{EA}$ 必须接地;使用 89C51 时,EA 接+5 V。

## 8.2.2　89C51/8031 最小系统

所谓最小应用系统是指能维护单片机运行的最简单配置系统。单片机本身就是一个最小应用系统,由于有一些功能器件无法集成到芯片内部,且MCS-51系列不同型号单片机内部资源不同,组成的最小应用系统有所区别。但自廉价的89C51问世以后,系统就变得非常简单。

### 1. 89C51最小应用系统

89C51片内有Flash ROM,构成最小应用系统时,只要将单片机接上时钟电路所需的晶体和电容还有复位电路即可,如图8-3所示。应用时注意:由于不需要外扩程序存储器,$\overline{EA}$接高电平,P0、P1、P2、P3口均可作I/O口用。

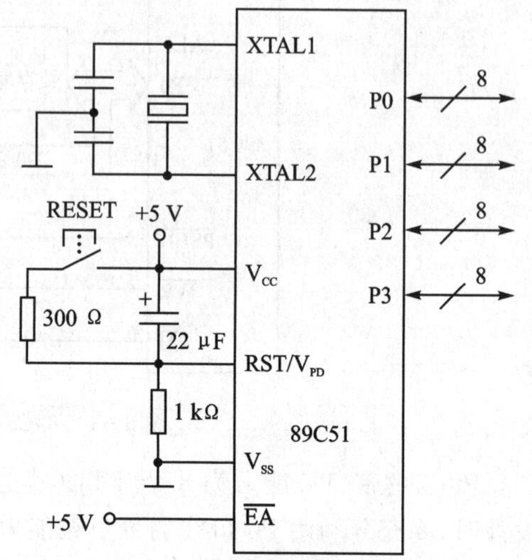


图8-3　89C51最小应用系统

### 2. 8031最小应用系统

由于8031片内无程序存储器,因此在组成最小应用系统时,除了外加时钟电路和复位电路外,必须外扩EPROM,如图8-4所示。但这已经是历史了,现已无人用此系统了。

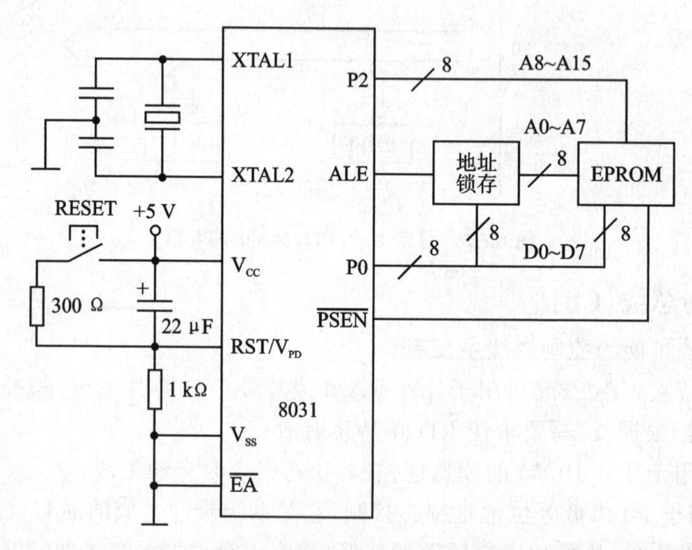


图8-4　8031最小应用系统

最小应用系统体积小、结构简单、功耗低、成本低,在简单的应用系统中得以广泛应用。但在构成典型的测控系统时,最小应用系统往往不能满足要求,须利用单片机的总线连接相应的外围芯片以满足实际系统的要求。

## 8.2.3 简单I/O芯片的扩展方法

在简单应用系统中,采用74系列TTL电路或4000系列CMOS电路芯片,将并行数据输入或输出。在图8-5中,采用74LS244作扩展输入,74L244是一个三态输出缓冲器及总线驱动器,它带负载能力强;74LS273(8-D锁存器)作扩展输出。它们直接挂在P0口线上。

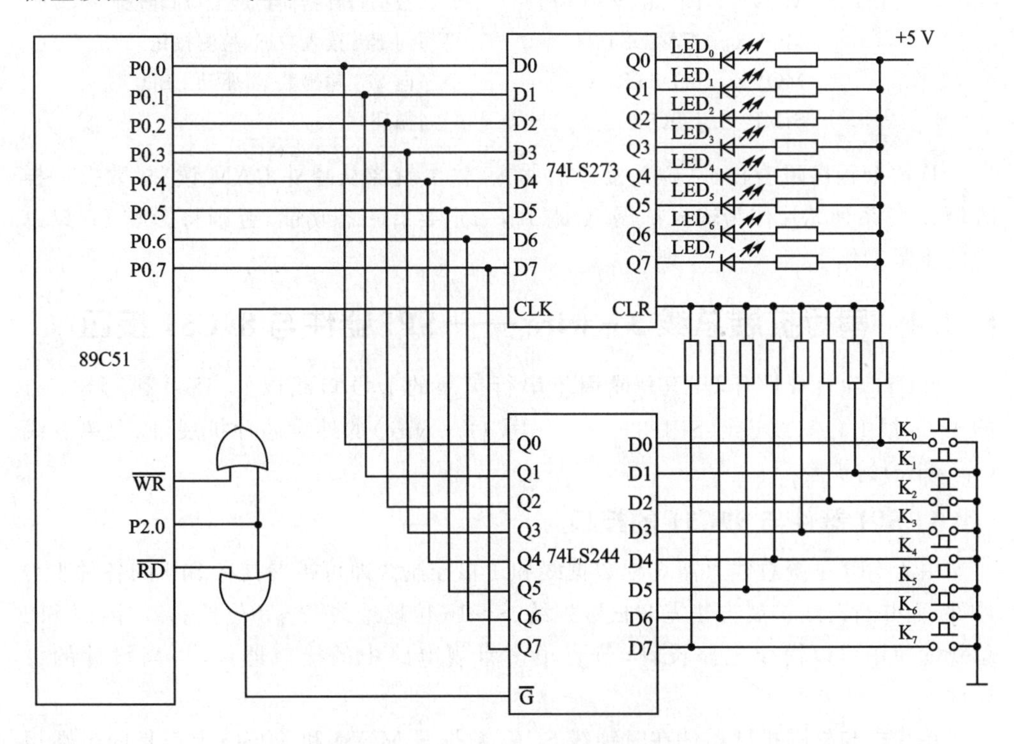


图8-5 74系列芯片扩展

值得注意的是,89C51单片机把外扩I/O口和片外RAM统一编址,每个扩展的接口相当于一个扩展的外部RAM单元,访问外部接口就像访问外部RAM一样,调用MOVX指令,并产生$\overline{\text{RD}}$(或$\overline{\text{WR}}$)信号,用$\overline{\text{RD}}$/$\overline{\text{WR}}$作为输入/输出控制信号。

图8-5中,P0口为双向数据线,既能接收从74LS244输入的数据,又能将数据传送给74LS273输出。输出控制信号由P2.0和$\overline{\text{WR}}$合成,当二者同时为"0"电平时,"或"门输出0,将P0口数据锁存到74LS273,其输出信号控制着LED,当某线输出"0"电平时,该线上的LED发光。

输入控制信号由P2.0和$\overline{\text{RD}}$合成,当二者同时为"0"电平时,"或"门输出0,选通74LS244,将外部信号输入到总线。无键按下时,输入全为1;若按下某键,则所在线输入为0。

可见,输入和输出都是在P2.0为0时有效,74LS244和74LS273的地址都为

FEFFH(实际只要保证 P2.0=0,与其他地址位无关),但由于分别是由 $\overline{RD}$ 和 $\overline{WR}$ 信号控制,因此,不会发生冲突。

系统中若有其他扩展 RAM 或其他输入/输出接口,则必须将地址空间区分开。这时,可用线选法,而当扩展较多的 I/O 接口时,应采用译码器法。

图 8-5 电路可实现的功能是:按下任意键,对应的 LED 发光。其程序如下:

```
LOOP: MOV    DPTR,#FEFFH      ;数据指针指向扩展 I/O 口地址
      MOVX   A,@DPTR          ;向 244 读入数据,检测按钮
      MOVX   @DPTR,A          ;向 273 输出数据,驱动 LED
      SJMP   LOOP             ;循环
```

从这个程序可看出,89C51 接口的输入/输出就像从片外 RAM 读/写数据一样方便。74 系列芯片作为输入扩展 IC 芯片,一定要有三态功能,否则将影响 P0 口总线的正常工作。

### 8.2.4 串行扩展总线 3-wire —— SPI 器件与 89C51 接口

89C51 除自身具有 UART 或用于串行扩展的 I/O 口线以外,还可利用 89C51 的 1~3 根 I/O 口线进行 SPI(3-wire)、$I^2C$(2-wire)的外设芯片扩展,以及单总线(1-wire)的扩展。

#### 1. SPI 器件与 89C51 的接口

由于 SPI 系统总线只需 3 根数据线和 1 根控制线即可扩展具有 SPI 的各种 I/O 器件,而并行总线扩展方法需 8 根数据线、8~16 位地址线、2~3 位控制线,因而 SPI 总线的使用可以简化电路设计,节省很多常规电路中的接口器件,提高设计的可靠性。

单片机与外围扩展器件在时钟线 SCK、数据线 MOSI 和 MISO 上都是同名端相连。带 SPI 接口的外围器件都有片选端 $\overline{CS}$。

SPI 有较高的数据传送速度,主机方式最高速率可达 1.05 Mb/s。目前不少外围器件都带有 SPI 接口。在大多数应用场合中,使用 1 个 MCU 作为主机,控制数据向 1 个或多个从外围器件传送。从器件只能在主机发命令时才能接收或向主机传送数据。

对于没有 SPI 接口的 89C51,可使用软件来模拟 SPI 的操作,包括串行时钟、数据输入和输出。对于不同的串行接口外围芯片,它们的时钟时序是不同的。对于在 SCK 的上升沿输入(接收)数据和在下降沿输出(发送)数据的器件,一般如图 8-6 所示,串行时钟输出 P1.1 口的初始化状态为 1,在允许接口芯片($\overline{CS}$ 有效)后,置 P1.1 为 0。因此,MCU 输出 1 位 SCK 时钟,同时使接口芯片串行左移,从而输出 1 位数据至 89C51 的 P1.3(模拟 MCU 的 MISO 线),再置 P1.1 为 1,使 89C51 从 P1.0 输出 1 位数据(先为高位)至串行接口芯片,到此模拟 1 位数据输入输出完成。以后

再置 P1.1 为 0，模拟下 1 位的输入输出，依次循环 8 次，可完成 1 次通过 SPI 传输 1B 数据的操作。对于在 SCK 的下降沿输入数据和上升沿输出数据的器件，则应取串行时钟输出的初始状态为 0，在接口芯片允许时，先置 P1.1 为 1，此时，外围接口芯片输出 1 位数据（MCU 接收 1 位数据），再置时钟为 0，外围接口芯片接收 1 位数据（MCU 发送 1 位数据），可完成 1 位数据的传送。

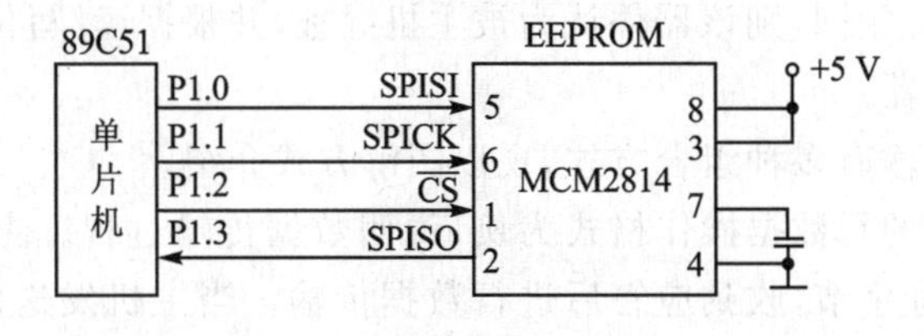


图 8-6　SPI 总线接口原理图

### 2. SPI 器件编程举例

**例 8-1**　89C51 串行输入子程序 SPIIN。

从 MCM2814 的 SPISO 线上接收 1B 数据并放入寄存器 R0 中。

```
SPIIN：SETB   P1.1          ;使 P1.1(时钟)输出为 1
       CLR    P1.2          ;选择从机(CS=0)
       MOV    R1,#08H       ;循环次数
SPIN1：CLR    P1.1          ;使 P1.1(时钟)输出为 0
       NOP                  ;延时
       NOP
       MOV    C,P1.3        ;从机输出 SPISO 送进位 C
       RLC    A             ;左移至累加器 ACC
       SETB   P1.0          ;使 P1.0(时钟)输出为 1
       DJNZ   R1,SPIN1      ;判断是否循环 8 次(1B 数据)
       MOV    R0,A          ;1B 数据送 R0
       RET                  ;返回
```

## 8.2.5　串行扩展总线 2-wire——I²C 器件与 89C51 接口

I²C 总线只有两根信号线：数据线 SDA 和时钟线 SCL。所有进入 I²C 总线系统中的设备都带有 I²C 总线接口，为符合 I²C 总线电气规范的特性，只需将 I²C 总线上所有节点的串行数据线 SDA 和时钟线 SCL 分别与总线的 SDA 和 SCL 相连即可。

启动数据发送并产生时钟信号的器件称为主器件，被寻址的任何器件都可看作从器件发送数据到总线上的器件称为发送器，从总线上接收数据的器件称为接收器。I²C 总线是多主机总线，可以有两个或更多的能够控制总线的器件与总线连接，同时 I²C 总线还具有仲裁功能，当一个以上的主器件同时试图控制总线时，只允许一个有

效,从而保证数据不被破坏。

$I^2C$ 总线的寻址采用纯软件的寻址方法,无需片选线的连接,这样就简化了总线数量。主机在发送完启动信号后,立即发送寻址字节来寻址被控器件,并规定数据传送方向。寻址字节由7位从机地址(D7～D1)和1位方向位(D0,0/1,读/写)组成,当主机发送寻址字节时,总线上所有器件都将该寻址字节中的高7位地址与自己器件的地址比较,若两者相同,则该器件认为被主机寻址,并根据读/写位确定该器中是从发送器还是从接收器。

总线上数据传输有多种组合方式,现以图解方式介绍。

下面以主控器的写数据操作格式为例,说明数据传输过程。主控器产生起始信号后,发送一个寻址字节,收到应答后进行数据传输。当主机发送停止信号后,数据传输结束。

主机向被寻址的从机写入 $n$ 个数据字节。整个过程均为主机发送,从机接收,先发送数据高位,再发送低位,应答位ACK由从机发送。

主控器向被控器发送数据时,数据的方向位是不会改变($R/\overline{W}$)的。传输 $n$ 字节的数据格式如下:

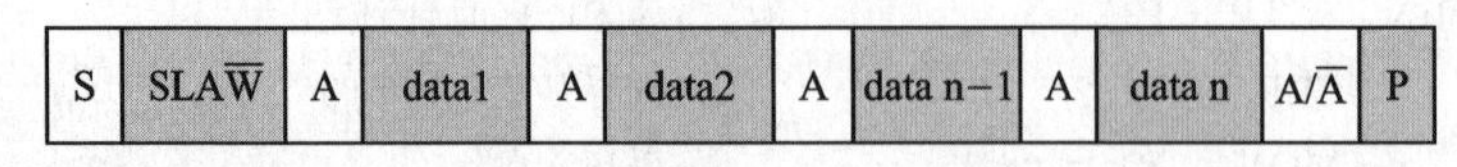

| S | SLA$\overline{W}$ | A | data1 | A | data2 | A | data n−1 | A | data n | A/$\overline{A}$ | P |
|---|---|---|---|---|---|---|---|---|---|---|---|

具体内容为:

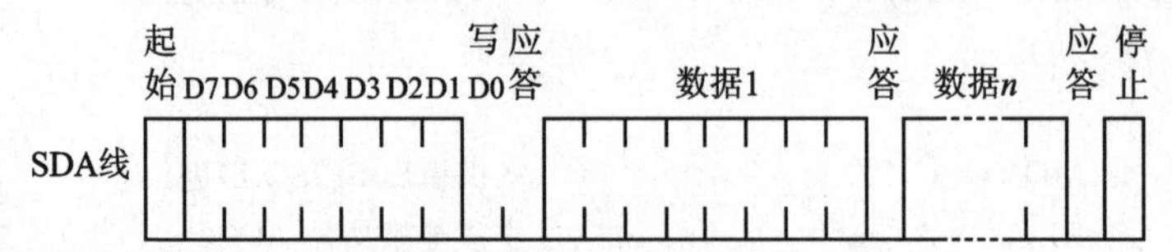


其中:▓为主控器发送,被控器接收;□为被控器发送,主控器接收;A为应答信号,$\overline{A}$ 为非应答信号;S为起始信号,P为停止信号;SLA$\overline{W}$ 为寻址字节(写);data1～data $n$ 为被传输的 $n$ 个字节数据。

## 1. 89C51与 $I^2C$ 总线器件的连接

用不带 $I^2C$ 接口的51单片机控制 $I^2C$ 总线时,硬件也非常简单,只要给出两根I/O线,在软件中分别定义成SCL、SDA,然后与 $I^2C$ 总线器件的SCL、SDA直接相连,再加上上拉电阻即可。以MCS-51系列单片机为例,可以用P1.6、P1.7直接和SCL、SDA相连,硬件接口如图8-7所示。

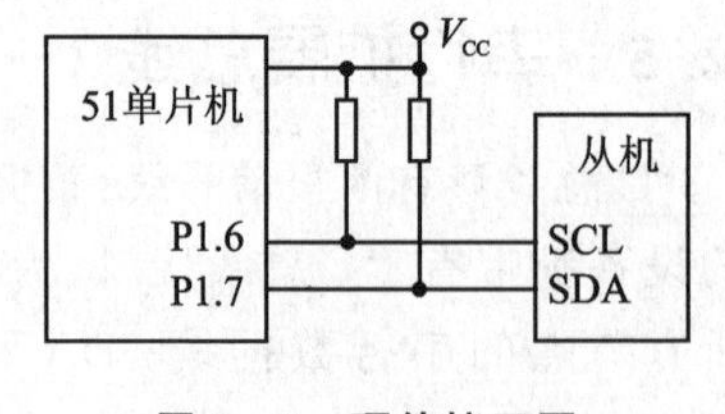


图8-7 硬件接口图

## 2. 89C51单片机对 $I^2C$ 总线的控制程序

这里以51系列单片机为例,介绍如何根据 $I^2C$ 总线的工作原理用汇编语言编写控制程序。首先，应该根据$I^2C$总线对SDA和SCL在各个时段的时序要求写出起始、停止、发送应答位、非应答位、检查应答位以及发送一个字节、接收一个字节的子程序。

从$I^2C$总线的数据操作中可以看出，除了基本的启动(STA)、终止(STOP)、发送应答位(MACK)、发送非应答位(MNACK)外，还应有应答位检查(CACK)、发送一个字节(WRBYT)、接收一个字节(RDBYT)、发送N个字节(WRNBYT)和接收N个字节(RDNBYT)等程序。举两例说明$I^2C$总线数据传送模拟程序。

**例8-2**　发送一个字节数据子程序

该子程序是向虚拟$I^2C$总线的数据线SDA上发送一个字节数据的操作。调用本子程序把要发送的数据送入A中。资源占用：R0，C。

```
WRBYP: MOV    R0,#08H          ;8位数据长度送R0中
WLP:   RLC    A                ;发送数据左移,使发送位入C
       JC     WR1              ;判断发送"1"还是"0",发送"1"转WR1
       AJMP   WR0              ;发送"0"转WR0
WLP1:  DJNZ   R0,WLP           ;8位是否发送完,未完转WLP
       RET                     ;8位发送完结束
WR1:   SETB   SDA              ;发送"1"程序段
       SETB   SCL
       NOP
       NOP
       CLR    SCL
       CLR    SDA
       AJMP   WLP1
WR0:   CLR    SDA              ;发送"0"程序段
       NOP
       NOP
       CLR    SCL
       AJMP   WLP1
```

**例8-3**　接收一个字节数据子程序

该子程序用来从SDA线上读取一个字节数据，执行本程序后，从SDA上读取的一个字节数据存放在R2或A中。资源占用：R0，R2，C。

```
RDBYT: MOV    R0,#08H          ;8位数据长度入R0
RLP:   SETB   SDA              ;置SDA为输入方式
       SETB   SCL              ;使SDA上数据有效
       MOV    C,SDA            ;读入SDA引脚状态
       MOV    A,R2             ;读入"0"程序段,由C拼装入R2中
       RLC    A
```

```
        MOV     R2,A
        CLR     SCL                     ;使 SCL=0 可继续接收数据位
        DJNZ    R0,RLP                  ;8 位读完否？未读完转 RLP
        RET
```

## 8.2.6 串行扩展总线 1-wire —— DS18S20、DS2760 芯片及接口

单总线(1-wire)是 Dallas 公司推出的外围串行扩展总线。单总线只有一根数据输入输出线,可由单片机或 PC 机的 1 根 I/O 线作为数据输入/输出线,所有的器件都挂在这根数据线上。例如,图 8-8 表示了一个由单总线构成的分布式温度监测系统。许多带有单总线接口的数字温度计集成电路 DS18S20 都挂接在 1 根 I/O 线上,单片机对每个 DS18S20 通过总线 DQ 寻址。DQ 为漏极开路,须加上拉电阻 $R_P$。

此外还有 1 线热电偶测温芯片系统及其他单总线系统。

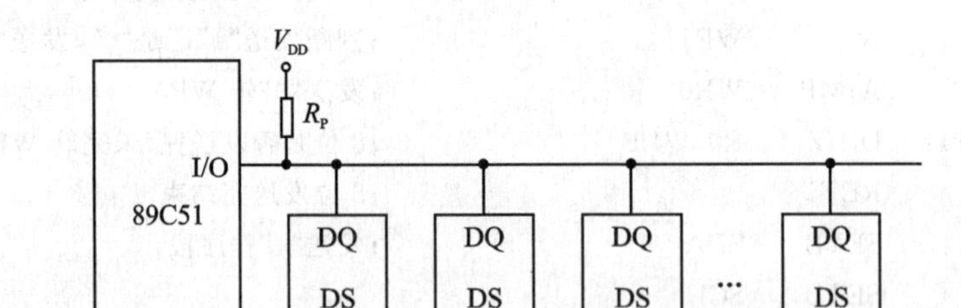


图 8-8 单总线构成的分布式温度监测系统

### 1. DS18S20 单总线测温系统

DS18S20 是美国 Dallas 公司生产的单总线数字温度传感器。它可把温度信号直接转换成串行数字信号供单片机处理,特别适合构成多点温度巡回检测系统。由于每片 DS18S20 都含有唯一的产品号,所以从理论上来说在一条总线上可以挂接任意多个 DS18S20 芯片。从 DS18S20 读出或写入信息仅需一根口线(单线接口),读写及温度变换功率来源于数据总线,总线本身也可以向所挂接的 DS18S20 供电,而无需额外电源。DS18S20 提供 9 位温度读数,构成的多点温度检测系统无需任何外围硬件。

### 2. 1 线(1-wire)热电偶测高温

1 线热电偶测量温度是将传统的热电偶与多功能芯片 DS2760 结合起来,组成一种可直接将温度信号数字化的变送器。

该变送器可以通过单条双绞线与 PC 机(或微控制器)主机通信。其显著的优势是,每一个变送器都可赋予单独的 64 位地址,这大大方便了总线主机的识别和选通。采用这种独特的地址识别之后,多个传感器可以形成一个网络,由软件自动识别和处理来自特定传感器的数据。与热电偶有关的信息可以由多功能芯片本身存储,这种

独特的识别方法可以让参考数据储存在总线主机中。

从图 8-9 可看出,用 DS2760 可以简单和方便地把一个典型的热电偶转化成具备多点测量功能的智能传感器。电路中,电容 C1 和肖特基二极管 CR1 构成一个半波整流器,在总线(电压为 5 V)空闲时为 DS2760 供电。这实际上是 1 线式器件内部所采用的寄生式供电方法,只是用分立方式来实现而已。在 DATA 和 GND 两引脚之间串联一个肖特基二极管,将负向信号偏移限制在 $-4.0$ V 以内,以实现电路保护的作用。

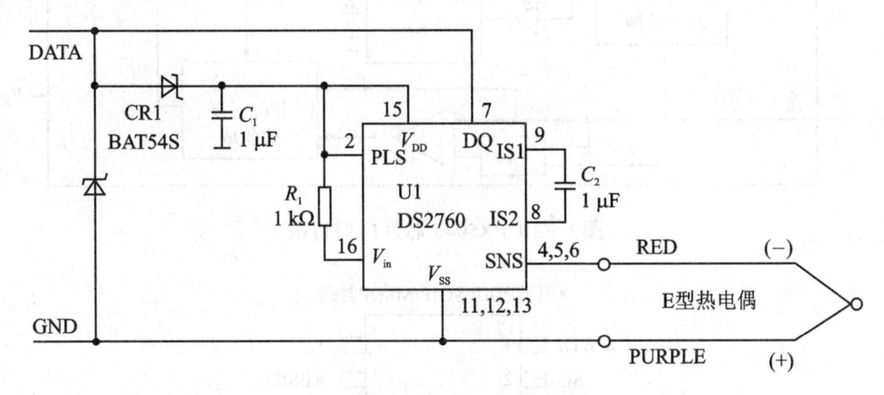


图 8-9　单线热电偶的输出

## 8.2.7　多功能串行外设芯片 X5045 及 SPI 接口

X5045/5043(早期型号是 X25045/25043)是美国 XICOR 公司生产的具有上电复位控制电压监控、看门狗定时器以及 EEPROM 数据存储四种功能的多用途芯片。它因体积小,占用 I/O 口少等优点已被广泛应用于工业控制、仪器仪表等领域。它与单片机接口采用流行的 SPI 总线方式连接,是一种较为理想的单片机外围芯片。

### 1. 外部引脚功能

X5045/5043 为 8 引脚 DIP 或 SOIC 封装,内部结构如图 8-10 所示,其引脚排列如图 8-11 所示。引脚功能如表 8-1 所列。其中,$\overline{\text{CS}}$ 为芯片选择输入端,当 $\overline{\text{CS}}$ 为低电平时,芯片处于工作状态;SO 为串行数据输出端,在串行时钟的下降沿,数据通过 SO 端移位输出;SI 为串行数据输入端,所有地址和数据的写入操作均通过 SI 输入,数据在串行时钟的上升沿锁存;SCK 为串行时钟,为数据读写提供串行总线定时;WP 为写保护输入端,当 WP 为低电平时,向 X5045 的写操作被禁止,但器件的其他功能正常;RESET 为复信号输出端。

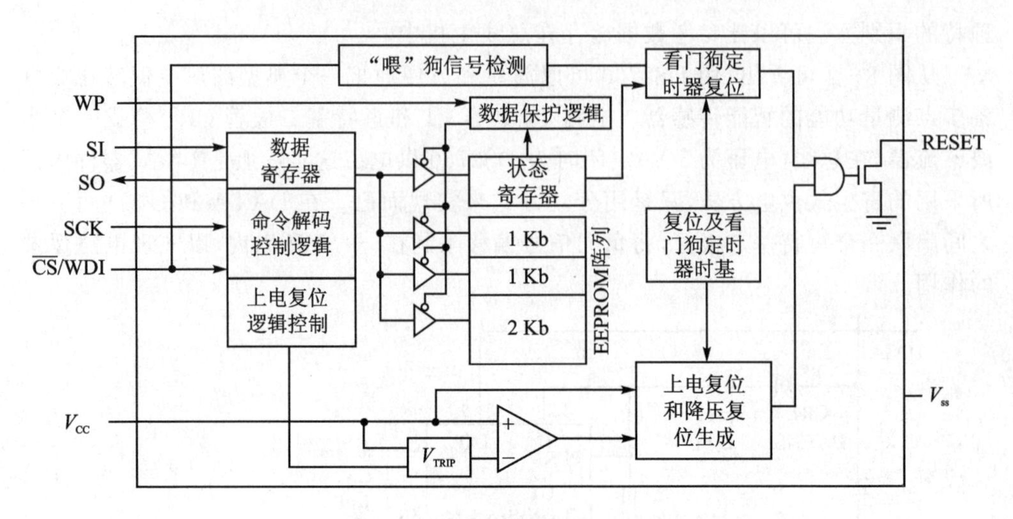


图8-10 X5045芯片内部结构

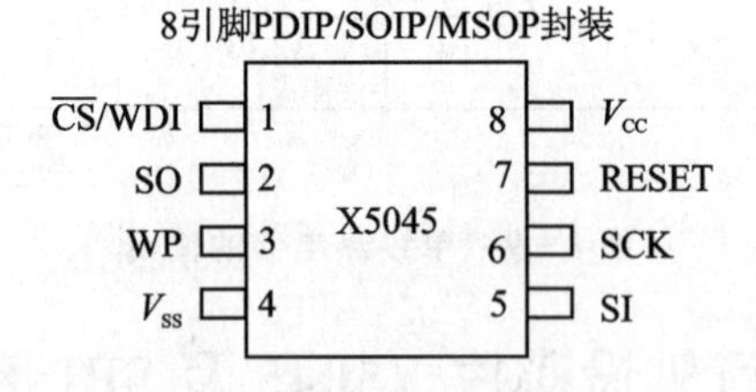


图8-11 X5045引脚图

表8-1 X5045引脚功能

| 引脚 | 名称 | 功能描述 |
|---|---|---|
| 1 | $\overline{CS}$/WDI | 芯片选择输入:当$\overline{CS}$是高电平时,芯片未选中,并将SO置为高阻态。器件处于标准的功耗模式,除非一个向非易失单元写的周期开始,在$\overline{CS}$是高电平时,将$\overline{CS}$拉低将使器件处于选择状态,器件将工作于工作功耗状态。在上电后任何操作之前,$\overline{CS}$必须要有一个高变低的过程。<br>看门狗输入:在看门狗定时器超时并产生复位CPU之前,一个加在WDI引脚上的由高到低的电平变化将清0看门狗定时器 |
| 2 | SO | 串行输出:SO是一个推/拉串行数据输出引脚,在读数据时,数据在SCK脉冲的下降沿由这个引脚送出 |
| 3 | WP | 写保护:当WP引脚是低电平时,向X5045中写的操作被禁止,但是其他的功能正常。当引脚是高电平时,所有操作正常,包括写操作,如果在$\overline{CS}$是低的时候,WP变为低电平,则会中断向X5045中写的操作,但是,如果此时内部的非易失性写周期已经初始化了,WP变为低电平不起作用 |
| 4 | VSS | 地 |

续表 8－1

| 引 脚 | 名 称 | 功能描述 |
| --- | --- | --- |
| 5 | SI | 串行输入：SI 是串行数据输入端，指令码、地址、数据都通过这个引脚进行输入。在 SCK 的上升沿进行数据的输入，并且高位（MSB）在前 |
| 6 | SCK | 串行时钟：串行时钟的上升沿通过 SI 引脚进行数据的输入，下降沿通过 SO 引脚进行数据的输出 |
| 7 | RESET | 复位输出：RESET 是一个开漏型输出引脚。只要 $V_{CC}$ 下降到最小允许 $V_{CC}$ 值，这个引脚就会输出高电平，一直到 $V_{CC}$ 上升超过最小允许值之后 200 ms。同时它也受看门狗定时器控制，只要看门狗处于激活状态，并且 WDI 引脚上电平保持为高或者为低超过了定时的时间，就会产生复位信号。$\overline{CS}$ 引脚上的一个下降沿将会复位看门狗定时器。由于这是一个开漏型的输出引脚，所以在使用时必须接上拉电阻 |
| 8 | $V_{CC}$ | 正电源 |

X5045/5043 根据 RESET 复位信号电平的高低来区分，X5045 复位输出信号为高电平，X5043 则为低电平。一般而言，X5045 用于复位信号为高电平的单片机，如 51 内核的一些单片机；X5043 则用于复位信号为低电平的单片机，如 Microchip 公司的 PIC 系列单片机。

## 2. X5045 与 89C51 的 SPI 接口硬件电路及操作原理

X5045 的 WP 是写保护输入引脚，只有 WP 为高电平时才可以向 EEPROM 写数据；RST 为复位输出引脚，复位时输出高电平；SI 为串行输入引脚，SO 为串行输出引脚，SCK 为串行时钟引脚，$\overline{CS}$/WDI 为片选及清除引脚。SI、SO、SCK 和 $\overline{CS}$ 均可以和单片机任何一个 I/O 引脚相连。图 8－12 是 X5045 与 89C51 的 SPI 接口电路图。

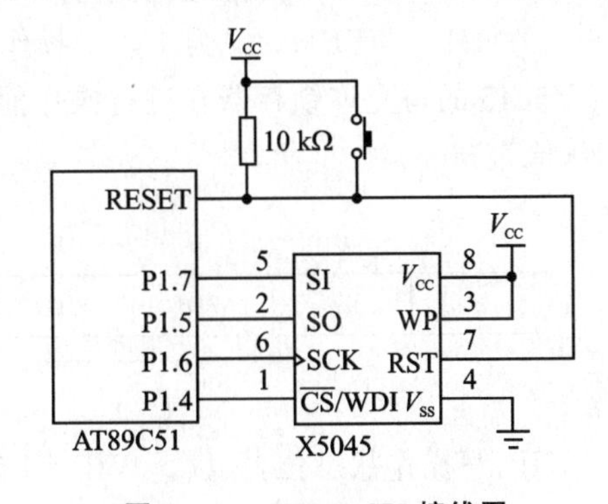


图 8－12　X5045 SPI 接线图

当 X5045 的 $\overline{CS}$ 变为低电平后，在 SCK 的上升沿采样从 SI 引脚输入的数据，在 SCK 的下降沿输出数据到 SO 引脚。整个工作期间，$\overline{CS}$ 必须是低电平，WP 必须是高电平。在预置的定时周期内，$\overline{CS}$ 没有从 1 到 0 的跳变时，RST 输出复位信号。

当 X5045 用于看门狗时，在看门狗定时器超时并产生复位 CPU 信号之前，产生一个加在 WDI 引脚上的由高到低的信号（即 P1.4 输出由高到低），将看门狗定时器清零，该过程称为“喂狗”。

### 3. X5043/45 的指令

X5043/45 包括一个写允许锁存器和 2 个 8 位的寄存器:指令寄存器、状态寄存器。对 X5043/45 的所有操作,都必须首先将一条指令写入指令寄存器,X5043/45 的指令、指令操作码及其操作如表 8-2 所列。

表 8-2 X5043/45 的指令集

| 指令名 | 指令操作码 | 指令的操作 |
|---|---|---|
| WREN | 0000 0110 | 设置写允许锁存器,允许写操作 |
| WRDI | 0000 0100 | 复位写允许锁存器,禁止写操作 |
| RDSR | 0000 0101 | 读状态寄存器 |
| WRSR | 0000 0001 | 写状态寄存器 |
| READ | 0000 $A_8$011 | 从该指令的第 9 位地址及其之后写入的低 8 位地址开始读出数据 |
| WRITE | 0000 $A_8$010 | 把 1~4 字节数据写入从写入的地址(同上,开始的 EEPROM)阵列中) |

注:表 8-2 中的 $A_8$ 表示 X5043/45 片内存储器的高地址位。

**指令说明**

- 发送指令或读写字节数据时,都是高位在先;
- EEPROM 存储器地址范围为 000H~1FFH,$A_8$ 为 0 表示操作的地址范围为 000H~0FFFH,$A_8$ 为 1 表示操作的地址范围为 100H~1FFH。

X5045 的写允许锁存器在进行操作前必须被设置。状态寄存器的各位功能如下(默认值为 30H):

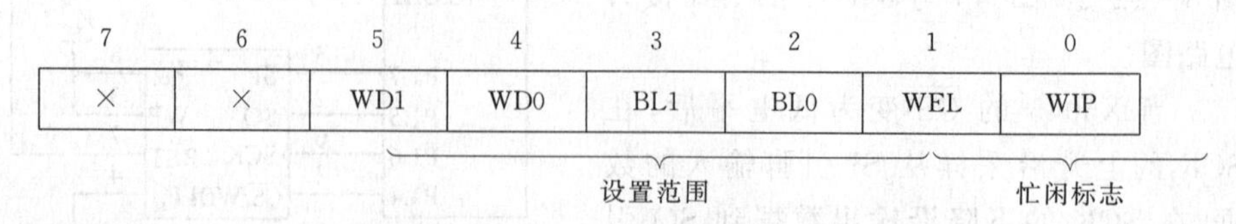


WIP:写操作状态位,只读。WIP=1 时,表示芯片正进行写操作;WIP=0 时,表示没有进行写操作。WEL:写使能锁存器状态位,只读。WEL=1 时,表示锁存器被设置;WEL=0 时,表示锁存器已复位。BL1、BL0:数据块保护位(意义如表 8-3 所列),可读写。WD1、WD0:看门狗定时器超时选择设定位(意义如表 8-4 所列),可读写。

表8-3 块地址保护范围

| BL1 | BL0 | 受保护的块地址 |
|---|---|---|
| 0 | 0 | 无 |
| 0 | 1 | 180H～1FFH |
| 1 | 0 | 100H～1FFH |
| 1 | 1 | 000H～1FFH |

表8-4 看门狗超时周期

| WD1 | WD0 | 看门狗超时周期 |
|---|---|---|
| 0 | 0 | 1.4 s |
| 0 | 1 | 600 ms |
| 1 | 0 | 200 ms |
| 1 | 1 | 禁止 |

## 8.2.8 8255

### 1. 8255的内部结构及功能

8255A的内部结构如图8-13所示。

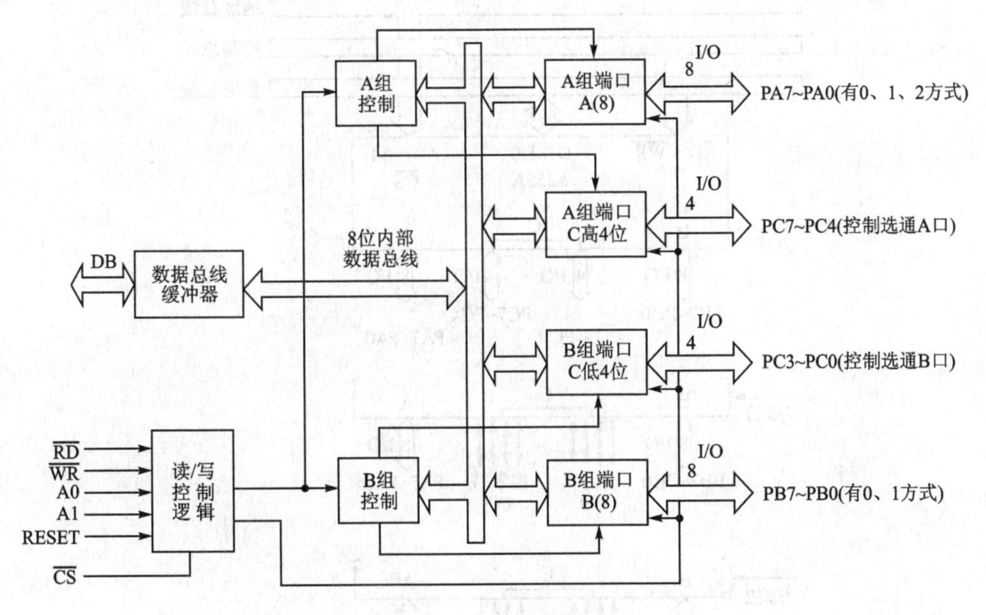


图8-13 8255内部结构

8255A的PA口、PB口、PC口和控制字寄存器的地址由A1、A0的不同编码确定,89C51/8031的低二位地址线P0.1和P0.0分别与8255A的A1和A0端连接,以确定4个端口地址,如图8-14所示。

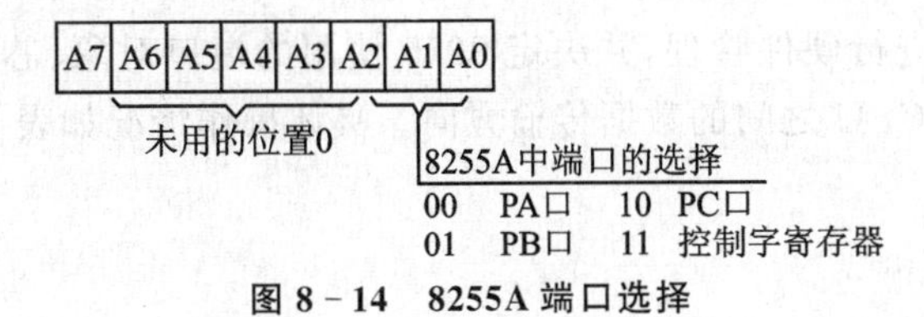


图8-14 8255A端口选择

用P2口的一根高地址线与8255A的$\overline{CS}$端相连用以选中8255A芯片。例如,P2.0为低电平时,8255A的$\overline{CS}$有效,选中该8255A芯片。设P2.7～P2.1全为高电平,则各端口地址确定如下:

| | |
|---|---|
| PA口: | FE00H |
| PB口: | FE01H |
| PC口: | FE02H |
| 控制字寄存器: | FE03H |

## 2. 8255的工作方式

8255有3种工作方式:方式0——基本I/O;方式1——选通I/O;方式2——双向传送(仅端口A有此工作方式)。工作方式由方式控制字来选择,如图8-15所示。

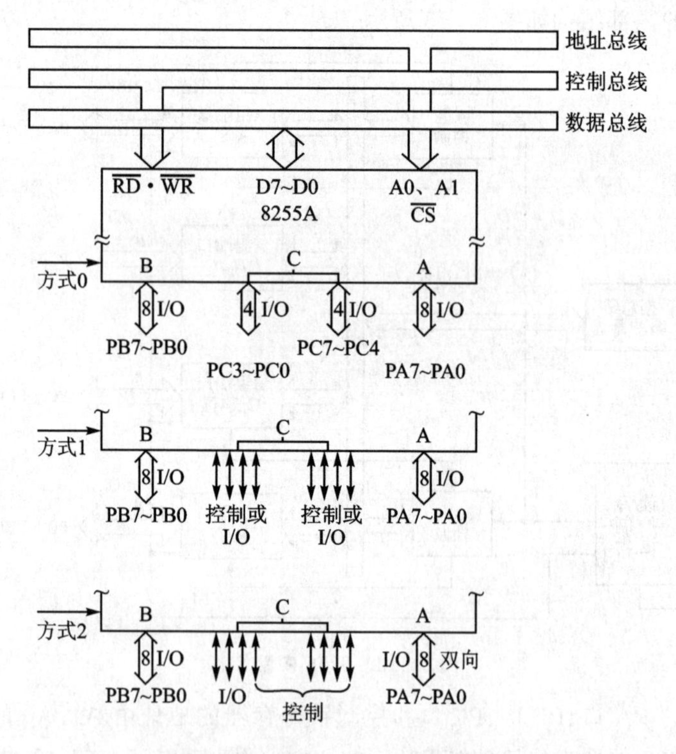


图8-15 8255工作方式示意图

对于8255的读写(I/O)控制是根据单片机发来的A0、A1、$\overline{RD}$、$\overline{WR}$、RESET和$\overline{CS}$信号,对8255进行硬件管理,并决定8255使用的端口对象、芯片的选择、是否被复位以及8255与CPU之间的数据传输方向。具体操作情况如表8-5所列。

表 8－5　8255 的端口选择及操作表

| A1 | A0 | $\overline{CS}$ | $\overline{RD}$ | $\overline{WR}$ | 所选端口 | 功　能 | 端口操作 |
|---|---|---|---|---|---|---|---|
| 0 | 0 | 0 | 0 | 1 | A | 读端口<br>(输入) | A 口→数据总线 |
| 0 | 1 | 0 | 0 | 1 | B | | B 口→数据总线 |
| 1 | 0 | 0 | 0 | 1 | C | | C 口→数据总线 |
| 0 | 0 | 0 | 1 | 0 | A | 写端口<br>(输出) | 数据总线→A 口 |
| 0 | 1 | 0 | 1 | 0 | B | | 数据总线→B 口 |
| 1 | 0 | 0 | 1 | 0 | C | | 数据总线→C 口 |
| 1 | 1 | 0 | 1 | 0 | 控制寄存器 | | 数据总线→控制寄存器 |
| × | × | 1 | × | × | | | 数据总线缓冲器为高阻态 |
| 1 | 1 | 0 | 0 | 1 | | | 非法条件 |
| × | × | 0 | 1 | 1 | | | 数据总线缓冲器为高阻态 |

### 3. 8255 的两个控制字

8255 只有一个控制寄存器可写入两个控制字：一个为方式选择控制字，决定 8255 的端口工作方式；另一个为 C 口按位复位/置位控制字，控制 C 口某一位的状态。这两个控制字共用一个地址，根据每个控制字的最高位 D7 来识别是何种控制字：D7＝1 为方式选择控制字；D7＝0 为 C 口置位/复位控制字。

#### (1) 方式选择控制字

方式选择控制字控制端口 A 在三种工作方式下输入或者输出，控制端口 B 在两种工作方式下输入或者输出，控制端口 C 低 4 位和高 4 位输入或者输出。在方式 1 或方式 2 下对端口 C 的定义不影响作为联络线使用的 C 口各位功能，格式如图 8－16 所示。

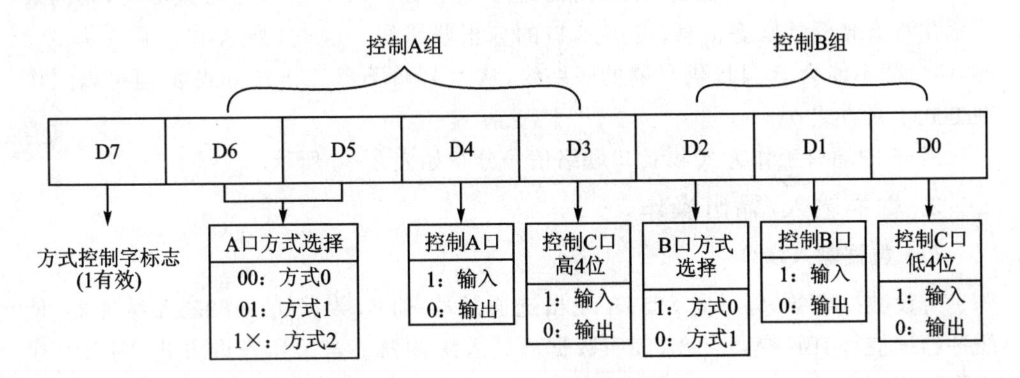


图 8－16　8255A 方式选择控制字

**(2) C口按位复位/置位控制字**

C口的各位具有位控制功能,在8255工作方式1、2时,某些位是状态信号和控制信号,为实现控制功能,可以单独地对某一位复位/置位。格式如图8-17所示。

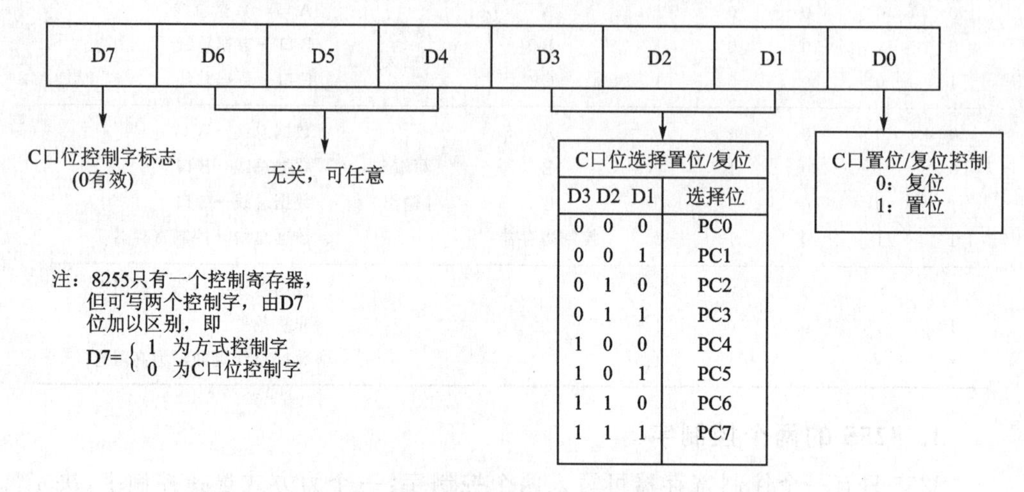


图8-17 C口位控制字

# 8.3 难点分析及讨论

## 8.3.1 8255难点分析及讨论

### 1. 方式2(双向数据传送方式)

方式2只有A口可选择,是双向的输入/输出口。A口工作在方式2时,其输入或输出都有独立的状态信息,占用C口的5根联络线。因此,当A口工作在方式2时,C口就不能为B口提供足够的联络线,从而B口不能工作在方式2,但可以工作在方式1或方式0。

8255的端口工作方式和C口联络信号分布如表8-6所示。

### 2. 数据输入/输出操作

**(1) 数据输入操作**

外设数据准备好后,向8255A发出选通脉冲 $\overline{STB}$,数据送入8255A缓冲器,使缓冲器满信号IBF变高有效,表明数据已装入缓冲器。若采用查询方式,则IBF供查询使用;若采用中断方式,在 $\overline{STB}$ 的后沿(由低变高)产生INTR中断请求。单片机响应中断后,执行中断服务程序,从8255A缓冲器中读入数据,然后撤销INTR的中断请求,并使IBF变低,通知外设准备下一个数据。

表 8-6　8255 的端口工作方式和 C 口联络信号分布

| 端口 | | 方式 0 | 方式 1 | | 方式 2 |
|---|---|---|---|---|---|
| | | | 输入 | 输出 | 双向输入/输出 |
| C 口 | PC0 | 基本 I/O | INTR B | INTR B | I/O |
| | PC1 | | IBF B | $\overline{\text{OBF}}$ B | I/O |
| | PC2 | | $\overline{\text{STB}}$ B | $\overline{\text{ACK}}$ B | I/O |
| | PC3 | | INTR A | INTR A | INTR A |
| | PC4 | 基本 I/O | $\overline{\text{STB}}$ A | I/O | $\overline{\text{STB}}$ A |
| | PC5 | | IBF A | I/O | $\overline{\text{IBF}}$ A |
| | PC6 | | I/O | $\overline{\text{ACK}}$ A | $\overline{\text{ACK}}$ A |
| | PC7 | | I/O | $\overline{\text{OBF}}$ A | $\overline{\text{OBF}}$ A |
| A 口 | | 基本 I/O | 选通 I/O | | 双向数据传送 |
| B 口 | | 基本 I/O | 选通 I/O | | |

**(2) 数据输出操作**

外设接收并处理完一组数据后，发回 $\overline{\text{ACK}}$ 响应信号，该信号使 $\overline{\text{OBF}}$ 变高，表明输出缓冲器已空。若采用查询方式，则 $\overline{\text{OBF}}$ 供查询使用；若采用中断方式，$\overline{\text{ACK}}$ 的后沿（由低变高）使 INTR 有效，向单片机发出中断请求。在中断服务程序中，将下一个数据写入 8255A 输出缓冲器，写入后 $\overline{\text{OBF}}$ 有效，表明输出数据再次装满，并由此信号启动外设工作，取走 8255A 输出缓冲器中的数据。

方式 1 选通输入/输出工作示意图如图 8-18 所示。

### 3. 8255 与打印机接口

8255A 广泛用于连接单片机的外设，如打印机、键盘、显示器等。图 8-19 是 8255A 用于微型打印机的接口电路。

图 8-19 中用 74LS373 地址锁存器锁存 P0 口送出的低 8 位地址，A1、A0 和 89C51 的 P0.1、P0.0 相连。8255A 采用线选法，地址为×0××××A1A0B，设无效位为 1，则 PA 口、PB 口、PC 口及控制寄存器的地址分别为 0BCH、0BDH、0BEH 及 0BFH。

设 89C51 单片机与微型打印机的数据传送采用查询方式。8255A 的 PA 口连接微型打印机的数据线，PC0、PC7 与 BUSY（忙信号线，当打印机缓冲器装满或执行操作时，向 8255A 发出 BUSY 信号，通知它暂停送数）和 $\overline{\text{STB}}$ 线（数据选通输入信号线，低电平有效，有效时，将 8 位数据送入微型打印机）相连。设置 PA 口工作于方式 0 输出，PC 口的高 4 位工作于方式 0 输出（其中 PC.7 作为外设接收数据的控制位），PC 口的低 4 位工作于方式 0 输入（其中 PC.0 作为外设状态输入位，供 CPU 查询），

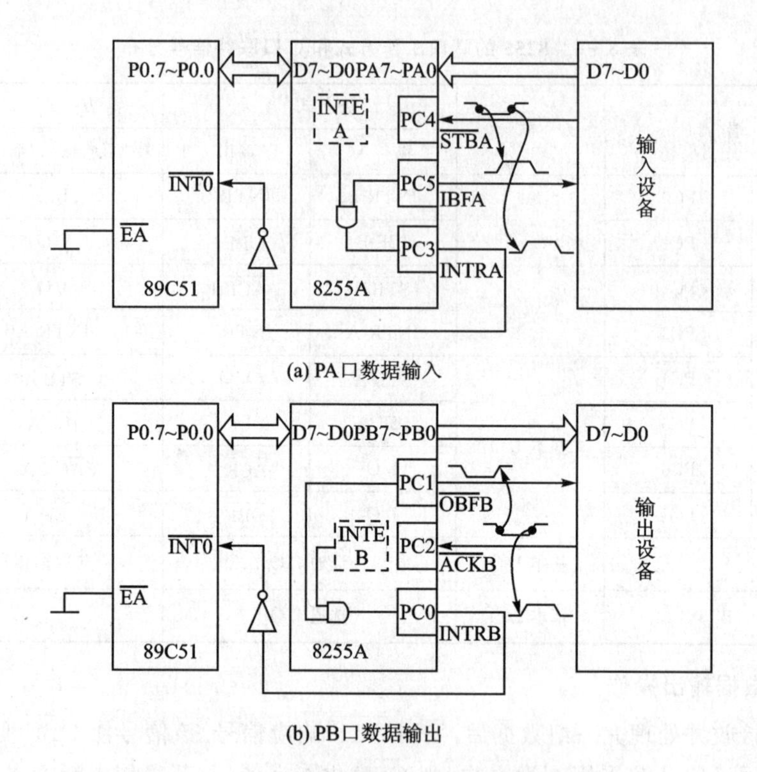


(a) PA口数据输入



(b) PB口数据输出

**图 8-18 方式1选通输入/输出示意图**

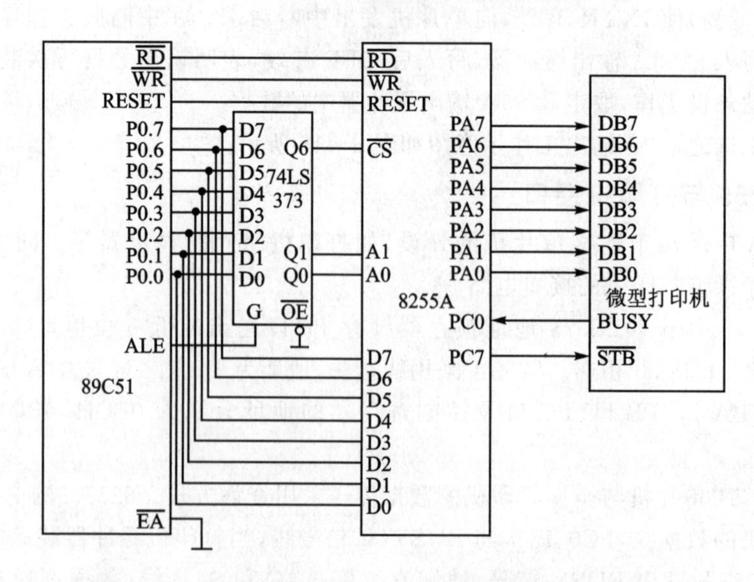


**图 8-19 8255A 用于 89C51 单片机与微型打印机的接口**

PB 口没有使用,故 8255A 的控制字可设为 10000001B(81H)。

根据图 8-19 所示的微型打印机接口,将存放在 89C51 单片机内部 RAM 以

30H 为首址的 64 个连续单元中的内容打印输出，相应程序如下：

```
        ORG    1000H
PRINT:  MOV    R0,#0BFH        ;指针 R0 指向 8255A 的控制寄存器
        MOV    A,#81H          ;设置方式控制字
        MOVX   @R0,A           ;写入方式控制字
        MOV    R1,#30H         ;数据块指针 R1 置初值
        MOV    R2,#40H         ;数据块长度计数器 R2 置初值
PRNEXT: MOV    R0,#BEH         ;指向 8255A 的 PC 口
        MOV    A,#80H          ;8255A 输出 STB 信号为高电平
        MOV    @R0,A           ;PC.7=1
PRWAIT: MOVX   A,@R0           ;查询打印机的状态
        JB     ACC.0,PRWAIT    ;若 BUSY=1(忙),则等待
        MOV    R0,#0BCH        ;若 BUSY=0(空),则指向 PA 口
        MOVX   A,@R1           ;输出数据
        MOV    @R0,A
        MOV    R0,#0BEH        ;指向 8255APC 口
        MOV    A,#00H          ;8255A 输出 STB 信号为低电平
        MOVX   @R0,A           ;PC.7=0
        ACALL  PDELAY          ;延时,以形成一个宽度为定值的负脉冲
        INC    R1              ;修改数据块指针
        DJNZ   R2,PRNEXT       ;判断打印输出是否完成？若未完成,则继续
        SJMP   $               ;等待
PDELAY:
        ⋮
        RET
```

## 8.3.2　线选法及地址译码法扩展片外存储器及 I/O 芯片

### 1. 线选法扩展片外芯片

线选法是利用单片机高地址总线（一般是 P2 口）作为存储器（或 I/O 口）的片选信号，也就是将 P2 口的某一根地址线与存储器（或 I/O 口）的片选信号直接相连，只有该地址线为低电平时，才选中该芯片。线选法简单，无需外加任何其他的译码电路，适用于不太复杂的系统。但每占用一根地址线，就占用了一段地址空间，且各地址空间不连续，不能充分有效地利用存储空间。

**例 8-4**　某一单片机应用系统，需扩展 4 KB 的 EPROM、2 KB 的 RAM，还需外扩一片 8255 并行接口芯片，采用线选法画出硬件连接图，并指出各芯片的地址范围。

**解**　这些芯片与 MCS-51 单片机的连接方式见图 8-20。4 KB 的 2732

EPROM有12根地址线A0～A11,它们分别与单片机的P0口及P2.0～P2.3相连。2 KB的6116 RAM有11根地址线A0～A10,它们分别与单片机的P0口及P2.0～P2.2相连。单片机剩余P2口的地址线,作为片选信号线(P2.4作为2732的片选,P2.5作为6116的片选,P2.6作为8255的片选)。当要选中某个芯片时,单片机P2口对应的片选信号应为低电平,其他引脚一定要为高电平,这样才能保证只选中指定的芯片,而不选中其他芯片。

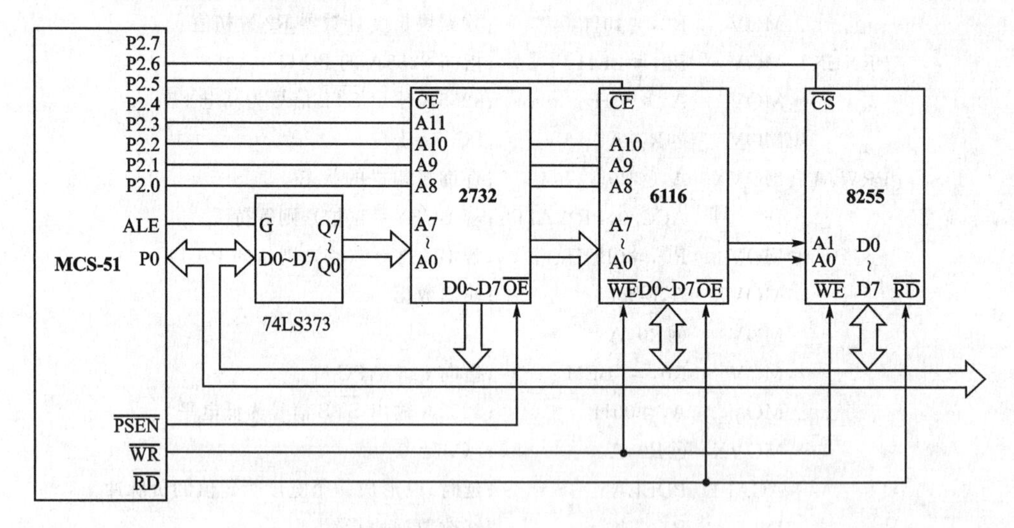


图8-20 线选法的实例图

MCS-51的P0口和P2口中的P2.0、P2.1、P2.2并行地连接到2732和6116的地址线上,实现片内寻址,即程序存储器2732低2 KB的地址和数据存储器6116的地址是重叠的。那么会不会出现MCS-51访问2732低2 KB某单元时,同时又访问6116的同一单元的情况呢?如果这样,MCS-51就会同时访问两个单元,从而产生数据冲突,出现错误。答案是不会出现错误。因为虽然两单元的地址是一样的,但是MCS-51单片机对EPROM和RAM发出的控制信号不同。如果访问的是外部程序空间,则$\overline{PSEN}$信号有效;如果访问外部数据空间则$\overline{RD}$或$\overline{WR}$信号有效。以上控制信号是由执行访问外部存储器的指令产生,任何时刻只能产生两种控制信号中的一种,所以不会产生数据冲突。但应注意,程序存储器与程序存储器、数据存储器与数据存储器之间不能发生地址重叠。本实例的地址译码见表8-7。

表8-7 各芯片地址范围

| | P2.7 | P2.6 | P2.5 | P2.4 | P2.3 | P2.2 | P2.1 | P2.0 | P0.7 | P0.6 | P0.5 | P0.4 | P0.3 | P0.2 | P0.1 | P0.0 | 地址范围 |
|---|---|---|---|---|---|---|---|---|---|---|---|---|---|---|---|---|---|
| 2732 | 1 | 1 | 1 | 0 | 0 | 0 | 0 | 0 | 0 | 0 | 0 | 0 | 0 | 0 | 0 | 0 | 低地址 E000H |
| | 1 | 1 | 1 | 0 | 1 | 1 | 1 | 1 | 1 | 1 | 1 | 1 | 1 | 1 | 1 | 1 | 高地址 EFFFH |

续表 8-7

| | P2.7 | P2.6 | P2.5 | P2.4 | P2.3 | P2.2 | P2.1 | P2.0 | P0.7 | P0.6 | P0.5 | P0.4 | P0.3 | P0.2 | P0.1 | P0.0 | 地址范围 |
|---|---|---|---|---|---|---|---|---|---|---|---|---|---|---|---|---|---|
| 6116 | 1 | 1 | 0 | 1 | 1 | 0 | 0 | 0 | 0 | 0 | 0 | 0 | 0 | 0 | 0 | 0 | 低地址 D800H |
| | 1 | 1 | 0 | 1 | 1 | 1 | 1 | 1 | 1 | 1 | 1 | 1 | 1 | 1 | 1 | 1 | 高地址 DFFFH |
| 8255 | 1 | 0 | 1 | 1 | 1 | 1 | 1 | 1 | 1 | 1 | 1 | 1 | 1 | 1 | 0 | 0 | 低地址 BFFCH |
| | 1 | 0 | 1 | 1 | 1 | 1 | 1 | 1 | 1 | 1 | 1 | 1 | 1 | 1 | 1 | 1 | 高地址 BFFFH |

线选法适用于系统扩展芯片较少的单片机应用系统。

## 2. 地址译码法扩展片外芯片

当线选法所需地址选择线多于可用地址线时，一般采用地址译码法。译码法就是利用译码器对单片机的某些高位地址线进行译码，其译码输出作为存储器（或 I/O 口）的片选信号。这种方法存储空间连续，能有效地利用存储空间，适用于多存储器、多 I/O 口的扩展。

地址译码法必须采用地址译码器，经常使用的地址译码器有 74LS138 和 74LS139。

74LS138 是“3—8”译码器，其引脚排列见图 8-21，其中：

A、B、C——译码输入端；

$\overline{E_1}$、$\overline{E_2}$、$E_3$——使能端；

$\overline{Y_0}$～$\overline{Y_7}$——译码输出端。

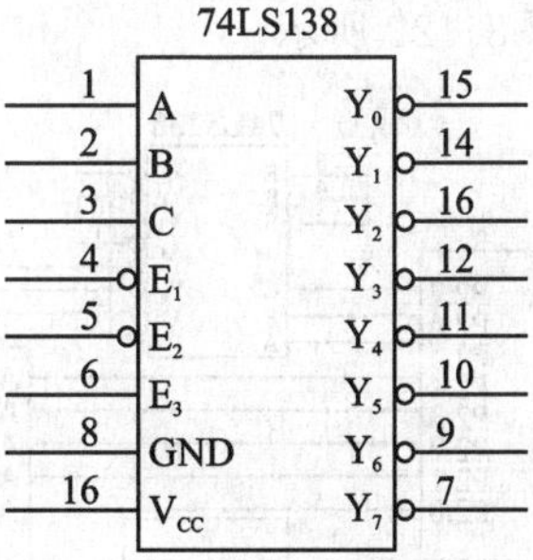

三个译码输入端 A、B、C 组合成 8 种输入状态，对应每种输入状态，仅允许一个输出端为 0 电平，其余全为 1。74LS138 还具有 3 个使能端 $\overline{E_1}$、$\overline{E_2}$ 和 $E_3$，必须同时输入有效电平，即 $\overline{E_1}$、$\overline{E_2}$ 为低电平，$E_3$ 为高电平时，译码器才能工作正常，否则译码器输出无效，真值表见表 8-8。

图 8-21　地址译码器 74LS138 引脚排列图

表 8-8　74LS138 译码器真值表

| 输入 | | | | | | 输出 | | | | | | | |
|---|---|---|---|---|---|---|---|---|---|---|---|---|---|
| $\overline{E_1}$ | $\overline{E_2}$ | $E_3$ | C | B | A | $\overline{Y_7}$ | $\overline{Y_6}$ | $\overline{Y_5}$ | $\overline{Y_4}$ | $\overline{Y_3}$ | $\overline{Y_2}$ | $\overline{Y_1}$ | $\overline{Y_0}$ |
| 0 | 0 | 1 | 0 | 0 | 0 | 1 | 1 | 1 | 1 | 1 | 1 | 1 | 0 |
| 0 | 0 | 1 | 0 | 0 | 1 | 1 | 1 | 1 | 1 | 1 | 1 | 0 | 1 |
| 0 | 0 | 1 | 0 | 1 | 0 | 1 | 1 | 1 | 1 | 1 | 0 | 1 | 1 |

续表 8-8

| 输入 | | | | | | 输出 | | | | | | | |
|---|---|---|---|---|---|---|---|---|---|---|---|---|---|
| $\overline{E_1}$ | $\overline{E_2}$ | $E_3$ | C | B | A | $\overline{Y_7}$ | $\overline{Y_6}$ | $\overline{Y_5}$ | $\overline{Y_4}$ | $\overline{Y_3}$ | $\overline{Y_2}$ | $\overline{Y_1}$ | $\overline{Y_0}$ |
| 0 | 0 | 1 | 0 | 1 | 1 | 1 | 1 | 1 | 1 | 0 | 1 | 1 | 1 |
| 0 | 0 | 1 | 1 | 0 | 0 | 1 | 1 | 1 | 0 | 1 | 1 | 1 | 1 |
| 0 | 0 | 1 | 1 | 0 | 1 | 1 | 1 | 0 | 1 | 1 | 1 | 1 | 1 |
| 0 | 0 | 1 | 1 | 1 | 0 | 1 | 0 | 1 | 1 | 1 | 1 | 1 | 1 |
| 0 | 0 | 1 | 1 | 1 | 1 | 0 | 1 | 1 | 1 | 1 | 1 | 1 | 1 |
| 其他状态 | | | × | × | × | 1 | 1 | 1 | 1 | 1 | 1 | 1 | 1 |

**例 8-5**　某一单片机应用系统,需扩展 2 片 8 KB 的 EPROM、2 片 8 KB 的 RAM,采用地址译码法画出硬件连接图,并指出各芯片的地址范围。

**解**　2764、6264 存储容量均为 8 KB,均有 A0～A12 13 根地址线。MCS-51 的 P0 口输出的低 8 位地址经 74LS373 锁存器与 4 个存储器的低 8 位地址 A0～A7 相连,P2.0～P2.4 直接与 4 个存储器的 A8～A12 相连,剩余的 3 根地址线 P2.5、P2.6、P2.7 与译码器的 3 个输入端相连。依次用 $\overline{Y_0}$、$\overline{Y_1}$、$\overline{Y_2}$ 和 $\overline{Y_3}$ 作为 2764(Ⅰ)、2764(Ⅱ)、6264(Ⅰ)和 6264(Ⅱ)的片选信号。这些芯片与 89C51 单片机的连接方式如图 8-22 所示。

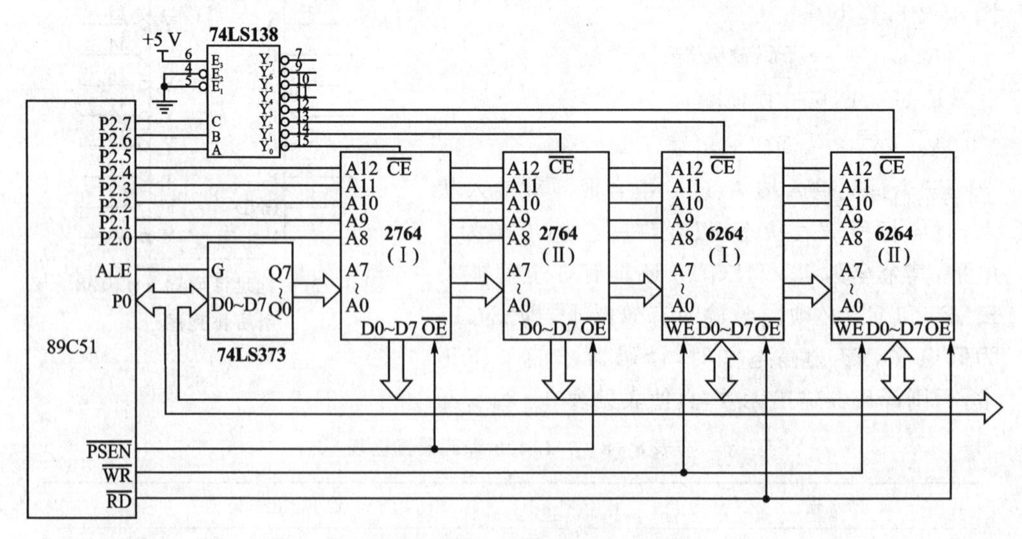


图 8-22　74LS138 译码法实例图

本实例各芯片的地址范围如表 8-9 所列。

**表 8-9 各芯片的地址范围**

| | P2.7 | P2.6 | P2.5 | P2.4 | P2.3 | P2.2 | P2.1 | P2.0 | P0.7 | P.6 | P0.5 | P0.4 | P0.3 | P0.2 | P0.1 | P0.0 | 地址范围 |
|---|---|---|---|---|---|---|---|---|---|---|---|---|---|---|---|---|---|
| 2764（Ⅰ） | 0 | 0 | 0 | 0 | 0 | 0 | 0 | 0 | 0 | 0 | 0 | 0 | 0 | 0 | 0 | 0 | 低地址 0000H |
| | 0 | 0 | 0 | 1 | 1 | 1 | 1 | 1 | 1 | 1 | 1 | 1 | 1 | 1 | 1 | 1 | 高地址 1FFFH |
| 2764（Ⅱ） | 0 | 0 | 1 | 0 | 0 | 0 | 0 | 0 | 0 | 0 | 0 | 0 | 0 | 0 | 0 | 0 | 低地址 2000H |
| | 0 | 0 | 1 | 1 | 1 | 1 | 1 | 1 | 1 | 1 | 1 | 1 | 1 | 1 | 1 | 1 | 高地址 3FFFH |
| 6264（Ⅰ） | 0 | 1 | 0 | 0 | 0 | 0 | 0 | 0 | 0 | 0 | 0 | 0 | 0 | 0 | 0 | 0 | 低地址 4000H |
| | 0 | 1 | 0 | 1 | 1 | 1 | 1 | 1 | 1 | 1 | 1 | 1 | 1 | 1 | 1 | 1 | 高地址 5FFFH |
| 6264（Ⅱ） | 0 | 1 | 1 | 0 | 0 | 0 | 0 | 0 | 0 | 0 | 0 | 0 | 0 | 0 | 0 | 0 | 低地址 6000H |
| | 0 | 1 | 1 | 1 | 1 | 1 | 1 | 1 | 1 | 1 | 1 | 1 | 1 | 1 | 1 | 1 | 高地址 7FFFH |

从例 8-5 的硬件连接图可以看出，单片机除了扩展存储器所需的地址线以外，剩余的全部地址线都参加译码，这种译码方式称全译码。利用剩余地址线中的一部分地址线参加译码称为部分译码。部分译码存在地址重叠现象，即一个存储单元对应有若干个地址。本例属于全译码方式。

**例 8-6** 超过 64 KB RAM 的扩展。MCS-51 系列单片机的片外 RAM 空间为 64 KB，某些场合下，当所需数据存储器空间超过 64 KB，如何解决呢？

**解** 原来 64 KB 的 RAM 空间是由 16 根地址线决定的（$2^{16}=65\,536=64$ K），它由 P0 口提供低 8 位地址，P2 口提供高 8 位地址。要想扩大 RAM 空间，可用增加地址线的办法来解决。可用 P1 口的 P1.0 作地址线 A16，P1.1 作地址线 A17，…，依次类推。

图 8-23 所示为 89C51 扩展 7 片准静态 32 KB RAM62256 共 224 KB 的实际线路。

图中 2764 的片选端 $\overline{CE}$ 接地，为常选通，地址为 0000H～1FFFH，没有占用“3-8”译码器输出线；其他 7 片 62256 芯片占用“3-8”译码器的 $\overline{Y}_0$～$\overline{Y}_6$ 的 7 个输出端，余下的 $\overline{Y}_7$ 可用于选通其他 I/O 芯片。

62256 有 15 根地址线，用 P0 口及 P2 口的 P2.0～P2.6 作为输出地址，寻址空间为 32 KB。余下的 P2.7 加上 P1.0 和 P1.1 作为 74LS138 的输入线。各 62256 芯片地址范围如表 8-10 所列。

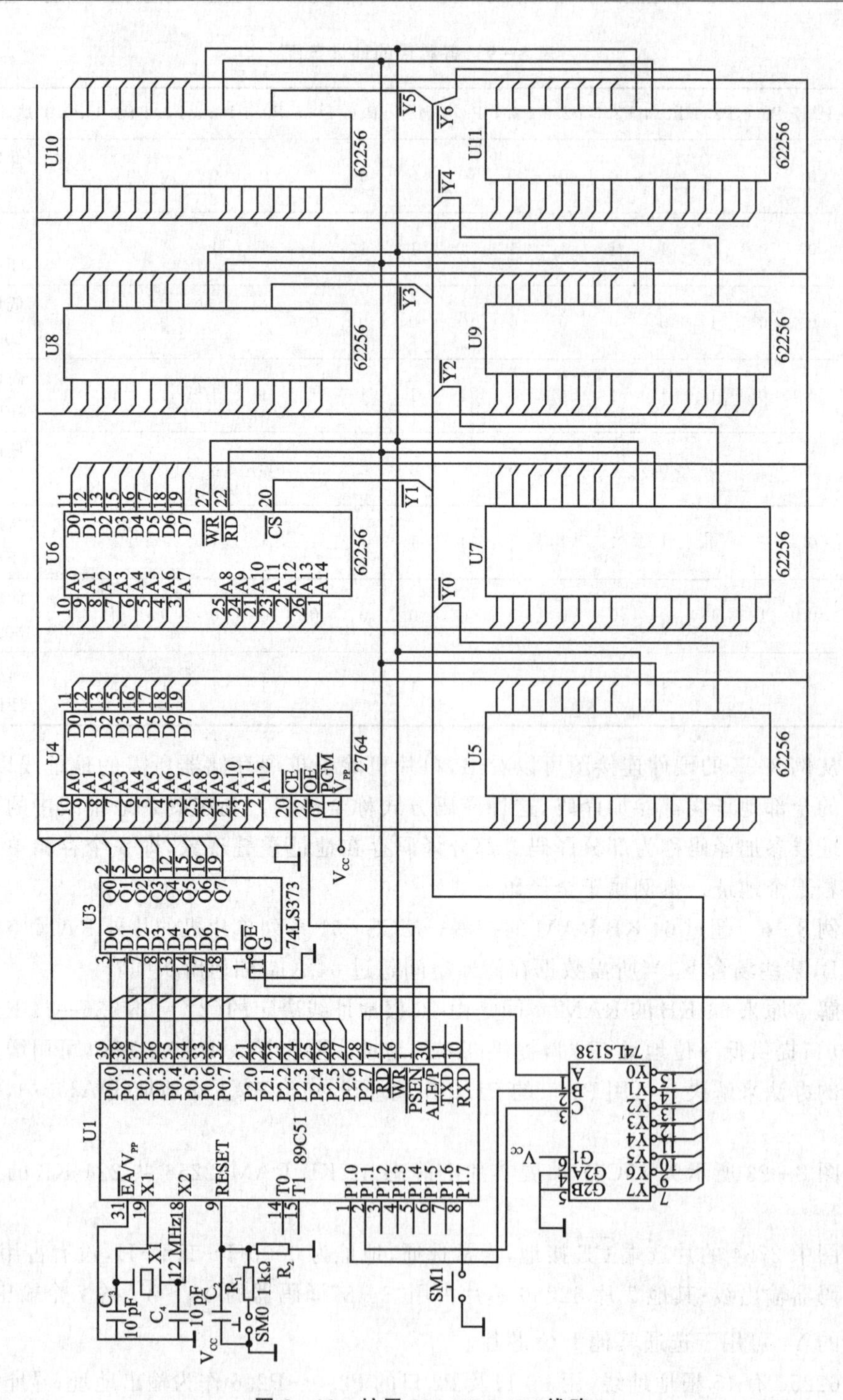


图 8-23 扩展 224 KB RAM 线路

**表 8-10　各 62256 地址分配**

| "3-8"输入 P1.1 P1.0 P2.7 | "3-8"有效输出端 | 选中芯片 | 地址范围 |
|---|---|---|---|
| 0 0 0 | $\overline{Y}_0$ | U5 | 00000H～07FFFH |
| 0 0 1 | $\overline{Y}_1$ | U6 | 08000H～0FFFFH |
| 0 1 0 | $\overline{Y}_2$ | U7 | 10000H～17FFFH |
| 0 1 1 | $\overline{Y}_3$ | U8 | 18000H～1FFFFH |
| 1 0 0 | $\overline{Y}_4$ | U9 | 20000H～27FFFH |
| 1 0 1 | $\overline{Y}_5$ | U10 | 28000H～2FFFFH |
| 1 1 0 | $\overline{Y}_6$ | U11 | 30000H～37FFFH |
| 1 1 1 | $\overline{Y}_7$ | 未　用 | 38000H～3FFFFH |

当使用 89C51 单片机时，图 8-23 中的 74LS373 及 2764 芯片可省略。

### 8.3.3　I/O 外设接口及程序讨论

89C51 单片机访问 I/O 设备，采用的是存储器映象方式。I/O 设备与片外 RAM 统一编址，利用 MOVX 指令，选中 I/O 设备，进而对 I/O 设备进行读写，达到访问外设的目的。

**(1) 查询输入**

查询输入电路如图 8-24 所示。当外部输入设备准备好数据时，它将由 RE-

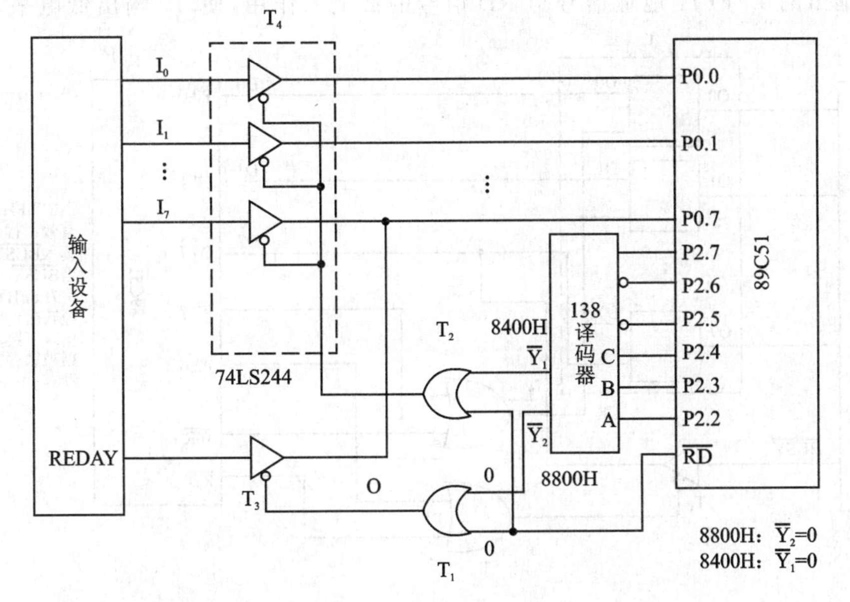


图 8-24　查询输入电路

DAY引脚发出高电平信号，否则为低电平。在本电路中，当P2口输出地址信号为8400H时，$\overline{Y}_1$为低电平；当地址为8800H时，$\overline{Y}_2$为低电平。当$\overline{Y}_2$和$\overline{RD}$同时为低电平时，或门$T_1$输出低电平，将三态门$T_3$打开，89C51单片机读出READY信号进行查询。

当8800H和$\overline{RD}$同时有效时，打开$T_3$，读出REDAY；当REDAY＝1时与用8400H和$\overline{RD}$打开$T_4$，写入输入数据。

当READY＝1时，单片机从P2口输出8400H地址信号，$\overline{Y}_1$变为低电平。在$\overline{Y}_1$和RD同时为低电平时，或门$T_2$输出低电平将三态门$T_4$打开，写入数据$I_0$～$I_7$。

```
        MOV     DPTR,＃8800H        ;装入 T3 门地址
        MOVX    A,@DPTR             ;读 REDAY 信号
WAIT：  JB   ACC.7,NEXT             ;查询 REDAY＝1？ REDAY＝0,反复查询
        SJMP    WAIT                ;返回查询
NEXT：  MOV     DPTR,＃8400H        ;装入 T4 门地址,REDAY＝1,打开 T4
        MOVX    A,@DPTR             ;读入数据信号
```

**(2) 查询输出**

查询输出电路如图8-25所示。当外部设备准备好接收数据时，$\overline{BUSY}$＝1，否则$\overline{BUSY}$＝0。$T_4$为8D锁存器，当CK出现高电平到低电平的变化时，Q端锁存D端数据。三态门$T_3$映射地址是BFFFH，锁存器$T_4$映射地址是7FFFH。89C51单片机输出的BFFFH地址信号与$\overline{RD}$信号的低电平作用，使$T_1$输出低电平，打开

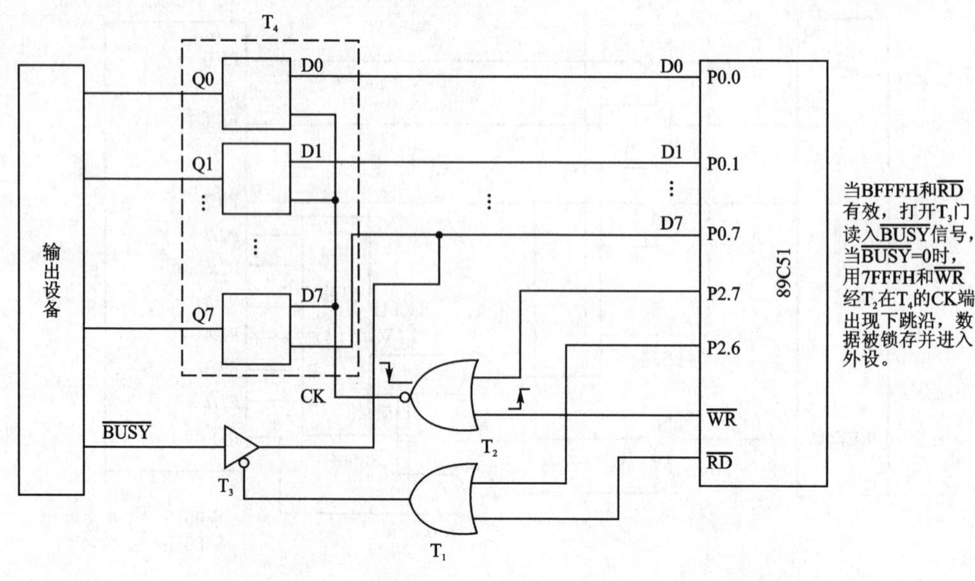


图8-25　查询输出电路

$T_3$，读出 $\overline{BUSY}$ 信号查询。当 89C51 单片机输出 7FFFH 地址信号，同时在 $\overline{WR}$ 出现上跳沿时，经 $T_2$，在 $T_4$ 的 CK 端出现下跳沿，将 80C51 单片机送出的数据 D0～D7 锁存到 Q 输出端，然后进入外部设备。

```
START：MOV    DPTR，#BFFFH      ；装入 T3 门地址
       MOVX   A，@DPTR          ；读入 BUSY 信号
WAIT： JNB    ACC.7，WAIT       ；查询 BUSY＝1？
       MOV    DPTR，#7FFFH      ；装入 T4 锁存器地址
       MOV    A，#XXH           ；输出数据→A
       MOVX   @DPTR，A          ；输出数据送外设
```

# 第9章 应用系统配置（常用外设芯片）及接口技术

图9-1所示为具有模拟量输入、模拟量输出以及键盘、显示器、打印机等配置的前向、后向和人-机通道系统框图。

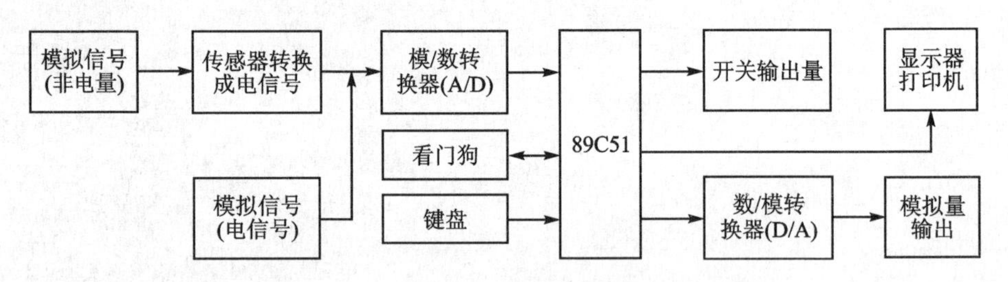


图9-1 系统前向、后向、人-机通道配置框图

## 9.1 学习目的及要求

### 9.1.1 人-机通道

单片机应用系统通常都需要进行人-机对话。这包括人对应用系统的状态干预与数据输入，还有应用系统向人显示运行状态与运行结果等，如键盘、显示器就是用来完成人-机对话活动的通道。

- 熟悉非编码键盘及编码键盘的概念。
- 熟悉按键“稳定闭合”及“去抖”的概念。
- 掌握独立式按键接口及键盘程序的设计方法。
- 掌握行列式按键接口电路及程序扫描的设计方法。
- 掌握LED显示器的结构及工作原理。
- 掌握LED动态显示接口电路及动态扫描显示程序的设计方法。
- 熟悉键盘扫描子程序的设计方法。
- 熟悉键盘/LED与89C51（利用P2口、P1口和串行口）的接口及键盘扫描子程序的设计方法。
- 了解打印机接口及打印程序。

● 了解开关量输出及功率器件接口。

### 9.1.2　单片机应用系统前向通道和后向通道配置

● 熟悉传感器及模拟小信号放大 IC 芯片的使用。
● 掌握串行扩展 A/D 芯片 TLC1549、TLC2543 和并行芯片 ADC0809、MC14433 的性能、技术指标、引脚功能、接口电路及程序设计方法。
● 掌握串行扩展 D/A 芯片 TLC5615 和并行芯片 DAC0832 的性能、指标、引脚功能、接口电路及程序设计方法。

## 9.2　重点内容及问题讨论

### 9.2.1　人-机通道

#### 1. 按键的“闭合稳定”及去抖程序

键盘中每个按键都是一个常开开关电路，如图 9-2 所示。当按键 K 未被按下时，P1.0 输入为高电平；K 闭合时，P1.0 输入为低电平。通常的按键所用开关为机械弹性开关，当机械触点断开、闭合时，电压信号波形如图 9-3 所示。由于机械触点的弹性作用，一个按键开关在闭合时不会马上稳定地接通，在断开时也不会一下子断开。因而在闭合及断开的瞬间均伴随有一连串的抖动。抖动时间的长短由按键的机械特性决定，一般为 5 ms～10 ms。这是一个很重要的时间参数，在很多场合都要用到。按键稳定闭合时间的长短则是由操作人员的按键动作决定的，一般为零点几秒。

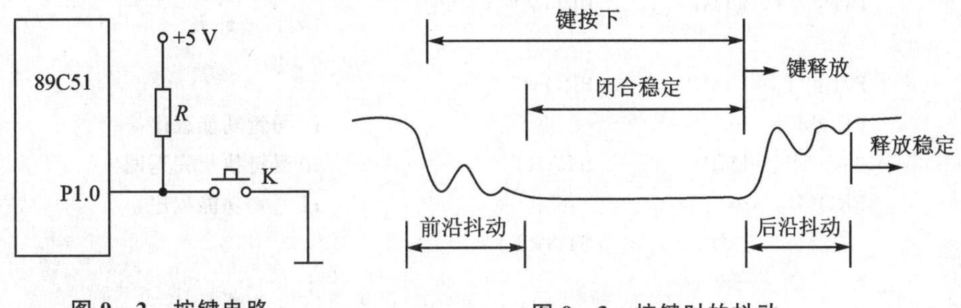


图 9-2　按键电路　　图 9-3　按键时的抖动

按键抖动会引起一次按键被误读多次。为了确保 CPU 对按键的一次闭合仅作一次处理，必须去除按键抖动。在按键闭合稳定时读取按键的状态，并且必须判别到按键释放稳定后再作处理。按键的抖动，可用硬件或软件两种方法消除。

去抖程序可在按键扫描子程序开头调用 6 ms～12 ms 延时子程序或连续调用两次显示子程序，即

```
ACALL   T12ms          ;调 12 ms 延时子程序
```

或
```
        ACALL   DIS             ;调 6 ms 显示子程序 DIS
        ACLL    DIS
```

## 2. 独立式按键键扫程序(含去抖程序)

```
START:  MOV     A,#0FFH             ;置输入方式
        MOV     P1,A
LOOP:   MOV     A,P1                ;读入键盘状态
        CJNE    A,#0FFH,PL0         ;有键按下否
        SJMP    LOOP                ;无键按下等待
PL0:    LCALL   DELAY               ;调延时去抖动
        MOV     A,P1                ;重读入键盘状态
        CJNE    A,#0FFH,PL1;        ;非误读转
        SJMP    LOOP
PL1:    JNB     ACC.0,P0F           ;0 号键按下转 P0F 标号地址
        JNB     ACC.1,P1F           ;1 号键按下转 P1F 标号地址
        JNB     ACC.2,P2F           ;2 号键按下转 P2F 标号地址
        JNB     ACC.3,P3F           ;3 号键按下转 P3F 标号地址
        JNB     ACC.4,P4F           ;4 号键按下转 P4F 标号地址
        JNB     ACC.5,P5F           ;5 号键按下转 P5F 标号地址
        JNB     ACC.6,P6F           ;6 号键按下转 P6F 标号地址
        JNB     ACC.7,P7F           ;7 号键按下转 P7F 标号地址
        JNP     START               ;无键按下返回
P0F:    LJMP    PROM0 ⎫
P1F:    LJMP    PROM1 ⎬             ;入口地址表
  ⋮               ⋮   ⎪
P7F:    LJMP    PROM7 ⎭
PROM0:  …                           ;0 号键功能程序
        JMP     START               ;0 号键执行完返回
PROM1:  …                           ;1 号键功能程序
        JMP     START
        ⋮                           ⋮
PROM7:  …
        JMP     START
```

由程序可以看出,各按键由软件设置了优先级,优先级顺序依次为 0~7。

## 9.2.2 单通道串行 A/D 芯片 TLC1549 及 SPI 接口

### 1. TLC1549 串行 A/D 转换器芯片

#### (1) 主要性能

TLC1549M 是逐次比较型 10 位 A/D 转换器。转换时间≤21 μs，单电源供电(+5 V)，转换结果以串行方式输出，工作温度为−55～+125 ℃。

TLC549 是 8 位 A/D 转换器，引脚与 TLC1549 兼容，价格更便宜些。

#### (2) 引脚及功能

TLC1549M 有 DIP 和 FK 2 种封装形式。其中，DIP 封装的引脚排列如图 9-4 所示。引脚功能见表 9-1。

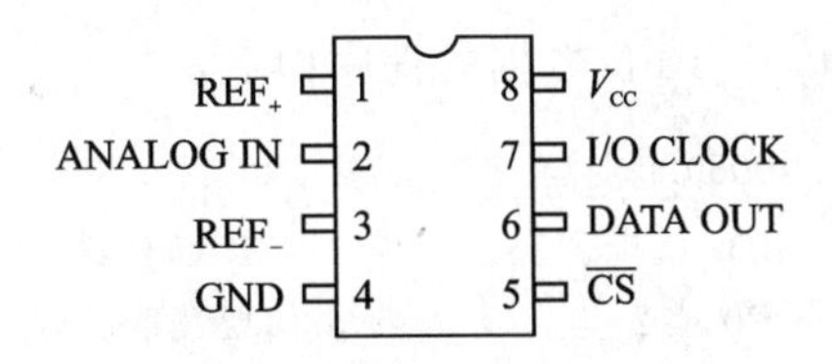


图 9-4　TLC1549 的引脚图

表 9-1　TLC1549M 引脚功能

| 引　脚 | 符　号 | 功　能 |
|---|---|---|
| 1 | REF+ | 正基准电压，通常取值为 $V_{CC}$ |
| 2 | ANALOGIN | 被转换的模拟信号输入端 |
| 3 | REF− | 负基准电压，通常接地 |
| 4 | GND | 模拟信号和数字信号地 |
| 5 | $\overline{CS}$ | 片选端 |
| 6 | DATA OUT | 串行数据输出端。当 $\overline{CS}$ 为低电平时，此输出端有效；当 $\overline{CS}$ 为高电平时，DATA OUT 处于高阻状态 |
| 7 | I/O CLOCK | 输入/输出时钟，用于接收外部送来的串行 I/O 时钟，最大频率可达 2.1 MHz |
| 8 | $V_{CC}$ | 正电源电压 4.5～5.5 V，通常取 5 V |

### 2. TLC1549 与 89C51 的 SPI 接口电路与程序

TLC1549 与 89C51 的 SPI 接口电路如图 9-5 所示。将 P3.0、P3.1 分别用作 TLC1549 的 $\overline{CS}$ 和 CLOCK，TLC1549 的 DATAOUT 端输出的二进制数由单片机 P3.2 读出，Vcc 与 REF+ 接+5 V，模拟输入电压为 0～5 V。

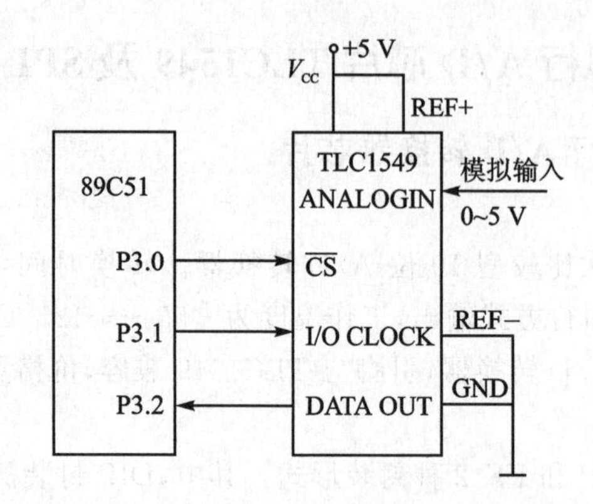


图 9-5 TLC1549M 与 89C51 的接口电路

89C51 读取 TLC1549 中 10 位数据的程序如下：

```
        ORG    0050H
R1544:  CLR    P3.0            ;片选有效,选中 TLC1549
        MOV    R0,#2           ;要读取高两位数据
        LCALL  RDATA           ;调用读数子程序
        MOV    R1,A            ;高两位数据送到 R1 中
        MOV    R0,#8           ;要读取低 8 位数据
        LCALL  RDATA           ;调用读数子程序,读取数据
        MOV    R2,A            ;低 8 位数据送入 R2 中
        SETB   P3.0            ;片选无效
        CLR    P3.1            ;时钟低电平
        END                    ;程序结束
                               ;读数子程序
RDATA:  CLR    P3.1            ;时钟低电平
        MOV    C,P3.2          ;数据送进位位 CY
        RLC    A               ;数据送累加器 A
        SETB   P3.1            ;时钟变高电平
        DJNZ   R0,RDATA        ;读数结束否?
        RET                    ;子程序结束
```

### 9.2.3 11 通道串行 A/D 芯片 TLC2543 及 SPI 接口

TLC2543 串行 A/D 转换器与 89C51 的 SPI 接口电路如图 9-6 所示。

SPI 是一种串行外设接口标准。串行通信的双方用 4 根线进行通信,这 4 根连线分别是:片选信号、I/O 时钟、串行输入、串行输出。这种接口的特点是快速、高效,并且操作起来比 $I^2C$ 要简单一些,接线也比较简单。TLC2543 提供 SPI 接口。

对不带 SPI 或接口能力不同的 89C51S 需用软件合成 SPIS 然后再和 TLC2543

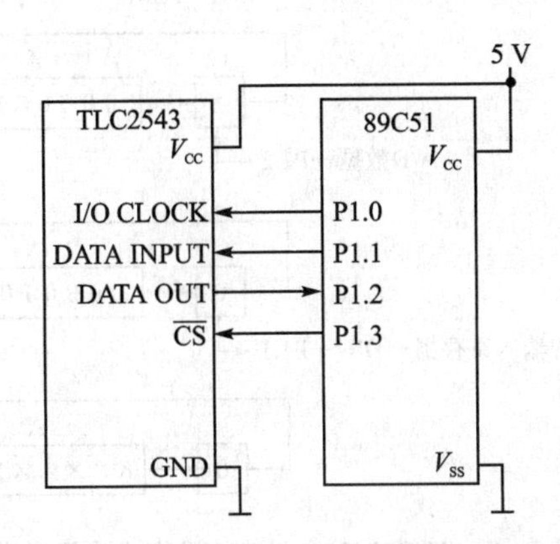


**图 9-6　TLC2543 和 89C51 的接口电路**

联接。TLC2543 的 I/O CLOCK、DATA INPUT 和 $\overline{CS}$ 端的信号由单片机的 P1.0、P1.1 和 P1.3 提供。TLC2543 转换结果的输出(DATA OUT)数据由 P1.2 接收。89C51 将用户的命令字通过 P1.1 输入到 TLC2543 的输入寄存器中,等待 20 μs 开始读数据,同时写入下一次的命令字。

**例 9-1**　TLC2543 与 89C51 的 8 位数据传送程序。

TLC2543 与 89C51 的 SPI 串行接口电路如图 9-6 所示。TLC2543 与 89C51 进行 1 次 8 位数据传送,选用 AINo(即采集 1 次),高位在前,子程序如下:

```
TLC2543: MOV    R4,#04H      ;置控制字,ANIo,8 位,高位在前
         MOV    A,R4
         CLR    P1.3         ;片选 CS 有效,选中 TLC2543
MSB:     MOV    R5,#08H      ;传送 8 位
LOOP:    MOV    P1,#04H      ;P1.2 为输入位
         MOV    C,P1.2       ;将 TLC2543 A/D 转换的 8 位数据串行读到 C 中一位
         RLC    A            ;带进位位循环左移
         MOV    P1.1,C       ;将控制字(在 ACC 中)的一位,经 DIN 送入 TLC2543
         SETB   P1.0         ;产生一个时钟
         NOP
         NOP    P1.0
         DJNZ   R5,LOOP
         MOV    R2,A         ;A/D 转换的数据存于 R2 中
         RET
```

执行上述子程序的过程如图 9-7 所示。经 8 次循环,执行 RLC A 指令 8 次,最后命令字 00000100 经 P1.1、DIN 进入 TLC2543 的输入寄存器,8 位 A/D 转换数据××××××××读入累加器。

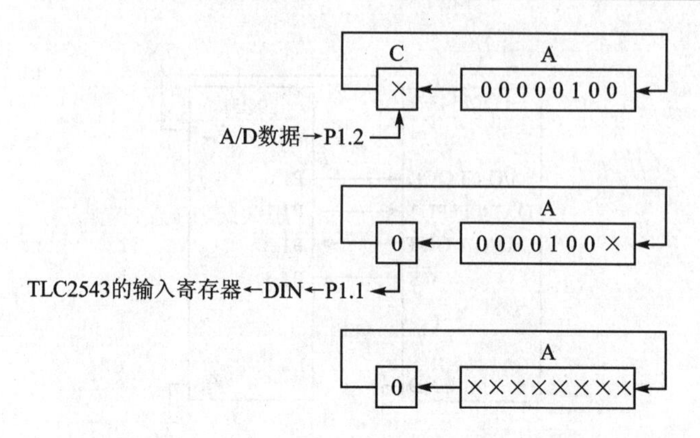


图 9-7 TLC2543 与 89C51 数据交换示意图

### 9.2.4 串行 D/A 芯片 TLC5615 与 89C51 的 SPI 接口

图 9-8 为 TLC5615 和 89C51 单片机的接口电路。在电路中,89C51 单片机的 P1.1~P1.3 分别控制 TLC5615 的片选 $\overline{CS}$、串行时钟输入 SCLK 和串行数据输入 DIN。

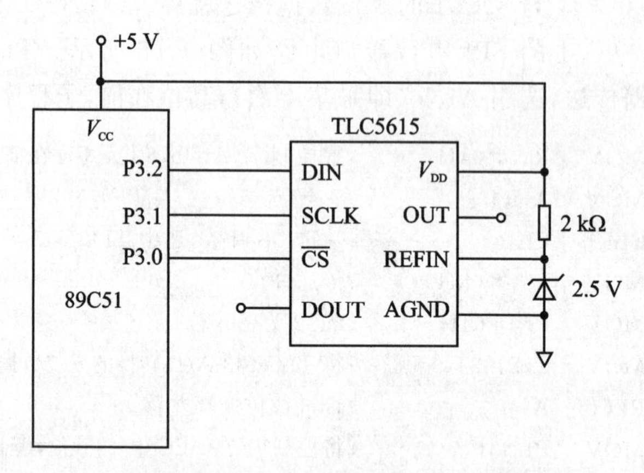


图 9-8 TLC5615 与 89C51 的接口电路

**例 9-2** 将 89C51 要输出的 12 位数据存在 R0、R1 寄存器中,编制其 D/A 转换程序。

D/A 转换程序如下:

```
DAC:    CLR     P3.0        ;片选有效
        MOV     R2,#4       ;将要送入的前四位数据位数
        MOV     A,R0        ;前四位数据送累加器低四位
        SWAP    A           ;A 中高四位和低四位互换(4 位数在高位)
        LCALL   WR-data     ;由 DIN 输入前四位数据
        MOV     R2,#8       ;将要送入的后八位数据位数
```

```
        MOV     A,R1             ;八位数据送入累加器 A
        LCALL   WR-data          ;由 DIN 输入后八位数据
        CLR     P3.1             ;时钟低电平
        SETB    P3.0             ;片选高电平,输入的 12 位数据有效
        END                      ;结束
```

送数子程序如下：

```
WR-data: NOP                          ;0 空操作
LOOP:    CLR      P3.1                ;时钟低电平
         RLC      A                   ;数据送入进位位 CY
         MOV      P3.2,C              ;数据输入 TLC5615 有效
         SETB     P3.1                ;时钟高电平
         DJNZ     R2,LOOP             ;循环送数
         RET
```

### 9.2.5　并行 A/D 芯片 ADC0809 与 89C51 的并行接口

以 ADC0809 为例讲述逐次比较型芯片及接口技术。

**1. ADC0809 控制引脚的功能**

START——启动信号,加上正脉冲后,A/D 转换开始进行。

ALE——地址锁存信号。电平由低至高时,把 3 位地址信号送入通道号地址锁存器,并经译码器得到地址输出,进而选择相应的模拟输入通道。

EOC——转换结束信号,是芯片的输出信号。转换开始后,EOC 信号变低;转换结束时,EOC 返回高电平。这个信号可以作为 A/D 转换器的状态信号来查询,也可以直接用作中断请求信号。

OE——输出允许控制端(开数字量输出三态门)信号。

**2. A/D 转换的步骤**

ADC0809 与 89C51 的连接方式可采用查询方式,也可采用中断方式。图 9-9 为中断方式连接电路。由于 ADC0809 片内有三态输出锁存器,因此可直接与 89C51 连接。

- 首先,程序使 ALE 有效,锁存通道号。
- 其次,使 START 有效,即启动 A/D 开始转换。

由图 9-7 可见,START 与 ALE 连在一起,即在锁存的同时启动 A/D 转换。

- 再次,过 64 μs 后 EOC 有效,转换完毕。
- 最后,程序使 OE 有效,读出 A/D 转换后的数字量。

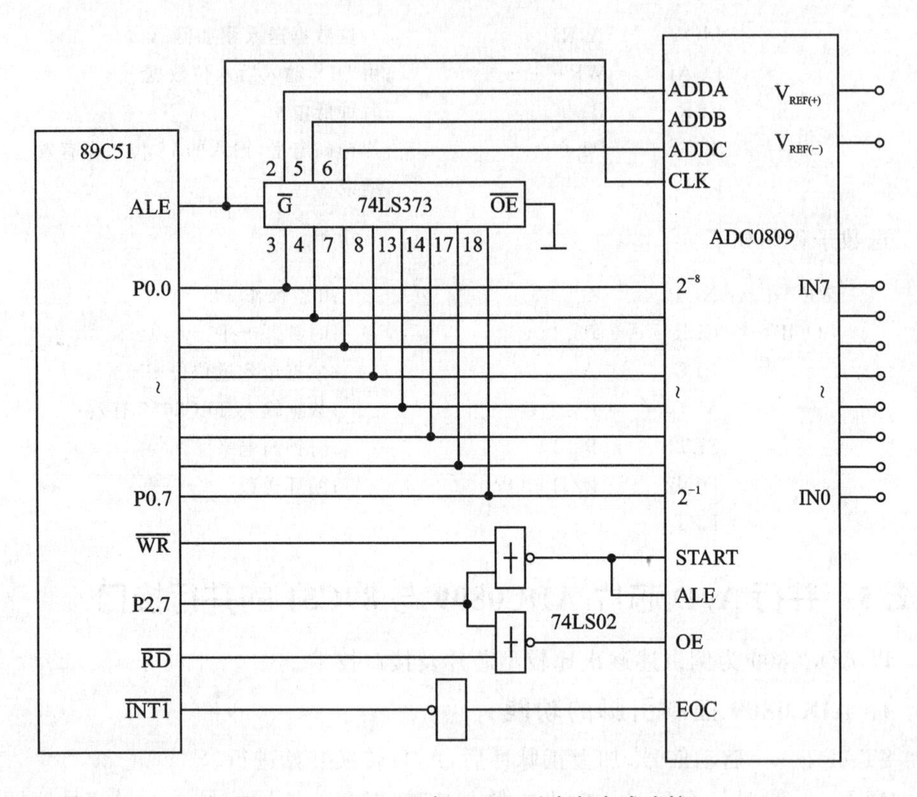


图 9-9　ADC0809 与 89C51 以中断方式连接

## 3. 8 路 A/D 转换程序

将读数依次存放在片外数据存储器 A0H～A7H 单元。其主程序和中断服务程序如下：

❶ 主程序

```
MAIN:   MOV R0,＃A0H            ;数据暂存区首址
        MOV R2,＃08H            ;8 路计数初值
        SETB IT1                ;脉冲触发方式
        SETB EA                 ;开中断
        SETB EX1
        MOV DPTR,＃7FF8H        ;指向 0809 首地址
        MOVX @DPTR,A            ;启动 A/D 转换
HERE:   SJMP HERE               ;等待中断
```

❷ 中断服务程序

```
        MOVX A,@DPTR            ;读数
        MOVX @R0,A              ;存数
        INC DPTR                ;更新通道
```

```
        INC R0                   ;更新暂存单元
        DJNZ R2,DONE
        RETI
DONE:   MOVX @DPTR,A
        RETI
```

## 9.2.6 并行 A/D 芯片 DAC0832 与 89C51 的接口

### 1. DAC0832 芯片内部结构及控制引脚的功能

#### (1) 内部结构及工作原理

DAC0832 主要由两个 8 位寄存器和一个 8 位 D/A 转换器组成,如图 9-10 所示。使用两个寄存器(输入寄存器和 DAC 寄存器)的好处是能简化某些应用中的硬件接口电路设计。

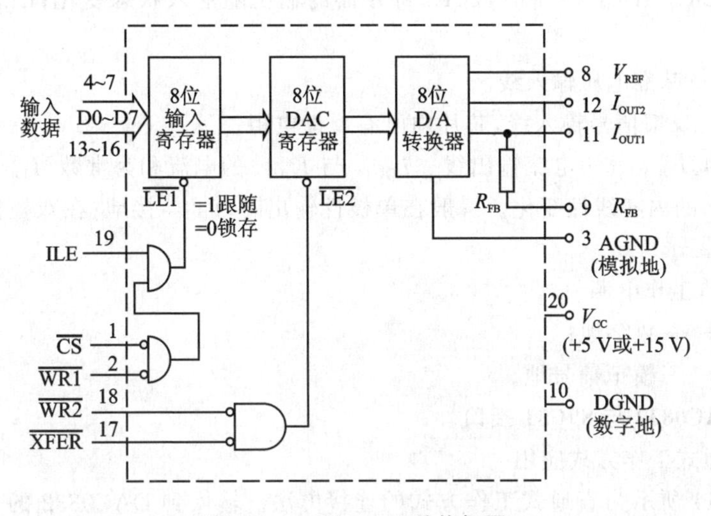


图 9-10　DAC0832 结构框图

图 9-10 中,$\overline{LE1}$ 和 $\overline{LE2}$ 是寄存命令。当 $\overline{LE1}=1$ 时,输入寄存器的输出随输入变化;LE1=0 时,数据锁存在寄存器中,不再随数据总线上的数据变化而变化。ILE 为高电平,$\overline{CS}$ 与 $\overline{WR1}$ 同时为低时,$\overline{LE1}=1$;当 $\overline{WR1}$ 变高时,8 位输入寄存器将输入数据锁存。$\overline{XFER}$ 与 $\overline{WR2}$ 同时为低时,$\overline{LE2}=1$,8 位 DAC 寄存器的输出随寄存器的输入变化。$\overline{WR2}$ 上升沿将输入寄存器的信息锁存在 DAC 寄存器中。图中的 $R_{FB}$ 是片内电阻,为外部运算放大器提供反馈电阻,用以提供适当的输出电压;$V_{REF}$ 端由外部电路提供+10 V～-10 V 的参考电源;$I_{OUT1}$ 与 $I_{OUT2}$ 是两个电流输出端。

欲将数字量 D0～D7 转换为模拟量,只要使 $\overline{WR2}=0$,$\overline{XFER}=0$,DAC 寄存器处于不锁存状态,即 ILE=1 时,$\overline{CS}$ 和 $\overline{WR1}$ 端接负脉冲信号即可完成一次转换;或者

$\overline{WR1}$=0,$\overline{CS}$=0,ILE=1,输入寄存器为不锁存状态,而 $\overline{WR2}$ 和 $\overline{XFER}$ 端接负脉冲信号,也可达到同样目的。

**(2) 引脚功能**

D0～D7——数字量数据输入线。

ILE——数据锁存允许信号,高电平有效。

$\overline{CS}$——输入寄存器选择信号,低电平有效。

$\overline{WR1}$——输入寄存器的“写”选通信号,低电平有效。由控制逻辑可以看出,片内输入寄存器的锁存信号 $\overline{LE1}=\overline{\overline{CS}+\overline{WR1}\cdot ILE}$。当 $\overline{LE1}$=1 时,输入锁存器状态随数据输入线状态变化;而 $\overline{LE1}$=0 时,则锁存输入数据。

$\overline{XFER}$——数据转移控制信号线,低电平有效。

$\overline{WR2}$——DAC 寄存器的“写”选通信号。DAC 寄存器的锁存信号 $\overline{LE2}=\overline{\overline{WR2}+\overline{XFER}}$。当 $\overline{LE2}$=1 时,DAC 寄存器的输出随输入状态变化;$\overline{LE2}$=0 时,锁存输入状态。

$V_{REF}$——基准电压输入线。

$R_{FB}$——反馈信号输入线,芯片内已有反馈电阻。

$I_{OUT1}$ 和 $I_{OUT2}$——电流输出线。$I_{OUT1}$ 与 $I_{OUT2}$ 的电流和为常数,$I_{OUT1}$ 的电流随 DAC 寄存器的内容线性变化。一般在单极性输出时,$I_{OUT2}$ 接地;在双极性输出时接运放。

$V_{CC}$——工作电源。

DGND——数字地;

AGND——模拟信号地。

**(3) DAC0832 与 89C51 接口**

❶ 直通式工作方式应用

图 9-11 所示为直通式工作方式的连接方法。输入到 DAC0832 的 D0～D7 数据不经控制,直达 8 位 D/A 转换器。

❷ 单缓冲方式应用

应用系统中,在只有一路模拟量输出或几路模拟量不需要同时输出的场合,应采用单缓冲方式。在这种方式下,将二级寄存器的控制信号并接,输入数据在控制信号作用下(一次控制,一次缓冲)直接进入 8 位 DAC 寄存器中,并进入 8 位 D/A 转换器进行 D/A 转换。图 9-12 为这种方式的 DAC0832 与 89C51 的连接方法。

在图 9-12 中,ILE 接+5 V,片选信号 $\overline{CS}$ 和转移控制信号 $\overline{XFER}$ 连接地址线 P2.7。这样,输入寄存器和 DAC 寄存器地址都是 2FFFH。“写”选通线 $\overline{WR1}$ 和 $\overline{WR2}$ 都与 89C51 的“写”信号线 $\overline{WR}$ 连接。CPU 对 DAC0832 执行一次“写”操作,就把一个数据直接写入 DAC 寄存器,DAC0832 的输出模拟信号随之发生变化。

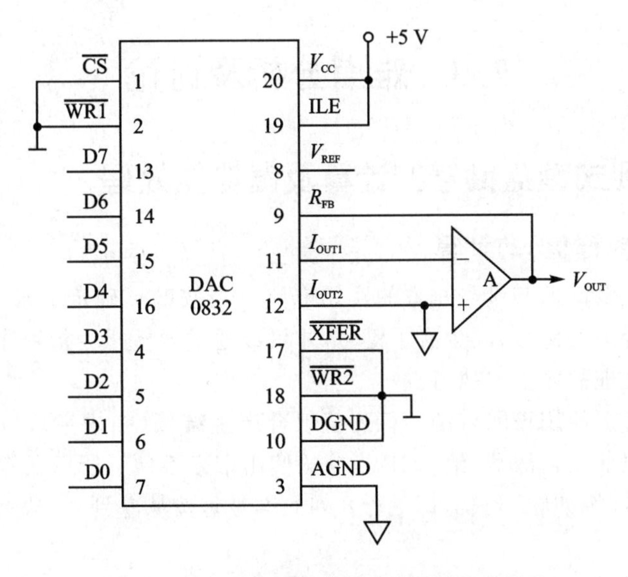


图 9-11 DAC0832 直通式电压输出电路

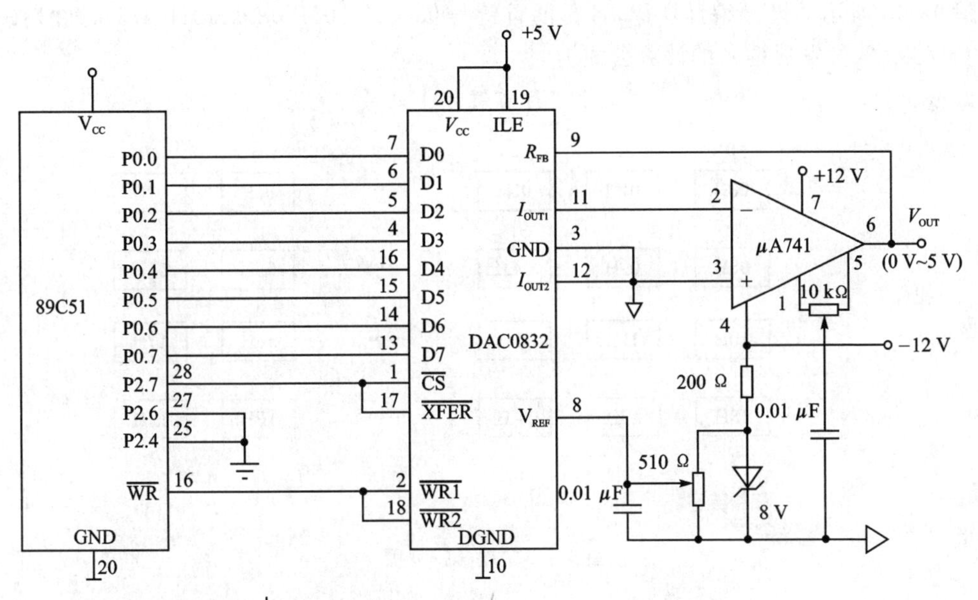


图 9-12 一路 D/A 输出连线图(单路模拟量输出)

# 9.3 难点分析及讨论

## 9.3.1 行列式键盘键号的计算及键功能处理

### 1. 键号(或键值)的计算

行列式键盘是键值与键号一致的实用电路。当按键被确定下来之后，接下来的工作是计算闭合键的键号，因为有了键号，才可以通过散转指令把程序转到闭合键所对应的键功能处理程序上去执行。

本来可以直接使用该闭合键的行列值组合产生键值(扫描字)，但这样做会使各子程序的入口地址比较散乱，给JMP指令的使用带来不便。所以通常都是以键的排列顺序安排键号，例如图9-13，即4行8列的键号是按从左到右，从上向下的顺序编排的。

这样安排，使键号既可以根据行号列号查表求得，也可以通过计算得到。按图9-13所示的键号编排规律，各行的首键号依次是00H、08H、10H、18H，列号按0～7顺序，可发现键号的计算公式为

键号＝行首键号＋列号

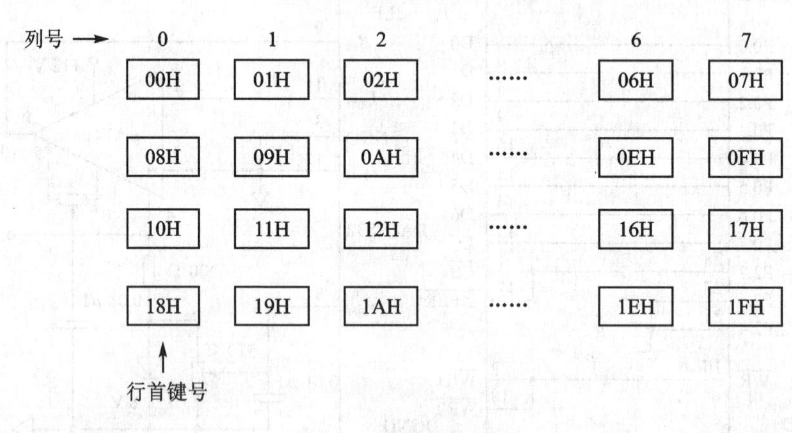


图9-13 键号排列图

### 2. 键功能处理程序

在计算机中，每一个键都对应一个处理子程序，得到闭合键的键号后，就可以根据键号，转至相应的键处理子程序(分支是使用JMP等散转指令实现的)，进行采集或控制命令的处理。这样就可以实现该键所设定的功能。

总结上述内容，键功能处理的流程如图9-14所示。

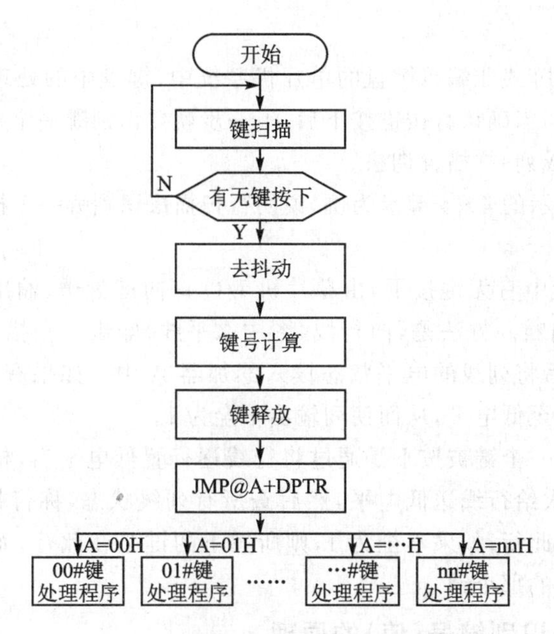


图 9-14　键功能处理流程图

## 9.3.2　4×4 键盘分析及键盘扫描子程序

与 89C51 P1 口连接的 4×4 行列矩阵形式键盘,如图 9-15 所示。

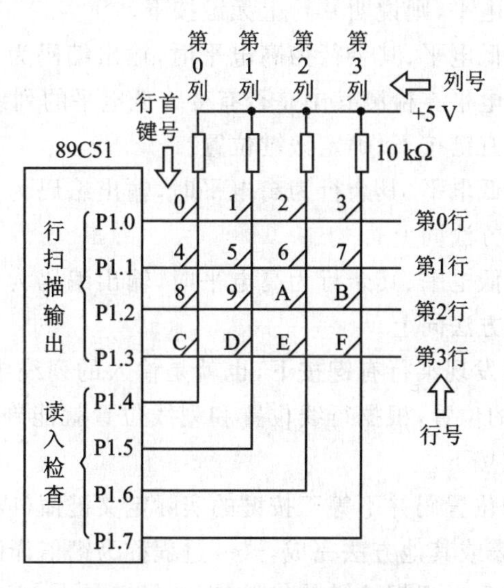


图 9-15　4×4 矩阵键盘接口图

每一水平线(行线)与垂直线(列线)的交叉处不相通,而是通过一个按键来连通。利用这种行列矩阵结构只需 $N$ 条行线和 $M$ 条列线,即可组成具有 $N\times M$ 个按键的键盘。

在这种行列矩阵式非编码键盘的单片机系统中，键盘中的处理程序首先执行有无键按下的程序段，当确认有按键按下后，下一步就要识别哪一个按键被按下。对键的识别常用逐行(或列)扫描查询法。

以图9-15所示的4×4键盘为例，说明行扫描法识别哪一个按键被按下的工作原理。

首先判别键盘中有无键按下，由单片机I/O口向键盘送(输出)全扫描字，然后读出列线状态来判断。方法是：向行线(图中水平线)输出全扫描字00H，把全部行线置为低电平，然后将列线的电平状态读入累加器A中。如果有按键按下，总会有一根列线电平被拉至低电平，从而使列输出不全为1。

判断键盘中哪一个键被按下是通过将行线逐行置低电平后，检查列输出状态实现的。方法是：依次给行线送低电平，然后查所有列线状态，称行扫描，如果全为1，则所按下的键不在此行；如果不全为1，则所按下的键必在此行，而且是在与零电平列线相交的交点上的那个键。

### 1. 行扫描法识别键号(值)的原理

- 将第0行变为低电平、其余行为高电平时，输出编码为1110。然后读取列的电平，判断第0行是否有键按下。在第0行上若有某一按键按下，则相应的列被拉到低电平，则表示第0行和此列相交的位置上有按键按下。若没有任一条列线为低电平，则说明0行上无键按下。
- 将第1行变为低电平、其余行为高电平时，输出编码为1101。然后通过输入口读取各列的电平。检测其中是否有变为低电平的列线。若有键按下，则进而判别哪一列有键按下，确定铵键位置。
- 将第2行变为低电平、其余行为高电平时，输出编码为1011。判别是否有哪一列键按下的方法同上。
- 将第3行变为低电平、其余行为高电平时，输出编码为0111。判别是否有哪一列键按下的方法同上。

在扫描过程中，当发现某行有键按下，也就是输入的列线中有一位为0时，便可判别闭合按键所在列的位置，根据行线位置和列线位置就能判断按键在矩阵中的位置，知道是哪一个键被按下。

在此指出，按键的位置码并不等于按键的实际定义键值(或键号)，因此还需进行转换。这可以借助查表或其他方法完成，这一过程称为键值译码。通过键值译码，得到按键的顺序编号，然后再根据按键的编号(即0号键、1号键、2号键、…、F号键)来执行相应的功能子程序，完成按键键帽上所定义的实际按键功能。

### 2. 键盘扫描工作过程

- 判断键盘中是否有键按下。

● 进行行扫描,判断是哪一个键按下,若有键按下,则调用延时子程序去抖动。

● 读取按键的位置码。

● 将按键的位置码转换为键值(键的顺序号)0、1、2、…、F。

从图 9-16 所示的流程图可见:程序流程的前一部分为判别是否有键按下,后一部分为有按键按下时行扫描读取键的位置码。

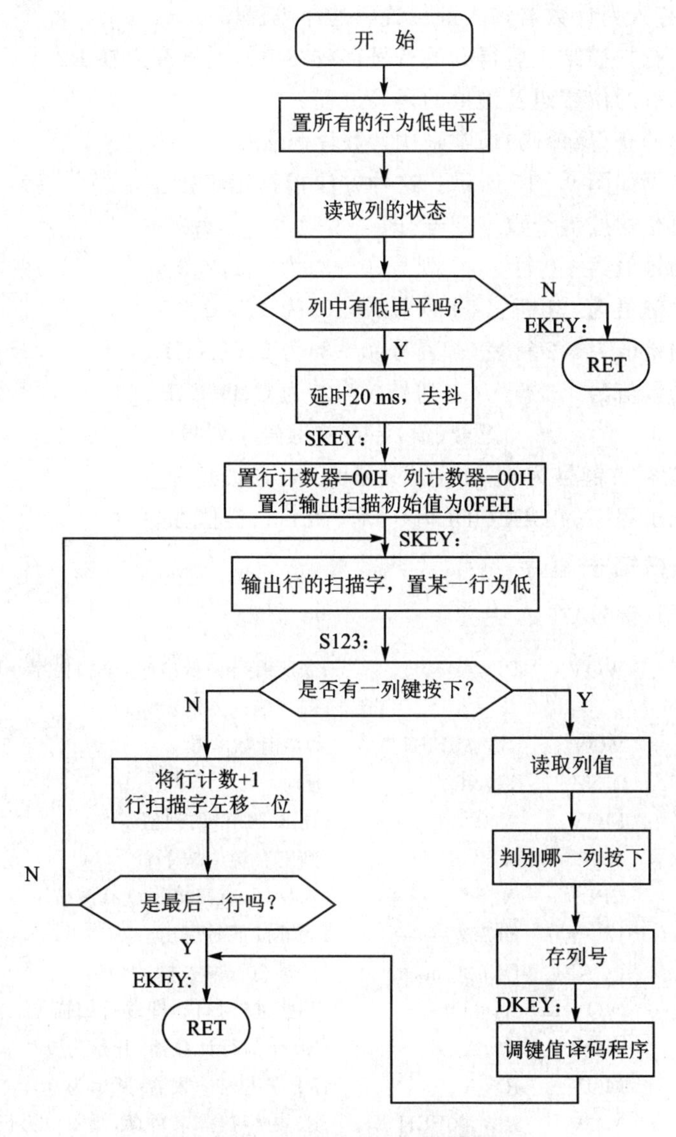


图 9-16 4×4 键盘行扫描流程图

程序在行扫描时,先将行计数器、列计数器设置为 0,然后再设置行扫描初值 FEH。程序流程图中的 FEH 的低 4 位 EH 是行扫描码,高 4 位 FH 是将 P1.4～

P1.7高4位置设为输入方式,在输出扫描字后,立即读出列值,检测是否有列值为低电平;若无键按下,则将行计数器加1,并将行扫描字左移一位,变为FDH,这样使第一行为低电平,其他行为高电平,然后依次逐行扫描,直到行计数器的值大于等于4时,一次行扫描结束。

在此过程中若检测到某一列为低电平,则将列值保存,然后再进行列值判别,得到列的位置,存入列计数器转入键位置码的译码程序。

上述程序行扫描结束后得到的行号存放在R0,列号存放在R2中。

下面讨论键的位置码及键值的译码过程。

键值(号)的获得(译码)通常采用计数译码法。

键盘原理图如图9-15所示。这种方法根据矩阵键盘的结构特点,每个按键的值=行号×每行的按键个数+列号,即

第0行的键值为　0行×4+列号(0～3)为0、1、2、3

第1行的键值为　1行×4+列号(0～3)为4、5、6、7

第2行的键值为　2行×4+列号(0～3)为8、9、A、B

第3行的键值为　3行×4+列号(0～3)为C、D、E、F

键号(值)=行首键号+列号

4×4键盘行首键号为0,4,8,C,列号为0,1,2,3。

键值译码子程序为DECODE,该子程序出口:键值在A中。

### 3. 键盘扫描子程序

出口:键值(键号)在A中。

```
KEY:   WOV    P1,#0F0H      ;令所有行为低电平,全扫描字→P1.0～P1.3,
                            ;列当输入方式
       MOV    R7,#0FFH      ;设置计数常数 ⎫
KEY1:  DJNZ   R7,KEY1       ;延时         ⎭延时
       MOV    A,P1          ;读取PL口的列值
       ANL    A,#0F0H       ;判别有键值按下否
       CPL    A             ;求反后,有高电平就有键按下
       JZ     EKEY          ;无键按下时退出
       LCALL  DEL20 ms      ;延时20 ms去抖动
SKEY:  MOV    A,#00         ;下面进行扫描,即逐行扫描
       MOV    R0,A          ;R0作为行计数器,开始为0
       MOV    R1,A          ;R1作为列计数器,开始为0
       MOV    R3,#0FEH      ;R3为行扫描字暂存,低4位为行扫描字
SKEY2: MOV    A,R3
       MOV    P1,A          ;输出行扫描字,高4位全1
       NOP
       NOP
```

```
        NOP                          ;3 个 NOP 操作使 P1 口输出稳定
        MOV     A,P1                 ;读列值
        MOV     R1,A                 ;暂存列值
        ANL     A,#0F0H              ;取列值
        CPL     A                    ;高电平则有键闭合
S123:   JNZ     SKEY3                ;有键按下转 SKEY3,无键按下时进行下一行扫描
        INC     R0                   ;行计数器加 1
        SETB    C                    ;准备将行扫描左移一位,形成下一行扫描字
                                     ;C=1 保证
                                     ;输出行扫描字中高 4 位全为 1,为列输入做
                                     ;准备低 4 位
                                     ;中只有 1 位为 0
        MOV     A,R3                 ;R3 带位位 C 左移 1 位
        RLC     A
        MOV     R3,A                 ;形成下一行扫描探险——R3
        MOV     A,R0
        CJNE    A,#04H,SKEY1         ;最后一行扫完(4 次)否
EKEY:   RET
;列号译码
SKEY3:  MOV     A,R1                 ;
        JNB     ACC.4,SKEY5
        JNB     ACC.5,SKEY6
        JNB     ACC.6,SKEY7
        JNB     ACC.7,SKEY8
        AJMP    EKEY
SKEY5:  MOV     A,#00H
        MOV     R2,A                 ;存 0 列号
        AJMP    DKEY
SKEY6:  MOV     A,#01H
        MOV     R2,A                 ;存 1 列号
        AJMP    DKEY
SKEY7:  MOV     A,#02H
        MOV     R2,A                 ;存 2 列号
        AJMP    DKEY
SKEY8:  MOV     A,#03H
        MOV     R2,A                 ;存 3 列号
        AJMP    DKEY
;键位置译码
DKEY:   MOV     A,R0                 ;取行号
```

```
          ACALL  DECODE          ;
          AJMP   EKEY            键值(键号)译码
DECODE:   MOV    A,R0            ;取行号送A
          MOV    B,#04H          ;每一行按键个数
          MUL    AB              ;行号×按键数
          ADD    A,R2            ;行号×按键数+列号=键值(号),在A中
          RET
```

### 9.3.3 $3\frac{1}{2}$位双积分A/D芯片MC14433及接口

#### 1. MC14433性能指标及特点

MC14433具有抗干扰性能好、转换精度高、自动校零、自动极性输出、自动量程控制信号输出、动态字位扫描BCD码输出、单基准电压、外接元件少、价格低廉等特点,但其转换速度慢,约3~10次/s,在不要求高速转换的场合,被广泛使用。其主要特性参数如下:

- 转换精度:具有$\pm\frac{1}{1999}$的分辨率(相当于11位二进制数)。
- 电压量程:1.999 V和199.9 mV两档。
- 转换速度:3~10次/s,相应的时钟频率变化范围为50 kHz~150 kHz。
- 输入阻抗:大于100 MΩ。
- 基准电压:2 V或200 mV(分别对应量程为1.999 V或199.9 mV)。
- 转换结束输出形式:输出为经多路调制的BCD码。
- 具有过量程和欠量程输出标志。
- 片内具有自动极性转换和自动调零功能。
- 工作电压:+5 V。
- 典型功耗:8 mW。

#### 2. MC14433的内部结构及引脚功能

MC14433的内部结构如图9-17所示。其模拟电路部分由基准电压、模拟电压输入部分组成。模拟电压输入量程为1.999 V或199.9 mV;基准电压为2 V或200 mV。

数字电路部分由控制逻辑、BCD码及输出锁存器、多路开关、时钟以及极性判别、溢出检测等电路组成。MC14433采用了字位动态扫描BCD码输出方式,即千、百、十、个位BCD码轮流地在Q0~Q3端输出,同时在DS1~DS4端出现同步字位选通信号。

图9-17中的主要外接器件是时钟振荡器外接电阻$R_C$、失调补偿电容$C_0$和外接积分阻容元件$R_1$、$C_1$。

图9-18是MC14433的引脚图,各引脚功能如下。

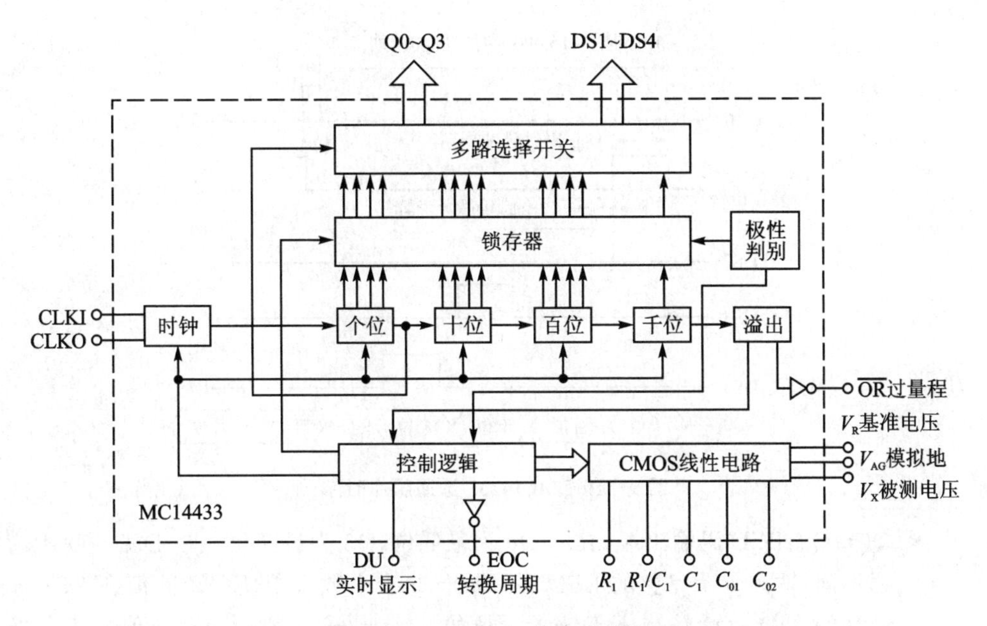


**图 9-17　MC14433 的内部结构图**

- $V_{AG}$:被测电压 $V_X$ 和基准电压 $V_{REF}$ 的接地端(模拟地)。
- $V_R$:基准电压输入端(+2 V 或+200 mV)。
- $V_X$:被测电压输入端。
- $R_1$、$R_1/C_1$、$C_1$:外接积分阻容元件端,外接元件典型值为:

  (a) 当量程为 2 V 时,$C1=0.1\ \mu F$,$R1=470\ k\Omega$;

  (b) 当量程为 200 mV 时,$C1=0.1\ \mu F$,$R1=27\ k\Omega$。
- $C_{01}$、$C_{02}$:外接失调补偿电容 $C_0$ 端,$C_0$ 典型值为 0.1 μF。

| 引脚 | 名称 | 引脚 | 名称 |
| --- | --- | --- | --- |
| 1 | $V_{AG}$ | 24 | $V_{DD}$ |
| 2 | $V_R$ | 23 | Q3 |
| 3 | $V_X$ | 22 | Q2 |
| 4 | $R_1$ | 21 | Q1 |
| 5 | $R_1/C_1$ | 20 | Q0 |
| 6 | $C_1$ | 19 | DS1 |
| 7 | $C_{01}$ | 18 | DS2 |
| 8 | $C_{02}$ | 17 | DS3 |
| 9 | DU | 16 | DS4 |
| 10 | CLKI | 15 | $\overline{OR}$ |
| 11 | CLKO | 14 | EOC |
| 12 | $V_{EE}$ | 13 | $V_{SS}$ |

MC14433

**图 9-18　MC14433 的引脚图**

- DU:更新转换控制信号输入端,DU 端若与 EOC 相连,则每次 A/D 转换结束后自动更新转换的结果。
- EOC:转换结束标志输出,每当一个 A/D 转换周期结束,EOC 端输出一个宽度为时钟周期 1/2 宽度的正脉冲。
- $\overline{OR}$:过量程标志输出,平时为高。当 $|V_X|>V_R$ 时,$\overline{OR}$ 端输出低电平。
- DS1~DS4:多路选通脉冲输出端,DS1 对应千位,DS4 对应个位。每个选通脉冲宽度为 18 个时钟周期,两个相邻脉冲之间间隔 2 个时钟周期,对应的脉冲时序如图 9-19 所示。

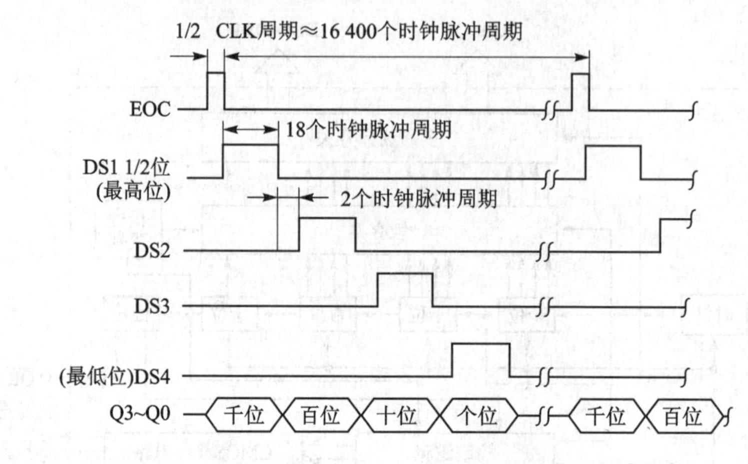


图 9-19 MC14433 选通脉冲时序

- Q0～Q3:BCD码输出端,其中Q0为最低位,Q3为最高位。在DS2～DS4选通期间,输出3个完整的BCD码,即0～9十个数字中任一个。但在DS1选通期间,Q0～Q3输出不仅表示千位的0或1外,还表示了转换值的正负极性,以及欠量程或过量程,见表9-2。

表 9-2 DS1 选通时 Q0～Q3 表示的输出结果

| DS1 | Q3 | Q2 | Q1 | Q0 | 输出结果状态 |
|---|---|---|---|---|---|
| 1 | 1 | × | × | 0 | 千位数为0 |
| 1 | 0 | × | × | 0 | 千位数为1 |
| 1 | × | 1 | × | 0 | 输出结果为正 |
| 1 | × | 0 | × | 0 | 输出结果为负 |
| 1 | 0 | × | × | 1 | 输入信号过量程 |
| 1 | 1 | × | × | 1 | 输入信号欠量程 |

- CLKI、CLKO:时钟振荡器外接电阻$R_C$,$R_C$的典型值为470 kΩ,时钟频率随$R_C$增加而下降。
- $V_{EE}$:负电源,接－5 V。
- $V_{SS}$:数字地或称系统地。
- $V_{DD}$:正电源,接＋5 V。

由表9-1可知,Q3在Q0＝0时表示千位数的内容,Q3＝0,千位为1;Q3＝1,千位为0。Q3在Q0＝1时表示欠量程,Q3＝0,表示过量程;Q3＝1表示欠量程。当量程选为1.999 V时,过量程表示被测信号大于1.999 V;欠量程表示被测信号小于0.179 V。Q2表示被测信号的极性,Q2＝1,为正极性;Q2＝0,为负极性。

### 3. 接口电路

MC14433与89C51的接口电路如图9-20所示。该电路采用中断方式管理

MC14433 的操作。由于引脚 EOC 与 DU 连接在一起，所以 MC14433 能自动连续转换，每次转换结束便在 EOC 脚输出正脉冲，经反相后作为 89C51 的外部中断请求信号 $\overline{INT1}$。

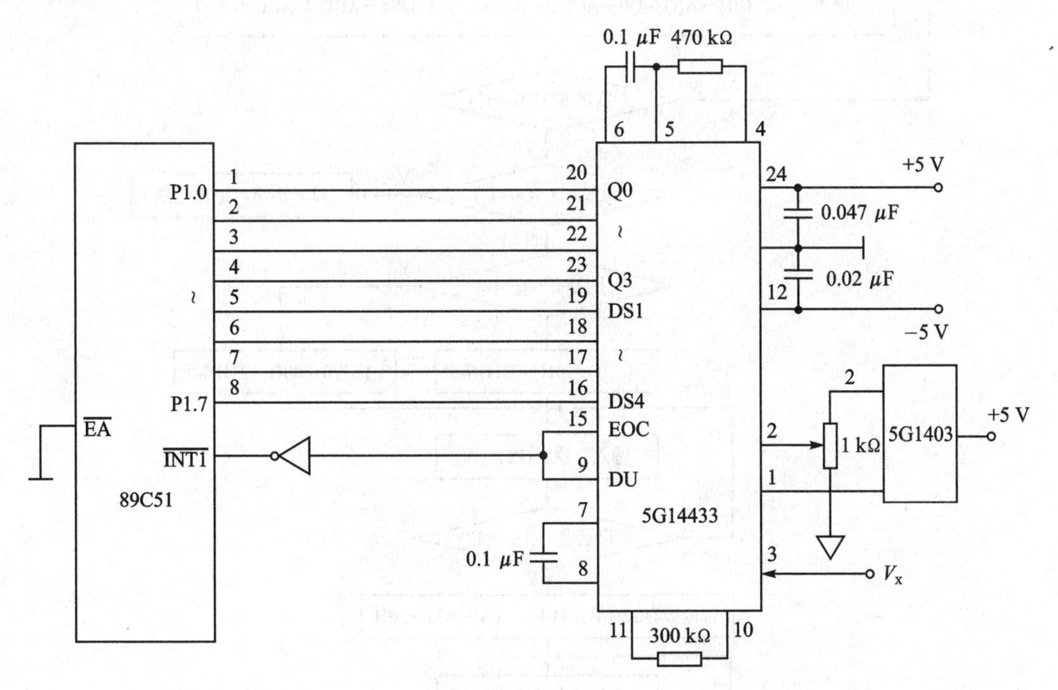


图 9－20　5G14433 与 89C51 单片机直接连接的硬件接口

## 4. 中断服务程序

当 14433 每次转换结束时，EOC 端输出一个正脉冲，经反相接 89C51 的 $\overline{INT1}$ 引脚申请中断，进入采集的中断服务程序 INT1，将采集的千、百、十、个位数据分别存放在 RAM 中的 21H～24H 单元。数据采集的程序流程图如图 9－21 所示。

数据采集(中断服务)程序清单如下：

```
INTL1:  MOV    A,P1          ;输入一次,(P1)→A
        JNB    ACC.4,INTL1   ;DS1=1? 即千位选通
        JB     ACC.0,ERR     ;Q0=1(过量程),出错
        JB     ACC.3,L2      ;Q3=1,转千位为 0
        MOV    21H,#01H      ;Q3=0,千位为 1,存 21H 单元
        AJMP   L3
L2:     MOV    21H,#00H      ;千位为 0,存 21H 单元
L3:     MOV    A,P1          ;输入一次
        JNB    ACC.5,L3      ;DS2=1?
        MOV    R0,#22H
```

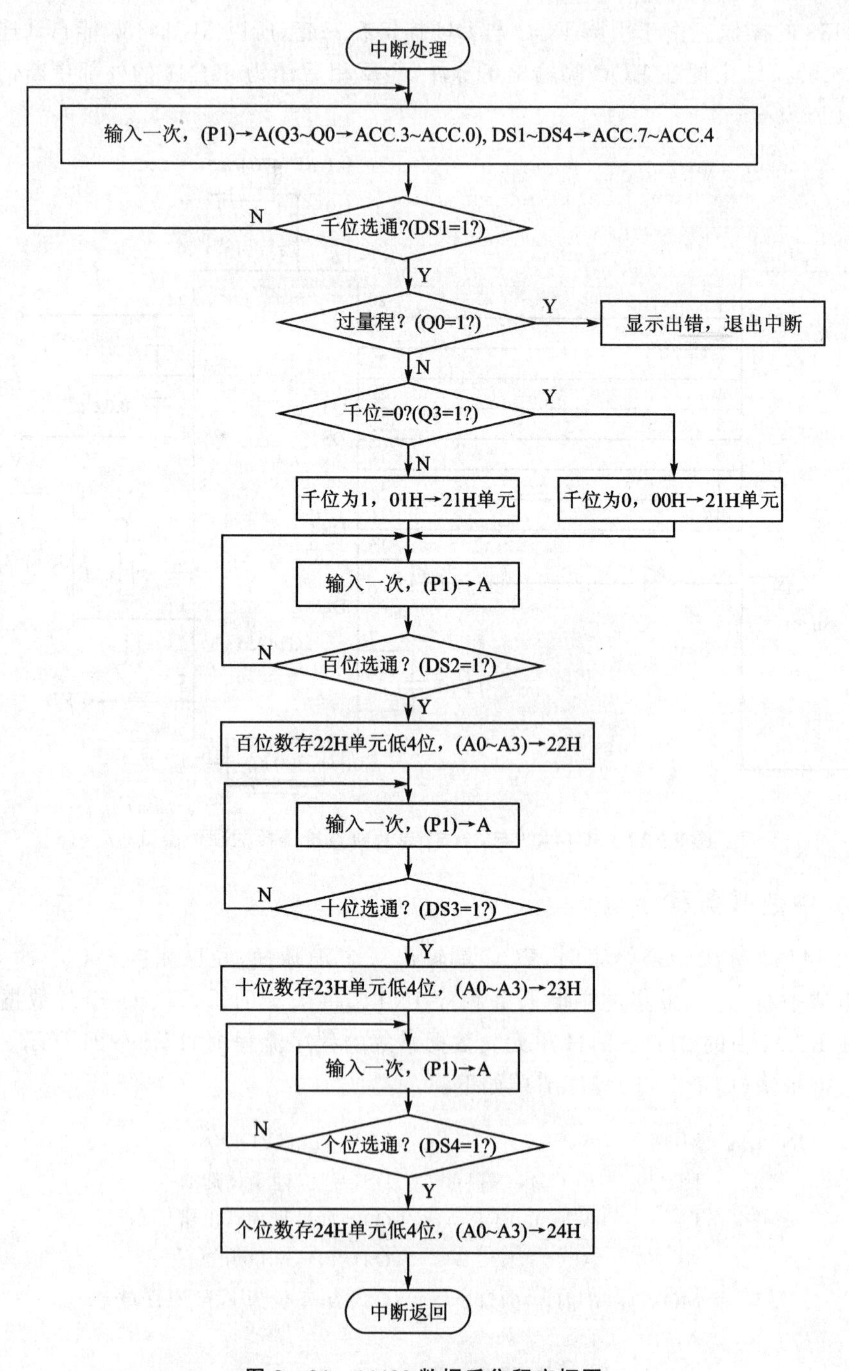


**图 9-21　14433 数据采集程序框图**

```
        XCHD    A,@R0           ;Q3～Q0→22H 单元
L4:     MOV     A,P1            ;输入一次
        JNB     ACC.6,L4        ;DS3＝1?
```

```
        INC     R0              ;指向 23H 单元
        XCHD    A,@R0           ;十位存 23H 单元低 4 位
L5:     MOV     A,P1            ;输入一次
        JNB     ACC.7,L5        ;DS4=1?
        INC     R0              ;指向 24H 单元
        XCHD    A,@R0           ;个位存 24H 单元低 4 位
        AJMP    L6
ERR:    MOV     20H,#0FH        ;0FH→20H 单元,最高位 LED 显示出错信息
"F"字符
L6:     RETI
```

## 9.3.4 D/A 的单缓冲及双缓冲的讨论

### 1. 单缓冲式及接口电路

单缓冲方式是图 9-10 中的一个寄存器处于常通状态,另一个处于选通状态,或两个寄存器同时选通(两个寄存器的控制信号连在一起)。单缓冲方式多用于系统中只有一路 D/A 转换,或虽有多路 D/A 转换但不要求同步输出的情况。

单缓冲式接口电路如图 9-22 所示。图中,DI0～DI7 直接与 P0 口连接;两个寄存器的选通信号 $\overline{CS}$ 和 $\overline{XFER}$ 连在一起,接 89C51 的 P2.7;$\overline{WR1}$ 和 $\overline{WR2}$ 连在一起,接 89C51 的 P3.6($\overline{WR}$);ILE 接+5 V,两个寄存器同时被选通。

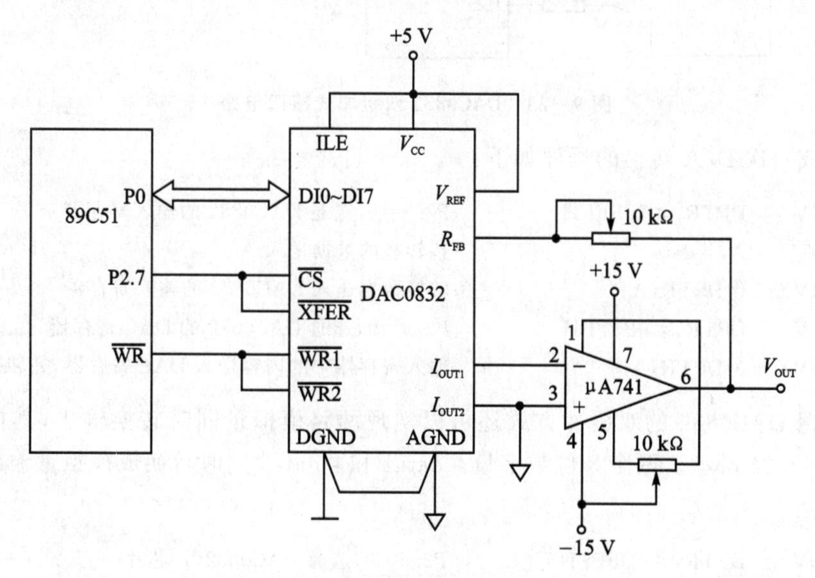


图 9-22　DAC0832 单缓冲式接口电路

完成一次D/A转换的程序如下：

```
MOV    DPTR,#7FFFH       ;P2.7=0,选通DAC0832芯片
MOV    A,#data           ;待转换的数据送入A
MOVX   @DPTR,A           ;数字量从P0口写入DAC0832(WR有效),并完成转换
```

## 2. 双缓冲式及接口电路

双缓冲式是单片机分两次发出控制信号,分时选通图9-10中的两个寄存器。首先ILE、$\overline{CS}$、$\overline{WR1}$有效,将数据锁存在输入寄存器;然后$\overline{WR2}$、$\overline{XFER}$有效,再将数据送入DAC寄存器。

双缓冲式接口电路如图9-23所示。

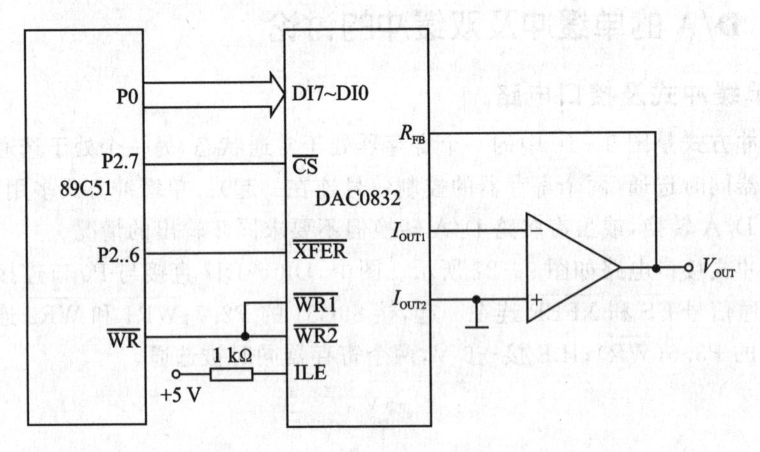


图9-23　DAC0832双缓冲式接口电路

完成一次D/A转换的程序如下：

```
MOV    DPTR,#7FFFFH      ;P2.7=0,选通DAC0832的输入寄存器
MOV    A,#data           ;待转换的数据送入A
MOVX   @DPTR,A           ;转换数据送入DAC0832的输入寄存器
MOV    DPTR,#0BFFFH      ;P2.6=0,选通DAC0832的DAC寄存器
MOVX   @DPTR,A           ;输入寄存器中的内容送入DAC寄存器,并转换
```

利用DAC0832的双缓冲方式还可以实现两路模拟量同时转换输出,其接口电路如图9-24所示。两个8位数字量#data1和#data2同时转换成模拟量输出的程序如下：

```
MOV    DPTR,#0DFFFH      ;P2.5=0,选通DAC0832(1)芯片
MOV    A,#data1          ;#data1送入A
MOVX   @DPTR,A           ;#data1送入DAC0832(1)的输入寄存器
MOV    DPTR,#0BFFFH      ;P2.6=0,选通DAC0832(2)芯片
MOV    A,#data2          ;#data2送入A
```

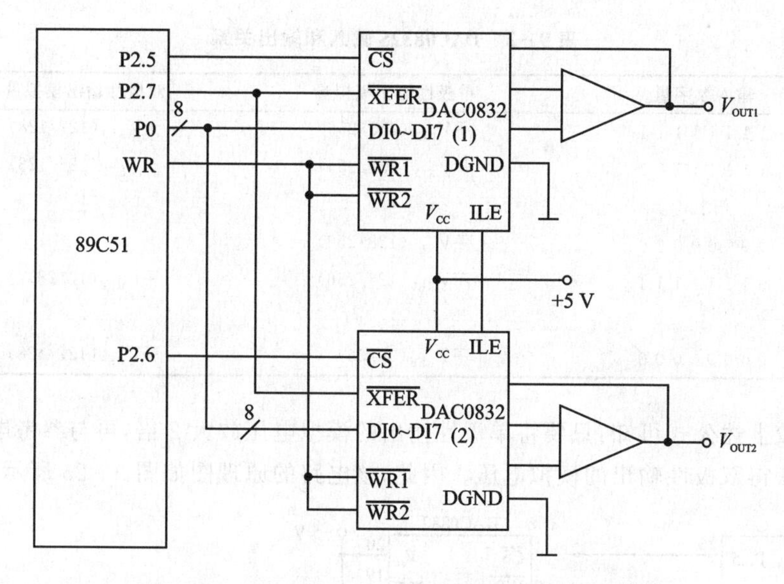


**图 9－24 双路 DAC0832 模拟量输出接口**

```
MOVX   @DPTR,A          ;＃data2 送入 DAC0832(2)的输入寄存器
MOV    DPTR,＃7FFFH     ;P2.7＝0,同时选通两芯片的 DAC 寄存器
MOVX   @DPTR,A          ;两路数据同时转换输出
```

## 9.3.5 D/A 输出方式——单极性与双极性讨论

在 DAC0832 的输出端连接一级运放组成的反向求和电路,可以得到单极性模拟电压(正电压或负电压),输出电压范围由参考电压 $V_{REF}$ 值决定。例如,当 $V_{REF}=+5$ V(或$-5$ V)时,输出电压 $V_{OUT}$ 范围是 0 V～$-5$ V(或 0 V～$+5$ V);当 $V_{REF}=\pm10$ V 时,$V_{OUT}$ 范围是 0 V～$\pm10$ V。

在 $V_{REF}$ 确定以后,若要增加输出电压的范围,可以通过增加运放反馈电阻的方法来实现。连接方法是外加电阻 $R_1$ 与芯片中反馈电阻 $R_F$ 串联,并在输入数据为全 1 的条件下,调节 $R_1$ 阻值,使 $V_{OUT}$ 达到所需的满量程电压。

有时,需要转换器输出双极性模拟电压。当输入数字量从全 0 到全 1 时,要求输出模拟量由负电压到正电压,见表 9－3 中双极性输出。

对比表 9－3 两种输出量,不难写出两种输出电压的表达式。设 $V_{OUT1}$ 表示单极性输出电压,$V_{OUT2}$ 表示双极性输出电压,可以写出

$$V_{OUT1}=-\frac{V_{REF}}{2^n}(D_{n-1}\cdot 2^{n-1}+D_{n-2}\cdot 2^{n-2}+\cdots+D_1\cdot 2^1+D_0\cdot 2^0)=-\frac{V_{REF}}{2^n}N_B$$

$$V_{OUT2}=\frac{V_{REF}}{2^{n-1}}N_B-V_R=-(-2\times\frac{V_{REF}}{2^n}N_B+V_R)=-(2V_{OUT1}+V_{EFR})$$

表 9-3 DAC0832S 输入和输出关系

| 输入数字量 | 单极性输出模拟量 | 双极性输出模拟量 |
|---|---|---|
| 1 1 1 1 1 1 1 1 | $\mp V_{REF}(255/256)$ | $\pm V_{REF}(127/128)$ |
| 1 1 1 1 1 1 1 0 | $\mp V_{REF}(254/256)$ | $\pm V_{REF}(126/128)$ |
| ⋮ | ⋮ | ⋮ |
| 1 0 0 0 0 0 0 0 | $\mp V_{REF}(128/256)$ | 0 |
| 0 1 1 1 1 1 1 1 | $\mp V_{REF}(127/256)$ | $\mp V_{REF}(1/128)$ |
| ⋮ | ⋮ | ⋮ |
| 0 0 0 0 0 0 0 0 | $\mp V_{REF}(0/256)$ | $\mp V_{REF}(127/128)$ |

比较上述公式可知:只要将单极性输出的模拟电压放大2倍,再与参考电压求和就可以获得双极性输出的模拟电压。因此,该电路的原理图如图9-25所示。

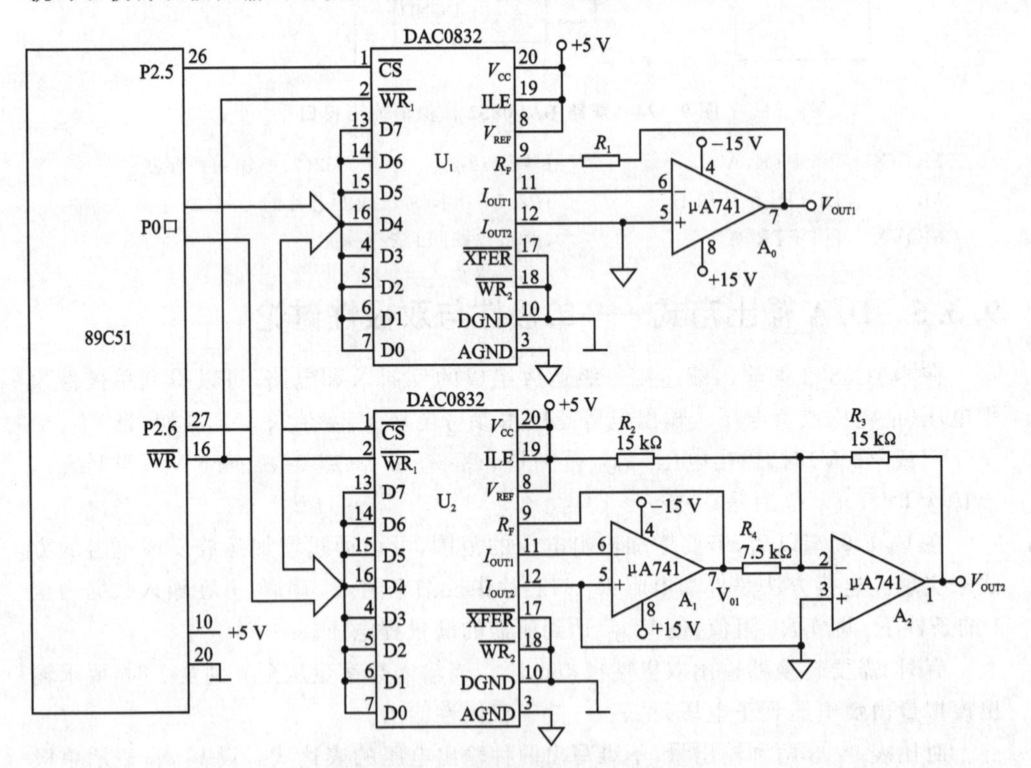


图 9-25 DAC0832 与 89C51 连接图

由图9-25可见,运放 $A_1$ 作第一级求和电路,得到单极性输出电压 $V_{OUT1}$,然后将运放 $A_2$ 接成反向求和电路,根据反馈支路的电阻值,可得

$$V_{OUT2} = -(2V_{OUT1} + V_{REF})$$

故可得到双极性电压输出。

## 9.3.6 “分辨率”与“转换精度”的讨论

在 A/D 转换器和 D/A 转换器的主要技术指标中,“分辨率”与“转换精度”(即“量化误差”或“转换误差”)有何不同?

### 1. 分辨率

“分辨率”通常用位数来表示,如 8 位、10 位、12 位等。对于 $n$ 位转换器,其实际分辨率为模拟量满量程的 $1/2^n$。例如,一个 10 位的 A/D 转换器去转换一个满量程为 5 V 的电压,则它能分辨的最小电压为 5 000 mV/1 024≈5 mV,我们称该 A/D 转换器的分辨率为 10 位或 5 mV。再例如,某 D/A 转换器能够转换 8 位二进制数,转换后的电压满量程是 5 V,则它能分辨的最小电压是 5 V/256≈20 mV,我们称该 D/A 转换器的分辨率为 8 位或 20 mV。

### 2. 转换精度

“转换精度”是反映转换器转换值与理想值之间的误差。

例如,具有 8 位分辨率的 A/D 转换器,当输入 0 V～5 V 电压时,对应的数字量为 00H～FFH,即输入每变化 0.019 6 V 时,数据就变化 1。由于输入模拟量是连续变化的,只有当它的值为 0.019 6 V 的整数倍时,模拟量值才能准确转换成对应的数字量,否则模拟量将被“四舍五入”为相近的数字量。例如,0.025 V 被转换成 01H,0.032 V 被转换成 02H,最大误差为 1/2 个最低有效位(常用±1/2 LSB 表示),这就是量化误差。该 A/D 转换器的具体量化误差(或精度)值可以计算出来为

$$\pm(1/2)\times 5\ \text{V}/256=\pm(1/2)\times 0.0196\ \text{V}=\pm 9.8\ \text{mV}$$

再例如,若某 D/A 转换器的分辨率为 8 位时,则它的精度为:$\pm(1/2)\times(1/256)=\pm 1/512$。

### 3. 分辨率的计算

在计算分辨率时,为什么有人用满量程除以 $2^n$,有人却用满量程除以 $2^n-1$ 呢?

这是因为存在两种“满量程”的定义。让我们以 D/A 转换的分辨率计算举例来说吧,对于线性 D/A 转换器来说,其分辨率计算公式为:分辨率=模拟输出的满量程值/$2^n$。

但是,这个“满量程”又分为标称满量程和实际满量程。标称满量程是指数字量 $2^n$ 所对应的模拟输出量,可实际数字量的变化范围是从 $0\sim 2^n-1$,永远到不了 $2^n$。所以实际最大值 $2^n-1$ 所对应的模拟输出量,就称为实际满量程。

例如,一个 8 位 D/A 转换器,当参考电压为−5 V 时,其标称满量程为+5 V,而实际满量程为

$$(2^n-1)\times\frac{+5\ \text{V}}{2^n}\approx +4.98\ \text{V}$$

根据已知量程来计算分辨率时,就有两种可选择的公式:

$$分辨率=标称满量程/2^n$$

$$分辨率=实际满量程/(2^n-1)$$

同样,以8位D/A转换器为例,若把模拟电压+5 V作为标称满量程,则分辨率为5 V/256≈0.019 6 V;若取实际满量程+4.98 V,则应除以$2^n-1$,分辨率为4.98 V/255≈0.019 5 V。

为方便起见,在理论计算时通常选用标称满量程的计算公式。

## 9.3.7 超过8位D/A芯片与8位单片机接口

对于片内含有数据锁存器,且转换位数多于8位的D/A芯片,要将其位数分成两部分来与8位数据总线相连,或者说,要从8位数据总线送出多于8位的数据时,只能分两次传送。当然,DAC芯片应该提供一个控制信号,将不同的字节送入D/A片内不同的寄存器中。例如在12位的DAC1210中,这个控制信号称为$\overline{BYTE_1}/\overline{BYTE_2}$,该引脚一般接单片机的最低位地址线A0,并规定A0=0时输出低4位,A0=1时输出高8位,从而实现12位数据的两次输出操作。其接口电路如图9-26所示。

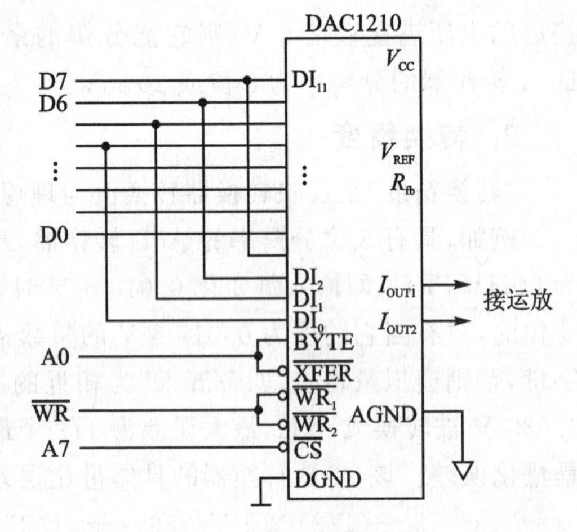


图9-26　DAC1210的接口电路

图中DAC1210的高8位$DI_{11}$~$DI_4$连接到数据总线的D7~D0(A0=1时送入D/A片内8位锁存器),低4位$DI_3$~$DI_0$与数据线的D7~D4连接(A0=0时送入D/A片内4位锁存器)。

# 第10章 系统实用程序及仿真调试方法的讨论

当一个单片机应用系统的硬件确定以后，接下来就要进行系统软件的设计。设计的主要内容是应用系统的主程序和各应用程序模块。本章重点讨论主程序、子程序和应用系统的实用程序的概念以及一些系统仿真调试方法。

## 10.1 主程序、子程序和中断服务子程序的概念讨论

### 10.1.1 主程序

主程序是单片机系统控制程序的主框架。它是一个顺序执行的无限循环的程序，运行过程必须构成一个圈(循环)，如图10-1(a)所示。这是一个很重要的概念。

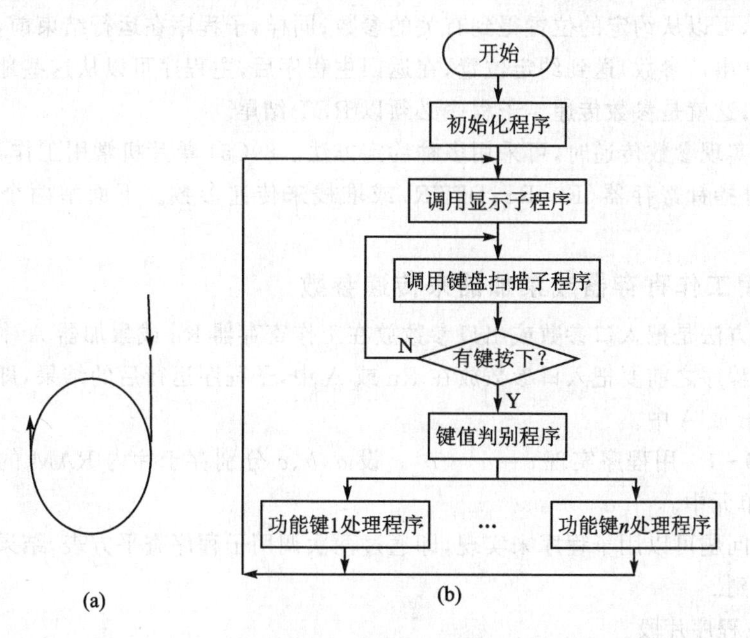


图10-1 主程序结构

主程序应不停地按顺序查询各种程序字段，并根据其变化调用有关的子程序和

执行相应的中断服务子程序,以完成对各种实时事件的处理。图10-1(b)给出了主程序的结构流程图。

## 10.1.2 子程序及参数传递

在一段程序中,往往有许多地方需要执行同样的操作(一个程序段),这时可以把该操作单独编制成一个子程序,在主程序需要执行这种操作的地方执行一条调用指令,转到子程序去执行,完成规定操作以后再返回到原来的程序(主程序)继续执行,并可以反复调用,如图10-2所示。这样处理可以简化程序的逻辑结构,缩短程序长度,便于模块化,便于调试。

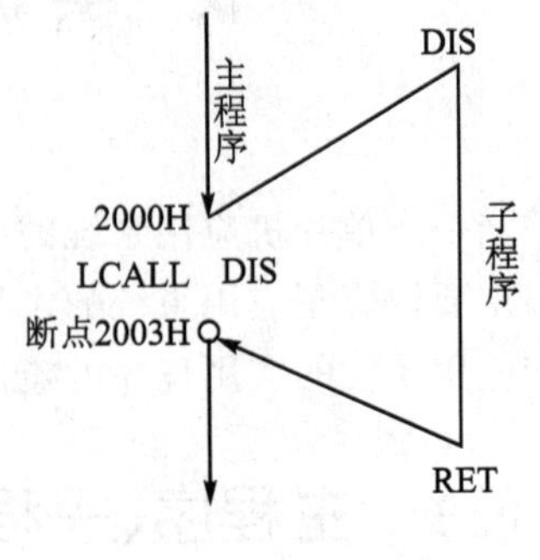

**图10-2 调子程序**

在汇编语言源程序中,主程序调用子程序时要注意两个问题,即主程序和子程序间参数传递以及子程序现场保护的问题。

在子程序中,一般应包含有现场保护和现场恢复两个部分。

子程序调用中还有一个特别重要的问题,就是信息交换,也就是参数传递问题。在调用子程序时,主程序应先把有关参数(即入口参数)放到某些约定的位置,子程序在运行时,可以从约定的位置得到有关的参数;同样,子程序在运行结束前,也应该把运算结果(出口参数)送到约定位置,在返回主程序后,主程序可以从这些地方得到需要的结果,这就是参数传递。子程序必须以RET结尾。

实际实现参数传递时,可采用多种约定方法。89C51单片机常用工作寄存器、累加器、地址指针寄存器(R0、R1、DPTR)或堆栈来传递参数。下面举两个例子加以说明。

### 1. 用工作寄存器或累加器来传递参数

这种方法是把入口参数或出口参数放在工作寄存器Rn或累加器A中。主程序在调用子程序之前要把入口参数放在Rn或A中,子程序运行后的结果,即出口参数也放在Rn或A中。

**例10-1** 用程序实现$c=a^2+b^2$。设$a$、$b$、$c$分别存于片内RAM的DA、DB、DC三个单元中。

这个问题可以用子程序来实现,即通过两次调用子程序查平方表,结果在主程序中相加得到。

❶ 主程序片段

```
STAR:  MOV A,DA              ;取第一操作数
       ACALL SQR             ;调用查表程序
```

```
        MOV R1,A                    ;a² 暂存 R1 中
        MOV A,DB                    ;取 b
        ACALL SQR                   ;第二次调用查表程序
        ADD A,R1                    ;a²+b²→A
        MOV DC,A                    ;结果存于 DC 中
        SJMP $                      ;等待
```

❷ 子程序片段

```
SQR:    INC A                       ;偏移量调整(RET 1B)
        MOVC A,@A+PC                ;查平方表
        RET
TAB:    DB 0,1,4,9,16
        DB 25,36,49,64,81
        END
```

从上例中可以看到，子程序也应有一个名字，该名字应作为子程序中第一条指令的标号。例如，查表子程序的名字是 SQR。

其入口条件是(A)＝待查表的数，出口条件是(A)＝平方值。

### 2. 用指针寄存器来传递参数

由于数据一般存放在存储器中，故可用指针来指示数据的位置。这样可大大节省传递数据的工作量。一般情况下，如果参数在片内 RAM 中，可用 R0 或 R1 作指针；参数在片外 RAM 或程序存储器中，可用 DPTR 作指针。

**例 10－2**　将(R0)和(R1)指出的片内 RAM 中两个 3B 无符号整数相加，结果送到由(R0)指出的片内 RAM 中。入口时，(R0)、(R1)分别指向加数和被加数的低位字节；出口时，(R0)指向结果的高位字节。低字节在低地址，高字节在高地址。利用 89C51 的带进位加法指令，可以直接编写出下面的子程序：

```
NADD:   MOV     R7,#3           ;3B 加法
        CLR     C
NADD1:  MOV     A,@R0           ;取加数低字节
        ADDC    A,@R1           ;取被加数低字节并加到 A
        MOV     @R0,A
        DEC     R0
        DEC     R1
        DJNZ    R7,NADD1
```

```
        INC     R0
        RET
```

### 10.1.3　中断服务子程序

主程序调用子程序与主程序被中断而去执行中断服务子程序的过程是不同的。主程序调用子程序是当主程序运行到“LCALL DIS”指令时，先自动压入断点 2003H，然后执行子程序，如图 10－2 所示；而主程序中断是随机的，如图 10－3 所示。

当主程序运行时，如果遇到中断申请，CPU 执行完当前的一条指令如“MOV A，#00H”后，首先自动压入断点 1002H，然后转去执行中断服务子程序 $\overline{\text{INT0}}$。

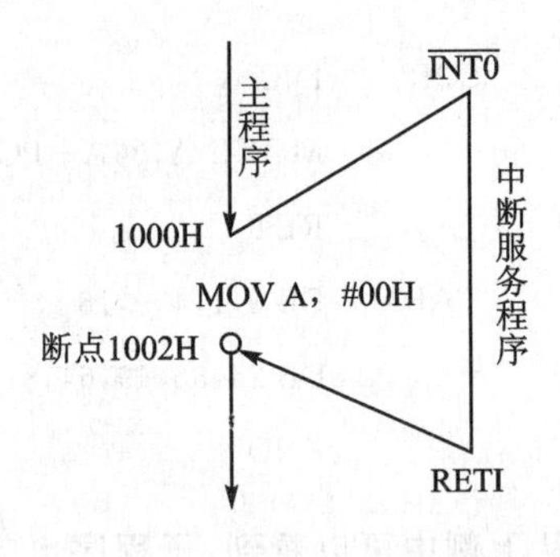

图 10－3　进入中断服务子程序

上述两个过程的共同点都是自动压入断点。当执行子程序到最后一条指令 RET 时，自动弹出断点 2003H 传送至 PC，返回主程序；当中断服务程序执行到最后一条指令 RETI 时，同样弹出断点 1002H 传送至 PC，返回主程序。除此之外，两种子程序都需要保护现场和恢复现场，请读者自行设计。

### 10.1.4　主程序、子程序、中断服务子程序在 ROM 中的安排

#### 1. 主程序的起始地址

MCS－51 系列单片机复位后，(PC)＝0000H，而 0003H～002BH 分别为各中断源的入口地址。所以，编程时应在 0000H 处写一跳转指令(一般为长跳转指令)，使 CPU 在执行程序时，从 0000H 跳过各中断源的入口地址。主程序则以跳转的目标地址作为起始地址开始编写，一般从 0030H 开始，如图 10－4 所示。

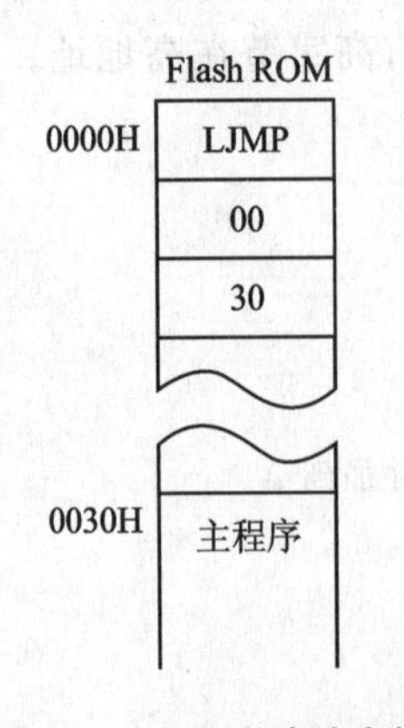

图 10－4　主程序地址安排

#### 2. 中断服务子程序的起始地址

当 CPU 接收到中断请求信号并予以响应后，CPU 把当前的 PC 内容压入栈中进行保护，然后转入相应的中断服务程序入口处执行。MCS－51 系列单片机的中断系统对 5 个中断源分别规定了各自的入口地址，但这些入口地址相距很近(仅 8B)。如果中断服务程序的指令代码少于 8B，则可从规定的中断服务程序入口地址开始，直接编写中断服务程序；若中断服务程序的指令

代码大于8B,则应采用与主程序相同的方法,在相应的入口处写一条跳转指令,并以跳转指令的目标地址作为中断服务程序的起始地址进行编程。

以$\overline{\text{INT0}}$为例,中断矢量地址为0003H,中断服务程序可从0200H开始,如图10-5所示。

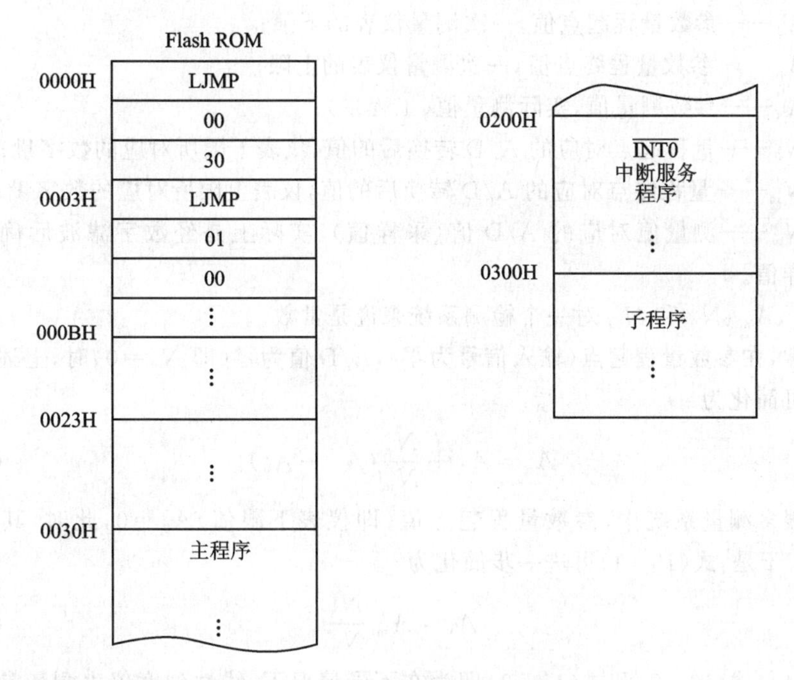


图10-5 程序在ROM中的安排

### 3. 子程序的起始地址

应用系统程序可能有很多子程序,它们的起始地址可安排在0300H开始的Flash ROM单元,如图10-5所示。

# 10.2 标度变换(工程量变换)——现场物理量的显示

生产现场的各种物理量参数都有不同的数值和量纲,例如,温度单位用℃,压力单位用Pa(帕),容积流量单位用$m^3/s$。这些参数经A/D转换后,统一变为$0 \sim M$个数码,例如,8位A/D转换器输出的数码为$0 \sim 255$。这些数码虽然代表参数值的大小,但是并不表示带有量纲的参数值,必须转换成有量纲的物理量数值才能进行显示和打印。这种转换称为标度变换或工程量转换。

## 10.2.1 线性参数标度变换

线性标度变换是最常用的标度变换方式,其前提条件是参数值与A/D转换结果

(采样值)之间应呈线性关系。当输入信号为零(即参数值起点),A/D 输出值不为零时,标度变换公式为

$$A_x = A_0 + (A_m - A_0)\frac{N_x - N_0}{N_m - N_0} \tag{10-1}$$

式中 $A_0$——参数量程起点值,一次测量仪表的下限;

$A_m$——参数量程终点值,一次测量仪表的上限;

$A_x$——参数测量值,实际测量值(工程量);

$N_0$——量程起点对应的 A/D 转换后的值,仪表下限所对应的数字量;

$N_m$——量程终点对应的 A/D 转换后的值,仪表上限所对应的数字量;

$N_x$——测量值对应的 A/D 值(采样值),实际上是经数字滤波后确定的采样值。

其中,$A_0$、$A_m$、$N_0$ 和 $N_m$ 对一个检测系统来说是常数。

通常,在参数量程起点(输入信号为零),A/D 值为零(即 $N_0=0$)时,上述标度变换公式可简化为

$$A_x = A_0 + \frac{N_x}{N_m}(A_m - A_0) \tag{10-2}$$

在很多测量系统中,参数量程起点值(即仪表下限值)$A_0=0$,此时,其对应的 $N_0=0$。于是,式(10-1)可进一步简化为

$$A_x = A_m \frac{N_x}{N_m} \tag{10-3}$$

式(10-1)、式(10-2)和式(10-3)即为在不同情况下,线性刻度仪表测量参数的标度变换公式。

例如,某测量点的温度量程为 200 ℃～400 ℃,采用 8 位 A/D 转换器,那么,$A_0=200$ ℃,$A_m=400$ ℃,$N_0=0$,$N_m=255$,采样值为 $N_x$。其标度变换公式为

$$A_x = 200\ ℃ + \frac{N_x}{255} \times (400 - 200)\ ℃$$

只要把这一算式编成程序,将 A/D 转换后经数字滤波处理后的值 $N_x$ 代入,即可计算出温度的真实值。

计算机标度变换程序就是根据上述三个公式进行计算的。为此,可分别把三种情况设计成不同的子程序。设计时,可以采用定点运算,也可以采用浮点运算,应根据需要选用。

式(10-1)适用于量程起点(仪表下限)不在零点的参数,计算 $A_x$ 的程序流程图如图 10-6 所示。

## 10.2.2 非线性参数标度变换

如果传感器的输出特性是非线性的，如热敏电阻的阻值-温度特性呈指数规律变化，又如热电耦的电压值－温度特性，流量仪表的传感器的流量－压差值等都是非线性的。必须指出，前面讲的标度变换公式，只适用于线性变化的参数。

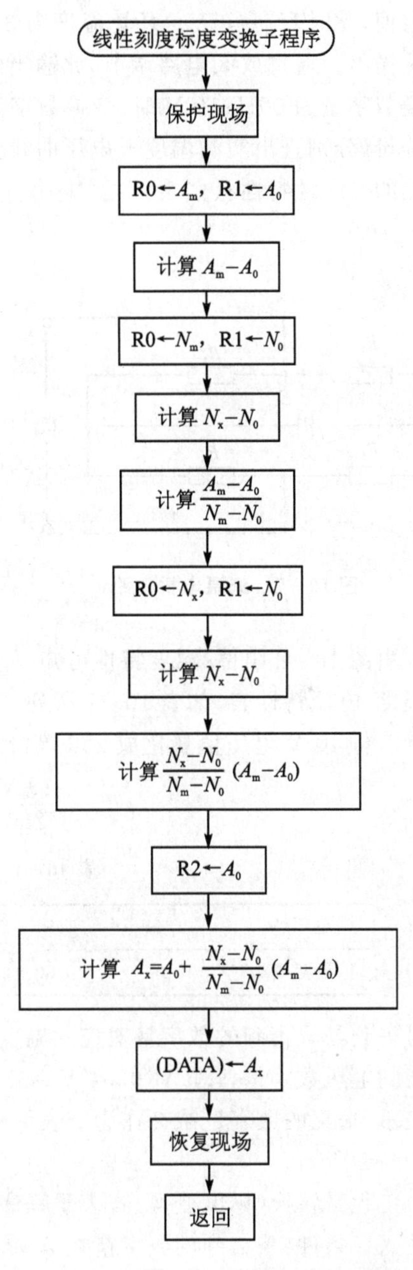


**图10-6 线性刻度的标度变换程序框图**

图10-7是用热敏电阻组成的惠斯登电桥测温电路。$R_1$是热敏电阻，当电桥处于某一温度$t_0$时，$R_1$取值$R_1(t_0)$，使电桥达到平衡。平衡条件为

$$R_1(t_0)R_3=R_2R_4$$

此时，电桥输出电压$U_出=0$ V。若温度改变$\Delta t$，$R_1$的阻值也改变$\Delta R$，电桥平衡遭破坏，产生输出电压$U_出$。从理论上讲，通过测量电压$U_出$的值就能推得$R_1$的阻值变化，从而测得环境温度的变化。但是，由于存在非线性问题，如按线性处理，就会产生较大的误差。

一般而言，不同传感器的非线性变化规律各不相同。许多非线性传感器的输出特性变量关系写不出一个简单的公式，或者虽然能写出，但计算相当困难。这时，可采用查表法进行标度变换。

上述温度检测回路是由热敏电阻组成的电桥电路，存在非线性关系。在进行标度变换时，首先直接测量出温度检测回路的温度－电压特性曲线，如图10-8所示。然后按照A/D转换器的位数（即分辨精确度）以及相应的电压值范围，分别从温度－电压特性曲线中查出各输出电压所对应的环境温度值，将其列成一张表，固化在EPROM中。当单片机采集到数字量（即A/D转换输出的电压值）后，只要查表就能准确地得出环境温度值，据此进行显示和控制。例如，医学上常用的测温范围为35 ℃～45 ℃，如果选8位A/D转换器单极性进行转换，则测温电路中的热敏电阻应选择环境温度为35 ℃时使电桥平衡

的阻值,此时 $U_{出}=0$ V。环境温度为 35 ℃~45 ℃时,电桥平衡被破坏,电桥电路有电压输出。通过放大电路调节,此输出电压范围可调整为 0 V~10 V。0 V时,A/D变换数字量为 00H;10 V时,变换数字量为 FFH。于是,从高至低将电压值分为 256 个等份,分别查出实测温度-电压曲线上的环境温度值,就能列出一张占内存 256 个单元的非线性特性补偿表。

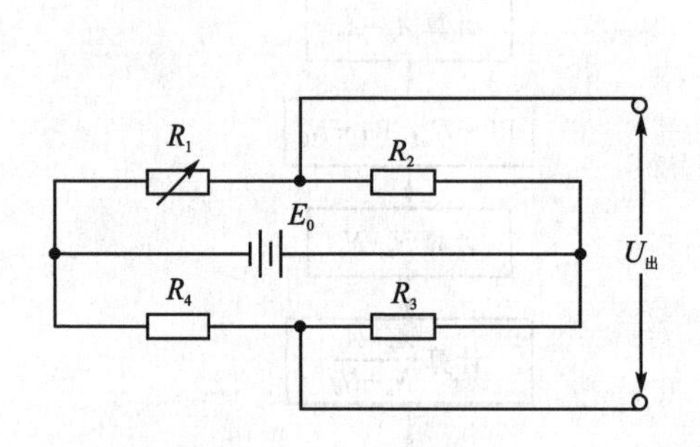


图 10-7 测温电桥电路

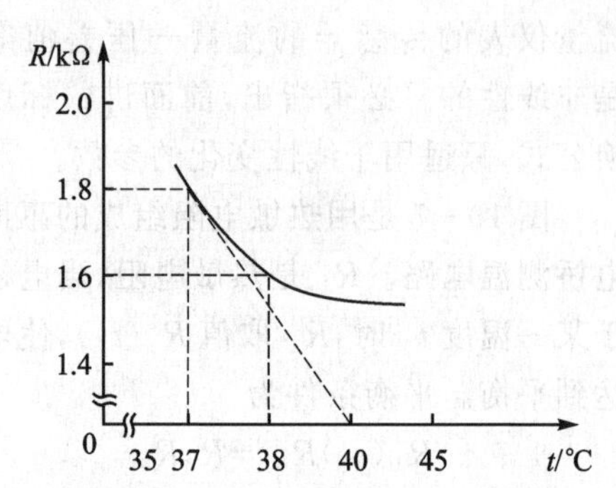


图 10-8 热敏电阻的阻值-温度特性

由图 10-8 阻值-温度特性可知,如果流过热敏电阻 $R_1$ 的电流为 1 mA,则可得到温度-电压特性表,如表 10-1 所列。

若将 10 V 电压值量化成 256 等份,即

$$\frac{10\ \text{V}}{256}=0.04\ \text{V}$$

表 10-1 温度-电压特性

| 电压/V | 1.4 | 1.5 | 1.6 | 1.7 | 1.8 | … |
|---|---|---|---|---|---|---|
| 温度/℃ | 45.00 | 40.00 | 38.00 | 37.50 | 37.00 | … |

则可得到与采集到的数字量对应的温度特性表。例如,1.4 V/0.04 V=35=23H 为采集的电压数字量,1.5 V/0.04 V=38=26H 等等,如表 10-2 所列。温度用双字节表示,采集的数字量乘 2 作为查表偏移量,于是,可得到工程量温度值 ROM 表,如表 10-3 所列。

工程量转换(标度变换)查表子程序如下:

入口条件:采集到的数字量在 A 中。

```
CHETAB:  ADD A,A                ;采集数字量乘 2
         PUSH ACC
         MOV DPTR,#TAB          ;表头地址
         MOVC A,@A+DPTR         ;取出温度高字节
         MOV @R0,A
```

**表 10-2　电压数字量-温度特性**

| 输出电压/V | 数字量 | 温度/℃ |
| --- | --- | --- |
| 1.40 | 35=23H | 45.00 |
| 1.44 | 36=24H | 44.00 |
| 1.48 | 37=25H | 43.00 |
| 1.52 | 38=26H | 42.00 |
| 1.56 | 39=27H | 41.00 |
| ⋮ | ⋮ | ⋮ |
| 1.70 | 43=2BH | 37.50 |

**表 10-3　ROM 表**

| 地　址 | 温度值 |
| --- | --- |
| 1046H | 45 |
| 1047H | 00 |
| 1048H | 44 |
| 1049H | 00 |
| ⋮ | ⋮ |
| 102BH | 37 |
| 102CH | 50 |

```
            POP ACC
            INC A
            MOVC A,@A+DPTR     ;取出温度低字节
            INC R0
            MOV @R0,A
            RET
TAB:        DB 45,00,44,00,…
            DB 37,50,…
```

出口条件:工程量(温度值)在@R0 中。

例如,采集到的数字量为 35=23H,查表偏移量为 46H,查得地址为 1046H 和 1047H,查得温度值为 45.00 ℃。然后,调用显示子程序即可在 LED 显示器上显示该温度值。

# 10.3　单片机仿真调试方法的讨论

## 10.3.1　单片机开发系统

真正具有功能很强且操作方便的单片机开发系统价格比较昂贵。目前,国内流行的比较廉价的单片机开发装置有很多种。它由仿真器再配上 PC 机及其配件,在编辑、汇编和调试某组合软件的支持下就构成了简单,但又比较正规的开发系统。其结构如图 10-9 所示。

图 10-9 单片机开发系统

## 10.3.2 仿真器及仿真 RAM

### 1. 仿真器

单片机的仿真器本身就是一个单片机系统。它具有与所要开发的单片机应用系统相同的单片机芯片(例如 89C51),如图 10-10 所示。

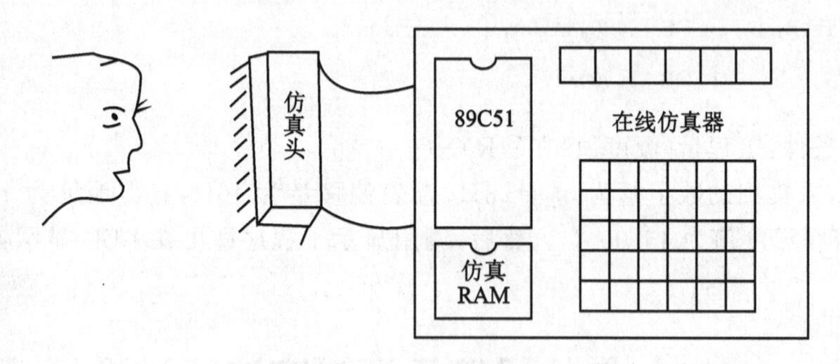


图 10-10 单片机在线仿真器

这种仿真装置,从仿真插头向右看过去,看到的就是一个“单片机”。但这个“单片机”片内程序的运行是可以跟踪、修改和调试的。

### 2. 仿真 RAM

由于开发系统的软、硬件的强大支持,这时,用户可以在开发系统上观察用户应用系统程序的运行情况,必要时可以采用单步、设断点等手段逐条追踪用户程序,查找软、硬件故障。

开发系统除了“出借”CPU 之外,还可以“出借”存储器,即仿真 RAM。也就是说,在应用系统调试期间,程序存储器芯片也可以拔掉,仿真器把开发系统的一部分存储器“变换”成应用系统的存储器。这部分存储器与应用系统中拔掉的那部分存储器有相同的存储空间,可以存放应用系统待调试的监控程序。用户在开发系统上使用这部分存储器(仿真 RAM)相当于使用自己设计的应用系统中的存储器 Flash ROM/EPROM 一样。

可见,在线仿真器的作用主要是能取代应用系统的单片机和程序存储器,建立开发系统与应用系统的联系,达到在最接近真实情况下,对软件和硬件进行联合调试的目的。

## 10.3.3　单片机产品的开发过程——在线仿真

进行单片机产品的研制开发,最好借助于开发系统,特别是实时在线仿真的开发系统。在仿真调试时,需将仿真器引出的 40 线电缆仿真插头插入被研制的单片机产品样机(简称目标机)的 40 脚插座中。

假如目标机的硬件电路已经搭好,就可在 MCS - 51 组合软件的支持下,利用 PC 机的键盘和仿真器的 RAM 空间,输入和存储调试程序,调试好的程序已在仿真器的 RAM 中,如图 10 - 11 所示。此时,在目标机上的单片机插座上并没有插上单片机,而是虚拟单片机(插头),即由 PC 机和仿真器构成的虚拟单片机。虚拟单片机所完成的功能,即是从仿真插头向开发系统方向看过去,看到的是一个真正的单片机。这样,目标机就可以在开发系统的控制下,进行仿真运行。研制者可通过开发系统中 PC 机的键盘来下达各种控制命令,并通过开发系统的 CRT 显示器来了解目标机运行中的各种问题。

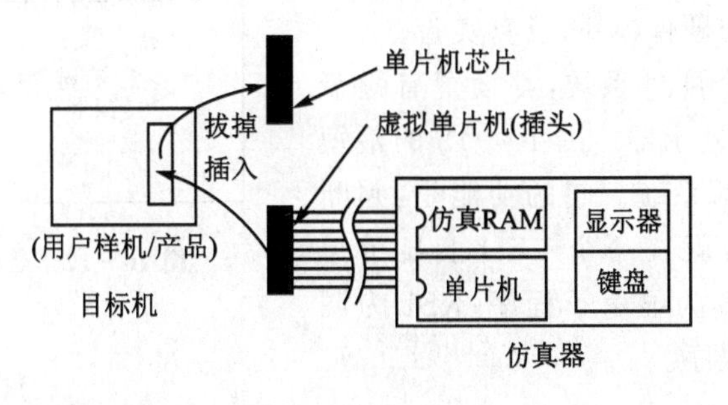


图 10 - 11

在仿真调试及运行无误后,用编程写入器将仿真器 RAM 中调试好的程序写入单片机中的 EPROM 中。(如果是 8031 则是写入片外的 EPROM 中。)这时将仿真插头拔掉,将写好程序的单片机插入目标机的插座中去,产品即研制开发完成。

当只有仿真器而没有 PC 机时,可直接利用仿真器的键盘和显示器来输入并调试运行程序。只不过要输入 MCS - 51 的机器码,因而麻烦一些。

## 10.3.4　关于最小硬件系统和复位的讨论

不管样机系统硬件多么复杂,在硬件调试开始后,应在加工好的印刷板上先插上认为的"最小系统"芯片。有些外围芯片,如 A/D、D/A、扩展 I/O 等芯片先不插。也就是说,先在最小系统上做实验。

例如,用示波器观察上电后 PSEN 引脚有无输出波形,如有,说明该单片机芯片工作基本正常。

又例如复位,复位电路虽然简单,但其作用非常重要。一个单片机系统能否正常运行,首先要检查是否能复位成功。初步检查可用示波器探头监视 RST 引脚,按下复位键,观察是否有足够幅度的波形输出(瞬时的);还可以通过改变复位电路阻容值进行实验。

## 10.3.5 关于"最短实验程序"

"最短程序"是指最简洁的主程序以及调用最少子程序的系统软件程序。

在实践过程中,我们发现"最短实验程序"对系统的运行调试很有帮助。特别是对经验较少的开发者,首先在自已的硬件系统上运行"最短程序",如果最短程序通过,说明硬件问题不大;如果最短程序不能通过,即很明显没有错误的最基本模块程序运行不能通过,则说明硬件有问题。这时就应该首先将你的硬件化简成最小系统或排除硬件故障后再运行"最短程序"。如果运行通过,可逐步增加软件模块和硬件模块,反复实验。

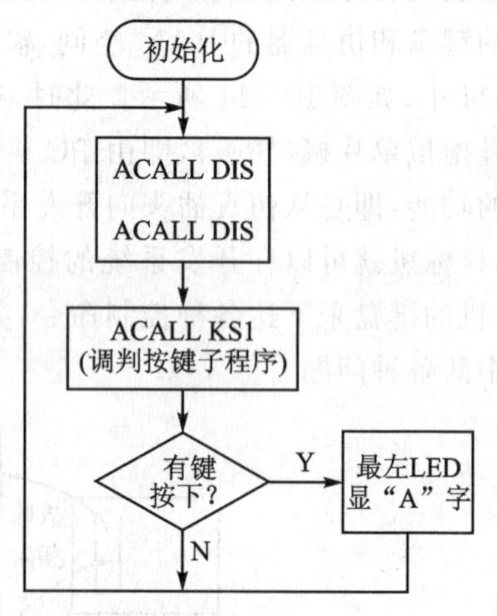


图 10-12 最短程序框图

对于任何一个硬件系统,都设置有键盘和 LED(或 LCD)显示器。图 10-12 的最短程序框图适合任何系统。它的功能是:判断有无键按下,如有就在一个 LED 上显示一"A"字。图中 DIS 为显示子程序,KS1 为调判有无键按下子程序。

# 第 11 章 大题库

## A 套题库

### 11.1 填空题

1. 计算机中常用的码制有原码、反码和________。

2. 十进制数 29 的二进制表示为________。

3. 十进制数 $-29$ 的 8 位补码表示为________。

4. 单片微型计算机由 CPU、存储器和________三部分组成。

5. 若不使用 MCS－51 片内存储器,引脚 $\overline{EA}$ 必须接________。

6. 微处理器由寄存器堆、控制器和________三部分组成。

7. 当 MCS－51 引脚 ALE 信号有效时,表示从 P0 口稳定地送出了________地址。

8. MCS－51 的 P0 口作为输出端口时,每位能驱动________个 SL 型 TTL 负载。

9. MCS－51 有 4 个并行 I/O 口,其中________是准双向口,所以由输出转输入时必须先写入"1"。

10. MCS－51 的堆栈是软件填写堆栈指针临时在________数据存储器内开辟的区域。

11. MCS－51 中凡字节地址能被________整除的特殊功能寄存器均能位寻址。

12. MCS－51 系统中,当 $\overline{PSEN}$ 信号有效时,表示 CPU 要从________存储器读取信息。

13. 当使用 8751 且 $\overline{EA}=1$,程序存储器地址小于________时,访问的是片内 ROM。

14. MCS－51 特殊功能寄存器只能采用________寻址方式。

15. MCS－51 有 4 组工作寄存器,它们的地址范围是________。

16. MCS－51 片内 20H～2FH 范围内的数据存储器,既可以字节寻址又可以________寻址。

17. 若用传送指令访问 MCS－51 的程序存储器,它的操作码助记符应为__________。

18. 访问 MCS－51 片内 RAM 应该使用的传送指令的助记符是__________。

19. 当 MCS－51 使用间接寻址方式访问片内 RAM 高 128 B 时,会产生__________。

20. 设计 80C31 系统时,__________口不能用作一般 I/O 口。

21. MCS－51 可扩展片外 RAM 64 KB,但当外扩 I/O 口后,其外部 RAM 寻址空间将__________。

22. 计算机的系统总线有地址总线、控制总线和__________总线。

23. 输入输出设备是计算机与外部世界交换信息的__________。

24. 指令是通知计算机完成某种操作的__________。

25. 汇编语言中可以使用伪指令,它们不是真正的指令,只是用来__________。

26. MCS－51 串行接口有 4 种工作方式,这可在初始化程序中用软件填写__________特殊功能寄存器加以选择。

27. 当使用慢速外设时,最佳的传输方式是__________。

28. MCS－51 在外扩 ROM、RAM 或 I/O 时,它的地址总线是__________。

29. 当定时器 T0 工作在方式 3 时,要占用定时器 T1 的 TR1 和__________两个控制位。

30. MCS－51 有 5 个中断源,有 2 个中断优先级,优先级由软件填写特殊功能寄存器__________加以选择。

31. 累加器(A)＝80H,执行完指令 ADD A,＃83H 后,进位位 C＝__________。

32. 执行 ANL A,＃0FH 指令后,累加器 A 的高 4 位＝__________。

33. JZ e 的操作码地址为 1000H,e＝20H,它的转移目的地址为__________。

34. JBC 00H,e 操作码的地址为 2000H,e＝70H,它的转移目的地址为__________。

35. 累加器(A)＝7EH,(20H)＝＃04H,MCS－51 执行完 ADD A,20H 指令后,PSW.0＝__________。

36. MOV PSW,＃10H 是将 MCS－51 的工作寄存器置为第__________组。

37. 指令 DJNZ R7,e 操作码所在地址为 3000H,e＝EFH,则它的转移目的地址为__________。

38. ORL A,＃0F0H 是将 A 的高 4 位置 1,而低 4 位__________。

39. SJMP e 的指令操作码地址为 0050H,e＝65H,那么它的转移目的地址为__________。

40. 设 DPTR＝2000H,(A)＝80H,则 MOVC A,@A＋DPTR 的操作数的实际地址为__________。

41. 十进制数－47 用 8 位二进制补码表示为__________。

42. －19D 的二进制补码表示为__________。

43. 计算机中最常用的字符信息编码是__________。

44. 串口为 10 位 UART，工作方式应选为__________。

45. 用串口扩并口时，串行接口工作方式应选为方式__________。

46. 在串行通信中，数据传送方向有__________、__________、__________三种方式。

47. PC 复位后为__________。

48. 一个机器周期＝__________节拍、一个机器周期＝12 个振荡周期，一个振荡周期＝1 节拍。

49. 89C51 含__________ KB 掩膜 ROM。

50. 89C51 在物理上有__________个独立的存储器空间。

51. 外部中断 $\overline{INT1}$ 入口地址为__________。

52. PSW 中 RS1、RS0＝10H 时，R2 的地址为__________。

53. 一个机器周期＝__________个状态周期，振荡脉冲 2 分频后产生的时钟信号的周期定义为状态周期。

54. 87C51 是 EPROM 型，内含__________ KB EPROM。

55. 89C51 是 Flash ROM 型，内含__________ KB Flash ROM。

56. MCS－51 中，T0 中断服务程序入口地址为__________。

57. PSW 中 RS1、RS0＝11H 时，R2 的地址为__________。

58. 执行当前指令后，PC 内容为__________。

59. 12 根地址线可寻址__________ KB 存储单元。

60. 写 8255A 控制字时，需将 $A_1$、$A_0$ 置为__________。

61. MOV C,20H 源寻址方式为__________寻址。

62. INC __________影响 CY 位。

63. 指令 LCALL 37B0H，首地址在 2000H，所完成的操作是__________入栈，37B0H→PC。

64. MOVX A,@DPTR 源操作数寻址方式为__________。

65. 
```
ORG     1000H
LCALL   4000H
ORG     4000H
ADD     A,R2
```
执行完 LCALL 后(PC)＝__________。

66. 89C51 中断有__________个优先级。

67. 89C51 中断嵌套最多__________级。

68. 微机与外设间传送数据有__________、__________和__________三种方式。

69. 外中断请求标志位是__________和__________。

70. 当 89C51 的 RST 引脚上保持__________个机器周期以上的低电平时，

89C51即发生复位。

71. 当单片机的型号为80C31/80C32时,其芯片引线$\overline{EA}$一定要接__________电平。

72. MCS-51机扩展片外I/O口占用片外__________存储器的地址空间。

73. MCS-51单片机访问片外存储器时,利用__________信号锁存来自__________口的低8位地址信号。

74. 12根地址线可选__________个存储单元,32 KB存储单元需要__________根地址线。

75. 三态缓冲寄存器输出端的"三态"是指__________态、__________态和__________态。

76. 74LS138是具有3个输入的译码器芯片,其输出作为片选信号时,最多可以选中__________块芯片。

77. 74LS273通常用来作简单__________接口扩展;而74LS244则常用来作简单__________接口扩展。

78. A/D转换器的作用是将__________量转为__________量;D/A转换器的作用是将__________量转为__________量。

79. A/D转换器的三个最重要指标是__________、__________和__________。

80. 从输入模拟量到输出稳定的数字量之间的时间间隔是A/D转换器的技术指标之一,称为__________。

81. 若某8位D/A转换器的输出满刻度电压为+5 V,则该D/A转换器的分辨率为__________V。

82. MCS-51单片机片内RAM的寄存器区共有__________个单元,分为__________组寄存器,每组__________个单元,以__________作为寄存器名称。

83. 单片机系统复位后,(PSW)=00H,因此片内RAM寄存区的当前寄存器是第__________组,8个寄存器的单元地址为__________~__________。

84. 通过堆栈操作实现子程序调用,首先要把__________的内容入栈,以进行断点保护。调用返回时再进行出栈操作,把保护的断点弹回__________。

85. 一台计算机的指令系统就是它所能执行的__________集合。

86. 以助记符形式表示的计算机指令就是它的__________语言。

87. 在直接寻址方式中,只能使用__________位二进制数作为直接地址,因此其寻址对象只限于__________。

88. 在寄存器间接寻址方式中,其"间接"体现在指令中寄存器的内容不是操作数,而是操作数的__________。

89. 在变址寻址方式中,以__________作变址寄存器,以__________或__________作基址寄存器。

90. 假定累加器A的内容为30H,执行指令:

1000H：MOVC　A,@A+PC

后,把程序存储器＿＿＿＿＿单元的内容送累加器A中。

91. 假定DPTR的内容为8100H,累加器A的内容为40H,执行下列指令：

MOVC　A,@A+DPTR

后,送入A的是程序存储器＿＿＿＿＿单元的内容。

92. 假定(SP)＝60H,(ACC)＝30H,(B)＝70H,执行下列指令：

PUSH　ACC

PUSH　B

后,SP的内容为＿＿＿＿＿,61H单元的内容为＿＿＿＿＿,62H单元的内容为＿＿＿＿＿。

93. 假定(SP)＝62H,(61H)＝30H,(62H)＝70H。执行下列指令：

POP　DPH

POP　DPL

后,DPTR的内容为＿＿＿＿＿,SP的内容为＿＿＿＿＿。

94. 假定(A)＝85H,(R0)＝20H,(20H)＝0AFH。执行指令：

ADD　A,@R0

后,累加器A的内容为＿＿＿＿＿,CY的内容为＿＿＿＿＿,AC的内容为＿＿＿＿＿,OV的内容为＿＿＿＿＿。

95. 假定(A)＝85H,(20H)＝0FFH,(CY)＝1,执行指令：

ADDC　A,20H

后,累加器A的内容为＿＿＿＿＿,CY的内容为＿＿＿＿＿,AC的内容为＿＿＿＿＿,OV的内容为＿＿＿＿＿。

96. 假定(A)＝0FFH,(R3)＝0FH,(30H)＝0F0H,(R0)＝40H,(40H)＝00H。执行指令：

INC　A

INC　R3

INC　30H

INC　@R0

后,累加器A的内容为＿＿＿＿＿,R3的内容为＿＿＿＿＿,30H的内容为＿＿＿＿＿,40H的内容为＿＿＿＿＿。

97. 在MCS－51中PC和DPTR都用于提供地址,但PC是为访问＿＿＿＿＿存储器提供地址,而DPTR是为访问＿＿＿＿＿存储器提供地址。

98. 在位操作中,能起到与字节操作中累加器作用的是＿＿＿＿＿。

99. 累加器A中存放着一个其值小于或等于127的8位无符号数,CY清“0”后执行RLC A指令,则A中数变为原来的＿＿＿＿＿倍。

100. 计算机的数据传送有两种方式,即＿＿＿＿＿方式和＿＿＿＿＿方式,其中具有低成本特点的是＿＿＿＿＿数据传送。

101. 异步串行数据通信的帧格式由________位、________位、________位和________位组成。

102. 异步串行数据通信有________、________和________共三种传送方向形式。

103. 使用定时器T1设置串行通信的波特率时,应把定时器T1设定为工作模式________,即________模式。

104. 假定(A)=56,(R5)=67。执行指令:

```
ADD  A,R5
DA
```

后,累加器A的内容为________,CY的内容为________。

105. 假定(A)=0FH,(R7)=19H,(30H)=00H,(R1)=40H,(40H)=0FFH。执行指令:

```
DEC  A
DEC  R7
DEC  30H
DEC  @R1
```

后,累加器A的内容为________,R7的内容为________,30H的内容为________,40H的内容为________。

106. 假定(A)=50H,(B)=0A0H。执行指令:

```
MUL  AB
```

后,寄存器B的内容为________,累加器A的内容为________,CY的内容为________,OV的内容为________。

107. 假定(A)=0FBH,(B)=12H。执行指令:

```
DIV  AB
```

后,累加器A的内容为________,寄存器B的内容为________,CY的内容为________,OV的内容为________。

108. 假定(A)=0C5H。执行指令:

```
SWAP  A
```

后,累加器A的内容为________。

109. 执行如下指令序列:

```
MOV  C,P1.0
ANL  C,P1.1
ANL  C,/P1.2
MOV  P3.0,C
```

后,所实现的逻辑运算式为________

110. 假定addr11=00100000000B,标号qaz的地址为1030H。执行指令:

```
qaz:AJMP  addr11
```

后,程序转移到地址__________去执行。

111. 假定标号 qaz 的地址为 0100H,标号 qwe 值为 0123H(即跳转的目标地址为 0123H)。应执行指令:

```
qaz:SJMP   qwe
```

该指令的相对偏移量(即指令的第二字节)为__________。

112. DPTR 是 MCS-51 中唯一一个 16 位寄存器,在程序中常用来作为 MOVC 指令的访问程序存储器的__________使用。

113. 请填好下段程序内有关每条指令执行结果的注释中之空白。

```
MOV   A,PSW        ;(A)=10H
MOV   B,A          ;(B)=__________H
MOV   PSW,A        ;(PSW)=__________H
```

114. 堆栈设在__________存储区,程序存放在__________存储区,外部 I/O 接口设在__________存储区,中断服务程序存放在__________存储区。

115. 若单片机使用频率为 6 MHz 的晶振,那么状态周期为__________、机器周期为__________、指令周期为__________。

116. 复位时 A=__________,PSW=__________,SP=__________,P0~P3=__________。

117. 执行下列程序段后 CY=__________,OV=__________,A=__________。

```
MOV   A,#56H
ADD   A,#74H
ADD   A,A
```

118. 设 SP=60H,片内 RAM 的(30H)=24H,(31H)=10H,在下列程序段注释中填执行结果。

```
PUSH   30H        ;SP=__________,(SP)=__________
PUSH   31H        ;SP=__________,(SP)=__________
POP    DPL        ;SP=__________,DPL=__________
POP    DPH        ;SP=__________,DPH=__________
MOV    A,#00H
MOVX   @DPTR,A
```

最后执行结果是________________。

119. 89C51 复位后

- CPU 从__________H 单元开始执行程序。
- SP 的内容为__________H,第一个压入堆栈的数据将位于__________RAM 的__________H 单元。
- SBUF 的内容为__________。
- ORL  A,#4 指令执行后,PSW 寄存器的内容将等于__________H。

120. 80C31

- 其 $\overline{EA}$ 引脚必须接__________。
- 可作通用 I/O 的至少有 P__________口的 8 条 I/O 线,最多还可加上 P__________口的 8 条 I/O 线。
- P__________口作地址/数据总线,传送地址码的__________ 8 位;P__________口作地址总线,传送地址码的__________ 8 位。
- MOVX 指令用来对__________ RAM 进行读写操作。

121. 存储器组织

- 80C52 片内 RAM 有__________字节。
- 若(PSW)=18H,则有效 R0 的地址为__________ H。
- 对 80C51 来说,MOV A,@R0 指令中的 R0 之取值范围最大可为__________ H。
- 位地址 7FH 还可写成__________ H.__________。

122. 定时器和串行接口

- 89C51 的__________作串行接口方式 1 和方式 3 的波特率发生器。
- 80C52 除可用__________外,尚可用__________作其串行接口方式 1 和方式 3 的波特率发生器。
- 若 80C31AH 的 $f_{OSC}$=12 MHz,则其两个定时器对重复频率高于__________ MHz 的外部事件是不能正确计数的。
- 在定时器 T0 运作模式 3 下,TH0 溢出时,__________标志将被硬件置 1 去请求中断。
- 在运作模式 3 下,欲使 TH0 停止运作,应执行一条 CLR __________指令。
- 在多机通信中,若字符传送率为 100 B/s,则波特率等于__________。
- 在多机通信中,主机发送从机地址呼叫从机时,其 TB8 位为__________;各从机此前必须将其 SCON 中的 REN 位和__________位设置为 1。

123. 中断系统

- $\overline{INT0}$ 和 $\overline{INT1}$ 的中断标志分别是__________和__________。
- T0 和 T1 两引脚也可作外部中断输入引脚,这时 TMOD 寄存器中的 C/$\overline{T}$ 位应当为__________。
- 上题中,若 M1、M0 两位置成 10B,则计数初值应当是(TH)=(TL)=__________ H。
- __________指令以及任何访问__________和__________寄存器的指令执行过后,CPU 不能马上响应中断。

124. 指令系统

- 在 R7 初值为 00H 的情况下,DJNZ  R7,rel 指令将循环执行__________次。
- 欲使 P1 口的低 4 位输出 0 而高 4 位不变,应执行一条__________指令。
- 欲使 P1 口的高 4 位输出 1 而低 4 位不变,应执行一条__________指令。

- DIV　AB 指令执行后，OV 标志为 1，则此指令执行前(B)＝________H。
- MUL　AB 指令执行后，OV 标志为 1，则(B)≠________H。
- MCS－51 的两条查表指令是________和________。

## 11.2　单项选择题

1. 在中断服务程序中，至少应有一条(　　)

(A) 传送指令　　(B) 转移指令

(C) 加法指令　　(D) 中断返回指令

2. 当 MCS－51 复位时，下面说法正确的是(　　)。

(A) PC＝0000H　　(B) SP＝00H

(C) SBUF＝00H　　(D) (30H)＝00H

3. 要用传送指令访问 MCS－51 片外 RAM，它的指令操作码助记符应是(　　)。

(A) MOV　　(B) MOVX

(C) MOVC　　(D) 以上都行

4. 下面哪一种传送方式适用于电路简单，且时序已知的外设(　　)。

(A) 条件传送　　(B) 无条件传送

(C) DMA　　(D) 中断

5.
```
ORG     2000H
LCALL   3000H
ORG     3000H
RET
```
左边程序执行完 RET 指令后，PC＝(　　)。

(A) 2000H　　(B) 3000H

(C) 2003H　　(D) 3003H

6. 要使 MCS－51 能够响应定时器 T1 中断、串行接口中断，它的中断允许寄存器 IE 的内容应是(　　)。

(A) 98H　　(B) 84H　　(C) 42H　　(D) 22H

7. 6264 芯片是(　　)。

(A) $E^2$PROM　　(B) RAM　　(C) Flash ROM　　(D) EPROM

8. MCS－51 在响应中断时，下列哪种操作不会发生(　　)。

(A) 保护现场　　(B) 保护 PC

(C) 找到中断入口　　(D) 保护 PC 转入中断入口

9. 用 MCS－51 串行接口扩展并行 I/O 口时，串行接口工作方式应选择(　　)。

(A) 方式 0　　(B) 方式 1　　(C) 方式 2　　(D) 方式 3

10. JNZ　e指令的寻址方式是(　　)。

(A) 立即寻址　(B) 寄存器寻址　(C) 相对寻址　(D) 位寻址

11. 执行LCALL　4000H指令时,MCS-51所完成的操作是(　　)。

(A) 保护PC　(B) 4000H→PC

(C) 保护现场　(D) PC+3入栈,4000H→PC

12. 下面哪条指令产生$\overline{WR}$信号(　　)。

(A) MOVX　A,@DPTR　(B) MOVC　A,@A+PC

(C) MOVC　A,@A+DPTR　(D) MOVX　@DPTR,A

13. 若某存储器芯片地址线为12根,那么它的存储容量为(　　)。

(A) 1 KB　(B) 2 KB　(C) 4 KB　(D) 8 KB

14. 要想测量$\overline{INT0}$引脚上的一个正脉冲宽度,那么特殊功能寄存器TMOD的内容应为(　　)。

(A) 09H　(B) 87H　(C) 00H　(D) 80H

15. PSW=18H时,则当前工作寄存器是(　　)。

(A) 0组　(B) 1组　(C) 2组　(D) 3组

16. 使用8751,且$\overline{EA}$=1时,则可以外扩(　　)ROM。

(A) 64 KB　(B) 60 KB　(C) 58 KB　(D) 56 KB

17. MOVX　A,@DPTR指令中,源操作数的寻址方式是(　　)。

(A) 寄存器寻址　(B) 寄存器间接寻址　(C) 直接寻址　(D) 立即寻址

18. MCS-51有(　　)中断源。

(A) 5个　(B) 2个　(C) 3个　(D) 6个

19. MCS-51上电复位后,SP的内容应是(　　)。

(A) 00H　(B) 07H　(C) 60H　(D) 70H

20. 下面哪一个部件不是CPU的指令部件(　　)。

(A) PC　(B) IR　(C) PSW　(D) ID

21. 执行下列程序,当CPU响应外部中断0后,PC的值是(　　)。

```
ORG    0003H
LJMP   2000H
ORG    000BH
LJMP   3000H
```

(A) 0003H　(B) 2000H　(C) 000BH　(D) 3000H

22. 控制串行接口工作方式的寄存器是(　　)。

(A) TCON　(B) PCON　(C) SCON　(D) TMOD

23. MCS-51响应中断时,下面哪一个条件不是必须的(　　)。

(A) 当前指令执行完毕　(B) 中断是开放的

(C) 没有同级或高级中断服务　(D) 必须有RETI指令

24. 使用定时器 T1 时,有几种工作模式(　　)。
(A) 1 种　(B) 2 种　(C) 3 种　(D) 4 种
25. 执行 PUSH　ACC 指令,MCS-51 完成的操作是(　　)。
(A) SP+1→SP　(ACC)→(SP)　(B) (ACC)→(SP) SP-1→SP
(C) SP-1→SP　(ACC)→(SP)　(D) (ACC)→(SP) SP+1→SP
26. P1 口的每一位能驱动(　　)。
(A) 2 个 TTL 低电平负载　(B) 4 个 TTL 低电平负载
(C) 8 个 TTL 低电平负载　(D) 10 个 TTL 低电平负载
27. 使用 8255 可以扩展出的 I/O 口线是(　　)。
(A) 16 根　(B) 24 根　(C) 22 根　(D) 32 根
28. PC 中存放的是(　　)。
(A) 下一条指令的地址　(B) 当前正在执行的指令
(C) 当前正在执行指令的地址　(D) 下一条要执行的指令
29. 80C31 是(　　)。
(A) CPU　(B) 微处理器　(C) 单片机　(D) 控制器
30. 要把 P0 口高 4 位变 0,低 4 位不变,应使用指令(　　)。
(A) ORL　P0,#0FH　(B) ORL　P0,#0F0H
(C) ANL　P0,#0F0H　(D) ANL　P0,#0FH
31. 下面哪种外设是输出设备(　　)。
(A) 打印机　(B) 纸带读出机　(C) 键盘　(D) A/D 转换器
32. 所谓 CPU 是指(　　)。
(A) 运算器与控制器　(B) 运算器与存储器
(C) 输入输出设备　(D) 控制器与存储器
33. LCALL 指令操作码地址是 2000H,执行完相应子程序返回指令后,PC=(　　)。
(A) 2000H　(B) 2001H　(C) 2002H　(D) 2003H
34. MCS-51 执行完 MOV　A,#08H 后,PSW 的哪一位被置位(　　)。
(A) C　(B) F0　(C) OV　(D) P
35. 当 8031 外扩程序存储器 8 KB 时,需使用(　　)EPROM 2716。
(A) 2 片　(B) 3 片　(C) 4 片　(D) 5 片
36. 计算机在使用中断方式与外界交换信息时,保护现场的工作应该是(　　)。
(A) 由 CPU 自动完成　(B) 在中断响应中完成
(C) 应由中断服务程序完成　(D) 在主程序中完成
37. 89C51 最小系统在执行 ADD　A,20H 指令时,首先在 P0 口上出现的信息是(　　)。

(A) 操作码地址　　(B) 操作码
(C) 操作数　　(D) 操作数地址

38. MCS-51 的中断允许触发器内容为 83H,CPU 将响应的中断请求是(　　)。
(A) $\overline{INT0}$,$\overline{INT1}$　　(B) T0,T1
(C) T1,串行接口　　(D) $\overline{INT0}$,T0

39. 下面哪一种传送方式适用于处理外部事件(　　)。
(A) DMA　　(B) 无条件传送　　(C) 中断　　(D) 条件传送

40. 关于 MCS-51 的堆栈操作,正确的说法是(　　)。
(A) 先入栈,再修改栈指针　　(B) 先修改栈指针,再出栈
(C) 先修改栈指针,再入栈　　(D) 以上都不对

41. 某种存储器芯片是(8 KB×4)/片,那么它的地址线根数是(　　)。
(A) 11 根　　(B) 12 根　　(C) 13 根　　(D) 14 根

42. 要访问 MCS-51 的特殊功能寄存器应使用的寻址方式是(　　)。
(A) 寄存器间接寻址　　(B) 变址寻址
(C) 直接寻址　　(D) 相对寻址

43. 下面哪条指令将 MCS-51 的工作寄存器置成 3 区(　　)。
(A) MOV　PSW,#13H　　(B) MOV　PSW,#18H
(C) SETB　PSW.4　CLR　PSW.3　　(D) SETB　PSW.3　CLR　PSW.4

44. 若 MCS-51 中断源都编程为同级,当它们同时申请中断时,CPU 首先响应(　　)。
(A) $\overline{INT1}$　　(B) $\overline{INT0}$　　(C) T1　　(D) T0

45. 当 MCS-51 进行多机通信时,串行接口的工作方式应选择(　　)。
(A) 方式 0　　(B) 方式 1
(C) 方式 2　　(D) 方式 0 或方式 2

46. 执行 MOVX　A,@DPTR 指令时,MCS-51 产生的控制信号是(　　)。
(A) $\overline{PSEN}$　　(B) ALE　　(C) $\overline{RD}$　　(D) $\overline{WR}$

47. MCS-51 的相对转移指令的最大负跳距离为(　　)。
(A) 2 KB　　(B) 128 B　　(C) 127 B　　(D) 256 B

48. 指令寄存器的功能是(　　)。
(A) 存放指令地址　　(B) 存放当前正在执行的指令
(C) 存放指令与操作数　　(D) 存放指令地址及操作数

49. MOV　C,#00H 的寻址方式是(　　)。
(A) 位寻址　　(B) 直接寻址　　(C) 立即寻址　　(D) 寄存器寻址

50. 当执行 MOVX　@DPTR,A 指令时,MCS-51 产生下面哪一个控制信号(　　)。

(A) $\overline{PSEN}$　(B) $\overline{WR}$　(C) ALE　(D) $\overline{RD}$

51. 74LS138 芯片是(　　)。

(A) 驱动器　(B) 译码器　(C) 锁存器　(D) 编码器

52. 当执行完左边的程序后,PC 的值是(　　)。

```
ORG   0000H
ALMP 0040H
ORG   0040H
MOV   SP,#00H
```

(A) 0040H　(B) 0041H　(C) 0042H　(D) 0043H

53. MCS-51 外扩 ROM、RAM 和 I/O 口时,它的数据总线是(　　)。

(A) P0　(B) P1　(C) P2　(D) P3

54. 当 CPU 响应串行接口中断时,程序应转移到(　　)。

(A) 0003H　(B) 0013H　(C) 0023H　(D) 0033H

55. 当 ALE 信号有效时,表示(　　)。

(A) 从 ROM 中读取数据　(B) 从 P0 口可靠地送出地址低 8 位

(C) 从 P0 口送出数据　(D) 从 RAM 中读取数据

56. MCS-51 外扩 8255 时,它需占用(　　)端口地址。

(A) 1 个　(B) 2 个　(C) 3 个　(D) 4 个

57. MCS-51 复位时,下述说法正确的是(　　)。

(A) (20H)=00H　(B) SP=00H　(C) SBUF=00H　(D) TH0=00H

58. 当使用快速外部设备时,最好使用的输入/输出方式是(　　)。

(A) 中断　(B) 条件传送　(C) DMA　(D) 无条件传送

59. 执行 MOV　IE,#03H 后,MCS-51 将响应的中断是(　　)。

(A) 1 个　(B) 2 个　(C) 3 个　(D) 0 个

60. 程序设计的方法一般有(　　)。

(A) 1 种　(B) 2 种　(C) 3 种　(D) 4 种

61. MCS-51 的中断源全部编程为同级时,优先级最高的是(　　)。

(A) $\overline{INT1}$　(B) TI　(C) 串行接口　(D) $\overline{INT0}$

62. 下面哪种设备不是输入设备(　　)。

(A) A/D 转换器　(B) 键盘　(C) 打印机　(D) 扫描仪

63. 外部中断 1 固定对应的中断入口地址为(　　)。

(A) 0003H　(B) 000BH　(C) 0013H　(D) 001BH

64. 各中断源发出的中断请求信号,都会标记在 MCS-51 系统中的(　　)。

(A) TMOD　(B) TCON/SCON

(C) IE　(D) IP

65. MCS-51 单片机可分为两个中断优先级别。各中断源的优先级别设定是利用寄存器(　　)。

(A) IE (B) IP (C) TCON (D) SCON

66. MCS-51的并行I/O口信息有两种读取方法:一种是读引脚;另一种是(　　)。

(A) 读锁存器 (B) 读数据 (C) 读A累加器 (D) 读CPU

67. MCS-51的并行I/O口读-改-写操作,是针对该口的(　　)。

(A) 引脚 (B) 片选信号 (C) 地址线 (D) 内部锁存器

68. 以下指令中,属于单纯读引脚的指令是(　　)。

(A) MOV P1,A (B) ORL P1,#0FH

(C) MOV C,P1.5 (D) DJNZ P1,short-lable

69. (　　)并非单片机系统响应中断的必要条件。

(A) TCON或SCON寄存器内的有关中断标志位为1

(B) IE中断允许寄存器内的有关中断允许位置1

(C) IP中断优先级寄存器内的有关位置1

(D) 当前一条指令执行完

70. 指令AJMP的跳转范围是(　　)。

(A) 256 B (B) 1 KB (C) 2 KB (D) 64 KB

71. MCS-51响应中断的不必要条件是(　　)。

(A) TCON或SCON寄存器内的有关中断标志位为1

(B) IE中断允许寄存器内的有关中断允许位置1

(C) IP中断优先级寄存器内的有关位置1

(D) 当前一条指令执行完

72. 以下运算中对溢出标志OV没有影响或不受OV影响的运算是(　　)。

(A) 逻辑运算 (B) 符号数加减法运算

(C) 乘法运算 (D) 除法运算

73. 在算术运算中,与辅助进位位AC有关的是(　　)。

(A) 二进制数 (B) 八进制数 (C) 十进制数 (D) 十六进制数

74. PC的值是(　　)。

(A) 当前指令前一条指令的地址 (B) 当前正在执行指令的地址

(C) 下一条指令的地址 (D) 控制器中指令寄存器的地址

75. 假定设置堆栈指针SP的值为37H,在进行子程序调用时把断点地址进栈保护后,SP的值为(　　)。

(A) 36H (B) 37H (C) 38H (D) 39H

76. 在相对寻址方式中,"相对"两字是指相对于(　　)。

(A) 地址偏移量rel (B) 当前指令的首地址

(C) 当前指令的末地址 (D) DPTR值

77. 在寄存器间接寻址方式中,指定寄存器中存放的是(　　)。

(A) 操作数　　(B) 操作数地址
(C) 转移地址　　(D) 地址偏移量

78. 对程序存储器的读操作,只能使用(　　)。
(A) MOV 指令　　(B) PUSH 指令
(C) MOVX 指令　　(D) MOVC 指令

79. 必须进行十进制调整的十进制运算(　　)。
(A) 有加法和减法　　(B) 有乘法和除法
(C) 只有加法　　(D) 只有减法

80. 执行返回指令时,返回的断点是(　　)。
(A) 调用指令的首地址　　(B) 调用指令的末地址
(C) 调用指令下一条指令的首地址　　(D) 返回指令的末地址

81. 可以为访问程序存储器提供或构成地址的有(　　)。
(A) 只有程序计数器 PC　　(B) 只有 PC 和累加器 A
(C) 只有 PC、A 和数据指针 DPTR　　(D) PC、A、DPTR 和堆栈指针 SP

82. 各中断源发出的中断请求信号,都会标记在 MCS-51 系统中的(　　)。
(A) TMOD　　(B) TCON/SCON
(C) IE　　(D)IP

## 11.3　判断并改正

判断并改错。(下列命题你认为正确的在括号内打"√",错误的打"×",并说明理由。)

1. 我们所说的计算机实质上是计算机的硬件系统与软件系统的总称。　(　　)
2. MCS-51 的相对转移指令最大负跳距是 127 B。　(　　)
3. MCS-51 的程序存储器只是用来存放程序的。　(　　)
4. MCS-51 的 5 个中断源优先级相同。　(　　)
5. 要进行多机通信,MCS-51 串行接口的工作方式应选为方式 1。　(　　)
6. MCS-51 上电复位时,SBUF=00H。　(　　)
7. MCS-51 外部中断 0 的入口地址是 0003H。　(　　)
8. TMOD 中的 GATE=1 时,表示由两个信号控制定时器的启停。　(　　)
9. MCS-51 的时钟最高频率是 18 MHz。　(　　)
10. 使用可编程接口必须初始化。　(　　)
11. 当 MCS-51 上电复位时,堆栈指针 SP=00H。　(　　)
12. MCS-51 外扩 I/O 口与外 RAM 是统一编址的。　(　　)
13. 使用 8751 且 $\overline{EA}$=1 时,仍可外扩 64 KB 的程序存储器。　(　　)
14. 8155 的复位引脚可与 89C51 的复位引脚直接相连。　(　　)

15. MCS－51是微处理器。 (　　)
16. MCS－51的串行接口是全双工的。 (　　)
17. PC存放的是当前正在执行的指令。 (　　)
18. MCS－51的特殊功能寄存器分布在60H～80H的地址范围内。 (　　)
19. MCS－51系统可以没有复位电路。 (　　)
20. 在MCS－51系统中,一个机器周期等于1.5 μs。 (　　)
21. 调用子程序指令(如CALL)及返回指令(如RET)与堆栈有关,但与PC无关。 (　　)
22. 片内RAM与外部设备统一编址时,需要专门的输入/输出指令。 (　　)
23. 锁存器、三态缓冲寄存器等简单芯片中没有命令寄存和状态寄存等功能。 (　　)
24. MOV @R0,P1在任何情况下都是一条能正确执行的MCS－51指令。 (　　)
25. 欲将片外RAM中3057H单元的内容传送给A,判断下列指令或程序段正误。

① MOVX　A,3057H (　　)

② MOV　DPTR,＃3057H (　　)
　 MOVX　A,@DPTR

③ MOV　P2,＃30H (　　)
　 MOV　R0,＃57H
　 MOVX　A,@R0

④ MOV　P2,＃30H (　　)
　 MOV　R2,＃57H
　 MOVX　A,@R2

26. 欲将SFR中的PSW寄存器内容读入A,判断下列指令的正误。

① MOV A,PSW (　　)

② MOV A,0D0H (　　)

③ MOV　R0,＃0D0H (　　)
　 MOV　A,@R0

④ PUSH　PSW (　　)
　 POP　ACC

27. 判断以下指令的正误。

① MOV 28H,@R4 (　　)

② MOV E0H,@R0 (　　)

③ MOV R1,＃90H (　　)
　 MOV A,@R1

④ INC DPTR (　　)

⑤ DEC DPTR (　　)

⑥ CLR R0 (　　)

28. 判断以下指令的正误。

MOV　@R1,＃80H (　　)　　MOV　20H,@R0 (　　)

| 指令 | 判断 | 指令 | 判断 |
|---|---|---|---|
| CPL　R4 | (　) | MOV　R1,＃0100H | (　) |
| MOV　20H,21H | (　) | SETB　R7.0 | (　) |
| ANL　R1,＃0FH | (　) | ORL　A,R5 | (　) |
| MOVX　A,2000H | (　) | XRL　P1,＃31H | (　) |
| MOV　A,DPTR | (　) | MOV　20H,@DPTR | (　) |
| PUSH　DPTR | (　) | MOV　R1,R7 | (　) |
| MOVC　A,@R1 | (　) | POP　30H | (　) |
| MOVX　@DPTR,＃50H | (　) | MOVC　A,@DPTR | (　) |
| ADDC　A,C | (　) | RLC　B | (　) |
| MOV　R7,@R1 | (　) | MOVC　@R1,A | (　) |

## 11.4　简答题

1. 什么是可编程接口？
2. 什么是控制器？
3. 什么是机器数与真值？
4. 什么是累加器？
5. 什么是微型计算机？
6. 什么是指令系统？
7. 什么是总线？
8. 什么是运算器？
9. 什么是微处理器？
10. 什么是指令？
11. 什么是汇编语言？
12. 什么是寻址方式？
13. 什么是堆栈？
14. 什么是高级语言？
15. 什么是汇编？
16. 什么是指令周期？
17. 什么是进位和溢出？
18. 单片机用于外界过程控制中，为何要进行 A/D、D/A 转换？
19. 具有 8 位分辨率的 A/D 转换器，当输入 0 V～5 V 电压时，其最大量化误差是多少？
20. A/D 转换芯片中，采样保持电路的作用是什么？省略采样保持电路的前提条件是什么？
21. 串行数据传送的主要优点和用途是什么？

22. MCS-51指令集中有无“程序结束”指令？上机调试时怎样实现“程序结束”功能？

23. 中断服务子程序与普通子程序有哪些异同之处？

24. 说明DA A指令的用法。

25. 89C51有几种寻址方式？各涉及哪些存储器空间？

26. 89C51响应中断的条件是什么？CPU响应中断后，CPU要进行哪些操作？不同的中断源的中断入口地址是多少？

27. 单片机对中断优先级的处理原则是什么？

28. 89C51的外部中断有哪两种触发方式？它们对触发脉冲或电平有什么要求？

29. 单片机怎样管理中断？怎样开放和禁止中断？怎样设置优先级？

30. 89C51单片机定时器/计数器作定时和计算用时，其计数脉冲分别由谁提供？

31. 89C51单片机定时器/计数器的门控信号GATE设置为1时，定时器如何启动？

32. 89C51单片机内设有几个定时器/计数器？它们是由哪些特殊功能寄存器组成？

33. 定时器/计数器作定时器用时，其定时时间与哪些因素有关？作计数器时，对外界计数频率有何限制？

34. 什么是单片机的机器周期、状态周期、振荡周期和指令周期？它们之间是什么关系？

35. 当定时器T0工作于模式3时，如何使运行中的定时器T1停止下来？

36. 若89C51的片内ROM内容已不符合要求，那么片内硬件如何继续使用？

37. 波特率、比特率和数据传送速率的含意各是什么？

38. 开机复位后，CPU使用的是哪组工作寄存器？它们的地址是什么？CPU如何确定和改变当前工作寄存器组？

39. 程序状态寄存器PSW的作用是什么？常用状态有哪些位？作用是什么？

40. 位地址7CH与字节地址7CH如何区别？位地址7CH具体在片内RAM中什么位置？

41. MCS-51单片机的时钟周期与振荡周期之间有什么关系？一个机器周期的时序如何划分？

42. MCS-51单片机有几种复位方法？应注意什么事项？

43. MCS-51单片机内部包含哪些主要逻辑功能部件？

44. MCS-51单片机的存储器从物理结构上和逻辑上分别可划分为几个空间？

45. 存储器中有几个具有特殊功能的单元？分别作什么用？

46. MCS-51单片机片内256 B的数据存储器可分为几个区？分别作什么用？

47. 为什么 MCS-51 单片机的程序存储器和数据存储器共处同一地址空间而不会发生总线冲突?

48. MCS-51 单片机的 P0～P3 四个 I/O 端口在结构上有何异同?使用时应注意什么事项?

49. MCS-51 单片机有几种低功耗方式?如何实现?

50. 试说明指令 CJNE @R1,#7AH,10H 的作用。若本指令地址为 8100H,其转移地址是多少?

51. 如何将 89C51 当 80C31 使用?

52. 程序存储器的 0543H 和 0544H 两单元中存有一条 AJMP 指令。若其代码为 E165H,则目的地址等于什么?

53. 某 CJNE 指令代码的第一个字节位于 0800H 单元,其跳转目的地址为 07E2H,试问(0802H)=?

54. DJNZ R7,LABEL 指令的代码为 DF0FH。若该指令的第一个字节位于 0800H 单元,则标号 LABEL 所代表的目的地址等于什么?

55. 读下面一段程序,并以简单方法对它进行改写,限用 5 条指令。

```
MOV  R0,#21H
MOV  A,20H
ANL  A,#0FH
MOV  @R0,A
INC  R0
MOV  A,20H
SWAP A
ANL  A,#0FH
MOV  @R0,A
```

56. 执行过某 LCALL 指令后,堆栈的内容如图 11-1 所示。试问:这条 LCALL 指令的首地址是多少?它执行前 SP 的内容等于多少?子程序中两条保护现场指令依次是什么?

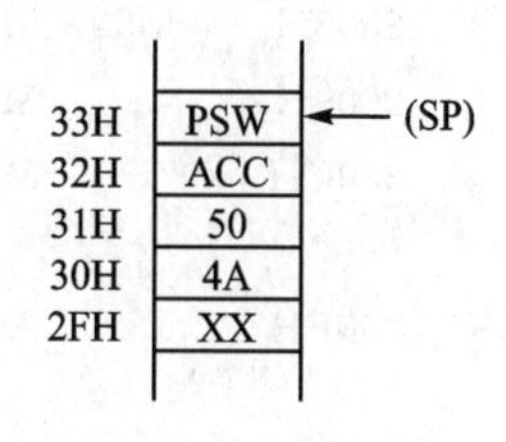


图 11-1 堆栈内容

57. 用一条什么指令可以取代下列 4 条指令?

```
MOV  DPTR,#1234H
PUSH DPL
PUSH DPH
RET
```

## 11.5 计算题

1. $X_1=-1111101$,$X_2=+110$,求:$X_1-X_2=?$

2. 求±68 的补码以及补码 C9H 的真值。

3. (A)=3BH,执行 ANL A,#9EH 指令后,(A)=?(CY)=?

4. JNZ rel 为 2 B 指令,放于 1308H,转移目标地址是 134AH,求偏移量 rel=?

5. 若(A)=C3H,(R0)=AAH,执行 ADD A,R0 后,(A)=?(CY)=?(OV)=?(AC)=?

6. 若(A)=50H,(B)=A0H,执行 MUL AB 后,(A)=?(B)=?(OV)=?(CY)=?

7. SJMP OE7H 为 2 B 指令,放于 F010H,目标地址=?

8. 晶振 $f_{OSC}$=6 MHz,T0 工作在模式 1,最大定时=?

## 11.6 阅读并分析程序题

1. 位地址为 M、N、Y,程序如下:

```
MOV  C, M
ANL  C, /N
MOV  Y, C
MOV  C, M
ANL  C, N
ORL  C, Y
MOV  Y, C
```

(第 2 行中 N 上方有横线,即 $\overline{N}$。)

求程序功能表达式。

2. 程序如下:

```
2506H   M5:   MOV    SP,#58H;
2509H         MOV    10H,#0FH;
250CH         MOV    11H,#0BH;
                                       ⎧(SP)+1→SP,(PC0～PC7)→(SP)
250FH         ACALL  XHD;(PC)+2→PC,  ⎨(SP)+1→SP,(PC8～PC15)→(SP)
                                       ⎩addr10～0→PC
2511H         MOV    20H,11H
2514H   M5A:  SJMP   M5A
        XHD:  PUSH   10H
              PUSH   11H
              POP    10H
              POP    11H
              RET
```

问:(1) 执行 POP 10H 后,堆栈的内容?

(2) 执行 M5A:SJMP M5A 后,(SP)=? (20H)=?

3. 程序存储器空间表格如下:

| 地址 | 2000H | 2001H | 2002H | 2003H | … |
|---|---|---|---|---|---|
| 内容 | 3FH | 06H | 5BH | 4FH | … |

已知：片内RAM的20H中为01H，执行下列程序后(30H)为多少？

```
        MOV     A,20H
        INC     A
        MOV     DPTR,#2000H
        MOVC    A,@A+DPTR
        CPL     A
        MOV     30H,A
END:    SJMP    END
```

4. (R0)=4BH，(A)=84H，片内RAM(4BH)=7FH，(40H)=20H

```
MOV   A,@R0      ;7FH→A
MOV   @R0,40H    ;20H→4BH
MOV   40H,A      ;7FH→40H
MOV   R0,#35H
```

问执行程序后，R0、A和4BH、40H单元内容的变化如何？

5. 设R0=20H，R1=25H，(20H)=80H，(21H)=90H，(22H)=A0H，(25H)=A0H，(26H)=6FH，(27H)=76H，下列程序执行后，结果如何？

```
        CLR     C
        MOV     R2,#3
LOOP:   MOV     A,@R0
        ADDC    A,@R1
        MOV     @R0,A
        INC     R0
        INC     R1
        DJNZ    R2,LOOP
        JNC     NEXT
        MOV     @R0,#01H
        SJMP    $
NEXT:   DEC     R0
        SJMP    $
```

(20H)=________，(21H)=________，(22H)=________，(23H)=________，CY=________，A=________，R0=________，R1=________。

6. 阅读下列程序段并回答问题。

```
CLR     C
```

```
MOV    A,#9AH
SUBB   A,60H
ADD    A,61H
DA     A
MOV    62H,A
```

(1) 请问该程序执行何种操作?

(2) 已知初值:(60H)=23H,(61H)=61H,请问运行后:(62H)=________?

7. 解读下列程序,然后填写有关寄存器内容。

(1)

```
        MOV    R1,#48H
        MOV    48H,#51H
        CJNE   @R1,#51H,00H
        JNC    NEXT1
        MOV    A,#0FFH
        SJMP   NEXT2
NEXT1:  MOV    A,#0AAH
NEXT2:  SJMP   NEXT2
```

累加器　　A=(　　　)

(2)

```
        MOV    A,#0FBH
        MOV    PSW,#10H
        ADD    A,#7FH
```

若 PSW=00,当执行完上述程序段后,将 PSW 各位状态填入下表:

PSW

| CY | AC | F0 | RS1 | RS0 | OV | F1 | P |
|---|---|---|---|---|---|---|---|
| | | | | | | | |

8. 分析程序段:

```
CLR   C
MOV   A,#9AH
SUBB  A,60H
ADD   A,61H
DA    A
MOV   62H,A
```

(1) 程序执行何种操作?

(2) 若已知初值:(60H)=24H、(61H)=72H,则运行后,(62H)=________。

9. 设(R0)=7EH,DPTR=10FEH,片内 RAM 7EH 和 7FH 两单元的内容分别是 FFH 和 38H,请写出下列程序段每条指令的执行结果。

```
INC   @R0
INC   R0
INC   @R0
INC   DPTR
INC   DPTR
INC   DPTR
```

10. 设片内 RAM 中(59H)＝50H,执行下列程序段。

```
MOV   A,59H
MOV   R0,A
MOV   A,#0
MOV   @R0,A
MOV   A,#25H
MOV   51H,A
MOV   52H,#70H
```

问 A＝________,(50H)＝________,(51H)＝________,(52H)＝________。

## 11.7　编程题

1. 编一个子程序,将寄存器 R0 中的内容×10(积＜256)。

2. 编程将片内 RAM 30H 单元开始的 15 B 的数据传送到片外 RAM 3000H 开始的单元中去。

3. 用查表法编写一个子程序,将 40H 单元中的 BCD 码转换成 ASCII 码。

4. 片内 RAM 50H、51H 单元中有一个 2 B 的二进制数,高位在前,低位在后,请编程将其求补,存回原单元中去。

5. 片内 RAM 30H 开始的单元中有 10 B 的二进制数,请编程求它们的和(和＜256)。

6. R1 中存有一个 BCD 码,请编程将它转换成 ASCII 码,存入外 RAM 1000H 单元中。

7. 编一个程序,将累加器中的一个字符从串行接口发送出去。

8. 片外 RAM 2000H 开始的单元中有 5 B 的数据,编程将它们传送到片内 RAM 20H 开始的单元中去。

9. 用查表法编一个子程序,将 R3 中的 BCD 码转换成 ASCII 码。

10. 片内 RAM 40H 开始的单元内有 10 B 的二进制数,编程找出其中最大值并存于 50H 单元中。

11. 编程将片外 RAM 3000H 开始的 20 B 数据传送到片内 RAM 30H 开始的单元中去。

12. 编程将R1、R2中的16位二进制数增1后送回原单元(高位在R1中)。

13. 编程将片内RAM 40H开始的单元存放的10 B的二进制数传送到片外RAM 4000H开始的单元中去。

14. 编一子程序,从串行接口接收一个字符。

15. 编写将30H和31H单元中2 B的二进制数乘2的子程序(积<65536)。

16. 片外RAM 2000H单元中有一BCD码,编程将其转换成ASCII码。

17. 试编制单字节BCD码数的减法程序。

18. 利用调子程序的方法,进行两个4 B无符号数相加。请编主程序及子程序。

19. 若图11-2中的数据为无符号数,将数据中的最大值送A。编程并注释。

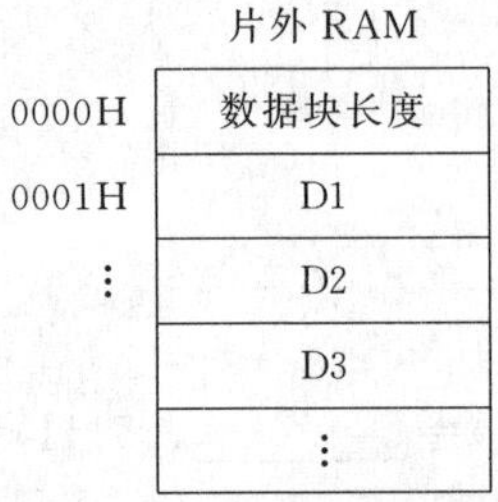

片外RAM

|  |  |
| --- | --- |
| 0000H | 数据块长度 |
| 0001H | D1 |
| ⋮ | D2 |
| | D3 |
| | ⋮ |

**图11-2　片外RAM中的数据块**

20. 若图11-2中的数据块是有符号数,求正数个数。编程并注释。

21. 若图11-2中的数据块为无符号数,求其累加和(设和不超过8位)。编程并注释。

22. 已知20H单元有一位十进制数,通过查表找出与其对应的共阴七段码,并存于30H单元。若20H单元的数大于或等于0AH,将FF装入30H单元。

在ROM中存储的共阴七段码表如下:

| 表格地址 | 七段码 | 表格地址 | 七段码 |
| --- | --- | --- | --- |
| 2000 | 3F | 2005 | 6D |
| 2001 | 06 | 2006 | 7D |
| 2002 | 5B | 2007 | 07 |
| 2003 | 4F | 2008 | 7F |
| 2004 | 66 | 2009 | 6F |

23. 将片外RAM空间2000H～200AH中的数据高4位变零,低4位不变,原址存放。

24. 将累加器A和状态寄存器内容压入堆栈保护,然后再恢复A和状态寄存器内容。

25. 求片外RAM 3000H、3001H单元数据的平均值,并传送给3002H单元。

26. 分别写出实现如下功能的程序段。

(1) 将片内 RAM 30H 的中间 4 位，31H 的低 2 位，32H 的高 2 位按序拼成一个新字节，存入 33H 单元。

(2) 将 DPTR 中间 8 位取反，其余位不变。

27. 写出达到下列要求的指令(不能改变各未涉及位的内容)。

(1) 使 A 的最低位置 1。

(2) 清除 A 的高 4 位。

(3) 使 ACC.2 和 ACC.3 置 1。

(4) 清除 A 的中间 4 位。

28. 有一段程序如下：

| 地址码 | 机器码 | 标号 | 汇编助记符 |
|---|---|---|---|
| 200AH | E8 | CHAR： | MOV A,R0 |
| …… | …… | …… | …… |
| 2010H | 80 rel | | SJMP CHAR |

(1) 计算指令“SJMP CHAR”的相对偏移量 rel 的值(十六进制机器码形式)。

(2) 指出相对偏移量值 rel 所在的地址单元。

29. 编写程序将片内 RAM 30H 中的 2 位十进制数转换为 ASCII 码，并存入 31H 和 32H 中。

30. 编写程序段，用 3 种方法实现累加器 A 与寄存器 B 的内容交换。

31. 将如图 11-3 所示的片外 RAM 中两个无符号数按从小到大顺序排列，编程并注释。

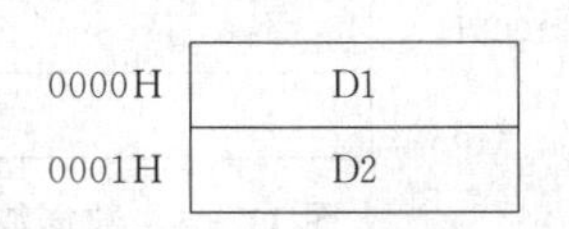


**图 11-3　片外 RAM 数据**

32. 编程将一个按高低字节存放在 21H、20H 中的双字节数乘 2 后，再按高低次序将结果存放到 22H、21H、20H 单元。

33. 编程将存放在片外 RAM 1000H、1001H 中的两个数，按大小次序存放到片内 RAM 的 30H、31H 单元。

34. 多字节减法编程，已知有两个多字节数，从高到低依次存放如下：

$$X_1 \rightarrow (13H)(12H)(11H)(10H)$$

$$X_2 \rightarrow (23H)(22H)(21H)(20H)$$

计算 $X_1 - X_2$，差存放在 13H、12H、11H、10H 中。

35. 计算下面逻辑值(用×表示逻辑乘，+表示逻辑加)。

$$P1.0 = P1.1 \times P1.2 + ACC.7 \times C + \overline{PSW.0}$$

36. 在 ROM 空间建立一个 10 以内的平方值表，根据 R0 中的数查出平方值，若平方值超出表的范围则将 FF 装入 A。

37. 三字节无符号数相加，被加数在片外 RAM 的 2000H～2002H(低位在前)中，加数在片内 RAM 的 20H～22H(低位在前)中，要求把相加之和存放在 20H～22H 中，请编程。

38. 将片内 RAM 30H～3FH 中的数据按顺序传送到片外 RAM 2000H～200FH,请编程。

39. 列举 4 条能使累加器 A 清 0 的指令。

40. 已知 A=7AH,R0=30H,片内 RAM 30H 单元的内容为 A5H,请问下列程序段执行后,(A)=?

```
ANL   A,#17H
ORL   30H,A
XRL   A,@R0
CPL   A
```

41. 编程将片外 RAM 1000～1010H 中的内容传入片内 RAM 以 30H 开始的单元。

42. 8255A 控制字地址为 300FH,请按:A 口方式 0 输入,B 口方式 1 输出,C 口高位输出、C 口低位输入,确定 8255A 控制字并编写初始化程序。

43. 复位后,跳过中断区,重新设置堆栈,并将工作寄存器切换至 3 区。

44. 在片外 RAM 空间有一个数据块如图 11-4 所示。

|  |  |
|---|---|
| 1000H | 数据块长度 |
| 1001H | $X_1$ |
| 1002H | $X_2$ |
| 1003H | $X_3$ |
| | … |

**图 11-4　数据块**

(1) 若该数据块为无符号数,求该数据块中数据的最小值,并存放于片内 RAM 20H 单元。

(2) 若该数据块是有符号数,求正数、负数和 0 的个数,并将它们的个数分别存到 12H、11H、10H 单元中。

45. 编写一个软件延时 1 s 和 1 min 的子程序。设 $f_{OSC}$=6 MHz,则 1 个机器周期=2 μs。

46. 试用 DAC0832 芯片设计单缓冲方式的 D/A 转换接口电路,并编写两个程序,分别使 DAC0832 输出负向锯齿波和 15 个正向阶梯波。

47. 试设计 ADC0809 对 1 路模拟信号进行转换的电路,并编写采集 100 个数据存入 89C51 的程序。

48. 请编写串行通信的数据发送程序,发送片内 RAM 50H～5FH 的 16 B 数据,串行接口设定为方式 2,采用偶校验方式。设晶振频率为 6 MHz。

49. 请编写串行通信数据接收程序,将接收的 16 B 数据送入片内 RAM 58H～5FH 单元中。串行接口设定为工作方式 3,波特率为 1 200,$f_{OSC}$=6 MHz。

50. 在 89C51 片内 RAM 20H～3FH 的单元中有 32 B 数据,若采用方式 1 进行串行通信,波特率为 1 200,$f_{OSC}$=12 MHz,用查询和中断两种方式编写发送/接收程序对。

51. 已知当前 PC 值为 2000H,请用两种方法将程序存储器 20F0H 中的常数送入累加器 A 中。

52. 请用两种方法实现累加器 A 与寄存器 B 的内容交换。

53. 请用位操作指令编写下面逻辑表达式的程序。

$$P1.7 = ACC.0 \times (B.0 + P2.1) + P3.2$$

54. 编程将片内以 20H 单元开始的 30 个数传送到片外 RAM 以 3000H 开始的单元中。

55. 在片外以 2000H 开始的单元中有 100 个有符号数，试编程统计其中正数、负数和 0 的个数的程序。

56. 在 2000H～2004H 单元中，存有 5 个压缩 BCD 码，编程将它们转换成 ASCII 码，存入以 2005H 开始的连续单元中。

57. 编程将累加器 A 的低 4 位数据送 P1 口的高 4 位，P1 口的低 4 位保持不变。

58. 编程将片内 RAM 40H 单元的中间 4 位取反，其余位不变。

59. 如果 R0 的内容为 0，将 R1 置为 0，如 R0 内容非 0，置 R1 为 FFH，试进行编程。

60. 编程将片内数据存储器 20H～24H 单元压缩的 BCD 码转换成 ASCII 码，并存放在以 25H 开始的单元中。

61. 片内存储单元 40H 中有一个 ASCII 字符，试编写一段程序给该数的最高位加上奇校验。

62. 编写一段程序，将存放在自 DATA 单元开始的一个 4 B 数（高位在高地址），取补后送回原单元。

63. 将片内 RAM 20H 单元中的十六进制数变换成 ASCII 码存入 22H、21H 单元，高位存入 22H 单元，要求用调子程序编写。

64. 编写一段程序，以实现图 11－5 中硬件的逻辑运算功能。

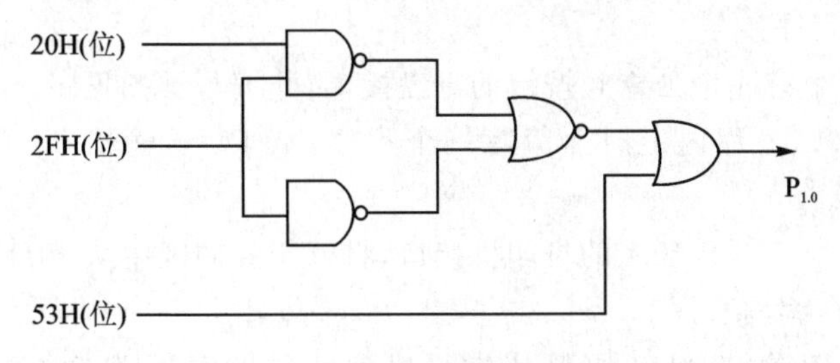


图 11－5　逻辑运算图

65. 用位操作指令实现下面的逻辑方程。

$$P1.2 = (ACC.3 \times P1.4 \times \overline{ACC.5}) + (\overline{B.4} \times \overline{P1.5})$$

66. 利用 89C51 的 P1 口，监测某一按键开关，使每按键一次，输出一个正脉冲（脉宽随意）。画出电路，编写汇编语言程序。

67. 利用 89C51 的 P1 口控制 8 个 LED。相邻的 4 个 LED 为一组，使 2 组每隔 0.5 s 交替发亮一次，周而复始。画出电路，编写程序（设延时 0.5 s 子程序为 D05，已存在)。

68. 设计一个4位数码显示电路,并用汇编语言编程使“8”从右到左显示1遍。

69. 编写一个循环闪烁灯的程序。有8个发光二极管,每次其中某个灯闪烁点亮10次后,转到下一个闪烁10次,循环不止。画出电路图。

70. 设计89C51和ADC0809的接口,采集2个通道的10个数据,存入内部RAM 50H～59H单元中,画出电路图,写出

(1) 延时方式;

(2) 查询方式;

(3) 中断方式中的一种程序。

## 11.8 系统设计及综合应用题

1. 使用89C51外扩8 KB RAM。请画出系统电路原理图,写出地址分布。

2. 用80C31外扩8 KB EPROM。请画出系统电路原理图,写出地址分布。

3. 用89C51外扩一片8255。请画出系统电路原理图,写出地址分布。

4. 使用89C51外扩一片8155。请画出系统电路原理图,写出地址分布。

5. 89C51扩展2 KB RAM,说明地址分布。

6. 89C51外扩32 KB EPROM和32 KB RAM,说明地址分布。

7. 试将89C51单片机外接一片EPROM 2764和一片8255组成一个应用系统。要求画出扩展系统的电路连接图,并指出程序存储器和8255端口的地址范围。

8. 请设计一个2×2行列式键盘,并编写键盘扫描程序。

9. 现有一蜂鸣器,用89C51设计一个系统,使蜂鸣器周而复始地响20 ms,停20 ms。请编写程序。

10. 设计一个有4个独立式按键的键盘接口,并编写键扫程序。

11. 使用89C51片内定时器编写一个程序,从P1.0输出50 Hz的对称方波($f_{OSC}$=12 MHz)。

12. 设计一个TPμP-40A的打印机接口,将打印缓冲区中从20H开始的10 B数据输入到打印机,编写程序。

13. 用传送带送料,已知原料从进料口到料位的时间为20 ms,卸料时间为10 ms。设计一个控制系统,使传送带不间断的供料。

14. 用单片机89C51设计一个两位LED动态显示电路,并编程使其输出显示数字8。

15. 图11-6是一个舞台示意图,使用89C51设计一个控制器,编写程序将阴影部分和无阴影部分每隔10 ms交替点亮。

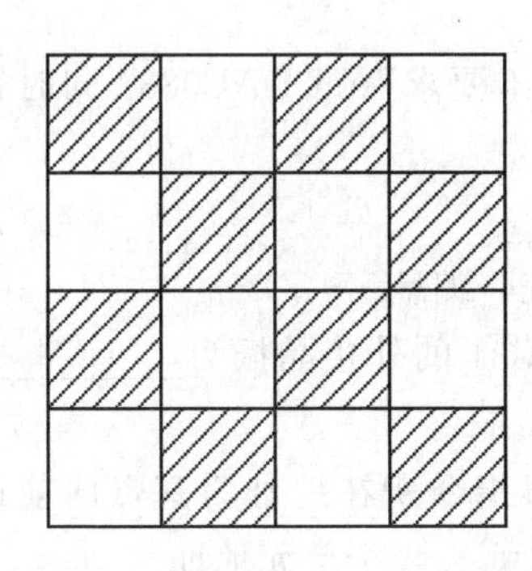

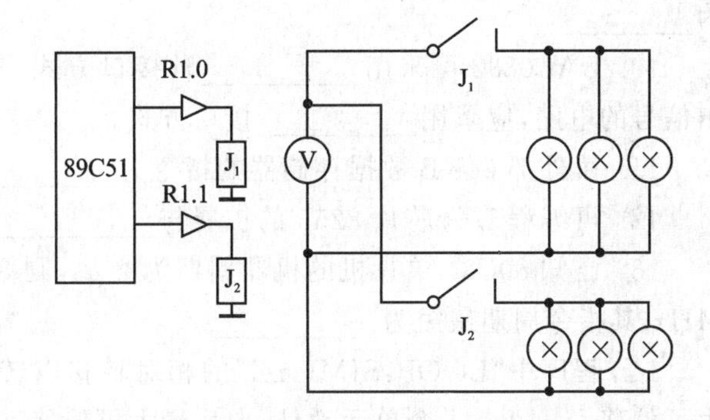


图11-6　舞台阴影示意图

# B套题库

## 11.9　填空题

1. 若外接晶振为6 MHz,则80C31单片机的振荡周期为__________,时钟周期为__________,机器周期为__________,指令周期最短为__________,最长为__________。

2. 80C31单片机的片内外最大存储容量可达__________,其中程序存储器最大容量为__________,数据存储器最大容量为__________。

3. 80C31单片机的中断源共有__________个,它们分别是__________,__________,__________,__________,__________;各中断矢量地址分别对应为__________,__________,__________,__________,__________。

4. 80C31单片机串行口共有__________种工作方式,它们的波特率分别为__________,__________,__________,__________。

5. 80C31单片机内部有定时器/计数器__________个,它们具有__________和__________功能,分别对__________和__________进行计数。

6. D/A转换器是将__________转换为__________,DAC0832具有__________、__________、__________三种工作方式,其主要技术性能有__________、__________、__________。

7. 存储器和I/O扩展地址片选择译码方式,常用的是__________和__________。

8. 程序存储器指令地址使用的计数器为__________,外接数据存储器的地址指针为__________,堆栈的地址指针为__________。

9. 外接程序存储器的读信号为__________,外接数据存储器的读信号为________。

10. DAC0832可采用________种接口方式,对于要求两路DAC0832同时输出信号的电路,应采用________接口方式。

11. 读外部64KB数据存储器的指令为________。

12. 可编程I/O芯片8255的扩展与________统一编址。

13. 已知80C31单片机的机器周期为2 μs,则80C31的外接晶振为________MHz,其指令周期最短为________。

14. 程序中"LOOP:SJMP rel"的相对转移以转移指令所在地址为基点向前最大可偏移________个单元地址,向后最大可偏移________个单元地址。

15. 串口的中断矢量地址为________,在同一优先级中,排列________位。

16. "MOV A,@A+DPTR"指令为________寻址方式。

17. 80C31单片机多机通信时主机向从机发送的信息分________和________两类。

18. SP是________,PC是________,DPTR是________。

19. 80C31单片机串口为方式1,当波特率为9600时,每分钟可以传送________字。

20. $\overline{\text{PSEN}}$信号用于读________,外接I/O的读信号为________。

21. 定时器1用作计数器时,对80C31引脚________上的________进行计数。

22. 8255共有________个端口地址。它的扩展与________统一编址。

23. 80C31单片机中的中断与子程序调用的主要不同点是________和________。

24. 外部中断0的中断矢量地址为________,在同一优先级中,排列________位。

25. 单片机的寻址方式就是指寻找________或________的方式。

26. 对于80C31单片机串口的方式1,每分钟要求传送14 400字节,波特率应设置为________。

27. 单片机系统扩展的方法有两种,即________和________。

28. 单片机可以通过________、________、________等总线结构实现外部芯片的扩展。

29. 某I/O接口芯片引脚上只有一根地址线A0,应有________个端口地址。它的扩展与________统一编址。

30. 80C31单片机的中断与子程序调用的主要相同点是________和________。

31. DAC0832的功能是________。具有________缓冲结构。

32. 单片机寻址方式就是指寻找________,常用的寻址方式为________等。

33. 80C31 单片机内存 20H 的第 7 位，它的位地址为__________。

34. 已知 80C51 单片机串口为方式 2，波特率为 9 600，采用奇校验，则每分钟可传送__________个字节。当发送数据字节为 CBH 时，TB8 应设置为__________。

35. 80C51 单片机的低功耗方式有__________和__________。

36. 80C51 单片机的 ALE 引脚功能有两个，即__________和__________。

37. Motorola 单片机比较突出的特点主要有__________和__________。

38. 在循环结构程序中，循环控制的实现方法有__________和__________。

39. 80C51 单片机中断与子程序调用的差别主要有__________和__________。

40. 已知 80C51 的机器周期为 1.085 $\mu$s，则外界晶体振荡器频率为__________，ALE 引脚输出频率为__________。

41. 80C51 单片机的并行扩展三总线包括__________、__________和__________。串行扩展总线主要有两种，即__________和__________。

42. 常用的串行通信总线有__________和__________。

43. 80C52 单片机内部 TAM 地址重叠最大的范围是__________。

44. DAC 0832 输入是__________，输出是__________。

45. 外部中断源的扩展可以采用__________或__________。

46. 某 I/O 接口芯片引脚中有 3 根地址线（A0、A1 和 A2），应有__________个端口地址，它的扩展与__________统一编址。

47. 键盘可分为__________和__________两大类。

48. “MOVX A，@DPTR”（DPTR 指针地址为 EFFFH，线选法）指令执行时，80C51 的引脚__________和__________输出为低电平。

49. 循环结构中，当循环次数已知时，应采用__________控制法；循环次数未知时，应采用__________控制法。

50. 串口发送数据，采用累加和校验，方法可以有__________和__________两种。

51. 单片机应用系统的测试，主要要进行__________试验和__________试验。

52. 单片机中断源指的是__________，80C51 单片机共有__________个中断源。

53. DAC 0832 芯片为单缓冲方式时，地址是 BFFFH。执行“MOVX A，@DPTR，A”指令是地，引脚__________和__________输出低电平。

## 11.10　简答题

1. 80C31 单片机 MOV、MOVC、MOVX 指令有什么区别？分别用于哪些场合？为什么？

2. 中断与子程序调用有哪几点（至少三点）异同？

3. 80C31 单片机的中断与子程序调用有哪些异同点？请各举两点加以说明。

4. 简述80C31单片机ALE引脚的时序功能,请举例说明其在应用系统中有哪些应用。

5. 利用扩展的DAC0832可以输出不规则的波形,简述其原理。

6. 80C31单片机的ALE引脚有哪两个主要功能?

7. 80C31单片机的ALE引脚在系统扩展时起什么作用?

8. 片外数据存储器与程序存储器地址允许重复,如何区分?

9. 80C51单片机内部有哪几个常用的地址指针?它们各有什么用处?

10. 80C51/52单片机有多个地址空间是重叠的,请举两例,并说明重叠空间是如何被区别的。

11. 80C51单片机应用系统为什么要进行低功耗设计?

12. Motorola单片机与本教程中介绍的80C51单片机相比,有哪些值得注意的特点?

13. 简述80C51单片机并行扩展时的编址原理。

14. 80C51单片机的MOV、MOVC、MOVX指令各适用于哪些存储空间?请举例说明。

15. Motorola单片机比较突出的特点有哪些?略举三点说明。

16. 简述单片机应用系统串行扩展时,如何确定数据存储器地址和I/O端口地址。

17. 单片机应用系统为什么要进行可靠性设计?略举两点加以说明。

18. Motorola(Freescale)MC68HC08单片机有哪些值得注意的特点?略举三点加以说明。

19. 如何认识80C51存储器的空间在物理结构上可划分为4个空间,而在逻辑上又可划分为3个空间。

20. 开机复位后,CPU使用的是哪组工作寄存器?它们的地址是什么?CPU如何确定和改变当前工作寄存器组?

21. 什么是堆栈?堆栈有何作用?在程序设计时,为什么有时要对堆栈指针SP重新赋值,如果CPU在操作中要使用2组工作寄存器,SP的初值应为多大?

22. AT89S51/52的时钟周期、机器周期、指令周期是如何分配的?当振荡频率为8 MHz时,1个时钟周期为多少$\mu$s(微秒)?指令周期是否为唯一的固定值?

23. 为什么定时器T1用作串口波特率发生器时,常采用方式2?

24. 单片机对A/D转换器转换的控制一般可以分为几个过程?

25. 复位的作用是什么?有几种复位方法?复位后单片机的状态如何?

26. 串行通信有哪几种常用的通信数据的差错检测方法?试举例说明。

27. 并行D/A转换器为什么必须有锁存器?有锁存器和无锁存器的D/A转换器与89C51的接口电路有什么不同?

28. 说明“DA A”指令功能,并说明二—十进制调整的原理和方法。

29. 说明80C51单片机的布尔处理机的构造及功能。

30. 80C51串行接口UART发送/接收的操作界面是什么？发送/接收完毕的标志位为什么设计成指令清零而不是自动清零？

31. 串行口控制寄存器SCON中TB8、RB8起什么作用？在什么方式下使用？

32. 请简单叙述多机通信原理，在多机通信中TB8/RB8、SM2起什么作用？

33. 试说明指令“CJNE @R1，#7AH，10H”的作用。若本指令地址为250H，其转移地址是多少？

34. 试说明压栈指令和弹栈指令的作用及执行过程。

35. 访问特殊功能寄存器SFR，可使用哪些寻址方式？

36. 若访问外部RAM单元，可使用哪些寻址方式？

37. 若访问内部RAM单元。可使用哪些寻址方式？

38. 若访问程序存储器，可使用哪些寻址方式？

39. 80C51有哪些逻辑运算功能？各有什么用处？设A中的内容为10101010B，R4内容为01010101B。请写出它们进行“与”“或”“异或”操作的结果。

40. 访问特殊功能寄存器(SFR)和片外RAM应采用哪些寻址方式？

41. 当定时器/计数器T0设为模式3后，对定时器/计数器T1如何控制？

42. 门控位GATE可使用于什么场合？请举例加以说明。

43. 80C51单片机内部设有几个定时器/计数器？简述各种工作方式的特点。

44. 定时器/计数器做定时器使用时，定时时间与哪些因素有关？定时器/计数器做计算器使用时，外界输入计数频率最高为多少？

45. 在89C51/S51扩展系统中，片外程序存储器和片外数据存储器共处同一地址空间为什么不会发生总线冲突？

46. 在中断请求有效并开中断状态下，能否保证立即响应中断？有什么条件？

47. 中断响应中，CPU应完成哪些自主操作？这些操作状态对程序运行有什么影响？

48. 80C51系列单片机有哪些信号需要以引脚第二功能的方式提供？

49. 80C51中断系统中有几个中断源？请写出这些中断源的优先级的顺序以及这些中断的入口地址。

50. 在外部中断中，有几种中断触发方式？如何选择中断源的触发方式？

51. 程序状态寄存器PSW的作用是什么？常用状态标志有哪几位？作用是什么？

## 11.11 计算题

1. 某异步通信接口，其字符帧格式由1个起始位、7个数据位、1个奇偶校验位和1个停止位组成。当该通信接口每分钟传送1 800个字符时，计算其传送波特率。

2. 51单片机的串口设为方式1,当波特率为9 600 b/s时,每分钟可以传送多少字节?

3. 在51单片机的应用系统中,时钟频率为6 MHz,现需要利用定时器/计数器T1产生波特率为1 200 b/s,请计算T1初始值,实际得到的波特率的误差是多少?

4. 已知定时器T1设置为方式2,用作波特率发生器,系统时钟频率为24 MHz,求可能产生的最高和最低的波特率是多少?

5. 为什么定时器T1用作串行波特率发生器时常采用工作方式2? 若已知系统时钟频率、通信选用的波特率,如何计算其初始值?

## 11.12 阅读并分析程序

1. 片外RAM传送指令有哪几条? 试比较下面每一组中两条指令的区别。

① MOVX A,@R0;　　MOVX A,@DPTR

② MOVX @R0,A;　　MOVX @DPTR,A

③ MOVX A,@R0;　　MOVX @R0,A

2. 阅读下列程序,说明其功能。

```
MOV     R0,#30H
MOV     A,#R0
RL      A
MOV     R1,A
RL      A
RL      A
ADD     A,R1
MOV     @R0,A
```

3. 已知(30H)=40H,(40H)=10H,(10H)=00H,(P1)=CAH,请写出执行以下程序段后有关单元的内容。

```
MOV     R0,#30H
MOV     A,@R0
MOV     R1,A
MOV     B,@R1
MOV     @R1,P1
MOV     A,@R0
MOV     10#,#20H
MOV     30H,10H
```

4. 已知(R1)=20H,(20H)=AAH,请写出执行完下列程序段后A的内容。

```
MOV     A,#55H
```

```
MOV     A,#0FFH
MOV     20H,A
MOV     A,@R1
CPL     A
```

5. 试分析以下程序段的执行结果。

```
MOV     SP,#60H
MOV     A,#88H
MOV     B,#0FFH
PUSH    ACC
PUSH    B
POP     ACC
POP     B
```

6. 已知(A)=7AH,(R0)=30H,(30H)=A5H,(PSW)=80H。请填写各条指令单独执行后的结果。

```
(1) XCH     A,R0
(2) XCH     A,30H
(3) XCH     A,@R0
(4) XCHD    A,@R0
(5) SWAP    A
(6) ADD     A,R0
(7) ADD     A,30H
(8) ADD     A,#30H
(9) ADDC    A,30H
(10) SUBB   A,30H
(11) SUBB   A,#30H
```

7. 在 80C51 的片内 RAM 中,已知(30H)=38H,(38H)=40H,(40H)=48H,(48H)=90H。分析下面各条指令,说明源操作数的寻址方式,按顺序执行各条指令后的结果。

```
MOV     A,40H
MOV     R0,A
MOV     P1,#0F0H
MOV     @R0,30H
MOV     DPTR,#3848H
MOV     40H,38H
MOV     R0,30H
MOV     D0H,R0
```

```
MOV     18H,#30H
MOV     A,@R0
MOV     P2,P1
```

8. 请分析下述程序执行后,SP=? A=? B=? 解释每一条指令的作用。

```
ORG       200H
MOV       SP,#40H
MOV       A,#30H
LCALL     250H
ADD       A,#10H
MOV       B,A
L1: SJMP  L1
ORG       2500H
MOV       DPTR,#20AH
PUSH      DPL
PUSH      DPH
RET
```

9. 试说明下列指令的作用,并将其翻译成机器码,执行最后一条指令对 PSW 有何影响? A 的终值为多少?

```
① MOV   R0,#72H
  MOV   A, R0
  ADD   A,#4BH
② MOV   A,#02H
  MOV   B,A
  MOV   A,#0AH
  ADD   A,B
  MUL   AB
③ MOV   A,#20H
  MOV   B,A
  ADD   A,B
  SUBB  A,#10H
  DIV   AB
```

## 11.13 编程题

1. 编程将片内 40H～60H 单元中的内容送到以 3 000H 为起始地址的片外 RAM 中。

2. 编写下列算式的程序。

① 23H＋45H＋ABH＋03H＝

② CDH＋15H－38H－46H＝

3. 编程计算片内RAM区50H～57H八个单元中数的算术平均值，并将结果存放在5AH中。

4. 设内部数据存储器30H、31H单元中连续存放着4位BCD码数符，试编程把4位BCD码数符倒序排列。请对源程序加以注释。

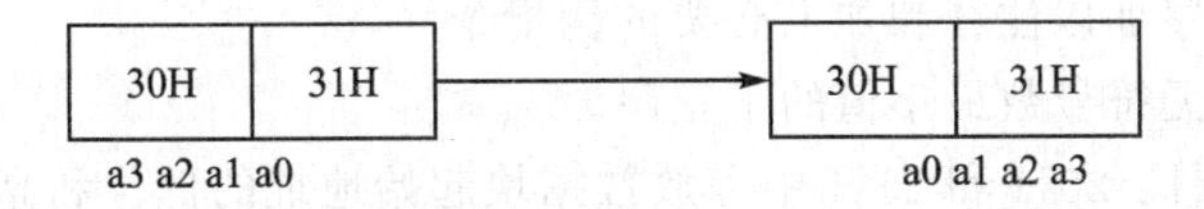


5. 设(A)＝C3H，(R0)＝AAH。分析指令“ADD　A，R0”的执行结果。

6. 把A中的压缩BCD码转换成二进制数。

7. 51单片机的串口按工作方式3进行串行数据通信。假定波特率为1 200 b/s，第9位数据TB8做奇校验位，连续发送50个数据，待发送数据存在内部RAM中以30H开始的连续单元中。请编写数据通信程序，对源程序加以注释和加上伪指令。

8. 现需将外部数据存储器200DH单元中的内容传送到280DH单元中，请设计程序。

9. 已知当前PC(程序计数器)值为1 010H，请用两种方法将程序存储器10FFH中的常数送入累加器A。

10. 试编程将片外RAM 60H中的内容传送到片内RAM 54H单元中。

11. 试编程将寄存器R7中的内容传送到R1中。

12. 已知当前PC值为210H，请用两种方法将Flash ROM 2F0H的常数送入累加器A中。

13. 请将片外RAM地址为1 000H～1 030H的数据块，全部搬迁到片内RAM 30H～60H中，并将原数据块区域全部清0。

14. 试编写一个子程序，使间址寄存器R1所指向的2个片外RAM连续单元中的高4位二进制数合并为1字节装入累加器A中。已知R1指向低地址，并要求该单元高4位放在A的低4位中。

15. 试用三种方法将累加器A中无符号数乘2。

16. 求一个16位二进制数的补码，设此16位二进制数存放在R1、R0中，求补后存入R3、R2中。

17. 将累加器A中0～FFH范围内的二进制数转换为BCD码(0～255)。

18. 试编程将外部数据存储器2 100H单元中的高4位置“1”，其余位清0。

19. 试编程将内部数据存储器40H单元的第0位和第7位置“1”，其余位变反。

20. 请将片外数据存储器地址为 40H～60H 区域的数据块,全部移到片内 RAM 的同地址区域,并将原数据区全部填为 FFH。

21. 请用两种方法实现累加器 A 和寄存器 B 的内容交换。

22. 试编程将片外 RAM 40H 单元的内容与 R1 的内容交换。

23. 编写求无符号数最大值的子程序。

入口条件：采样值存放在外部 RAM 的 1 000H～100FH 单元中。

出口结果：求得的最大值存入内部 RAM 区的 20H 单元中。

对源程序加以注释和加上必要的伪指令。

24. 编写求无符号数最小值的子程序。

入口条件：20H 和 21H 中存放数据块起始地址的低位和高位,22H 中存数据块的长度。

出口结果：求得的最小值存入内部 30H 单元中。

对源程序加以注释和加上必要的伪指令。

25. 设有 2 个长度均为 15 的数组,分别存放在以 2 000H 和 2 100H 为首的片外 RAM 中,试编程求其对应项之和,结果存放到以 2 200H 为首地址的片外 RAM 中。

26. 设有 100 个有符号数,连续存放在 2 000H 为首地址的片外 RAM 中,试编程统计其中正数、负数、零的个数。

27. 已知两个十进制数分别在内部 RAM 的 40H 单元和 50H 单元中开始存放(低位在前),其字长长度存放在内部 RAM 的 30H 单元中。编程实现两个十进制数求和,求和结果存放在 40H 开始的单元中。

28. 编程实现把外部 RAM 中从 8 000H 开始的 100 个字节数据传送到从 8 100H 开始的单元中。

29. 按题意编写程序,并加上注释和必要的伪指令。

根据 2000H 单元中的值 X,决定 P1 口引脚输出为：

$$P1=\begin{cases} 2X & X>0 \\ 55H & X=0(-128D\leqslant X\leqslant 63D) \\ X & X<0 \end{cases}$$

30. 按题意编写程序,加以注释,并加上必要的伪指令。

① 将 2 000H～2004H 单元中 5 个压缩 BCD 码拆成 10 个 BCD 码依次存入 2 100H～2 109H 单元中。

② 已知 12 位 A/D 采样值存于 2000H 单元(高 4 位)和 2001H 单元(低 8 位)中。编写控制程序,当采样值>0800H 时,置 20H.0 为 1,否则置 20H.0 为 0。

31. 按题意编写程序,加以注释,并加上必要的伪指令。

① 已有 200 个无符号数存放在以 2000H 开始的 RAM 中,请编程查找其中的最小值并存放到 R7 中。

② 已知一批 8 位带符号数从 1000H 单元开始存放,以 ASCII 码字符“&”为结

束字节，这批数的个数最大不超过 126。请编写源程序对这批 8 位带符号数中的正数、0、负数分别进行统计，统计结果依次存入外部 RAM 的 20H、21H 和 22H 单元中。对源程序加以注释和伪指令。

## 11.14　系统设计和综合应用

1. 读下列程序，请：

① 写出程序功能，并以图示意。

② 对源程序加以注释。

```
        ORG     0000H
MAIN:   MOV     DPTR,#TAB
        MOV     R1,#06H
LP:     CLR     A
        MOVC    A,@A+DPTR
        MOV     P1,A
        LCALL   DELAY 0.5s
        INC     DPTR
        DJNZ    R1,LP
        AJMP    MAIN
TAB:    DB      01H,03H,02H,06H,04H,05H
DEL     AY0.5s:……
        RET
        END
```

2. 读下列程序，然后

① 画出 P1.0～P1.3 引脚上的波特图，并标出电压(V)—时间(t)坐标。

② 对源程序加以注释。

```
        ORG     0000H
START:  MOV     SP,@20H
        MOV     30H,#01H
        MOV     P1,#01H
MLP0:   ACALL   D50ms
        MOV     A,30H
        CJNE    A,#08H,MLP1
        MOV     A,#01H
        MOV     DPTR,#ITAB
MLP2:   MOV     30H,A
        MOVC    A,@A+DPTR
```

```
        MOV     P1,A
        SJMP    MLP0
MLP1：  INC     A
        SJMP    MLP2
ITAB：  DB      0,1,2,4,8
        DB      8,4,2,1
D50ms：……
        RET
```

3. 请举例说明 3×3 矩阵式键盘的设计原理和编程方法。

4. 假定异步串行通信的字符格式为 1 个起始位、8 个数据位(其最高位为奇校验位)、2 个停止位,请画出传送 ASCII 字符 A 的格式。

5. 某应用系统由 5 台 80C51 单片机构成主从式多机系统,请画出硬件连接示意图,简述主从式多机系统工作原理。

6. 在什么情况下要作用 D/A 转换器的双缓冲方式? 试以 DAC0832 为例,绘出双缓冲方式的接口电路。

7. 读程序,请:

① 在电压(V)—时间(t)坐标上,画出 80C31 单片机 P1.0～P1.3 引脚上的波形图。

② 对源程序加以注释。

```
        ORG     0000H
START： MOV     SP,#20H
        MOV     30H,#0FFH
MLP0：  MOV     A,30H
        CJNE    A,#08H,MLP1
        MOV     A,#00H
MLP2：  MOV     30H,A
        MOV     DPTR,#ITAB
        MOVC    A,@A+DPTR
        MOV     P1,A
        ACALL   D20ms
        SJMP    MLP0
MLP1：  INC     A
        SJMP    MLP2
ITAB：  DB      1,2,4,8
        DB      8,4,2,1
D20ms：……
        RET
```

8. 读下列程序,并完成下面两个问题。已知 P1.0、P1.1 和 P1.3 分别驱动电路与三相就进电机的 A 相、B 相和 C 相线图相连。

① 写出程序功能，并以图示意。

② 对源程序加以注释。

```
        ORG     2000H
SUB:    MOV     DPTR,#TAB
        MOV     R1,#06H
LP:     MOVX    A,@DPTR
        MOV     P1,A
        LCALL   DELAY 0.5s
        INC     DPTR
        DJNZ    R1,LP
        AJMP    MAIN
TAB:    DB      01H,03H,02H,06H,04H,05H
DEL     AY0.5s:……
        RET
        END
```

9. 按题意编写程序并加以注释，加上必要的伪指令。

① 已知经 A/D 转换后的温度值存在 4000H 中，设定温度值存在片内 RAM 的 40H 单元中，要求编写控制程序，当测量的温度值大于设定温度值时，从 P1.0 引脚上输出低电平；当测量的温度值小于设定温度值时，从 P1.0 引脚上输出高电平；当测量的温度值等于设定温度值为，P1.0 引脚输出状态不变(假设运算中 C 标志不会被置 1)。

② 将 40H 中 ASCII 码转换为一个 BCD 码，存入 42H 的高 4 位中。

10. 读下列程序：

① 计算时间参数，说明程序功能。

② 绘制 P1.0 引脚上输出波形，标出坐标及单位(使用 6 MHz 晶振)。

③ 注释源程序。

```
        ORG     0000H
        AJMP    MAIN
        ORG     000BH
        MOV     TL0,#03H
        MOV     TH0,0FCH
        INC     A
        MOV     P1,A
        RETI
        ORG     0030H
MAIN:   MOV     SP,#40H
```

```
        MOV     TMOD,＃20H
        MOV     TL0,03H
        MOV     TH0,＃0FCH
        MOV     IE,＃82H
        MOV     A,＃0FFH
        SETB    TR0
HERE：  SJMP    HERE
```

11. 按题意编写程序,加以注释,并加上必要的伪指令。

① 已知热电偶采样值以补码形式存于40H中。编写控制程序,当采样值大于0时,置PSW中用户标志F0为1;当采样值小于0时,置用户标志F0为0;当采样值为0时,将用户标志F0变反。

② 编程将以2000H单元开始存放的100个ASCII码加上奇校验后从80C31单片机的P1口依次输出。

12. 读下列程序:

① 计算时间参数,说明程序功能,并绘制P1.0引脚上的输出波形,标出坐标及单位(假设计数脉冲间隔均匀)。

② 对源程序加以注释。

```
        ORG     0000H
        AJMP    MAIN
        ORG     001BH
        LJMP    TINT
        ORG     0030H
MAIN：  MOV     SP,＃40H
        MOV     TMOD,＃51H
        MOV     TL1,＃00H
        MOV     TH1,＃0FFH
        MOV     IE,＃88H
        SETB    TR1
HERE：  SJMP    HERE
        ORG     1000H
TINT：  MOV     TL1,＃00H
        MOV     TH1,＃0FFH
        INC     A
        MOV     P1,A
        RETI
        END
```

13. 读下列程序：

① 画出 D/A 转换芯片 DAC0832 的输出波形图（V－t），并标出参数（最大 $V_{OUT}$＝5V）。

② 对源程序加以注释，说明程序执行结果。

```
        ORG     0000H
MAIN：  MOV     SP，#40H
        MOV     DPTR，#0DFFFH          ;选中 DAC0832(单缓冲方式)
DA1：   MOV     R4，#40H
DA2：   MOV     A，R4
        MOVX    @DPTR，A
        LCALL   D0.1ms
        INC     R4
        CJNE    R4，#00H，DA2
DA3：   DEC     R4
        MOV     A，R4
        MOVX    @DPTR，A
        LCALL   D0.1ms
        INC     R4
        CJNE    R4，#00H，DA2
DA3：   DEC     R4
        MOV     A，R4
        MOVX    @DPTR，A
        LCALL   D0.1ms
        CJNE    R4，#20H，DA3
        AJMP    DA1
D0.1ms：……                            ;延时 0.1 ms 子程序
        RET
        END
```

14. 某 80C51 单片机应用系统，扩展了一片 ADC0809，一片 32 KB 容量的 RAM。80C51 单片机应用系统示意图如图 11－7 所示。请编写每隔 10 ms（采用 T1 方式 2，定时中断）对 IN6 模入进行 A/D 转换的源程序，要求应用查询 EOC 引脚电平变化方法来判别 A/D 转换结束，采样转换值依次存入 A000H 开始单元，经过 1 s 后停止 A/D 转换。

① 连接各芯片，要求 P2.7＝0 时，片选 ADC0809；P2.7＝1 时，片选 RAM。

② 写出 ADC0809 的 IN0～IN7 通道地址和 RAM 地址范围。

③ 编写并注释程序，加上必要的伪指令。

必要时可以在图上增加芯片和引线。

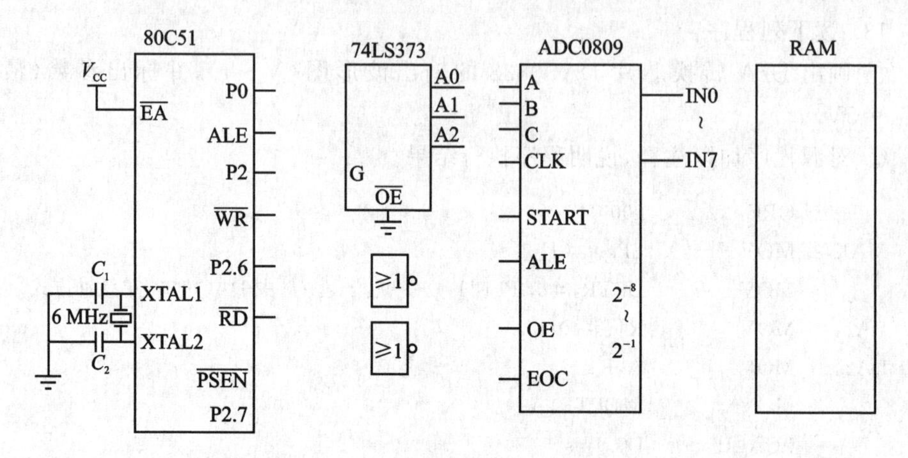


图 11-7　80C51 应用系统示意图

提示：

IE：

| EA | X | X | ES | ET1 | EX1 | ET0 | EX0 |
|---|---|---|---|---|---|---|---|

TMOD：

| GATE | C/T | M1 | M0 | GATE | C/T | M1 | M0 |
|---|---|---|---|---|---|---|---|

此题测考内容主要包括：并行数据存储器的扩展及地址译码；A/D 转换接口 ADC0809 的扩展、地址译码及编程应用；片内定时器/计数器的编程应用；中断编程应用等。

# 第 12 章　题库解答

## A 套题库解答

### 12.1　填空题解答

1. 计算机中常用的码制有原码、反码和补码。

2. 十进制数 29 的二进制表示为 00011101。

3. 十进制数－29 的 8 位补码表示为 11100011。

4. 单片微型计算机由 CPU、存储器和 I/O 口三部分组成。

5. 若不使用 MCS－51 片内存储器，引脚 EA 必须接地。

6. 微处理器由寄存器堆、控制器和运算器三部分组成。

7. 当 MCS－51 引脚 ALE 信号有效时，表示从 P0 口稳定地送出了低 8 位地址。

8. MCS－51 的 P0 口作为输出端口时，每位能驱动 8 个 SL 型 TTL 负载。

9. MCS－51 有 4 个并行 I/O 口，其中 P0～P3 是准双向口，所以由输出转输入时必须先写入"1"。

10. MCS－51 的堆栈是软件填写堆栈指针临时在片内数据存储器内开辟的区域。

11. MCS－51 中凡字节地址能被 8 整除的特殊功能寄存器均能位寻址。

12. MCS－51 系统中，当 PSEN 信号有效时，表示 CPU 要从程序存储器读取信息。

13. 当使用 8751 且 $\overline{EA}$＝1，程序存储器地址小于 1000H 时，访问的是片内 ROM。

14. MCS－51 特殊功能寄存器只能采用直接寻址方式。

15. MCS－51 有 4 组工作寄存器，它们的地址范围是 00H～1FH。

16. MCS－51 片内 20H～2FH 范围内的数据存储器，既可以字节寻址又可以位寻址。

17. 若用传送指令访问 MCS－51 的程序存储器，它的操作码助记符应为 MOVC。

18. 访问 MCS－51 片内 RAM 应该使用的传送指令的助记符是 MOV。

19. 当 MCS-51 使用间接寻址方式访问片内 RAM 高 128 B 时,会产生错误。

20. 设计 80C31 系统时,P0、P2 口不能用作一般 I/O 口。

21. MCS-51 可扩展片外 RAM 64 KB,但当外扩 I/O 口后,其外部 RAM 寻址空间将变小。

22. 计算机的系统总线有地址总线、控制总线和数据总线。

23. 输入输出设备是计算机与外部世界交换信息的载体。

24. 指令是通知计算机完成某种操作的命令。

25. 汇编语言中可以使用伪指令,它们不是真正的指令,只是用来对汇编过程进行某种控制。

26. MCS-51 串行接口有 4 种工作方式,这可在初始化程序中用软件填写特殊功能寄存器 SCON 加以选择。

27. 当使用慢速外设时,最佳的传输方式是中断。

28. MCS-51 在外扩 ROM、RAM 或 I/O 时,它的地址总线是 P0、P2 口。

29. 当定时器 T0 工作在方式 3 时,要占用定时器 T1 的 TR1 和 TF1 两个控制位。

30. MCS-51 有 5 个中断源,有 2 个中断优先级,优先级由软件填写特殊功能寄存器 IP 加以选择。

31. 累加器(A)=80H,执行完指令 ADD A,#83H 后,进位位 C=1。

32. 执行 ANL A,#0FH 指令后,累加器 A 的高 4 位=0000。

33. JZ e 的操作码地址为 1000H,e=20H,它的转移目的地址为 1022H。

34. JBC 00H,e 操作码的地址为 2000H,e=70H,它的转移目的地址为 2073H。

35. 累加器(A)=7EH,(20H)=#04H,MCS-51 执行完 ADD A,20H 指令后,PSW.0=0。

36. MOV PSW,#10H 是将 MCS-51 的工作寄存器置为第 2 组。

37. 指令 DJNZ R7,e 操作码所在地址为 3000H,e=EFH,则它的转移目的地址应为 2FF1H。

38. ORL A,#0F0H 是将 A 的高 4 位置 1,而低 4 位不变。

39. SJMP e 的指令操作码地址为 0050H,e=65H,那么它的转移目的地址为 00B7H。

40. 设 DPTR=2000H,(A)=80H,则 MOVC A,@A+DPTR 的操作数的实际地址为 2080H。

41. 十进制数-47 用 8 位二进制补码表示为 1101 0001。

| | 符号位 | | | | | | | |
|---|---|---|---|---|---|---|---|---|
| **解** 先求-47的原码: | 1 | 0 | 1 | 0 | 1 | 1 | 1 | 1 |
| | | 64 | 32 | 16 | 8 | 4 | 2 | 1 |
| 再求补码: | 1 | 1 | 0 | 1 | 0 | 0 | 0 | 1 |

42. －19D 的二进制补码表示为 1110 1101。

|  | 符号位 |  |  |  |  |  |  |  |
|---|---|---|---|---|---|---|---|---|
| 解　－19 原码： | 1 | 0 | 0 | 1 | 0 | 0 | 1 | 1 |
|  |  | 64 | 32 | 16 | 8 | 4 | 2 | 1 |
| 求补码： | 1 | 1 | 1 | 0 | 1 | 1 | 0 | 1 |

43. 计算机中最常用的字符信息编码是 ASCII。

44. 串口为 10 位 UART，工作方式应选为方式 1。

45. 用串口扩并口时，串行接口工作方式应选为方式 0。

46. 在串行通信中，数据传送方向有单工、半双工、全双工三种方式。

47. PC 复位后为 0000H。

48. 一个机器周期＝12 节拍、一个机器周期＝12 个振荡周期，一个振荡周期＝1 节拍。

49. 89C51 含 4 KB Flash ROM。

50. 89C51 在物理上有 4 个独立的存储器空间。

51. 外部中断 $\overline{\text{INT1}}$ 入口地址为 0013H。

52. PSW 中 RS1、RS0＝10H 时，R2 的地址为 12H。

53. 一个机器周期＝6 个状态周期，振荡脉冲 2 分频后产生的时钟信号的周期定义为状态周期。

54. 87C51 是 EPROM 型，内含 4 KB EPROM。

55. 89C51 是 Flash ROM 型，内含 4 KB Flash ROM。

56. MCS－51 中，T0 中断服务程序入口地址为 000BH。

57. PSW 中 RS1、RS0＝11H 时，R2 的地址为 1AH。

58. 执行当前指令后，PC 内容为下一条将要读取的指令码首地址。

59. 12 根地址线可寻址 4KB 存储单元。

60. 写 8255A 控制字时，需将 $A_1$、$A_0$ 置为 11。

61. MOV C，20H 源寻址方式为位寻址。

62. INC 不影响 CY 位。

63. 指令 LCALL 37B0H，首地址在 2000H，所完成的操作是 2003H 入栈，37B0H→PC。

64. MOVX A，@DPTR 源操作数寻址方式为寄存器间接寻址。

65.
```
ORG     1000H
LCALL   4000H
ORG     4000H
ADD     A,R2
```
执行完 LCALL 后(PC)＝4000H。

66. 89C51 中断有 2 个优先级。

67. 89C51 中断嵌套最多 2 级。

68. 微机与外设间传送数据有程序传送、中断传送和DMA传送三种方式。

69. 外中断请求标志位是IE0和IE1。

70. 当89C51的RST引脚上保持两个机器周期以上的低电平时,89C51即发生复位。

71. 当单片机的型号为80C31/80C32时,其芯片引线 $\overline{EA}$ 一定要接低电平。

72. MCS-51机扩展片外I/O口占用片外数据存储器的地址空间。

73. MCS-51单片机访问片外存储器时,利用ALE信号锁存来自P0口的低8位地址信号。

74. 12根地址线可选 $2^{12}$(或4 KB)个存储单元,32 KB存储单元需要14根地址线。

75. 三态缓冲寄存器输出端的“三态”是指低电平态、高电平态和高阻态。

76. 74LS138是具有3个输入的译码器芯片,其输出作为片选信号时,最多可以选中8块芯片。

77. 74LS273通常用来作简单输出接口扩展;而74LS244则常用来作简单输入接口扩展。

78. A/D转换器的作用是将模拟量转为数字量;D/A转换器的作用是将数字量转为模拟量。

79. A/D转换器的三个最重要指标是转换速度、分辨率和转换精度。

80. 从输入模拟量到输出稳定的数字量之间的时间间隔是A/D转换器的技术指标之一,称为转换速度。

81. 若某8位D/A转换器的输出满刻度电压为+5 V,则该D/A转换器的分辨率为5/255≈0.016 V。

82. MCS-51单片机片内RAM的寄存器区共有32个单元,分为4组寄存器,每组8个单元,以R7~R0作为寄存器名称。

83. 单片机系统复位后,(PSW)=00H,因此片内RAM寄存区的当前寄存器是第0组,8个寄存器的单元地址为00H~07H。

84. 通过堆栈操作实现子程序调用,首先要把PC的内容入栈,以进行断点保护。调用返回时再进行出栈操作,把保护的断点弹回PC。

85. 一台计算机的指令系统就是它所能执行的指令集合。

86. 以助记符形式表示的计算机指令就是它的汇编语言。

87. 在直接寻址方式中,只能使用8位二进制数作为直接地址,因此其寻址对象只限于片内RAM。

88. 在寄存器间接寻址方式中,其“间接”体现在指令中寄存器的内容不是操作数,而是操作数的地址。

89. 在变址寻址方式中,以A作变址寄存器,以PC或DPTR作基址寄存器。

90. 假定累加器A的内容为30H,执行指令:

1000H：MOVC　A,@A+PC

后,把程序存储器 1031H 单元的内容送累加器 A 中。

91. 假定 DPTR 的内容为 8100H,累加器 A 的内容为 40H,执行下列指令：

MOVC　A,@A+DPTR

后,送入 A 的是程序存储器 814DH 单元的内容。

92. 假定(SP)=60H,(ACC)=30H,(B)=70H,执行下列指令：

```
PUSH   ACC
PUSH   B
```

后,SP 的内容为 62H,61H 单元的内容为 30H,62H 单元的内容为 70H。

93. 假定(SP)=62H,(61H)=30H,(62H)=70H。执行下列指令：

```
POP   DPH
POP   DPL
```

后,DPTR 的内容为 7030H,SP 的内容为 60H。

94. 假定(A)=85H,(R0)=20H,(20H)=0AFH。执行指令：

ADD　A,@R0

后,累加器 A 的内容为 34H,CY 的内容为 1,AC 的内容为 1,OV 的内容为 1。

95. 假定(A)=85H,(20H)=0FFH,(CY)=1,执行指令：

ADDC　A,20H

后,累加器 A 的内容为 85H,CY 的内容为 1,AC 的内容为 1,OV 的内容为 0。

96. 假定(A)=0FFH,(R3)=0FH,(30H)=0F0H,(R0)=40H,(40H)=00H。执行指令：

```
INC   A
INC   R3
INC   30H
INC   @R0
```

后,累加器 A 的内容为 00H,R3 的内容为 10H,30H 的内容为 0F1H,40H 的内容为 01H。

97. 在 MCS-51 中 PC 和 DPTR 都用于提供地址,但 PC 是为访问程序存储器提供地址,而 DPTR 是为访问数据存储器提供地址。

98. 在位操作中,能起到与字节操作中累加器作用的是 CY。

99. 累加器 A 中存放着一个其值小于或等于 127 的 8 位无符号数,CY 清"0"后执行 RLC A 指令,则 A 中数变为原来的 2 倍。

100. 计算机的数据传送有两种方式,即并行方式和串行方式,其中具有低成本特点的是串行数据传送。

101. 异步串行数据通信的帧格式由起始位、数据位、奇偶校验位和停止位组成。

102. 异步串行数据通信有单工、全双工和半双工共三种传送方向形式。

103. 使用定时器 T1 设置串行通信的波特率时,应把定时器 T1 设定为工作模式2,即自动重装载模式。

104. 假定(A)=56,(R5)=67。执行指令:

```
ADD  A,R5
DA
```

后,累加器A的内容为00100011,CY的内容为1。

105. 假定(A)=0FH,(R7)=19H,(30H)=00H,(R1)=40H,(40H)=0FFH。执行指令:

```
DEC  A
DEC  R7
DEC  30H
DEC  @R1
```

后,累加器A的内容为0EH,R7的内容为18H,30H的内容为0FFH,40H的内容为0FEH。

106. 假定(A)=50H,(B)=0A0H。执行指令:

```
MUL  AB
```

后,寄存器B的内容为32H,累加器A的内容为00H,CY的内容为0,OV的内容为1。

107. 假定(A)=0FBH,(B)=12H。执行指令:

```
DIV  AB
```

后,累加器A的内容为0DH,寄存器B的内容为11H,CY的内容为0,OV的内容为0。

108. 假定(A)=0C5H。执行指令:

```
SWAP  A
```

后,累加器A的内容为5CH。

109. 执行如下指令序列:

```
MOV  C,P1.0
ANL  C,P1.1
ANL  C,/P1.2
MOV  P3.0,C
```

后,所实现的逻辑运算式为 $P3.0=(P1.0)\wedge(P1.1)\wedge(\overline{P1.2})$

110. 假定addr11=00100000000B,标号qaz的地址为1030H。执行指令:

```
qaz:AJMP  addr11
```

后,程序转移到地址1100H去执行。

111. 假定标号qaz的地址为0100H,标号qwe值为0123H(即跳转的目标地址为0123H)。应执行指令:

```
qaz:SJMP  qwe
```

该指令的相对偏移量(即指令的第二字节)为0123-0102=21H。

112. DPTR是MCS-51中唯一一个16位寄存器，在程序中常用来作为MOVC指令的访问程序存储器的基址寄存器使用。

113. 请填好下段程序内有关每条指令执行结果的注释中之空白。

```
MOV   A,PSW          ;(A)=10H
MOV   B,A            ;(B)=10H
MOV   PSW,A          ;(PSW)=11H
```

注：第一条指令把PSW寄存器的内容读到累加器中去，已知这时(A)=10H。随后又把此值写入B寄存器中，因此(B)=10H。第三条指令把A的内容又写回到PSW中，似乎PSW值应等于10H；但该指令周期结束时，PSW的最低位，即奇偶标志P，要根据A的内容被硬件自动置1或清0；A与P中总共应含偶数个1，既然A的内容为10H，只含一个1，那么P就应当被置1，故(PSW)=11H。

114. 堆栈设在片内数据存储区，程序存放在程序存储区，外部I/O接口设在片外数据存储区，中断服务程序存放在程序存储区。

115. 若单片机使用频率为6 MHz的晶振，那么状态周期为0.166 7 μs、机器周期为2 μs、指令周期为2 μs～8 μs。

116. 复位时A=0，PSW=0，SP=07，P0～P3=FFH。

117. 执行下列程序段后CY=1，OV=0，A=94H。

```
MOV   A,#56H
ADD   A,#74H
ADD   A,A
```

118. 设SP=60H，片内RAM的(30H)=24H，(31H)=10H，在下列程序段注释中填入执行结果。

```
PUSH   30H         ;SP=61H,(SP)=24H
PUSH   31H         ;SP=62H,(SP)=10H
POP    DPL         ;SP=61H,DPL=10H
POP    DPH         ;SP=60H,DPH=24H
MOV    A,#00H
MOVX   @DPTR,A
```

最后执行结果是执行结果将0送外部数据存储器的2410单元。

119. 89C51复位后

- CPU从0000H单元开始执行程序。
- SP的内容为07H，第一个压入堆栈的数据将位于片内RAM的08H单元。
- SBUF的内容为不定。
- ORL　A,#4指令执行后，PSW寄存器的内容将等于01H。

120. 80C31

- 其$\overline{EA}$引脚必须接地。
- 可作通用I/O的至少有P1口的8条I/O线，最多还可加上P3口的8条I/O

线。

- P0口作地址/数据总线，传送地址码的低8位；P2口作地址总线，传送地址码的高8位。
- MOVX指令用来对片外RAM进行读写操作。

121. 存储器组织

- 80C52片内RAM有256字节。
- 若(PSW)=18H，则有效R0的地址为18H。
- 对80C51来说，MOV A,@R0指令中的R0之取值范围最大可为256H。
- 位地址7FH还可写成2FH.7。

122. 定时器和串行接口

- 89C51的T1作串行接口方式1和方式3的波特率发生器。
- 80C52除可用T1外，尚可用T2作其串行接口方式1和方式3的波特率发生器。
- 若80C31AH的$f_{osc}$=12 MHz，则其两个定时器对重复频率高于0.5MHz的外部事件是不能正确计数的。
- 在定时器T0运作模式3下，TH0溢出时，TF0标志将被硬件置1去请求中断。
- 在运作模式3下，欲使TH0停止运作，应执行一条CLRTR0指令。
- 在多机通信中，若字符传送率为100 B/s，则波特率等于1100。
- 在多机通信中，主机发送从机地址呼叫从机时，其TB8位为1；各从机此前必须将其SCON中的REN位和SM2位设置为1。

123. 中断系统

- $\overline{\text{INT0}}$和$\overline{\text{INT1}}$的中断标志分别是IE0和IE1。

● T0和T1两引脚也可作外部中断输入引脚，这时TMOD寄存器中的C/$\overline{\text{T}}$位应当为1。

● 上题中，若M1、M0两位置成10B，则计数初值应当是(TH)=(TL)=255H。

● RETI指令以及任何访问IE和IP寄存器的指令执行过后，CPU不能马上响应中断。

124. 指令系统

- 在R7初值为00H的情况下，DJNZ R7,rel指令将循环执行256次。
- 欲使P1口的低4位输出0而高4位不变，应执行一条ANL P1,F0H指令。
- 欲使P1口的高4位输出1而低4位不变，应执行一条ORL P1,F0H指令。
- DIV AB指令执行后，OV标志为1，则此指令执行前(B)=0H。
- MUL AB指令执行后，OV标志为1，则(B)≠0H。

● MCS-51的两条查表指令是MOVC A,@A+DPTR和MOVC A,@A+PC。

## 12.2　单项选择题解答

1. 在中断服务程序中,至少应有一条(D)

(A) 传送指令　(B) 转移指令
(C) 加法指令　(D) 中断返回指令

2. 当 MCS-51 复位时,下面说法正确的是(A)。

(A) PC=0000H　(B) SP=00H
(C) SBUF=00H　(D) (30H)=00H

3. 要用传送指令访问 MCS-51 片外 RAM,它的指令操作码助记符应是(B)。

(A) MOV　(B) MOVX　(C) MOVC　(D) 以上都行

4. 下面哪一种传送方式适用于电路简单且时序已知的外设(B)。

(A) 条件传送　(B) 无条件传送　(C) DMA　(D) 中断

5.
```
ORG     2000H
LCALL   3000H
ORG     3000H
RET
```
左边程序执行完 RET 指令后,PC=(C)。

(A) 2000H　(B) 3000H　(C) 2003H　(D) 3003H

6. 要使 MCS-51 能够响应定时器 T1 中断、串口中断,它的中断允许寄存器 IE 的内容应是(A)。

(A) 98H　(B) 84H　(C) 42H　(D) 22H

7. 6264 芯片是(B)。

(A) $E^2PROM$　(B) RAM　(C) Flash ROM　(D) EPROM

8. MCS-51 在响应中断时,下列哪种操作不会发生(A)。

(A) 保护现场　(B) 保护 PC
(C) 找到中断入口　(D) 保护 PC 转入中断入口

9. 用 MCS-51 串行接口扩展并行 I/O 口时,串行接口工作方式应选择(A)。

(A) 方式 0　(B) 方式 1　(C) 方式 2　(D) 方式 3

10. JNZ　e 指令的寻址方式是(C)。

(A) 立即寻址　(B) 寄存器寻址　(C) 相对寻址　(D) 位寻址

11. 执行 LCALL　4000H 指令时,MCS-51 所完成的操作是(D)。

(A) 保护 PC　(B) 4000H→PC
(C) 保护现场　(D) PC+3 入栈,4000H→PC

12. 下面哪条指令产生 $\overline{WR}$ 信号(D)。

(A) MOVX　A,@DPTR　(B) MOVC　A,@A+PC
(C) MOVC　A,@A+DPTR　(D) MOVX　@DPTR,A

13. 若某存储器芯片地址线为12根,那么它的存储容量为(C)。

(A) 1 KB　(B) 2 KB　(C) 4 KB　(D) 8 KB

14. 要想测量 $\overline{\text{INT0}}$ 引脚上的一个正脉冲宽度,那么特殊功能寄存器 TMOD 的内容应为(A)。

(A) 09H　(B) 87H　(C) 00H　(D) 80H

15. PSW=18H 时,则当前工作寄存器是(D)。

(A) 0组　(B) 1组　(C) 2组　(D) 3组

16. 使用8751,且 $\overline{\text{EA}}$=1时,则可以外扩(B)ROM。

(A) 64 KB　(B) 60 KB　(C) 58 KB　(D) 56 KB

17. MOVX　A,@DPTR 指令中,源操作数的寻址方式是(B)。

(A) 寄存器寻址　(B) 寄存器间接寻址

(C) 直接寻址　(D) 立即寻址

18. MCS-51有中断源(A)。

(A) 5个　(B) 2个　(C) 3个　(D) 6个

19. MCS-51上电复位后,SP的内容应是(B)。

(A) 00H　(B) 07H　(C) 60H　(D) 70H

20. 下面哪一个部件不是CPU的指令部件(C)。

(A) PC　(B) IR　(C) PSW　(D) ID

21. 执行下列程序当CPU响应外部中断0后,PC的值是(B)。

```
ORG     0003H
LJMP    2000H
ORG     000BH
LJMP    3000H
```

(A) 0003H　(B) 2000H　(C) 000BH　(D) 3000H

22. 控制串行接口工作方式的寄存器是(C)。

(A) TCON　(B) PCON　(C) SCON　(D) TMOD

23. MCS-51响应中断时,下面哪一个条件不是必须的(C)。

(A) 当前指令执行完毕　(B) 中断是开放的

(C) 没有同级或高级中断服务　(D) 必须有RETI指令

24. 使用定时器T1时,有几种工作模式(C)。

(A) 1种　(B) 2种　(C) 3种　(D) 4种

25. 执行PUSH　ACC指令,MCS-51完成的操作是(A)。

(A) SP+1→SP　(ACC)→(SP)　(B) (ACC)→(SP) SP−1→SP

(C) SP−1→SP　(ACC)→(SP)　(D) (ACC)→(SP) SP+1→SP

26. P1口的每一位能驱动(B)。

(A) 2个TTL低电平负载　(B) 4个TTL低电平负载

(C) 8个TTL低电平负载　　(D) 10个TTL低电平负载

27. 使用8255可以扩展出的I/O口线是(B)。

(A) 16根　　(B) 24根　　(C) 22根　　(D) 32根

28. PC中存放的是(A)。

(A) 下一条指令的地址　　(B) 当前正在执行的指令

(C) 当前正在执行指令的地址　　(D) 下一条要执行的指令

29. 80C31是(C)。

(A) CPU　　(B) 微处理器　　(C) 单片微机　　(D) 控制器

30. 要把P0口高4位变0,低4位不变,应使用指令(D)。

(A) ORL　P0,#0FH　　(B) ORL　P0,#0F0H

(C) ANL　P0,#0F0H　　(D) ANL　P0,#0FH

31. 下面哪种外设是输出设备(A)。

(A) 打印机　　(B) 纸带读出机　　(C) 键盘　　(D) A/D转换器

32. 所谓CPU是指(A)。

(A) 运算器与控制器　　(B) 运算器与存储器

(C) 输入输出设备　　(D) 控制器与存储器

33. LCALL指令操作码地址是2000H,执行完相应子程序返回指令后,PC=(D)。

(A) 2000H　　(B) 2001H　　(C) 2002H　　(D) 2003H

34. MCS-51执行完MOV　A,#08H后,PSW的哪一位被置位(D)。

(A) C　　(B) F0　　(C) OV　　(D) P

35. 当8031外扩程序存储器8 KB时,需使用(C)EPROM 2716。

(A) 2片　　(B) 3片　　(C) 4片　　(D) 5片

36. 计算机在使用中断方式与外界交换信息时,保护现场的工作应该是(C)。

(A) 由CPU自动完成　　(B) 在中断响应中完成

(C) 应由中断服务程序完成　　(D) 在主程序中完成

37. 89C51最小系统在执行ADD　A,20H指令时,首先在P0口上出现的信息是(A)。

(A) 操作码地址　　(B) 操作码

(C) 操作数　　(D) 操作数地址

38. MCS-51的中断允许触发器内容为83H,CPU将响应的中断请求是(D)。

(A) $\overline{\text{INT0}}$,$\overline{\text{INT1}}$　　(B) T0,T1

(C) T1,串行接口　　(D) $\overline{\text{INT0}}$,T0

39. 下面哪一种传送方式适用于处理外部事件(C)。

(A) DMA　　(B) 无条件传送

(C) 中断　　(D) 条件传送

40. 关于 MCS－51 的堆栈操作,正确的说法是(C)。

(A) 先入栈,再修改栈指针　　(B) 先修改栈指针,再出栈

(C) 先修改栈指针,再入栈　　(D) 以上都不对

41. 某种存储器芯片是(8 KB×4)/片,那么它的地址线根数是(C)。

(A) 11 根　　(B) 12 根　　(C) 13 根　　(D) 14 根

42. 要访问 MCS－51 的特殊功能寄存器应使用的寻址方式是(C)。

(A) 寄存器间接寻址　　(B) 变址寻址

(C) 直接寻址　　(D) 相对寻址

43. 下面哪条指令将 MCS－51 的工作寄存器置成 3 区(B)。

(A) MOV　PSW,＃13H

(B) MOV　PSW,＃18H

(C) SETB　PSW.4　CLR　PSW.3

(D) SETB　PSW.3　CLR　PSW.4

44. 若 MCS－51 中断源都编程为同级,当它们同时申请中断时,CPU 首先响应(B)。

(A) $\overline{\text{INT1}}$　　(B) $\overline{\text{INT0}}$　　(C) T1　　(D) T0

45. 当 MCS－51 进行多机通信时,串行接口的工作方式应选择(C)。

(A) 方式 0　　(B) 方式 1　　(C) 方式 2　　(D) 方式 0 或方式 2

46. 执行 MOVX　A,@DPTR 指令时,MCS－51 产生的控制信号是(C)。

(A) $\overline{\text{PSEN}}$　　(B) ALE　　(C) $\overline{\text{RD}}$　　(D) $\overline{\text{WR}}$

47. MCS－51 的相对转移指令的最大负跳距离为(B)。

(A) 2 KB　　(B) 128 B　　(C) 127 B　　(D) 256 B

48. 指令寄存器的功能是(B)。

(A) 存放指令地址　　(B) 存放当前正在执行的指令

(C) 存放指令与操作数　　(D) 存放指令地址及操作数

49. MOV　C,＃00H 的寻址方式是(A)。

(A) 位寻址　　(B) 直接寻址　　(C) 立即寻址　　(D) 寄存器寻址

50. 当执行 MOVX　@DPTR,A 指令时,MCS－51 产生下面哪一个控制信号(B)。

(A) $\overline{\text{PSEN}}$　　(B) $\overline{\text{WR}}$　　(C) ALE　　(D) $\overline{\text{RD}}$

51. 74LS138 芯片是(B)。

(A) 驱动器　　(B) 译码器　　(C) 锁存器　　(D) 编码器

52. 当执行完下面的程序后,PC 的值是(C)。

```
ORG     0000H
ALMP    0040H
ORG     0040H
```

MOV SP,#00H

(A) 0040H (B) 0041H (C) 0042H (D) 0043H

53. MCS－51 外扩 ROM、RAM 和 I/O 口时,它的数据总线是(A)。

(A) P0 (B) P1 (C) P2 (D) P3

54. 当 CPU 响应串行接口中断时,程序应转移到(C)。

(A) 0003H (B) 0013H (C) 0023H (D) 0033H

55. 当 ALE 信号有效时,表示(B)。

(A) 从 ROM 中读取数据 (B) 从 P0 口可靠地送出地址低 8 位

(C) 从 P0 口送出数据 (D) 从 RAM 中读取数据

56. MCS－51 外扩 8255 时,它需占用(D)端口地址。

(A) 1 个 (B) 2 个 (C) 3 个 (D) 4 个

57. MCS－51 复位时,下述说法正确的是(D)。

(A) (20H)＝00H (B) SP＝00H

(C) SBUF＝00H (D) TH0＝00H

58. 当使用快速外部设备时,最好使用的输入/输出方式是(C)。

(A) 中断 (B) 条件传送 (C) DMA (D) 无条件传送

59. 执行 MOV IE,#03H 后,MCS－51 将响应的中断是(D)。

(A) 1 个 (B) 2 个 (C) 3 个 (D) 0 个

60. 程序设计的方法一般有(D)。

(A) 1 种 (B) 2 种 (C) 3 种 (D) 4 种

61. MCS－51 的中断源全部编程为同级时,优先级最高的是(D)。

(A) $\overline{\text{INT1}}$ (B) TI (C) 串行接口 (D) $\overline{\text{INT0}}$

62. 下面哪种设备不是输入设备(C)。

(A) A/D 转换器 (B) 键盘

(C) 打印机 (D) 扫描仪

63. 外部中断 1 固定对应的中断入口地址为(C)。

(A)0003H (B)000BH (C)0013H (D)001BH

64. 各中断源发出的中断请求信号,都会标记在 MCS－51 系统中的(B)。

(A)TMOD (B)TCON/SCON

(C)IE (D)IP

65. MCS－51 单片机可分为两个中断优先级别。各中断源的优先级别设定是利用寄存器(B)。

(A) IE (B) IP (C) TCON (D) SCON

66. MCS－51 的并行 I/O 口信息有两种读取方法:一种是读引脚;另一种是(A)。

(A) 读锁存器 (B) 读数据

(C) 读A累加器　　(D) 读CPU

67. MCS－51的并行I/O口读-改-写操作,是针对该口的(D)。

(A) 引脚　(B) 片选信号　(C) 地址线　(D) 内部锁存器

68. 以下指令中,属于单纯读引脚的指令是(C)。

(A) MOV P1,A　　(B) ORL P1,#0FH

(C) MOV C,P1.5　　(D) DJNZ P1,short-lable

69. (C)并非单片机系统响应中断的必要条件。

(A) TCON或SCON寄存器内的有关中断标志位为1

(B) IE中断允许寄存器内的有关中断允许位置1

(C) IP中断优先级寄存器内的有关位置1

(D) 当前一条指令执行完

70. 指令AJMP的跳转范围是(C)。

(A) 256 B　(B) 1 KB　(C) 2 KB　(D) 64 KB

71. MCS－51响应中断的不必要条件是(C)。

(A) TCON或SCON寄存器内的有关中断标志位为1

(B) IE中断允许寄存器内的有关中断允许位置1

(C) IP中断优先级寄存器内的有关位置1

(D) 当前一条指令执行完

72. 以下运算中对溢出标志OV没有影响或不受OV影响的运算是(A)。

(A) 逻辑运算　　(B) 符号数加减法运算

(C) 乘法运算　　(D) 除法运算

73. 在算术运算中,与辅助进位位AC有关的是(C)。

(A) 二进制数　(B) 八进制数　(C) 十进制数　(D) 十六进制数

74. PC的值是(C)。

(A) 当前指令前一条指令的地址　　(B) 当前正在执行指令的地址

(C) 下一条指令的地址　　(D) 控制器中指令寄存器的地址

75. 假定设置堆栈指针SP的值为37H,在进行子程序调用时把断点地址进栈保护后,SP的值为(D)。

(A) 36H　(B) 37H　(C) 38H　(D) 39H

76. 在相对寻址方式中,"相对"两字是指相对于(C)。

(A) 地址偏移量rel　　(B) 当前指令的首地址

(C) 当前指令的末地址　　(D) DPTR值

77. 在寄存器间接寻址方式中,指定寄存器中存放的是(B)。

(A) 操作数　　(B) 操作数地址

(C) 转移地址　　(D) 地址偏移量

78. 对程序存储器的读操作,只能使用(D)。

(A) MOV 指令　　(B) PUSH 指令
(C) MOVX 指令　　(D) MOVC 指令

79. 必须进行十进制调整的十进制运算(C)。
(A) 有加法和减法　　(B) 有乘法和除法
(C) 只有加法　　(D) 只有减法

80. 执行返回指令时,返回的断点是(C)。
(A) 调用指令的首地址　　(B) 调用指令的末地址
(C) 调用指令下一条指令的首地址　(D) 返回指令的末地址

81. 可以为访问程序存储器提供或构成地址的有(C)。
(A) 只有程序计数器 PC
(B) 只有 PC 和累加器 A
(C) 只有 PC、A 和数据指针 DPTR
(D) PC、A、DPTR 和堆栈指针 SP

82. 各中断源发出的中断请求信号,都会标记在 MCS-51 系统中的(B)。
(A) TMOD　　(B) TCON/SCON
(C) IE　　(D) IP

## 12.3　判断并改正题解答

1. 我们所说的计算机实质上是计算机的硬件系统与软件系统的总称。　(√)
2. MCS-51 的相对转移指令最大负跳距是 127 B。(×)　128 B。
3. MCS-51 的程序存储器只是用来存放程序的。(×)　存放程序和表格常数。
4. MCS-51 的 5 个中断源优先级相同。(×)　有两个优先级。
5. 要进行多机通信,MCS-51 串行接口的工作方式应选为方式 1。(×)　方式 2 和方式 3。
6. MCS-51 上电复位时,SBUF=00H。(×)　SBUF 不定。
7. MCS-51 外部中断 0 的入口地址是 0003H。(√)
8. TMOD 中的 GATE=1 时,表示由两个信号控制定时器的启停。(√)
9. MCS-51 的时钟最高频率是 18 MHz。(×)　12MHz。
10. 使用可编程接口必须初始化。(√)
11. 当 MCS-51 上电复位时,堆栈指针 SP=00H。(×)　SP=07H。
12. MCS-51 外扩 I/O 口与外 RAM 是统一编址的。(√)
13. 使用 8751 且 $\overline{EA}$=1 时,仍可外扩 64 KB 的程序存储器。(×)　60 KB。
14. 8155 的复位引脚可与 89C51 的复位引脚直接相连。(√)
15. MCS-51 是微处理器。(×)　不是。

16. MCS-51的串行接口是全双工的。(√)

17. PC存放的是当前正在执行的指令。(×) 是将要执行的下一条指令的地址。

18. MCS-51的特殊功能寄存器分布在60H～80H的地址范围内。(×) 80H～FFH。

19. MCS-51系统可以没有复位电路。(×) 不可以。复位是单片机的初始化操作。

20. 在MCS-51系统中,一个机器周期等于1.5 μs。(×) 若晶振频率为8 MHz,才可能为1.5 μs。

21. 调用子程序指令(如CALL)及返回指令(如RET)与堆栈有关,但与PC无关。(×) 子程序的转返与PC也有关(PC入栈与出栈)。

22. 片内RAM与外部设备统一编址时,需要专门的输入/输出指令。(×) 统一编址的特点正是无需专门的输入输出指令。

23. 锁存器、三态缓冲寄存器等简单芯片中没有命令寄存和状态寄存等功能。(√)

24. MOV @R0,P1在任何情况下都是一条能正确执行的MCS-51指令。(×) 不一定正确,当R0>127时不正确。

25. 欲将片外RAM中3057H单元的内容传送给A,判断下列指令或程序段正误。

① MOVX A,3057H(×) MCS-51指令系统中没有该指令。

② MOV DPTR,#3057H(√)
MOVX A,@DPTR

③ MOV P2,#30H(√)
MOV R0,#57H
MOVX A,@R0

④ MOV P2,#30H(×) MCS-51指令系统中没有R2间接寻址指令,只允许使用R0和R1间接寻址。
MOV R2,#57H
MOVX A,@R2

26. 欲将SFR中的PSW寄存器内容读入A,判断下列指令的正误。

① MOV A,PSW(√)

② MOV A,0D0H(√)

③ MOV R0,#0D0H(×) 因为SFR区只能用直接寻址不能用间接寻址。
MOV A,@R0

④ PUSH PSW(√)
POP ACC

①、②、④这3种方法可以达到目的,因为PSW的地址就是D0H,ACC的地址

就是 E0H。

27. 判断以下指令的正误。

① MOV 28H,@R4(×) 寄存器间接寻址只允许使用 R0 和 R1 两个寄存器。

② MOV E0H,@R0(√)

③ MOV R1,#90H( ) 在 51 子系列机型中错误(∵>7FH),但在 52 子
MOV A,@R1 系列机型中正确。

④ INC DPTR(√)

⑤ DEC DPTR(×) 指令系统中没有。

⑥ CLR R0(×) 指令系统中没有。

28. 判断以下指令的正误。

| | | | | | |
|---|---|---|---|---|---|
| MOV | @R1,#80H | (√) | MOV | R7,@R1 | (×) |
| MOV | 20H,@R0 | (√) | MOV | R1,#0100H | (×) |
| CPL | R4 | (×) | SETB | R7.0 | (×) |
| MOV | 20H,21H | (√) | ORL | A,R5 | (√) |
| ANL | R1,#0FH | (×) | XRL | P1,#31H | (√) |
| MOVX | A,2000H | (×) | MOV | 20H,@DPTR | (×) |
| MOV | A,DPTR | (×) | MOV | R1,R7 | (×) |
| PUSH | DPTR | (×) | POP | 30H | (√) |
| MOVC | A,@R1 | (×) | MOVC | A,@DPTR | (×) |
| MOVX | @DPTR,#50H | (×) | RLC | B | (×) |
| ADDC | A,C | (×) | MOVC | @R1,A | (×) |

## 12.4 简答题解答

1. **可编程接口**:可用软件选择其功能的接口。

2. **控制器**:由程序计数器、指令寄存器、指令译码器、时序发生器和操作控制器等组成。用来协调指挥计算机系统的操作。

3. **机器数与真值**:计算机中的数称为机器数,它的实际值叫真值。

4. **累加器**:既存操作数又存操作结果的寄存器。

5. **微型计算机**:由微处理器(CPU)、存储器、接口适配器(I/O 接口电路)及输入/输出设备组成。通过系统总线将它们连接起来,以完成某些特定的运算与控制。

6. **指令系统**:一台计算机所能执行的全部指令的集合称为这个 CPU 的指令系统。

7. **总线**:是连接系统中各扩展部件的一组公共信号线。

8. **运算器**:由算术逻辑单元 ALU、累加器 A 和寄存器等几部分组成,用来执行各种算术运算和逻辑运算。

9. **微处理器**:微处理器本身不是计算机,它是微型计算机的核心部件,又称它为

中央处理单元(CPU)。它包括两个主要部分:运算器、控制器。

**10. 指令:**指令是CPU根据人的意图来执行某种操作的命令。

**11. 汇编语言:**汇编语言是一种用指令的助记符、符号地址、标号等编写程序的语言,又称符号语言。

**12. 寻址方式:**寻址方式就是寻找指令中操作数或操作数所在地址的方式。也就是如何找到存放操作数的地址,把操作数提取出来的方法。

**13. 堆栈:**堆栈是在片内RAM中专门开辟出来的一个区域,数据的存取是以"后进先出"的结构方式处理的。实质上,堆栈就是一个按照"后进先出"原则组织的一段内存区域。

**14. 高级语言:**高级语言是完全独立于机器的通用语言。

**15. 汇编:**汇编语言源程序在交付计算机执行之前,需要先翻译成目标程序,这个翻译过程叫汇编。

**16. 指令周期:**指执行一条指令所占用的全部时间。通常一个指令周期含1～4个机器周期。

**17. 进位和溢出:**

两数运算的结果若没有超出字长的表示范围,则由此产生的进位是自然进位;若两数的运算结果超出了字长的表示范围(即结果不合理),则称为溢出。例如将正数3FH和负数D0H相加,其结果不会超出8位字长的表示范围,所以其结果[1] 0FH中的进位是正常进位(也就是模)。但是,若正数3FH与正数70H相加,其结果为AFH,最高位为"1",成了负数的含义,这就不合理了,这种情况称为溢出。

**18. 单片机用于外界过程控制中,为何要进行A/D、D/A转换?**

**答** 单片机只能处理数字形式的信息,但是在实际工程中大量遇到的是连续变化的物理量,如温度、压力、流量、光通量、位移量以及连续变化的电压、电流等。对于非电信号的物理量,必须先由传感器进行检测,并且转换为电信号,然后经过放大器放大为0 V～5 V电平的模拟量。所以必须加模拟通道接口,以实现模拟量和数字量之间的转换。

A/D(模/数)转换就是把输入的模拟量变为数字量,供单片机处理;而D/A(数/模)转换就是将单片机处理后的数字量转换为模拟量输出。

**19. 具有8位分辨率的A/D转换器,当输入0 V～5 V电压时,其最大量化误差是多少?**

**答** 对于8位A/D转换器,实际满量程电压为5 V,则其量化单位1LSB=5 V/255≈0.019 6 V,考虑到A/D转换时会进行4舍5入处理,所以最大量化误差为±(1/2) LSB,即±0.009 8 V或±9.8 mV。

**20. A/D转换芯片中,采样保持电路的作用是什么?省略采样保持电路的前提条件是什么?**

**答** A/D转换芯片中采样保持电路的作用是,能把一个时间连续的信号变换为时间离散的信号,并将采样信号保持一段时间。

当外接模拟信号的变化速度相对于 A/D 转换速度来说足够慢,在转换期间内可视为直流信号的情况下,可以省略采样保持电路。

**21. 串行数据传送的主要优点和用途是什么?**

答　串行数据传送是将数据按位进行传送的方式。其主要优点是所需的传送线根数少(单向传送只需一根数据线、双向仅需两根),对于远距离数据传送的情况,采用串行方式是比较经济的。所以串行方式主要用于计算机与远程终端之间的数据传送。

**22. MCS-51 指令集中有无"程序结束"指令?上机调试时怎样实现"程序结束"功能。**

答　没有这样的指令。但实现"程序结束"至少可以借助 4 种办法:

① 用原地踏步指令 SJMP $ 死循环;

② 在最后一条指令后面设断点,用断点执行方式运行程序;

③ 用单步方式执行程序;

④ 在末条指令之后附加一条 LJMP 0000H,由软件返回监控状态。

**23. 中断服务子程序与普通子程序有哪些异同之处?**

答　相同点:都是让 CPU 从主程序转去执行子程序,执行完毕后又返回主程序。不同点:中断服务子程序是随机执行的,而普通子程序是预先安排好的;中断服务子程序以 RETI 结束,而一般子程序以 RET 结束。RETI 除了将断点弹回 PC 动作之外,还要清除对应的中断优先标志位(片内不可寻址的触发器),以便新的中断请求能被响应。

**24. 说明 DA　A 指令的用法。**

答　DA　A 为十进制调整指令。在进行 BCD 数加法运算时,该指令要跟在加法指令后面,对 A 的内容进行十进制调整。

**25. 89C51 有几种寻址方式?各涉及哪些存储器空间?**

答　表 12-1 概括了每种寻址方式可涉及的存储器空间。

**表 12-1　操作数寻址方式和有关空间**

| 寻址方式 | 源操作数寻址空间 | 指令举例 |
|---|---|---|
| 立即数寻址 | 程序存储器 ROM 中 | MOV　A,55H |
| 直接寻址 | 片内 RAM 低 128 B<br>特殊功能寄存器 SFR | MOV　A,#55H |
| 寄存器寻址 | 工作寄存器 R0～R7<br>A、B、C、DPTR | MOV　55H,R3 |
| 寄存器间接寻址 | 片内 RAM 低 128 B[@R0、@R1、SP(仅 PUSH,POP)]<br>片外 RAM(@R0、@R1、@DPTR) | MOV　A,@R0<br>MOVX　A,@DPTR |

续表 12-1

| 寻址方式 | 源操作数寻址空间 | 指令举例 |
| --- | --- | --- |
| 变址寻址 | 程序存储器(@A+PC,@A+DPTR) | MOVC A,@A+DPTR |
| 相对寻址 | 程序存储器 256 B 范围(PC+偏移量) | SJMP 55H |
| 位寻址 | 片内 RAM 的 20H～2FH 字节位地址 | CLR 00H |
| | 部分特殊功能寄存器位地址 | SETB EA |

**26. 89C51 响应中断的条件是什么？CPU 响应中断后,CPU 要进行哪些操作？不同的中断源的中断入口地址是多少？**

答 (1) CPU 响应中断的条件如下：

① 首先要有中断源发出有效的中断申请；

② CPU 中断是开放的,即中断总允许位 EA=1,CPU 允许所有中断源申请中断；

③ 申请中断的中断源的中断允许位为 1,即此中断源可以向 CPU 申请中断。

以上是 CPU 响应中断的基本条件。如果上述条件满足,则 CPU 一般会响应中断。但是,若有下列任何一种情况存在,则中断响应会被阻止。

① CPU 正处在为一个同级或高级的中断服务中。

② 现行机器周期不是所执行的指令的最后一个机器周期。作此限制的目的在于使当前指令执行完毕后,才能进行中断响应,以确保当前指令的完整执行。

③ 当前指令是返回指令(RET、RETI)或访问 IE、IP 的指令。因为按 MCS-51 中断系统的特性规定,在执行完这些指令之后,还应再继续执行一条指令,然后才能响应中断。

若存在上述任何一种情况,CPU 将丢弃中断查询结果；否则,将在紧接着的下一个机器周期内执行中断查询结果,响应中断。

(2) CPU 响应中断后,保护断点,硬件自动将(PC)→堆栈,寻找中断源,中断矢量→PC,程序转向中断服务程序入口地址。

(3) $\overline{INT0}$=0003H,T0=000BH,$\overline{INT1}$=0013H,T1=001BH,串行接口=0023H。

**27. 单片机对中断优先级的处理原则是什么？**

答 (1) 低级不能打断高级,高级能够打断低级；

(2) 一个中断已被响应,同级的被禁止；

(3) 同级,按查询顺序,$\overline{INT0}$→T0→$\overline{INT1}$→T1→串行接口。

**28. 89C51 的外部中断有哪两种触发方式？它们对触发脉冲或电平有什么要求？**

答 (1) 有电平触发和脉冲触发。

(2) 电平方式是低电平有效。只要单片机在中断请求引入端 $\overline{INT0}$ 和 $\overline{INT1}$ 上采样到低电平,就激活外部中断。

脉冲方式则是脉冲的下跳沿有效。在这种方式下,两个相邻机器周期对中断请求引入端进行采样中,如前一次为高,后一次为低,即为有效中断请求。因此在这种中断请求信号方式下,中断请求信号的高电平状态和低电平状态都应至少维持一个周期以确保电平变化能被单片机采样到。

**29. 单片机怎样管理中断?怎样开放和禁止中断?怎样设置优先级?**

答　(1) 首先由中断源提出中断,然后由中断控制端决定是否中断,最后按设定好的优先级的顺序响应中断。如同一优先级的中断按:外部中断0,定时中断0,外部中断1,定时中断1,串行中断的顺序响应。

中断后如果是脉冲触发,IE1(0)被清0;如果是电平触发,IE1(0)不被清零,要用软件清0。

(2) 它由中断允许寄存器IE控制:如开放中断,EA必须为1,再使要求中断的中断源的中断允许位为1;要禁止中断,EA=0即可。

(3) 由IP控制:1为高级,0为低级,PS为串行中断优先级,PT1(0)为定时中断1(0)优先级,PX1(0)为外部中断1(0)优先级。使哪个中断源为优先级,就置哪个优先设定位为1。

**30. 89C51单片机定时器/计数器作定时和计数用时,其计数脉冲分别由谁提供?**

答　作定时器时:计数脉冲来自单片机内部,其频率为振荡频率的1/12。

作计数器时:计数脉冲来自单片机的外部,即P3.4(T0)和P3.5(T1)两个引脚的输入脉冲。

**31. 89C51单片机定时器/计数器的门控信号GATE设置为1时,定时器如何启动?**

答　89C51单片机定时器/计数器的门控信号GATE设置为1时,定时器的启动受外部INT0(INT1)引脚的输入电平控制。当INT0(INT1)引脚为高电平,置TR0(TR1)为1时启动定时器/计数器0(1)工作。

**32. 89C51单片机内设有几个定时器/计数器?它们是由哪些特殊功能寄存器组成?**

答　89C51单片机内设有2个定时器/计数器:定时器/计数器0和定时器/计数器1,由TH0、TL0、TH1、TL1、TMOD、TCON特殊功能寄存器组成。

**33. 定时器/计数器作定时器用时,其定时时间与哪些因素有关?作计数器时,对外界计数频率有何限制?**

答　定时器/计数器作定时器用时,其定时时间与以下因素有关:定时器的工作模式、定时器的计数初值以及单片机的晶振频率。

作计数器时,外界计数脉冲的频率不能高于振荡脉冲频率的1/24。

**34. 什么是单片机的机器周期、状态周期、振荡周期和指令周期？它们之间是什么关系？**

答　某条指令的执行周期由若干个机器周期(简称M周期)构成，一个机器周期包含6个状态周期(又称时钟周期，简称S周期)，而一个状态周期又包含两个振荡周期($P_1$和$P_2$，简称P周期)。也就是说，指令执行周期有长有短，但一个机器周期恒等于6个状态周期或12个振荡周期，即1 M＝6S＝12P。

**35. 当定时器T0工作于模式3时，如何使运行中的定时器T1停止下来？**

答　TR1为定时器T1的运行控制位，通常将该位置1就可启动定时器T1使之运行起来；把TR1清0便停止定时器T1的运行。但在定时器T0被设定为模式3运行时，就不能再用这种方法来控制定时器T1的启停了。因为在这种情况下，TR1借给定时器T0作为8位定时器TH0的运行控制位了。

当定时器T0在模式3下运行时，若把定时器1设定为模式3，即将TMOD寄存器的位5(M1)和位4(M0)写成11B，则定时器T1便停止运行；若此后将其从模式3中切换出来，例如，把这两位再次写成01B，则定时器T1将按模式1运行。

**36. 若89C51的片内ROM内容已不符合要求，那么片内硬件如何继续使用？**

答　把89C51的$\overline{EA}$引脚接地，片外扩接EPROM芯片，就等于宣布片内ROM作废，完全执行片外EPROM中的程序。这样，片内硬件资源不受影响，可继续使用。

**37. 波特率、比特率和数据传送速率的含义各是什么？**

答　在数据通信中，描述数据传送速度的方式有3种：

① 波特率——每秒传送多少个信号码元(或每秒信号码元变换的总个数)，单位是波特(Bd)。

② 比特率——每秒传送多少个二进制位(或每秒传送二进制码元的个数)，单位是b/s。

③ 数据传送速率(或字符传送速率)——每秒传送多少个字符(或单位时间内平均数据传移速率)，单位是字符/秒。

当传输的信号是二进制数时，波特率和比特率就变成了一回事，尤其是计算机通信中，信号码元常与二进制码元相同，此时可以统一起来。例如，甲乙双方传送二进制数据的速度是每秒传送300个字符，每个字符附加了起始、停止和校验各一位，此时描述该速度有3种方式：

① 数据字符传送速率是300字符/秒。

② 比特率为300×(8＋1＋1＋1)b/s＝300×11 b/s＝3 300 b/s。

③ 波特率与比特率相同，亦为300×11 Bd＝3 300 Bd。

**38. 开机复位后，CPU使用的是哪组工作寄存器？它们的地址是什么？CPU如何确定和改变当前工作寄存器组？**

答　系统复位后，CPU选用第0组工作寄存器，即地址分别为00H～07H。如需改变当前工作寄存器,可设置PSW状态字中的RS1、RS0。如RS1、RS0为00则指向第0组;为01则指向第1组;为10则指向第2组;为11则指向第3组。

**39. 程序状态寄存器PSW的作用是什么?常用状态有哪些位?作用是什么?**

答　程序状态字寄存器PSW主要用于保存程序运行中的各种状态信息。各位功能如下:

CY(PSW·7)为进位标志。在进行加或减运算中,表示有无进位或借位。位操作时,又可认为是位累加器。

AC(PSW·6)为辅助进位标志。加或减操作中,表示低4位数向高4位有无进位或借位,以用作BCD码调整的判断位。

F0(PSW·5)为用户标志位。用户可自行定义的一个状态标记。

RS1、RS0(PSW·4 PSW·3)为工作寄存器组指针。用以选择CPU当前工作寄存器组。

OV(PSW·2)为溢出标志。算术运算时,表示是否溢出。

F1(PSW·1)为用户标志位。同F0。

P(PSW·0)为奇偶标志位。表示累加器A中"1"的位数的奇偶数。该位多用作串行通信中的奇偶检验。

**40. 位地址7CH与字节地址7CH如何区别?位地址7CH具体在片内RAM中什么位置?**

答　字节地址是片内RAM的单元地址,而位地址是片内RAM单元中的某一位。7CH字节地址为RAM的7CH单元,而7CH位地址是RAM 2FH单元中的D4位。

**41. MCS-51单片机的时钟周期与振荡周期之间有什么关系?一个机器周期的时序如何划分?**

答　时钟周期为最基本的时间单位。机器周期则是完成某一个规定操作所需的时间。一个机器周期为6个时钟周期,共12个振荡周期,依次可表示为S1P1、S1P2、…、S6P1、S6P2,即一个时钟周期包含有二个振荡周期。

**42. MCS-51单片机有几种复位方法?应注意什么事项?**

答　单片机的复位有上电自动复位和按钮手动复位两种。使用时应注意:上电复位的最短时间应保证为振荡周期建立时间加上两个机器周期的时间。当单片机运行程序出错或进入死循环时,可用按钮复位来重新启动。

**43. MCS-51单片机内部包含哪些主要逻辑功能部件?**

答　89C51单片机主要由下列部件组成:一个8位CPU、一个片内振荡器及时钟电路、4 KB Flash ROM程序存储器、256 B RAM、2个16位定时/计数器、可寻址64 KB片外数据存储器和64 KB片外程序存储器空间的控制电路、4个8位并行I/O端口及一个可编程全双工串行接口。

**44. MCS-51单片机的存储器从物理结构上和逻辑上分别可划分为几个空间?**

答　MCS-51系列单片机的存储器配置从物理结构上可分为:片内程序存储

器、片外程序存储器、片内数据存储器、片外数据存储器。从逻辑上可分为:片内外统一编址的64 KB程序存储器、片内256 B数据存储器以及片外64 KB数据存储器。

**45. 存储器中有几个具有特殊功能的单元?分别作什么用?**

答 MCS-51系列单片机的存储器中有6个保留特殊功能的单元,其中0000H为复位入口、0003H为外部中断0矢量入口、000BH为T0溢出中断入口、0013H为外部中断1矢量入口、001BH为T1溢出中断入口、0023H为串行接口中断入口。

**46. MCS-51单片机片内256 B的数据存储器可分为几个区?分别作什么用?**

答 MCS-51单片机片内数据存储器可分为两个区:00H~7FH单元组成的低128 B的片内RAM区,80H~FFH单元组成的高128 B的专用寄存器区。其中低128 B的RAM区又分为:00H~1FH单元为工作寄存器区,20H~2FH单元为位寻址区以及30H~7FH单元为用户RAM区。工作寄存器区可作通用寄存器用,用户RAM区可作堆栈和数据缓冲用。专用寄存器区又称特殊功能寄存器。

**47. 为什么MCS-51单片机的程序存储器和数据存储器共处同一地址空间而不会发生总线冲突?**

答 访问不同存储器,使用不同的指令。如访问ROM用MOVC,访问片内RAM则用MOV,片外RAM用MOVX。不同的指令控制信号有所不同,故可避免总线冲突。

**48. MCS-51单片机的P0~P3四个I/O端口在结构上有何异同?使用时应注意什么事项?**

答 MCS-51单片机的四个端口在结构上的相同之处:P0~P3都是准双向I/O口,作输入时,必须先向相应端口的锁存器写入"1"。不同之处:P0口的输出级与P1~P3口不相同,它无内部上拉电阻,不能输出拉电流,而P1~P3则带内部上拉电阻,可以输出拉电流。

当P0口作通用I/O口输出使用时,需外接上拉电阻才可输出高电平;但作地址/数据总线时,不需要外接上拉电阻。P1~P3口作I/O输出时,均不需外接上拉电阻。

**49. MCS-51单片机有几种低功耗方式?如何实现?**

答 MCS-51单片机有两种低功耗方式:分别为待机(休闲)方式和掉电方式。

置PCON中的D0位(即IDL)为"1",单片机即进入待机方式;置D1位(即PD)为"1",则进入掉电方式。

**50. 试说明指令CJNE @R1,#7AH,10H的作用。若本指令地址为8100H,其转移地址是多少?**

答 CJNE @R1,#7AH,10H指令是R1间址单元的内容与一个立即数进行比较。

当((R1))=7AH时:(PC)+3→PC,0→CY

当((R1))>7AH时:(PC)+3+10H→PC,0→CY

当((R1))＜7AH 时：(PC)＋3＋10H→PC,1→CY

若本指令地址为 8100H，其转移地址为：目的地址＝8100H＋3＋10H＝8113H。

**51. 如何将 89C51 当 80C31 使用？**

答　把 89C51 的 $\overline{EA}$ 引脚接地，片外扩接 EPROM 芯片，就等于宣布片内 ROM 作废，完全执行片外 EPROM 中的程序。这样，89C51 就可当 80C31 使用。

**52. 程序存储器的 0543H 和 0544H 两单元中存有一条 AJMP 指令。若其代码为 E165H，则目的地址等于什么？**

答　AJMP 指令目的地址的高 5 位来自程序计数器 PC 的高 5 位。在把这条指令的两个字节从程序存储器取出并送入指令寄存器 IR 中去之后，PC 内容加 2，由原来的 0543H 变成了 0545H。其高 5 位为 00000B，目的地址的低 11 位为操作码的高 3 位与指令第二个字节的有序组合。指令代码第一个字节是 E1H，其高 3 位等于 111B；第二个字节为 65H。因此这条 AJMP 指令的目的地址等于 0765H。

**53. 某 CJNE 指令代码的第一个字节位于 0800H 单元，其跳转目的地址为 07E2H，试问(0802H)＝？**

答　CJNE 指令代码含 3 B，其中第 3 个字节为偏移量，这题的意思就是要求算出偏移量来。执行此指令时(PC)＝0803H，目的地址为 07E2H，故偏移量等于 07E2H－0803H＝FFDFH，8 位偏移量为 DFH，即(0802H)＝DFH。

**54. DJN2　R7，LABEL 指令的代码为 DF0FH。若该指令的第一个字节位于 0800H 单元，则标号 LABEL 所代表的目的地址等于什么？**

答　执行这条 DJNZ 指令时，(PC)＝0802H。指令代码中的第 2 个字节 DFH 为偏移量。目的地址等于 PC 值与偏移量的代数和。但应注意，求两者的代数和时，偏移量应扩展成 16 位。扩展的原则是：若 8 位偏移量为正数，则前面加 00H；若为负数，则前面加 FFH。这里的 8 位偏移量 DFH 是负数，所以其 16 位形式为 FFDFH。最后求得目的地址＝0802H＋FFDFH＝07E1H。

**55. 读下面一段程序，并以简单方法对它进行改写，限用 5 条指令。**

```
MOV   R0,#21H        MOV   A,20H
MOV   A,20H          SWAP  A
ANL   A,#0FH         ANL   A,#0FH
MOV   @R0,A          MOV   @R0,A
INC   R0
```

答　这段程序的任务是把片内 RAM 20H 单元的内容分解成高 4 位和低 4 位，低 4 位存入 21H 单元，高 4 位存入 22H 单元。可以认为这是把 20H 单元内的数据分成两个十六进制位或两个 BCD 位。这可用除法进行：

```
MOV  A,20H        ;取数
MOV  B,#10H       ;除数为 16
DIV  AB           ;分离十六进制位
```

```
MOV   21H,B          ;存低位
MOV   22H,A          ;存高位
```

**56. 执行过某 LCALL 指令后,堆栈的内容如图 12-1 所示。试问:这条 LCALL 指令的首地址是多少?它执行前 SP 的内容等于多少?子程序中两条保护现场指令依次是什么?**

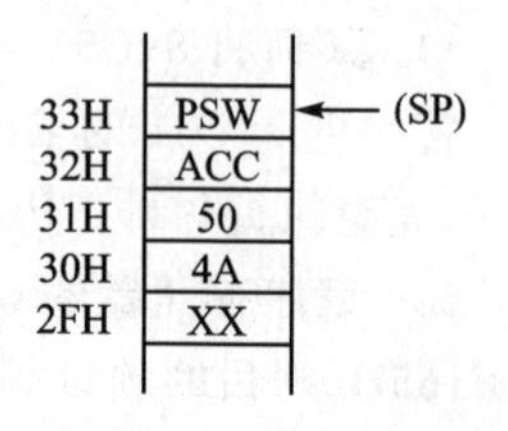


**图 12-1　题 56 堆栈内容**
**(题图 11-1)**

答　从堆栈的内容看,返回地址为 504AH。LCALL 指令代码含 3 B,故这条 LCALL 指令的首地址等于 504AH－3＝5047H。这条指令执行前,(SP)＝2FH。子程序中两条保护现场的指令依次是 PUSH ACC 和 PUSH PSW。

**57. 用一条什么指令可以取代下列 4 条指令?**

```
MOV    DPTR,#1234H
PUSH   DPL
PUSH   DPH
RET
```

答　这 4 条指令的任务是要转移到目的地址 1234H 去,所以可用一条 LJMP 1234H 指令来取代它们。

## 12.5　计算题解答

**1. $X_1=-1111101$, $X_2=+110$, 求: $X_1-X_2=$?**

解　$X_1-X_2=[(X_1-X_2)_{补}]_{补}=[[X_1]_{补}+[-X_2]_{补}]_{补}$

$[X_1]_{补}=[11111101]_{补}=10000011$(－125 的补码)

$[X_2]_{补}=[00000110]_{补}=00000110$

$[-X_2]_{补}=11111010$(－6 的补码,除符号位外其余位求反加 1)

$$
\begin{array}{lr}
[X_1]_{补} & 10000011 \\
[-X_2]_{补} & +\ 11111010 \\
\hline
[X_1-X_2]_{补} & \boxed{1}\ 01111101
\end{array}
$$

↑ 模自动丢失

溢出判断:OV＝0⊕1＝1,有溢出,结果错误。本题中有经过符号位的进位,这是模的自动丢失,不影响运算结果。它的结果错误在于运算结果超出范围(－128～＋127)而产生了溢出所致。

**2. 求±68 的补码以及补码 C9H 的真值。**

**解**　① 已知真值求补码，要根据“正数不变，负数求绝对值之补”的方法来操作。

所以，对＋68，其补码就是它本身的二进制码，可轻松求出为 44H；而对－68，则应当先求其绝对值之补码（即 01000100B 或 44H 之补，请注意数据要保持 1B 长度！）为 10111100B 或 BCH。

② 已知补码求真值，要根据“正码不变，负码求补，补后勿忘添负号”的方法来操作。

所以，对补码 C9H，首先要判断它的正负性，因其最高符号位为“1”，属负数，所以应该再次求补以得到真值的绝对值，C9H 之补数为 100H－C9H（或 FFH－C9H＋1）＝37H＝55，然后勿忘给 55 添上负号，即 C9H＝－55。

**3. (A)＝3BH，执行 ANL　A，#9EH 指令后，(A)＝？(CY)＝？**

**解**
```
      0011  1011
  ∧   1001  1110
  ──────────────
      0001  1010      (A)=1AH,(CY)不受影响
```

**4. JNZ　rel 为 2B 指令，放于 1308H，转移目标地址是 134AH，求偏移量 rel＝？**

**解**　rel＝目标地址－源地址－2＝134AH－1308H－2＝40H

**5. 若(A)＝C3H，(R0)＝AAH，执行 ADD　A，R0 后，(A)＝？(CY)＝？(OV)＝？(AC)＝？**

**解**
```
      1100  0011
   +  1010  1010
  ──────────────
    1 0110  1101
     1 0
```

所以　(A)＝6DH，(CY)＝1

$(OV)=C_6 \oplus C_7=1$

(AC)＝0

**6. 若(A)＝50H，(B)＝A0H，执行 MUL　AB 后，(A)＝？(B)＝？(OV)＝？(CY)＝？**

**解**　$5\times16\times10\times16=5\times10\times16^2=50\times16^2=3200H$

所以(A)＝00H，(B)＝32H，(OV)＝1，CY＝0（总为 0）（乘积大于 255，OV＝1）

**7. SJMP　OE7H 为 2B 指令，放于 F010H，目标地址＝？**

**解**　目标地址＝源地址＋2＋偏移量　（源地址＋2 为当前 PC）

偏移量 rel 是 8 位有符号的数，源地址是 16 位二进制数，相加时，偏移量 rel 应进行符号扩展。rel 为正数（00H～7FH），高 8 位扩展 00H；rel 为负数（80H～FFH），高 8 位扩展 FFH。所以，目标地址＝F010H＋2＋FFE7H＝EFF9H。

```
      F012
  +   FFE7
  ──────────  相加时产生进位
  [1] EFF9    进位位丢弃
```

**8. 晶振 $f_{osc}$=6 MHz,T0 工作在模式1,最大定时=?**

解　$T=(2^{16}-\text{初值})\times\frac{1}{f_{OSC}}\times12=(65\ 536-0)\times\frac{1}{6}\times10^{-6}\times12\ \mu s=131\ 072\ \mu s=131\ ms$

# 12.6　阅读并分析程序题解答

**1. 位地址为 M、N、Y,程序如下:**

答
```
MOV   C, M       ;(M)→C
ANL   C, /N      ;(M)·(/N)→C
MOV   Y, C       ;(Y)=(M)·(/N)
MOV   C, M       ;(M)→C
ANL   C, N       ;(M)·(N)→C
ORL   C, Y       ;(M)·(/N)+(M)·(N)
MOV   Y, C       ;(Y)=(M)·(/N)+(M)·(N)
```

程序功能表达式:

$(Y)=(M)\cdot(\overline{N})+(M)\cdot(N)$

**2. 程序如下:**

```
2506H    M5:   MOV    SP,#58H;
2509H          MOV    10H,#0FH;
250CH          MOV    11H,#0BH;
250FH          ACALL  XHD;(PC)+2→PC, { (SP)+1→SP,(PC0~PC7)→(SP)
                                       (SP)+1→SP,(PC8~PC15)→(SP)
                                       addr10~0→PC
2511H          MOV    20H,11H
2514H    M5A:  SJMP   M5A
         XHD:  PUSH   10H
               PUSH   11H
               POP    10H
               POP    11H
               RET
```

**问:(1) 执行 POP 10H 后堆栈内容?**

**(2) 执行 M5A:SJMP M5A 后,(SP)=? (20H)=?**

答

|  |  |
|---|---|
| 5C | 0B |
| 5B | 0F |
| 5A | 25 |
| SP→ 59 | 11 |
| 58 | |

① 执行 ACALL 指令时:PC+2→PC:

(SP)+1→SP PC0～PC7→(SP)

(SP)+1→SP PC8～PC15→(SP)

② 子程序返回时,断点地址弹出,SP=58H

所以 (1) 执行 POP 10H 后,堆栈内容如左图所示。

(2) 执行 M5A:SJMP M5A 后,(SP)=58H,(20H)=0FH

**3. 程序存储器空间表格如下:**

| 地址 | 2000H | 2001H | 2002H | 2003H | … |
|---|---|---|---|---|---|
| 内容 | 3FH | 06H | 5BH | 4FH | … |

**已知:片内 RAM 的 20H 中为 01H,执行下列程序后(30H)=?**

```
       MOV    A,20H              ;01H→A
       INC    A                  ;01H+1=02H→A
       MOV    DPTR,#2000H        ;2000H→DPTR
       MOVC   A,@A+DPTR          ;(2000H+2)=5BH→A
       CPL    A                  ;5BH 求反等于 A4H
       MOV    30H,A              ;A4H→(30H)
END:   SJMP   END
```

答 执行程序后,(30H)=A4H。

**4. (R0)=4BH,(A)=84H,片内 RAM(4BH)=7FH,(40H)=20H**

```
MOV  A,@R0      ;7FH→A
MOV  @R0,40H    ;20H→4BH
MOV  40H,A      ;7FH→40H
MOV  R0,#35H
```

**问执行程序后,R0、A 和 4BH、40H 单元内容的变化如何?**

答 程序执行后(R0)=35H,(A)=7FH,(4BH)=20H,(40H)=7FH。

**5. 设 R0=20H,R1=25H,(20H)=80H,(21H)=90H,(22H)=A0H,(25H)=A0H,(26H)=6FH,(27H)=76H,下列程序执行后,结果如何?**

```
        CLR    C
        MOV    R2,#3
LOOP:   MOV    A,@R0
```

```
        ADDC    A,@R1
        MOV     @R0,A
        INC     R0
        INC     R1
        DJNZ    R2,LOOP
        JNC     NEXT
        MOV     @R0,#01H
        SJMP    $
NEXT:   DEC     R0
        SJMP    $
```

答 (20H)=<u>20H</u>、(21H)=<u>00H</u>、(22H)=<u>17H</u>、(23H)=<u>01H</u>、CY=<u>1</u>、A=<u>17H</u>、R0=<u>23H</u>、R1=<u>28H</u>

**6. 阅读下列程序段并回答问题。**

```
CLR     C
MOV     A,#9AH
SUBB    A,60H
ADD     A,61H
DA      A
MOV     62H,A
```

**(1) 请问该程序执行何种操作?**

**(2) 已知初值:(60H)=23H,(61H)=61H,请问运行后:(62H)=________?**

答

(1) 操作是单字节 BCD 码运算,是将(61H)-(60H)→62H

(2) (62H)=<u>38H</u>。

**7. 解读下列程序,然后填写有关寄存器内容。**

**(1)**

```
        MOV     R1,#48H
        MOV     48H,#51H
        CJNE    @R1,#51H,00H
        JNC     NEXT1
        MOV     A,#0FFH
        SJMP    NEXT2
NEXT1:  MOV     A,#0AAH
NEXT2:  SJMP    NEXT2
累加器   A=( )
```

(2)

```
        MOV     A,#0FBH
        MOV     PSW,#10H
        ADD     A,#7FH
```

答

(1)

```
            MOV    R1,#48H          ;48H→R1
            MOV    48H,#51H         ;51H→(48H)
            CJNE   @R1,#51H,00H     ;(R1)与#51H相比,相等,顺序执行
            JNC    NEXT1            ;没借位转,NEXT1
            MOV    A,#0FFH          ;有借位,FFH→A
            SJMP   NEXT2
    NEXT1:  MOV    A,#0AAH          ;0AAH→A
    NEXT2:  SJMP   NEXT2
```

累加器　A=(0AAH)

(2)

```
            MOV    A,#0FBH
            MOV    PSW,#10H         ;00010000→PSW
            ADD    A,#7FH
```

由

```
      11111011
  +   01111111
  ------------
  1   01111010
```

所以,有进位 CY=1;$C_6 \oplus C_7 = 1 \oplus 1 = 0$,OV=0;A 中有奇数个 1,P=1;有辅助进位位 AC=1

若 PSW=00,当执行完上述程序段后,将 PSW 各位状态填入下表:

| PSW | CY | AC | F0 | RS1 | RS0 | OV | F1 | P |
|---|---|---|---|---|---|---|---|---|
| | 1 | 1 | 0 | 1 | 0 | 0 | 0 | 1 |

**8. 分析程序段:**

```
CLR    C
MOV    A,#9AH
SUBB   A,60H        ;求60H内的BCD数的补数,9AH-24H=76H
ADD    A,61H        ;76H+72H=E8H
DA     A            ;CY=1、A=48H
MOV    62H,A
```

答　根据 9AH=99+1 的特殊性,该程序功能为单字节 BCD 数减法运算,即完成的是(61H)-(60H)→(62H)。所以运行后,(62H)=48H,意即 72-24=48。

**9. 设(R0)=7EH,DPTR=10FEH,片内 RAM 7EH 和 7FH 两单元的内容分别是 FFH 和 38H,请写出下列程序段的每条指令的执行结果。**

```
INC    @R0
INC    R0
```

```
INC   @R0
INC   DPTR
INC   DPTR
INC   DPTR
```

答 (1)(7EH)=00H

(2)R0=7FH

(3)(7FH)=39H

(4)DPTR=10FFH

(5)DPTR=1100H

(6)DPTR=1101H

**10. 设片内 RAM 中(59H)=50H,执行下列程序段。**

```
MOV  A,59H
MOV  R0,A
MOV  A,#0
MOV  @R0,A
MOV  A,#25H
MOV  51H,A
MOV  52H,#70H
```

答 A=25H,(50H)=0,(51H)=25H,(52H)=70H。

## 12.7 编程题解答

**1. 编一个子程序,将寄存器 R0 中的内容×10(积<256)。**

解
```
STRAT:  MOV    A,R0
        MOV    B,#10
        MUL    AB
        MOV    R0,A
        RET
```

**2. 编程将片内 RAM 30H 单元开始的 15 B 的数据传送到片外 RAM 3000H 开始的单元中去。**

解
```
STRAT:  MOV    R0,#30H
        MOV    R7,#0FH
        MOV    DPTR,#3000H
LOOP:   MOV    A,@R0
        MOVX   @DPTR,A
        INC    R0
        INC    DPTR
```

```
        DJNZ    R7,LOOP
        RET
```

**3. 用查表法编写一个子程序,将 40H 单元中的 BCD 码转换成 ASCII 码。**

解
```
START:  MOV     A,40H
        MOV     DPTR,#TAB
        MOVC    A,@A+DPTR
        MOV     40H,A
        RET
TAB     DB      30H,31H,32H,33H,34H
        DB      35H,36H,37H,38H,39H
```

**4. 片内 RAM 50H、51H 单元中有一个 2 B 的二进制数,高位在前,低位在后,请编程将其求补,存回原单元中去。**

解
```
START:  CLR     C
        MOV     A,51H
        CPL     A
        ADD     A,#01H
        MOV     51H,A
        MOV     A,50H
        CPL     A
        ADDC    A,#00H
        MOV     50H,A
        RET
```

**5. 片内 RAM 30H 开始的单元中有 10 B 的二进制数,请编程求它们的和(和<256)。**

解
```
ADDIO:  MOV     R0,30H
        MOV     R7,#9
        MOV     A,@R0
LOOP:   INC     R0
        ADD     A,@R0
        DJNZ    R7,LOOP
        MOV     30H,A
        RET
```

**6. R1 中存有一个 BCD 码,请编程将它转换成 ASCII 码,存入外 RAM 1000H 单元中。**

解
```
RIB-AI: MOV     A,R1
        ORL     A,#30H  (也可以 ADD A,#30H)
        MOV     DPTR,#1000H
        MOVX    @DPTR,A
```

```
        RET
```

**7. 编一个程序,将累加器中的一个字符从串行接口发送出去。**

解
```
SOUT:   MOV     SCON,#40H           ;设置串行接口为工作方式1
        MOV     TMOD,#20H           ;定时器T1工作于模式2
        MOV     TL1,#0E8H;          ;设置波特率为1200 b/s
        MOV     TH1,#0E8H
        SETB    TR1
        MOV     SBUF,A
        JNB     TI,$
        CLR     TI
        RET
```

**8. 片外RAM　2000H开始的单元中有5 B的数据,编程将它们传送到片内RAM 20H开始的单元中去。**

解
```
CARY:   MOV     DPTR,#2000H
        MOV     R0,#20H
        MOV     R3,#05H
NEXT:   MOVX    A,@DPTR
        MOV     @R0,A
        INC     DPTR
        INC     R0
        DJNZ    R3,NEXT
        RET
```

**9. 用查表法编一个子程序,将R3中的BCD码转换成ASCII码。**

解
```
MAIN:   MOV     A,R3                ;待转换的数送A
        MOV     DPTR,#TAB           ;表首地址送DPTR
        MOVC    A,@A+DPTR           ;查ASCII码表
        MOV     R3,A                ;查表结果送R3
        RET
TAB     DB      30H,31H,32H,33H,34H
        DB      35H,36H,37H,38H,39H
```

**10. 片内RAM 40H开始的单元内有10 B的二进制数,编程找出其中最大值并存于50H单元中。**

解
```
START:  MOV     R0,#40H             ;数据块首地址送R0
        MOV     R7,#09H             ;比较次数送R7
        MOV     A,@R0               ;取数送A
LOOP:   INC     R0
        MOV     30H,@R0             ;取数送30H
        CJNE    A,30H,NEXT          ;(A)与(30H)相比
```

```
NEXT：  JNC     BIE1              (A)≥(30H)转 BIE1
        MOV     A,30H             ;(A)<(30H),大数送 A
BIE1：  DJNZ    R7,LOOP           ;比较次数减 1,不为 0,继续比较
        MOV     50H,A             ;比较结束,大数送 50H
        RET
```

**11. 编程将片外 RAM 3000H 开始的 20 B 数据传送到片内 RAM 30H 开始的单元中去。**

解

```
START： MOV     DPTR,#3000H
        MOV     R7,#20
        MOV     R0,#30H
LOOP：  MOVX    A,@DPTR
        MOV     @R0,A
        INC     DPTR
        INC     R0
        DJNZ    R7,LOOP
        RET
```

**12. 编程将 R1、R2 中的 16 位二进制数增 1 后送回原单元(高位在 R1 中)。**

解

```
START： MOV     A,R2
        ADD     A,#01H
        MOV     R2,A
        MOV     A,R1
        ADDC    A,#00H
        MOV     R1,A
        RET
```

**13. 编程将片内 RAM 40H 开始的单元存放的 10 B 的二进制数传送到片外 RAM 4000H 开始的单元中去。**

解

```
START： MOV     R0,#40H
        MOV     R7,#0AH
        MOV     DPTR,#4000H
LOOP：  MOV     A,@R0
        MOVX    @DPTR,A
        INC     R0
        INC     DPTR
        DJNZ    R7,LOOP
        RET
```

**14. 编一子程序,从串行接口接收一个字符。**

解

```
START： MOV     TMOD,#20H         ;定时器 T1 工作于模式 2
        MOV     TH1,#0E8H         ;设置波特率为 1 200 b/s
```

```
        MOV     TL1,#0E8H
        SETB    TR1                 ;启动T1
        MOV     SCON,#50H           ;串行接口工作于方式1,允许接收
L1:     JNB     RI,L1               ;等待接收数据,未接收到数据,
                                    ;继续等待
        CLR     RI                  ;接收到数据,清RI
        MOV     A,SBUF              ;接收到的数据送A
        RET
```

**15. 编写将30H和31H单元中2 B的二进制数乘2的子程序(积<65536)。**

解
```
START:  CLR     C
        MOV     A,31H
        RLC     A
        MOV     31H,A
        MOV     A,30H
        RLC     A
        MOV     30H,A
        RET
```

**16. 片外RAM 2000H单元中有一BCD码,编程将其转换成ASCII码。**

解
```
START:  MOV     DPTR,#2000H
        MOVX    A,@DPTR
        ADD     A,#30H
        MOVX    @DPTR,A
        RET
```

**17. 试编制单字节BCD数的减法程序。**

解 要实现单字节BCD数的减法,应当设法将减法变为加法后,再使用DA A指令调整。具体操作是:先用模(99+1)H即9AH减去减数,得到其补数,再与被减数进行加法操作,然后再用DA A调整。

假设被减数放在片内RAM的60H单元,减数放在61H单元,差值放入62H单元。

程序如下:

```
CLR     C
MOV     A,#9AH
SUBB    A,61H                       ;对(61H)内的BCD码求十进制补数
ADD     A,60H
DA      A                           ;对和数(其实是差值)进行调整
MOV     62H,A
RET
```

例如,当初值为(60H)=61,(61H)=23时,运行结果将是:(62H)=38。

**18. 利用调子程序的方法，进行两个 4 B 无符号数相加。请编主程序及子程序。**

**解**　用 R0 和 R1 作数据指针，R0 指向第一个加数，并兼作“和”的指针，R1 指向另一个加数，字节数存放到 R2 中作计数初值。

主程序：

```
JAFA：  MOV     R0，#20H          ;指向加数最低字节
        MOV     R1，#29H          ;指向另一加数最低字节
        MOV     R2，#04H          ;字节数作计数值
        ACALL   JASUB             ;调用加法子程序
        AJMP    $
        RET
```

多字节加法子程序：

```
JASUB：  CLR     C
JASUB1： MOV     A，@R0            ;取出加数的一个字节(4 B无符号数加法)
         ADDC    A，@R1            ;加上另一数的一个字节
         MOV     @R0，A            ;保存和数
         INC     R0                ;指向加数的高位
         INC     R1                ;指向另一加数的高位
         DJNZ    R2，JASUB1        ;全部加完了吗？
         RET
```

**19. 若图 12－2 中的数据为无符号数，将数据中的最大值送 A。编程并注释。**

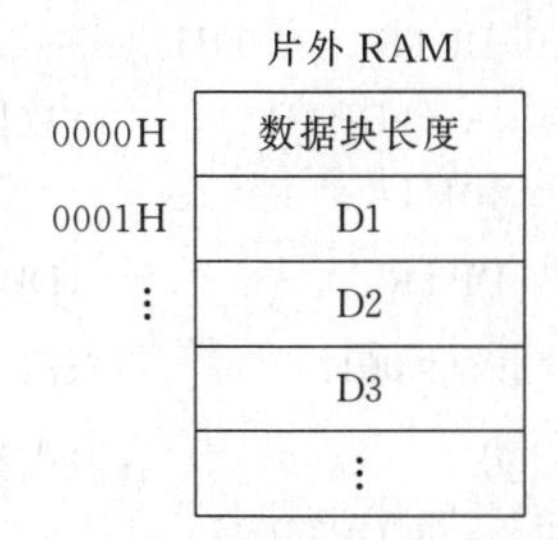


**图 12－2　片外 RAM 中的数据块(题图 11－2)**

解

```
START：  MOV     DPTR，#0000H  }
         MOVX    A，@DPTR      }  ;取数据块长度→10H
         MOV     10H，A        }
         MOV     B，#00H          ;#00H→B
         MOV     DPTR，#0001H     ;DPTR 指向第一个数地址
THREE：  MOVX    A，@DPTR         ;取数→A
         CJNE    A，B，ONE        ;(A)(B)两数相比
ONE：    JC      TWO              ;(A)<(B)转 TWO，不变
         XCH     A，B             ;(A)≥(B)；大数→B
```

```
TWO:  INC    DPTR            ;地址指针加1
      DJNZ   10H,THREE       ;数据块长度减1,不等于0继续比较
      MOV    A,B             ;最大值由B→A
      RET
```

**20. 若图11-2数据块是有符号数,求正数个数。编程并注释。**

解

```
        ORG    0030H
START:  MOV    20H,#00H        ;计正数个数计数器
        MOV    DPTR,#0000H  ┐
        MOVX   A,@DPTR      │  ;数据块长度→10H
        MOV    10H,A        ┘
        MOV    DPTR,#0001H     ;DPTR指向第一个数的地址
TWO:    MOVX   A,@DPTR         ;取数→A
        JB     ACC.7,ONE       ;是负数转ONE,准备取下一个数
        INC    20H             ;是正数,正数计数器加1
ONE:    INC    DPTR            ;地址指针加1
        DJNZ   10H,TWO         ;数据块长度减1不等于0,继续寻找
        RET
```

**21. 若图12-2数据块为无符号数,求其累加和(设和不超过8位)。编程并注释。**

解

```
        ORG    0030H
START:  MOV    DPTR,#0000H  ┐
        MOVX   A,@DPTR      │  ;数据块长度→10H
        MOV    10H,A        ┘
        INC    DPTR            ;DPTR指向第一个数地址
        MOV    A,#00H          ;清A,A为累加和
ONE:    PUSH   A               ;A入栈
        MOVX   A,@DPTR      ┐  ;取数→20H
        MOV    20H,A        ┘
        POP    A               ;出栈到A
        ADD    A,20H           ;累加
        INC    DPTR            ;地址指针加1
        DJNZ   10H,ONE         ;数据块长度减1,没加空继续
        RET
```

**22. 已知20H单元有一位十进制数,通过查表找出与其对应的共阴七段码,并存于30H单元。若20H单元的数大于或等于0AH,将FF装入30H单元。**

**在ROM中存储的共阴七段码表如下:**

| 表格地址 | 七段码 | 表格地址 | 七段码 |
|---|---|---|---|
| 2000 | 3F | 2005 | 6D |
| 2001 | 06 | 2006 | 7D |
| 2002 | 5B | 2007 | 07 |
| 2003 | 4F | 2008 | 7F |
| 2004 | 66 | 2009 | 6F |

解

```
TABLE:  MOV    A,20H              ;(20H)→A
        CJNE   A,#0AH,NEXT        ;A与0AH比较,不相等转移
NEXT:   JC     LED                ;A<0AH转移
        MOV    30H,#0FFH          ;A≥0AH,则FF→30H
        SJMP   ENDD               ;转结束
LED:    MOV    DPTR,#2000H        ;表首地址→DPTR
        MOVC   A,@A+DPTR          ;查表
        MOV    30H,A              ;查表结果→30H
ENDD:   SJMP   ENDD               ;结束
```

**23. 将片外 RAM 空间 2000H～200AH 中的数据高 4 位变零,低 4 位不变,原址存放。**

解

```
        ORG    1000H
START:  MOV    DPTR,#2000H        ;设置数据指针 }
        MOV    10H,#0BH           ;设置计数单元 } 设置初值
LOOP:   MOVX   A,@DPTR            ;读数据              }
        ANL    A,#0FH             ;屏蔽高4位,低4位不变 }
        MOVX   @DPTR,A            ;回传至原单元        } 循环体
        INC    DPTR               ;指针加1             }
        DJNZ   10H,LOOP           ;没处理完,转移(修改控制变量,
                                  ;循环终止控制)
        RET
```

**24. 将累加器 A 和状态寄存器内容压入堆栈保护,然后再恢复 A 和状态寄存器内容。**

解

```
        ORG    1000H
START:  PUSH   A                  ;A→堆栈
        PUSH   PSW                ;PSW→堆栈
        ⋮                         ⋮
        POP    PSW                ;堆栈→PSW
        POP    A                  ;堆栈→A
        RET
```

**25. 求片外 RAM 3000H、3001H 单元数据的平均值,并传送给 3002H 单元。**

解
```
MOV   DPTR,#3000H     ;设置第一个数据地址指针
MOVX  A,@DPTR         ;取第一个数据
MOV   R0,A            ;将第一个数据送R0
INC   DPTR            ;设置第二个数据地址指针
MOVX  A,@DPTR         ;取第二个数据
ADD   A,R0            ;两个数据相加
RRC   A               ;带进位C右移一位,相当除以2
INC   DPTR            ;设置结果单元地址指针
MOVX  @DPTR,A         ;存平均值
RET
```

**26. 分别写出实现如下功能的程序段。**

**(1) 将片内RAM 30H的中间4位,31H的低2位,32H的高2位按序拼成一个新字节,存入33H单元。**

**(2) 将DPTR中间8位取反,其余位不变。**

解
```
(1) MOV   A,30H
    ANL   A,#3CH      ;30H的中间4位送A
    RL    A           ;将中间4位移至高4位
    RL    A
    MOV   33H,A
    ANL   31H,#3      ;取31H的低2位,高6位为0
    ANL   32H,#0C0H   ;取32H的高2位,低6位为0
    MOV   A,31H       ;31H的低2位送A
    ORL   A,32H       ;32H的高2位放入A的高2位,A的中间4位为0
    RL    A           ;将31H的低2位、32H的高2位移至A的低4位
    RL    A
    ORL   33H,A       ;将31H的低2位、32H的高2位拼入33H中
(2) XRL   DPH,#0FH
    XRL   DPL,#0F0H
```

**27. 写出达到下列要求的指令(不能改变各未涉及位的内容)。**

**(1) 使A的最低位置1。**

**(2) 清除A的高4位。**

**(3) 使ACC.2和ACC.3置1。**

**(4) 清除A的中间4位。**

解　(1) SETB ACC.0 或 ORL A,#1

(2) ANL A,#0FH

(3) ORL A,#0CH

(4) ANL A,#0C3H

**28. 有一段程序如下：**

| 地址码 | 机器码 | 标号 | 汇编助记符 |
|---|---|---|---|
| 200AH | E8 | CHAR: | MOV A,R0 |
| …… | …… | …… | …… |
| 2010H | 80 rel | | SJMP CHAR |

**(1) 计算指令“SJMP CHAR”的相对偏移量 rel 的值(十六进制机器码形式)。**

**(2) 指出相对偏移量值 rel 所在的地址单元。**

解　相对偏移量的计算方法有两种，一种是偏移量＝转移地址－(相对转移指令地址＋相对转移指令字节数)，则本题中的偏移量＝200AH－(2010H＋2)＝FFF8H。另一种是根据转移指令的硬件动作直接计算，即偏移量＝目标地址－下条指令的地址，则本题中的偏移量＝200AH－2012H＝FFF8H。取低 8 位偏移值，rel＝F8H。

从地址码与机器码的对应关系可以明显看出，rel 所在单元是 2011H。

**29. 编写程序将片内 RAM 30H 中的 2 位十进制数转换为 ASCII 码，并存入 31H 和 32H 中。**

解　程序如下：

```
MOV     R0,#30H
MOV     A,@R0
SWAP    A               ;将片内 RAM30H 单元的高位 BCD 数换到低 4 位
ANL     A,#0FH          ;取低位 BCD 数
ORL     A,#30H          ;将 BCD 数转换成 ASCII 码
MOV     31H,A           ;存入片内 RAM 31H 单元中
XCHD    A,@R0           ;将片内 RAM 31H 单元的低位 BCD 数转换成
MOV     32H,A           ;ASCII 码存入片内 RAM 31H 单元中
RET
```

**30. 编写程序段，用 3 种方法实现累加器 A 与寄存器 B 的内容交换。**

解　方法 1　用 1 条指令实现：

```
XCH A,B
```

方法 2　用 3 条指令实现：

```
MOV R0,B
MOV B,A
MOV A,R0
```

方法 3　用 4 条指令实现：

```
PUSH ACC
PUSH B
POP ACC
POP B
```

**31. 将如图 12-3 所示的片外 RAM 中两个无符号数按从小到大顺序排列,编程并注释。**

| | |
|---|---|
| 0000H | D1 |
| 0001H | D2 |

图 12-3 片外 RAM 数据(题图 11-3)

解

```
        ORG    0030H
START:  MOV    DPTR,#0000H
        MOVX   A,@DPTR          ;取第一个数→B
        MOV    B,A
        INC    DPTR             ;地址指针加 1
        MOVX   A,@DPTR          ;取第二个数→A
        CJNE   A,B,ONE          ;(A)和(B)比较
ONE:    JNC    TWO              ;(A)≥B 转 TWO,结束,第一个数小,
                                ;第二个数大
        MOV    DPTR,#0000H      ;(A)<(B),DPTR 指向第一个单元
        MOVX   @DPTR,A          ;(A)→(0000H),较小的数→第一个单元
        XCH    A,B              ;(A)⇌(B),较大的数→A
        INC    DPTR             ;地址指针加 1,指向第二个单元
        MOVX   @DPTR,A          ;较大的数→第二个单元,完成从小到
                                ;大排列
TWO:    SJMP   TWO
```

**32. 编程将一个按高低字节存放在 21H、20H 中的一个双字节数乘 2 后,再按高低次序将结果存放到 22H、21H、20H 单元。**

解

```
        ORG    0030H
        MOV    A,20H
        CLR    C
        RLC    A
        MOV    20H,A
        MOV    A,21H
        RLC    A
        MOV    21H,A
        JNC    NEXT
        MOV    22H,#01
NEXT:   SJMP   $
```

**33. 编程将存放在片外 RAM 1000H、1001H 中的两个数,按大小次序存放到片内 RAM 的 30H、31H 单元。**

解

```
        ORG    0030H
```

```
        MOV     DPTR,1000H
        MOVX    A,@DPTR
        MOV     B,A
        INC     DPTR
        MOVX    A,@DPTR
        CJNE    A,B,00H
        JNC     NEXT1
        MOV     30H,B
        MOV     31H,A
        SJMP    NEXT2
NEXT1:  MOV     30H,A
        MOV     31H,B
NEXT2:  SJMP    NEXT2
```

**34. 多字节减法编程,已知有两个多字节数,从高到低依次存放如下:**

$$X_1 \rightarrow (13H)(12H)(11H)(10H)$$

$$X_2 \rightarrow (23H)(22H)(21H)(20H)$$

**计算 $X_1 - X_2$,差存放在13H、12H、11H、10H中。**

**解**

```
        ORG     0030H
        MOV     R0,#10H
        MOV     R1,#20H
        MOV     R7,#04H
        CLR     C
LOOP:   MOV     A,@R0
        SUBB    A,@R1
        MOV     @R0,A
        DJNZ    R7,LOOP
        RET
```

**35. 计算下面逻辑值(用×表示逻辑乘,用+表示逻辑加)。**

$$\mathbf{P1.0 = P1.1 \times P1.2 + ACC.7 \times C + \overline{PSW.0}}$$

**解**

```
ORG     0030H
MOV     C,P1.1
ANL     C,P1.2
MOV     7FH,C
ANL     C,ACC.7
ORL     C,7FH
ORL     C,/PSW.0
MOV     P1.0,C
RET
```

**36. 在ROM空间建立一个10以内的平方值表,根据R0中的数查出平方值,若平方值超出表的范围则将FF装入A。**

解
```
        ORG     0030H
        MOV     DPTR,#TAB
        MOV     A,R0
        CJNE    A,#10,NEXT
NEXT:   JNC     NEXT1
        MOVC    A,@A+DPTR
        SJMP    NEXT2
NEXT1:  MOV     A,#0FFH
NEXT2:  SJMP    NEXT2
```

**37. 三字节无符号数相加,被加数在片外RAM的2000H～2002H(低位在前)中,加数在片内RAM的20H～22H(低位在前)中,要求把相加之和存放在20H～22H中,请编程。**

解
```
        CLR     C
        MOV     DPTR,#2000H
        MOV     R0,#20H
        MOV     R1,#03H
LOOP:   MOVX    A,@DPTR
        ADDC    A,@R0
        MOV     @R0,A
        INC     R0
        INC     DPTR
        DJNZ    R1,LOOP
        RET
```

**38. 将片内RAM 30H～3FH中的数据按顺序传送到片外RAM 2000H～200FH,请编程。**

解
```
        MOV     R0,#30H
        MOV     DPTR,#2000H
        MOV     R1,#10H
LOOP:   MOV     A,@R0
        MOVX    @DPTR,A
        INC     R0
        INC     DPTR
        DJNZ    R1,LOOP
        RET
```

**39. 列举4条能使累加器A清0的指令。**

解　(1) MOV　A,#00H

（2）XRL　A，ACC

（3）ANL　A，#00H

（4）CLR　A

**40. 已知 A＝7AH，R0＝30H，片内 RAM 30H 单元的内容为 A5H，请问下列程序段执行后，(A)＝?**

**ANL A，#17H**

**ORL 30H，A**

**XRL A，@R0**

**CPL A**

解　因 7AH∧17H＝0111 1010B∧0001 0111B＝0001 0010B＝12H　故 A＝12H

因 A5H∨12H＝1010 0101B∨0001 0010B＝1011 0111B＝B7H　故(30H)＝B7H

因 12H⊕B7H＝0001 0010B⊕1011 0111B＝1010 0101B＝A5H　故 A＝A5H

对 A5H 求反，得 5AH。所以(A)＝5AH。

**41. 编程将片外 RAM 1000～1010H 中的内容传入片内 RAM 以 30H 开始的单元。**

解

```
        ORG     0800H
        MOV     DPTR,#1000H
        MOV     R0,#30H
        MOV     R7,#11H
LOOP:   MOVX    A,@DPTR
        MOV     @R0,A
        INC     R0
        INC     DPTR
        DJNZ    R7,LOOP
        RET
```

**42. 8255A 控制字地址为 300FH，请按：A 口方式 0 输入，B 口方式 1 输出，C 口高位输出、C 口低位输入，确定 8255A 控制字并编写初始化程序。**

解

| 1 | 0 | 0 | 1 | 0 | 1 | 0 | 1 |
|---|---|---|---|---|---|---|---|
| 特征位 | A方式 | | A口 | 上C口 | B方式 | B口 | 下C口 |

输入：1
输出：0

控制字为　10010101＝95H

初始化程序：MOV　DPTR，#300FH

```
        MOV     A,#95H
        MOVX    @DPTR,A
```

**43. 复位后,跳过中断区,重新设置堆栈,并将工作寄存器切换至3区。**

解

```
ORG     0000H
LJMP    0030H
ORG     0030H
MOV     SP,#60H
SETB    RS1
SETB    RS0
RET
```

**44. 在片外RAM空间有一个数据块,如图12-4所示。**

|  |  |
| --- | --- |
| 1000H | 数据块长度 |
| 1001H | $X_1$ |
| 1002H | $X_2$ |
| 1003H | $X_3$ |
|  | … |

**图12-4　数据块(题图11-4)**

**(1) 若该数据块为无符号数,求该数据块中数据的最小值,并存放于片内RAM 20H单元。**

解

```
        ORG     0030H
        MOV     DPTR,#1000H
        MOVX    A,@DPTR
        MOV     R7,A
        INC     DPTR
        CLR     C
        MOV     20H,#00H
LOOP:   MOVX    A,@DPTR
        CJNE    A,20H,00H
        JNC     NEXT
        MOV     20H,A
NEXT:   INC     DPTR
        DJNZ    R7,LOOP
        RET
```

**(2) 若该数据块是有符号数,求正数、负数和0的个数,并将它们的个数分别存到12H、11H、10H单元中。**

解

```
        ORG     0030H
        MOV     DPTR,#1000H
```

```
            MOVX   A,@DPTR
            MOV    R7,A
            MOV    12H,#00H
            MOV    11H,#00H
            MOV    10H,#00H
L2:         INC    DPTR
            MOVX   A,@DPTR
            JZ     NEXT1
            JB     ACC.7,NEXT2
            INC    12H
            SJMP   L1
NEXT1:      INC    10H
            SJMP   L1
NEXT2:      INC    11H
L1:         DJNZ   R7,L2
            RET
```

**45. 编写一个软件延时 1 s 和 1 min 的子程序。设 $f_{OSC}=6$ MHz,则 1 个机器周期=2 μs。**

**解**　(1) $1\ \text{s}=2\ \mu\text{s}\times5\times10^5$

$$5\times10^5=500000=250\times2000=250\times200\times10$$

所以:要编写三重循环。

```
        ORG    1000H
TIME:   MOV    R7,#10
T3:     MOV    R6,#200
T2:     MOV    R5,#250
T1:     DJNZ   R5,T1
        DJNZ   R6,T2
        DJNZ   R7,T3
        RET
```

(2) 1 min=60 s,调用上面 1 s 子程序 60 次。

```
        ORG    0030H
        MOV    R0,#60
LOOP:   LCALL  TIME
        DJNZ   R0,LOOP
        RET
```

**46. 试用 DAC0832 芯片设计单缓冲方式的 D/A 转换接口电路,并编写两个程序,分别使 DAC0832 输出负向锯齿波和 15 个正向阶梯波。**

**解** 接口电路如图12-5所示。

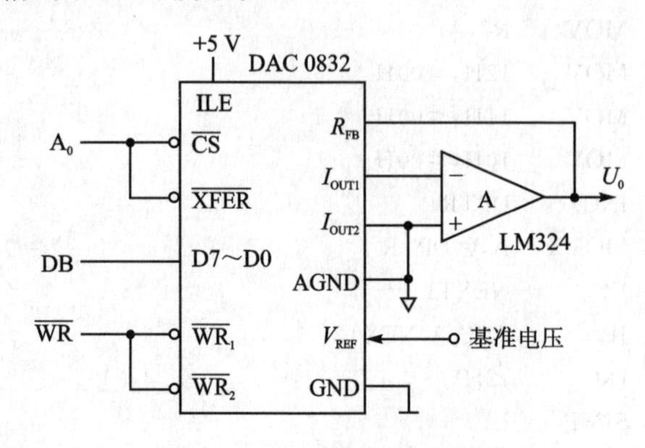


图12-5 DAC0832接口电路

(1) 输出负向锯齿波的程序

```
        MOV     R0,#FEH         ;设定能让A0=0的DAC地址
        MOV     A,#0FFH         ;从最高数字量开始转换
LOOP:   MOVX    @R0,A           ;让A0=0且WR有效,送出数字量,启动
                                ;DAC工作
        DEC     A               ;数字量递减,形成负向波形
        LCALL   DELAY           ;适当延时
        SJMP    LOOP            ;循环往复,产生一系列的负向锯齿波
DELAY:  ……                      ;(略)
        RET
```

(2) 输出15个正向阶梯波程序

15个正向阶梯波,即将00H~FFH分为16个等级,以形成15个台阶。此时数字递增幅度要加大为每次增16(或10H),对应程序为:

```
        MOV     R0,#FEH         ;设定能让A0=0的DAC地址
        CLR     A               ;数字量单元置初值
UP:     MOVX    @R0,A           ;让A0=0且WR有效、送出数字量,启动
                                ;DAC工作
        ADD     A,#10H          ;每次转移的数字量增加10H,形成大台阶
        LCALL   DELAY           ;适当延时
        SJMP    UP              ;循环往复,产生一系列大阶梯波
DELAY:  ……                      ;(略)
        RET
```

**47. 试设计ADC0809对1路模拟信号进行转换的电路,并编写采集100个数据存入89C51的程序。**

**解** 89C51与ADC0809的接口电路如图12-6所示。

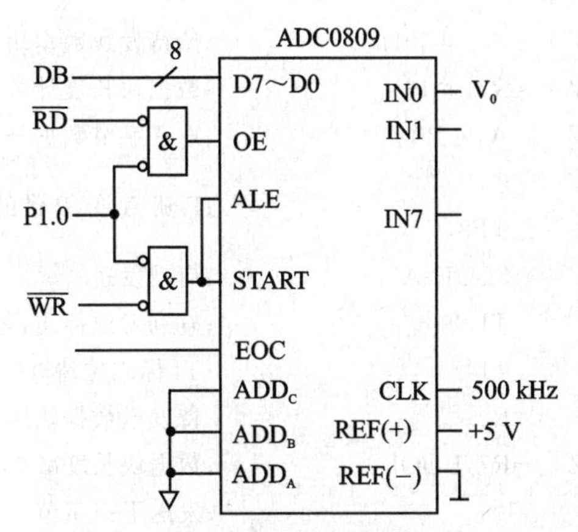


图 12－6　ADC0809 接口电路

采用无条件传送方法，即启动转换后等待 100 μs（这是 ADC0808 的最保守转换时间）再读取转换结果。

模拟信号接至 IN0 引脚，但要保证模拟量在一次 A/D 转换过程中不发生变化。如果变化速度快，在输入前应该增加采样保持电路。

100 个数据的采集程序如下：

```
        MOV     R0,#1CH        ;设置片内 RAM 数据区首址
        MOV     R7,#100        ;设置数据块长度计数器
        SETB    P1.0           ;准备好“转换开始”和“读取数据”的必要
                               ;条件之一
LOOPI:  CMOVX   @R0,A          ;让 WR 有效(A 与 R0 均无意义),启动转换
        ACALL   DELAY          ;延时 100 μs,等待转换结束
        MOVX    A,@R0          ;让 WR 有效,读取转换结果
        MOV     @R0,A          ;存转换结果
        INC     R0             ;地址指针加 1
        DJNZ    R7,LOOPO       ;100 个数据尚未采集完,继续
        SJMP    $
DELAY:  MOV     R1,#10         ;延时 100 μs(设晶振频率为 12 MHz)
DLOOP:  MUL     AB
        MUL     AB
        DJNZ    R1,DLOOP
        RET
```

**48. 请编写串行通信的数据发送程序，发送片内 RAM 50H～5FH 的 16 B 数据，串行接口设定为方式 2，采用偶校验方式。设晶振频率为 6 MHz。**

**解**　查询方式发送程序如下：

```
        MOV     SCON,#80H      ;设定为方式 2 发送
        MOV     PCON,#80H      ;波特率固定,选用 fOSC/32(高达 187 500Bd)
```

```
        MOV     R0,#50H          ;给待发送数据块地址指针R0置初值
        MOV     R7,#16           ;数据块长度计数器R7置初值
LOOP:   MOV     A,@R0            ;取一字节数据→A
        MOV     C,P  }
        MOV     TB8,C}           ;P随A变,P借助位累加器C传给TB8
        MOV     SBUF,A           ;启动发送
        JNB     TI,$             ;查询发送标志,等待一字节数据发送完
        CLR     TI               ;TI标志位清0
        INC     R0               ;待发送数据块地址指针加1
        DJNZ    R7,LOOP          ;数据块长度减1,未发送完则返回继续
                                 ;发送下一字节
        RET
```

**49. 请编写串行通信数据接收程序,将接收的16 B数据送入片内RAM 58H～5FH单元中。串行接口设定为工作方式3,波特率为1 200波特,$f_{OSC}$=6 MHz。**

**解** 波特率(Bd)$=\frac{2^{SMOD}}{32}\times$T1(溢出率)$=\frac{2^{SMOD}}{32}\times\frac{f_{OSC}}{12\times(256-x)}$

$$初值\ x=256-\frac{2^{SMOD}\times f_{OSC}}{32\times12\times波特率}=256-\frac{6\times10^6}{32\times12\times1\,200}=$$

$$256-13.02\approx243=F3H$$

查询接收程序如下:

```
        MOV     TMOD,#20H        ;设定T1为模式2定时
        MOV     TH1,#0F3H        ;置8位计数初值,同时送入高8位
        MOV     TL1,#0F3H
        SETB    TR1              ;启动T1
        MOV     SCON,#0D0H       ;设定串行接口为方式3,并允许接收
        MOV     R0,#50H          ;给数据块地址指针R0置初值
        MOV     R7,#16           ;给数据块长度计数器R7置初值
CONT:   JBC     RI,PRI           ;查询等待接收,若RI=1则结束等待,并清0 RI
        SJMP    CONT             ;若一字节尚未收完,则继续等待
PRI:    MOV     A,SBUF           ;一字节收完,从串行接口中读取数据
        JNB     P,PNP            ;对该字节进行查错处理,若P=RB8无错,
                                 ;否则有错
        JNB     RB8,PER          ;若P=1,RB8=0,有错,转出错处理
        AJMP    RIGHT            ;若P=1,RB8=1,无错,转保存数据
PNP:    JB      RB8,PER          ;若P=0,RB8=1,有错,转出错处理
RIGHT:  MOV     @R0,A            ;若P=0,RB8=0,无错,保存接收的数据
        INC     R0               ;数据块地址指针加1
        DJNZ    R7,CONT          ;数据块字节数减1,16 B未接收完则继续
```

```
        CLR    F1                ;正确接收完 16 B 数据,清 0 出错标志位 F1
        SJMP   $                 ;正常结束,停止运行程序
PER:    SETB   F1                ;因 P≠RB8,校验为错,置位出错标志 F1
        SJMP   $                 ;一旦发现有错则立即停止执行程序
```

**50. 在 89C51 片内 RAM 20H～3FH 的单元中有 32 B 数据,若采用方式 1 进行串行通信,波特率为 1 200 b/s,$f_{OSC}$ = 12 MHz,用查询和中断两种方式编写发送/接收程序对。**

**解**　T1 工作于方式 2 作为波特率发生器,取 SMOD=0,T1 的计数初值计算如下:

$$波特率=\frac{2^{SMOD}}{32}\times\frac{f_{OSC}}{12(256-x)}$$

所以

$$1\ 200=\frac{1}{32}\times\frac{12\times 10^6}{12(256-x)}$$

故

$$x=230=E6H$$

(1) 查询方式程序

① 发送程序

```
        ORG    0000H
        AJMP   START
        ORG    0030H
START:  MOV    TMOD,#20H         ;定时器 T1 工作于模式 2
        MOV    TH1,#0E6H         ;置定时器 T1 计数初值
        MOV    TL1,#0E6H
        SETB   TR1               ;启动 T1
        MOV    SCON,#40H         ;串行接口工作于方式 1,不允许接收
        MOV    R0,#20H           ;R0 指向发送缓冲区首址
        MOV    R7,#32            ;R7 为发送数据块长度
LOOP:   MOV    SBUF,@R0          ;发送数据
        JNB    TI,$              ;一帧未发完,继续查询
        CLR    TI                ;一帧发完清 TI
        INC    R0
        DJNZ   R7,LOOP           ;数据块未发完转 LOOP 继续发送
        SJMP   $                 ;发送完,结束
```

② 接收程序

```
        ORG    0000H
        AJMP   START
        ORG    0030H
```

```
START:  MOV   TMOD,#20H        ;定时器T1工作于模式2
        MOV   TH1,#0E6H
        MOV   TL1,#0E6H        ;设置T1计数初值
        SETB  TR1              ;启动T1
        MOV   SCON,#50H        ;设定串行方式1并允许接收
        MOV   R0,#20H          ;R0为接收缓冲区首址
        MOV   R7,#32           ;R7为接收数据块长度
LOOP:   JNB   RI,$             ;一帧收完?未收完等待
        CLR   RI               ;收完清RI
        MOV   @R0,SBUF         ;将数据读入接收数据缓冲区
        INC   R0               ;修改地址指针
        SJMP  $
```

(2) 中断方式程序

中断方式的初始化部分同查询方式,以下仅写不同部分。

① 中断发送程序:

```
        ⋮
        SETB  EA               ;开中断
        SETB  ES               ;允许串行接口中断
        MOV   SBUF,@R0         ;发送
LOOP:   SJMP  $                ;等待中断
AGA:    DJNZ  R7,LOOP          ;数据块未发完继续
        CLR   EA               ;发送完关中断
        SJMP  $                ;结束
        ORG   0023H            ;中断服务
IOIP:   CLR   TI               ;清TI
        POP   DPH
        POP   DPL              ;弹出原断点
        MOV   DPTR,#AGA        ;修改中断返回点为AGA
        PUSH  DPL
        PUSH  DPH              ;新返回点AGA压入堆栈
        INC   R0
        MOV   SBUF,@R0         ;发送下一个
        RETI                   ;返回到AGA
```

② 中断接收程序:

```
⋮
        SETB  EA               ;开中断
        SETB  ES               ;允许串口中断
LOOP:   SJMP  $                ;等待中断
```

```
AGA：   DJNZ   R7,LOOP          ;数据块未收完继续
        CLR    EA               ;收完关中断
        SJMP   $                ;结束
        ORG    0023H            ;中断服务
IOIP：  CLR    RI               ;清 RI
        MOV    @R0,SBUF         ;读入接收数据
        POP    DPH              ;弹出原断点
        POP    DPL
        MOV    DPTR,#AGA        ;修改中断返回点为 AGA
        PUSH   DPL
        PUSH   DPH              ;新返回点 AGA 压入堆栈
        INC    R0
        RETI                    ;返回到 AGA
```

**51. 已知当前 PC 值为 2000H，请用两种方法将程序存储器 20F0H 中的常数送入累加器 A 中。**

**解**　方法一：以 PC 作为基址寄存器。

```
MOV    A,#0F0H          ;偏移量送 A
MOVC   A,@A+PC          ;(20F0H)→A
```

方法二：以 DPTR 作为基址寄存器。

```
MOV    DPTR,#20F0H
MOV    A,#00H
MOVC   A,@A+DPTR
```

**52. 请用两种方法实现累加器 A 与寄存器 B 的内容交换。**

**解**　方法一：利用交换指令。

```
XCH  A,B
```

方法二：利用堆栈交换指令。

```
PUSH  A
PUSH  B
POP  A
POP  B
```

**53. 请用位操作指令编写下面逻辑表达式的程序。**

$$P1.7 = ACC.0 \times (B.0 + P2.1) + P3.2$$

**解**　在位操作中，与操作即乘，或操作即加。

```
MOV   C,B.0
ORL   C,P2.1
ANL   C,ACC.0
```

```
    ORL    C,P3.2
    MOV    P1.7,C
```

**54. 编程将片内以20H单元开始的30个数传送到片外RAM 3000H开始的单元中。**

**解** 将片内数据传送到片外RAM可用MOVX @DPTR,A或MOVX @Ri,A指令

```
        MOV     R7,#30          ;传送字节数→R7
        MOV     R0,#20H         ;R0指向片内20H单元
        MOV     DPTR,#3000H     ;DPTR指向片外3000H单元
LOOP:   MOV     A,@R0           ;取数
        MOVX    @DPTR,A         ;将数据转存入片外RAM
        INC     R0              ;R0指向片内下一单元
        INC     DPTR            ;DPTR指向片外下一单元
        DJNZ    R7,LOOP         ;数据传送完否?
```

**55. 在片外以2000H开始的单元中有100个有符号数,试编程统计其中正数、负数和0的个数的程序。**

**解** 判断一个数是否等于0,可用JZ rel或CJNE A,#00H,rel指令;判断其正负,可直接判断该数的D7(符号位),当D7=1时,为负,当D7=0时,为正数。

设:R2为负数个数的计数;

R3为0的个数的计数;

R4为正数个数的计数。

```
        MOV     R2,#00H
        MOV     R3,#00H
        MOV     R4,#00H
        MOV     R7,#100
        MOV     DPTR,#2000H     ;DPTR指向数据首地址
LOOP:   MOVX    A,@DPTR         ;取数
        JZ      RR3             ;该数为0? 是则转RR3
        JB      CC.7,RR2        ;为负数,转RR2
        INC     R4              ;数据为正数,R4加1
        SJMP    TT
RR3:    INC     R3              ;数据为0,R3加1
        SJMP    TT
RR2:    INC     R2              ;数据为负数,R2加1
TT:     INC     DPTR            ;指向下一数据
        DJNZ    R7,LOOP         ;全部判别完否?
```

**56. 在2000H～2004H单元中，存有5个压缩BCD码，编程将它们转换成ASCII码，存入以2005H开始的连续单元中。**

**解**　压缩BCD码用4位二进制数表示一位十进制数，即一个字节存放二位十进制数。十进制数转换成ASCII码，只需加上30H。

程序如下：

```
        MOV     P2,#20H         ;高8位地址→P2
        MOV     R1,#00H         ;低8位地址→R1
        MOV     DPTR,#2005H
        MOV     R7,#05          ;转换数据个数
LOOP:   MOVX    A,@R1           ;取数据
        PUSH    ACC             ;保存数据
        ANL     A,#0FH          ;屏蔽高4位,取压缩BCD码低4位
        ADD     A,#30           ;形成ASCII码
        MOVX    @DPTR,A         ;保存ASCII码
        INC     DPTR
        POP     ACC             ;恢复数据
        ANL     A,#0F0H         ;取压缩BCD码高4位
        SWAP    A               ;高4位与低4位交换
        ADD     A,#30H
        MOVX    @DPTR,A
        INC     R1
        INC     DPTR
        DJNZ    R7,LOOP         ;完全转换完?
```

**57. 编程将累加器A的低4位数据送P1口的高4位，P1口的低4位保持不变。**

**解**

```
SWAP  A
ANL   P1,#0FH
ORL   P1,A
```

**58. 编程将片内RAM 40H单元的中间4位取反，其余位不变。**

**解**　方法一

```
XRL   40H,#3CH
```

方法二

```
MOV   A,40H
CPL   A
ANL   A,#3CH
ANL   40H,#0C3H
ORL   40H,A
```

**59. 如果R0的内容为0，将R1置为0，如R0内容非0，置R1为FFH，试进行编程。**

**解**

```
MOV   A,R0
```

```
        JZ    ZE
        MOV   R1,#0FFH
        SJMP  $
ZE:     MOV   R1,#0
        RET
```

**60. 编程将片内数据存储器 20H～24H 单元压缩的 BCD 码转换成 ASCII 存放在以 25H 开始的单元中。**

解

```
        ORG   0100H
        MOV   R7,#05H
        MOV   R0,#20H
        MOV   R1,#25H
ASNE:   MOV   A,@R0
        ANL   A,#0F0H
        SWAP  A
        ADD   A,#30H
        MOV   @R1,A
        INC   R1
        MOV   A,@R0
        ANL   A,#0FH
        ADD   A,#30H
        MOV   @R1,A
        INC   R0
        INC   R1
        DJNZ  R7,NE
        SJMP  $
        END
```

**61. 片内存储单元 40H 中有一个 ASCII 字符,试编写一段程序给该数的最高位加上奇校验。**

解

```
        ORG   0100H
        MOV   A,40H
        JB    P,EN              ;奇数个1转移
        ORL   A,#80H            ;偶数个1最高位加"1"
EN:     SJMP  $
```

**62. 编写一段程序,将存放在自 DATA 单元开始的一个 4 B 数(高位在高地址),取补后送回原单元。**

解 取补不同于求补码,求补码应区别正负数分别处理,而取补是不用判正负的。

```
ORG    0100H                AB: INC    R0
MOV    R7,#03H                  MOV    A,@R0
```

```
MOV     R0,#DATA            CPL    A
MOV     A,@R0               ADDC   A,#0
CPL     A                   DJNZ   R7,AB
ADD     A,#01               SJMP   $
MOV     @R0,A
```

**63. 将片内 RAM 20H 单元中的十六进制数变换成 ASCII 码存入 22H、21H 单元,高位存入 22H 单元,要求用调子程序编写。**

解

```
        ORG     0100H
        MOV     A,20H           ASCⅡ: CJNE   A,#0AH,NE
        ANL     A,#0F0H         NE:    JC     A30
        SWAP    A                      ADD    A,#37H
        ACALL   ASCⅡ                   RET
        MOV     22H,A           A30:   ADD A,#30H
        MOV     A,20H                  RET
        ANL     A,#0FH
        ACALL   ASCⅡ
        MOV     21H,A
        SJMP    $
```

**64. 编写一段程序,以实现图 12-7 中硬件的逻辑运算功能。**

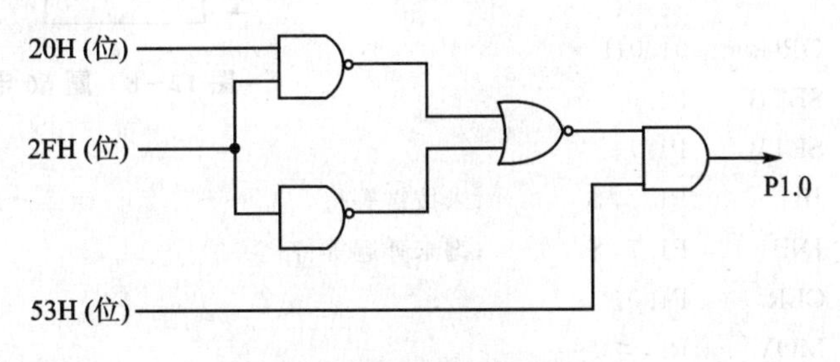


图 12-7 逻辑电路(题图 11-5)

解

```
        ORG     0100H
        MOV     C,20H
        ANL     C,2FH
        ORL     C,/2FH
        CPL     C
        ANL     C,53H
        MOV     P1.0,C
        SJMP    $
        END
```

**65. 用位操作指令实现下面的逻辑方程。**

$$\mathbf{P1.2=(ACC.3\times P1.4\times \overline{ACC.5})+(\overline{B.4}\times \overline{P1.5})}$$

解
```
ORG   0100H
MOV   C,ACC.3
ANL   C,P1.4
ANL   C,/ACC.5
MOV   20H,C
MOV   C,B.4
CPL   C
ANL   C,/P1.5
ORL   C,20H
MOV   P1.2,C
SJMP  $
END
```

**66. 利用 89C51 的 P1 口,监测某一按键开关,使每按键一次,输出一个正脉冲(脉宽随意)。画出电路,编写汇编语言程序。**

解 用 P1.7 监测按键开关,P1.0 引脚接一示波器即可观察波形。如果再接一发光二极管,可观察到发光二极管的闪烁。电路图如图 12-8 所示。

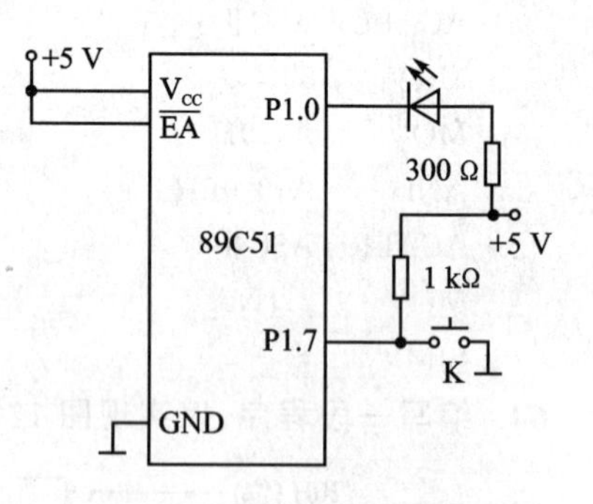

图 12-8 题 66 电路图

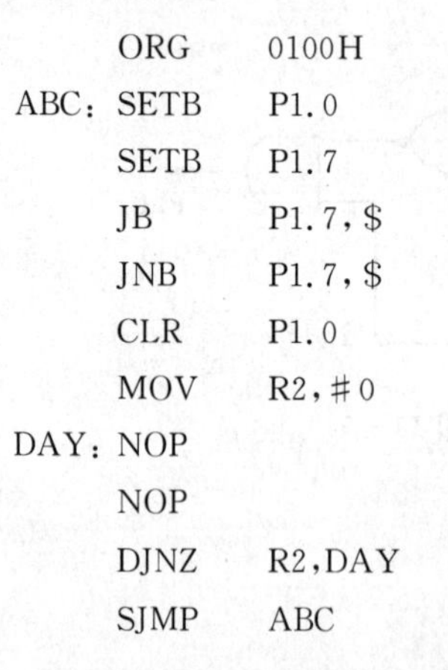
```
      ORG   0100H
ABC:  SETB  P1.0
      SETB  P1.7
      JB    P1.7,$        ;未按键等待
      JNB   P1.7,$        ;键未弹起等待
      CLR   P1.0
      MOV   R2,#0
DAY:  NOP
      NOP
      DJNZ  R2,DAY
      SJMP  ABC
```

**67. 利用 89C51 的 P1 口控制 8 个 LED。相邻的 4 个 LED 为一组,使 2 组每隔 0.5 s 交替发亮一次,周而复始。画出电路,编写程序(设延时 0.5 s 子程序为 D05,已存在)。**

解 电路图如图 12-9 所示。

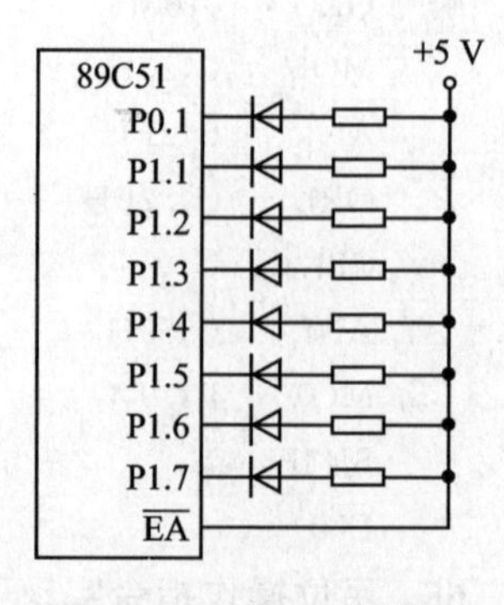

图 12-9 题 67 电路图

程序如下:

```
      ORG   0100H
```

```
        MOV     A,#0FH
ABC:    MOV     P1,A
        ACALL   D05
        SWAP    A
        SJMP    ABC
D05:    MOV     R6,250
DY:     MOV     R7,250
DAY:    NOP
        NOP
        DJNZ    R7,DAY
        DJNZ    R6,DY
        RET
        END
```

**68. 设计一个 4 位数码显示电路,并用汇编语言编程使"8"从右到左显示 1 遍。**

**解**　电路图如图 12-10 所示。

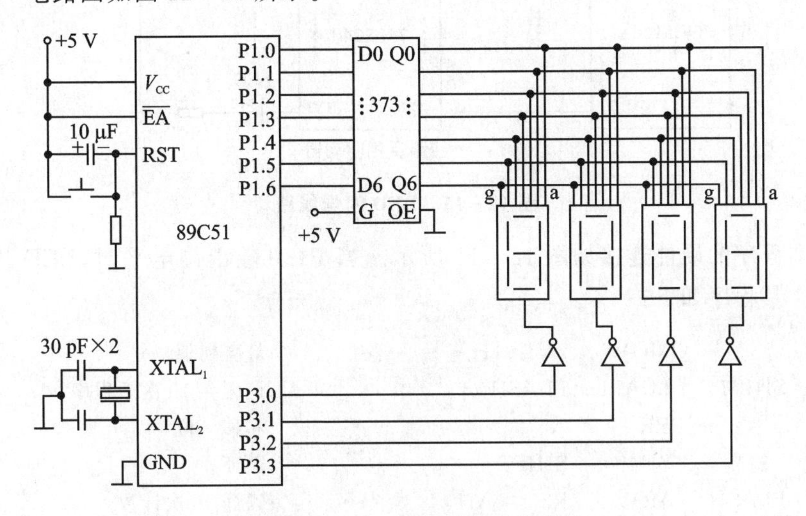


**图 12-10　4 位数码显示电路**

汇编语言程序如下:

```
        ORG     0100H
        MOV     A,#08H
        MOV     R2,#01H
        MOV     DPTR,#TAB
        M0VC    A,@A+DPTR
        MOV     P1,A
NEXT:   MOV     A,R2
        MOV     P3,A
```

```
        ACALL   DAY
        JB      ACC·4,LPD
        RL      A
        MOV     R2,A
        AJMP    NEXT
LPD:    RET
TAB:    DB      3FH,06H…(段码表略)
        END
```

以上DAY略,如果改变＃08H即可显示任意数。

**69. 编写一个循环闪烁灯的程序。有8个发光二极管,每次其中某个灯闪烁点亮10次后,转到下一个闪烁10次,循环不止。画出电路图。**

**解**

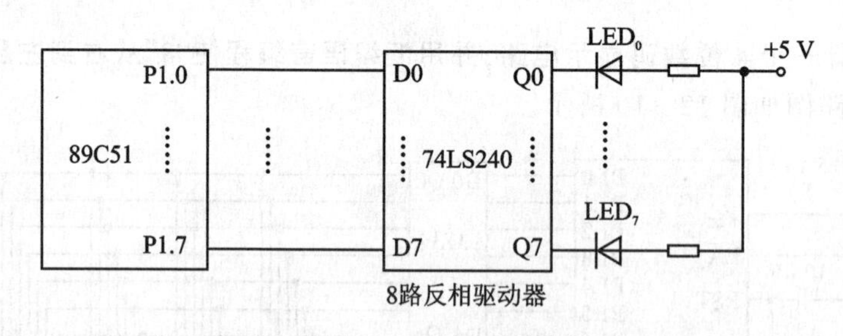


**图12-11 LED闪烁线路**

本程序的硬件连接如图12-11所示。当P1.0输出高电平时,LED灯亮,否则不亮。其程序如下:

```
        MOV     A,＃01H         ;灯亮初值
SHIFT:  LCALL   FLASH           ;调闪亮10次子程序
        RR      A               ;右移一位
        SJMP    SHIFT           ;循环
FLASH:  MOV     R2,＃0AH        ;闪烁10次计数
FLASH1: MOV     P1,A            ;点亮
        LCALL   DELAY           ;延时
        MOV     P1,＃00H        ;熄灭
        LCALL   DELAY           ;延时
        DJNZ    R2,FLASH1       ;循环
        RET
```

**70. 设计89C51和ADC0809的接口,采集2个通道的10个数据,存入内部RAM 50H～59H单元中,画出电路图,编写① 延时方式;② 查询方式;③ 中断方式中的一种程序。**

**解** 电路如图12-12所示。

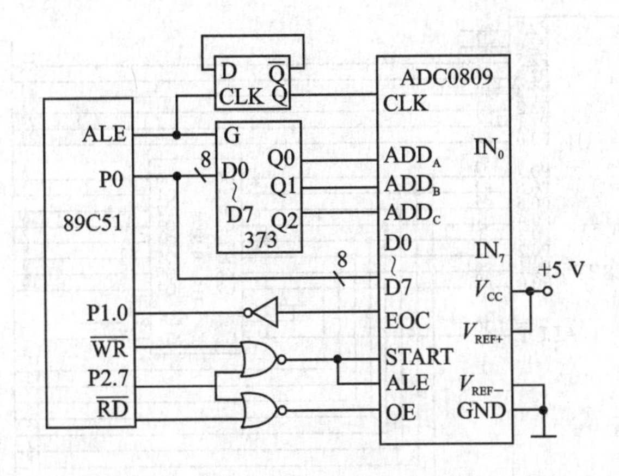


图 12-12　89C51 和 ADC0809 的接口电路图

IN2 的地址为 7FFAH,P1.0 查询转换结束信号,仅编查询程序如下:

```
        ORG     0100H
        MOV     R7,#0AH
        MOV     R0,#50H
        MOV     DPTR,#7FFAH
NEXT:   MOVX    @DPTR,A          ;启动转换
        JB      P1.0,$           ;查询等待
        MOVX    A,@DPTR          ;读入数据
        MOV     @R0,A
        INC     R0
        DJNZ    NEXT
        SJMP    $
```

## 12.8　系统设计及综合应用题解答

**1. 使用 89C51 外扩 8 KB RAM。请画出系统电路原理图,写出地址分布。**

**解**　89C51 单片机与 RAM 6264 的接口电路如图 12-13 所示。如把 P2 口没有用到的高位地址假设为 1 状态,按本硬件连接图连接时,6264 的地址范围如表 12-3 所列。

表 12-3　RAM 6264 的地址范围

| | A15 | A14 | A13 | A12 | A11 | A10 | A9 | A8 | A7 | A6 | A5 | A4 | A3 | A2 | A1 | A0 | 地址范围 |
|---|---|---|---|---|---|---|---|---|---|---|---|---|---|---|---|---|---|
| 6264 | 1 | 1 | 0 | 0 | 0 | 0 | 0 | 0 | 0 | 0 | 0 | 0 | 0 | 0 | 0 | 0 | 低地址<br>C000H |
| | 1 | 1 | 0 | 1 | 1 | 1 | 1 | 1 | 1 | 1 | 1 | 1 | 1 | 1 | 1 | 1 | 高地址<br>DFFFH |

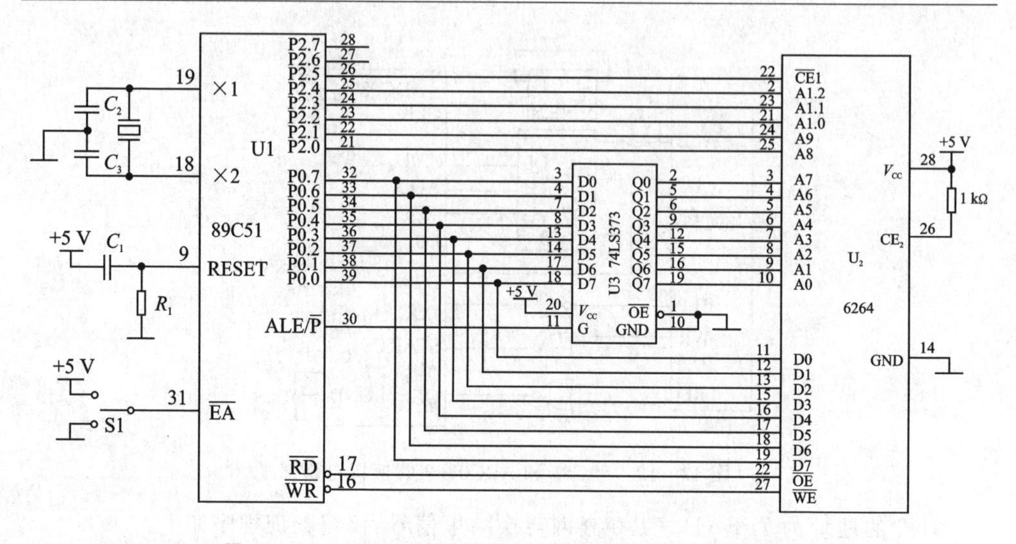


图 12-13　MCS-51 单片机与 RAM 6264 的硬件连接图

**2. 用 80C31 外扩 8 KB EPROM。请画出系统电路原理图,写出地址分布。**

**解**　见本书第 8 章例 8-5。

**3. 用 89C51 外扩一片 8255。请画出系统电路原理图,写出地址分布。**

**解**　电路图如图 12-14 所示。

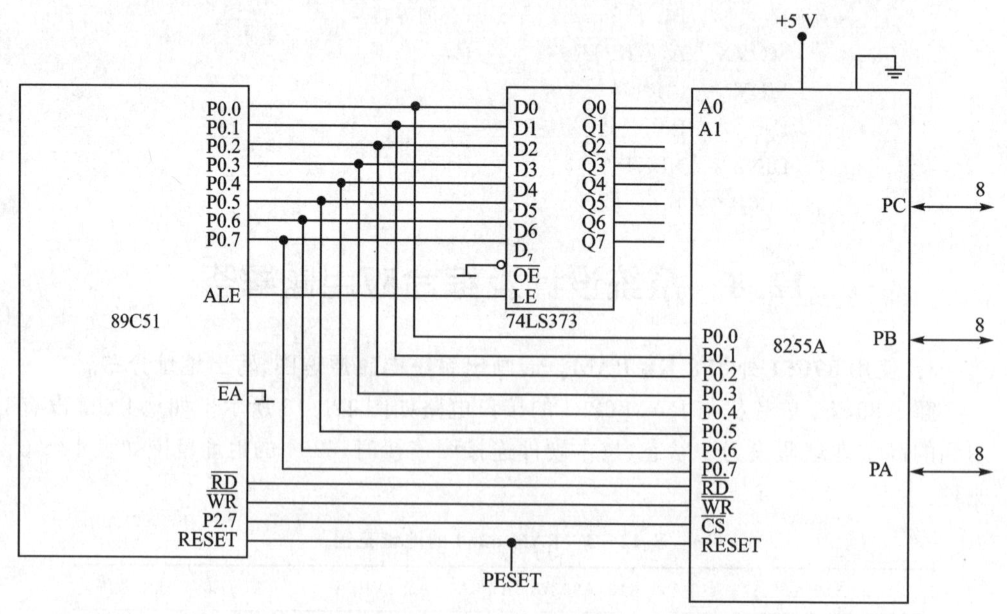


图 12-14　8255A 和 MCS-51 总线接口电路图

8255A 的 A 口、B 口、C 口及控制口的地址分别为 7FFCH、7FFDH、7FFEH、7FFFH。

**4. 使用 89C51 外扩一片 8155。请画出系统电路原理图,写出地址分布。**

**解**　89C51 与 8155 的连接方法如图 12-15 所示。

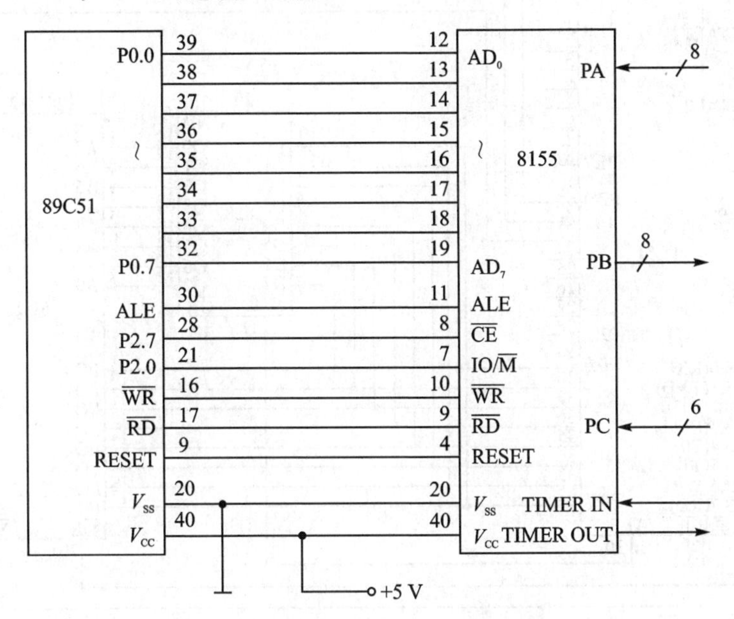


**图 12-15　89C51 和 8155 的连接方法**

图中连接状态下的地址编号如表 12-4 所列。

**表 12-4　8155 提供的 RAM 和 I/O 口地址**

| | | |
|---|---|---|
| RAM 字节地址 | | 7E00H～7EFFH |
| I/O 口地址 | 命令/状态口 | 7F00H |
| | PA 口 | 7F01H |
| | PB 口 | 7F02H |
| | PC 口 | 7F03H |
| | 定时器低 8 位 | 7F04H |
| | 定时器高 8 位 | 7F05H |

**5. 89C51 扩展 2 KB RAM,说明地址分布。**

**解**　图 12-16 线路为 89C51 地址线直接外扩 2 KB 字节静态 RAM 6116 的连线图。地址为 0000H～07FFH。

**6. 89C51 外扩 32 KB EPROM 和 32 KB RAM,说明地址分布。**

**解**　89C51 片外扩展 32 KB EPROM 和 32 KB RAM,如图 12-17 所示。62256 的地址为 0000H～7FFFH。27256 的 $\overline{CE}$ 接地,为常选通,地址为 0000H～7FFFH。

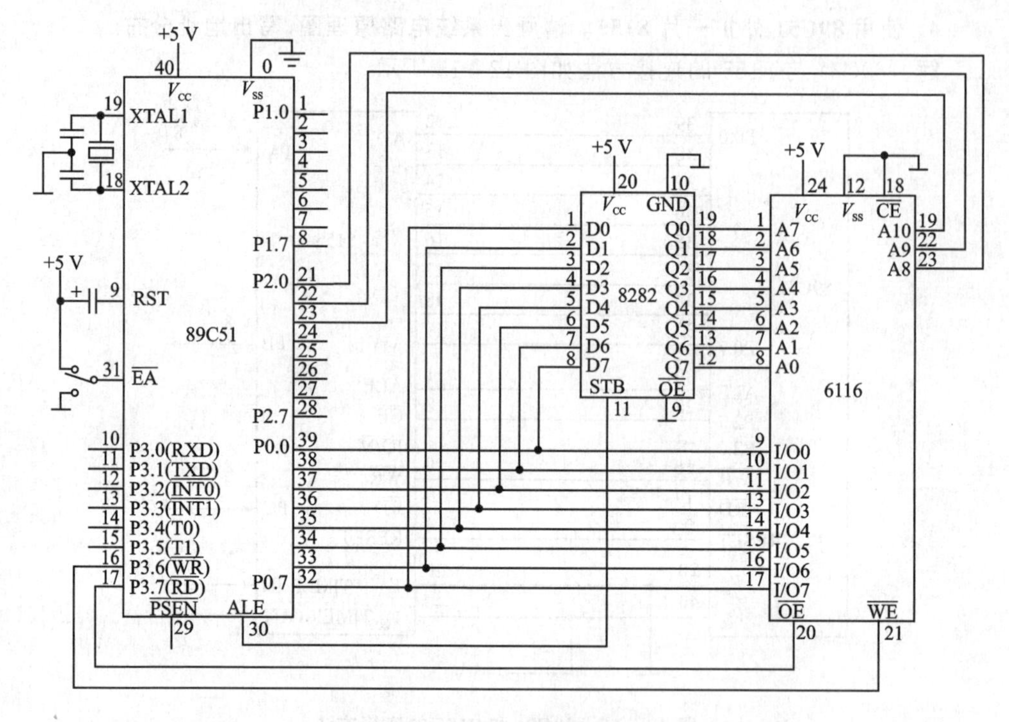


图 12-16　89C51 扩展 2 KB RAM

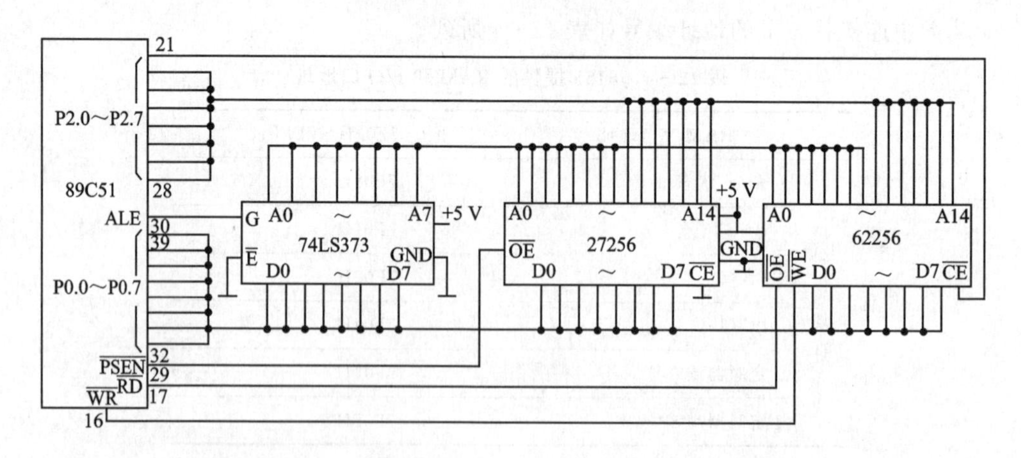


图 12-17　89C51 外扩展 32 KB RAM 和 32 KB EPROM 系统

**7. 试将 89C51 单片机外接一片 EPROM 2764 和一片 8255 组成一个应用系统。要求画出扩展系统的电路连接图,并指出程序存储器和 8255 端口的地址范围。**

**解**　2764 是 8 KB 的 EPROM,8255 是有 3 个 8 位并行 I/O 口的可编程接口芯片。一种简单的扩展系统硬件连接图如图 12-18 所示。2764 程序存储器地址范围为:0000H～1FFFH。8255 的 A 口地址为 7CH,B 口地址为 7DH,C 口地址为 7EH,控制寄存器的地址为 7FH。

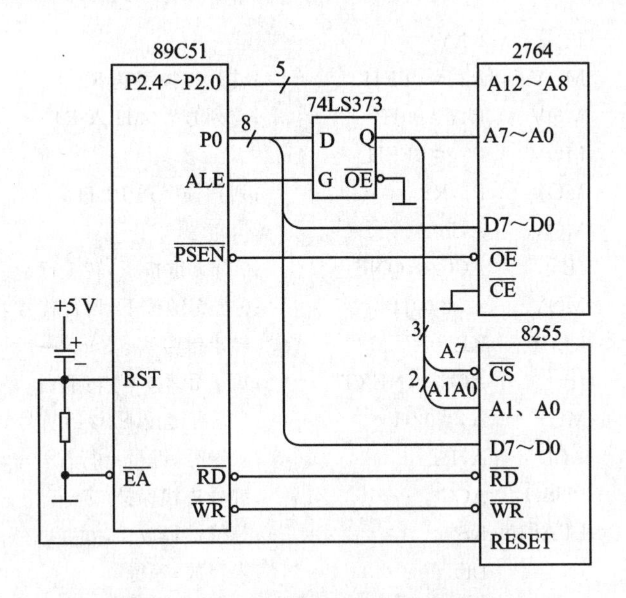


图 12－18　扩展系统的电路连接图

**8. 请设计一个 2×2 行列式键盘,并编写键盘扫描程序。**

**解**　原理如图 12－19 所示。

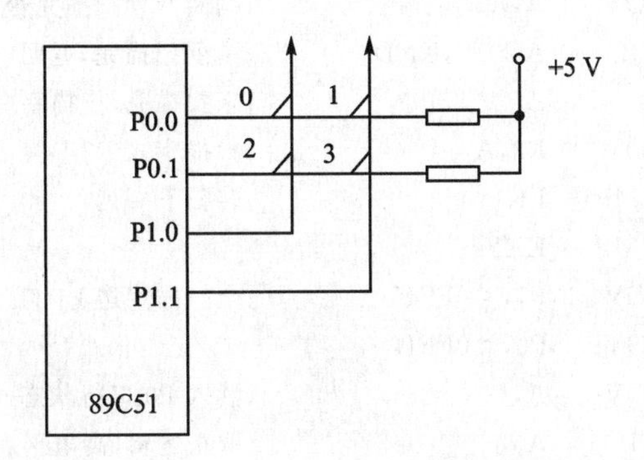


图 12－19　键盘扫描原理图

(1) 判断是否有键按下。

用列线 P1.0、P1.1 送全 0,查 P0.0、P0.1 是否为 0。

(2) 判断哪一个键按下。

逐列送 0 电平信号,再逐行扫描是否为 0。

(3) 键号＝行首号＋列号

```
KEY:    LCALL   KS          ;调用判断有无键按下子程序
        JZ      KEY         ;无键按下,重新扫描键盘
        LCALL   T10ms       ;有键按下,延时去抖动
        LCALL   KS
```

```
        JZ      KEY
        MOV     R2,#0FEH        ;首列扫描字送 R2
        MOV     R4,#00H         ;首列号#00H入 R4
        MOV     P0,#0FFH
LK1:    MOV     P1,R2           ;列扫描字送 P1 口
        MOV     A,P0
        JB      ACC.0,ONE       ;0 行无键按下,转 1 行
        MOV     A,#00H          ;0 行有键按下,该行首号#00H送 A
        LJMP    KP              ;转求键号
ONE:    JB      ACC.1,NEXT      ;1 行无键按下,转下列
        MOV     A,#02H          ;1 行有键按下,该行首号#02H送 A
KP:     ADD     A,R4            ;求键号,键号=行首号+列号
        PUSH    ACC             ;键号进栈保护
LK:     LCALL   KS              ;等待键释放
        JNZ     LK              ;未释放,等待
        POP     ACC             ;键释放,键号送 A
        RET                     ;键扫描结束,出口状态:(A)=键号
NEXT:   INC     R4              ;列号加 1
        MOV     A,R2            ;判断两列扫描完否
        JNB     ACC.1,KND       ;两列扫描完,返回
        RL      A               ;未扫描完,扫描字左移一位
        MOV     R2,A            ;扫描字入 R2
        AJMP    LK1             ;转扫下一列
KND:    AJMP    KEY
KS:     MOV     P1,#0FCH        ;全扫描字送 P1 口(即 P1 低 2 位送全 0)
        MOV     P0,#0FFH
        MOV     A,P0            ;读入 P0 口行状态
        CPL     A               ;取正逻辑,高电平表示有键按下
        ANL     A,#03H          ;保留 P0 口低 2 位(屏蔽高 6 位)
        RET                     ;出口状态:(A)≠0 时有键按下
T10ms:  MOV     R7,#10H         ;延迟 10ms 子程序
TS1:    MOV     R6,#0FFH
TS2:    DJNZ    R6,TS2
        DJNZ    R7,TS1
        RET
```

**9. 现有一蜂鸣器,用 89C51 设计一个系统,使蜂鸣器周而复始地响 20 ms,停 20 ms。请编写程序。**

**解** 设 $f_{osc}$=12 MHz,电路原理图如图 12-20 所示。

定时时间 $t=(2^{16}-X)\times$振荡周期$\times 12$  ($X$ 为定时初值)

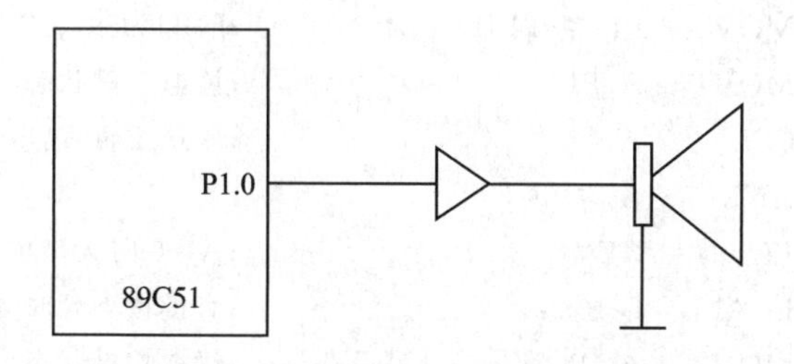


图 12-20 驱动蜂鸣器电路原理图

$$20\times10^{-3}=(2^{16}-X)\times12/(12\times10^{6})$$

$$X=2^{16}-2\times10^{4}=65536-20000=45536=\text{B1E0H}$$

```
        ORG     0000H
        LJMP    START
        ORG     0040H
START:  MOV     TMOD,#01H       ;设置定时器T0为工作模式1
        MOV     TH0,#0B1H       ;设置T0初值
        MOV     TL0,#0E0H
        SETB    TR0             ;启动T0
LOOP:   JNB     TF0,LOOP        ;查询时间到否?时间未到,继续查询
        CLR     TF0             ;时间到,清TF0
        MOV     TH0,#0B1H       ;重装T0初值
        MOV     TL0,#0E0H
        CPL     P1.0            ;驱动蜂鸣器
        SJMP    LOOP            ;重复循环
```

**10. 设计一个有4个独立式按键的键盘接口,并编写键盘扫描程序。**

**解** 电路原理图如图12-21所示。

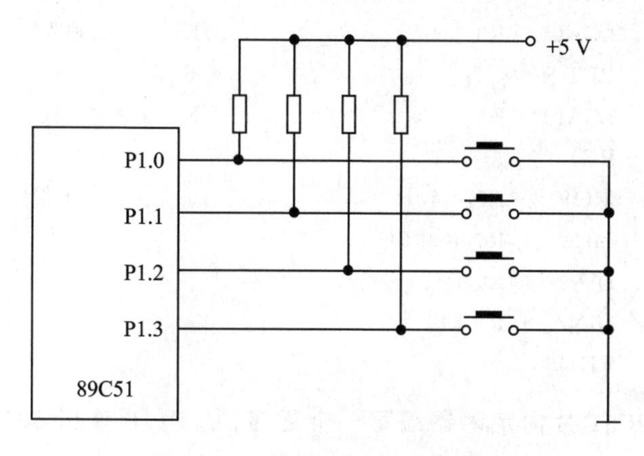


图 12-21 键盘接口电路原理图

```
KEY:    MOV     P1,#0FFH        ;P1口为输入,各位应先置位为高电平
        MOV     A,P1            ;读取按键状态
        CPL     A               ;取正逻辑,高电平表示有键按下
        ANL     A,#0FH
        JZ      KEY             ;A=0时无键按下,重新扫描键盘
        LCALL   D-10ms          ;有键按下延时去抖动
        MOV     A,P1            ;读取按键状态
        CPL     A               ;取正逻辑,高电平表示有键按下
        ANL     A,#0FH          ;再判别是否有键按下
        JZ      KEY             ;A=0时无键按下重新扫描键盘
        MOV     B,A             ;有键按下,键值送B暂存
        MOV     A,P1
        CPL     A
        ANL     A,#0FH          ;判别按键释放
KEY1:   JNZ     KEY1            ;按键未释放,等待
        LCALL   D-10ms          ;释放,延时去抖动
        MOV     A,B             ;取键值送A
        JB      ACC.0,PKEY1     ;K1按下转PKEY1
        JB      ACC.1,PKEY2     ;K2按下转PKEY2
        JB      ACC.2,PKEY3     ;K3按下转PKEY3
        JB      ACC.3,PKEY4     ;K4按下转PKEY4
EKEY:   RET
PKEY1:  LCALL   K1              ;K1命令处理程序
        RET
PKEY2:  LCALL   K2              ;K2命令处理程序
        RET
PKEY3:  LCALL   K3              ;K3命令处理程序
        RET
PKEY4:  LCALL   K4              ;K4命令处理程序
        RET
D-10ms: MOV     R7,#10H         ;10 ms延时子程序
DS1:    MOV     R6,#0FFH
DS2:    DJNZ    R6,DS2
        DJNZ    R7,DS1
        RET
```

**11. 使用 89C51 片内定时器编写一个程序,从 P1.0 输出 50 Hz 的对称方波($f_{osc}$=12 MHz)。**

解 50 Hz 对称方波波形如下:

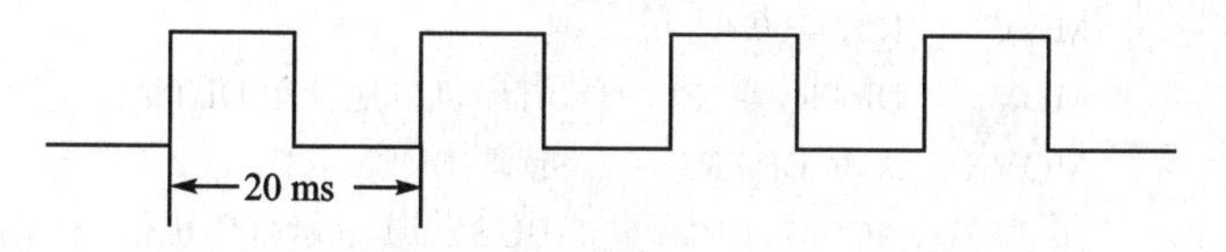


该方波波形周期为 20 ms，方波发生器应产生 10 ms 等宽方波。选用定时器 T0 工作于模式 1，则定时器 T0 计数初值为：

$$10\times10^{-3}=(2^{16}-X)\times12/(10^{6}\times12)$$

$$X=65536-10000=55536=\text{D8F0H}$$

```
        ORG     0000H
        AJMP    START
        ORG     0040H
START:  MOV     SP,#60H             ;置堆栈指针
        MOV     TMOD,#01H           ;设置定时器 T0 工作于模式 1
LOOP:   MOV     TH0,#0D8H           ;置定时器 T0 计数初值
        MOV     TL0,#0F0H
        SETB    TR0                 ;启动 T0
        JNB     TF0,$               ;10 ms 时间到否？时间未到，等待
        CLR     TR0                 ;关闭 T0
        CLR     TF0                 ;清 TF0
        CPL     P1.0                ;输出取反，形成等宽方波
        AJMP    LOOP                ;重复循环
```

**12. 设计一个 TPμP-40A 的打印机接口，将打印缓冲区中从 20H 开始的 10 B 数据输入到打印机，编写程序。**

**解**　接口电路图如图 12－22 所示。

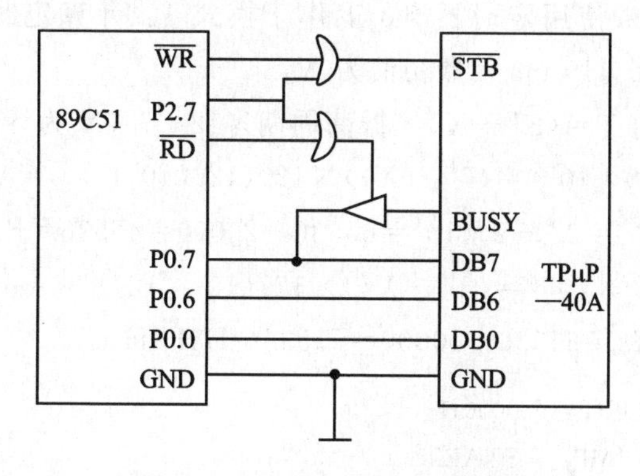


**图 12－22　打印机接口电路图**

打印机驱动程序：

```
START:  MOV     R0,#20H
```

```
        MOV     R2,#10
        MOV     DPTR,#7FFFH ;打印机口地址送 DPTR
LP1:    MOVX    A,@DPTR     ;读取 BUSY 状态
        JB      ACC.7,LP1   ;BUSY=1 表示打印机忙,不能使用 STB 传送
                            ;数据,等待
        MOV     A,@R0       ;BUSY=0,打印机不忙,取数送打印机
        MOVX    @DPTR,A     ;WR 有效使 STB 有效,数据选通,上升
                            ;沿锁
        INC     R0          ;存输入数据并打印
        DJNZ    R2,LP1
        RET
```

**13. 用传送带送料,已知原料从进料口到料位的时间为 20 ms,卸料时间为 10 ms。设计一个控制系统,使传送带不间断的供料。**

**解** 送料机如图 12-23 所示。

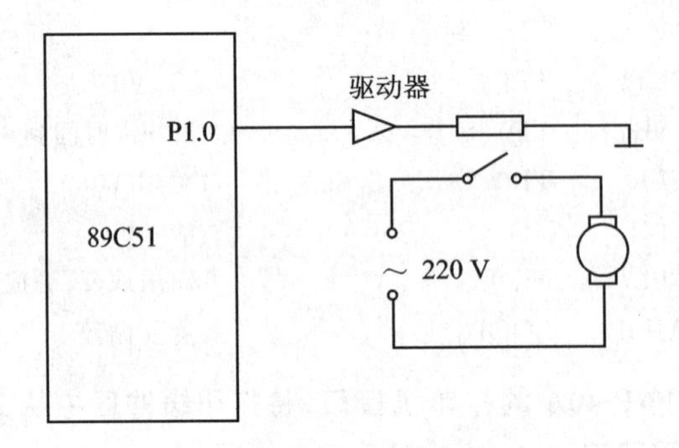


**图 12-23 送料机图**

设 $f_{OSC}=12$ Hz,使用定时器 T0 工作于模式 1。计算定时器 T0 计数初值:20 ms 计数初值为 $X_1$,10 ms 计数初值为 $X_2$。

$$定时时间\ T=(2^{16}-X)\times 振荡周期\times 12 \quad (X\ 为计数初值)$$

$$20\times 10^{-3}=(2^{16}-X_1)\times 12/(12\times 10^6)$$

所以 $$X_1=2^{16}-2\times 10^4=65536-20000=45536=\text{B1E0H}$$

$$10\times 10^{-3}=(2^{16}-X_2)\times 12/(10^6\times 12)$$

所以 $$X_2=65536-10000=55536=\text{D8F0H}$$

```
        ORG     0000H
        LJMP    START
        ORG     0040H
START:  MOV     SP,#60H         ;设置堆栈指针
        MOV     TMOD,#01H       ;定时器 T0 工作于模式 1
        CLR     P1.0
```

```
LOOP:   MOV     TH0,#0B1H       ;置 20 ms 计数初值
        MOV     HL0,#0E0H
        SETB    P1.0            ;电机运行
        SETB    TR0             ;启动 T0
        JNB     TF0,$           ;等待 20 ms 时间到,时间未到继续等待
        CLR     TF0             ;时间到,清 TF0
        CLR     TR0             ;关闭 T0
        MOV     TH0,#0D8H       ;置 10 ms 计数初值
        MOV     TL0,#0F0H
        CLR     P1.0            ;电机停,卸料
        SETB    TR0             ;启动 T0
        JNB     TF0,$           ;等待 10 ms 时间到,时间未到继续等待
        CLR     TF0             ;时间到,清 TF0
        CLR     TR0             ;关闭 T0
        SJMP    LOOP            ;重复循环
```

**14. 用单片机 89C51 设计一个两位 LED 动态显示电路,并编程使其输出显示数字 8。**

**解**　图 12-24 中,为简化电路,降低成本,将两位 LED 的段选线并联在一起,通过 74LS273 与数据总线 P0.0～P0.7 连接,而共阴极公共端分别由 P1.0、P1.1 控制,实现各位的分时选通。

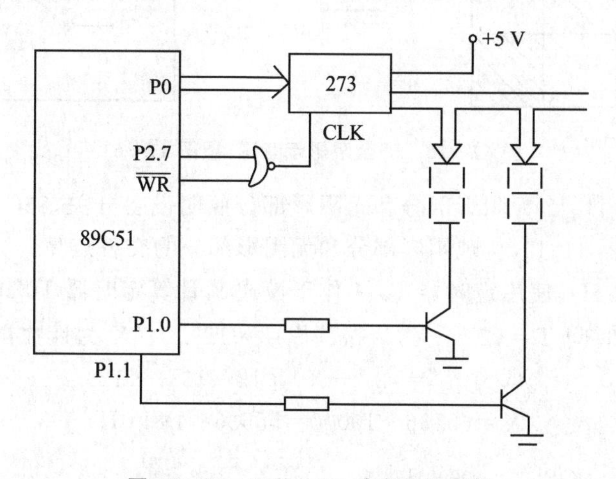


**图 12-24　两位 LED 动态显示电路**

两位 LED 动态显示程序如下:

```
LOOP:   MOV     A,#7FH          ;"8"字的段码送 A
        MOV     DPTR,#7FFFH     ;选通 74LS273
        MOVX    @DPTR,A         ;段码输出
        SETB    P1.0
```

```
        CLR     P1.1                ;位码输出
        ACALL   DL                  ;延时
        MOVX    @DPTR,A             ;段码输出
        SETB    P1.1
        CLR     P1.0                ;位码输出
        ACALL   DL                  ;延时
        SJMP    LOOP                ;重复循环
DL:     MOV     R7,#02H             ;1 ms 延时子程序
DL1:    MOV     R6,#0FFH
DL2:    DJNZ    R6,DL2
        DJNZ    R7,DL1
        RET
```

**15. 图 12－25 是一个舞台示意图,使用 89C51 设计一个控制器,编写程序将阴影部分和无阴影部分每隔 10 ms 交替点亮。**

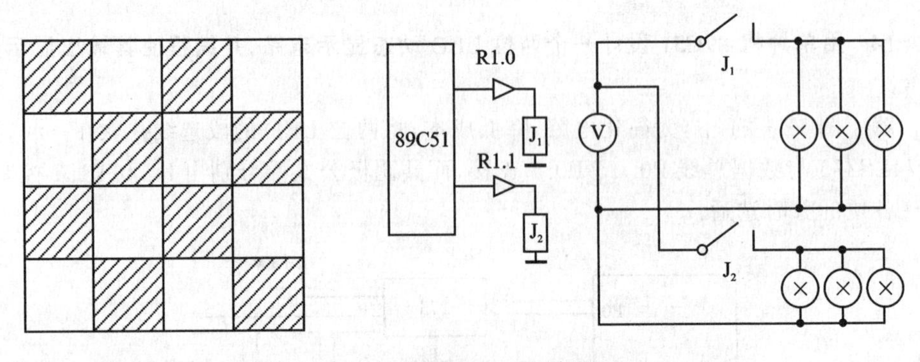


**图 12－25 舞台阴影示意图(题图 11－6)**

**解** 继电器 J1、J2 为阴影部分和无阴影部分照明设备开关,89C51 的 P1.0、P1.1 分别控制继电器 J1、J2,实现阴影部分和无阴影部分的交替点亮。

设 $f_{OSC}=12$ Hz,使用定时器 T0 工作于模式 1,计算定时器 T0 10 ms 计数初值。

$$\text{定时时间 } T=(2^{16}-X)\times\text{振荡周期}\times 12 \quad (X\text{ 为计数初值})$$

$$10\times10^{-3}=(2^{16}-X)\times12/(10^{-6}\times12)$$

$$X=65536-10000=55536=\text{D8F0H}$$

```
        ORG     0000H
        LJMP    START
        ORG     0040H
START:  MOV     SP,#60H             ;设置堆栈指针
        MOV     TMOD,#01H           ;定时器 T0 工作于模式 1
        MOV     A,#01H              ;无阴影部分亮,阴影部分不亮
        MOV     TH0,#0D8H           ;置 10 ms 计数初值
```

```
        MOV     TL0,#0F0H
        SETB    TR0           ;启动 T0
        JNB     TF0,$         ;等待 10 ms 时间到,时间未到继续等待
        CLR     TF0           ;时间到,清 TF0
        CPL     A             ;无阴影部分不亮,阴影部分亮
        MOV     P1,A
        SJMP    LOOP          ;重复循环
```

# B 套题库解答

## 12.9 填空题解答

1. 若外接晶振为 6 MHz,则 80C31 单片机的振荡周期为 1/6 μs,时钟周期为 1/3 μs,机器周期为 2 μs,指令周期最短为 2 μs,最长为 8 μs。

2. 80C31 单片机的片内外最大存储容量可达 128.3256KB,其中程序存储器最大容量为 64KB,数据存储器最大容量为 64KB+0.0256KB。

3. 80C31 单片机的中断源共有 5 个,它们分别是外部中断 0,定时器/计数器 0,外部中断 1,定时器/计数器 1,串行口;各中断矢量地址分别对应为 003H,000BH,0013H,001BH,0023H。

4. 80C31 单片机串行口共有 4 种工作方式,它们的波特率分别为 $f_{OSC/12}$,可变,$f_{OSC/32}$ 或 $f_{OSC/64}$,可变。

5. 80C31 单片机内部有定时器/计数器 2 个,它们具有定时和计数功能,分别对内部机器周期和单片机引脚 T0 和 T1 上的负跳变脉冲进行计数。

6. D/A 转换器是将数字量转换为模拟量,DAC0832 具有直通、单缓冲、双缓冲三种工作方式,其主要技术性能有分辨率、转换速率、转换精度。

7. 存储器和 I/O 扩展地址片选择译码方式,常用的是线选法和译码器译码法。

8. 程序存储器指令地址使用的计数器为 PC,外接数据存储器的地址指针为 DPTR,堆栈的地址指针为 SP。

9. 外接程序存储器的读信号为 $\overline{PSEN}$,外接数据存储器的读信号为 $\overline{RD}$。

10. DAC0832 可采用 3 种接口方式,对于要求两路 DAC0832 同时输出信号的电路,应采用双缓冲接口方式。

11. 读外部 64KB 数据存储器的指令为 MOVE A,@DPTR。

12. 可编程 I/O 芯片 8255 的扩展与外部扩展的数据存储器统一编址。

13. 已知 80C31 单片机的机器周期为 2 μs,则 8031 应外接晶振为 6 MHz,其指令周期最短为 2 μs。

14. 程序中"LOOP:SJMP rel"的相对转移以转移指令所在地址为基点向前最

大可偏移129个单元地址,向后最大可偏移−126个单元地址。

15. 串口的中断矢量地址为0023H,在同一优先级中,排列第5位。

16. “MOVC A,@A+DPTR”指令为变址寻址方式。

17. 80C31单片机多机通信时主机向从机发送的信息分地址和命令或数据两类。

18. SP是堆栈指针,PC是程序计数器,DPTR是数据指针。

19. 80C31单片机串口为方式1,当波特率为9600 bit/s时,每分钟可以传送28800字。

计算:80C31单片机串行口的方式1为一帧10位,波特率为9600 bit/s时,可秒可传送9600÷10=960字节,每分钟传送960×60=57600字节,1个字=2字节,则每分钟传送57600字节×2=28800字。

20. $\overline{\text{PSEN}}$信号用于读外部程序存储器,外接I/O的读信号为$\overline{\text{RD}}$。

21. 定时器1用作计数器时,对80C31引脚T0(P3.5)上的下跳变脉冲进行计数。

22. 82554个端口地址。它的扩展与外部数据存储器RAM统一编址。

23. 80C31单片机的中断与子程序调用的主要不同点是中断的随机性和中断有固定的矢量地址。

24. 外部中断0的中断矢量地址为003H,在同一优先级中,排列第1位。

25. 单片机的寻址方式就是指寻找操作数或操作数地址方式。

26. 对于80C31单片机串口的方式1,每分钟要求传送14400字节,波特率应设置为2400。

27. 单片机系统扩展的方法有两种,即并行扩展法和串行扩展法。

28. 单片机可以通过地址总线、数据总线、控制总线等总线结构实现外部芯片的扩展。

29. 某I/O接口芯片引脚上只有一根地址线A0,应有2个端口地址。它的扩展与片外数据存储器统一编址。

30. 80C31单片机的中断与子程序调用的主要相同点是都是中断当前正在执行的程序,转去执行子程序或中断服务子程序和两者可以实现嵌套。

31. DAC0832的功能是将数字量转换为模拟量。具有两级缓冲结构。

32. 单片机寻址方式就是指寻找操作数或操作数地址的方式,常用的寻址方式为寄存器寻址方式等。

33. 80C31单片机内存20H的第7位,它的位地址为07H。

34. 已知80C51单片机串口为方式2,波特率为9600 b/s,采用奇校验,则每分钟可传送52353.6个字节。当发送数据字节为CBH时,TB8应设置为0。

注意:

80C51单片机串口为方式2时,发送数据每帧为11位。波特率为9600 b/s时,即每秒发送 9600 位，每分钟可传送字节(9600×60)÷11＝52363.6 个。

80C51 单片机串行口为方式 2，采用奇校验，即表示 8 位发送数据字节和 1 位 TB8，共 9 位中“1”的个数应为奇数。当发送数据字节为 CBH(11001011B)时，其中“1”的个数已为奇数(5 位)，所以 TB8＝0。

35. 80C51 单片机的低功耗方式有作 P0 即 AD0～AD7 的地址/数据的分离锁存信号和以 1/6。

36. 80C51 单片机的 ALE 引脚功能有两个，即作 P0 即 AD0～AD7 的地址/数据的分离锁存信号和以 1/6 $f_{OSC}$ 频率输出、用作时钟或定时脉冲输出。

37. Motorola 单片机比较突出的特点主要有含内部监控 ROM，可在线仿真和具有锁相环电路，使用 32 kHz 的晶振产生 8 MHz 的总线速度，大大降低了干扰。

38. 在循环结构程序中，循环控制的实验方法有技术控制和条件控制。

39. 80C51 单片机中断与子程序调用的差别主要有中断的随机性和中断有固定的矢量地址。

40. 已知 80C51 的机器周期为 1.085 μs，则外界晶体振荡器频率为 11.059 2 MHz，ALE 引脚输出频率为 1.843 2 MHz。

注意：

机器周期为外接晶体振荡器周期的 12 倍。

ALE 引脚输出频率为外接晶体振荡器频率的 1/6。

41. 80C51 单片机的并行扩展三总线包括地址总线 AB、数据总线 DB 和控制器总线 CB。串行扩展总线主要有两种，即 $I^2C$ 总线和 SPI 总线。

42. 常用的串行通信总线有 RS232 和 RS485。

43. 80C52 单片机内部 TAM 地址重叠最大的范围是特殊功能寄存器 SFR(80H～FFH)与 80C52 的高 128 字节 RAM(80H～FFH)。

44. DAC0832 输入是 8 位数字量，输出是电流。

45. 外部中断源的扩展可以采用 OC 门经过“线或”后实现或通过片内计数器实现。

46. 某 I/O 接口芯片引脚中有 3 根地址线(A0、A1 和 A2)，应有 8 个端口地址，它的扩展与片外数据存储器统一编址。

47. 键盘可分为独立式和矩阵式两大类。

48. “MOV A,@DPTR”(DPTR 指针地址为 EFFFH，线选法)指令执行时，80C51 的引脚 P2.4 和 $\overline{RD}$ 输出为低电平。

注意：

MOVX 指令执行时，对外部 RAM 或 I/O 的数据传送指令，所以在执行时会产生读/写的控制信号，“MOV A,@DPTR”表示外部 RAM 或 I/O 向 80C51 传送数据，因此，$\overline{RD}$ 读信号有效，为低电平。

采用线选法，片选信号低电平有效，所以当指针地址 DPTR 为 EFFFH 时，表示

P2.4 作为片选线,低电平有效。

49. 循环结构中,当循环次数已知时,应采用循环计数控制法;循环次数未知时,应采用条件控制法。

50. 串口发送数据,采用累加和校验,方法可以有算术加和逻辑加(XOR)两种。

51. 单片机应用系统的测试,主要要进行电磁兼容性试验和电气性能(或安全、气候)试验。

52. 单片机中断源指的是能产生中断的外部或内部事件,80C51 单片机共有 5 个中断源。

53. DAC0832 芯片为单缓冲方式时,地址是 BFFFH。执行“MOVX A,@DPTR,A”指令时,引脚 $\overline{WR}$ 和 P2.6 输出低电平。

注意:

DAC0832 地址是 BFFFH,即 DPTR=BFFFH,线选法选中 DAC0832 时,P2.6=0 有效。

执行“MOVX @DPTR,A”指令时,是对外部数据存储器进行写,时序上会使 $\overline{WR}$=0 有效。

## 12.10 简答题解答

**1. 80C31 单片机 MOV、MOVC、MOVX 指令有什么区别?分别用于哪些场合?为什么?**

**答** ① MOV 指令用于对内部 RAM 的访问。

② MOVC 指令用于访问程序存储器,从程序存储器中读取数据(如表格、常数等)。

③ MOVX 指令用于访问外部数据存储器。要注意:执行 MOVX 指令时,当 P3.7 引脚上同时输出 $\overline{RD}$ 有效信号,或在 P3.6 引脚上输出 $\overline{WR}$ 有效信号,可以用做外部数据存储器或 I/O 的读/写选通控制信号。

**2. 中断与子程序调用有哪几点(至少三点)异同?**

**答** ① 都是中断当前正在执行的程序,转去执行子程序或中断服务子程序。

② 两者都可以实现嵌套,如中断嵌套和子程序嵌套。

③ 中断请求信号可以由外部设备发出,是随机的;子程序调用却是由软件编排好的。

**3. 80C31 单片机的中断与子程序调用有哪些异同点?请各举两点加以说明。**

**答** 中断与子程序调用的相似点:

① 都是中断当前正在执行的程序,转去执行子程序或中断服务子程序。

② 两者都可以实现嵌套,如中断嵌套和子程序嵌套。

中断与子程序调用的不同点:

① 中断请求信号可以由外部设备发出，是随机的；子程序调用却是由软件编排好的。

② 中断响应是受控的，其响应时间会受一些因素影响；子程序调用响应时间是固定的。

**4. 简述80C31单片机ALE引脚的时序功能，请举例说明其在应用系统中有哪些应用。**

答　ALE被称为“地址锁存信号”。时序上，当ALE输出为高电平时，80C31的P0口输出地址线的低8位A0～A7；当ALE输出从高电平变为低电平时，80C31的P0口输出数据线D0～D7，所以ALE信号通过锁存器来锁存A0～A7。在时序上，ALE以1/6振荡频率的固定速率输出。

在应用系统中，ALE主要有两个用途：

① 在80C31并行扩展时，P0口为地址/数据复用口，这时ALE通过锁存器来锁存地址A0～A7。

② ALE输出外部定时脉冲。

**5. 利用扩展的DAC0832可以输出不规则的波特，简述其原理。**

答　DAC0832可以将数字量转换为模拟量输出，改变数字量即可得到不同的模拟量，连续输出模拟量即是波形。

简便的方法是采用查表输出法，将波形分解为单位时间上波形电压（模拟量），计算出相应数字量，把数字量列成表格。程序依次从表格中找到数，送入DAC0832转换为模拟量输出，连续输出即是波形。

**6. 80C31单片机的ALE引脚有哪两个主要功能？**

答　80C31单片机ALE引脚的两个主要功能如下：

① 在访问片外存储器或I/O时，用于锁存低8位地址，以实现低8位地址A0～A7与数据D0～D7的隔离。在ALE的下降沿将P0口输出的地址A0～A7通过锁存器锁存，然后在P0口上输出D0～D7。

② 由于ALE以1/6的振荡频率固定输出，可以作为对外输出的时钟或用作外部定时脉冲。比如ALE信号可以做ADC0809的时钟CLK。

**7. 80C31单片机的ALE引脚在系统扩展时起什么作用？**

答　80C31单片机在系统扩展时，其P0口必须进行地址和数据的分离，而地址低8位的锁存信号就是ALE输出。当ALE输出为高电平时，P0口输出地址线的低8位A0～A7；当ALE输出从高电平变为低电平时，P0口输出数据线D0～D7，ALE信号通过锁存器来锁存A0～A7。

**8. 片外数据存储器与程序存储器地址允许重复，如何区分？**

答　片外数据存储器与程序存储器地址都可以为0000H～FFFFH。但是二者采用不同的指令，产生不同的控制信号，从而在系统扩展时采用不同的控制信号线。访问片外数据存储器时，应采用MOVX指令，系统扩展时采用控制的信号线为$\overline{RD}$

和 $\overline{WR}$;访问程序存储器时,应采用 MOVC 指令,系统扩展时采用的控制信号线为 $\overline{PSEN}$。

**9. 80C51 单片机内部有哪几个常用的地址指针? 它们各有什么用处?**

答 80C51 单片机内部有三个常用的指针,即

① PC——程序计数器,存放下一条将要从程序存储器取出的指令的地址。

② SP——堆栈指针,指向堆栈栈顶。

③ DPTR——数据指针,作为外部数据存储器或 I/O 的地址指针。

**10. 80C51/52 单片机有多个地址空间是重叠的,请举两例,并说明重叠空间是如何被区别的。**

答 80C51/52 单片机有多个地址空间是重叠的,如:

① 80C52 单片机内部 RAM 高 128 字节(80H～FFH)与特殊功能 SFR 地址(80H～FFH)重叠,但寻址方式不同,访问 RAM 高 128 字节区时采用间接寻址方式,访问特殊功能寄存器 SFR 时采用直接寻址方式。

② 80C51/52 单片机片内 20H～2FH 字节地址与位地址重叠,但指令寻址方式不同。位地址只能采用位寻址方式。

**11. 80C51 单片机应用系统为什么要进行低功耗设计?**

答 原因如下:

① 实验绿色电子,节约能源;

② 某些场合(如野外),某些便携式仪器、仪表要求由电池供电,要求功耗小;

③ 能提高应用系统可靠性,因为进入低功耗后,单片机对干扰往往不敏感。

**12. Motorola 单片机与本教程中介绍的 80C51 单片相比,有哪些值得注意的特点?**

答 Motorola 单片机值得注意的特点有:

① 具有 PLL 锁相环电路,能降低干扰;

② 含片内监控 ROM,为用户提供在线编程及在线调试等功能;

③ 采用模块化设计,各种不同型号单片机由不同模块组成,7 天就可以设计出用户所需单片机。

**13. 简述 80C51 单片机并行扩展时的编址原理。**

答 80C51 单片机应用系统中,为了唯一的选择片外扩展的某一存储单元或 I/O 端口,需要进行二次选择。

- 必须先找到该存储单元或 I/O 端口所在的芯片,称为“片选”。“片选”常采用线选法和译码法。
- 通过对芯片本身所具有的地址线进行译码,然后确定唯一的存储单元或 I/O 端口,称为“字选”。

**14. 80C51 单片机的 MOV、MOVC、MOVX 指令各适用于哪些存储空间? 请举例说明。**

答

- MOV 指令适用于片内数据存储器中数据的传送。如“MOV A,R0”。
- MOVC 指令适用于对程序存储器中数据(如表格、常数)的传送。如“MOVC A,@A+PC”。
- MOVX 指令适用于片外数据存储器和 I/O 中数据的传送。如“MOVX A,@DPTR”。

**15. Motorola 单片机比较突出的特点有哪些?略举三点说明。**

答 ① 内部监控 ROM 提供在线编程和调试功能。

② 具有锁相环频率合成器,可以在外部接 32 kHz 晶振的情况下,通过软件编程在内部产生最大 8 MHz 的总线时钟频率。提供了系统的可靠性。

③ 采用模块化设计。

**16. 简述单片机应用系统串行扩展时,如何确定数据存储器地址和 I/O 端口地址。**

答 对于 $I^2C$ 总线的串行扩展,地址信息可以由三部分合成,即串行数据存储器和 I/O 出厂时的器件编号地址、器件引脚地址、读/写方向位等 3 部分组成。例如,串行存储器 AT24C02 的地址为 $\underline{1010}$ $\underline{A2A1A0}$ $\underline{R/W}$。

**17. 单片机应用系统为什么要进行可靠性设计?略举两点加以说明。**

答 可靠性设计是应用系统功能的保障。单片机应用系统工作于不同的工作环境,为了防止因干扰引起的系统不正常,如因干扰引起系统出现“死机”或“死循环”等,必须进行可靠性设计。

提供系统可靠性的有效方法有许多,如:

- 在单片机应用系统中添加看门狗,当程序进入“死机”或“死循环”时间超过设定时间则产生复位;
- 在程序中设置软件“陷阱”,当程序“跑飞”时,能掉入“陷阱”而自动跳出。

**18. Motorola(Freescale)MC68HC08 单片机有哪些值得注意的特点?略举三点加以说明。**

答 特点如下:

① 内部监控 ROM 提供在线编程和调试功能;

② 具有锁相环电路,利用外部 32 kHz 晶振产生内部 8 MHz 的总线速度;

③ 采用模块化设计。

**19. 如何认识 80C51 存储器的空间在物理结构上可划分为 4 个空间,而在逻辑上又可划分为 3 个空间?**

答 80C51 存储器是采用将程序存储器和数据存储器分开寻址的结构,其存储器空间在物理结构上可划分为如下 4 个空间:片内程序存储器、片外程序存储器、片内数据存储器、片外数据存储器。

逻辑上又可划分为如下3个空间：片内256 B数据存储器地址空间，片外64 KB的数据存储器地址空间和64 KB程序存储器。因为片内、片外的程序存储器地址编排是连续统一的，因而在逻辑上把它作为一个空间。在访问三个不同的逻辑空间时，应采用不同形式的指令，以产生不同存储空间的选通信号。

**20. 开机复位后，CPU使用提哪组工作寄存器？它们的地址是什么？CPU如何确定和改变当前工作寄存器组？**

答 开机复位后，CPU使用的是第0组工作寄存器，它们的地址是00～07。CPU通过对程序状态字PSW中RS1、RS0的设置来确定和改变当前工作寄存器组。

**21. 什么是堆栈？堆栈有何作用？在程序设计时，为什么有时要对堆栈指针SP重新赋值？如果CPU在操作中要使用2组工作寄存器，SP的初值应为多大？**

答 堆栈是个特殊的存储区。其主要功能键是暂时存放数据和地址，通常用来保护断点和现场。它的特点是按照"先进后出"的原则存取数据，这里的"进与出"是指进栈与出栈操作。系统复位后，SP初始化为07H，使得堆栈事实上由08H开始。因为08H～1FH单元为工作寄存器1～3，20H～2FH为位寻址区。在程序设计中很可能要用到这些区，所以用户在编程时要对堆栈指针SP重新赋值，最好把SP初值设为2FH或更大值，当然同时还要顾及其允许的深度。在使用堆栈时要注意，由于堆栈的占用，会减少内部RAM的可利用单元，如设置不当，可能引起内部RAM单元冲突。如果CPU在操作中要使用2组工作寄存器，SP的初值应大于10H。

**22. AT89S51/S52的时钟周期、机器周期、指令周期是如何分配的？当振荡频率为8 MHz时，1个时钟周期为多少μs(微少)？指令周期是否为唯一的固定值？**

答 AT89S51/S52的时钟周期是最小的定时单位，也称为振荡周期或节拍。一个机器周期包含12个时钟周期或节拍。不同的指令其指令周期一般是不同的，可包含有1、2、3、4个机器周期。

**23. 为什么定时器T1用做串口波特率发生器时，常采用方式2？**

答 定时器T1用做串口波特率发生器时，因为工作方式2为自动重装载方式，所以不需要在中断服务子程序中重新设置时间常数，没有中断响应而引起的误差，所以常采用方式2。

**24. 单片机对A/D转换器转换的控制一般可以分为几个过程？**

答 单片机对A/D转换器转换的控制一般可以分为3个过程，即：

① 单片机通过控制口对A/D转换器发出启动转换信号，A/D转换器开始进行转换。

② 单片机判断A/D转换器的转换是否结束。判断方法有多种，例如查询转换结束状态，A/D转换结束申请中断，对于逐次逼近型A/D转换器还可采用延时等待方法等。

③ 单片机发出数据输出允许信号，读入A/D已转换完成的数据。

**25. 复位的作用是什么？有几种复位方法？复位后单片机的状态如何？**

**答**　复位是单片机的初始化操作，单片机在启动运行时，都需要先复位。它的作用是使 CPU 和系统中其他部件都处于一个确定的初始状态，并从这个状态开始工作。

单片机的外部复位电路有上电自动复位和按键手动复位两种。

- 上电自动复位利用电容器充电来实现，上电瞬间，RC 电路充电，RST 引脚端出现正脉冲，只要 RST 引脚端保持 2 个机器周期以上高电平，就能使单片机复位。为了可靠地复位，一般应保持 10 ms 以上高电平。
- 按键手动复位又分为按键电平复位和按键脉冲复位。按键电平复位，相当于按复位键后复位端通过电阻与 $V_{CC}$ 电源接通；按键脉冲复位，利用 RC 微分电路产生正脉冲。除此，还有同步复位和外部脉冲复位等方法。

复位后片内各专用寄存器的状态如表 12－5 所列，表中"×"为不定数。

**表 12－5　复位后的内部专用寄存器状态**

| 寄存器 | 内　容 | 寄存器 | 内　容 |
|---|---|---|---|
| PC | 000H | TMOD | 00H |
| ACC | 00H | TCON | 00H |
| B | 00H | TH0 | 00H |
| PSW | 00H | TL0 | 00H |
| SP | 07H | TH1 | 00H |
| DPTR | 0000H | TL1 | 00H |
| P0～P3 | FFH | SCON | 00H |
| IP | ××000000B | SBBF | ××××××××B |
| IE | 0×000000B | PCON | 0×××0000B(CHMOS)<br>0×××××××B(HMOS) |

**26. 串行通信有哪几种常用的通信数据的差错检测方法？试举例说明。**

**答**　串行通信常用的通信数据的差错检测方法有两种。

① 奇偶校验。奇偶校验码是一种最简单的检错码，又可分为奇数校验码和偶数校验码两种。它是在 $n-1$ 位信息码（$a_{n-1}, a_{n-2}, \cdots, a_2, a_1$）后面附加一位校验码 $C_0$，使码中的 1(或 0)的数目保持为奇数个或偶数个。奇校验是指无论它的信息码有多少位，校验码只有一位，它使码字中 1 的数目为奇数。偶校验是指无论它的信息码有多少位，校验码只有一位，它使码字中的数目为偶数。奇偶校验码能检测出一个码字内的奇数个错误，但不能发现偶数个错误，也不能纠正错误。

② 累加和校验。累加和校验码的编码方法是对各行的码字进行无进位的算术累加，将最后的累加和也作为数据进行通信。采用累加和校验码可以避免奇偶校验码不能检测出的错误。可以发现几个连续位的差错。

累加和的加运算可以有两种方法：第一种方法是逻辑加，即按位加，可采用异或操作指令XOR;第二种方法是算术加,即按字节加,但不考虑进位,采用加法指令ADD。

**27. 并行D/A转换器为什么必须有锁存器?有锁存器和无锁存器的D/A转换器与89C51的接口电路有什么不同?**

**答** 并行D/A转换器的数字输入是由数据总线上引入的,而数据总线上的数据一直在变动,为了保持D/A转换器输出的稳定,就必须在单片机与D/A转换器输入口之间增加锁存数据功能的锁存器。对于具有锁存器的并行D/A转换器的数字输入可以直接与单片机的数据总线相连对于不具有锁存器的并行D/A转换器的数字输入需增加锁存器。

**28. 说明"DA A"指令功能,并说明二—十进制调整的原理和方法。**

**答** "DA A"指令的功能是对两个BCD码的加法结果进行调整。两个压缩型BCD码按二进制数相加之后,必须经过该指令的调整才能得到压缩型BCD码的和数。"DA A"指令对两个BCD码的减法结果不能进行调整。

BCD码采用4位二进制数编码,并且只采用了其中的10个编码,即0000～1001,分别代表BCD码0～9,而1010～1111为无效码。当两个BCD码相加结果大于9,说明已进入无效编码区;当两个BCD码相加结果有进位时,说明已跳过无效编码区。若结果进入或跳过无效编码区,则结果是错误的,相加结果均比正确结果小6(差6个无效编码)。

十进制调整的修正方法为:当累加器低4位大于9或半时位标志AC=1时,进行低4位加6修正;当累加器高4位大于9或进位标志CY=1时,进行高4位加6修正。

**29. 说明80C51单片机的布尔处理机的构造及功能。**

**答** 80C51单片机内部有一个布尔(位)处理机,具有较强的布尔变量处理能力。

布尔处理机实际上是一位微处理机,它包括硬件和软件。布尔处理机以进位标志CY作为位累加器,以80C51单片机内部RAM的20H～2FH单元及部分特殊功能寄存器为位存储器,以80C51单片机的P0、P1、P2和P3为位I/O。

对位地址空间具有丰富的位操作指令,包括布尔传送指令、布尔状态控制指令、位逻辑操作指令及位条件转移指令,为单片机的控制带来很大方便。

**30. 80C51串行接口UART发送/接收的操作界面是什么?发送/接收完毕的标志位为什么设计成指令清零而不是自动清零?**

**答** (1) 80C51串行接口UART发送/接收的操作界面

80C51串行接口UART发送/接收的操作界面,体现为累加器A与发送/接收缓冲器SBUF间的数据传送操作。

当对串行口完成初始化操作后,要发送数据时,待发送的数据由A送入SBUF中,在发送控制器控制下组成帧结构,并且自动以串行方式发送到TXD端,在发送完毕后置位TI。如果要继续发送,在指令中将TI清零;接收数据时,置位接收允许位才开始串行接收操作,在接收控制器控制下,通过移位寄存器将串行数据送入

SBUF 中。

(2) 发送/接收完毕的标志位清零

发送/接收完毕的标志位 TI/RI 都是在发送/接收到停止位时硬件置位并请求中断的。为了便于对发送/接收的查询，这两个标志位是不会自动清除的，必须用指令清零。

**31. 串行口控制寄存器 SCON 中 TB8、RB8 起什么作用？在什么方式下使用？**

**答**　串行口控制寄存器 SCON 中 TB8 为发送数据的第 9 位，RB8 为接收数据的第 9 位。它们的作用有两个方面：

① 80C51 使用带奇偶校验位的 8 位数据通信时，使用方式 2 和方式 3 的 9 位数据通信，发送和接收的第 9 位为奇偶校验位。即在发送时通过指令将 PSW(PSW.0)中的奇偶校验位 P 送入 TB8 中，与数据组成一帧一并发送；当接收方接收到一帧数据后，将数据和 R8 中的奇偶校验位分离，将接收的数据送入累加器 A，并将 PSW 中的奇偶校验位 P 与传送过来的 TB8 相比较，若不同，则传送出错。

② 多机通信(方式 2、方式 3)中，TB8 标明主机发送的是地址还是数据，TB8＝0 为数据，TB8＝1 为地址。此时，TB8 由指令置位或清零。

串行口控制寄存器 SCON 中 RB8 是多机通信(方式 2、方式 3)中，用来存放接收到的第 9 位数据的，用以表明所接收的数据的特征。

可以看出，TB8、RB8 只有在串行数据通信的方式 2、方式 3 中使用。

**32. 请简单叙述多机通信原理，在多机通信中 TB8/RB8、SM2 起什么作用？**

**答**　多机通信时，充分利用了单片机内的多机通信控制位 SM2。

当从机 SM2＝1 时，从机只接收主机发出的地址帧(第 9 位，TB8/RB8＝1)，对数据帧(第 9 位，TB8/RB8＝0)不予理睬；而当 SM2＝0 时，可以接收主机发送的所有信息。

多机通信过程如下：

① 将所有从机的 SM2 位置 1，即所有从机都处于只接收地址帧的状态；

② 主机发磅一帧地址信息，其中 8 位地址，第 9 位为 1 表示是地址帧；

③ 所有从机接收到的地址帧后，进行中断处理，把接收到的地址与自身地址相比较，地址相符时置 STM2＝0，不相符时维持 SM2＝1；

④ 由于被寻址的从机已使 SM2＝0，可以接收主机随后发送来的信息，实现主机与被寻址从机的双机通信；

⑤ 被寻址的从机通信完毕后，置 SM2＝1，恢复多机系统原有状态。

**33. 试说明指令“CJNE　@R1，#7AH，10H”的作用。若本指令地址为 250H，其转移地址是多少？**

**答**　指令“CJNE　@R1，#7AH，10H”的作用是：如果以 R1 内容为地址的单元中的数据等于 7AH，则程序顺序执行；否则，转移后继续执行。若本指令地址为 250H，其转移地址是 263H。

**34. 试说明压栈指令和弹栈指令的作用及执行过程。**

答 压栈(或称入栈或进栈)指令的作用是将数据存入堆栈中。其执行过程是先将栈指针SP的内容加1,然后将直接寻址单元中的数传送(或称压入)到SP所指示的单元中。若数据已推入堆栈,则SP指向最后推入数据所在的存储单元(即指向栈顶)。

弹栈(也称出栈)指令的作用是将数据从堆栈中取出。其执行过程是先将栈指针SP所指出单元的内容送入直接寻址单元中,然后将SP的内容减1,此时SP指向新栈顶。

**35. 访问特殊功能寄存器SFR,可使用哪些寻址方式?**

答 访问特殊功能寄存器SFR的唯一寻址方式是直接寻址方式。这时除了可以单元地址形式(如90H)给出外,还可以寄存器符号形式(如P1)给出。虽然特殊功能寄存器可以使用寄存器符号标志,但在指令代码中还是按地址进行编码的。

**36. 若访问外部RAM单元,可使用哪些寻址方式?**

答 访问外部RAM单元的唯一寻址方式是寄存器间接寻址方式。片外RAM的64 KB单元,使用DPTR作为间址寄存器,其形式为@DPTR,例如“MOVX A,@DPTR”的功能是把DPTR指定的片外RAM单元的内容送累加器A。

片外RAM低256个单元,除了可使用DPTR作为间址寄存器外,也可使用R0或R1作间址寄存器。例如“MOVX A,@R0”即把R0指定的片外RAM单元的内容送累加器A。

**37. 若访问内部RAM单元,可使用哪些寻址方式?**

答 片内RAM的低128单元可以使用寄存器间接寻址方式,但只能采用R0或R1为间接寄存器,其形式为@Ri(i=0,1)。

片内RAM的低128单元可以使用直接寻址方式,在指令中直接以单元地址形式给出。

片内RAM的低128单元中的20H～2FH有128个可寻址位,还可以使用位寻址方式,对这128个位的寻址使用直接位地址表示。

**38. 若访问程序存储器,可使用哪些寻址方式?**

答 访问程序存储器可使用的寻址方式有立即寻址方式、变址寻址方式和相对寻址方式三种。立即寻址是指在指令中直接给出操作数。变址寻址方式只能对程序存储器进行寻址,或者说这是专门针对程序存储器的寻址方式。相对寻址方式是为实现程序的相对转移而设立的。

**39. 80C51有哪些逻辑运算功能?各有什么用处?设A中的内容为10101010B,R4内容为01010101B。请写出它们进行“与”“或”“异或”操作的结果。**

答 (1) 逻辑运算功能

① 单操作数逻辑运算指令,其操作对象都是累加器A,包括:清0、取反、循环左移、带进位循环左移、循环右移、带进位循环右移和半字节互换指令。

② 双操作数逻辑运算指令，包括：逻辑“与”(ANL)、逻辑“或”(ORL)及逻辑“异或”(XOR)S 三类操作。

③ 布尔(位)逻辑操作指令，包括：位逻辑“与”(ANL)及位逻辑“或”(OLR)两类操作。

(2) 逻辑运算的用处

① 若是对口的操作，即为“读-改-写”。

② 逻辑“与”运算指令用做清除。

③ 逻辑“或”运算指令用做置位。

④ 用“RLC　A”指令将累加器 A 的内容作乘 2 运算。

⑤ 用“RRC　A”指令将累加器 A 的内容作除 2 运算。

(3) 操作的结果

A“与”R4 操作的结果　　00000000B

A“或”R4 操作的结果　　11111111B

A“异或”R4 操作的结果　　11111111B

**40. 访问特殊功能寄存器(SFR)和片外 RAM 应采用哪些寻址方式？**

**答**　访问 SFR 用直接寻址方式。访问片外 RAM 用寄存器间接寻址方式。

**41. 当定时器/计数器 T0 设为模式 3 后，对定时器/计数器 T1 如何控制？**

**答**　当定时咕嘟/计数器 T0 设为模式 3 后，定时器/计数器 T1 只可选模式 0、1 或 2。由于此时 T1 的计数溢出标志位 TF1 及 T1 中断矢量(地址 001BH)已被 TH0 所占用，所以定时器/计数器 T1 仅能作为波特率发生器或用于其他不用中断的地方。T1 用作串口波特率发生器时，它的计数输出直接去串口，只需设置好工作方式，串口波特率发生器自动开始运行。若要 T1 停止工作，只需向 T1 送一个设 T1 为工作方式 3 的控制字即可。

**42. 门控位 GATE 可使用于什么场合？请举例加以说明。**

**答**　当设门控位 GATE＝1 时，由外部中断引脚 $\overline{\text{INT0}}$ 和 TR0、$\overline{\text{INT1}}$ 和 TR1 共同来启动定时器。当 TR0 置位时，$\overline{\text{INT0}}$ 引脚为高电平才能启动定时器 T0；当 TR1 置位时，$\overline{\text{INT1}}$ 脚为高电平才能启动定时器 T1。由此可测得 $\overline{\text{INT0}}$ 和 $\overline{\text{INT1}}$ 引脚上输入脉冲的高电平持续时间，继而可测得 $\overline{\text{INT0}}$ 和 $\overline{\text{INT1}}$ 引脚上输入脉冲的低电平持续时间，从而测出 $\overline{\text{INT0}}$ 和 $\overline{\text{INT1}}$ 引脚上输入脉冲的周期、频率和占空比等。

**43. 80C51 单片机内部设有几个定时器/计数器？简述各种工作方式的特点。**

**答**　80C51 单片机内部设有 2 个 16 位定时器/计数器 T0 和 T1。定时器/计数器有 4 种工作方式，其特点如下：

① 方式 0 是 13 位定时器/计数器。由于 THx 高 8 位(作计数器)和 TLx 的低 5 位(32 分频的定标器)构成，TLx 的低 5 位溢出时，向 THx 进位；THx 溢出时，硬件置位 TFx(可用于软件查询)，并可以申请定时器中断。

② 方式 1 是 16 位定时器/计数器。TLx 的低 8 位溢出时间 THx 进位，THx 溢

出时,硬件置位 TFx(可用于软件查询),并可以申请定时器中断。

③ 方式2是定时常数自动重装载的8位定时器/计数器。TLx作为8位计数寄存器,THx作为8位计数常数寄存器。当TLx计数溢出时,一方面将TFx置位,并申请中断;另一方面将THx的内容自动重新装入TLx中,继续计数。由于重装装入不影响THx的内容,所以可以多次连续再装入。方式2对定时控制特别有用。

④ 方式3只适用于T0,T0被拆成两个独立的8位计数器TL0和TH0。TL0做8位计数器,它占用了T0的GATE、$\overline{\text{INT0}}$、启动/停止控制位TR0、T0引脚(P3.4)以及计数溢出标志位TF0和T0的中断矢量(地址为000BH)等。TH0只能做8位定时器用,因为此时的外部引脚T0已为定时器/计数器TL0所占用。这时它占用了定时器/计数器T1的启动/停止控制位TR1、计数溢出标志位TF1及T1中断矢量(地址为001 BH)。

T0设为方式3后,定时器/计数器T1只可选方式0、1或2。由于此时计数溢出标志位TF1及T1中断矢量(地址为001BH)已被TH0所占用,所以T1仅能作为波特率发生器或其他不用中断的地方。

**44. 定时器/计数器做定时器使用时,定时时间与哪些因素有关?定时器/计数器做计数器使用时,外界输入计数频率最高为多少?**

**答**　定时器/计数器做定时器用时,定时器的定时时间与系统的振荡频率 $f_{osc}$,计数器的长度(如8位、13位或16位等)和定时初始值等有关。

定时器/计数器做计数器用时,通过引脚T0(P3.4)和T1(P3.5)对外部信号进行计数,由于检测一个1到0的跳变需要两个机器周期,故计数脉冲频率不能高于振荡脉冲频率的1/24。

**45. 在89C51/S51扩展系统中,片外程序存储器和片外数据存储器共处同一地址空间为什么不会发生总线冲突?**

**答**　在访问片外Flash ROM和片外RAM逻辑空间时,因为采用了不同形式的指令(MOVC和MOVX),产生不同反目成仇这段间的选通信号,所以不会发生总线冲突。

**46. 在中断请求有效并开中断状况下,能否保证立即响应中断?有什么条件?**

**答**　在中断请求有效并开中断状况下,并不能保证立即响应中断。这是因为,在计算机内部,中断表现为CPU的微查询操作。80C51单片机中,CPU在每个机器周期的S6状态中,查询中断源,并按优先级管理规则处理同时请求的中断源,且在下一个机器周期的S1状态中,响应最高级中断请求。

在以下情况下,还需要有另外的等待:

① CPU正在处理相同或更高优先级中断;

② 多机器周期指令中,还未执行到最后一个机器周期;

③ 正在执行中断系统的SFR操作,如RETI指令及访问IE、IP等操作时要延后一条指令。

**47. 中断响应中,CPU应完成哪些自主操作?这些操作状态对程序运行有什么影响?**

答 (1) 中断响应中的CPU自主操作

中断响应的自主操作是指中断响应过程中,单片机中CPU不依赖指令控制的内部操作行为。

① 响应中断时CPU的自主操作过程:

- 置位相应的优先级状态触发器,以标明所响应中断的优先级别;
- 中断源标志清零(TI、RI除外);
- 中断断点地址装入堆栈保护(不保护PSW);
- 中断入口地址装入PC,以便使程序转到中断入口地址处。

② 中断返回时CPU的自主操作过程。CPU在执行到中断返回指令RETI时,产生以下自主操作:

- 优先级状态触发器清零;
- 断点地址送入PC,以便使程序返回到断点处。

(2) 自主操作状态对程序运行的影响

① 响应中断时的自主操作,使CPU暂停当前程序的运行,而转入中断服务程序去执行。

② 中断返回时的自主操作,使CPU结束中断服务程序的执行,返回到原来的程序继续执行。

**48. 89C51有哪些信号需要以引脚第二功能的方式提供?**

答 串行口:

RXD(串行输入口)

TXD(串行输出口)

中断:

INT0(外部中断)0

INT1(外部中断)1

定时器/计数器(T0、T1):

T0(定时器/计数器0的外部输入)

T1(定时器/计数器1的外部输入)

数据存储器选通:

$\overline{\text{WR}}$(外部存储器写选通,低电平有效,输出)

$\overline{\text{RD}}$(外部存储器读选通,低电平有效,输出)

**49. 89C51中断系统中有几个中断源?请写出这些中断源的优先级的顺序以及这些中断的入口地址。**

答 (1) 89C51的中断系统中有五个中断源,其中有两个外部中断源,三个内部中断源。

外部中断源为 $\overline{\text{INT0}}$、$\overline{\text{INT1}}$,可选择低电平有效或下降沿有效;内部中断源为T0、T1溢出中断,串行口发送/接收共用一个中断源。

(2) 中断源的优先级的顺序及中断的入口地址每个中断源都可选择高、低两个优先级。

中断优先级与中断入口地址如表12-6所示。

**表12-6　RS0、RS1对工作寄存器组的选择**

| 优先级 | 中断源 | 中断入口地址 |
|---|---|---|
| 最高 | $\overline{\text{INT0}}$ 中断 | 0003H |
| ↑ | T0 溢出中断 | 000BH |
|  | $\overline{\text{INT1}}$ 中断 | 0013B |
|  | T1 溢出中断 | 001BH |
| 最低 | 串行口发送/接收中断 | 0023H |

当低优先级组中任何一个中断源被设定为高优先级时,其优先级将比低优先级组中任何一个中断源的优先级要高。

**50. 在外部中断中,有几种中断触发方式?如何选择中断源的触发方式?**

**答**　在外部中断源中,有两种中断触发方式可选择:低电平有效或下降沿有效。

定时器控制寄存器(TCON)中,IT0、IT1为外部中断 $\overline{\text{INT0}}$、$\overline{\text{INT1}}$ 引脚电平触发方式选择位置0时,选择低电平触发;置1时,选择下降沿触发。

**51. 程序状态寄存器PSW的作用是什么?常用状态标志有哪几位?作用是什么?**

**答**　PSW是8位寄存器,用于作为程序运行状态的标志,其格式如下:

| PSW位地址 | D7H | D6H | D5H | D4H | D3H | D2H | D1H | D0H |
|---|---|---|---|---|---|---|---|---|
| 字节地址 D0H | C | AC | F0 | RS1 | RS0 | OV | F1 | P |

当CPU进行各种逻辑操作或算术运算时,为反映操作或运算结果的状态,把相应的标志位置1或清0。这些标志的状态,可由专门的指令来测试,也可通过指令来读出。它为计算机确定程序的下一步运行方向提供依据。下面说明PSW寄存器中各标志位的作用。

P　　奇偶标志。该位始终跟踪累加器A内容的奇偶性。如果有奇数个"1",则P为1,否则置0。在80C51的指令系统中,凡是改变累加器A中内容的指令均影响奇偶标志位P。

F1　　用户标志。由用户置位或复位。

OV　　溢出标志。有符号数运算时,如果发生溢出时,OV置1,否则清0。对于一个字节的有符号数,如果用最高位表示正、负号,则只有7位有效位,能表示−128～+127之间的数;如果运算结果超出了这个数值范围，就会发生溢出，此时，OV＝1，否则 OV＝0。例如，当两个正数相加超过＋127 范围时，使用其符号由正变负，由于溢出得负数，结果是错误的，这时 OV＝1；当两个负数相加，和小于－128，由于溢出得正数，OV＝1。

此外，在乘法运算中，OV＝1 表示乘积超过 255；在除法运算中，OV＝1 表示除数为 0。

RS0、RS1　工作寄存器选择位，用以选择指令当前工作的寄存器组。由用户用软件改变 RS0 和 RS1 的组合，以切换当前选用的工作寄存器组，其组合关系如表 12－6 所列。

**表 12－7　RS0、RS1 对工作寄存器组的选择**

| RS1 | RS0 | 寄存器组 | 片内 RAM 地址 |
| --- | --- | --- | --- |
| 0 | 0 | 第 0 组 | 00H～07H |
| 0 | 1 | 第 1 组 | 08H～0FH |
| 1 | 0 | 第 2 组 | 10H～17H |
| 1 | 1 | 第 3 组 | 18H～1FH |

单片机在复位后，RS0＝RS1＝0，CPU 自然选中第 0 组为当前工作寄存器组。根据需要，用户可利用传送指令或位操作指令来改变其状态，这样的设置为程序中快速保护现场提供了方便。

F0　用户标志位，同 F1。

AC　半进位标志。当进行加法或减法运算时，如果低半字节（位 3）向高半字节有进位或借位，AC 置 1，否则清 0。AC 亦可用于 BCD 码调整时的判别位。

CY　进位标志。在进行加法（或减法）运算时，如果操作结果最高位（位 7）有进位或借位，CY 置 1，否则清 0。在进行位操作时，CY 又作为位操作累加器 C。

## 12.11　计算题解答

**1. 某异步通信接口，其字符帧格式由 1 个起始位、7 个数据位、1 个奇偶校验和 1 个停止位组成。当该通信接口每分钟传送 1 800 个字符时，计算其传送波特率。**

**答**　计算如下：

① 该通信接口每分钟传送 1 800 个字符，即每秒钟传送 30 个字符。

② 因为一个字符帧格式占用 10 位，所以每秒钟传送 30×10 位＝300 位，因此，传送波特率应为 300。

**2. 51单片机的串行口设为方式1,当波特率为9 600 b/s时,每分钟可以传送多少字节?**

答 对于51单片机的串口设为方式1,当波特率为9 600 b/s时,每分钟可以传送57 600字节。

说明:串口为方式1时,作10位UART用,每秒钟传送字节为9 600×10=960,即每分钟传送字节为960×60=57 600。

**3. 在51单片机的应用系统中时钟频率为6 MHz,现需要利用定时器/计数器T1产生波特率为1 200 b/s,请计算T1初值,实际得到的波特率的误差是多少?**

答 使用串行方式1,T1为定时器方式2,利用公式即得定时器装入值:

$$TC = 256 - \frac{6 \times 10^6}{384 \times 1\,200} = 242.98$$

取TC=243,则

$$\text{实际波特率} = \frac{6 \times 10^6}{32 \times 12 \times (256 - 243)} = 1\,201.92\ (\text{b/s})$$

误差为:

$$(1\,201.92 - 1\,200) \div 1200 = 0.16\%$$

**4. 已知定时器T1设置为方式2,用作波特率发生器,系统时钟频率为24 MHz,求可能产生的最高和最低的波特率是多少?**

答 最高波特率:

$$TH1 = 0FFH \quad TL1 = 0FFH$$

$$\text{波特率}_{\text{最高}} = [2/32 \times 240\,000\,000/(12 \times (256 - 255))]\text{b/s} = 125\,000\ \text{b/s}$$

最低波特率:

$$TH1 = 00H \quad TL1 = 00H$$

$$\text{波特率}_{\text{最低}} = [1/32 \times 24\,000\,000/(12 \times (256 - 0))]\text{b/s} = 244\ \text{b/s}$$

5. 为什么定时器T1用作串行口波特率发生器时常采用工作方式2?若已知系统时钟频率、通信选用的波特率,如何计算其初值?

答 在串行通信中,收发双方对发送或接收的数据速率(即波特率)要有一定的约定。我们通过软件对80C51串行口编程可约定4种工作方式。其中方式0和方式2的波特率是固定的,而方式1和方式3的波特率是可变的,由定时器T1的溢出率控制。定时器T1用作串行口波特率发生器时,因为工作方式2是自动重装载方式,因而当定时器T1作波特率发生器时常采用工作方式2。

在方式2中,TL1作计数用,而自动重装载的值放在TH1内。如果已知系统时钟频率、通信选用的波特率,计算初值的方法如下:设计数初值为$X$,那么每过“$256-X$”个机器周期定时器1就会产生一次溢出。溢出周期为:

$$T = \frac{12}{f_{\text{osc}}} \times (256 - X)$$

溢出率为溢出周期之倒数，所以

$$波特率 = \frac{2^{SMOD}}{32} \times \frac{f_{osc}}{12 \times (256 - X)}$$

则定时器 T1 在方式 2 时的初值为：

$$X = 256 - \frac{f_{osc} \times 2^{SMOD}}{384 \times 波特率}$$

## 12.12　阅读并分析程序解答

**1. 片外 RAM 传送指令有哪几条？试比较下面每一组中两条指令的区别。**

① MOVX　A,@R0；　　MOVX　A,@DPTR

② MOVX　@R0,A；　　MOVX　@DPTR,A

③ MOVX　A,@R0；　　MOVX　@R0,A

答　片外 RAM 传送指令有如下 4 条：

```
MOVX   A,@DPTR        ;(DPTR)→A
MOVX   @DPTR,A        ;A→(DPTR)
MOVX   A,@Ri          ;(Ri)→A,以 P2 为页地址,Ri 为低 8 位地址
MOVX   @Ri,A          ;A→(Ri),以 P2 为页地址,Ri 为低 8 位地址
```

**2. 阅读下列程序，说明其功能。**

```
MOV    R0,#30H
MOV    A,@R0
RL     A
MOV    R1,A
RL     A
RL     A
ADD    A,R1
MOV    @R0,A
```

答　对程序注释如下：

```
MOV    R0,#30H        ;(R0)=30H
MOV    A,@R0          ;取数
RL     A              ;(A)×2
MOV    R1,A
RL     A              ;(A)×4
RL     A              ;(A)×8
ADD    A,R1           ;(A)×10
MOV    @R0,A          ;存数
```

功能：将30H中的数乘以10以后再存回30H中。

条件：30H中的数不能大于25，25×10=250仍为一个字节。若30H中的数大于25，则应考虑进位。

**3. 已知(30H)=40H，(40H)=10H，(10H)=00H，(P1)=CAH，请写出执行以下程序段后有关单元的内容。**

```
MOV     R0,#30H
MOV     A,@R0
MOV     R1,A
MOV     B,@R1
MOV     @R1,P1
MOV     A,@R0
MOV     10H,#20H
MOV     30H,10H
```

答　有关单元的内容如下：

```
MOV     R0,#30H          ;(R0)=30H
MOV     A,@R0            ;(A)=40H
MOV     R1,A             ;(R1)=40H
MOV     B,@R1            ;(B)=10H
MOV     @R1,P1           ;(40H)=CAH
MOV     A,@R0            ;(A)=40H
MOV     10H,#20H         ;(10H)=20H
MOV     30H,10H          ;(30H)=20H
```

执行以上程序段后，有关单元的内容分别为：(30H)=20H，(40H)=CAH，(10H)=20H，(P1)=CAH。

**4. 已知(R1)=20H，(20H)=AAH，请写出执行完下列程序段后A的内容。**

```
MOV     A,#55H
ANL     A,#0FFH
ORL     20H,A
XRL     A,@R1
CPL     A
```

答　各指令的执行结果如下：

```
MOV     A,#55H           ;(A)=55H
ANL     A,#0FFH          ;(A)=55H
ORL     20H,A            ;(20H)=FFH
XRL     A,@R1            ;(A)=AAH
CPL     A                ;(A)=55H
```

执行完程序段后,A 的内容为 55H。

**5. 试分析以下程序段的执行结果。**

```
MOV     SP,#60H
MOV     A,#88H
MOV     B,#0FFH
PUSH    ACC
PUSH    B
POP     ACC
POP     B
```

答　结果如下:

```
MOV     SP,#60H        ;(SP)=60H
MOV     A,#88H         ;(A)=88H
MOV     B,#0FFH        ;(B)=FFH
PUSH    ACC            ;(SP)=61H,(61H)=88H
PUSH    B              ;(SP)=62H,(62H)=FFH
POP     ACC            ;(A)=FFH,(SP)=61H
POP     B              ;(B)=88H,(SP)=60H
```

程序段的执行结果:累加器 A 和寄存器 B 的内容通过堆栈进行了交换。

注意:80C51 单片机的堆栈是按照先进后出的原则进行管理。

**6. 已知(A)=7AH,(R0)=30H,(30H)=A5H,(PSW)=80H。请填写各条指令单元执行后的结果。**

```
(1) XCH     A,R0
(2) XCH     A,30H
(3) XCH     A,@R0
(4) XCHD    A,@R0
(5) SWAP    A
(6) ADD     A,R0
(7) ADD     A,30H
(8) ADD     A,#30H
(9) ADDC    A,30H
(10) SUBB   A,30H
(11) SUBB   A,#30H
```

答　结果如下:

```
(1) XCH     A,R0       ;(A)=30H,(R0)=7AH
(2) XCH     A,30H      ;(A)=A5H,(30H)=7AH,(PSW)=81H
(3) XCH     A,@R0      ;(A)=A5H,(30H)=7AH,(PSW)=81H
```

```
(4) XCHD    A,@R0      ;(A)=75H,(30H)=AAH,(PSW)=81H
(5) SWAP    A          ;(A)=A7H
(6) ADD     A,R0       ;(A)=AAH,(PSW)=04H
(7) ADD     A,30H      ;(A)=1FH,(PSW)=81H
(8) ADD     A,#30H     ;(A)=AAH,(PSW)=04H
(9) ADDC    A,30H      ;(A)=20H,(PSW)=C1H
(10) SUBB   A,30H      ;(A)=49H,(PSW)=01H
```

**7. 在80C51的片内RAM中,已知(30H)=38H,(38H)=40H,(40H)=48H,(48H)=90H。分析下面各条指令,说明源操作数的寻址方式,按顺序执行各条指令后的结果。**

```
MOV    A,40H
MOV    R0,A
MOV    P1,#0F0H
MOV    @R0,30H
MOV    DPTR,#3848H
MOV    40H,38H
MOV    R0,30H
MOV    D0H,R0
MOV    18H,#30H
MOV    A,@R0
MOV    P2,P1
```

**答**

| 指令 | 源操作数的寻址方式 | 执行指令后的结果 |
|---|---|---|
| MOV A,40H | 直接寻址 | (A)=48H |
| MOV R0,A | 寄存器寻址 | (R0)=48H |
| MOV P1,#0F0H | 立即寻址 | (P1)=0F0H |
| MOV @R0,30H | 寄存器间接寻址 | 因为(R0)=48H,(30H)=38H<br>所以(48H)=38H |
| MOV DPTR,#3848H | 立即寻址 | (DPTR)=3848H |
| MOV 40H,38H | 直接寻址 | (40H)=40H |
| MOV R0,30H | 直接寻址 | (R0)=38H |
| MOV D0H,R0 | 直接寻址 | (D0H)=38H |
| MOV 18H,#30H | 立即寻址 | (18H)=30H |
| MOV A,@R0 | 寄存器间接寻址 | 因为(R0)=30H,(30H)=38H<br>所以(A)=38H |
| MOV P2,P1 | 寄存器寻址 | (P2)=0F0H |

**8. 请分析下述程序执行后,SP=? A=? B=? 解释每一条指令的作用。**

```
ORG    200H
```

```
        MOV     SP,#40H
        MOV     A,#30H
        LCALL   250H
        ADD     A,#10H
        MOV     B,A
L1:     SJMP    L1
        ORG     2500H
        MOV     DPTR,#20AH
        PUSH    DPL
        PUSH    DPH
        RET
```

答　源程序如下：

```
        ORG     200H
        MOV     SP,#40H         ;设栈指针为 40H
        MOV     A,#30H          ;#30H→A
        LCALL   250H            ;调用以 250H 为首地址的子程序,41H→SP,
                                ;08→(41H),42H→SP,02H→(42H),250H→PC
        ADD     A,#10H          ;A+10→A
        MOV     B,A             ;A→B,B 中为 30H
L1:     SJMP    L1              ;循环等待
        ORG     250H
        MOV     DPTR,#20AH      ;#20AH→DPTR
        PUSH    DPL             ;SP+1→SP,0AH→(43H)
        PUSH    DPH             ;SP+1→SP,02H→(44H)
        RET                     ;20AH→PC,SP=42H
```

上述程序执行后,SP=42H,A=30H,B=30H。

**9. 试说明下列指令的作用,并将其翻译成机器码,执行最后一条指令对 PSW 有何影响? A 的终值为多少?**

```
① MOV   R0,#72H
  MOV   A,R0
  ADD   A,#4BH
② MOV   A,#02H
  MOV   B,A
  MOV   A,#0AH
  ADD   A,B
  MUL   AB
③ MOV   A,#20H
```

```
MOV   B,A
ADD   A,B
SUBB  A,#10H
DIV   AB
```

**答**　下面列出程序中各指令相应的机器码和执行最后一条指令对 PSW 的影响及 A 的终值。

| ① 机器码 | 源程序 | 执行每条指令后的结果 |
| --- | --- | --- |
| 78 72 | MOV R0,#72H | 把立即数 72H 送入 R0 |
| E8 | MOV A,R0 | 把 72H 送入 A |
| 24 4B | ADD A,#4BH | 72H 加 4BH 等于 BDH 送入 A |

执行此指后 PSW 中 P=0,OV=0,CY=0。

| ② 机器码 | 源程序 | 执行每条指令后的结果 |
| --- | --- | --- |
| 74 02 | MOV A,#02H | 把立即数 2H 送入 A |
| F5 F0 | MOV B,A | 把 2H 送入 B |
| 74 0A | MOV A,#0AH | 把立即数#0AH 送入 A |
| 25 F0 | ADD A,B | A 与 B 中值相加等于 0CH,送入 A |
| A4 | MUL AB | A 与 B 中值相乘等于 018H,送入 A |

执行此指令后 PSW 中 P=0,OV=0,CY=0。

| ③ 机器码 | 源程序 | 执行每条指令后的结果 |
| --- | --- | --- |
| 74 20 | MOV A,#20H | 把立即数 20H 送入 A |
| F5 F0 | MOV B,A | 把 20H 送入 B |
| 25 F0 | ADD A,B | A 与 B 中值相加等于 40H,送入 A |
| 94 10 | SUBB A,#10H | A 中值 40H 减 10H 等于 30H,送入 A |
| 84 | DIV AB | A 中值与 B 相除等于 01H,送入 A,余数 10H 送入 B |

执行此指令后 PSW 中 P=1,OV=0,CY=0。

## 12.13　编程题解答

**1. 编程将片内 40H～60H 单元中的内容送到以 3000H 为起始地址的片外 RAM 中。**

**答**　按题目要求编程如下：

```
     MOV    R1,#40H
     MOV    R0,#20H
     MOV    DPTR,#3000H
L1:  MOV    A,@R1
     MOVX   @DPTR,A
```

```
    INC     R1
    INC     DPTR
    DJNZ    R0,L1
```

**2. 编写下列算式的程序。**

① 23H＋45H＋ABH＋03H＝

② CDH＋15H－38H－46H＝

答　按题目要求编程如下：

```
① MOV     A,#23H
  ADD     A,#45H
  ADD     A,#0ABH
  XCH     A,B                    ;相加后有溢出处理
  ADDC    A,#00H
  XCH     A,B
  ADD     A,#3H                  ;结果 A 中是低位,B 中是高位
② MOV     A,#0CDH
  ADD     A,#15H
  SUBB    A,#38H
  SUBB    A,#46H
```

**3. 编程计算片内 RAM 区 50H～57H 八个单元中数的算术平均值,并将结果存放在 5AH 中。**

答　在本题计算中要求 8 个单元和小于 255。

```
     MOV     R0,#50H
     MOV     R1,#8
     MOV     A,#0
L1:  ADD     A,@R0
     INC     R0
     DJNZ    R1,L1
     MOV     B,#8
     DIV     AB
     MOV     5AH,A
```

**4. 设内部数据存储器 30H、31H 单元中连续存放有 4 位 BCD 码数符,试编程把 4 位 BCD 码数符倒序列排。请对源程序加以注释。**

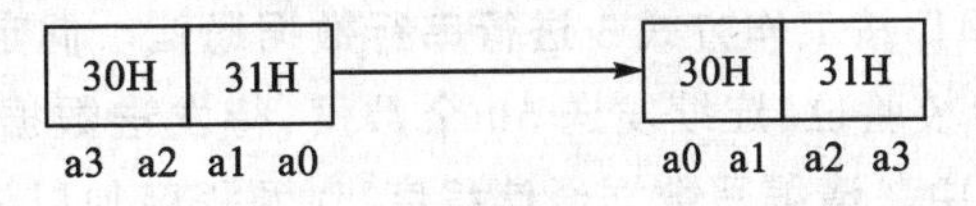


答　源程序如下：

```
        MOV     R0,#30H
        MOV     R1,#31H
        MOV     A,@R0           ;30H单元内容送A
        SWAP    A               ;A的高4位与低4位交换(a2与a3)
        MOV     @R0,A
        MOV     A,@R1           ;31H单元内容送A
        SWAP    A               ;A的高4位与低4位交换(a0与a1)
        XCH     A,@R0           ;30H与31H单元内容交换
        MOV     @R1,A
HERE:   SJMP    HERE
```

**5. 设(A)=C3H,(R0)=AAH。分析指令"ADD　A,R0"的执行结果。**

答

```
              1 1 0 0 0 0 1 1 B
            + 1 0 1 0 1 0 1 0 B
  C=1         0 1 1 0 1 1 0 1 B
```

执行结果:(A)=6DH,(CY)=1,(OV)=1,(AC)=0。PSW=10XXX1X1。

分析:第6位无进位而第7位有进位,故溢出标志OV=1。对于两个带符号数相加,OV=1即表示出现两个负数相加,结果为正数的错误;对于两个无符号数相加,不必考虑OV值。

第7位有进位,故进位标志C=1。对于两个无符号数相加,C=1即表示相加后有正常溢出,可用于多字节无符号数相加。对于两个带符号数相加,不必考虑C值。

**6. 把A中的压缩BCD码转换成二进制数。**

答　此程序采用将A中的高半字节(十位)乘以10,再加上A的低半字节(个数)的方法论。编程如下:

```
BIN:    MOV     R2,A            ;暂存
        ANL     A,#F0H          ;屏蔽低4位
        SWAP    A
        MOV     B,#10
        MUL     AB              ;A低字节乘10
        MOV     R3,A
        MOV     A,R2            ;取原BCD数
        ANL     A,#0FH          ;取BCD数个位
        ADD     A,R3            ;个位与十位数相加
        RET
```

**7. 51单片机的串口按工作方式3进行串行数据通信。假定波特率为1 200 b/s,第9数据位TB8作奇校验位,连续发送50个数据,待发送数据存在内部RAM中以30H开始的连续单元中。请编写数据通信程序,对源程序加以注释和加上伪指令。**

答　程序如下:

```
        ORG     0000H
        MOV     TMOD,#20H           ;设定时器/计数器 T1 为定时器、方式 2
        MOV     TL1,#0E8H           ;设 T1 时间常数
        MOV     TH1,#0E8H
        MOV     SCON,#11000000B     ;设串行口为方式 3
        MOV     R0,#30H             ;设发送数据区首址
        MOV     R7,#50              ;发送 50 个数据
LOOP:   MOV     A,@R0               ;取数据
        MOV     C,P                 ;设奇校验位
        CPL     C
        MOV     TB8,C
        MOV     SBUF,A              ;带校验位发送
        JNB     TI,$                ;查询发送等待
        CLR     TI
        INC     R0
        DJNZ    R7,LOOP             ;循环
HERE:   SJMP    HERE
        END
```

**8. 现需将外部数据存储器 200DH 单元中的内容传送到 280DH 单元中,请设计程序。**

答　按题意编写的程序如下:

```
MOV     DPTR,#200DH
MOVX    A,@DPTR
MOV     DPTR,#280DH
MOVX    @DPTR,A
```

**9. 已知当前 PC(程序计数器)值为 1010H,请两种方法将程序存储器 10FFH 中的常数送入累加器 A。**

答　按题意有两种程序设计方法。

方法一:

```
MOV     A,#0EFH
MOVC    A,@A+PC
```

方法二:

```
MOV     DPTR,#10FFH
MOV     A,#0
MOVC    A,@A+DPTR
```

**10. 试编程将片外 RAM 60H 中的内容传送到片内 RAM 54H 单元中。**

答　按题意编程如下：

```
MOV     R0,#60H
MOVX    A,@R0
MOV     54H,A
```

**11. 试编程将寄存器 R7 中的内容传送到 R1 中。**

答　按题意编程如下：

```
MOV     A,R7
MOV     R1,A
```

**12. 已知当前 PC 值为 210H，请用两种方法将 Flash ROM 2F0H 中的常数送入累加器 A 中。**

答　方法 1：

```
210H  MOV     A,#0E0H
      MOVC    A,@A+PC
```

方法 2：

```
210H  MOV     DPTR,#2F0H
      MOV     A,#0
      MOVC    A,@A+DPTR
```

**13. 请将片外 RAM 地址为 1000H～1030H 的数据块，全部搬迁到片内 RAM 30H～60H 中，并将原数据块区域全部清 0。**

答　编程如下：

```
      MOV     DPTR,#1000H
      MOV     R1,#30H
      MOV     R0,#30H
L1:   MOVX    A,@DPTR
      MOV     @R0,A
      MOV     A,#0
      MOVX    @DPTR,A
      INC     DPL
      INC     R0
      DJNZ    R1,L1
```

**14. 试编写一个子程序，使间址寄存器 R1 所指向的 2 个片外 RAM 连续单元中的高 4 位二进制数合并为 1 字节装入累加器 A 中。已知 R1 指向低地址，并要求该单元高 4 位放在 A 的低 4 位中。**

答　编程如下：

```
MOVX   A,@R1        ;将低字节读入
ANL    A,#0F0H      ;保留高4位
SWAP   A            ;交换到低4位
MOV    B,A          ;暂存
INC    R1           ;改变地址
MOVX   A,@R1        ;将高字节读入
ANL    A,#0F0H      ;保留高4位;
ORL    A,B          ;组合成新字节
RET                 ;返回
```

**15. 试用三种方法将累加器 A 中无符号数乘 2。**

答　方法 1：

```
CLR    C
RLC    A
```

方法 2：

```
CLR    C
MOV    R0,A
ADD    A,R0
```

方法 3：

```
MOV    B,#2
MUL    AB
```

**16. 求一个 16 位二进制数的补码。设此 16 位二进制数存放在 R1、R0 中，求补后存入 R3、R2 中。**

答　已知二进制求补码，即“求反加 1”的过程，因为 16 位数有 2 字节，所以在对低字节加 1 后要考虑加 1 进位问题，而 INC 指令不影响 CY 标志，所以在此“加 1”需用加法指令。

编程序如下：

```
    MOV    A,R0         ;取低位字了送A
    CPL    A            ;取反
    ADD    A,#1         ;求低位补码
    MOV    R2,A         ;低位字节补码送R2
    MOV    A,R1         ;取高位字节送A
    CPL    A
    ADDC   A,#0         ;高位加进位
    MOV    R3,A         ;高位字节补码送R3
LP: SJMP   LP           ;暂停
```

**17. 将累加器A中0～FFH范围内的二进制数转换为BCD码(0～255)。**

答　假设转换后的3位BCD数分别存放在2AH,2BH,2CH中。把该段程序编写为子程序形式,则编程如下:

```
入口:A为待转换的二进制数
出口:2AH,2BH,2CH为转换后的3位BCD数
BCD:    MOV     R1,#00H
        MOV     R2,#00H
        CLR     C
CHAN:   SUBB    A,#64H          ;减100
        JC      CHAN1           ;不够减,转
        INC     R1              ;够减,百位数加1
        SJMP    CHAN
CHAN1:  ADD     A,#64H          ;还原百位数
CHAN2:  SUBB    A,#0AH          ;减10
        JC      CHAN3           ;不够减,转
        INC     R2              ;够减,十位数加1
        SJMP    CHAN2           ;重复减10
CHAN3:  ADD     A,#0AH
        MOV     2AH,R1
        MOV     2BH,R2
        MOV     2CH,A
        RET
```

**18. 试编程将外部数据存储器2100H单元中的高4位置"1",其余位清0。**

答　程序如下:

```
MOV     DPTR,#2100H
MOVX    A,@DPTR
ORL     A,#0F0H
ANL     A,#F0H
MOVX    @DPTR,A
```

**19. 试编程将内部数据存储器40H单元的第0位和第7位置"1",其余位变反。**

答　程序如下:

```
MOV     A,40H
CPL     A
SETB    ACC.0
SETB    ACC.7
MOV     40H,A
```

**20. 请将片外数据存储器地址为40H～60H区域的数据块,全部移到片内RAM**

**的同地址区域，并将原数据区全部填为 FFH。**

答　程序如下：

```
            MOV    R0,#40H              ;指向数据区首地址
MOVE_PRO:   MOVX   A,@R0                ;取外部 RAM 中数据(用 MOVX)
            MOV    @R0,A                ;将数据存放片内 RAM 中(应 MOV)
            INC    R0                   ;指针加 1
            CJNE   R0,#61H,MOVE_PRO     ;到数据区末地址了吗? 没有,循环
            MOV    R0,#40H              ;到了,继续,重新指向数据区首地址
            MOV    A,#0FFH              ;用#0FFH 填充原来数据区
MOVE_PRO1:  MOVX   @R0,A
            INC    R0
            CJNE   R0,#61H,MOVE_PRO1
            RET
```

**21. 请用两种方法实现累加器 A 与寄存器 B 的内容交换。**

答　方法 1：

```
XCH  A,B
```

方法 2：

```
MOV  R0,B
MOV  B,A
MOV  A,R0
```

**22. 试编程将片外 RAM 40H 单元的内容与 R1 的内容交换。**

答　程序如下：

```
MOV     R0,#40H
MOVX    A,@R0
XCH     A,R1
MOVX    @R0,A
```

**23. 编写求无符号数最大值的子程序。**

入口条件：采样值存放在外部 RAM 的 1000H～100FH 单元中。

出口结果：求得的最大值存入内部 RAM 区的 20H 单元中。

对源程序加以注释和加上必要的伪指令。

答　程序如下：

```
;求无符号数最大值的子程序 CMP
        ORG      1000H
CMP:    MOV      R0,#10H             ;采样值数据区长度
        MOV      DPTR,#1000H         ;采样值存放首址
```

```
        MOV     20H,#00H        ;最大值单元初始值设为最小数
LP:     MOVX    A,@DPTR         ;取采样值
        CJNE    A,20H,CHK       ;数值比较
CHK:    JC      LP1             ;A值小,转移
        MOV     20H,A           ;A值大,则送20H
LP1:    DJNZ    R0,LP           ;继续
        RET                     ;结束
```

注意:20H中始终存放两个数比较后的较大值,比较结束后存放的即是最大值。

**24. 编写求无符号数最小值的子程序。**

入口条件:20H和21H中存放数据块起始地址的低位和高位,22H中存数据块的长度。

出口结果:求得的最小值存放30H单元中。

对源程序加以注释和加上必要的伪指令。

答 程序如下:

```
;求无符号数最小值的子程序CMP1
        ORG     2000H
CMP1:   MOV     DPL,20H
        MOV     DPH,21H
        MOV     30H,#0FFH       ;最小值单元初始值设为最大值
LOOP:   MOVX    A,@DPTR
        MOVX    A,@DPTR
        CJNE    A,30H,CHK       ;比较两个数大小
        SJMP    LOOP1           ;两个数相等,不交换
CHK:    JNC     LOOP1           ;A较大,不交换
        MOV     30H,A           ;A较小,交换
LOOP1:  INC     DPTR
        DJNZ    22H,LOOP
        RET
```

注意:30H中始终存放两个数比较后的较小值,比较结束后存放的即是最小值。

例如:(20H)=00H,(21H)=80H,(22H)=05H。从8000H开始存放下列数:02H,04H,01H,FFH,03H。

调用子程序CMP1后的结果:(30H)=01H

**25. 设有2个长度均为15的数组,分别存放在以2000H和2100H为首的片外RAM中,试编程求其对应项之和,结果存放到以2200H为首地址的片外RAM中。**

答 假设两数之和不超过255。

```
        MOV     DPTR,#2000H
        MOV     R1,#15
```

```
L1:     MOV     DPH,#20H
        MOVX    A,@DPTR
        MOV     R2,A
        MOV     DPH,#21H
        MOVX    A,@DPTR
        ADD     A,R2
        MOV     DP,#22H
        MOVX    @DPTR,A
        INC     DPL
        DJNZ    R1,H
```

**26. 设有100个有符号数,连续存放在以2000H为首地址的片外RAM中,试编程统计其中正数、负数、零的个数。**

答　设正数、负数、零的个数分别存放在30H、31H、32H单元中。按题目要求编程如下:

```
        MOV     30H,#0
        MOV     31H,#0
        MOV     32H,#0
        MOV     DPTR,#2000H         ;设数据区首地址
        MOV     R1,#100             ;设数据区长度
L4:     MOVX    A,@DPTR
        INC     DPTR
        CJNE    A,#0,L1
        INC     32H
        SJMP    L2
L1:     JC      L3
        INC     30H
        SJMP    L2
L3:     INC     31H
L2:     DJNZ    R1,L4
        SJMP    $
```

**27. 已知两个十进制数分别在内部RAM的40H单元和50H单元中开始存放(低位在前),其字节长度存放在内部RAM的30H单元中。编程实现两个十进制数求和,求和结果存放在40H开始的单元中。**

答　程序如下:

```
        ORG     0000H
        SJMP    MAIN
        ORG     003H
```

```
MAIN:
        MOV     R0,#40H         ;被加数首址,又作两个十进制数和的首址
        MOV     R1,#50H         ;加数首址
        MOV     R2,30H          ;字节长度
        CLR     C
PP:     MOV     A,@R1           ;取加数
        ADDC    A,@R0           ;带进位加
        DA      A               ;二—十进制数调整
        MOV     @R0,A           ;存和
        INC     R0              ;修正地址
        INC     R1
        DJNZ    R2,PP           ;多字节循环加
        AJMP    $
        END
```

**28. 编程实现把外部 RAM 中从 8000H 开始的 100 个字节数据传送到以 8100 开始的单元中。**

答　程序如下:

```
        ORG     0000H
        SJMP    MAIN
        ORG     0030H
MAIN:   MOV     DPTR,#8000H     ;字节数据源首地址
        MOV     R1,#100         ;字节数据计数器
        MOV     R2,#01H
        MOV     R3,#00H
PP:     MOVX    A,@DPTR         ;读数据
        MOV     R4,A            ;保存读出数据
        CLR     C
        MOV     A,DPL           ;计算得到字节数据目的地址
        ADD     A,R3
        MOV     DPL,A
        MOV     A,DPH
        ADDC    A,R2
        MOV     DPH,A
        MOV     A,R4            ;恢复读出数据
        MOVX    @DPTR,A         ;写数据至目的地址
        CLR     C               ;恢复源数据地址
        MOV     A,DPL
        SUBB    A,R3
```

```
        MOV     DPL,A
        MOV     A,DPH
        SUBB    A,R2
        MOV     DPH,A
        INC     DPTR                  ;地址加 1
        DJNZ    R1,PP                 ;是否传送完?
        SJMP    $
        END
```

**29. 按题决编写程序,并加上注释和必要的伪指令。**

根据 2000H 单元中的值 $X$,决定 P1 口引脚输出为:

$$P1=\begin{cases}2X & X>0\\ 55\text{H} & X=0(-128\text{D}\leqslant X\leqslant 63\text{D})\\ X & X<0\end{cases}$$

**答** 这是典型的分支结构程序设计。

由题意分析可知,$X$ 为带符号数。因此,应判断 $X$ 的最高位,若最高位为 0,表示 $X>0$ 或 $X=0$;若最高位为 1,表示 $X<0$。

注意:如果把 $X$ 与 0 比较大小,并以进位位 C 的值来实现分支,则会得到错误结果。

程序如下:

```
            ORG     0000H
            SJMP    BEGIN
            ORG     0030H
BEGIN:      MOV     DPTR,#2000H
            MOVX    A,@DPTR
            JN      ACC. 7,SMALLER        ;判符号位
            SJMP    UNSIGNED              ;无符号数≥0
SMALLER:    MOV     P1,A                  ;X<0,输出 X
            SJMP    OK
UNSIGNED:   CJNE    A,#00H,BIGGER         ;不等于 0 即大于 0
            MOV     P1,#55H               ;X=0,输出 55H
            SJMP    OK
BIGGER:     CLR     C
            RLC     A                     ;A×2
            MOV     P1,A                  ;X>0,输出 2X
OK:         SJMP    OK
            END
```

**30. 按题意编写程序,加以注释,并加上必要的伪指令。**

① 将2000H～2004H单元中5个压缩BCD码拆成10个BCD码依次存放2100H～2109H单元中。

答 程序如下：

```
        ORG     0000H
        SJMP    MAIN
        ORG     0030H
MAIN:   MOV     DPTR,#2000H         ;压缩BCD码存放首址
        MOV     R0,#05H             ;压缩BCD码计数
        MOV     R1,#00H             ;拆后BCD码地址指针DPL映像
LOOP:   MOV     A,@DPTR             ;取压缩BCD码
        MOV     R7,A                ;暂存压缩BCD码和其指针DPL
        MOV     R7,DPL
        ANL     A,#0FH              ;取压缩BCD码的低位
        MOV     DPH,#21H            ;指向拆后BCD码地址
        MOV     DPL,R1
        MOVX    @DPTR,A             ;存压缩BCD码的低位
        MOV     A,R7
        ANL     A,#0F0H
        SMAP    A                   ;取压缩BCD码的高位
        INC     R1
        MOV     DPL,R1
        MOVX    @DPTR,A             ;存压缩BCD码的高位
        MOV     DPH,#20H            ;恢复压缩BCD码地址指针
        MOV     DPL,R6
        INC     DPTR                ;压缩BCD码地址指针加1
        INC     R1                  ;拆后BCD码地址指针加1
        DJNZ    R0,LOOP             ;5个压缩BCD码转换未结束,循环
        SJMP    $
        END
```

注意：BCD码采用4位二进制数编码，并且只采用了其中的十个编码，即0000～1001，压缩BCD码在一个字节(8位)中存放2位BCD码，字节的高4位和低4位各为一位BCD码，因此，先要进行拆字。

② 已知12位A/D采样值存于2000H单元(高4位)和2001H单元(低8位)中。编程控制程序，当采样值>0800H时，置20H.0为1，否则置20H.0为0。

答 程序如下：

```
        ORG     0000H
        SJMP    MAIN
```

```
          ORG      0030H
MAIN:     MOV      DPTR  #2000H
          MOVX     A,@DPTR            ;取A/D采样值高4位
          ANL      A,#0FH
          CNJE     A,#08H,CMP1        ;A/D采样值高4位≠08H,转移
          INC      DPTR               ;A/D采样值高4位=08H,比较低8位
          MOVX     A,@DPTR            ;取A/D采样值低8位
          JNZ      DONE1              ;取A/D采样值>0800H,转移
DONE2:    CLR      20H.0              ;A/D采样值≤0800H,清20H.0
DONE:     SJMP     DONE
CMP1:     JC       DONE2              ;A/D采样值高4位<08H,转移
          STB      20H.0              ;A/D采样值高4位>08H,置位20H.0
          SJMP     DONE
          END
```

**31. 按题意编写程序,加以注释,并加上必要的伪指令。**

① 已有 200 个无符号数存放在以 2000H 开始的 RAM 中,请编程查找其中的最小值并存放到 R7 中。

**答**　程序如下:

```
          ORG      0000H
          MOV      DPTR,#2000H        ;无符号数存放单元首址
          MOV      R1,#200D           ;无符号数长度
          MOV      R7,#0EFH           ;最小值存放单元预量为最大值
STEP:     MOVX     A,@DPTR            ;取数
          CJNE     A,R7,STEP1         ;比较大小
          SJMP     NEXT               ;(A)=(R7),不交换
STEP1:    JNC      NEXT               ;(A)>(R7),不交换
          MOV      R7,A               ;(A)<(R7),则较小值存放R7中
NEXT:     INC      DPTR
          DJNZ     R1,STEP
          SJMP     $
          END
```

② 已知一批 8 位带符号数从 1000H 单元开始存放,以 ASCII 码字符“&”为结束字节,这批数的个数最大不超过 126。请编写源程序对这批 8 位带符号数中的正数、0、负数分别进行统计,统计结果依次存入外部 RAM 的 20H、21H 和 22H 单元中。对源程序加以注释和伪指令。

**答**　程序如下:

```
          ORG      0000H
```

```
        MOV     DPTR,#002H       ;清计数单元
        MOV     A,#00H
        MOVX    @DPTR,A
        INC     DPTR
        MOVX    @DPTR,A
        INC     DPTR
        MOVX    @DPTR,A
        MOV     20H,A
        MOV     21H,A
        MOV     22H,A
        MOV     DPTR,#1000H      ;带符号数存储单元首址
        MOV     R1,#126          ;带符号数长度计数器
LP:     MOVX    A,@DPTR          ;取带符号数
        CJNE    A,"$",LP1
        SJMP    $                ;是结束字节,停止
LP1:    JZ      ZERO             ;是零,转 ZERO
        JB      ACC.7,NEG        ;是负数,转 NEG
        INC     20H              ;是正数,正数个数加 1
        SJMP    END0
ZER0:   INC     21H              ;是 0,0 个数加 1
        SJMP    END0
NEG:    INC     22H              ;是负数,负数个数加 1
END0:   INC     DPTR
        DJNZ    R1,LP            ;统计未结束,循环
        MOV     DPTR,#0020H      ;转存外部 RAM
        MOV     R0,#20H
        MOV     R1,#03H
SAVE:   MOV     A,@R0
        MOVX    @DPTR,A
        INC     DPTR
        INC     R0
        DJNZ    R1,SAVE
        SJMP    $
        END
```

注意:

- 应先判结束关键字“&”,因为带符号数长度可能为 0,否则统计出错。0 和正数的符号位都是 0,应先判 0。
- 8 位带符号数存储区和统计结果存储区都以 DPTR 为指针,有冲突,所以统计结果先存储在内部 RAM 中,统计结束后再转移。

# 12.14　系统设计和综合应用解答

**1. 读下列程序，请：**

① 写出程序功能，并以图示意。

② 对源程序加以注释。

```
       ORG     0000H
MAIN:  MOV     DPTR,#TAB
       MOV     R1,#06H
LP:    CLR     A
       MOVC    A,@A+DPTR
       MOV     P1,A
       LCALL   DELAY 0.5s
       INC     DPTR
       DJNZ    R1,LP
       AJMP    MAIN
TAB:   DB  01H,03H,02H,06H,04H,05H
DEL    AY0.5s:  ……
       RET
       END
```

**答**

① 程序功能：将 TAB 表中的 6 个参数依次从 P1 口中输出（每次输出延时 0.5 s），然后重复输出。P1 口输出波形如图 12－26 所示。这是步进电机三相六拍输出波形。

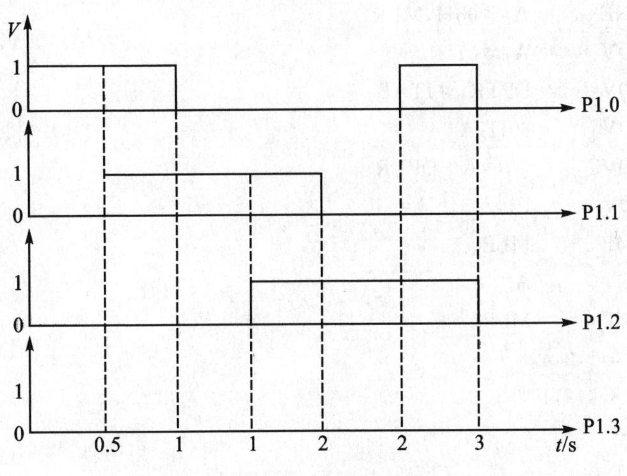


图 12－26　P1 口输出波形

② 注释见源程序右边所述。

```
            ORG      0000H
MAIN:       MOV      DPTR,#TAB                 ;P1 输出参数表首地址
            MOV      R1,#06H                   ;P1 输出参数有 6 个
LP:         CLR      A
            MOVC     A,@A+DPTR                 ;查表输出
            MOV      P1,A
            LCALL    DELAY 0.5s                ;软件延时 0.5 s
            INC      DPTR
            DJNZ     R1,LP                     ;输出参数已有 6 个?
            AJMP     MAIN                      ;输出参数已有 6 个,则重复输出
TAB:        DB  01H,03H,02H,06H,04H,05H        ;参数表
DELAY0.5s:           ……                        ;延时 0.5 s 子程序
            RET
            END
```

**2. 读下列程序,然后**

① 画出 P1.0～P1.3 引脚上的波形图,并标出电压 $V$—时间 $t$ 坐标。

② 对源程序加以注释。

```
            ORG      0000H
START:      MOV      SP,#20H
            MOV      30H,#01H
            MOV      P1,#01H
MLP0:       ACALL    D50ms
            MOV      A,30H
            CJNE     A,#08H,MLP1
            MOV      A,#01H
            MOV      DPTR,#ITAB
MLP2:       MOV      30H,A
            MOVC     A,@A+DPTR
            MOV      P1,A
            SJMP     MLP0
MLP1:       INC      A
            SJMP     MLP2
ITAB:       DB 0,1,2,4,8
            DB 8,4,2,1
D50ms:      ……
            RET
```

**答**

① 程序功能：P.10～P1.3 引脚上的波形图如图 12－27 所示。

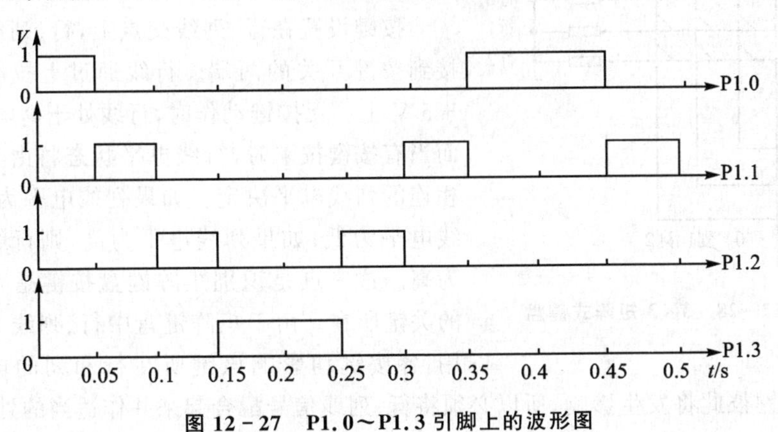


**图 12－27　P1.0～P1.3 引脚上的波形图**

② 注释见源程序右边所述。

```
        ORG     0000H
START:  MOV     SP,#20H
        MOV     30H,#01H
        MOV     P1,#01H
MLP0:   ACALL   D50ms           ;软件延时 50 ms
        MOV     A,30H
        CJNE    A,#08H,MLP1     ;判断表格中数据是否取完?
        MOV     A,#01H          ;取完,从表头开始取
        MOV     DPTR,#ITAB      ;表格首地址
MLP2:   MOV     30H,A
        MOVC    A,@A+DPTR       ;取表格中数据
        MOV     P1,A
        SJMP    MLP0
MLP1:   INC     A               ;表格中数据未取完,准备取下一个
        SJMP    MLP2
ITAB:   DB 0,1,2,4,8            ;表
        DB 8,4,2,1
D50ms:  ……
        RET                     ;软件延时 50 ms 子程序
```

**3. 请举例说明 3×3 矩阵式键盘的设计原理和编程方法。**

**答**　3×3 矩阵式键盘如图 12－28 所示。

矩阵式键盘适用于按键数量较多的场合，它由行线和列线组成，行线和列线分别与单片机的 I/O 口线相连，也可以与系统扩展的 I/O 口线相连。按键位于行、列的

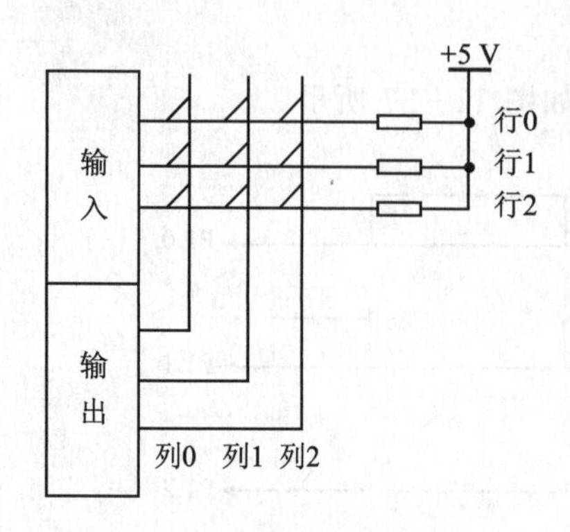

图 12-28　3×3 矩阵式键盘

交叉点上。一个 3×3 的行、列结构可以构成一个有 9 个按键的键盘。

按键设置在行、列线交点上,行、列线分别连接到按键开关的两端。行线通过上拉电阻接到+5 V上。无按键动作时,行线处于高电平状态;而当有按键按下时,行线电平状态将由与此行线相连的列线电平决定。如果列线电平为低,则行线电平为低;如果列线电平为高,则行线电平也为高。这一点是识别矩阵键盘按键是否被按下的关键所在。由于矩阵键盘中行、列线为多键共用,各按键均影响该键所在行和列的电平。因此,各按键彼此将发生影响,所以必须将行、列线信号配合起来并作适当的处理,才能确定闭合键的位置。

键盘扫描子程序中需要完成以下几个功能:

- 判断键盘上有无键被按下;
- 消除按键抖动的影响;
- 确定哪一个按键被按下;
- 执行该按键操作。

**4. 假定异步串行通信的字符格式为1个起始位、8个数据位(其最高位为奇校验位)、2个停止位,请画出传送 ASCII 字符 A 的格式。**

**答**　字符 A 的 ASCII 码为 1000001B,因此,其奇偶校验位 P 为 0,把 P 值变反后送入 ASCII 码最高位。起始位=0,停止位=1。

串行通信时,先传送字符的低位。

传送 ASCII 字符 A 的输出波形如图 12-29 所示。

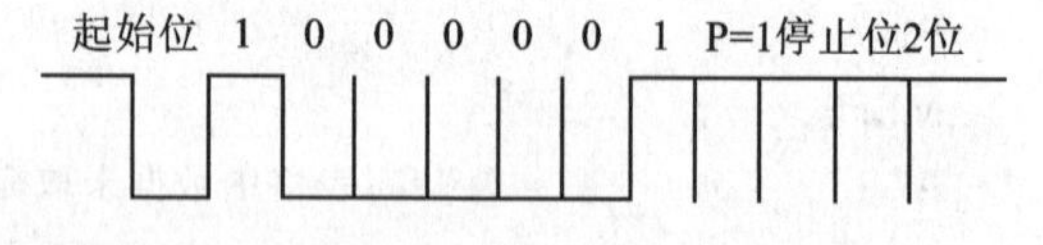

图 12-29　传送 ASCII 码字符"A"的输出波形

**5. 某应用系统由 5 台 80C51 单片机构成主从式多机系统,请画出硬件连接示意图,简述主从式多机系统工作原理。**

**答**　80C51 主从式多机系统示意图如图 12-30 所示。

80C51 单片机主从式多机系统工作原理:串口方式 2 和方式 3 有一专门的应用领域,即多处理机通信。在串口控制寄存器 SCON 中,设有多处理机通信位 SM2 (SCON.5)。

当串口以方式 2 或方式 3 接收时,若 SM2=1,只有当接收到的第 9 位数据

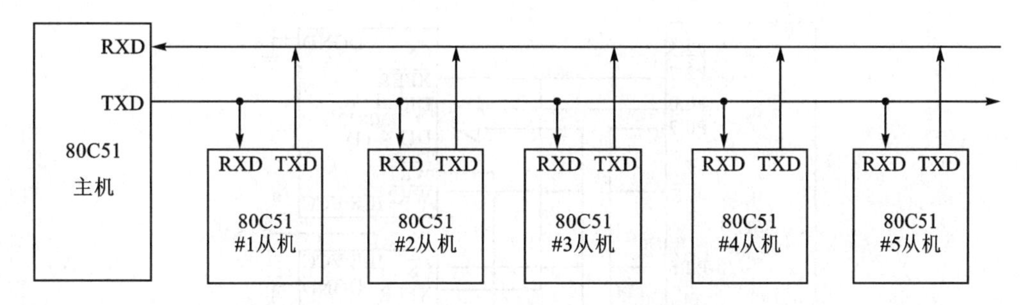


**图12-30　80C51主从式多机系统示意图**

(RB8)为1时，才将数据送入接收缓冲器SBUF，并使R1置1，申请中断，否则数据将丢失；若SM2=0，则无论第9位数据(RB8)是1还是0，都能将数据装入SBUF，并且发中断。

80C51单片机多机通信时，主机向从机发送的信息分为地址和命令或数据两类。主机发送地址帧时，置第9位数据(RB8)为1；主机发送命令或数据帧时，将第9位数据(RB8)清0。

各从机开始多机通信时，SM2位都置为1，都可以响应主机发来的第9位数据(RB8)为1的地址信息。但从机响应中断后，有两种不同的操作。

- 若从机的地址与主机点名的地址不相同，则该从机将继续维持SM2为1，从而拒绝接收主机后面发来的命令或数据信息，不会产生中断，而等待主机的下一次点名。
- 若从机的地址与主机点名的地址相同，则该从机将本机的SM2清0，继续接收主机发来的命令或数据，响应中断。

这样，从开始时的一个主机面对多个从机，而发展为一个主机与一个从机的一对一的通信。当一个主机对一个从机的通信完成后，该从机SM2又被置为1。主机又重新开始呼叫另一个从机，重复上述过程。

**6. 在什么情况下要使用D/A转换器的双缓冲方式？试以DAC0832为例，绘出双缓冲方式的接口电路。**

**答**　D/A转换器的双缓冲方式可以使两路或多路并行D/A转换器同时输出模拟量。

DAC0832双缓冲方式的接口电路图(图12-31)。用单片机口线P2.5控制第一片DAC0832的输入锁存器，地址为DFFFH，用单片机口线P2.6控制第二片DAC0832的输入锁存器，地址为BFFFH，以上为第一级缓冲。然后用单片机口线P2.7同时控制两片DAC0832的第二级缓冲，地址为7FFFH，这时两片DAC0832同时进行D/A转换并输出模拟量。

**7. 读程序，请：**

① 在电压$V$—时间$t$坐标上，画出80C31单片机P1.0～P1.3引脚上的波形图。

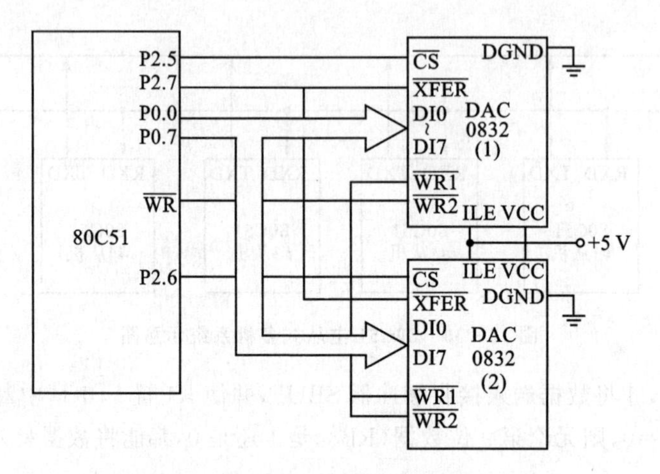


图 12-31 DAC0832 双缓冲方式的接口电路

② 对源程序加以注释。

```
        ORG     0000H
START:  MOV     SP,#20H
        MOV     30H,#0FFH
MLP0:   MOV     A,30H
        CJNE    A,#08H,MLP1
        MOV     A,#00H
MLP2:   MOV     30H,A
        MOV     DPTR,#ITAB
        MOVC    A,@A+DPTR
        MOV     P1,A
        ACALL   D20ms
        SJMP    MLP0
MLP1:   INC     A
        SJMP    MLP2
ITAB:   DB      1,2,4,8
        DB      8,4,2,1
D20ms:  ……
        RET
```

答

① P1.0~P1.3 引脚上的波形图如图 12-32 所示。

② 程序注释如下：

```
        ORG     0000H
START:  MOV     SP,#20H         ;堆栈指针
```

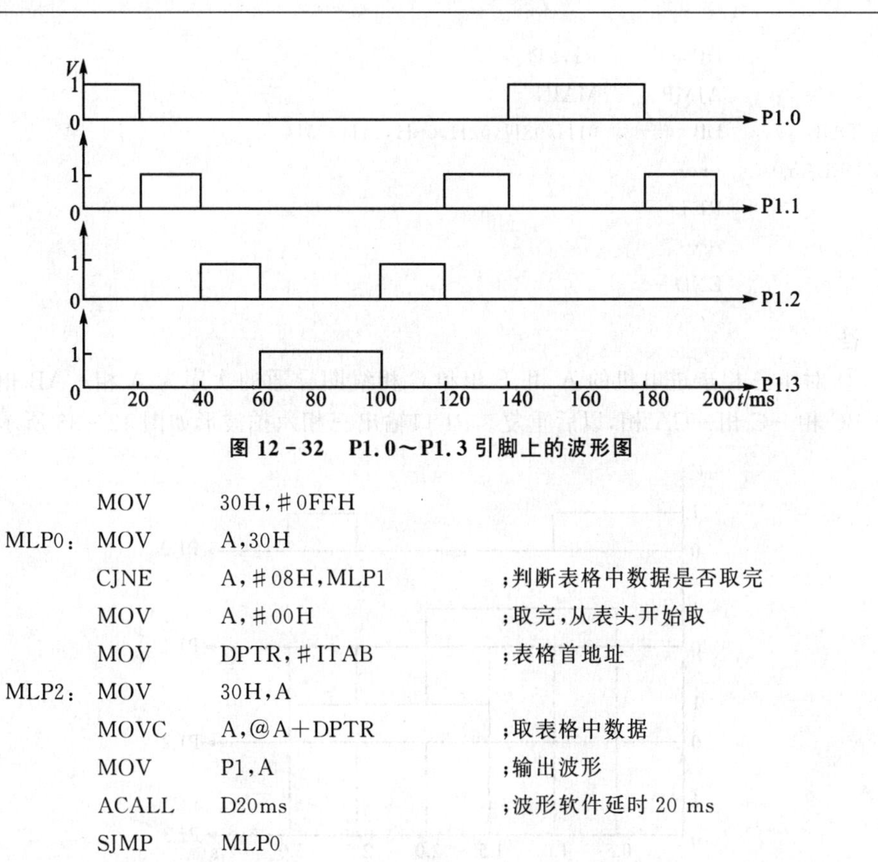


图 12－32　P1.0～P1.3 引脚上的波形图

```
        MOV     30H,#0FFH
MLP0:   MOV     A,30H
        CJNE    A,#08H,MLP1         ;判断表格中数据是否取完
        MOV     A,#00H              ;取完,从表头开始取
        MOV     DPTR,#ITAB          ;表格首地址
MLP2:   MOV     30H,A
        MOVC    A,@A+DPTR           ;取表格中数据
        MOV     P1,A                ;输出波形
        ACALL   D20ms               ;波形软件延时 20 ms
        SJMP    MLP0
MLP1:   INC     A                   ;表格中数据未取完,准备取下一个
        SJMP    MLP2
ITAB:   DB 1,2,4,8                  ;输出波形表
        DB 8,4,2,1
D20ms:  ……
        RET
```

**8. 读下列程序,并完成下面两个任务。已知 P1.0、P1.1 和 P1.3 分别经驱动电路与三相步进电机的 A 相、B 相和 C 相线圈相连。**

① 写出程序功能,并以图示意。

② 对程序加以注释:

```
        ORG     2000H
SUB:    MOV     DPTR,#TAB
        MOV     R1,#06H
LP:     MOVX    A,@DPTR
        MOV     P1,A
        LCALL   DELAY 0.5s
        INC     DPTR
```

```
        DJNZ      R1,LP
        AJMP      MAIN
TAB:    DB        01H,03H,02H,06H,04H,05H
DELAY0.5s:……
        RET
        ……
        END
```

答

① 对于三相步进电机的A相、B相和C相线圈导通的次序为A相—AB相—B相—BC相—C相—CA相,以后重复。P1口输出三相六拍波形如图12-33所示。

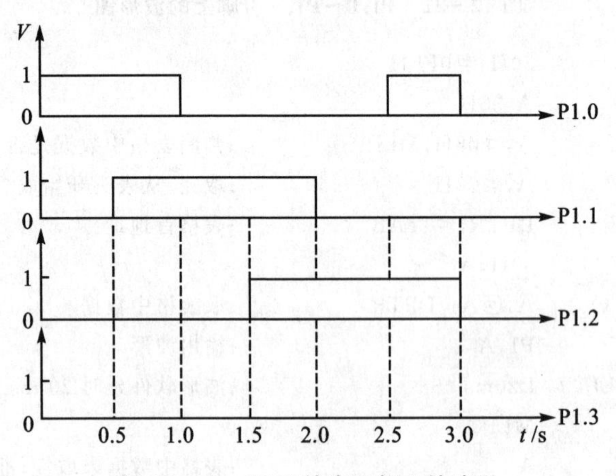


**图12-33　P1口输出三相六拍波形**

② 对程序加以注释如下:

```
        ORG       0000H
MAIN:   MOV       DPTR,#TAB                   ;P1输出三相六拍波形表首地址
        MOV       R1,#06H                     ;P1输出波形共六拍
LP:     CLR       A
        MOVC      A,@A+DPTR                   ;查表输出波形
        MOV       P1,A
        LCALL     DELAY 0.5s                  ;波形软件延时0.5 s
        INC       DPTR                        ;输出下一波形
        DJNZ      R1,LP                       ;输出波形是否有6拍?
        AJMP      MAIN                        ;输出波形已有6拍,则重复输出
TAB:    DB        01H,03H,02H,06H,04H,05H     ;三相六拍波形表
DELAY0.5s:……                                  ;软件延时0.5 s
        RET
        END
```

**9. 按题意编写程序并加以注释,加上必要的伪指令。**

① 已知经 A/D 转换后的温度值存在 4000H 中,设定温度值存在片内 RAM 的 40H 单元中,要求编写控制程序,当测量的温度值大于设定温度值时,从 P1.0 引脚上输出低电平;当测量的温度值小于设定温度值时,从 P1.0 引脚上输出高电平;当测量的温度值等于设定温度值时,P1.0 引脚输出状态不变(假设运算中 C 标志不会被置 1)。

**答** 程序如下:

```
          ORG     0000H
          AJMP    MAIN
          ORG     0030H
MAIN:     MOV     DPTR,#4000H
          MOV     B,40H             ;设定的温度值送 B
          MOVX    A,@DPTR           ;取测量的温度值
          CLR     C
          SUBB    A,B
          JNC     LOWER             ;测量的温度值>设定温度值,P1.0 输出低电平
          MOV     B,40H             ;取设定的温度值
          MOVX    A,@DPTR           ;取测量的温度值
          CLR     C
          SUBB    A,B
          JC      HIGH              ;测量的温度值<设定温度值,P1.0 输出高电平
          SJMP    MAIN              ;测量的温度值=设定温度值,P1.0 输出不变
LOWER:    CLR     P1.0
          SJMP    MAIN
HIGH:     SETB    P1.0
          SJMP    MAIN
          END
```

② 将 40H 中 ASCII 码转换为一位 BCD 码,存入 42H 的高 4 位中。

**答** 程序如下:

```
          ORG     1000H
ASC_TO_H: CLR     C                 ;ASCII 码数转换为十六进制数子程序
          MOV     A,40H
          SUBB    A,#30H            ;(40H)-30H
          CJNE    A,#0AH,BB
          AJMP    BC                ;(40H)=0AH,转移
BB:       JC      DONE
BC:       SUBB    A,#07H            ;(40H)≥0AH,则再减 07H(共减 37H)
```

```
DONE:   SWAP   A          ;存放42H高4位
        MOV    42H,A
        RET
        END
```

**10. 读下列程序:**

① 计算时间参数,说明程序功能。

② 绘制 P1.0 引脚上输出波形,标出坐标及单位(使用 6 MHz 晶振)。

③ 注释源程序。

```
        ORG    0000H
        AJMP   MAIN
        ORG    000BH
        MOV    TL0,#03H
        MOV    TH0,#0FCH
        INC    A
        MOV    P1,A
        RETI
        ORG    0030H
MAIN:   MOV    SP,#40H
        MOV    TMOD,#20H
        MOV    TL0,#03H
        MOV    TH0,#0FCH
        MOV    IE,#82H
        MOV    A,#0FFH
        SETB   TR0
HERE:   SJMP   HERE
```

**答**

① 计算时间参数:T0 定时常数为 FC03H,展开为 11111100 00011B,有下划线的 13 位有效,补 0 为 16 位取出 000 11111100 00011 B=1F83H=8 067。

$$(2^{13}-8067)\times 2\ \mu s=(8\ 192-8\ 067)\times 2\ \mu s=125\times 2\ \mu s=250\ \mu s$$

程序功能:每隔 250 μs 使 P1.0 输出变反,周期为 500 μs。

② P1.0 引脚上输出波形如图 12-34 所示。

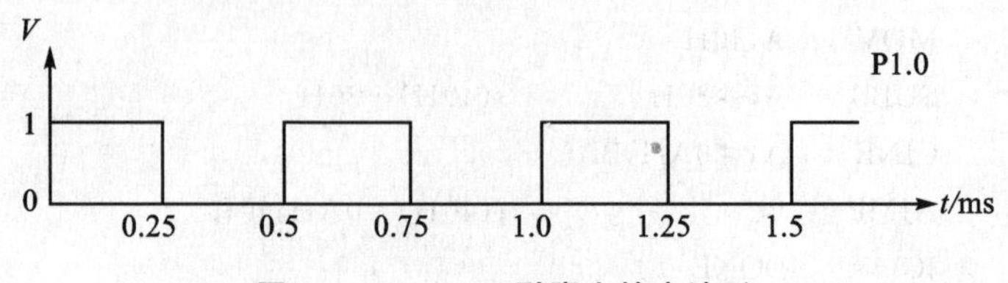


图 12-34 P1.0 引脚上输出波形

```
        ORG     0000H
        AJMP    MAIN
        ;定时器/计数器 T0 中断服务子程序
        ORG     000BH
        MOV     TL0,#03H            ;重置 T0 定时常数
        MOV     TH0,#0FCH
        INC     A                   ;P1.0 间隔输出 0 和 1
        MOV     P1,A
        RETI
        ;主程序
        ORG     0030H
MAIN:   MOV     SP,#40H
        MOV     TMOD,#20H           ;设定时器/计数器 T0 为定时方式 0(13 位)
        MOV     TL0,#03H            ;T0 定时常数
        MOV     TH0,#0FCH
        MOV     IE,#82H             ;开放 CPU 中断和 T0 中断
        MOV     A,#0FFH             ;P1.0 初始输出 1
        SETB    TR0                 ;启动 T0 定时
HERE:   SJMP    HERE                ;定时中断等待
```

**11. 按题意编写程序,加以注释,并加上必要的伪指令。**

① 已知热电偶采样值以补码形式存于40H中。编写控制程序,当采样值大于0时,置PSW中用户标志F0为1;当采样值小于0时,置用户标志F0为0;当采样值为0时,将用户标志F0变反。

**答** 这是一个三分支程序,根据采样值大于0、小于0或等于0而形成分支。程序如下:

```
                     ORG     0000H
0000 E540            MOV     A,40H          ;取热电偶采样值
0002 B40009          CJNE    A,#0,NEQ       ;采样值不为 0,转移
0005 E5D0            MOV     A,PSW          ;采样值=0,用户标志 F0 取反
0007 6420            XRL     A,#20H
0009 F5D0            MOV     PSW,A
000B 020022          JMP     EXIT
000E E540      NEQ:  MOV     A,40H
0010 20E709          JB      ACC.7,NEG      ;采样值是否为负?
0013 E5D0            MOV     A,PSW          ;采样值>0,用户标志 F0 置 1
0015 4420            ORL     A,#20H
0017 F5D0            MOV     PSW,A
0019 020022          JMP     EXIT
```

```
001C E5D0   NEG:   MOV    A,PSW         ;采样值<0,用户标志F0置0
001E 54DF          ANL    A,#0DEH
0020 F5D0          MOV    PSW,A
0022 80FE   EXIT:  JMP    EXIT
                   END
```

② 编程将以2000H单元开始存放的100个ASCII码加上奇校验后从80C31单片机的P1口依次输出。

**答** 程序如下：

```
                   ORG    0000H
0000 802E          SJMP   BEGIN
                   ORG    0030H
            BEGIN:
0030 902000        MOV    DPTR,#2000H   ;ASCII码首地址
0033 7864          MOV    R0,#64H       ;发送计数器
            LOOP:
0035 E0            MOVX   A,@DPTR       ;取ASCII码
0036 A2D0          MOV    C,P
0038 B3            CPL    C
0039 92E7          MOV    ACC.7,C       ;置奇校验
003B F590          MOV    P1,A          ;输出
003D A3            INC    DPTR
003E D8F5          DJNZ   R0,LOOP       ;循环
0040 80FE          SJMP   $
                   END
```

注意：

- 奇偶标志位P只反映累加器A中1的个数的奇偶性。
- ASCII码有效位为7位,因此,字节的最高位可以用做奇偶校验位,使得字节中8位(包括ASCII码7位)反映累加器A中1的个数的奇偶性。

**12. 读下列程序：**

① 计算时间参数,说明程序功能,并绘制P1.0引脚上的输出波形,标出坐标及单位(假设计数脉冲间隔均匀)。

② 对源程序加以注释。

```
        ORG     0000H
        AJMP    MAIN
        ORG     001BH
        LJMP    TINT
        ORG     0030H
```

```
MAIN:  MOV    SP,#40H
       MOV    TMOD,#51H
       MOV    TL1,#00H
       MOV    TH1,#0FFH
       MOV    IE,#88H
       SETB   TR1
HERE:  SJMP   HERE
       ORG    1000H
TINT:  MOV    TL1,#00H
       MOV    TH1,#0FFH
       INC    A
       MOV    P1,A
       RETI
       END
```

**答**

① 题意假设计数脉冲间隔均匀，TC＝FF00H＝65 280，所以计数次数为：

$$2^{16}-TC=65\ 536-65\ 280=256$$

程序功能：P1.0引脚上输出波形为0和1的反复交替，间隔时间为对8031单片机T1引脚上输入的256个下跳变脉冲的计数时间，由于T1输入脉冲间隔均匀，所以P1.0引脚上输出波形应为方波。P1.0引脚上输出波形如图12-35所示。

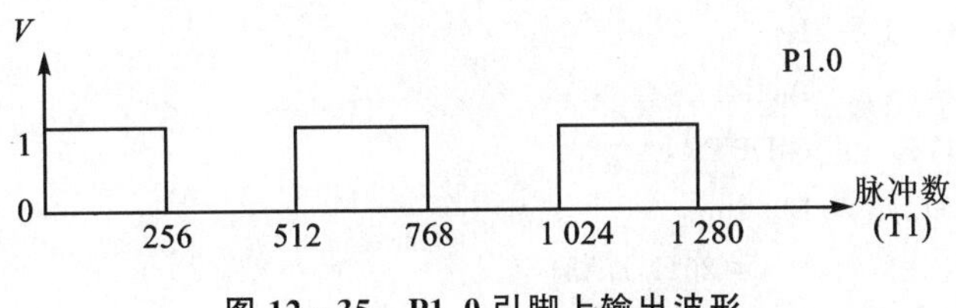


**图12-35　P1.0引脚上输出波形**

② 对源程序加以注释：

```
       ORG    0000H
       AJMP   MAIN
       ORG    001BH                ;定时器/计数器T1中断矢量
       LJMP   TINT
       ORG    0030H
MAIN:  MOV    SP,#40H              ;设堆栈
       MOV    TMOD,#51H            ;T1设为计数功能,方式1(16位)
       MOV    TL1,#00H             ;计数常数为FF00H
       MOV    TH1,#0FFH
       MOV    IE,#88H              ;开放CPU中断和T1中断
       SETB   TR1                  ;启动T1计数
```

```
HERE:  SJMP    HERE                 ;T1计数中断等待
       ORG     1000H
TINT:  MOV     TL1,#00H             ;重置计数常数为FF00H
       MOV     TH1,#0FFH
       INC     A                    ;使P1.0引脚上依次输出1和0
       MOV     P1,A
       RETI                         ;中断返回
       END
```

**13. 读下列程序：**

① 画出D/A芯片DAC0832的输出波形图($V-t$)，并标出参数(最大$V_{OUT}=5$ V)。

② 对源程序加以注释，说明程序执行结果。

```
       ORG     0000H
MAIN:  MOV     SP,#40H
       MOV     DPTR,#0DFFFH         ;选中DAC0832(单缓冲方式)
DA1:   MOV     R4,#40H
DA2:   MOV     A,R4
       MOVX    @DPTR,A
       LCALL   D0.1ms
       INC     R4
       CJNE    R4,#00H,DA2
DA3:   DEC     R4
       MOV     A,R4
       MOVX    @DPTR,A
       LCALL   D0.1ms
       CJNE    R4,#20H,DA3
       AJMP    DA1
D0.1ms:…                            ;延时0.1 ms子程序
       RET
       END
```

**答**

① DAC0832输出波形图如图12-36所示。

波形分析：

- 第1点输出计算，当数字量为最大值时，A/D输出为最大模拟量为5 V，所以当数字量为40H=64时，A/D输出为模拟量约为(5 V÷256)×64=1.25 V。
- 每1点模拟量输出经软件延时0.1 ms，则模拟量输出为最大值5 V时，时间应为(256−64)×0.1 ms=19.2 ms。
- 模拟量输出为最大值5 V后，输出减1，直至输出数字量为20H=32。输出

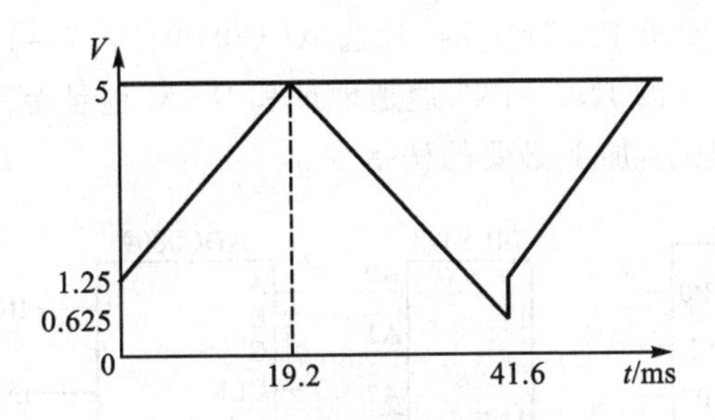


图 12-36 DAC0832 输出波形图

数字量为 20H=32 时，A/D 输出模拟量约为(5 V÷256)×32=0.625 V，时间应为(256-32)×0.1 ms=22.4 ms。离坐标原点为 19.2 ms+22.4 ms=41.6 ms。

从时间坐标 41.6 ms 后，重复输出波形。

② 对源程序加以注释。

```
         ORG     0000H
MAIN：   MOV     SP,#40H
         MOV     DPTR,#0DFFFH          ;选中 DAC0832(单缓冲方式)
DA1：    MOV     R4,#40H               ;输出第 1 点电压(约 1.25 V)
DA2：    MOV     A,R4
         MOVX    @DPTR,A
         LCALL   D0.1ms                ;输出保持 0.1 ms
         INC     R4                    ;输出增量
         CJNE    R4,#00H,DA2           ;判是否到达输出波形的波峰，未到则循环
DA3：    DEC     R4                    ;已到波峰，则输出减量
         MOV     A,R4
         MOVX    @DPTR,A
         LCALL   D0.1ms                ;输出保持 0.1 ms
         CJNE    R4,#20H,DA3           ;判是否到达输出波形的波谷，未到则循环
         AJMP    DA1                   ;循环产生不等边三角波
D0.1ms：…                              ;延时 0.1 ms 子程序
         RET
         END
```

程序执行结果：通过 DAC0832 循环产生不等边三角波波形。

**14. 某 80C51 单片机应用系统，扩展了一片 ADC 0809，一片 32 KB 容量的 RAM。80C51 单片机应用系统示意图如图 12-37 所示。请编写每隔 10 ms(采用 T1 方式 2，定时中断)对 IN6 模入进行 A/D 转换的源程序，要求采用查询 EOC 引脚电平变化方法来判别 A/D 转换结束，采样转换值依次存入 A000H 开始单元，经过 1 s 后停止 A/D 转换。**

① 连接各芯片,要求 P2.7=0 时,片选 ADC0809;P2.7=1 时,片选 RAM。

② 写出 ADC0809 的 IN0～IN7 通道地址和 RAM 地址范围。

③ 编写并注释程序,加上必要的伪指令。

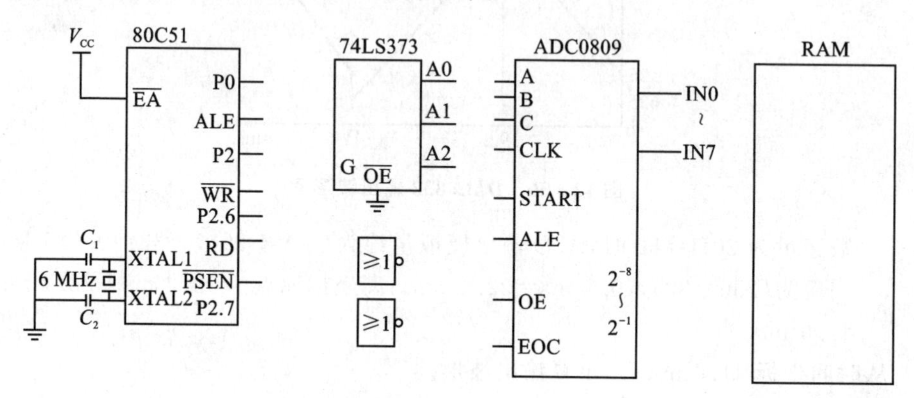


图 12-37 80C51 应用系统示意图

必要时可以在图上增加芯片和引线。

提示:

IE:

| EA | X | X | ES | ET1 | EX1 | ET0 | EX0 |
|---|---|---|---|---|---|---|---|

TMOD:

| GATE | C/T | M1 | M0 | GATE | C/T | M1 | M0 |
|---|---|---|---|---|---|---|---|

此题测考内容主要包括:并行数据存储器的扩展及地址译码;A/D 转换接口 ADC0809 的扩展、地址译码及编程应用;片内定时器/计数器的编程应用;中断编程应用等。

答

① 连接各芯片,80C51 应用系统连接图如图 12-38 所示。80C51 的 P2.7 经反相器输出接至 RAM 的 $\overline{CE}$。P1.0 连接 ADC0809 的 EOC 引脚,用于查询判断 ADC0809 转换结束。

② ADC0809 的 IN0～IN7 通道地址为 7FF8H～7FFFH,P2.7=0。

RAM 地址范围为 8000H～FFFFH,P2.7=1。

③ 编写并注释程序。

计算:定时器方式 2 为 8 位,由图 5-2 可知,单片机的晶振为 6 MHz,机器周期为 2 μs。

$$(2^8-TC)\times 2\ \mu s=500\ \mu s$$

计算可得: TC=06H

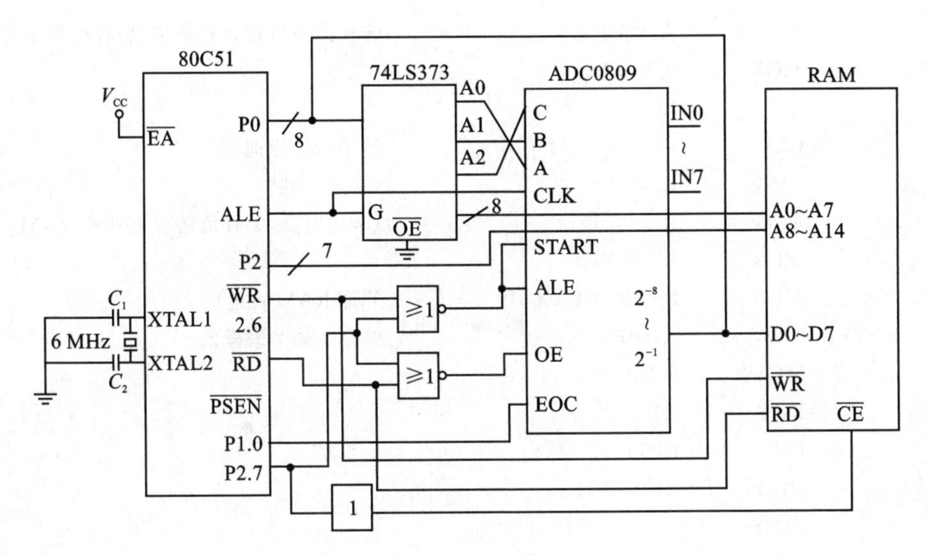


图 12-38　80C51 应用系统连接图

500 μs×20=10 ms，即 500 μs 定时中断 20 次才为 10 ms 定时。

10 ms×100=1 s。1 s 时间内共采集 100 个 A/D 转换值。

程序如下：

```
        ORG     0000H
        SJMP    MAIN
        ORG     001BH
        SJMP    T1INT                    ;定时器/计数器 T1 中断矢量
        ORG     0030H
MAIN:   MOV     TMOD,#20H                ;设定时器/计数器 T1 为定时器、方式 2
        MOV     TH1,#06H                 ;置 T1 500 μs 定时常数
        MOV     TL1,#06H
        SETB    ET1                      ;允许定时器/计数器 T1 中断
        SETB    EA                       ;允许 CPU 中断
        SETB    TR1                      ;启动定时器/计数器 T1
        MOV     DPTR,#7FFFH              ;A/D 的 IN6 通道地址
        MOV     R1,#20                   ;10 ms 计数器
        MOV     R7,#100                  ;1 s 计数器
        MOV     R0,#10H                  ;内部 RAM 暂存区首址
        CLR     F0                       ;清 10 ms 到标志
LP:     JNB     F0,LP
        MOVX    @DPTR,A                  ;10 ms 到，启动 A/D 转换
        JB      P1.0,$
        JNB     P1.0,$                   ;查询 EOC
```

```
        MOVX    A,@DPTR         ;转换结束则读入转换值,暂存内部 RAM
        MOV     @R0,A
        INC     R0
        CLR     F0              ;清 10 ms 定时到标志
        DJNZ    R7,LP           ;1 s 定时到?
        MOV     R1,#100         ;1 s 定时到,采样值转存入外部 RAM
        MOV     R0,#10H
        MOV     DPTR,#0A000H    ;外部 RAM 首地址
SAVE:   MOV     A,@R0           ;转存 100 个采样值
        MOVX    @DPTR,A
        INC     R0
        INC     DPTR
        DJNZ    R1,SAVE
        SJMP    $
        ORG     1000H
T1INT:  DJNZ    R1,DONE         ;10 ms 定时未到,则中断返回
        MOV     R1,#20H         ;10 ms 定时到,重置 10 ms 计数值
        SETB    F0              ;10 ms 定时到,置 10 ms 定时到标志
DONE:   RETI
        END
```

# 第13章 《单片机原理及接口技术(第5版)》习题及补充习题解答

## 13.1 第1章习题及补充习题解答

**4. 将下列各二进制数转换为十进制数及十六进制数。**

① 11010B ② 110100B ③ 10101011B ④11111B

答 ① 11010B=26 ② 110100B=52 ③ 10101011B=171 ④ 11111B=31

① 1AH ② 34H ③ ABH ④1FH

**5. 将下列各数转换为十六进制数及ASCII码。**

129D 253D 01000011BCD 00101001BCD

答 129D=81H 253D=FDH 01000011BCD=2BH 00101001BCD=1DH

**8. 什么叫原码、反码及补码?**

答 计算机中的带符号数有三种表示法,即原码、反码和补码。

正数的符号位用0表示,负数的符号位用1表示,这种表示法称为原码。反码可由原码得到:如果是正数,则其反码和原码相同;如果是负数,则其反码除符号为1外,其他各数位凡是1转换为0,凡是0转换为1,这种表示法称为反码。补码可由反码得到:如果是正数,则其补码和反码相同;如果是负数,则其补码为反码加1,这种表示法称为补码。

**9. 已知原码如下,写出其补码和反码(其最高位为符号位)。**

① $[X]_{原}=01011001$ ③ $[X]_{原}=11011011$

② $[X]_{原}=00111110$ ④ $[X]_{原}=11111100$

答 ① $[X]_{反}=01011001$ ③ $[X]_{反}=10100100$

② $[X]_{反}=00111110$ ④ $[X]_{反}=10000011$

① $[X]_{补}=01011001$ ③ $[X]_{补}=10100101$

② $[X]_{补}=00111110$ ④ $[X]_{补}=10000100$

**10. 当微机把下列数看成无符号数时,它们相应的十进制数为多少?若把它们看成是补码,最高位为符号位,那么它们相应的十进制数是多少?**

① 10001110 ② 10110000 ③ 00010001 ④ 01110101

答 ①~④的数看成无符号数时,它们相应的十进制数如下:

① 10001110=142 ② 10110000=176

③ 00010001＝17　　④ 01110101＝117

若把它们看成是补码，最高位为符号位，那么它们相应的十进制数如下：

① 10001110＝－114　　② 10110000＝－80

③ 00010001＝17　　④ 01110101＝117

**11. 什么是嵌入式系统？为什么说单片机是典型的嵌入式系统？**

**答**　1. 嵌入式系统

面对工控领域对象，嵌入到工控应用系统中，实现嵌入式应用的计算机称之为嵌入式计算机系统，简称嵌入式系统(embedded system)。

在工业控制领域对计算机技术所提出的要求是：

① 面对控制对象。面对物理量传感变换的信号输入；面对人机交互的操作控制；面对对象的伺服驱动控制；

② 嵌入到工控应用系统中的结构形态；

③ 能在工业现场环境中可靠运行的可靠性品质；

④ 突出控制功能。对外部信息及时捕捉；对控制对象能灵活地实时控制；有突出控制功能的指令系统，如I/O口控制、位操作、丰富的转换指令等。

2. 单片机是典型的嵌入式系统

单片机从体系结构到指令系统都是按照嵌入式应用特点专门设计的，他能最好地满足面对控制对象、应用系统的嵌入、现场的可靠运行以及非凡的控制品质要求。因此，单片机是发展最快、品种最多、数量最大的嵌入式系统。

由于单片机有嵌入式应用的专用体系结构和指令系统，因此有良好的发展前景，在其基本体系结构上，可衍生出能满足各种应用系统要求的兼容系统。用户可根据应用系统的各种要求，广泛选择最佳型号的单片机。

目前，单片机中尚没有固化软件，不具备自开发能力，因此，常需要有专门的开发工具。

**12. 什么叫ASCII码？它与十六进制数如何相互转换？**

**答**　ASCII码即美国标准信息交换码，7位有效。十六进制数的ASCII码在ASCII码表中分列在两段，即十六进制数0～9的ASCII码为30H～39H；十六进制数AH～FH的ASCII码为41H～46H。

ASCII码与十六进制数的相互转换同样分为两段，十六进制数0～9与ASCII码30H～39H之间的差为30H；而十六进制数AH～FH与ASCII码41H～46H之间的差为37H。这就是两者相互转换的依据。例如，十六进制数9加上30H后即为9的ASCII码，ASCII码46H减去37H后即为十六进制数F。

**13. 什么叫BCD码？什么叫压缩BCD码？**

**答**　BCD码采用4位二进制数编码，并且只采用其中的10个编码，即0000～1001，分别代表BCD码0～9，而1010～1111为无效码。

在一个字节(8位)中存放两位BCD码,即称为"压缩BCD码"。例如,BCD码9和4存放在同一个字节中时,即为94H,即1001 0100 BCD。

**14. TTL电路和CMOS电路各有什么特点?**

**答** 二者特点如下。

① TTL电路是晶体管-晶体管逻辑电路的简称,这种数字集成电路的输入端和输出端的电路结构都采用了晶体管。

TTL电路的主要特点是信号传输延时短,开关速度快,工作频率高。

TTL电路以美国TEXAS公司生产的SN54/74系列电路为代表,目前世界上各大集成电路生产厂商都以SN54/74系列为标准,产品的功能、引脚和参数都与SN54/74系列兼容。

② CMOS电路是在MOS(金属-氧化物-半导体)电路基础上发展起来的一种互补对称场效应管集成电路。

CMOS电路具有功耗低、工作电压范围宽和抗干扰性能强等优点。

CMOS电路大致有两大类型:一类是普通型,以美国无线电公司RCA和Motorola公司的4000/4500系列为典型;另一类是高速型,可与TTL的74LS系列电路兼容,如54HG/74HC系列。

**15. 数字电路中的高电平和低电平是什么概念?**

**答** 电平即为电位,数字电路中,习惯用高、低电平来描述电位的高低。高电平是一种状态,低电平是另外一种不同的状态,它们表示的不是一个固定不变的值,而是一定的电压范围。

比如TTL电路中,常规定高电平额定值为3 V,实际上2~5 V都为高电平;低电平的额定值为0.2 V,实际上0~0.8 V都为低电平。

**16. 数字电路中的正逻辑和负逻辑是什么概念?**

**答** 数字电路中,如果用数字1表示高电平,用数字0表示低电平,则称为"正逻辑"。如果用数字0表示高电平,用数字1表示低电平,则称为"负逻辑"。一般情况下都采用正逻辑,而在串行通信中,RS-232采用负逻辑。

## 13.2 第2章习题及补充习题解答

**1. 89C51/S51单片机在片内包含哪些主要逻辑功能部件?**

**答** 89C51/S51单片机在片内主要包含中央处理器CPU(算术逻辑单元ALU及控制器等)、只读存储器ROM、读/写存储器RAM、定时器/计数器、并行I/O口P0~P3、串行口、中断系统以及定时控制逻辑电路等,各部分通过内部总线相连。

① 中央处理器(CPU)

单片机中的中央处理器和通用微处理器基本相同,是单片机的最核心部分,主要完成运算和控制功能,又增设了"面向控制"的处理功能,增强了实时性。80C51的

CPU是一个字长为8位的中央处理单元。

② 内部程序存储器

根据内部是否带有程序存储器而形成三种型号：内部没有程序存储器的称为80C31；内部带Flash ROM的称为89C51/S51，89C51/S51共有4 KB ROM；内部以EPROM代替ROM的称为87C51。

程序存储器用于存放程序和表格、原始数据等。

③ 内部数据存储器(RAM)

在单片机中，用读/写存储器(RAM)来存储程序在运行期间的工作变量和数据。80C51/S51中共有256个RAM单元。

④ I/O口

单片机提供了功能强、使用灵活的I/O引脚，用于检测与控制。有些I/O引脚还具有多种功能，比如可以作为数据总线的数据线、地址总线的地址线或控制部线的控制线等。有的单片机I/O引脚的驱动能力增大。

⑤ 串行I/O口

目前高档8位单片机均设置了全双工串行I/O口，用以实现与某些终端设备进行串行通信，或与一些特殊功能的器件相连的能力，甚至用多个单片机相连构成多机系统。有些型号的单片机内部还包含两个串行I/O口。

⑥ 定时器/计数器

89C51/S51单片机内部共有两个16位定时器/计数器，80C52则有3个16位定时器/计数器。定时器/计数器可以编程实现定时和计数功能。

⑦ 中断系统

51单片机的中断功能较强，具有内、外共5个中断源，具有两个中断优先级。

⑧ 定时电路及元件

单片机内部设有定时电路，只需外接振荡元件。近年来有些单片机将振荡元件也集成到芯片内部。单片机整个工作是在时钟信号的驱动下，按照严格的时序有规律地一个节拍一个节拍地执行各种操作。

**2. 89C51/S51单片机的$\overline{EA}$信号有什么功能？在使用89C51/S51时，$\overline{EA}$信号引脚应如何处理？在使用80C31时，$\overline{EA}$信号引脚应如何处理？**

**答** 51单片机的$\overline{EA}$信号被称为“片外程序存储器访问允许信号”。CPU访问片内还是片外程序存储器，可由$\overline{EA}$引脚所接的电平来确定：

- $\overline{EA}$引脚接高电平时，程序从片内程序存储器地址为0000H开始执行，即访问片内存储器；当PC值赶出片内ROM容量时，程序会自动转向片外程序存储器空间执行。片内和片外的程序存储器地址空间是连续的。
- $\overline{EA}$引脚接低电平时，迫使系统全部执行片外程序存储器0000H开始存放的程序。

对于有片内Flash ROM的89C51/S51单片机，应将$\overline{EA}$引脚接高电平。

在使用 80C31 单片机时，$\overline{EA}$ 信号引脚应接低电平，即此时程序存储器全部为外部扩展。

**3. 51 单片机的存储器分哪几个空间？如何区分不同空间的寻址？**

答 89C51/S51 单片机采用哈佛(Har-yard)结构，即将程序存储器和数据存储器截然分开，分别进行寻址。不仅在片内驻留一定容量的程序存储器，数据存储器及众多的特殊功能寄存器，而且还具有较强的外部存储器扩展能力，扩展的程序存储器和数据存储器寻址范围都可达 64 KB。

① 在物理上设有 4 个存储器空间

- 片内程序存储器；
- 片外程序存储器；
- 片内数据存储器；
- 片外数据存储器。

② 在逻辑上设有 3 个存储器地址空间

- 片内、片外统一的 64 KB 程序存储器地址空间。
- 片内 256 字节(89C52/S52 为 384 字节)数据存储器地址空间。

  片内数据存储器空间在物上又包含两部分：

  -对于 89C51/S51 型单片机，0～127 字节为片内数据存储器空间；128～255 字节为特殊功能寄存器(SFR)空间(实际仅占用了 20 多个字节)。

  -对于 89C52/S52 型单片机，0～127 字节为片内数据存储器空间；128～255 字节共 128 个字节是数据存储器和特殊功能寄存器地址重叠空间。

- 片外 64 KB 的数据存储器地址空间。

在访问 3 个不同的逻辑空间时，应采用不同形式的指令，以产生不同存储空间的选通信号。访问片内 RAM 采用 MOV 指令，访问片外 RAM 则一定要采用 MOVX 指令，因为 MOVX 指令会产生控制信号 $\overline{RD}$ 或 $\overline{WR}$，用来访问片外 RAM 或 I/O 口。访问程序存储器地址空间，则应采用 MOVC 指令。

**4. 89C51/S51 片内 RAM 的空间分配及寻址方式。**

答 (1) 89C51 片内 RAM

片内 RAM 有 256 字节寻址空间。在该存储器空间内又可分为三个不同性质的空间：

① 基本的数据存储器区 00H～7FH；

② 数据存储器扩展空间 80H～FFH(仅在 89C52/S52 中存在)；

③ SFR 空间 80H～FFH。

89C51/S51 基本的数据存储器为 00H～7FH，共 128 字节，是一个多功能复用空间。空间划分为工作寄存器、位寻址区、堆栈与数据缓冲区。

(2) 片内 RAM 寻址方式

89C51/S51 的片内 RAM 寻址方式有：寄存器寻址、直接寻址、间接寻址和位寻址。

① 寄存器寻址。00H～1FH 区是工作寄存器区。

工作寄存器 R0～R7 有 4 组。当前工作寄存器由 SFR 的程序状态字 PSW 的 RS1、RS0 位状态选择。单片机复位后,PSW=00H,故复位后的当前工作寄存器 R0～R7 选择第 0 组寄存器,地址为 00H～07H。在程序运行过程中可通过对 PSW 中 RS1、RS0 位的状态设置,选择当前工作寄存器为 0～3 组中的一组。例如,通过下述指令操作,选择当前工作寄存器为第 3 组,即 18H～1FH 单元:

```
MOV    PSW,#18H           ;将 PSW 中的 RS1、RS0 置成 11
```

② 直接寻址。将片内 RAM 的 00H～7FH 作为直接地址,对这些地址直接进行数据传送操作。

例如,将 5FH 数据送入片内 RAM 的 30H 单元。直接寻址指令操作如下:

```
MOV    30H,5FH            ;把立即数 5FH 送入片内 RAM 30H 单元中
```

③ 间接寻址。将片内 RAM 作为间接地址空间,将工作寄存器 R0、R1 作为间接寻址寄存器,通过 Ri($i$=0,1)实现间接的数据传送。例如,同样将 5FH 送入片内 RAM 的 30H 单元,采用 R0 寄存器间接寻址时,操作指令如下:

```
MOV    R0,#30H            ;将存储器地址 30H 经 R0 赋值
MOV    @R0,5FH            ;把 5FH 立即数送入 R0 寄存器指定的 30H 单元中
```

堆栈操作是以 SP 为间接寻址寄存器的间接寻址。89C51/S51 的堆栈是自由堆栈。单片机复位后,堆栈底为 07H,在程序运行中可任意设置堆栈。堆栈设置通过设栈指针的操作实现。例如,将堆栈设置为 60H 以后,则可通过下列指令完成:

```
MOV    SP,#60H            ;设栈底为 60H
PUSH   ACC                ;进栈
POP    ACC                ;出栈
```

④ 位寻址。在 20H～2FH 的位地址空间可实现位操作,如置位、清零、逻辑操作、位条件转移等。例如,对 21H 的 D3 位置位或清零时,可使用以下操作指令:

```
SETB   0BH                ;对 0BH 位置位操作,21H 单元的 D3 位的位地址为 0BH
CLR    0BH                ;对 0BH 位的清零操作
```

**5. 简述布尔处理存储器的空间分配。**

**答** 在 89C51/S51 单片机系统中,专门设置了一个结构完整、功能极强的布尔(位)处理机。这是一个完整的一位微计算机,它具有自己的 CPU、寄存器、I/O、存储器和指令集。80C51 单片机把 8 位机和布尔(位)处理机的硬件资源复合在一起,这是 89C51/S51 系列单片机的突出优点之一,给实际应用带来了极大的方便。

布尔处理机系统包括以下几个功能部件。

- 位累加器：借用进位标志位 CY。在布尔运算中，CY 既是数据源之一，又是运算结果的存放处和位数据传送的中心。根据 CY 的状态实现程序条件转移：JC rel、JNC rel。
- 位寻址的 RAM：内部 RAM 位寻址区中的 0～127 位(20H～2FH)。
- 位寻址的寄存器：特殊功能寄存器 SFR 中的可位寻址的位。
- 位寻址的 I/O 口：并行 I/O 口中可位寻址的位(如 P1.0)。
- 位操作指令系统：位操作指令可实现对位的置位、清零、取反、位状态判跳、传送、位逻辑运算、位输入/输出等操作。

布尔处理机的程序存储器和 ALU 与字节处理器合用。

利用内部并行 I/O 口的位操作，提高了测控速度，增强了实时性。利用位逻辑操作功能把逻辑表达式直接变换成软件进行设计和运算，免去了过多的数据往返传送、字节屏蔽和测试分支，大大简化了编程，增强了实时性能。还可实现复杂的组合逻辑处理功能。因此，一位机在开关决策、逻辑电路仿真和实时控制方面非常有效。

**6. 如何简便地判断 89C51/S51 正在工作？**

**答** 复位电路虽然简单，但其作用非常重要。一个单片机系统能否正常运行，首先要检查是否能复位成功。初步检查可用示波器探头监视 RST 引脚，按下复位键，观察是否有足够幅度的波形输出(瞬时的)，还可以通过改变复位电路阻容值进行实验。其次，还可以用示波器观察 $\overline{\text{PSEN}}$ 引脚，如有波形输出，也说明单片机正在工作。

**7. 89C51/S51 如何确定和改变当前工作寄存器组？**

**答** 片内数据 RAM 区的 0～31(00H～1FH)，共 32 个单元，是 4 个通用工作寄存器组，每个组包含 8 个 8 位寄存器，编号为 R0～R7，工作寄存器组如表 13－1 所列。

**表 13－1 工作寄存器组**

| RS1 | RS0 | 组号 | 寄存器 R0～R7 地址 |
|---|---|---|---|
| 0 | 0 | 0 组 | 00H～07H |
| 0 | 1 | 1 组 | 08H～0FH |
| 1 | 0 | 2 组 | 10H～17H |
| 1 | 1 | 3 组 | 18H～1FH |

在某一时刻，只能选用一个寄存器组。可以通过软件对程序状态字 PSW 中 RS0、RS1 两位的设置来实现。设置 RS0、RS1 时，可以对 PSW 采用字节寻址方式，也可以采用位寻址方式，间接或直接修改 RS0、RS1 的内容。

例如，若 RS0、RS1 均为 1，则选用工作寄存器 3 组为当前工作寄存器。若需要选用工作寄存器 2 组，则只需将 RS0 改成 0，可用位寻址方式(即“CLR PSW.3”，其中 PSW.3 为 RS0 位的符号地址)来实现。

特别是在中断嵌套时,只要通过软件对程序状态字 PSW 中的 RS0、RS1 两位进行设置,切换工作寄存器组,就可以极其方便地实现对工作寄存器的现象保护。

**8. 89C51/S51 P0 口用作通用 I/O 口输入时,若通过 TTL"OC"门输入数据,应注意什么?**

**答** 需要外接上拉电阻。

**9. 读端口锁存器和"读引脚"有何不同? 各使用哪种指令?**

**答** (1) 80C51/S51 的 I/O 口的特点

80C51/S51 的 I/O 口都由内部总线实现操作控制。P0～P3 四个 I/O 口都可用作普通 I/O 口,因此,要求有输出锁存功能。内部总线又是分时操作的,故每个 I/O 口都有相应的锁存器。

然而,I/O 口又是外部的输入/输出通道,必须有相应的引脚,故形成了 I/O 口的锁存器加引脚的典型结构。

(2) I/O 口锁存器的读、改、写操作

许多涉及 I/O 口的操作,实际上只是涉及 I/O 口锁存器的读出、修改、写入的操作。这些指令都是一些逻辑运算指令、置位/清除指令、条件转移指令以及将 I/O 口作为目的地址的操作指令。

(3) 读引脚的操作

如果在指令中,某个 I/O 口被指定为源操作数,则该指令为读引脚的操作指令。例如:执行"MOV A,P1"时,P1 口的引脚状态传送到累加器中;而相对应的"MOV P1,A"指令,则是将累加器的内容传送到 P1 口锁存器中。

**10. 89C51/S51 P0～P3 口结构有何不同? 用作通用 I/O 口输入数据时,应注意什么?**

**答** P0～P3 用作通用 I/O 口时,输入时都须先将相应端口锁存器置 1,类似于置为输入方式。

I/O 口 P0～P3 都具有位地址,所以每根 I/O 口线可以独立定义为输入或输出。

P0 口输出为漏极开路输出时,与 NMOS 的电路接口时,必须要用上拉电阻,才能有高电平输出;输入为悬浮状态时,为一个高阻抗的输入口。P1～P3 口输出级接有内部上拉负载电阻,能向外提供上拉负载电流,所以不必外接上拉电阻。

**11. 89C51/51 单片机的 $\overline{EA}$ 信号有何功能? 在使用 80C31 时,$\overline{EA}$ 信号引脚应如何处理?**

**答** (1) 89C51/51 单片机的 $\overline{EA}$ 信号的功能

$\overline{EA}$ 为片外程序存储器访问允许信号,低电平有效;在编程时,其上施加 21 V 的编程电压。$\overline{EA}$ 引脚接高电平时,程序从片内程序存储器开始执行,即访问片内存储器;$\overline{EA}$ 引脚接低电平时,迫使用系统全部执行片外程序存储器程序。

(2) 在使用 80C31 时,$\overline{EA}$ 信号引脚的处理方法

因为80C31没有片内的程序存储器,所以在使用它时必定要有外部的程序存储器,$\overline{\text{EA}}$信号引脚应接低电平。

**12. 89C51/S51单片机有哪些信号需要芯片引脚以第2功能的方式提供?**

**答** 89C51/51单片机的P0、P2和P3引脚都具有第二功能。

| 第一功能 | 第二功能 |
| --- | --- |
| P0.0~P0.7 | 地址总线A0~A7/数据总线D0~D7 |
| P2.0~P2.7 | 地址总线A8~A15 |
| P3.0 | RXD(串行输入口) |
| P3.1 | TXD(串行输出口) |
| P3.2 | $\overline{\text{INT0}}$(外部中断0) |
| P3.3 | $\overline{\text{INT1}}$(外部中断1) |
| P3.4 | T0(定时器/计数器0的外部输入) |
| P3.5 | T1(定时器/计数器0的外部输出) |
| P3.6 | $\overline{\text{WR}}$(外部数据存储器或I/O的写选通) |
| P3.7 | $\overline{\text{RD}}$(外部数据存储器或I/O的读选通) |

**13. 片内RAM低128单元划分为哪三个主要部分?各部分主要功能是什么?**

**答** 片内RAM低128单元的划分及主要功能:

(1) 工作寄存器组(00H~1FH)

这是一个用寄存器直接寻址的区域,内部数据RAM区的0~31(00H~1FH),共32个单元,它是4个通用工作寄存器组;每个组包含8个8位寄存器,编号为R0~R7。

(2) 位寻址区(20H~2FH)

从内部数据RAM区的32~47(20H~2FH)的16字节单元,共包含128位,是可位寻址的RAM区。这16字节单元,既可进行字节寻址,又可实现位寻址。

(3) 字节寻址区(30H~7FH)

从内部数据RAM区的48~127(30H~7FH),共80字节单元,可以采用直接或间接字节寻址的方法访问。

**14. 单片机有几种复位方法?复位后机器的初始状态如何,即各寄存器的状态如何?**

**答** 单片机复位方法有:上电自动复位、按键电平复位和外部脉冲复位三种方式,如图13-1所示。

复位后机器的初始状态,即各寄存器的状态:PC之外,复位操作还对其他一些特殊功能寄存器有影响,它们的复位状态如表13-2所列。

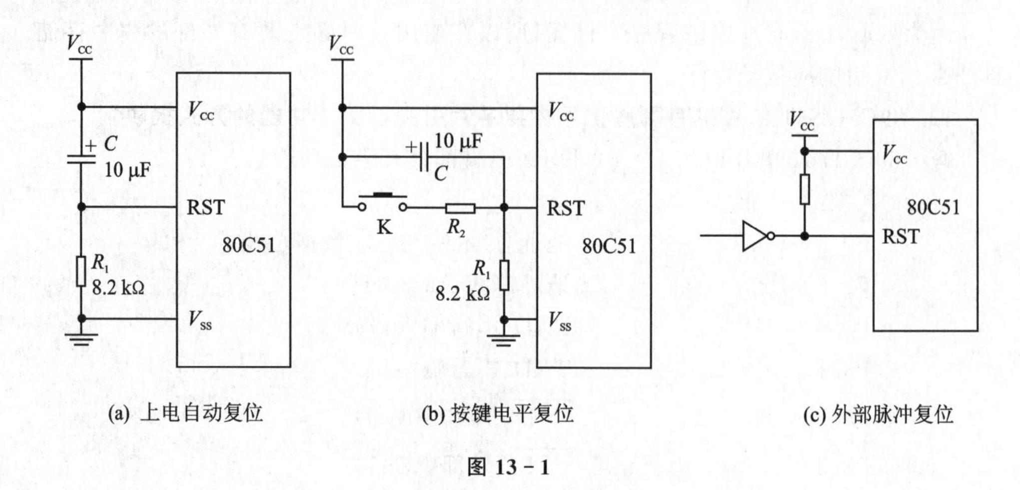


(a) 上电自动复位　　(b) 按键电平复位　　(c) 外部脉冲复位

**图 13－1**

**表 13－2　特殊功能寄存器的复位状态**

| 寄存器 | 复位时内容 | 寄存器 | 复位时内容 | 寄存器 | 复位时内容 |
|---|---|---|---|---|---|
| PC | 0000H | P0～P3 | FFH | TH0 | 00H |
| ACC | 00H | IP | ××000000B | TL1 | 00H |
| B | 00H | IE | 0×000000B | TH1 | 00H |
| PSW | 00H | TMOD | ××000000B | SCON | 00H |
| SP | 07H | TCON | 0×000000B | SBUF | 不定 |
| DPTR | 0000H | TL0 | 00H | PCON | 0×××0000B |

**15. 开机复位后,CPU 使用的是哪组工作寄存器？它们的地址是什么？CPU 如何确定和改变当前工作寄存器组？**

答　(1) 通用工作寄存器组的特点

用寄存器直接寻址,指令的数量最多,均为单周期指令,执行速度快。

(2) 通用工作寄存器组的选用

在某一时刻,只能选用一个工作寄存器组使用。其选择是通过软件对程序状态字(PSW)中的 RS0、RS1 位的设置来实现的。设置 RS0、RS1 时,可以对 PSW 进行字节寻址,也可以进行位寻址,间接或直接修改 RS0、RS1 的内容。若 RS1、RS0 均为 0 时,则选用工作寄存器组 0;若 RS1 为 0,RS0 为 1 时,则选用工作寄存器组 1;其他以此类推。

(3) 工作寄存器的现场保护

对于工作寄存器的现场保护,一般在主程序中使用一组工作寄存器;而在进入子程序或中断服务程序时,切换到另一组工作寄存器;在返回主程序前,再重新切换回原来的工作寄存器。

**16. 程序状态字寄存器 PSW 的作用是什么？常用标志有哪些位？作用是什么？**

**答** 程序状态字 PSW(Program Status Word)是一个程序可访问的 8 位寄存器,其内容的主要部分是算术逻辑运算单元 ALU 的输出,例如,奇偶校验位 P、溢出标志位 OV、辅助进位标志位 AC 及进位标志位 CY,都是 ALU 运算结果的直接输出。

一些条件转移指令就是根据 PSW 中的相关标志位的状态来实现程序的条件转移。

程序状态 PSW 如图 13-2 所示。

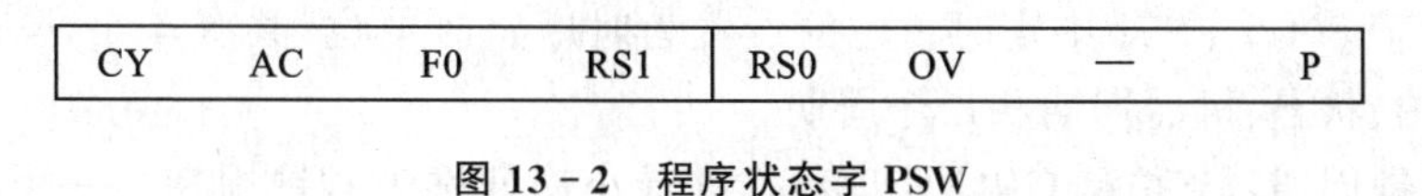


**图 13-2 程序状态字 PSW**

1. P——奇偶标志位

该位表示累加器 A 中值为 1 的个数的奇偶性。若累加器 A 中值为 1 的个数是奇数,则 P 置位(奇校验);否则,P 清除(偶校验)。

在串行通信中,常以传送奇偶校验位来检验传输数据的可靠性。通常将 P 置入串行帧中的奇偶校验位。

2. OV——溢出标志位

当执行运算指令时,由硬件置位或清除,以指示运算是否产生溢出。OV 置位表示运算结果超出了目的寄存器 A 所能表示的带符号数的范围(-128~+127)。

若以 Ci 表示位 i 向位 i+1 有进位,则 $OV=C6\oplus C7$。当位 6 向位 7 有进位(或借位),而位 7 不向 CY 进位(或借位);或当位 7 向 C 进位(或借位),而位 6 不向位 7 进位(或借位)时,OV 标志置位,表示带符号数运算时运算结果是错误的;否则,清除 OV 标志,运算结果正确。

对于 MUL 乘法,当 A、B 两个乘数的积超过 255 时,OV 置位;否则,OV=0。

对于 DIV 除法,若除数为 0,OV=1;否则,OV=0。

3. RS1、RS0——4 组工作寄存器组选择位

用于设定当前工作寄存器的组号,参见表 13-1。

4. AC——辅助进位标志位

当进行加法或减法运算时,若低 4 位向高 4 位数发生进位(或借位),AC 将被硬件置位;否则,被清除。

在十进制调整指令 DA 中要用到 AC 标志位状态。

5. CY——进位标志位

在进行算术运算时,可以被硬件置位或清除,以表示运算结果中高位是否有进位(或借位)。在布尔处理器中,CY 被认为是位累加器。

6. F0——用户标志位

开机时该位为 0。用户可根据需要,通过位操作指令将 F0 置 1 或者清 0。当 CPU 执行对 F0 位测试条件转移指令时,根据 F0 的状态实现分支转移,相当于"软开

关”。

**17. 位地址7CH与字节地址7CH有何区别？位地址7CH具体在片内RAM中什么位置？**

答 位地址7CH表示7CH这个二进制位的地址,字节地址7CH表示地址为7CH的单元地址。位地址7CH在内存中2FH单元的第4位。

**18. 89C51/S51单片机的时钟周期与振荡周期之间有什么关系？什么叫机器周期和指令周期？**

答 ① 80C51/S51中定时单位的设置为时序定时单位,共有4个,从小到大依次是:节拍、状态、机器周期和指令周期。

- 时钟周期:节拍是CPU处理动作的最小周期称为时钟周期。一个状态周期就包含两个节拍,其前半周期对应的节拍叫P1,后半周期对应的节拍叫P2。
- 机器周期:80C51/S51采用定时控制方式,因此它有固定的机器周期。规定一个机器周期的宽度为6个状态,并依次表示为S1～S6。由于一个状态又包括两个节拍,因此一个机器周期总共有12个节拍,分别记作S1P1、S1P2、…、S6P2。由于一个机器周期共有12个振荡脉冲周期,因此机器周期就是振荡脉冲的12分频。

  当振荡脉冲频率为12 MHz时,1个机器周期为1 μs;当振荡脉冲频率为6 MHz时,1个机器周期为2 μs。
- 指令周期:执行一条指令所需要的时间称为指令周期。指令周期是最大的时序定时单位。80C51/S51的指令周期根据指令的不同,可包含有1、2、3、4个机器周期。

② 当主频为12 MHz时,1个机器周期为1 μs。

③ 执行一条时间最长的指令——MUL和DIV指令,需要4个机器周期,即需要4 μs。

**19. 一个机器周期的时序如何划分？**

答 见18题“机器周期”。

**20. 什么叫堆栈？堆栈指针SP的作用是什么？89C51/S51单片机堆栈的容量不能超过多少字节？**

答 堆栈是在片内数据RAM区中,数据按照“先进后出”或“后进先出”原则进行管理的区域。

堆栈功能有两个:保护断点和保护数据。在子程序调用和中断操作时这两个功能特别有用。在80C51/S51单片机中,堆栈在子程序调用和中断时会把断点地址自动进栈和出栈。进栈和出栈的指令(PUSH、POP)操作可用于保护现场和恢复现场。由于子程序调用和中断都允许嵌套,并可以多级嵌套,而现场的保护也往往使用堆栈,所以一定要注意给堆栈以一定的深度,以免造成堆栈内容的破坏而引起程序执行的“跑飞”。

堆栈指针 SP 在 80C51/S51 中存放当前的堆栈栈顶所指存储单元地址的一个 8 位寄存器。

80C51/S51 单片机的堆栈是向上生成的,即进栈时 SP 的内容是增加的;出栈时 SP 的内容是减少的。

系统复位后,80C51/S51 的 SP 内容为 07H。若不重新定义,则以 07H 为栈底,压栈的内容从 08H 单元开始存放。但工作寄存器 R0～R7 有 4 组,占有内部 RAM 地址为 00H～1FH,位寻址区占有内部 RAM 地址为 20H～2FH。若程序中使用了工作寄存器 1～3 组或位寻址区,则必须通过软件对 SP 的内容重新定义,使堆栈区设定在片内数据 RAM 区中的某一区域内(如 30H),堆栈深度不能超过片内 RAM 空间。

**22. PC 与 DPTR 各有哪些特点?有何异同?**

**答** 程序计数器 PC 中存放的是下一条将要从程序存储器中取出的指令的地址。DPTR 是数据指针,在访问外部数据存储器或 I/O 时,作为地址使用;在访问程序存储器时,作为基址寄存器。

① PC 和 DPTR 都是与地址有关的 16 位寄存器。其中 PC 与程序存储器的地址有关,而 DPTR 与数据存储器或 I/O 的端口地址有关。作为地址寄存器使用时,PC 与 DPTR 都是通过 P0 和 P2 口输出的。PC 的输出与 ALE 及 $\overline{\text{PSEN}}$ 信号有关,DPTR 的输出则与 ALE、$\overline{\text{WR}}$ 和 $\overline{\text{RD}}$ 信号有关。

② PC 只能作为 16 位寄存器。PC 是不可访问的,它不属于特殊功能寄存器,有自己独特的变化方式。DPTR 可以作为 16 位寄存器,也可以作为两个 8 位寄存器 DPL 和 DPH。DPTR 是可以访问的,DPL 和 DPH 都位于特殊功能寄存器区中。

**23. 89C51/S51 端口锁存器的“读—修改—写”操作与“读引脚”操作有何区别?**

**答** 从 I/O 口的位结构图中可以看出,有两种读口的操作:一种是读引脚操作,一种是读锁存器操作。

① 在响应 CPU 输出的读引脚信号时,端口本身引脚的电平值通过缓冲器 BUF1 进入内部总线。

这种类型的指令,执行之前必须先将端口锁存器置 1,使 A 点处于高电平;否则,会损坏引脚,而且也使信号无法读出。

这种类型的指令有:

```
MOV   A,P1              ;A←P1
MOV   direct,P1         ;direct←P1
```

② 执行读锁存器的指令时,CPU 首先完成将锁存器的值通过缓冲器 BUF2 读入内部,进行修改、改变,然后重新写到锁存器中去,这就是“读—改—写”指令。

这种类型的指令包含所有的口的逻辑操作(ANL、ORL、XRL)和位操作(JBC、CPL、MOV、SETB、CLR 等)指令。

**24. 存放程序的指令地址、堆栈地址和片外 RAM 地址各使用什么指针？为什么？**

答 存放程序指令地址使用程序计数器 PC 指针,PC 中存放的是下一条将要从程序存储器中取出的指令的地址。程序计数器 PC 变化的轨迹决定程序的流程。PC 最基本的工作方式是自动加 1。在执行条件转移或无条件转移指令时,将转移的目的地址送入 PC,在执行调用指令或响应中断时,将子程序的入口地址或者中断矢量地址送入 PC,程序流向发生变化。

堆栈地址使用堆栈指针 SP。SP 在 80C51 中存放当前的堆栈栈顶所指存储单元地址,是一个 8 位寄存器,对数据按照“先进后出”原则进行管理。

片外 RAM 地址使用数据指针 DPTR。DPTR 是一个 16 位特殊功能寄存器,主要功能是作为片外 RAM 或 I/O 寻址用的地址寄存器,这时会产生 $\overline{RD}$ 或 $\overline{WR}$ 控制信号,用于单片机对外扩的 RAM 或 I/O 的控制。

**25. 请说明 80C51/S51 单片机 ALE 引脚在系统中的应用。**

答 ALE 引脚是地址锁存允许信号。在系统中主要有两种应用：

① 在访问片外存储器或 I/O 时,用于锁存低 8 位地址,以实现低 8 位地址 A0～A7 与数据 D0～D7 的隔离。在 ALE 的下降沿将 P0 口输出的地址 A0～A7 通过锁存器锁存,然后在 P0 口上出现 D0～D7。

② 由于 ALE 以 1/6 振荡频率的固定速率输出,因此,可以作为对外输出的时钟或外部定时脉冲,比如 ALE 信号可以做 ADC0809 的时钟。

**26. 80C51/S51 片外 RAM 与片内 RAM 的地址允许重复,并与程序存储器地址也允许重复,如何区分？**

答 对片外数据存储器、片内数据存储器及程序存储器采用不同的指令,会产生不同的控制信号。片外 RAM 或 I/O 口使用 MOVX 指令,产生读 $\overline{RD}$ 和写 $\overline{WR}$ 控制信号,程序存储器使用 MOVC 指令,产生读 $\overline{PSEN}$ 控制信号,因此,扩展时虽然数据线和地址线重复,但由不同的控制信号加以区别。片内 RAM 采用 MOV 指令,不会产生读 $\overline{RD}$ 和写 $\overline{WR}$ 控制信号。

**27. 请说明 51 单片机复位状态和 SFR 复位状态有何区别？**

答 (1) 单片机复位状态

当 80C51/S51 的复位端 RST 输入两个机器周期以上的高电平信号时,单片机出现复位状态。在复位状态下,PC 指针为 0000H。单片机复位对片内 RAM 中的数据没有影响。但上电复位时,由于是重新供电,RAM 在断电时数据丢失,上电复位后为随机数。

(2) SFR 的复位状态

80C51/S51 的复位状态全部表现为 SFR 的复位状态。单片机 SFR 的复位状态概括如下：

① I/O 口(P0、P1、P2、P3)为 FFH 状态,即准双向 I/O 口的输入状态；

② 栈指示器 SP=07H,即堆栈底为片内 RAM 的 07H 单元;

③ 除上述状态外,所有 SFR 的有效位均为零。

在了解了 SFR 的复位状态后,便可推断出单片机复位后内部资源的初始状态。如定时器/计数器的 TMOD=00H,表明复位后的定时器/计数器是在方式 0 的定时器方式,由内部 TRi 控制启、停,并处于计数停止状态。

**28. 什么是准双向口?使用准双向口时,要注意什么?**

**答** (1) 准双向口

P0、P1、P2、P3 口作普通 I/O 口使用时,都是准双向口结构。准双向口的输入操作和输出操作本质不同,输入操作是读引脚状态;输出操作是对口锁存器的写入操作。由口锁存器和引脚电路可知:当由内部总线给口锁存器置 0 或 1 时,锁存器中的“0”、“1”状态立即反映到引脚上。但是在输入操作(读引脚)时,如果口锁存器状态为“0”,则引脚被钳位在“0”状态,导致无法读出引脚的高电平输入。

(2) 准双向口的使用

由准双向口的结构可知,当口锁存器内容为 0 时,$\overline{Q}$ 端为 1,使输出场效应管导通,I/O 引脚将被钳位在低电平,无论引脚输入 0 电平还是 1 电平,读引脚操作都是 0 状态。因此,准双向口作输入口时,应先使锁存器置 1,称之为置输入方式,然后再读引脚。例如,要将 P1 口状态读入到累加器 A 中,应执行以下两条指令:

```
MOV   P1,#0FFH          ;P1 口置输入方式
MOV   A,P1              ;读 P1 口引脚状态到 ACC 中
```

**29. 什么是计算机的哈佛结构和冯·诺依曼结构?**

**答** 哈佛结构是指计算机系统中数据存储空间与程序存储空间相互独立的结构体系。

单片机系统中,采用哈佛结构主要考虑其面向测控对象,通常有大量的控制程序和数量较少的随机数据。通过哈佛结构将程序和数据分开,使用较大容量的程序存储器来固化程序代码;使用小容量的数据存储器来存取随机数据。

冯·诺依曼结构是指计算机系统中使用的程序、数据共用一个空间的结构体系。一般通用计算机系统中多采用这种结构。

采用冯·诺依曼结构时,程序和数据都在同一空间,程序在随机存储器 RAM 中运行;而在哈佛结构中,程序在只读存储器 ROM 中运行,不易受外界侵害,可靠性高。

## 13.3 第 3 章习题及补充习题解答

**1. 简述下列基本概念。**

**答** 指令:CPU 根据人的意图来执行某种操作的命令。

指令系统：一台计算机所能执行的全部指令集合。

机器语言：用二进制编码表示，计算机能直接识别和执行的语言。

汇编语言：用助记符、符号和数字来表示指令的程序语言。

高级语言：独立于机器的，在编程时不需要对机器结构及其指令系统有深入了解的通用性语言。

**2. 什么是计算机的指令和指令系统？**

答　见题1。

**3. 简述89C51/S51汇编指令格式。**

答　操作码［目的操纵数］［,源操作数］

**4. 简述89C51/S51的寻址方式和所能涉及的空间。**

答　立即数寻址：程序存储器ROM。

直接寻址：片内RAM低128B和特殊功能寄存器。

寄存器寻址：R0～R7，A，B，C，DPTR。

寄存器间接寻址：片内RAM低128 B，片外RAM。

变址寻址：程序存储器64 KB。

相对寻址：程序存储器256 B范围。

位寻址：片内RAM的20H～2FH字节地址，部分特殊功能寄存器。

**5. 要访问特殊功能寄存器和片外数据存储器，应采用哪些寻址方式？**

答　SFR：直接寻址，位寻址；片外RAM：寄存器间接寻址。

**6. 在89C51/S51片内RAM中，已知(30H)＝38H，(38H)＝40H，(40H)＝48H，(48H)＝90H。请分析下面各是什么指令，说明源操作数的寻址方式及按顺序执行后的结果。**

答

|  | |  |
|---|---|---|
| MOV | A,40H | 直接寻址 |
| MOV | R0,A | 寄存器寻址 |
| MOV | P1,#0F0H | 立即数寻址 |
| MOV | @R0,30H | 直接寻址 |
| MOV | DPTR,#3848H | 立即数寻址 |
| MOV | 40H,38H | 直接寻址 |
| MOV | R0,30H | 直接寻址 |
| MOV | P0,R0 | 寄存器寻址 |
| MOV | 18H,#30H | 立即数寻址 |
| MOV | A,@R0 | 寄存器间接寻址 |
| MOV | P2,P1 | 直接寻址 |

| 地址 | RAM |
|---|---|
| 30H | 38H |
| | |
| 38H | 40H |
| | |
| 40H | 48H |
| | |
| 48H | 90H |

均为数据传送指令，结果(参见右图)为

(18H)＝30H，(30H)＝38H，(38H)＝40H

(40H)＝40H，(48H)＝90H

R0＝38H，A＝40H，P0＝38H，P1＝F0H，P2＝F0H，DPTR＝3848H

**7. 对 89C51/S51 片内 RAM 高 128 B 的地址空间寻址要注意什么?**

答 用直接寻址,寄存器寻址,位寻址。

**8. 指出下列指令的本质区别。**

答

```
MOV   A,data          直接寻址
MOV   A,#data         立即数寻址
MOV   data1,data2     直接寻址
MOV   74H,#78H        立即数寻址
```

**9. 设 R0 的内容为 32H,A 的内容为 48H,片内 RAM 的 32H 内容为 80H,40H 的内容为 08H。请指出在执行下列程序段后各单元内容的变化。**

```
MOV   A,@R0           ;((R0))=80H→A
MOV   @R0,40H         ;(40H)=08H→(R0)
MOV   40H,A           ;(A)=80H→40H
MOV   R0,#35H         ;35H→R0
```

答 (R0)=35H　(A)=80H

(32H)=08H　(40H)=80H

**10. 如何访问 SFR,可使用哪些寻址方式?**

答 访问 SFR:直接寻址,位寻址,寄存器寻址。

**11. 如何访问片外 RAM 单元,可使用哪些寻址方式?**

答 只能采用寄存器间接寻址(用 MOVX 指令)。

**12. 如何访问片内 RAM 单元,可使用哪些寻址方式?**

答 低 128 B:直接寻址,位寻址,寄存器间接寻址,寄存器寻址(R0～R7)。

高 128 B:直接寻址,位寻址,寄存器寻址。

**13. 如何访问片内外程序存储器,采用哪些寻址方式?**

答 采用变址寻址(用 MOVC 指令)。

**14. 说明十进制调整的原因和方法。**

答 压缩 BCD 码在进行加法运算时本应逢十进一,而计算机只将其当作十六进制数处理,此时得到的结果不正确。用 DA A 指令调整(加 06H,60H,66H)。

**15. 说明 89C51/S51 的布尔处理机功能。**

答 用来进行位操作。

**16. 已知(A)=83H,(R0)=17H,(17H)=34H,请指出在执行下列程序段后 A 的内容。**

答

```
ANL   A,#17H          ;83H∧17H=03H→A
ORL   17H,A           ;34H∨03H=37H→17H
XRL   A,@R0           ;03H⊻37H=34H
CPL   A               ;34H求反等于CBH
```

所以 (A)=CBH

**17. 使用位操作指令实现下列逻辑操作。要求不得改变未涉及位的内容。**

答 (1) 使ACC.0置1

```
SETB ACC.0 或 SETB E0H
```

(2) 清除累加器高4位

```
CLR   ACC.7
CLR   ACC.6
CLR   ACC.5
CLR   ACC.4
```

(3) 清除ACC.3,ACC.4,ACC.5,ACC.6

```
CLR   ACC.6
CLR   ACC.5
CLR   ACC.4
CLR   ACC.3
```

**18. 编写程序,将片内RAM R0~R7的内容传送到20H~27H单元。**

答

```
MOV   27H,R7        MOV   23H,R3
MOV   26H,R6        MOV   22H,R2
MOV   25H,R5        MOV   21H,R1
MOV   24H,R4        MOV   20H,R0
```

**19. 编写程序,将片内RAM的20H、21H、22H三个连续单元的内容依次存入2FH、EH、2DH中。**

答

```
MOV   2FH,20H
MOV   2EH,21H
MOV   2DH,22H
```

**20. 编写程序,进行两个16位数的减法:6F5DH－13B4H,结果存入片内RAM的30H和31H单元,30H存差的低8位。**

答

```
CLR   C
MOV   A,#5DH        ;被减数低8位→A
MOV   R2,#B4H       ;减数低8位→R2
SUBB  A,R 2         ;被减数减去减数,差→A
MOV   30H,A         ;低8位结果→30H
MOV   A,#6FH        ;被减数高8位→A
MOV   R2,#13H       ;减数高8位→R2
SUBB  A,R2          ;被减数减去减数,差→A
MOV   31H,A         ;高8位结果→31H
```

**21. 编写程序,若累加器A的内容分别满足下列条件时,则程序转至LABEL存储单元。设A中存的是无符号数。**

答 (1) A≥10

```
      CJNE  A,#10,L1   ;(A)与10比较,不等转L1    或: CLR   C
L2:   LJMP  LABEL      ;相等转LABEL                 SUBB  A,#0AH
L1:   JNC   L2         ;(A)大于10,转LABEL           JZ    LABEL
                                                    JNC   LABEL
```

(2) A>10

```
      CJNE  A,#10,L1   ;(A)与10比较,不等转L1    或: CLR   C
      SJMP  L3         ;相等转L3                    SUBB  A,#0AH
L1:   JNC   L2         ;(A)大于10,转L2              JNC   LABEL
      SJMP  L4         ;(A)小于10,转L4
L2:   JMP   LABEL      ;无条件转LABEL
```

(3) A ≤10

```
      CJNE  A,#10,L1   ;(A)与10比较,不等转L1    或: CLR   C
L2:   LJMP  LABEL      ;相等转LABEL                 SUBB  A,#0AH
L1:   JC,L2            ;(A)小于10,转LABEL           JC    LABE L
                                                    JZ    LABEL
```

**22. 已知SP=25H,PC=2345H,(24H)=12H,(25H)=34H,(26H)=56H。问此时执行"RET"指令后,SP=? PC=?**

答 SP=23H,PC=3412H

**23. 已知SP=25H,PC=2345H,标号LABEL所在的地址为3456H。问执行长调用指令"LCALL LABEL"后,堆栈指针和堆栈内容发生什么变化?PC的值等于什么?**

答 SP=27H,(26H)=48H,(27H)=23H,PC=3456H

**24. 上题中LCALL能否直接换成ACALL指令,为什么?如果使用ACALL指令,则可调用的地址范围是多少?**

答 不能。ACALL是短转指令,可调用的地址范围是2 KB。

**25. 编写程序,查找在片内RAM的20H~50H单元中是否有0AAH这一数据。若有,则51H单元置为01H;若未找到,则51H单元置为00H。**

答

```
       MOV   R2,#31H      ;数据块长度→R2
       MOV   R0,#20H      ;数据块首地址→R0
LOOP:  MOV   A,@R0        ;待查找的数据→A
       CLR   C            ;清进位位
       SUBB  A,#0AAH      ;待查找的数据是0AAH吗
       JZ    L1           ;是,转L1
       INC   R0           ;不是,地址增1,指向下一个待查数据
       DJNZ  R2,LOOP      ;数据块长度减1,不等于0,继续查找
```

```
        MOV    51H,#00H         ;等于0,未找到,00H→51H
L1:     MOV    51H,#01H         ;找到,01H→51H
        RET                     ;返回
```

**26. 编写程序,查找在片内 RAM 的 20H～50H 单元中出现 00H 的次数,并将查找结果存入 51H 单元。**

答

```
        MOV    R2,#31H          ;数据块长度→R2
        MOV    R0,#20H          ;数据块首地址→R0
        MOV    51H,#00H         ;51H 单元清零,以记录 00H 的个数
LOOP:   MOV    A,@R0            ;待查找的数据→A
        ANL    A,#0FFH          ;与 0FFH 相与,判断该数据是否为零
        JNZ    L1               ;不为零,转 L1
        INC    51H              ;为零,00H 个数增 1
L1:     INC    R0               ;地址增 1,指向下一个待查数据
        DJNZ   R2,LOOP          ;数据块长度减 1,不等于零,继续查找
        RET                     ;全部查找完,返回
```

**27. 片外 RAM 中有一个数据块,存有若干字符、数字,首地址为 SOURCE。要求将数据块传送到片内 RAM 以 DIST 开始的区域,直到遇到字符"$"时结束。("$"也要传送,它的 ASCII 码为 24H。)**

答

```
        MOV    DPTR,#SOURCE     ;源首地址→DPTR
        MOV    R0,#DIST         ;目的首地址→R0
L2:     MOVX   A,@DPTR   }      ;传送一个字符
        MOV    @R0,A     }
        INC    DPTR      }      ;指向下一个字符
        INC    R0        }
        CJNE   A,#24H,L2        ;传送的是"$"字符吗? 不是,传送下
                                ;一个字符
        RET                     ;是,结束传送
```

**28. 已知 R3 和 R4 中存有一个 16 位的二进制数,高位在 R3 中,低位在 R4 中。编写程序将其求补,并存回原处。**

答

```
        MOV    A,R3             ;取该数高 8 位→A
        ANL    A,#80H           ;取出该数符号判断
        JZ     L1               ;是正数,转 L1
        MOV    A,R4             ;是负数,将该数低 8 位→A
        CPL    A                ;低 8 位求反
        ADD    A,#01H           ;加 1
        MOV    R4,A             ;低 8 位求反加 1 后→R4
        MOV    A,R3             ;取该数高 8 位→A
        CPL    A                ;高 8 位求反
```

```
        ADDC   A,#00H          ;加上低8位加1时可能产生的进位
        MOV    R3,A            ;高8位求反后→R3
L1:     RET
```

**29. 已知30H和31H中存有一个16位的二进制数,高位在前,低位在后。编写程序将其乘2,并存回原处。**

答

```
        CLR    C               ;清进位位C
        MOV    A,31H           ;取该数低8位→A
        RLC    A               ;带进位位左移一位
        MOV    31H,A           ;结果存回31H
        MOV    A,30H           ;取该数高8位→A
        RLC    A               ;带进位位左移一位
        MOV    30H,A           ;结果存回30H
```

**30. 片内RAM中有2个4 B以压缩BCD码形式存放的十进制数,一个存放在30H~33H的单元中,一个存放在40H~43H的单元中。编写程序求它们的和,结果存放在30H~33H中。**

答

```
        MOV    R2,#04H         ;字节长度→R2
        MOV    R0,#30H         ;一个加数首地址→R0
        MOV    R1,#40H         ;另一个加数首地址→R1
        CLR    C               ;清进位位
L1:     MOV    A,@R0           ;取一个加数
        ADDC   A,@R1           ;两个加数带进位相加
        DAA                    ;十进制调整
        MOV    @R0,A           ;存放结果
        INC    R0              ;指向下一个字节
        INC    R1
        DJNZ   R2,L1           ;字节长度减1,没加完,转L1,继续相加
        RET                    ;全加完,返回
```

**31. 编写程序,把片外RAM中从2000H开始存放的8个数传送到片内30H开始的单元中。**

答

```
        MOV    R2,#08H         ;数据块长度→R2
        MOV    R1,#30H         ;数据块目的地址→R1
        MOV    DPTR,#2000H     ;数据块源地址→DPTR
LOOP:   MOVX   A,@DPTR         ;传送一个数据
        MOV    @R1,A
        INC    DPTR            ;指向下一个数据
        INC    R1
        DJNZ   R2,LOOP         ;长度减1,没传送完,转LOOP,继续传送
        RET                    ;传送完,返回
```

**32. 要将片内 RAM 中 0FH 单元的内容传送到寄存器 B,对 0FH 单元的寻址可有 3 种方法:**

**(1) R 寻址;**

**(2) R 间址;**

**(3) direct 寻址。**

**分别编写相应程序,比较其字节数、机器周期数和优缺点。**

| 答 | | 字节数 | 周期数 | |
|---|---|---|---|---|
| (1) MOV | R0,0FH | 2 | 2 | 4 字节 4 周期(差) |
| MOV | B,R0 | 2 | 2 | |
| (2) MOV | R0,#0FH | 2 | 1 | 4 字节 3 周期(中) |
| MOV | B,@R0 | 2 | 2 | |
| (3) MOV | B,0FH | 3 | 2 | 3 字节双周期(优) |

**33. 阅读下列程序,要求:**

**(1) 说明程序功能;**

**(2) 填写所缺的机器码;**

**(3) 试修改程序,使片内 RAM 的内容成为如图所示的结果。**

```
7A0A           MOV R2,#0AH
7850           MOV R0,#50H
E4             CLR A
E6     LOOP:   MOV @R0,A
08             INC R0
DAFC           DJNZ R2,LOOP
       DONE:
```

|  |  |
|---|---|
| 50H | 00H |
| 51H | 01H |
| 52H | 02H |
| 53H | 03H |
| 54H | 04H |
| 55H | 05H |
| 56H | 06H |
| 57H | 07H |
| 58H | 08H |
| 59H | 09H |

答

(1) 功能是将片内 RAM 中 50H～59H 单元清零。

(2) 7A0A　7850　DAFC

(3) 在 INC R0 后添一句 INC A。

**34. 设(R0)=7EH,(DPTR)=10FEH,片内 RAM 中 7EH 单元的内容为 0FFH,7F 单元的内容为 38H,试为下列程序注释其运行结果。**

答　INC　@R0　　(7EH)=00H

```
INC     R0            (R0)=7FH
INC     @R0           (7FH)=39H
INC     DPTR          (DPTR)=10FFH
INC     DPTR          (DPTR)=1100H
INC     DPTR          (DPTR)=1101H
```

**35. 下列程序段经汇编后,从 1000H 开始的各有关存储单元的内容将是什么?**

```
        ORG     1000H
TAB1    EQU     1234H
TAB2    EQU     3000H
        DB      "START"
        DW      TAB1,TAB2,70H
```

答 (1000H)=53H　(1001H)=54H　(1002H)=41H

(1003H)=52H　(1004H)=54H　(1005H)=12H

(1006H)=34H　(1007H)=30H　(1008H)=00H

(1009H)=70H

**36. 阅读下列程序,并要求:**

**(1) 说明程序功能;**

**(2) 写出涉及的寄存器及片内 RAM 单元(如图所示)的最后结果。**

```
MOV     R0,#40H         ;40H→R0
MOV     A,@R0           ;98H→A              40H | 98H |
INC     R0              ;41H→R0                 | AFH |
ADD     A,@R0           ;98+(A)=47H→A
INC     R0
MOV     @R0,A           ;结果存入 42H 单元
CLR     A               ;清 A
ADDC    A,#0            ;进位位存入 A
INC     R0
MOV     @R0,A           ;进位位存入 43H
```

答　功能:将 40H,41H 单元中的内容相加结果放在 42H 单元,进位放在 43H 单元,(R0)=43H,(A)=1,(40H)=98H,(41H)=AFH,(42H)=47H,(43H)=01H。

**37. 同上题要求,程序如下:**

```
MOV     A,61H           ;F2H→A              61H | F2 |
MOV     B,#02H          ;02H→B                  | CC |
MUL     AB              ;F2H×02H=E4H→A
ADD     A,62H           ;积的低 8 位加上 CCH→A
MOV     63H,A           ;结果送 63H
```

```
        CLR     A               ;清 A
        ADDC    A,B             ;积的高 8 位加进位位→A
        MOV     64H,A           ;结果送 64H
```

答　功能:将 61H 单元的内容乘 2,低 8 位再加上 62H 单元的内容放入 63H,将结果的高 8 位放在 64H 单元。

(A)=02H　(B)=01H　(61H)=F2H　(62H)=CCH

(63H)=B0H　(64H)=02H

**38. 编写程序,采用与运算,判断 8 位二进制数是奇数个 1,还是偶数个 1。**

答

```
        MOV     A,#XXH          ;待判断的数→A
        ANL     A,#0FFH         ;与 0FFH 相与
        JB      P,REL           ;是奇数转 REL
                ⋮               ;是偶数程序顺序执行
REL:            …
                ⋮               ⋮
```

**39. 编写程序,采用或运算,使任意 8 位二进制数的符号位必为 1。**

答

```
        MOV     A,XXH           ;取数据→A
        ORL     A,#80H          ;使该数符号位为 1
        MOV     XXH,A           ;保存该数据
```

**40. 请思考:采用异或运算怎样可使一带符号数的符号位改变,数据位不变?怎样可使该数必然为零?**

答　(1) 符号位改变,数据位不变:

```
MOV  A,XXH          ;取数据→A
XRL  A,#80H         ;异或 80H→A
```

(2) 使该数为零:

```
MOV  A,XXH          ;该数→A
MOV  R0,A           ;该数→R0
XRL  A,R0           ;该数自身相异或
```

**41. 请区别汇编指令、指令代码、指令周期、指令长度(字节数)。**

答　汇编指令:指令系统最基本的书写方式,由助记符、目的操作数、源操作数构成。格式如下:

助记符　　目的操作数,源操作数　　;(注释)

指令代码:程序指令的二进制数字表示方法,是在程序存储器中存放的数据形式。

指令周期:指完成一条指令操作需要的机器周期数。

指令长度:指令代码所占的字节数,有单字节指令、双字节指令和三字节指令。

无论是单字节、双字节还是三字节指令,第 1 个字节代码为操作码,它表达了指令的操作功能;第 2 和第 3 个字节则为操作数,可以是地址或立即数。

**42. 什么是源操作数?什么是目的操作数?通常在指令中如何加以区分?**

**答** 操作数是指令操作所需的数据、地址或符号。由于指令操作时,操作数有"源"和"目的"之分,通常右边操作数为"源"操作数,左边为"目的"操作数。例如:

```
MOV   A,#40H                    ;把立即数#40H送入累加器A中
```

80C51 指令系统中大多数为两个操作数,少数为一个操作数;在 CJNE 指令中必须有第三个操作数来表达程序转移的目的地;而个别指令则不需要操作数,如子程序返回 RET、中断返回 RETI 和空操作 NOP。

**43. 查表指令是在什么空间上的寻址操作?**

**答** 查表指令 MOVC 只用于程序存储器的操作,因为常数表格都固化在程序存储器中。

**44. 在 MOVX 指令中,@Ri 是一个 8 位地址指针,如何访问片外 RAM 的 16 位地址空间?**

**答** 把片外 RAM 的 16 位地址,分为高 8 位地址和低 8 位地址,将低 8 位地址送入 Ri($i=0,1$)中,而将高 8 位地址通过 P2 口直接输出,然后执行 MOVX 指令即可:

```
MOV     P2,#高8位地址
MOV     Ri,#低8位地址              ;i=0,1
MOVX    A,@Ri                     ;读片外RAM
MOVX    @Ri,A                     ;写片外RAM
```

**45. 80C51 指令系统中有了长跳转 LJMP、长调用 LCALL 指令,为何还设置了短跳转 AJMP、短调用 ACALL 指令?在实际使用时应怎样考虑?**

**答** 长跳转 LJMP 在 64 KB 范围内转移,而短跳转 AJMP 只能在 2 KB 空间转移。

长调用 LCALL 调用位于 64 KB 程序空间的子程序,而短调用 ACALL 调用位于 2 KB 程序空间范围的子程序。

AJMP、ACALL 指令代码长度为 2 个字节,LJMP、LCALL 指令代码长度则为 3 个字节。

**46. 查表指令中都采用了基址变址的寻址方式,在"MOVC A,@A+DPTR"和"MOVC A,@A+PC"中分别使用了 DPTR 和 PC 作基址,请问这两个基址代表什么地址?**

**答** 查表指令都采用基址加变址的间接寻址方式访问表格中的常数。指令不同,基址和变址的含义不同。

使用"@A+DPTR"基址变址寻址时,DPTR 为常数且是表格的首地址,A 为从

表格首地址到被访问字节地址的偏移量。

使用"@A+PC"基址变址寻址时,PC照例是下条指令首地址,而A则是从下条指令首地址到常数表格中的被访问字节地址的偏移量。

**47. 在散转指令应用实例中,为什么要将变址寄存器A中的内容(键号)展宽为3个字节?**

**答** 在16个键的键盘中对应于每个键按下后,键盘处理程序都会有一个相应的键号存放在A中。设16个键的键号为00H~0FH。

由于每一个键的键操作内容不同,键操作程序长短不一。因此,设定一个规范长度的入口地址表,表中依次存放16个键的无条件转移指令LJMP KPRGi($i=0\sim15$),由LJMP KPRGi再转移到相应的键操作程序KPRGi中。

因此,要给每个入口地址展宽为3个字节,以便安放3个字节的LJMP指令。

**48. 十进制调整指令DA起什么作用?用在何处?**

**答** 在实际应用中,常需使用BCD码加法操作,而80C51指令系统中,只能实现二进制运算,BCD码形式的加运算操作后,其结果常常不再是BCD码的加运算结果,必须进行十进制调整。十进制调整指令DA就是用于调整的。

例如:98+95=193,而98H+95H=2DH,CY=1。如果按下述指令操作:

```
MOV  A,#98H        ;BCD(1)码入A
ADD  A,#95H        ;两BCD码相加98H+95H=2DH,CY=1
DA   A             ;十进制调整后(A)=93H,CY=1
```

未经十进制调整的结果为12DH,十进制调整后为193H。可以看出,只有经过十进制调整的BCD码加法结果才是正确的。

**49. 比较不等转移指令CJNE有哪些扩展功能,如何创造性地使用这些功能?**

**答** 在比较不等转移指令中,两操作数相比较,不相等时,程序转移到相对地址处。还可以利用比较不等指令操作时的进位标志,实现两操作数大小的比较转移,即通过两操作数比较大小不同转移到不同的入口处。例如:

CY=1表示第二操作数大于第一操作数;

CY=0表示第一操作数大于第二操作数。

根据CY状态可再实现大小比较的转移。

通过比较不等和大小不同的转移,可以实现数据的界限管理。例如在数据采集系统中,设定正常界限范围,超出该范围的数据作为粗大误差处理。

**50. 逻辑操作可以实现哪些状态操作?这些操作在实际程序中如何应用?**

**答** 在80C51指令系统中有许多位操作指令,然而,对于不可位寻址的一些字节单元来说,要对其中的多个位状态进行清零、置位、求反、比较时,则求助于逻辑运算指令。

(1) 逻辑"与"操作的位屏蔽

逻辑“与”操作具有“遇 1 保持,遇 0 为 0”的逻辑特点。在程序中可用于实现位屏蔽(将某些位清零)的程序操作。

(2) 逻辑“或”操作的置位

逻辑“或”操作具有“遇 0 保持,遇 1 置位”的逻辑特点。在程序中可用于实现字节中的置位(将某些位置 1)操作。

(3) “异或”操作的求反与比较

逻辑“异或”操作具有“遇 1 取反,遇 0 保持,相同为 0”的逻辑特点。在程序中可用于字节的取反(将某些位取反)和比较相等的条件转移操作。

**51. 访问特殊功能寄存器片外 RAM 及片外 I/O 口应采用哪种寻址方式?**

**答** 访问特殊功能寄存器,应采用直接寻址、位寻址;访问外部数据存储器及片外接口,应采用寄存器间接寻址。

在 0～255 B 范围内,可用寄存器 R0、R1 间接寻址:

```
MOVX  A,@R0     或    MOVX  A,@R1
MOVX  @R0,A     或    MOVX  @R1,A
```

在 0～64 KB 范围内,用 16 位寄存器 DPTR 间接寻址:

```
MOVX  A,@DPTR
MOVX  @DPTR,A
```

**52. 如图 13－3 所示。当输出位为“1”时,发光二极管点亮;输出位为“0”时为暗。试分析下述程序执行过程及发光二极管点亮的工作规律。**

```
LP:     MOV     P1,#7EH
        LCALL   DELAY
        MOV     P1,#0BDH
        LCALL   DELAY
        MOV     P1,#0DBH
        LCALL   DELAY
        MOV     P1,#0E7H
        LCALL   DELAY
        MOV     P1,#0DBH
        LCALL   DELAY
        MOV     P1,#0BDH
        LCALL   DELAY
        SJMP    LP
```

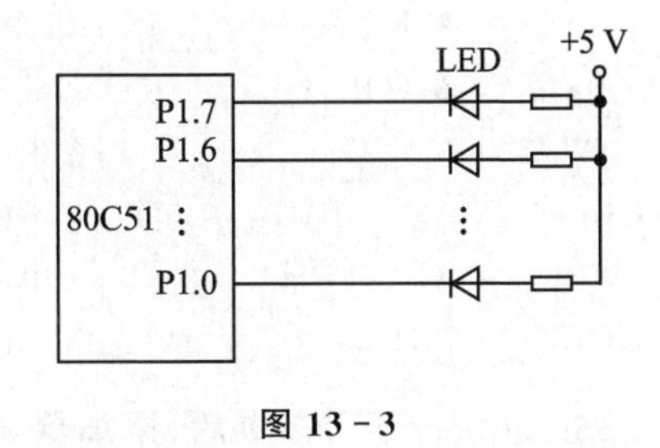


图 13－3

子程序:

```
DELAY:  MOV     R2,#0FAH
L1:     MOV     R3,#0FAH
```

```
L2：   DJNZ    R3,L2
       DJNZ    R2,L1
       RET
```

**答** 上述程序执行过程及发光二极管点亮的工作规律：首先是第1和第8个灯亮；延时一段时间后，第2和第7个灯亮；延时一段时间后，第3和第6个灯亮；延时一段时间后，第4和第5个灯亮；延时一段时间后，重复上述过程。

**54. 请分析依次执行下面指令的结果：**

```
MOV    30H,#0A4H
MOV    A,#0D6H
MOV    R0,#30H
MOV    R2,#47H
ANL    A,R2
ORL    A,@R0
SWAP   A
CPL    A
XRL    A,#0FFH
ORL    30H,A
```

**答** 依次执行下面指令的结果如下：

```
MOV    30H,#0A4H       ;0A4H送入(30H)单元
MOV    A,#0D6H         ;0D6H送入A
MOV    R0,#30H         ;030H送入R0
MOV    R2,#47H         ;047H送入R2
ANL    A,R2            ;R2中内容与A相与结果46H,送入A
ORL    A,@R0           ;30H中内容与A相或结果E6H,送入A
SWAP   A               ;A中内容高、低4位交换结果6EH,送入A
CPL    A               ;A中内容取反结果91H,送入A
XRL    A,#0FFH         ;A中内容与FFH异或结果6EH,送入A
ORL    30H,A           ;A中内容与30H中内容相或结果EEH,送入A
```

**55. 求执行下列指令后，累加器A及PSW中进位位CY、奇偶位P和溢出位OV的值。**

① 当A＝5BH时，执行“ADD　A,#8CH”；

② 当A＝5BH时，执行“ANL　A,#7AH”；

③ 当A＝5BH时，执行“XRL　A,#7FH”；

④ 当A＝5BH,CY＝1时，执行“SUBB　A,#0E8H”。

**答** 执行下列指令后，各值的情况如下。

① 当A＝5BH时，执行“ADD　A,#8CH”，操作如下：

```
      01011011
+)    10001100
--------------
      11100111
```

结果:A=E7H,CY=0,OV=0, P=0。

② 当 A=5BH 时,执行“ANL A,#7AH”,操作如下:

```
      01011011
∧)    01111010
--------------
      01011010
```

结果:A=5AH, P=0。

③ 当 A=5BH 时,执行“XRL A,#7FH”,操作如下:

```
      01011011
⊕)    01111111
--------------
      00100100
```

结果:A=24H, P=0。

④ 当 A=5BH,CY=1 时,执行“ SUBB A,#0E8H”,操作如下:

```
      01011011
      00011000
+)    11111111
--------------
     101110010
```

结果:A=72H,CY=1,P=0,OV=0。

**56. 请说明指令“LJMP addrl6”和“AJMP addr11”的区别是什么?**

**答** 第一条指令称长转移指令。指令中包含 16 位地址,转移的目标地址范围是程序存储器的 0000H~FFFFH。指令执行结果是将 16 位地址 addr16 送程序计数器 PC。

第二条指令称绝对(也称短)转移指令。指令中包含 11 位地址,转移的目标地址是在下一条指令地址开始的同一个 2 KB 存储区范围内。它把 PC 的高 5 位与操作码的第 7~5 位及操作数的 8 位并在一起,构成 16 位的转移地址,如图 13-4 所示。

因为地址高 5 位保持不变,仅低 11 位发生变化,因此寻址范围必须在该指令地址加 2 后的 2 KB 区域内。

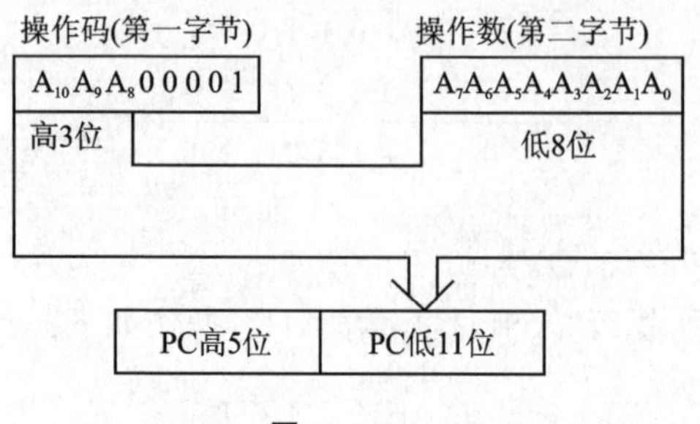


图 13-4

**57. 试计算片内 RAM 区 40H～47H 八个单元中数的算术平均值,结果存放在 4AH 中。**

答 编程如下:

```
          MOV     R0, #40H              ;指向数据区首地址
          MOV     4AH,#0                ;清和数 4AH,4BH 单元
          MOV     4BH,#0
LOOP:     CLR     C                     ;清进位位
          MOV     A,@R0                 ;取数据
          ADD     A,4AH                 ;求和
          MOV     4AH,A                 ;存回和数单元
          MOV     A,4BH
          ADDC    A,#0
          MOV     4BH,A
          INC     R0
          CJNZ    R0,#48H,LOOP
          MOV     R2,#3                 ;右移三次,相当于除 8
          ACALL   RR_LOOP
          RET
;双字节(4BH,4AH)右移子程序
;右移的次数在 R2 中
RR_LOOP:  CLR     C                     ;清进位位
          MOV     A,4BH
          RRC     A
          MOV     4BH,A
          MOV     A,4AH
          RRC     A
          MOV     4AH,A
          DJNZ    R2,RR_LOOP
          RET
```

**58. 设有两个长度均为 15 的数组,分别存放在 0200H 和 0500H 为首地址的片外 RAM 中,试编写求其对应项之和的程序,结果存放在以 0300H 为首地址的片外 RAM 中。**

答 编程如下:

```
        MOV     R0, #02H                ;设置片外 RAM 的首地址的高位字节
        MOV     R1, #05H
        MOV     R2, #03H
        MOV     R3, #00H                ;设置片外 RAM 的首地址的低位字节
        MOV     A, #0
        MOV     B, #0
COM_SUM:                                ;求和程序
        MOV     DPL, R3                 ;取出地址为 02××H 和 05××H 中的
                                        ;内容,相加
        MOV     DPH, R0
        MOVX    A, @DPTR
        MOV     B,A
        MOV     DPH, R1
        MOVX    A, @DPTR
        ADD     A, B
        MOV     DPH, R2                 ;相加结果存于 03××H 中
        MOVX    @DPTR, A
        INC     R3                      ;片外 RAM 的低位地址加 1
        CJNE    R3, #15, COM_SUM        ;判断是否完成,否则继续
        RET
```

**59. 在起始地址为 2100H,长度为 64 的数表中找出 ASCII 码“F”,将其送到 1000H 单元中。**

答 编程如下:

```
        MOV     DPTR, #2100H            ;设置起始地址
        MOV     R0, #0                  ;设置当前所在地址
SCH_PRO0:
        MOV     DPL, R0                 ;设置当前地址
        MOVX    A, @DPTR                ;取出当前地址的内容
        INC     R0                      ;地址指针加 1
        CJNE    A, #46H, SCH_PRO1       ;判断当前地址内容是否为“F”
        MOV     DPTR, #1000H            ;是,则存储到 1000H 单元中并结束
        MOVX    @DPTR, A
        RET
SCH_PRO1:
```

```
        CJNE   R0,#64,SCH_PRO0     ;判断当前是否已取完所有的数,
                                    ;否,则继续,是,则结束
        RET
```

**60. 试编程将片外RAM中30H和31H单元中内容相乘,结果存放在32H和33H单元中,高位存放在33H单元中。**

答　编程如下:

```
        MOV    R0,#30H
        MOVX   A,@R0               ;取30H中内容
        MOV    B,A
        INC    R0
        MOVX   A,@R0               ;取31H中内容
        MUL    AB
        INC    R0
        MOVX   @R0,A               ;低位内容送32H
        MOV    A,B
        INC    R0
        MOVX   @R0,A               ;高位内容送33H
```

**61. 已知:A=0C9H,B=8DH,CY=1。若执行指令"ADDC　A,B",则结果如何?若执行指令"SUBB　A,B",则结果如何?**

答　已知:A=0C9H,B=8DH,CY=1。

执行指令"ADDC　A,B"操作如下:

```
       1 1 0 0 1 0 0 1
       1 0 0 0 1 1 0 1
+)                   1
------------------------
1      0 1 0 1 0 1 1 1
```

结果:A=57H,CY=1,OV=1,AC=1,P=1。

执行指令"SUBB　A,B"操作如下:

```
     1 1 0 0 1 0 0 1(C9H)             1 1 0 0 1 0 0 1
     1 0 0 0 1 1 0 1(8DH)             0 1 1 1 0 0 1 1(8DH的补码)
-)                 1(CY)       +)     1 1 1 1 1 1 1 1(-1的补码)
---------------------------    ---------------------------------
     0 0 1 1 1 0 1 1           10     0 0 1 1 1 0 1 1
```

(a) 常规减法　　　　(b) 减法变补码相加

结果:A=3BH,CY=0,AC=1,OV=1。

**62. 请参照数据存储器的操作,举一反三地练习直接寻址、间接寻址的片内外数**

**据存储的数据传送操作。**

**答** (1) 片内数据存储的操作

80C51 的 00H～7FH 单元都可采用直接寻址或间接寻址方式实现数据传送。

① 直接寻址操作：将片内数据存储器的 00H～7FH 作为直接地址，对这些地址直接进行数据传送操作。

例如，将 5FH 数据送入片内数据存储器的 30H 单元。直接寻址指令操作如下：

```
MOV     30H,#5FH          ;把立即数 5FH 送入片内数据存储器 30H 单元中
```

② 间接寻址操作：将片内数据存储器作为间接地址空间，将工作寄存器 R0、R1 作为间接寻址寄存器，通过 Ri($i$=0,1)实现间接的数据传送。

例如，同样将 5FH 送入片内数据存储器的 30H 单元，采用 R0 寄存器间接寻址时，操作指令如下：

```
MOV     R0,#30H           ;将存储器地址 30H 给 R0 赋值
MOV     @R0,#5FH          ;把立即数 5FH 送入 R0 寄存器指定的 30H 单元中
```

(2) 片外数据存储器的操作

片外数据存储器寻址空间的数据传送使用专门的 MOVX 指令。片外数据存储器只能和累加器 A 交换数据，通过地址指针 DPTR 或工作寄存器 Ri($i$=0,1)间接寻址

① 通过地址指针 DPTR 间接寻址

```
MOVX    A,@DPTR
MOVX    @DPTR,A
```

例如，将片外数据存储器 516FH 单元的数送入累加器中，采用 DPTR 指针的操作指令为：

```
MOV     DPTR,#516FH       ;给 DPTR 赋值，指向 516FH 单元
MOVX    A,@DPTR           ;516FH 单元中的数送入 A 中
```

② 采用 Ri($i$=0,1)间接寻址

```
MOV     R0,#6FH     ;给 R0 赋值
MOV     P2,#51H     ;给 P2 赋值
MOVX    A,@R0       ;由 P2 和 R0 组成地址指针，指向 516FH 单元将(P2,R0)中的数
                    ;送入 A 中
MOVX    @R0,A       ;将累加器 A 中的数送入由(P2,R0)组成地址的外部数据存储器
                    ;单元中
```

采用 Ri($i$=0,1)间接寻址时，P2 提供高 8 位地址，可在指令中赋值；若指令中无赋值，则 P2 取该指令本身的高 8 位地址。

# 13.4 第4章习题及补充习题解答

**1. 根据图13-5的线路设计灯亮移位程序,要求8只发光二极管每次亮一个,点亮时间为40 ms。顺次逐个地循环右移点亮,循环不止。已知时钟频率为12 MHz。**

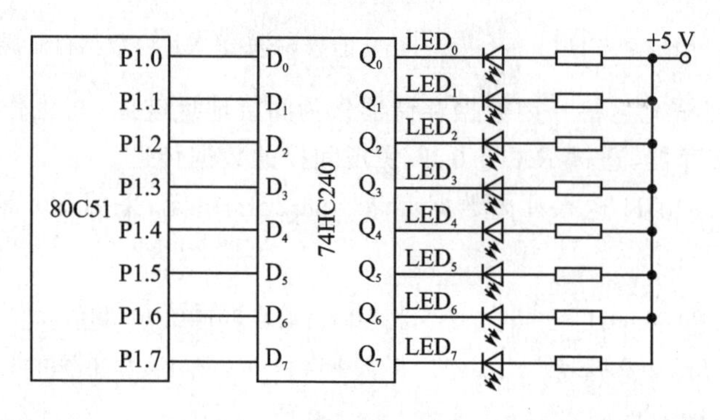


图 13-5

答 程序如下:

```
        MOV     A,#80H          ;初始化为最高位的灯先亮
L1:     MOV     P1,A
        LCALL   DELAY
        RR      A               ;循环右移一次则其右边的下一个灯亮
        SJMP    L1
DELAY:  MOV     R0,#40          ;毫秒数→R0
DL2:    MOV     R1,#250         ;1 ms 延时的预定值 250→R1
DL1:    NOP
        NOP
        DJNZ    R1,DL1          ;1 ms 延时循环
        DJNZ    R0,DL2          ;毫秒数未到,继续
        RET
```

**2. 根据图13-5的线路设计灯亮程序,要求8只发光二极管间隔分两组,每组4只,两组交叉轮流发光,反复循环,变换时间为100 ms,已知时钟频率为12 MHz,请设计程序。**

答 编程如下:

```
        MOV     A,#0FH
L1:     MOV     P1,A            ;初始化为低 4 位先亮
        LCALL   DELAY
```

```
        CPL     A               ;高、低、4 位变反
        SJMP    L1
DELAY:  MOV     R0,#100         ;毫秒数→R0
DL2:    MOV     R1,250          ;1 ms 延时的预定值 250→R1
DL1:    NOP
        NOP
        DJNZ    R1,DL1          ;1 ms 延时循环
        DJNZ    R0,DL2          ;毫秒数未到,继续
        RET
```

**3. 把长度为 10H 的字符串从片内 RAM 的输入缓冲区 INBUF 向设在片外 RAM 的输出缓冲区 OUTBUF 进行传送,一直进行到遇见字符"CR"时停止。若字符串中无字符"CR",则整个字符串全部传送。加上必要的伪指令,并对源程序加以注释。**

答　程序如下:

```
        ORG     0000H
        AJMP    MAIN
        ORG     0030H
MAIN:   MOV     R7,#10H         ;数据长度
        MOV     R0,#INBUF       ;源数据首地址
        MOV     DPTR,#OUTBUF    ;目的数据首地址
LOOP:   MOV     A,@R0           ;把源数据的值赋给 A
        CJNE    A,#0DH,LOOP1    ;判断是否为"CR"(ASCII 码值为 0DH)
        SJMP    END1            ;是"CR",则结束传送
LOOP1:  MOVX    @DPTR,A         ;把 A 的值赋给目的数据
        INC     R0              ;源数据下一个地址值
        INC     DPTR            ;目的数据下一个地址值
        DJNZ    R7,LOOP         ;判断数据传送是否完毕
END1:   SJMP    END1
        END
```

**4. 片内 RAM 从 20H 单元开始存放一个正数表,表中的数为无序排列,并以"－1"作为结束标志。编程实现在表中找出最小正数,存入 10H。加上必要的伪指令,并对源程序加以注释。**

答　程序如下:

```
        ORG     0000H
        AJMP    MAIN
        ORG     0030H
MAIN:   MOV     R0,#20H         ;正数表首址
```

```
        MOV     10H,#7FH            ;初始值设为正数最大值
LOOP:   MOV     A,@R0
        CJNE    A,"-1",CHK          ;比较结束标志"-1"
        SJMP    END1                ;是"-1",结束比较
CHK:    CJNE    A,10H,CHK1          ;比较两个数大小
        SJMP    LOOP1               ;两个数相等,不交换
CHK1:   JNC     LOOP1               ;A较大,不交换
        MOV     10H,A               ;A较小,交换
LOOP1:  INC     R0
        SJMP    LOOP
END1:   SJMP    END1
        END
```

例如:已知(20H)=22H,(21H)=23H,(22H)=0CH,(23H)=20H,(24H)=16H,(25H)=-1。

执行结果:(10H)=0CH

**5. 比较两个ASCII码字符串是否相等。字符串的长度在片内RAM的20H单元,第一个字符串的首地址在30H中,第二个字符串的首地址在50H中。如果两个字符串相等,则置用户标志F0为0;否则,置用户标志F0为1。加上必要的伪指令,并对源程序加以注释(每个ASCII码字符为一个字节,如ASCII码"A"表示为41H)。**

答 字符串中每一个字符都可以用一个ASCII码表示。只要有一个字符不相同,就可以判断字符串不相等。

```
        ORG     0000H
        AJMP    MAIN
        ORG     0030H
MAIN:   MOV     R0,#30H             ;第一个字符串的首地址
        MOV     R1,#50H             ;第二个字符串的首地址
LOOP:   MOV     A,@R0               ;第一个字符串的字符值赋给A
        MOV     B,@R1               ;第二个字符串的字符值赋给B
        CJNE    A,B,NEXT            ;两个字符值比较
        INC     R0                  ;字符值相等,则继续比较
        INC     R1
        DJNZ    20H,LOOP            ;判断字符串是否比较完
        CLR     F0                  ;字符串相等,则F0位清0
        SJMP    $
NEXT:   SETB    F0                  ;字符串不等,则F0位置1
        SJMP    $
        END
```

例如：(20H)＝03H,(30H)＝41H,(31H)＝42H,(32H)＝43H,(50H)＝41H,(51H)＝42H,(52H)＝43H。两个字符串均为"ABC"。

执行结果：F0＝0

**6. 已知经 A/D 转换后的温度值存储在 40H 中,设定温度值存储在 41H 中。要求编写控制程序,当测量的温度值大于设定温度值(＋2℃)时,从 P1.0 引脚上输出低电平;当测量的温度值小于设定温度值(－2℃)时,从 P1.0 引脚上输出高电平;其他情况下,P1.0 引脚输出电平不变(假设运算中 C 中的标志不会被置 1)。加上必要的伪指令,并对源程序加以注释。**

答　程序如下：

```
        ORG     0000H
        AJMP    MAIN
        ORG     0020H
MAIN:
        MOV     B,41H                   ;设定的温度值
        MOV     A,B
        ADD     A,#02H
        MOV     B,A                     ;设定温度值+2℃
        MOV     A,40H                   ;测量的温度值
        CLR     C
        SUBB    A,B
        JNC     LOWER                   ;测量的温度值>(设定温度值+2℃),转
                                        ;LOWER 子程序,使 P1.0 引脚上输出低电平
        MOV     B,41H                   ;设定的温度值
        MOV     A,B
        DEC     A
        DEC     A
        MOV     B,A                     ;设定温度值-2℃
        MOV     A,40H                   ;测量的温度值
        CLR     C
        SUBB    A,B
        JC      HIGH                    ;测量的温度值<设定温度值-2℃,转
                                        ;HIGH 子程序,使 P1.0 引脚上输出高电平
        SJMP    $                       ;都不是,则 P1.0 引脚上输出不变
LOWER:  CLR     P1.0
        SJMP    $
HIGH:   SETB    P1.0
        SJMP    $
        END
```

**7. 89C51单片机从片内RAM的31H单元开始存放一组8位带符号数,字节个数存放在30H中。请编写程序统计出其中正数、0和负数的数目,并把统计结果分别存入20H、21H和22H三个单元中。加上必要的伪指令,并对源程序加以注释。**

答 程序如下:

```
        LENGTH      EQU     30H                 ;数据长度
        DATA_ADR    EQU     31H                 ;数据首地址
        POS_NUM     EQU     20H                 ;正数个数
        ZERO_NUM    EQU     21H                 ;0个数
        NEG_NUM     EQU     22H                 ;负数个数
        ORG         0000H
        AJMP        MAIN
        ORG         0030H
MAIN:   MOV         POS_NUM,#0                  ;计数单元初始化为0
        MOV         ZERO_NUM,#0
        MOV         NEG_NUM,#0
        MOV         R1,#LENGTH                  ;数据长度
        MOV         R0,#DATA_ADR                ;数据首地址
LOOP:   MOV         A,@R0
        JB          ACC.7,INC_NEG               ;符号位为1,该数为负数,跳转加1
        CJNE        A,#0,INC_POS
        INC         ZERO_NUM                    ;该数为0,0个数加1
        AJMP        LOOP1
INC_NEG:INC         NEG_NUM                     ;负数个数加1
        AJMP        LOOP1
INC_POS:INC         POS_NUM                     ;该数为正数,正数个数加1
LOOP1:  INC         R0                          ;判断统计是否结束
        DJNZ        R1,LOOP
        END
```

例如:已知(30H)=08H,31H单元起存放数据为00H,80H,7EH,6DH,2FH,34H,EDH,FFH。

执行结果:(20H)=04H,(21H)=01H,(22H)=03H。

**8. 两个10位的无符号二—十进制数,分别从片内RAM的40H单元和50H单元开始存放。请编程计算该两个数的和,并从片内RAM的60H单元开始存放。加上必要的伪指令,并对源程序加以注释。**

答 10位的无符号二—十进制数,占5字节,每个字节存放一个压缩BCD码(2位)。

```
        ORG         0000H
```

```
        AJMP    MAIN
        ORG     0030H
MAIN：  MOV     R7,#05H             ;十位(5 字节)计数
        MOV     R0,#40H             ;被加数首址
        MOV     R1,#50H             ;加数首址
        MOV     R2,#60H             ;和数首址
        CLR     C                   ;清 C 标志位
ADDB：  MOV     A,@R0
        ADDC    A,@R1
        DA      A                   ;二—十进制调整
        MOV     B,R0                ;保护被加数地址
        MOV     20H,R2
        MOV     R0,20H
        MOV     @R0,A               ;存和
        MOV     R2,20H              ;恢复和数地址
        MOV     R0,B                ;恢复被加数地址
        INC     R0                  ;三个地址指针均加 1
        INC     R1
        INC     R2
        DJNZ    R7,ADDB             ;多字节加未结束,则循环
HERE：  SJMP    HERE
        END
```

注意：寄存器间接寻址只针对 R0 和 R1,所以存“和”时不能使用指令“MOV @R2,A”。

例如：

40H～44H 内容为 78H,10H,10H,10H,10H

50H～54H 内容为 42H,10H,10H,10H,10H

即 BCD 数

```
    1 0 1 0 1 0 1 0 7 8
+   1 0 1 0 1 0 1 0 4 2
---------------------
    2 0 2 0 2 0 2 1 2 0
```

运行结果：60H～64H 单元中的数为 20H,21H,20H,20H,20H。

**9. 试编写一多字节无符号数加的法子程序,设字节数 *N* 为小于 6 的整数。**

**答** 编程如下：

```
;R2:字节数
;R0:被加数低位地址指针,程序执行完后,R0 存放和数高位字节地址指针
;R1:加数低位地址指针
;N:字节数
```

```
    MOV     R2,#N
    CLR     C
ADD_LP:
    MOV     A,@R0
    ADDC    A,@R1
    MOV     @R0,A
    INC     R0
    INC     R1
    DJNZ    R2,ADD_LP
    JNC     NO_ADDC              ;最高位相加无进位转
    MOV     @R0,#01H             ;最高位进位存入被加数下一单元
    RET
NO_ADDC:
    DEC     R0                   ;还原和数最高位地址
    RET
```

**10. 试编写一多字节无符号数的减法子程序,设字节数 *N* 为小于 6 的整数。**

答 编程如下:

```
;R2:字节数
;R0:被减数低位地址指针,程序执行完后,R0 存放差数高位字节地址指针
;R1:减数低位地址指针
    CLR     C
SUB_LP:
    MOV     A,@R0
    SUBB    A,@R1
    MOV     @R0,A
    INC     R0
    INC     R1
    DJNZ    R2,SUB_LP
    JNC     NO_SUBBC             ;够减转
    LCALL   SUB_ERR              ;不够减调错误处理子程序
    RET
NO_SUBBC:
    DEC     R0
    RET
```

**11. 试编写延时 1 s、1 min、1 h 的子程序。**

答 编程如下:

```
;单片机晶振采用 6 MHz,计算为近似值
;延时 1 h
```

```
DLY_1H：
    MOV     R0,#60
DLY1H_1：
    LCALL   DLY_1M
    DJNZ    R0,DLY1H_1
    RET
;--------------------------------
;延时1 min
DLY_1M：
    MOV     R1,#60
DLY1M_1：
    LCALL   DLY_1S
    DJNZ    R1,DLY1M_1
    RET
;--------------------------------
;延时1 s
DLY_1S：
    MOV     R2,#100
DLY1S_1：
    MOV     R3,#10
DLY1S_2：
    MOV     R4,#125                 ;1 ms延时的设定值
DL1：
    NOP
    NOP
    DJNZ    R4 ,DL1
    DJNZ    R3,DLY1S_2
    DJNZ    R2,DLY1S_1
    RET
```

**12. 如何实现将内存单元40H～60H中的数逐个对应传到2540H～2560H单元中？**

**答** 编程如下：

```
    MOV     R2,#20H                 ;传送长度
    MOV     R1,#40H                 ;源地址
    MOV     DPTR,#2540H             ;目的地址
LP：
    MOV     A,@R1                   ;读一数据
    INC     R1                      ;修改源地址
```

```
MOVX  @DPTR,A       ;保存一个数据
INC   DPTR          ;修改目的地址
DJNZ  R2,LP         ;未传送完,继续
SJMP  $
```

由于此题目源地址与目的地址的低8位相同,所以低8位地址可不保存。这样程序可适当简化,试编写简化后程序。

**13. 在片内30H和31H单元各有一个小于12的数,编程求这两个数的平方和,用调用子程序的方法实现,结果存放在40H单元。**

答　主程序和子程序如下:

```
;主程序
      MOV    SP,#50H        ;设堆栈指针
      MOV    A,30H          ;取第一个数
      LCALL  SQR            ;求第一个数的平方
      MOV    R1,A           ;平方值暂存R1
      MOV    A,31H          ;取第二个数
      LCALL  SQR            ;求第二个数的平方
      ADD    A,R1           ;求平方和
      MOV    40H,A          ;存入40H
      SJMP   $
;子程序
      SQR: MOV   B,A
           MUL   AB
           RET
```

**14. 将片外RAM的40H单元中的一个字节拆成2个ASCII码,分别存入内部RAM的40H和41H单元中。试编写以子程序形式给出的转换程序,说明调用该子程序的入口条件和出口功能。加上必要的伪指令,并对源程序加以注释。**

答　子程序的入口条件、出口功能及源代码如下:

子程序入口条件:准备拆为2个ASCII码的数存入外部RAM的40H单元中。

子程序出口功能:完成外部RAM单元一个字节拆成2个ASCII码,分别存入内部数据存储器40H和41H单元中。

```
          ORG     1000H
B_TO_A:   MOV     DPTR,#40H        ;外部RAM40H单元
          MOV     R0,#40H
          MOVX    A,@DPTR          ;取数
          PUSH    A
          ANL     A,#0FH           ;低4位转换为ASCII码
```

```
            LCALL    CHANGE
            MOV      @R0,A
            INC      R0
            POP      A
            SWAP     A
            ANL      A,#0FH             ;高 4 位转换为 ASCII 码
            LCALL    CHANGE
            MOV      @R0,A
            RET
CHANGE:     CJNE     A,#0AH,NEXT        ;转换子程序
NEXT:       JNC      NEXT2              ;≥0AH,转移
            ADD      A,#30H             ;≤9,数字 0~9 转化为 ASCII 码
            RET
NEXT2:      ADD      A,#37H             ;字母 A~F 转化为 ASCII 码
            RET
            END
```

- 设外部(40H)=12H。
  执行程序 B_TO_A 后：内部(40H)=31H,(41H)=32H。
- 设外部 RAM (40H)=ABH。
  执行程序 B_TO_A 后：内部(40H)=41H,(41H)=42H。

**15. 请编写中值数字滤波子程序 FILLE,加上必要的伪指令,并对源程序加以注释。**

**入口条件：3 次采集数据分别存储在片内 RAM 的 20H、21H 和 22H 中。**

**出口结果：中值存储在 R0 寄存器中。**

答　程序如下：

```
        ORG     00H
        AJMP    LIZI
        ORG     30H
LIZI:   MOV     20H,#56H        ;3 次采集数据
        MOV     21H,#84H
        MOV     22H,#12H
        ACALL   FILLE
        AJMP    $
;中值数字滤波子程序 FILLE
FILLE:  PUSH    PSW             ;PSW 及 ACC 保护入栈
        PUSH    ACC
        MOV     A,20H           ;取第一个数
        CLR     C
```

```
        SUBB    A,21H           ;与第二个数比较
        JNC     LOB1            ;第一个数比第二个大,转 LOB1
        MOV     A,20H           ;第一个数比第二个小,交换位置
        XCH     A,21H
        MOV     20H,A
LOB1:   MOV     A,22H
        CLR     C
        SUBB    A,20H           ;第三个数与前二个数中的较大数比较
        JNC     LOB3            ;第三个数大于前二个中的较大数,转 LOB3
        MOV     A,22H
        CLR     C
        SUBB    A,21H           ;第三个数与前二个数中的较小数比较
        JNC     LOB4
        MOV     A,21H
        MOV     R0,A            ;存入中值
LOB2:   POP     ACC             ;恢复 ACC 和 PSW
        POP     PSW
        RET
LOB3:   MOV     A,20H
        MOV     R0,A
        AJMP    LOB2
LOB4:   MOV     A,22H
        MOV     R0,A            ;存入中值
        AJMP    LOB2
        END
```

执行结果为(R0)＝56H。

**16. 根据 8100H 单元中的值 $X$,决定 P1 口引脚输出为:**

$$P1=\begin{cases}2X & X>0\\ 80H & X=0 \quad (-128D\leqslant X\leqslant 63D)\\ X\text{ 变反} & X<0\end{cases}$$

**加上必要的伪指令,并对源程序加以注释。**

答　程序如下:

```
        ORG     0000H
        SJMP    BEGIN
        ORG     0030H
BEGIN:  MOV     DPTR,#8100H
        MOVX    A,@DPTR
        MOV     R2,A
```

```
          JB        ACC.7,SMALLER        ;有符号数<0
          SJMP      UNSIGNED             ;无符号数≥0
SMALLER:  DEC       A                    ;X<0,输出-X(先减 1,再取反)
          CPL       A
          MOV       P1,A
          SJMP      OK
UNSIGNED: CJNE      A,#00H,BIGGER        ;不等于 0 即大于 0
          MOV       P1,#80H              ;X 等于 0,输出 80H
          SJMP      OK
BIGGER:   CLR       C                    ;X 大于 0,输出 A×2
          RLC       A                    ;A×2
          MOV       P1,A
OK:       SJMP      $
          END
```

例如:输入 55H,P1 口引脚输出 AAH;输入 00H,P1 口引脚输出 80H;输入 F1(—15 的补码),P1 口引脚输出 0FH。

**17. 将 4000H~40FFH 中的 256 个 ASCII 码加上奇校验后从 P1 口依次输出。加上必要的伪指令,并对源程序加以注释。**

**答** ASCII 码的有效位为 7 位,其最高位 D7 可与程序状态字 PSW 中的奇偶校验位 P 配合进行校验。

```
        ORG       0000H
        SJMP      BEGIN
        ORG       0030H
BEGIN:
        MOV       DPTR,#4000H          ;首地址
        MOV       R0,#00H              ;发送计数器
LOOP:
        MOVX      A,@DPTR
        MOV       C,P
        CPL       C
        MOV       ACC.7,C              ;置奇校验
        MOV       P1,A                 ;从 P1 口输出
        INC       DPTR
        DJNZ      R0,LOOP              ;循环
        AJMP      $
        END
```

**18. 试编写一个查表程序,从首地址为 1000H 和长度为 100 的数据块中找出 ASCII 码 A,将其地址送到 10A0H 和 10A1H 单元中。**

答 编程如下:

```
        MOV     DPTR,#1000H         ;数据块首地址
        MOV     R2,#100             ;查找长度
GO_ON:
        MOVX    A,@DPTR             ;取一个数
        CJNE    A,#'A',IFEND        ;是否等于"A"?
        MOV     A,DPH               ;是,将地址存入指定单元
        MOV     B,DPL
        MOV     DPTR,#10A0H
        MOVX    @DPTR,A
        INC     DPTR
        XCH     A,B
        MOVX    @DPTR,A
        RET
IFEND:
        INC     DPTR                ;不是,下一个
        DJNZ    R2,GO_ON            ;未查找完,继续
        RET
```

**19. 设在200H～204H单元中,存放有5个压缩BCD码,编程将它们转换成ASCII码,存放到以205H单元为首地址的存储区中。**

答 编程如下:

```
        MOV     R2,#05H             ;转换长度送 R2
        MOV     R3,#02H             ;源地址送 R3,R4
        MOV     R4,#00H
        MOV     R5,#02H             ;目的地址送 R5,R6
        MOV     R6,#05H
CHLP:
        MOV     DPH,R3              ;取源地址
        MOV     DPL,R4
        MOVX    A,@DPTR             ;读一个数
        INC     DPTR                ;修改源地址
        MOV     R3,DPH              ;保存源地址
        MOV     R4,DPL
        MOV     B,A                 ;数据暂存
        SWAP    A                   ;将高位转成 BCD 码
        ANL     A,#0FH
        ORL     A,#30H
        MOV     DPH,R5              ;取目的地址
```

```
        MOV     DPL,R6
        MOVX    @DPTR,A                 ;将高位 BCD 码保存到目的单元
        INC     DPTR                    ;修改目的地址
        MOV     A,B                     ;将暂存数据取出
        ANL     A,#0FH                  ;将低位转成 BCD 码
        ORL     A,#30H
        MOVX    @DPTR,A                 ;将低位 BCD 码保存到目的单元
        INC     DPTR                    ;修改目的地址
        MOV     R5,DPH                  ;保存目的地址
        MOV     R6,DPL
        DJNZ    R2,CHLP                 ;转换未完,继续
        RET
```

**20. 在以 200H 为首地址的存储区中,存放着 20 个用 ASCII 码表示的 0～9 之间的数,试编程将它们转换成 BCD 码,并以压缩 BCD 码(即 1 个单元存放 2 位 BCD 码)的形式存放在 300H～309H 单元中。**

答　编程如下:

```
        MOV     R2,#10                  ;组合次数
        MOV     R3,#02H                 ;源地址送 R3,R4
        MOV     R4,#00H
        MOV     R5,#03H                 ;目的地址送 R5,R6
        MOV     R6,#00H

C12LP:
        MOV     DPH,R3                  ;取源地址
        MOV     DPL,R4
        MOVX    A,@DPTR                 ;读一个数
        ANL     A,#0FH                  ;屏蔽高 4 位,保留低 4 位
        SWAP    A                       ;将低 4 位暂存
        XCH     A,B
        INC     DPTR                    ;修改源地址
        MOVX    A,@DPTR                 ;读下一个数
        ANL     A,#0FH                  ;屏蔽高 4 位,保留低 4 位
        ORL     A,B                     ;和暂存数据组合成新 BCD 码
        INC     DPTR                    ;修改源地址
        MOV     R3,DPH                  ;保存源地址
        MOV     R4,DPL
        MOV     DPH,R5                  ;取目的地址
        MOV     DPL,R6
```

```
        MOVX    @DPTR,A                 ;保存BCD码
        INC     DPTR                    ;修改目的地址
        MOV     R5,DPH                  ;保存目的地址
        MOV     R6,DPL
        DJNZ    R2,C12LP                ;转换未完,继续
        RET
```

## 13.5 第5章习题及补充习题解答

**1. 什么是中断和中断系统?其主要功能是什么?**

答 当CPU正在处理某件事情的时候,外部发生的某一事件请求CPU迅速去处理,于是,CPU暂时中止当前的工作,转去处理所发生的事件,中断服务处理完该事件以后,再回到原来被终止的地方,继续原来的工作。这种过程称为中断,实现这种功能的部件称为中断系统。

功能1:使计算机具有实时处理功能,能对外界异步发生的事件做出及时的处理。

功能2:完全消除了CPU在查询方式中的等待现象,大大提高了CPU的工作效率。

功能3:实现实时控制。

**2. 试编写一段对中断系统初始化的程序,使之允许$\overline{\text{INT0}}$、$\overline{\text{INT1}}$、T0、串行接口中断,且使T0中断为高优先级中断。**

答 MOV IE,#097H　　| 1 | 0 | 0 | 1 | 0 | 1 | 1 | 1 | IE

　　MOV IP,#02H　　| 0 | 0 | 0 | 0 | 0 | 0 | 1 | 0 | IP

**3. 在单片机中,中断能实现哪些功能?**

答 有三种功能:分时操作,实时处理,故障处理。

**4. 51单片机有哪些中断源?对其中断请求如何进行控制?**

答 (1) 51单片机有如下中断源:

① $\overline{\text{INT0}}$:外部中断0请求,低电平有效(由P3.2输入);

② $\overline{\text{INT1}}$:外部中断1请求,低电平有效(由P3.3输入);

③ T0:定时器/计数器0溢出中断请求;

④ T1:定时器/计数器1溢出中断请求;

⑤ TX/RX:串行接口中断请求。

(2) 通过对特殊功能寄存器TCON、SCON、IE、IP的各位进行置位或复位等操作,可实现各种中断控制功能。

**5. 什么是中断优先级?中断优先处理的原则是什么?**

答 中断优先级是CPU响应中断的先后顺序。

原则:(1) 先响应优先级高的中断请求,再响应优先级低的;

(2) 如果一个中断请求已被响应,同级的其他中断请求将被禁止;

(3) 如果同级的多个中断请求同时出现,则 CPU 通过内部硬件查询电路,按查询顺序确定应该响应哪个中断请求。

查询顺序:外部中断 0→定时器 0 中断→外部中断 1→定时器 1 中断→串行接口中断

**6. 说明外部中断请求的查询和响应过程。**

答　当 CPU 执行主程序第 $K$ 条指令时,外设向 CPU 发出中断请求,CPU 接到中断请求信号并在本条指令执行完后,中断主程序的执行并保存断点地址,然后转去响应中断。CPU 在每一个 S5P2 期间顺序采样每个中断源,CPU 在下一个机器周期 S6 期间按优先级顺序查询中断标志,如查询到某个中断标志为 1,将在接下来的机器周期 S1 期间按优先级进行中断处理,中断系统通过硬件自动将相应的中断矢量地址装入 PC,以便进入相应的中断服务程序。中断服务完毕后,CPU 返回到主程序第 $K+1$ 条指令继续执行。

**7. 89C51/S51 在什么条件下可响应中断?**

答　(1) 有中断源发出中断请求。

(2) 中断总允许位 EA=1,即 CPU 开中断。

(3) 申请中断的中断源的中断允许位为 1,即中断没有被屏蔽。

(4) 无同级或更高级中断正在服务。

(5) 当前指令周期已经结束。

(6) 若现行指令为 RETI 或访问 IE 或 IP 指令时,该指令以及紧接着的另一条指令已执行完毕。

**8. 简述 89C51/S51 单片机的中断响应过程。**

答　CPU 在每个机器周期 S5P2 期间顺序采样每个中断源,CPU 在下一个机器周期 S6 期间按优先级顺序查询中断标志,如查询到某个中断标志为 1,将在接下来的机器周期 S1 期间按优先级进行中断处理,中断系统通过硬件自动将相应的中断矢量地址装入 PC,以便进入相应的中断服务程序。一旦响应中断,89C51 首先置位相应的中断“优先级生效”触发器,然后由硬件执行一条长调用指令,把当前的 PC 值压入堆栈,以保护断点,再将相应的中断服务入口地址送入 PC,于是 CPU 接着从中断服务程序的入口处开始执行。对于有些中断源,CPU 在响应中断后会自动清除中断标志。

**9. 在 89C51/S51 ROM 中,应如何安排程序区?**

答　主程序一般从 0030H 开始,主程序后一般是子程序及中断服务程序。

| 中断源 | 中断矢量地址 |
| --- | --- |
| INT0 | 0003H |
| T0 | 000BH |

INT1　　　0013H

T1　　　　001BH

串行接口　0023H

**10. 试述中断的作用及全过程。**

答　作用:对外部异步发生的事件作出及时的处理。

过程:中断请求,中断响应,中断处理,中断返回。

**11. 在执行某一中断源的中断服务程序时,如果有新的中断请求出现,试问在什么情况下可响应新的中断请求?在什么情况下不能响应新的中断请求?**

答　(1) 符合以下6个条件可响应新的中断请求:

① 有中断源发出中断请求;

② 中断总允许位EA=1,即CPU开中断;

③ 申请中断的中断源的中断允许位为1,即中断没有被屏蔽;

④ 无同级或更高级中断正在被服务;

⑤ 当前的指令周期已结束;

⑥ 若现行指令为RETI或访问IE或IP指令时,该指令以及紧接着的另一条指令已执行完。

(2) 如果新的中断请求"优先级"低于正在执行的中断请求或与其同级,则不能被响应。

**12. 89C51/S51单片机外部中断源有几种触发中断请求的方法?如何实现中断请求?**

答　有两种方式:电平触发和沿触发。

电平触发方式:CPU在每个机器周期的S5P2期间采样外部中断请求引脚的输入电平。若为低电平,使IE1(IE0)置"1",申请中断;若为高电平,则IE1(IE0)清零。

边沿触发方式:CPU在每个机器周期的S5P2期间采样外部中断请求引脚的输入电平。如果在相继的两个机器周期采样过程中,一个机器周期采样到外部中断请求为高电平,接着下一个机器周期采样到外部中断请求为低电平,则使IE1(IE0)置1,申请中断;否则,IE1(IE0)置0。

**13. 89C51/S51单片机有五个中断源,但只能设置两个中断优先级,因此在中断优先级安排上受到一定的限制,试问以下几种中断优先级的安排(由高到低)是否可能?若可能,则应如何设置中断源的中断级别?否则请简述不可能的理由。**

解　同级优先次序为:$\overline{\text{INT0}}$,T0,$\overline{\text{INT1}}$,T1,TX/RX。

(1) 定时器0,定时器1,外部中断0,外部中断1,串行接口中断。

- 可以,将T0,T1设置为高级。

```
MOV IP,#0AH
```

(2) 串行接口中断,外部中断0,定时器0溢出中断,外部中断1,定时器1溢出中断。

- 可以,将串行接口中断设置为高级。

  MOV 0B8H,#10H

(3) 外部中断 0,定时器 1 溢出中断,外部中断 1,定时器 0 溢出中断,串行接口中断。

- 不可以,只能设置一级高级优先级,将 INT0、T1 设置为高级,而 T0 级别高于 INT1。

(4) 外部中断 0,外部中断 1,串行接口中断,定时器 1 溢出中断,定时器 0 溢出中断。

- 不可以,若将 INT0,INT1,TX/RX 设置为高级,而 T0 高于 T1。

(5) 串行接口中断,外定时器 0 溢出中断,外部中断 0,外部中断 1,定时器 1 溢出中断。

- 不可以,RX/TX 级别最低,可将其设为最高级,而 INT0 优先级又高于 T0。

(6) 外部中断 0,外部中断 1,定时器 0 溢出中断,串行接口中断,定时器 1 溢出中断。

- 不可以,RX/TX 级别最低,可设为最高级,而 T0 优先级又高于 INT1。

(7) 外部中断 0,定时器 1 溢出中断,定时器 0 溢出中断,外部中断 1,串行接口中断。

- 可以,将 INT0,T1 设为最高级。

  MOV 0B8H,#09H

**14. 89C51/S51 各中断源的中断标志是如何产生的?又是如何清“0”的?CPU 响应中断时,各中断服务程序入口地址是多少?**

答 各中断标志的产生和清“0”如下:

(1) 外部中断类

外部中断是由外部原因引起的,可以通过两个固定引脚,即外部中断 0 $\overline{\mathrm{INT0}}$ 和外部中断 1 $\overline{\mathrm{INT1}}$ 输入信号;

$\overline{\mathrm{INT0}}$——外部中断 0 请求信号,由 P3.2 脚输入。通过 IT0(TCON.0)来决定中断请求信号是低电平有效还是下跳变有效。一旦输入信号有效,则向 CPU 申请中断,并且使 IE0=1。硬件复位。

$\overline{\mathrm{INT1}}$——外部中断 1 请求信号,功能与用法类似外部中断 0。

(2) 定时中断类

定时中断是为满足定时或计数溢出处理的需要而设置的。当定时器/计数器中的计数结构发生计数溢出的,即表明定时时间到或计数值已满,这时就以计数溢出信号作为中断请求,去置位一个溢出标志位。这种中断请求是在单片机芯片内部发生的,无需在芯片上设置引入端,但在计数方式时,中断源可以由外部引入。

TF0——定时器 T0 溢出中断请求。当定时器 T0 产生溢出时,定时器 T0 中断请求标志 TF0=1,请求中断处理。使用中断时由硬件复位,在查询方式下可由软件复位(即清“0”)。

TF1——定时器 T1 溢出中断请求。功能与用法类似定时器 T0。

(3) 串口中断类

串口中断是为串行数据的传送需要而设置的。串行中断请求也是在单片机芯片内部发生的,但当串口作为接收端时,必须有一完整的串行帧数据从 RI 端引入芯片,才可能引发中断。

RI 或 TI——串行中断请求。当接收或发送完一串行帧数据时,使内部串口中断请求标志 QRI 或 TI=1,并请求中断。响应中断后必须软件复位。

CPU 响应中断时,中断入口地址如下:

| 中断源 | 入口地址 |
| --- | --- |
| 外部中断 0 | 0003H |
| 定时器 T0 中断 | 000BH |
| 外部中断 1 | 0013H |
| 定时器 T1 中断 | 001BH |
| 串行口中断 | 0023H |

**15. 中断响应时间是否确定不变的?为什么?**

**答** 中断响应时间不是确定不变的。由于 CPU 不是在任何情况下都对中断请求予以响应;此外,不同的情况对中断响应的时间也是不同的。下面用外部中断举例,说明中断响应的时间。

在每个机器周期的 S5P2 期间,$\overline{INT0}$、$\overline{INT1}$ 端的电平被锁存到 TCON 的 IE0 和 IE1 位,CPU 在下一个机器周期才会查询这些值。这时如果满足中断响应条件,下一条要执行的指令将是一条硬件长调用指令“LCALL”,使程序转入中断矢量入口。调用本身要用 2 个机器周期,这样,从外部中断请求有效到开始执行中断服务程序的第一条指令,至少需要 3 个机器周期,这是最短的响应时间。

如果遇到中断受阻的情况,则中断响应时间会更长一些。例如,当一个同级或更高级的中断服务正在进行,则附加的等待时间取决于正在进行的中断服务程序:如果正在执行的一条指令还没有进行到最后一个机器周期,附加的等待时间为 1~3 个机器周期;如果正在执行的是 RETI 指令或者访问 IE 或 IP 的指令,则附加的等待时间在 5 个机器周期内。

若系统中只有一个中断源,则响应时间为 3~8 个机器周期。

**16. 中断响应过程中,为什么通常要保护现场?如何保护?**

**答** 因为一般主程序和中断服务程序都可能会用到累加器、PSW 寄存器及其他一些寄存器。CPU 在进入中断服务程序后,用到上述寄存器时,就会破坏它原来存在寄存器中的内容;一旦中断返回,将会造成主程序的混乱。因而在进入中断服务程序后,一般要先保护现场,然后再执行中断处理程序,在返回主程序以前再恢复现场。

保护方法一般是把累加器、PSW寄存器及其他一些与主程序有关的寄存器压入堆栈。在保护现场和恢复现场时，为了不使现场受到破坏或者造成混乱，一般规定此时CPU不响应新的中断请求。这就要求在编写中断服务程序时，注意在保护现场之前要关中断，在恢复现场之后开中断。如果在中断处理时允许有更高级的中断打断它，则在保护现场之后再开中断，恢复现场之前关中断。

**17. 请叙述中断响应的CPU操作过程，为什么说中断操作是一个CPU的微查询过程？**

**答** 在中断响应中，CPU要完成以下自主操作过程：

① 置位相应的优先级状态触发器，以标明所响应中断的优先级别；

② 中断源标志清零(TI、RI除外)；

③ 中断断点地址装入堆栈保护(不保护PSW)；

④ 中断入口地址装入PC，以便使程序转到中断入口地址处。

在计算机内部，中断表现为CPU的微查询操作。在80C51单片机中，CPU在每个机器周期的S6状态中，查询中断源，并按优先级管理规则处理同时请求的中断源，且在下一个机器周期的S1状态中，响应最高级中断请求。

但是有以下情况者除外：

① CPU正在处理相同或更高优先级中断；

② 多机器周期指令中，还未执行到最后一个机器周期；

③ 正在执行中断系统的SFR操作，如RETI指令及访问IE、IP等操作时，要延后一条指令。

**18. 在中断请求有效并开中断状况下，能否保证立即响应中断？有什么条件？**

**答** 在中断请求有效并开中断状况下，并不能保证立即响应中断。这是因为，在计算机内部，中断表现为CPU的微查询操作。在51单片机中，CPU在每个机器周期的S6状态下，查询中断源，并按优先级管理规则处理同时请求的中断源，且在下一个机器周期的S1状态中，响应最高级中断请求。

在以下情况下，还需要有另外的等待；

① CPU正在处理相同或更高优先级中断；

② 多机器周期指令中，还未执行最后一个机器周期；

③ 正在执行中断系统的SFR操作，RETI指令及访问IE、PI等操作时要延后一条指令。

**19. 请简述89C51/S51单片机的中断与子程序调用的异同点，并举例加以说明。**

**答** 中断与子程序调用的相似点如下：

- 都是中断当前正在执行的程序，转去执行子程序或中断服务子程序；
- 都是由硬件自动把断点地址压入堆栈，然后通过软件完成现场保护；
- 执行完子程序或中断服务子程序后，都要通过软件完成现场恢复，并通过执行返回指令，重新返回到断点处，继续执行程序；

- 两者都可以实现嵌套,如中断嵌套和子程序嵌套。

中断与子程序调用的不同点如下:

- 中断请求信号可以由外部设备发出,是随机的,比如故障产生的中断请求、按键中断等;子程序调用却是由软件编排好的;
- 中断响应后由固定的矢量地址转入中断服务程序;子程序地址由软件设定;
- 中断响应是受控的,其响应时间会受一些因素影响;子程序响应时间是固定的。

**20. 89C51/S51对其中断请求是如何进行控制?**

答 中断的允许和禁止由中断允许寄存器IE控制

中断允许寄存器IE格式如图13-6所示。

| 位地址 | AFH | AEH | ADH | ACH | ABH | AAH | A9H | A8H |
| --- | --- | --- | --- | --- | --- | --- | --- | --- |
| 符　号 | EA | — | — | ES | ET1 | EX1 | ET0 | EX0 |

**图13-6 中断允许寄存器IE格式**

IE寄存器中相应位设置为0时,所对应的中断源被禁止中断;相应位设置为1时,所对应的中断源被允许中断。

系统复位后IE寄存器中各位均为0,即此时禁止所有中断。

与中断有关的控制位共6位,即

EX0　外部中断0中断允许位。

ET0　定时器/计数器T0中断允许位。

EX1　外部中断1中断允许位。

ET1　定时器/计数器T1中断允许位。

ES　串口中断允许位。

EA　CPU中断允许位。当EA=1时,允许所有中断开放,总允许后,各中断的允许或禁止由各中断源的中断允许控制位进行设置;当EA=0时,所有中断屏蔽。

80C51单片机通过中断允许控制寄存器对中断的允许(开放)实行两级控制,即以EA位作为总控制位,以各中断源的中断允许位作为分控制位。只有当总控制位EA有效(即开放中断系统)时,各分控制位才能对相应中断源分别进行开放或禁止。

**21. 如何分析中断响应时间?这对实时控制系统有何意义?**

答 从中断请求发生直到被响应去执行中断服务程序,所需时间称为"中断响应时间"。一般来说,在单级中断系统中,中断的响应时间最短为3个机器周期,最长为8个机器周期。

① 当中断请求标志位查询占1个机器周期时,若这个机器周期恰好是指令的最后一个机器周期,则在这个机器周期结束后,CPU立即响应中断,产生硬件长调用LCALL指令。执行这条长调用指令需要2个机器周期,这样,中断响应时间为3个

机器周期。

② 如果 CPU 正在执行的是 RETI 指令或访问 IP、IE 指令，则等待时间不会多于 2 个机器周期，而中断系统规定这几条指令执行完后，必须再继续执行一条指令后才能响应中断。如这条指令恰好是 4 个机器周期长的指令(比如乘法指令 MUL 或除法指令 DIV)，再加上执行长调用指令 LCALL 所需 2 个机器周期，则总共需要 8 个机器周期。

③ 如果中断请求被阻止，不能产生硬件长调用 LCALL 指令，那么所需的响应时间就更长。如果正在处理同级或优先级更高的中断，那么中断响应的时间还需取决于处理中的中断服务程序的执行时间。

当单片机应用中断于实时控制系统时，往往非常在意中断的响应时间。比如出现故障后，单片机在多长时间里能够响应和处理，这反映了单片机对故障处理的"失控"时间长短。

**22. 为什么 51 单片机需要进行中断请求的撤销？中断请求的撤销有哪些方法？**

**答** 单片机响应中断请求，转向中断服务程序执行，在其执行中断返回指令 RETI 之前，中断请求信号必须撤除，否则将会再一次引起中断而出错。

中断请求撤除的方式有三种，即：

(1) 由单片机内部的硬件自动复位(硬件置位，硬件清除)

对于定时器/计数器 T0、T1 的溢出中断和采用跳变触发方式的外部中断请求，单片机响应中断后，由内部硬件自动清除中断标志 TF0 和 TF1、IE0 和 IE1，从而自动撤除中断请求。

(2) 应用软件清除相应标志(硬件置位，软件清除)

对于串行接收/发送中断请求和 80C52 中的定时器/计数器 T2 的溢出和捕获中断请求，单片机响应中断后，必须在中断服务程序中应用软件清除 RI、TI、TF2 和 EXF2 这些中断标志，才能撤除中断。

(3) 采用外加硬件结合软件来清除中断请求(硬件置位，硬、软件结合清除)

对于采用电平触发方式的外部中断请求，中断标志的撤销是自动的，但中断请求信号的低电平可能继续存在。在以后机器周期采样时，又会把已清 0 的 IE0、IE1 标志重新置 1，再次申请中断。在系统中加入如图 13-7 所示的电平方式外部中断请求的撤销电路，保证在中断响应后把中断请求信号从低电平强制改变为高电平。

从图 13-7 中可看到，用 D 触发器锁存外部中断请求低电平，并通过触发器输出端 Q 送 $\overline{\text{INT0}}$ 或 $\overline{\text{INT1}}$，所以 D 触发器对外部中断请求没有影响。但在中断响应后，为了撤销低电平引起的中断请求，可利用 D 触发器的直接置位端 SD 来实现。采用 89C51/S51 的一根 I/O 口线来控制 SD 端。只要在 SD 端输入一个负脉冲即可使 D 触发器置 1，从而撤销低电平的中断请求信号。

通过在中断服务程序中增加以下两条指令，SD 端得到所需负脉冲：

```
ANL     P1,#0FEH          ;Q 置 1(SD 为直接置位端,低电平有效)
```

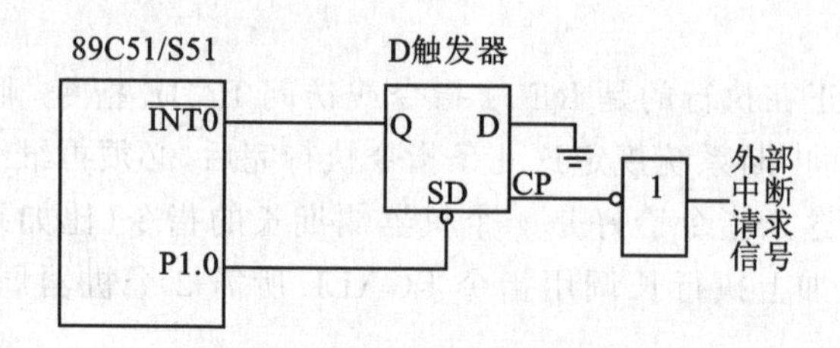


图 13-7 电平方式外部中断请求的撤销电路

```
ORL     P1,#01H            ;SD无效
```

使 P1.0 输出一个负脉冲,其持续时间为 2 个机器周期,足以使 D 触发器置位,撤除低电平中断请求。第二条指令是必要的,否则 D 触发器的 Q 端始终输出 1,无法再接收外部中断请求。

**23. 89C51/S51 单片机的中断系统中有几个优先级,如何设定?若扩充 8 个中断源,如何确定优先级?**

**答** 51 单片机的中断系统具有两个中断优先级。中断优先级的设定:由专用寄存器 IP 统一管理,由软件设置每个中断源为高优先级中断或低优先级中断,可实现两级中断嵌套。

专用寄存器 IP 为中断优先级寄存器,锁存各中断源优先级的控制位,用户可由软件设定。其格式如下:

| IP | | | | BCH | BBH | BAH | B9H | B8H |
|---|---|---|---|---|---|---|---|---|
| (B8H) | — | — | — | PS | PT1 | PX1 | PT0 | PX0 |

IP.4 PS　串行口中断优先级控制位。PS=1,设定串行口为高优先级中断;PS=0,为低优先级中断。

IP.3 PT1　定时器 T1 中断优先级控制位。PT1=1,设定定时器 T1 为高优先级中断;PT1=0,为低优先级中断。

IP.2 PX1　外部中断 1 中断优先级控制位。PX1=1,设定外部中断 1 为高优先级中断;PX1=0,为低优先级中断。

IP.1 PT0　定时器 T0 中断优先级控制位。PT0=1,设定定时器 T0 为高优先级中断;PT0=0,为低优先级中断。

IP.0 PX0　外部中断 0 中断优先级控制位。PX0=1,设定外部中断 0 为高优先级中断;PX0=0,为低优先级中断。

当系统复位后,IP 低 5 位全部清 0,将所有中断源设置为低优先级中断。

如果几个同一优先级的中断源同时向 CPU 申请中断,CPU 通过内部硬件查询逻辑按自然优先级顺序确定该响应哪个中断请求。其自然优先级由硬件形成,排列如下:

| 中断源 | 自然优先级 |
|---|---|
| 外部中断 0 | 最高级 |
| 定时器 T0 中断 | ↓ |
| 外部中断 1 | |
| 定时器 T1 中断 | |
| 串行口中断 | 最低级 |

这种排列顺序在实际应用中很方便,且合理。如果重新设置了优先级,则顺序查询逻辑电路将会相应改变排队顺序。

若扩充 8 个中断源,可以采用中断和查询结合扩充外中断源的方法确定优先级。例如,可以用 8 个 OC 门电路组成"线或"电路,当 8 个扩充中断源中有一个或几个出现高电平,OC 门输出为 0,使 $\overline{\text{INT0}}$、$\overline{\text{INT1}}$ 为低电平触发中断,所以这些扩充的外中断源都是电平触发方式(高电平有效)。这 8 个扩充中断源的输入信号同时接到 8 个 I/O 口上。在外中断服务程序中,由软件按人为设定的顺序(优先级)查询外中断源哪位是高电平,然后进入该中断处理。

**24. 试用中断技术设计一个秒闪电路,其功能是发光二极管 LED 每次闪亮 400 ms。主机频率为 6 MHz。**

答　本题目可理解为发光二极管 LED 每次亮 400 ms,灭 600 ms。设晶振频率 $f=6$ MHz,用定时器 0 定时,定时时间 $T_{\text{IMER0}}=100$ ms,用 P1.0 作输出,设 P1.0 为高时灯灭。编程如下:

```
        ORG     0000H
        LJMP    EX8_9               ;复位跳转
        ORG     000BH
        LJMP    TIMER0_SUB          ;定时器 0 跳转
        ORG     0030H
EX8_9:
        MOV     TMOD,#01H           ;定时器 0 方式 1
        MOV     TH0,#03CH           ;定时器 0 初值(100 ms)
        MOV     TL0,#0B0H
        SETB    ET0                 ;允许定时器 0 中断
        SETB    EA                  ;开中断
        MOV     R2,#00H             ;时间计数器清 0
        SETB    TR0                 ;启动定时器 0
        LJMP    $                   ;等待
TIMER0_SUB:
        PUSH    PSW                 ;保护现场
        INC     R2
        CJNE    R2,#04,SUB1         ;未达到预定次数,转 SUB1
```

```
    SETB    P1.0            ;改变输出状态
SUB1:
    CJNE    R2, #10,TEND
    CLR     P1.0
    MOV     R2,#0
TEND:
    MOV     TH0,#03CH       ;重置定时器初值
    MOV     TL0,#0B0H
    SETB    TR0             ;启动定时器0
    POP     PSW             ;恢复现场
    RETI                    ;中断返回
```

## 13.6　第6章习题及补充习题解答

**1. 定时器模式2有什么特点？适用于什么应用场合？**

答　(1) 模式2把TL0(或TL1)配置成一个可以自动重装载的8位定时器/计数器。TL0计数溢出时不仅使溢出中断标志位TF0置1，而且还自动把TH0中的内容重新装载到TL0中。TL0用作8位计数器，TH0用以保存初值。

(2) 用于定时工作方式时间(TF0溢出周期)为 $T=(2^8-\text{TH0 初值})\times$ 振荡周期 $\times 12$，用于计数工作方式时，最大记数长度(TH0初值=0)为 $2^8=256$ 个外部脉冲。

这种工作模可省去用户软件重装初值的语句，并可产生相当精确的定时时间，特别适于作串行波特率发生器。

**2. 单片机用内部定时方式产生频率为100 kHz等宽矩形波，假定单片机的晶振频率为12 MHz，请编程实现。**

答　$f=100\text{ kHz}, t=1\times10^{-5}$ 秒(采用定时器T0选择工作模式0)

$0.5\times10^{-5}=(2^{12}-X)\times12/(12\times10^6)$

$(2^{13}-X)=10$

$X=8187=1111111111011$

T0低5位:1BH

T0高8位:FFH

```
        MOV     TMOD,#00H       ;设置定时器T0工作于模式0
        MOV     TL0,#1BH    }   ;置5 ms定时初值
        MOV     TH0,#0FFH   }
        SETB    TR0             ;启动T0
LOOP:   JBC     TF0,L1          ;查询定时时间到？时间到转L1
        SJMP    LOOP            ;时间未到转LOOP,继续查询
```

```
L1:     MOV     TLO,#1BH     ;重新置入定时初值
        MOV     THO,#0FFH
        CPL     P1.0         ;输出取反,形成等宽矩形波
        SJMP    LOOP         ;重复循环
```

**3. 89C51/S51 定时器有哪几种工作模式？有何区别？**

**答** 有模式 0,模式 1,模式 2,模式 3 四种工作模式。

(1) 模式 0:选择定时器(T0 或 T1)的高 8 位和低 5 位组成一个 13 位定时器/计数器。TL 低 5 位溢出时向 TH 进位,TH 溢出时向中断标志位 TF0 进位,并申请中断。

定时时间 $t=(2^{13}-\text{初值})\times\text{振荡周期}\times12$;计数长度为 $2^{13}=8192$ 个外部脉冲。

(2) 模式 1:与模式 0 的唯一差别是寄存器 TH 和 TL 以全部 16 位参与操作。

定时时间 $t=(2^{16}-\text{初值})\times\text{振荡周期}\times12$,计数长度为 $2^{16}=65536$ 个外部脉冲。

(3) 模式 2:把 TL0 和 TL1 配置成一个可以自动重装载的 8 位定时器/计数器。TL 用作 8 位计数器,TH 用以保存初值。TL 计数溢出时不仅使 TF0 置 1,而且还自动将 TH 中的内容重新装载到 TL 中。

定时时间 $t=(2^{8}-\text{初值})\times\text{振荡周期}\times12$,计数长度为 256 个外部脉冲。

(4) 模式 3:对 T0 和 T1 不大相同。

若 T0 设为模式 3,TL0 和 TH0 被分为两个相互独立的 8 位计数器。TL0 为 8 位计数器,功能与模式 0 和模式 1 相同,可定时可计数。

TH0 仅用作简单的内部定时功能,它占用了定时器 T1 的控制位 TR1 和中断标志位 TF1,启动和关闭仅受 TR1 的控制。

定时器 T1 无工作模式 3,但 T0 在工作模式 3 时 T1 仍可设置为模式 0～2。

**4. 89C51/S51 单片机内部设有几个定时器/计数器？它们是由哪些特殊功能寄存器组成？**

**答** 89C51/S51 单片机内有两个 16 位定时器/计数器,即 T0 和 T1。

T0 由两个 8 位特殊功能寄存器 TH0 和 TL0 组成;T1 由 TH1 和 TL1 组成。

**5. 定时器用作定时器时,其定时时间与哪些因素有关？作计数器时,对外界计数频率有何限制？**

**答** 定时时间与定时器的工作模式,初值及振荡周期有关。

作计数器时对外界计数频率要求最高为机器振荡频率的 1/24。

**6. 简述定时器 4 种工作模式的特点,如何选择设定？**

**答**

(1) 模式 0:$TH_0^1\,TL_0^1$ 只用了 13 位。

定时时间 $t=(2^{13}-\text{初值})\times\text{振荡周期}\times12$,计数 8 192 个。

置 TMOD 中的 M1M0 为 00。

(2) 模式 1:$TH_0^1\,TL_0^1$ 的全部 16 位参与操作。

定时时间 $t=(2^{16}-\text{初值})\times\text{振荡周期}\times12$,计数65 536个。

置TMOD中的M1M0为01。

(3) 模式2:$TL_0^1$ 溢出时不仅把TF0置1,还自动将 $TH_0^1$ 内容重装到 $TL_0^1$。

定时时间 $t=(2^{8}-\text{初值})\times\text{振荡周期}\times12$,计数256个。

置TMOD中的M1M0为10。

(4) 模式3:只有T0可工作在模式3。TL0可工作在定时器或计数器方式,TH0只可用作简单的内部定时功能。T0工作在模式3时T1仍可置为模式0～2。

置TMOD中的M1M0为11。

**7. 当T0用作模式3时,由于TR1位已被T0占用,如何控制T1的开启和关闭?**

答　用T1控制位C/$\overline{T}$切换其定时器或计数器工方式就可以使T1运行。见《教材》1999年版P107。

定时器T1无工作模式3,将T1设置为模式3,就会使T1立即停止计数,并关闭。

**8. 以定时器/计数器1进行外部计数,每计数1 000个脉冲后,定时器/计数器1转为定时工作式,定时10 ms后又转为计数方式,如此循环不止。假定 $f_{OSC}$ 为6 MHz,用模式1编程。**

解　T1为定时器时初值:

$$10\times10^{-3}=(2^{16}-X)\times12/(6\times10^{6})$$

所以

$$X=2^{16}-10\times10^{-3}\times6\times10^{6}/12=$$

$$65\ 536-5\ 000=\text{EC78H}$$

T1为计数器时初值:

$$X+1\ 000=2^{16}$$

所以

$$X=64\ 536=\text{FC18H}$$

```
L1:     MOV     TMOD,50H      ;设置T1为计数方式且工作于模式1
        MOV     TH1,#0FCH  }  ;置入计数初值
        MOV     TL1,#18H   }
        SETB    TR1           ;启动T1计数器
LOOP1:  JBC     TF1,L2        ;查询计数溢出?有溢出(计满1 000个)转L2
        SJMP    LOOP1         ;无溢出转LOOP1,继续查询
L2:     CLR     TR1           ;关闭T1
        MOV     TMOD,#10H     ;设置T1为定时方式且工作于模式1
        MOV     TH1,#0ECH  }  ;置入定时10 ms初值
        MOV     TL1,#78H   }
        SETB    TR1           ;启动T1定时
LOOP2:  JBC     TF1,L1        ;查询10 ms时间到?时间到,转L1
```

```
        SJMP    LOOP2          ;时间未到,转 LOOP2,继续查询
```

**9. 一个定时器的定时时间有限,如何实现两个定时器的串行定时以满足较长定时时间的要求?**

答 当一个定时器定时溢出时,设置另一个定时器的初值为 0 开始定时。

**10. 使用一个定时器,如何通过软硬件结合方法实现较长时间的定时?**

答 设定好定时器的定时时间,采用中断方式用软件设置计数次数,进行溢出次数累计,从而得到较长的时间。

**11. 89C51/S51 定时器作定时和计数时,其计数脉冲分别由谁提供?**

答 作定时器时计数脉冲由 89C51/S51 片内振荡器输出经 12 分频后的脉冲提供;作计数器时计数脉冲由外部信号通过引脚 P3.4 和 P3.5 提供。

**12. 89C51/S51 定时器的门控信号 GATE 设置为 1 时,定时器如何启动?**

答 只有 $\overline{INT0}$(或 $\overline{INT1}$)引脚为高电平且由软件使 TR0(或 TR1)置 1 时,才能启动定时器工作。

**13. 已知 89C51/S51 单片机的 $f_{OSC}$=6 MHz,利用 T0 和 P1.0 输出矩形波,矩形波高电平宽 50 μs,低电平宽 300 μs。**

答 T0 采用模式 2 作 50 μs 定时的初值:

$$50\times10^{-6}=(2^8-X)\times12/(6\times10^6)$$

所以 $$X=256-50\times10^{-6}\times6\times10^6/12=231=\text{E7H}$$

作 300 μs 定时的初值:

$$300\times10^{-6}=(2^8-X)\times12/(6\times10^6)$$

所以 $$X=256-300\times10^{-6}\times6\times10^6/12=106=\text{6AH}$$

```
        MOV     TMOD,#02H      ;设置定时器 T0 工作于模式 2
L2:     CLR     P1.0           ;P1.0 输出低电平
        MOV     TH0,#6AH       ;置入定时 300 μs 初值
        MOV     TL0,#6AH
        SETB    TR0            ;启动 T0
LOOP1:  JBC     TF0,L1         ;查询 300 μs 时间到? 时间到,转 L1
        SJMP    LOOP1          ;时间未到,转 LOOP1,继续查询
L1:     SETB    P1.0           ;P1.0 输出高电平
        CLR     TR0            ;关闭 T0
        MOV     TH0,#0E7H      ;置入定时 50 μs 初值
        MOV     TL0,#0E7H
        SETB    TR0            ;启动 T0
LOOP2:  JBC     TF0,L2         ;查询 50 μs 时间到? 时间到,转 L2
        SJMP    LOOP2          ;时间未到,转 LOOP2,继续查询
```

**14. 已知 89C51/S51 单片机 $f_{OSC}$=12 MHz,用 T1 定时,试编程由 P1.0 和 P1.1 引脚分别输出周期为 2 ms 和 500 μs 的方波。**

答　P1.0和P1.1引脚输出的波形如下图所示。

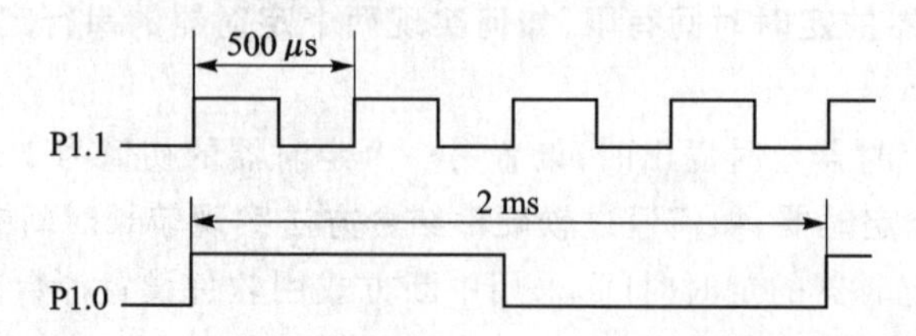


采用模式0作500/2×μs定时初值:

$$(2^{13}-X)\times12/(12\times10^{6})=250\times10^{-6}$$

所以，$X=2^{13}-250\times10^{-6}\times10^{6}=8\,192-250=7\,492=1111100000110B$

T0低5位:00110B=06H

T0高8位:11111000B=F8H

```
        MOV    R2,#04H      ;R2为"250 μs"计数器,置入初值4(计1 ms)
        CLR    P1.0         ;P1.0输出低电平
        CLR    P1.1         ;P1.1输出低电平
        MOV    TMOD,#00H    ;设置定时器T1工作于模式0
L2:     MOV    TH1,#0F8H    ;置250 μs定时初值
        MOV    TL1,#06H
        SETB   TR1          ;启动T1
LOOP:   JBC    TF0,L1       ;查询250 μs时间到? 时间到,转L1
        SJMP   LOOP         ;时间未到,转LOOP,继续查询
L1:     CPL    P1.1         ;P1.1输出取反,形成周期为500 μs方波
        CLR    TR1          ;关闭T1
        DJNZ   R2,L2        ;"250 μs"计数器减1,到1 ms吗? 未到转L2
        CPL    P1.0         ;到1 ms,P1.0输出取反,形成周期为2 ms方波
        MOV    R2,#04H      ;重置"250 μs"计数器初值
        LJMP   L2           ;重复循环
```

**15. 89C51/S51的时钟频率为6 MHz,若要求定时为0.1 ms、1 ms、10 ms,定时器工作在模式0、模式1、模式2,其定时器初值各应是多少?**

答　(1) 0.1 ms

模式0:$0.1\times10^{-3}=(2^{13}-X)\times12/(6\times10^{6})$

所以　　$X=8142=1111111001110B$

T0低5位:01110B=0EH

T0高8位:11111110B=FEH

模式1:$0.1\times10^{-3}=(2^{16}-X)\times12/(6\times10^{6})$

所以　　$X=65486=FFCEH$

模式2:$0.1\times10^{-3}=(2^{8}-X)\times12/(6\times10^{6})$

所以　　$X=206=CEH$

(2) 1 ms

模式 0:$1\times10^{-3}=(2^{13}-X)\times12/(6\times10^{6})$

所以 $X=7692=1111000001100\text{B}$

T0 低 5 位:01100B=0CH

T0 高 8 位:11110000B=F0H

模式 1:$1\times10^{-3}=(2^{16}-X)\times12/(6\times10^{6})$

所以 $X=65036=\text{FE0CH}$

模式 2:在 $f_{\text{OSC}}=6$ MHz 时,最长定时为 512 $\mu$s,无法一次实现定时 1 ms,可用 0.1 ms 循环 10 次。

(3) 10 ms

模式 0:$10\times10^{-3}=(2^{13}-X)\times12/(6\times10^{6})$

所以 $X=3192=110001111000\text{B}$

T0 低 5 位:11000B=18H

T0 高 8 位:01100011B=63H

模式 1:$10\times10^{-3}=(2^{16}-X)\times12/(6\times10^{6})$

所以 $X=60536=\text{EC78H}$

模式 2:可用 0.1 ms 循环 100 次。

**16. 89C51/S51 单片机的定时器在何种设置下可提供 3 个 8 位计数器/定时器?这时,定时器 1 可作为串行接口波特率发生器。若波特率按 1 600 b/s,4 800 b/s,2 400 b/s,1 200 b/s,600 b/s,100 b/s 来考虑,则此时可选用的波特率是多少?(允许存在一定误差。)设 $f_{\text{OSC}}=12$ MHz。**

答 当 T0 为模式 3,T1 为模式 2 时,可提供 3 个 8 位定时器。

$T_{\max}=256\times12/12=256\ \mu\text{s}$

$f_{\min}=3\ 906.25$ b/s(T1 溢出率)

可选 100 bps。

**17. 试编制一段程序功能为:当 P1.2 引脚的电平上跳时,对 P1.1 的输入脉冲进行计数;当 P1.2 引脚的电平下跳时停止计数,并将数值写入 R6、R7。**

答
```
    MOV   TMOD,#05H          ;T0 为计数方式且工作于模式 1
    JNB   P1.2,$             ;等待 P1.2 引脚电平上跳
    MOV   TH0,#00H  }        ;P1.2 电平上跳,置入计数初值
    MOV   TL0,#00H  }
    SETB  TR0                ;启动 T0
    JB    P1.2,$             ;等待 P1.2 引脚电平下跳
    CLR   TR0                ;电平下跳,关闭 T0
    MOV   R7,TH0    }        ;计数值写入 R6、R7
    MOV   R6,TL0    }
```

**18. 设 $f_{OSC}$＝12 MHz,试编写程序,功能为:对定时器 T0 初始化,使之工作在模式 2,产生 200 μs 定时 ,并用查询 T0 溢出标志的方法控制 P1.0 输出 2 ms 周期方波。**

答　T0 作定时器时初值:$200\times10^{-6}=(2^8-X)\times12/(12\times10^6)$

所以

$$X=56=38H$$

程序 1:

```
        CLR     P1.0          ;P1.0 输出低电平
        MOV     R2,#05H       ;R2 为"200 μs"计数器,置入初值 5,计 1 ms
        MOV     TMOD,#02H     ;设定时器 T0 工作于模式 2
L2:     MOV     TH0,#38H  }   ;置入定时初值
        MOV     TL0,#38H  }
        SETB    TR0           ;启动 T0
LOOP:   JBC     TF0,L1        ;查询 200 μs 时间到? 时间到,转 L1
        SJMP    LOOP          ;时间未到,转 LOOP,继续查询
L1:     CLR     TR0           ;关闭 T0
        DJNZ    R2,L2         ;"200 μs"计数器减 1,到 1 ms 吗? 未到,转 L2
        CPL     P1.0          ;到 1 ms,P1.0 输出取反,形成周期为 2 ms
                              ;的方波
        MOV     R2,#05H       ;重置"200 μs"计数器初值
        LJMP    L2            ;重复循环
```

程序 2:

```
MAIN:   MOV     TMOD,#02H     ;设定时器 T0 工作于模式 2
LOOP1:  MOV     R0,#05H       ;R0 为"200 μs"计数器,置入初值 5(计 1 ms)
LOOP:   MOV     TH0,#38H  }   ;置入定时初值
        MOV     TL0,#38H  }
        SETB    TR0           ;启动 T0
        JNB     TR0,$         ;查询 200 μs 时间到? 时间未到,继续查询
        CLR     TR0           ;时间到,关闭 T0
        DJNZ    R0,LOOP       ;"200 μs"计数器减 1,到 1 ms 吗? 未到,
                              ;转 LOOP
        CPL     P1.0          ;到 1 ms,P1.0 输出取反,形成周期为 2 ms
                              ;的方波
        SJMP    LOOP1
```

**19. 利用 89C51 的 T0 计数,每计 10 个脉冲,P1.0 变反一次,用查询和中断两种方式编程。**

答　使用模式 2,计数初值 $X$＝100H－0AH＝F6H

查询方式:

```
        MOV     TMOD,#06H
        MOV     TH0,#0F6H
        MOV     TL0,#0F6H
        SETB    TR0
ABC:    JNB     TF0,$
        CLR     TF0
        CPL     P1.0
        SJMP    ABC
```

中断方式：

```
        ORG     0000H
        AJMP    MAIN
        ORG     000BH
        CPL     P1.0
        RETI
```

**20. 在 P1.0 引脚接一驱动放大电路驱动扬声器，利用 T1 产生 1 000 Hz 的音频信号从扬声器输出。设 $f_{OSC}$=12 MHz。**

答 1 000 Hz 信号的周期为 1 ms，即要求每 500 μs，$P_{1.0}$ 变反一次，使用 T1 模式 1

$$X=2^{16}-\frac{500\ \mu s}{1\ \mu s}=65\ 036=\text{FE0CH}$$

除 TMOD=10H，TH0=FEH，TL0=0CH 外，程序与 19 题相同，注意每次要重置 TH0 和 TL0。

**21. 已知 89C51 单片机系统时钟频率为 6 MHz，利用定时器 T0 使 P1.2 每隔 350 μs 输出一个 50 μs 脉宽的正脉冲。**

答 $f_{OSC}$=6 MHz，$T_{MC}$=2 μs，模式 2 的最大定时为 512 μs，合乎题目要求。

50 μs 时，计数初值为 $X_1=256-\frac{50\ \mu s}{2\ \mu s}=\text{E7H}$

350 μs 时，计数初值为 $X_2=256-\frac{350\ \mu s}{2\ \mu s}=\text{51H}$

汇编语言程序：

```
        ORG     0100H
        MOV     TMOD,#02H
NEXT:   MOV     TH0,#51H
        MOV     TL0,#51H
        CLR     P1.2
        SETB    TR0
AB1:    JBC     TF0,EXT
```

```
        SJMP    AB1
EXT:    SETB    P1.2
        MOV     TH0,#OE7H
        MOV     TL0,#OE7H
AB2:    JBC     TF0,NEXT
        SJMP    AB2
```

由于波形脉宽 50 μs,上述的计数初值没考虑指令的执行时间,因此误差较大,需进行修正。查每条指令的机器周期,扣除这些时间,算得 $X_1$=E3H,这样误差小一些。

**22. 以中断方法设计单片机秒、分脉冲发生器,假定 P1.0 每秒钟产生一个机器周期的正脉冲,P1.1 每分钟产生一个机器周期的正脉冲。**

答 程序 1(中断法): 1 s=10 ms×64H=10 ms×100

1 min=1 s×3CH=1 s×60

设 $f_{OSC}=12\ \text{MHz}\qquad T=0.01\ \text{s}=10\ \text{ms}$

定时时间 $t=(2^{16}-\text{定时器初值}\ X)\times 12\times \text{振荡周期}=(2^{16}-X)\times 12/(12\times 10^6)$

所以 $X=2^{16}-10\times 10^3=65536-10000=55536=\text{D8F0H}$

```
        ORG     0000H
        AJMP    MAIN
        ORG     000BH
        AJMP    INSER
        ORG     0100H
MAIN:   MOV     R0,#00H         ;R0 为 10 ms 计数器
        MOV     R1,#00H         ;R1 为秒计数器
        MOV     TMOD,#01H       ;定时器 T0 工作于模式 1
        MOV     TH0,#0D8H  }    ;置 10 ms 定时初值
        MOV     TL0,#0F0H  }
        SETB    EA              ;CPU 开放中断
        SETB    ET0             ;允许 T0 中断
        SETB    TR0             ;启动定时器 T0
        CLR     C               ;清进位位
LOOP:   AJMP    LOOP            ;等待 10 ms 时间到
        ORG     0200H
INSER:  MOV     TH0,#0D8H  }    ;重新置入定时初值
        MOV     TL0,#0F0H  }
        INC     R0              ;10 ms 计数器增 1
        MOV     A,#64H          ;100→A
        SUBB    A,R0            ;(A)-(R0),判断到 1 s 吗?(100 个 10 ms)
        JNZ     L1              ;未到 1 s,转 L1,中断返回
```

```
        CLR     P1.0 ⎫
        SETB    P1.0 ⎬          ;到 1 s,发一个正脉冲
        CLR     P1.0 ⎭
        MOV     R0,#00H         ;清 R0
        INC     R1              ;秒计数器增 1
        MOV     A,#3CH          ;60→A
        SUBB    A,R1            ;(A)-(R1),判断到 1 min 吗?(60 个 1 s)
        JNZ     L1              ;未到 1 s min,转 L1,中断返回
        CLR     P1.1 ⎫
        SETB    P1.1 ⎬          ;到 1 min,发一个正脉冲
        CLR     P1.1 ⎭
        MOV     R1,#00H         ;清 R1
L1:     RETI                    ;中断返回
```

程序 2(查询法):计算初值,$f_{OSC}=12$ MHz,T0 计时 50 ms,

$$(2^{16}-X)\times12/(12\times10^{6})=50\times10^{-3} \quad (\text{作 50 ms 定时})$$

则初值 $X=15536\text{D}=3\text{CB0H}$  $1\ \text{s}=50\ \text{ms}\times14\text{H}$

$$1\ \text{min}=1\ \text{s}\times3\text{CH}$$

```
        ORG     0000H
        SJMP    MAIN
        ORG     0040H
MAIN:   MOV     TMOD,#01H       ;设定时器 T0 工作于模式 1
MC:     MOV     R1,#3CH         ;R1 为秒计数器,置入初值 60(计 1 min)
MCH:    MOV     R0,#14H         ;R0 为"50 ms"计数器,置入初值 20(计 1 s)
CHV:    MOV     TH0,#3CH  ⎫     ;T0 设置 50 ms 定时
        MOV     TL0,#0B0H ⎭
        SETB    TR0             ;启动 T0
LOOP:   JNB     TF0,$           ;查询 50 ms 时间到,时间未到,继续查询
        DJNZ    R0,CHV          ;到 50 ms,"50 ms"计数器减 1,到 1 s 吗?
                                ;未到转 CHV
        CLR     TR0             ;到 1 s,关闭 T0
        CLR     P1.0 ⎫
        SETB    P1.0 ⎬          ;发一个正脉冲
        CLR     P1.0 ⎭
        DJNZ    R1,MCH          ;秒计数器减 1,到 1 min 吗? 未到转 MCH
        CLR     P1.1 ⎫
        SETB    P1.1 ⎬          ;到 1 min,发一个正脉冲
        CLR     P1.1 ⎭
        SJMP    MC              ;转 MC
```

END

**23. 如何计算计数和定时工作方式时的定时常数？请以模式0为例说明。**

答　80C51单片机的定时器/计数器本质上都是计数器，定时方式是对内部机器周期进行计数，计数方式是对51单片机的引脚T0或T1上输入的下跳变脉冲进行计数。由于计数器是加1(向上)计数的，所以预先置入的计数常数TC应为补码。

计数公式如下：

定时方式　　　　定时时间$=(2^N-TC)\times$机器周期

计数方式　　　　计数次数$=2^N-TC$

对于定时器/计数器T0和T1：

在模式0下，　　　　$N=13, 2^{13}=8\ 192$

机器周期=12×振荡器周期

**24. 用89C51/S51单片机的定时器/计数器如何测量脉冲的周期、频率和占空比？若时钟频率为6 MHz，那么允许测量的最大脉冲宽度是多少？**

答　欲测量的脉冲应接至51单片机的引脚T0或T1上，利用门控信号GATE位启动定时器，对$\overline{INT0}$或$\overline{INT1}$引脚上输入的脉冲的高电平进行测量，从而测出脉宽。

当GATE位设为1，并设定时器/计数器的启动位TR0或TR1为1，这时定时器/计数器的定时完全取决于$\overline{INT0}$和$\overline{INT1}$引脚上信号的电平，仅当$\overline{INT0}$和$\overline{INT1}$引脚电平为1时，定时器才工作。换个角度来看，定时器实际记录的时间就是$\overline{INT0}$和$\overline{INT1}$引脚上高电平的持续时间。脉冲反相后送$\overline{INT0}$或$\overline{INT1}$引脚上可测得脉冲低电平持续时间，二者之和即为脉冲周期，脉冲周期倒数为脉冲频率，脉冲高电平与总周期之比是占空比。

当时钟频率为6 MHz时，机器周期为2 μs。

采用查询方式时，模式1的最大允许被测脉冲宽度为

$$65\ 536\times 2\ \mu s=131\ 072\ \mu s=131.072\ ms$$

采用中断方式时，模式1的最大允许被测脉冲宽度为

最大允许被测脉冲宽度=131.072 ms/次×中断次数

**25. 使用一个定时器时，如何通过软硬件结合的方法，实现较长时间的定时？**

答　当需要较长时间定时的情况下，可以采用定时中断的方式，在定时器中断服务程序中对中断次数进行计数，则定时时间=定时×中断次数。若设定为100 ms产生定时中断，当定时中断次数达到100次时，定时为100 ms/次×100次=10 s。

**26. 如何在运行中对定时器/计数器进行“飞读”？**

答　51单片机可以随时读出计数寄存器TLx和THx (x为0或1)中的值，称为“飞读”，用于实时显示计数值等。但在读取时应注意由于分时读取TLx和THx而带来的特殊性。假如先读TLx，后读THx，由于这时定时器/计数器还在运行，在读THx之前刚好发生TLx溢出向THx进位的情况，这样读得的TLx值就不正确

了。同样,先读 THx,后读 TLx 时也可能产生这种错误。

一种解决办法是:先读 THx,后读 TLx,再重读 THx,若二次读得的 THx 值是一样的,则可以确定读入的数据是正确的;若两次读得的 THx 值不一致,则必须重读。

**27. 请编程实现 51 单片机产生频率为 100 kHz 等宽矩形波(定时器/计数器 T0,模式 0,定时器中断),假定单片机的晶振频率为 12 MHz。加上必要的伪指令,并对源程序加以注释。**

答 100 kHz 等宽矩形波,周期为 10 μs,定时周期为 5 μs,机器周期为 1 μs。

计算:$TC=2^{13}-(12\times10^{6}\times5\times10^{6})\div12=8\ 187=1FFBH$

模式 0:定时常数 TCH=FFH,TCL=1BH。

程序如下:

```
        ORG     0000H
        AJMP    MAIN
        ORG     000BH               ;定时器 T0 中断矢量
        AJMP    INTER
        ORG     0030H
MAIN:   MOV     TMOD,#00H           ;写控制字,设 T0 为定时器,模式 0
        MOV     TH0,#0FFH           ;写定时常数,定时为 5 μs
        MOV     TL0,#1BH
        SETB    TR0                 ;开启定时器 T0
        SETB    ET0                 ;开定时器 T0 中断
        SETB    EA                  ;开中断
        AJMP    $                   ;中断等待
;定时器 T0 中断
INTER:  MOV     TH0,#0FFH           ;重写定时常数
        MOV     TL0,#1BH
        CPL     P1.0                ;P1 口作为输出端,P1.0 变反输出
        RETI                        ;中断返回
        END
```

**28. 如何使用外部引脚信号来控制定时器/计数器的启停?**

答 定时器/计数器模式寄存器 TMOD 中,GATE 是控制模式选择位。

当 GATE=0 时,计数器由内部 TRi 位控制启停;当 GATE=1 时,计数器由 TRi 和外部引脚 $\overline{\text{INTi}}$ 控制启停。

为了能通过 $\overline{\text{INT0}}$ 引脚来控制定时器/计数器 T0 的启停,必须在模式寄存器 TMOD 中将 GATE 置 1:

```
MOV   TMOD,#0DH          ;控制字为 0000 1101B
```

定时器/计数器可由外部引脚INTi控制启停,利用这一特性,可对外部脉冲信号宽度进行测量。

通过T1对外部脉冲信号正脉冲宽度进行测量。外部脉冲频率信号从引脚$\overline{\text{INT1}}$输入,如图13-8所示,正脉冲信号宽度为$T_W$。

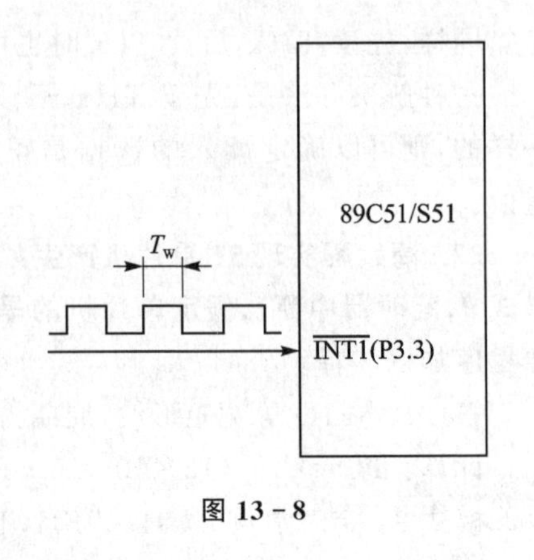


图13-8

① 设计思路

由外部引脚$\overline{\text{INT1}}$控制T1计数器定时计数的启动、停止,高电平时启动计数,低电平时停止计数。$\overline{\text{INT1}}$高电平时,计数器中计得的数值$m$为12分频的时钟频率$f_{osc}$的周期数。脉冲宽度$T_W$则为

$$T_W=\frac{12}{f_{osc}}\times m$$

② 定时器/计数器的控制字

选定T1、模式1、外部$\overline{\text{INT1}}$控制启停(GATE=1)、定时器模式(C/$\overline{\text{T}}$=0),故TMOD=1001××××B。令TMOD=90H。

③ 测量$T_W$子程序STW清单

```
STW:    MOV   TMOD,#90H     ;设T1控制字
        MOV   TL1,#00H      ;计数器清零
        MOV   TH1,#00H
        SETB  P3.3          ;置P3.3为输入方式
STLP0:  MOV   C,P3.3        ;读INT1引脚入CY
        JC    STLP0         ;等待外部引脚变低电平
        SETB  TR1           ;置INT1启、停允许
STLP1:  MOV   C,P3.3        ;查询INT1状态是否变高电平
        JNC   STLP1         ;未变高等待
STLP2:  MOV   C,P3.3        ;查询INT1是否变低
        JC    STLP2         ;未变低,等待
        CLR   TR1           ;变低,测量结束,关闭TRl
        MOV   31H,TH1       ;计数值m放入内存31H、30H单元
        MOV   30H,TL1
        RET
```

**29. 计数器的“飞读”是什么概念?为什么要“飞读”?**

**答** 80C51计数器不具有捕获功能,不能在计数器计数瞬间捕捉住THi、TLi的计数值。在计数器计数期间,如果读第1个8位计数器,第2个计数器还在计数,恰逢溢出,再读第2个8位计数器时,就会出现粗大计数误差。这就要通过计数器的“飞

读”来解决,即先读 THi 值,后读 TLi 值,然后再重复读取 THi 值。若两次 THi 值相同,读得的内容正确;若不相同,则再重复上述过程。下面是对 T0 计数的“飞读”子程序 RDT0。读取的计数值入 R0、R1。

```
RDT0:  MOV   A,TH0            ;读 TH0 入 A
       MOV   R1,TL0           ;读 TL0 入 R1
       CJNE  A,TH0,RDT0       ;比较两次读得的(TH0),不同时再读一次
       MOV   R0,A
       RET
```

**30. 模式 3 下,定时器/计数器可构成哪些工作状态?为什么会有这些状态?**

**答** 定时器/计数器的模式 3 是一个较为特殊的工作模式。在这样情况下,T1 将 TF1、TR1 资源出借给 T0 使用。因此,在模式 3 下,T0 可以构成两个独立的计数器结构。TL0 构成一个完整的 8 位定时器/计数器,而 TH0 则是一个仅能对 $f_{osc}/12$ 脉冲计数的 8 位定时器。

在模式 3 下,T1 只能作波特率发生器使用。这时,T1 可以设置成模式 0～模式 2,用在任何不需要中断控制的场合。但是,常设置成模式 2 的自动重装状态。

## 13.7 第 7 章习题及补充习题解答

**1. 什么是串行异步通信,它有哪些特征?**

**答** 在异步通信中,数据是一帧一帧(包括一个字符代码或一字节数据)传送的,每一帧的数据格式如《教材》P181 图所示。通信采用帧格式,无需同步字符。存在空闲位也是异步通信的特征之一。

**2. 89C51 单片机的串行接口由哪些功能部件组成?各有什么作用?**

**答** 89C51 单片机的串行接口由发送缓冲器 SBUF、接收缓冲器 SBUF、输入移位寄存器、串行接口控制寄存器 SCON、定时器 T1 构成的波特率发生器等部件组成。

由发送缓冲器 SBUF 发送数据,接收缓冲器 SBUF 接收数据。串行接口通信的工作方式选择、接收和发送控制及状态标志等均由串行接口控制寄存器 SCON 控制和指示。定时器 T1 产生串行通信所需的波特率。

**3. 简述串行接口接收和发送数据的过程。**

**答** 串行接口的接收和发送是对同一地址(99H)两个物理空间的特殊功能寄存器 SBUF 进行读或写的。当向 SBUF 发“写”命令时(执行“MOV SBUF,A”指令),即向发送缓冲器 SBUF 装载并开始由 TXD 引脚向外发送一帧数据,发送完便使发送中断标志位 TI=1。

在满足串行接口接收中断标志位 RI(SCON. 0)=0 的条件下,置允许接收位

REN(SCON.4)=1,就会接收一帧数据进入移位寄存器,并装载到接收SBUF中,同时使RI=1。当发读SBUF命令时(执行"MOV A,SBUF"指令),便由接收缓冲器SBUF取出信息通过89C51内部总线送CPU。

**4. 89C51串行接口有几种工作方式?有几种帧格式?各工作方式的波特率如何确定?**

答 89C51串行接口有4种工作方式:

方式0(8位同步移位寄存器),方式1(10位异步收发),方式2(11位异步收发),方式3(11位异步收发)。

有2种帧格式:10位,11位。

方式0:

$$\text{方式 0 的波特率} \cong f_{OSC}/12 \text{(波特率固定为振荡频率 1/12)}$$

方式2:

$$\text{方式 2 的波特率} \cong \frac{2^{SMOD}}{64} \times f_{OSC}$$

方式1和方式3:

$$\text{方式 1 和方式 3 的波特率} \cong \frac{2^{SMOD}}{32} \times \frac{f_{OSC}}{12(256-x)}$$

定时器T1用作波特率发生器时,通常选用工作模式2(自动重装初值定时器)。

**5. 若异步通信接口按方式3传送,已知其每分钟传送3 600个字符,其波特率是多少?**

答 已知每分钟传送3 600个字符,方式3每个字符11位,则:

波特率=(11 b/字符)×(3 600字符/60 s)=660 b/s

**6. 89C51中SCON的SM2、TB8、RB8有何作用?**

答 89C51中SCON的SM2是多机通信控制位,主要用于方式2和方式3。若置SM2=1,则允许多机通信。

TB8是发送数据的第9位,在方式2或方式3中,根据发送数据的需要由软件置位或复位。它在许多通信协议中可用作奇偶校验位;在多机通信中作为发送地址帧或数据帧的标志位。

RB8是接收数据的第9位,在方式2或方式3中,接收到的第9位数据放在RB8位。它或是约定的奇/偶校验位,或是约定的地址/数据标识位。

**7. 设 $f_{OSC}$=11.059 2 MHz,试编写一段程序,其功能为对串行接口初始化,使之工作于方式1,波特率为1 200 b/s,并用查询串行接口状态的方法,读出接收缓冲器的数据并回送到发送缓冲器。**

答
```
START:MOV   SCON,#40H        ;串行接口工作于方式1
      MOV   TMOD,#20H        ;定时器T1工作于模式2
      MOV   TH1,#0E8H        ;赋定时器计数初值
```

```
        MOV   TL1,#0E8H        ;赋重装值
        SETB  TR1              ;启动定时器 T1
        MOV   A,SBUF           ;读出接收缓冲器数据
        MOV   SBUF,A           ;启动发送(回送)过程
        JNB   TI,$             ;等待发送完
        CLR   TI               ;清 TI 标志
        SJMP  $                ;结束
```

**8. 若晶振为 11.059 2 MHz,串行接口工作于方式 1,波特率为 4 800 b/s。写出用 T1 作为波特率发生器的模式字和计数初值。**

答

```
        MOV   TMOD,#20H        ;定时器 T1 工作于模式 2
        MOV   TH1,#0FAH        ;赋定时器计数初值
        MOV   TL1,#0FAH        ;赋重装值
```

**9. 为什么定时器 T1 用作串行接口波特率发生器时,常选用工作模式 2? 若已知系统时钟频率和通信用的波特率,如何计算其初值?**

答 因为工作模式 2 是自动重装初值定时器,编程时无需重装时间常数(计数初值),比较实用。若选用工作模式 0 或工作模式 1,当定时器 T1 溢出时,需在中断服务程序中重装初值。

已知系统时钟频率 $f_{OSC}$ 和通信用的波特率 $f_{baud}$,可得出定时器 T1 模式 2 的初值 $X$:

$$X \cong 256 - \frac{f_{OSC} \times (SMOD+1)}{384 \times f_{baud}}$$

**10. 若定时器 T1 设置成模式 2 作波特率发生器,已知 $f_{OSC}$=6 MHz。求可能产生的最高和最低的波特率。**

答 最高波特率为 T1 定时最小值时,此时初值为 255,并且 SMOD=1,有

$$f_{baud} = \frac{2^{SMOD}}{32} \times \frac{f_{OSC}}{12(256-x)} = \frac{2}{32} \times \frac{f_{OSC}}{12(256-255)} = 31\ 250$$

最低波特率为 T1 定时最大值时,此时初值为 0,且 SMOD=0,有

$$f_{baud} = \frac{2^{SMOD}}{32} \times \frac{f_{OSC}}{12(256-x)} = \frac{1}{32} \times \frac{f_{osc}}{12(256-0)} = 61$$

**11. 串行通信的总线标准是什么? 有哪些内容?**

答 美国电子工业协会(EIA)正式公布的串行总线接口标准有 RS-232C、RS-422、RS-423 和 RS-485 等。

在异步串行通信中应用最广的标准总线是 RS-232C。它包括了按位串行传输的电气和机械方面的规定,如适用范围、信号特性、接口信号及引脚说明等,适用于短距离(<15 m)或带调制解调器的通信场合。采用 RS-422、RS-485 标准时,通信距离可达 1 000 m。

**12. 89C51 单片机 4 种工作方式的波特率应如何确定?**

答　方式0：

$$方式0的波特率 \backsimeq f_{OSC}/12(波特率固定为振荡频率1/12)$$

方式2：

$$方式2的波特率 \backsimeq \frac{2^{SMOD}}{64} \times f_{OSC}$$

方式1和方式3：

$$方式1和方式3的波特率 \backsimeq \frac{2^{SMOD}}{32} \times \frac{f_{OSC}}{12(256-x)}$$

**13. 简述单片机多机通信的原理。**

答　当一片80C51(主机)与多片80C51(从机)通信时，所有从机的SM2位都置1。主机首先发送的一帧数据为地址，即某从机机号，其中第9位为1，所有的从机接收到数据后，将其中第9位装入RB8中。各个从机根据收到的第9位数据(RB8中)的值来决定从机可否再接收主机的信息。若(RB8)=0，说明是数据帧，则使接收中断标志位RI=0，信息丢失；若(RB8)=1，说明是地址帧，数据装入SBUF并置RI=1，中断所有从机，只有被寻址的目标从机清除SM2(SM2=0)，以接收主机发来的一帧数据(点对点通信)。其他从机仍然保持SM2=1。

**14. 以89C51串行接口按工作方式1进行串行数据通信。假定波特率为1 200 b/s，以中断方式传送数据。请编写全双工通信程序。**

答　设系统时钟频率 $f_{OSC}$=6.0 MHz。查《单片机原理及接口技术(第4版)》表7-2可知，当系统时钟频率 $f_{OSC}$=6.0 MHz，波特率为1 200b/s时，可取SMOD=0，T1的计数初值为F3H。程序如下：

```
        ORG     0000H
        AJMP    MAIN
        ORG     0023H
        AJMP    SERVE1
        ORG     0040H
MAIN:   MOV     SP,#60H          ;置堆栈指针
        MOV     TMOD,#20H        ;置T1工作于模式2
        MOV     TH1,#0F3H        ;赋T1计数初值
        MOV     TL1,#0F3H        ;赋T1重装值
        STEB    TR1              ;启动T1
        MOV     SCON,#50H        ;置串行接口工作于方式1,允许接收
        MOV     PCON,#00H        ;设SMOD=0
        MOV     R0,#20H          ;置发送数据区首址
        MOV     R1,#40H          ;置接收数据区首址
        MOV     R7,#10H          ;置发送字节长度
        MOV     R6,#10H          ;置接收字节长度
```

```
        SETB   EA              ;CPU 允许中断
        SETB   ES              ;允许串行接口中断
        MOV    A,@R0           ;取第一个数据发送
        MOV    SBUF,A          ;发送数据
        SJMP   $               ;等待中断
SERVE:  JNB    RI,SEND         ;不是接收中断,转发送
        CLR    RI              ;是接收中断,清除接收中断标志
        MOV    A,SBUF          ;接收数据
        MOV    @R1,A           ;将接收数据送入接收数据区
        DJNZ   R6,L1           ;数据块未接收完,转 L1
        SJMP   L2              ;数据块接收完,转 L2
L1:     INC    R1              ;修改数据区指针
L2:     RETI                   ;中断返回
SEND:   CLR    TI              ;是发送中断,清除发送中断标志
        DJNZ   R7,L3           ;数据块未发送完,转 L3
        SJMP   L4              ;数据块发送完,转 L4
L3:     MOV    A,@R0           ;取数据发送
        MOV    SBUF,A          ;发送数据
        INC    R0              ;修改数据区指针
L4:     RETI                   ;中断返回
```

**15. 以 89C51 串行接口按工作方式 3 进行串行数据通信。假定波特率为 1 200 b/s,第 9 位数据位作奇偶校验位,以中断方式传送数据。请编写通信程序。**

**答** 查《单片机原理及接口技术(第 4 版)》表 7-2 可知,当系统时钟频率 $f_{OSC}$ = 11.059 2 MHz,波特率为 1 200 b/s 时,可取 SMOD=0,T1 的计数初值为 E8H。串行通信按奇校验传送:

```
        ORG    0000H
        AJMP   MAIN
        ORG    0023H
        AJMP   STOP
        ORG    0040H
MAIN:   MOV    SP,#60H         ;置堆栈指针
        MOV    TMOD,#20H       ;置 T1 工作于模式 2
        MOV    TH1,#0E8H       ;赋 T1 计数初值
        MOV    TL1,#0E8H       ;赋 T1 重装值
        SETB   TR1             ;启动 T1
        MOV    SCON,#0D0H      ;置串行接口工作于方式 3,允许接收
        MOV    PCON,#00H       ;设 SMOD=0
        MOV    R0,#20H         ;置发送数据区首址
        MOV    R1,#40H         ;置接收数据区首址
```

```
        SETB    EA              ;CPU允许中断
        SETB    ES              ;允许串行接口中断
        MOV     A,@R0           ;取第一个数据发送
        MOV     C,PSW.0         ;将奇偶标志送C
        CPL     C               ;形成奇校验
        MOV     TB8,C           ;奇校验标志送TB8
        MOV     SBUF,A          ;发送数据
        SJMP    $               ;等待中断
STOP:   JNB     RI,SOUT         ;不是接收中断,转发送
        CLR     RI              ;是接收中断,清除接收中断标志
        MOV     A,SBUF          ;接收数据
        MOV     C,PSW.0         ;将奇偶标志送C
        CPL     C               ;形成奇校验
        JC      LOOP1           ;判断接收端的奇偶值,C=1转LOOP1
        JNB     RB8,LOOP2       ;C=0,判断发送端的奇偶值,RB8=0,转LOOP2
        SJMP    ERROR           ;C=0,RB8=1,转出错处理
LOOP1:  JB      RB8,LOOP2       ;C=1,RB8=1,转LOOP2
        SJMP    ERROR           ;C=1,RB8=0,转出错处理
LOOP2:  MOV     @R1,A           ;将接收数据送入接收数据区
        INC     R1              ;修改数据区指针
        RETI                    ;中断返回
SOUT:   CLR     TI              ;是发送中断,清除发送中断标志
        INC     R0              ;修改数据区指针
        MOV     A,@R0           ;取数据发送
        MOV     C,PSW.0         ;将奇偶标志送C
        CPL     C               ;形成奇校验
        MOV     TB8,C           ;奇校验标志送TB8
        MOV     SBUF,A          ;发送数据
        RETI
ERROR:…
```

**16. 某异步通信接口,其帧格式由1个起始位“0”、7个数据位、1个偶校验和1个停止位“1”组成。当该接口每分钟传送1 800个字符时,试计算出传送波特率。**

答　该异步通信接口的帧格式为10 b/字符,当该接口每分钟传送1 800个字符时:

$$\text{波特率}=(10\ \text{b/字符})\times(1\ 800\ \text{字符}/60\ \text{s})=300\ \text{b/s}$$

**17. 串行接口工作在方式1和方式3时,其波特率与 $f_{OSC}$、定时器T1工作模式2的初值及SMOD位的关系如何?设 $f_{OSC}=6$ MHz,现利用定时器T1工作模式2产生的波特率为110 b/s,试计算定时器初值。**

答　关系如下:

$$方式1和方式3的波特率 \cong \frac{2^{SMOD}}{32} \times \frac{f_{OSC}}{12(256-x)}$$

当波特率=110 b/s,$f_{OSC}$=6 MHz,令 SMOD=0,有

$$T1的初值 X=256-\frac{2^0 \times 6 \times 10^6}{32 \times 12 \times 110}=256-142=114=72H$$

**18. 设计一个单片机的双机通信系统,并编写通信程序。将甲机片内 RAM 30H～3FH 存储区的数据块通过串行接口传送到乙机片内 40H～4FH 存储区中去。**

答 设当系统时钟频率 $f_{OSC}$=11.059 2 MHz,波特率为 1 200 b/s 时,可取 SMOD=0,T1 的计数初值为 E8H。串行通信采用查询方式,甲机发送,乙机接收。

甲机发送程序:

```
        ORG     0000H
        AJMP    MAIN
        ORG     0040H
MAIN:   MOV     SP,#60H             ;置堆栈指针
        MOV     TMOD,#20H           ;置 T1 工作于模式 2
        MOV     TH1,#0E8H           ;赋 T1 计数初值
        MOV     TL1,#0E8H           ;赋 T1 重装值
        STEB    TR1                 ;启动 T1
        MOV     SCON,#50H           ;置串行接口工作于方式 1,允许接收
        MOV     PCON,#00H           ;设 SMOD=0
        MOV     R0,#30H             ;置发送数据区首址
        MOV     R7,#10H             ;置发送数据字节长度
SEND:   MOV     A,#3FH              ;联络信号'?',即 3FH 送 A
        MOV     SBUF,A              ;发送联络信号
        JNB     TI,$                ;等待发送完
        CLR     TI                  ;发送完,清 TI
        JNB     RI,$                ;等待乙机应答
        CLR     RI                  ;乙机应答后,清 RI
        MOV     A,SBUF              ;接收乙机应答字,'.'即 2EH
        CJNE    A,#2EH,SEND         ;应答正确否?不正确转 SEND,重新联络
        MOV     A,R7
        MOV     SBUF,A              ;应答正确,发送数据字节长度
        JNB     TI,$                ;等待字节长度发送完
        CLR     TI                  ;发送完,清 TI
SEND1:  MOV     A,@R0
        MOV     SBUF,A              ;发送一字节数据
        JNB     TI,$                ;等待发送完
        CLR     TI                  ;发送完,清 TI
```

```
        INC     R0              ;修改数据区地址指针
        DJNZ    R7,SEND1        ;数据块未发送完,转 SEND1
        SJMP    $               ;发送完毕
```

乙机接收程序:

```
        ORG     0000H
        AJMP    MAIN
        ORG     0040H
MAIN:   MOV     SP,#60H         ;置堆栈指针
        MOV     TMOD,#20H       ;置 T1 工作于模式 2
        MOV     TH1,#0E8H       ;赋 T1 计数初值
        MOV     TL1,#0E8H       ;赋 T1 重装值
        STEB    TR1             ;启动 T1
        MOV     SCON,#50H       ;置串行接口工作于方式 1,允许接收
        MOV     PCON,#00H       ;设 SMOD=0
        MOV     R1,#40H         ;置接收数据区首址
        MOV     R7,#00H         ;接收数据字节长度单元清 0
RECE:   JNB     RI,$            ;等待接收甲机联络信号
        CLR     RI              ;接收甲机联络信号后,清 RI
        MOV     A,SBUF
        CJNE    A,#3FH,RECE     ;接收联络信号不是'?',转 RECE,重新联络
        MOV     A,#2EH
        MOV     SBUF,A          ;接收联络信号是'?',发应答信号'.',即 2EH
        JNB     TI,$            ;等待发送完
        CLR     TI              ;发送完,清 TI
        JNB     RI,$            ;等待接收字节长度
        CLR     RI              ;接收字节长度后,清 RI
        MOV     A,SBUF
        MOV     R7,A            ;接收字节长度送 R7
RECE1:  JNB     RI,$            ;等待接收数据
        CLR     RI
        MOV     A,SBUF          ;接收一字节数据
        MOV     @R1,A           ;将接收数据送接收数据区
        INC     R1              ;修改数据区地址指针
        DJNZ    R7,RECE1        ;数据块未接收完转 RECE1
        SJMP    $               ;接收完毕
```

**19. 设 A、B 两 89C51 单片机采用方式 1 通信,波特率 4 800 b/s,A 机发送 0,1,2,…,1FH,B 机接收存放在片内 RAM 以 20H 为首址的单元,试编写 A、B 两机的通信程序(两机的 $f_{OSC}$=6 MHz)。**

**答** 串行接口工作方式 1,波特率为 4 800 b/s,$f_{OSC}=6$ MHz。取 SMOD=1,T1 模式 2,计算得 TH1=TL1=B2H。

A 机查询发送程序:

```
        ORG    0100H
        MOV    TMOD,#20H        ;T1 工作于模式 2
        MOV    TH1,#0B2H
        MOV    TL1,#0B2H        ;赋 T1 计数初值
        SETB   TR1              ;启动 T1
        MOV    SCON,#40H        ;串行接口方式 1,不接收
        MOV    A,#0             第一个数据送 A
NEXT:   MOV    SBUF,A           ;发送一字节数据
TES:    JBC    TI,ADD1          ;发送完,清 TI,转 ADD1
        SJMP   TES              ;未发送完,等待
ADD1:   INC    A                ;形成下一字节数据
        CJNE   A,#20H,NEXT      ;全部数据未发送完,转 NEXT
        SJMP   $                ;发送完,结束
        END
```

A 机中断发送程序:

```
        ORG    0000H
        AJMP   MAIN
        ORG    0023H
        CLR    TI               ;清中断标志 TI
        INC    A                ;形成下一字节数据
        MOV    SBUF,A           ;发送一字节数据
        CJNE   A,#20H,RE        ;全部数据未发送完,转 RE
        CLR    ES               ;发送完,关串行中断
RE:     RETI                    ;中断返回
MAIN:   MOV    TMOD,#20H        ;T1 工作于模式 2
        MOV    TH1,#0B2H
        MOV    TL1,#0B2H        ;赋 T1 初值
        SETB   TR1              ;启动 T1
        MOV    SCON,#40H        ;串行接口工作于方式 1,不接收
        SETB   EA               ;CPU 允许中断
        SETB   ES               ;允许串行接口中断
        MOV    A,#0             ;第一个数据送 A
        MOV    SBUF,A           ;发送第一个数据
        SJMP   $
        END                     等待中断
```

B机查询接收程序：

```
        ORG     0200H
        MOV     TMOD,#20H           ;T1工作于模式2
        MOV     TH1,#0B2H
        MOV     TL1,#0B2H           ;赋T1计数初值
        SETB    TR1                 ;启动T1
        MOV     SCON,#50H           ;串行接口方式1,允许接收
        MOV     R0,#20H             ;置接收数据区首址
TES:    JBC     RI,REC              ;接收数据后清RI,转REC
        SJMP    TES                 ;未接收到数据,继续等待
REC:    MOV     @R0,SBUF            ;将接收到的数据存入数据区
        INC     R0                  ;修改数据区地址指针
        CJNE    R0,#40H,TES         ;全部数据未接收完,转TES
        SJMP    $
        END                         ;接收完,结束
```

B机中断接收程序：

```
        ORG     0000H
        AJMP    MAIN
        ORG     0023H
        CLR     RI                  ;清RI
        MOV     @R0,SBUF            ;将接收到的数据存入数据区
        INC     R0                  ;修改数据区地址指针
        CJNE    R0,#40H,RE          ;全部数据未接收完,转RE
        CLR     ES                  ;接收完,关闭中断
RE:     RETI                        ;中断返回
MAIN:   ORG     0000H
        MOV     TMOD,#20H           ;定时器T1工作于模式2
        MOV     TH1,#0B2H
        MOV     TL1,#0B2H           ;赋T1计数初值
        SETB    TR1                 ;启动T1
        MOV     SCON,#50H           ;串行接口方式1,允许接收
        SETB    EA                  ;CPU允许中断
        SETB    ES                  ;允许串行接口中断
        SJMP    $                   ;等待中断
        END
```

**20. A、B两89C51单片机组成双机通信系统,以串行通信方式3进行数据通信,波特率为9 600 b/s。A机发送,B机接收,采用奇校验方式,将A机片外RAM 1000H～100FH中的数据块传送到B机片外RAM 2000H开始的单元中去,请用查**

询方式编写程序。

答 A机发送程序:

```
      ORG    0030H
      MOV    DPTR,#1000H        ;置发送数据缓冲区首址
      MOV    R6,#10H            ;置发送数据块长度
      MOV    SCON,#0D0H         ;串行接口工作于方式3,允许接收
      MOV    SBUF,R6            ;发送数据块长度
L2:   JBC    TI,L3              ;发送完,清TI,转L3
      AJMP   L2                 ;未发送完,等待
L3:   MOV    A,@DPTR            ;取数→A
      JB     P,L4 ⎫
                  ⎬             ;形成奇校验
      SETB   TB8  ⎭
L4:   MOV    SBUF,A             ;发送一帧数据
L5:   JBC    TI,L6              ;一帧发送完清TI,转L6
      AJMP   L5                 ;一帧未发完,等待
L6:   JBC    RI,L7              ;接收完一帧数据,清RI,转L7
      AJMP   L6                 ;否则等待
L7:   MOV    A,SBUF             ;读入接收数据
      CJNE   A,#3FH,L8          ;接收到出错标志'?'即3FH
      AJMP   L3                 ;转L3,重发
L8:   INC    DPTR               ;未接收到出错标志,修改地址指针
      DJNZ   R6,L4              ;数据块未发送完,转L4继续
      SJMP   $                  ;数据块发送完,结束
```

B机接收程序:

```
      ORG    0050H
      MOV    DPTR,#2000H        ;置接收数据缓冲区首址
      MOV    SCON,#0D0H         ;串行接口工作于方式3,允许接收
L1:   JBC    RI,L2              ;接收到数据块长度,清RI,转L2
      AJMP   L1                 ;否则,等待
L2:   MOV    A,SBUF
      MOV    R7,A               ;将接收到的数据块长度送R7
L3:   JBC    RI,L4              ;接收完一帧数据,清RI,转L4
      AJMP   L3                 ;否则等待
L4:   MOV    A,SBUF             ;读入接收数据
      JNB    P,L5               ;判断接收端的奇偶值P=0转L5
      JNB    RB8,L8             ;P=1,RB8=0,转L8
      SJMP   L6                 ;P=1,RB8=1,转L6
L5:   JB     RB8,L8             ;P=0,RB8=1转L8出错处理
```

```
L6: MOVX   @DPTR,A        ;P=0,RB8=0,将接收数据存入数据区
    INC    DPTR           ;修改地址指针
    DJNZ   R6,L3          ;数据块未接收完转 L3 继续接收
    SJMP   $              ;接收完,结束
L8: MOV    A,#3FH         ;发出错标志'?'即 3FH
    MOV    SBUF,A
L9: JBC    TI,L3          ;发送完,清 TI,转 L3,重新接收
    AJMP   L9             ;未发送完,等待
    SJMP   $
```

**21. 为什么定时器 T1 用做串口波特率发生器时,常采用方式 2? 若已知系统时钟频率和通信波特率,则如何计算其初始值?**

**答** ① 定时器 T1 用作串口波特率发生器时,常采用方式 2 的原因是:

定时器 T1 工作于方式 2 是一种自动重装方式,无需在中断服务程序中送数,没有由于中断引起的误差,也应禁止定时器 T1 中断。采用方式 2 是一种既省事又精确的产生串口波特率的方法。

② 若已知系统时钟频率和通信波特率,计算其初始值:

以串口采用方式 1 或 3,波特率发生器采用定时器 T1 的方式 2 为例。

$$波特率=\frac{2^{SMOD}}{32}\times 定时器\ T1\ 的溢出率$$

$$溢出率=\frac{f_{osc}}{12}\times\frac{1}{[2^8-(TH1)]}$$

$$波特率=\frac{2^{SMOD}}{32}\times\frac{f_{osc}}{12}\times\frac{1}{[2^8-(TH1)]}=\frac{2^{SMOD}}{32}\times\frac{f_{osc}}{12}\times\frac{1}{[256-(TH1)]}$$

$$TH1=256-\left(\frac{2^{SMOD}}{32}\times\frac{f_{osc}}{12}\times\frac{1}{波特率}\right)$$

将计算出的数值送入 TH1 和 TL1 即可。

**22. 某异步通信接口,其帧格式由 1 个起始位 0、7 个数据位、1 个奇偶校验位和 1 个停止位 1 所组成,当该口每分钟传送 1 800 个字符时,计算其传送波特率。**

**答** 帧格式由一个起始位 0、七个数据位、一个奇偶校验位和一位停止位 1 所组成,即每帧为 10 位。

每分钟传送 1 800 个字符时,每字符发送的位数为 10 位,则每分钟发送的总位数为 18 000。

传送波特率应为:

$$\frac{18\ 000\ \text{b}}{60\ \text{s}}=300\ \text{b/s}$$

**23. 利用 AT89S51 串口控制 8 位发光二极管工作,要求发光二极管每隔 1 s 交替地亮、灭,画出电路并编写程序。**

**答** 画出电路,见图 13－9。图中 74HC164 的 CK 等引脚分别由单片机的 P3.1 等引脚控制。

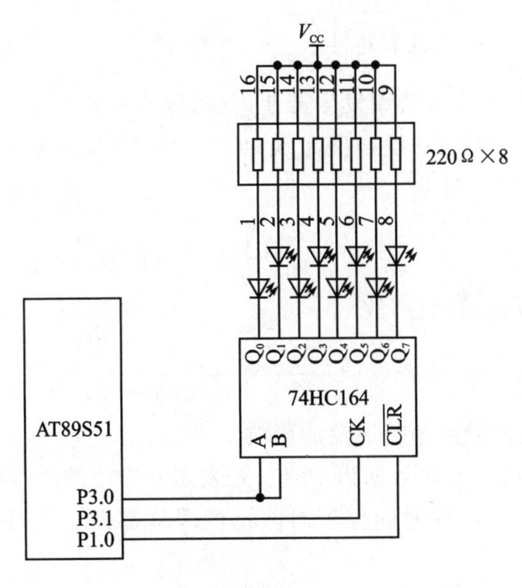


**图 13－9**

```
    ;P3.1  EQU   CLK
    ;P3.0  EQU   SDA(A、B)
    ;P1.0  EQU   CLR
    CLR     P1.0                  ;清输出
    SETB    P1.0                  ;允许串行移位
    MOV     SCON,#00H             ;置串行工作方式 0
    MOV     A,#055H               ;显示初值
EX6_RPT:
    MOV     SBUF,A                ;将数据送出
    JNB     TI,$
    CLR     TI
    LCALL   DLY_1S                ;调延时 1 s 子程序(省略)
    RR      A                     ;更新输出数据
    LJMP    EX6_RPT               ;循环
```

**24. 如何设置串行通信的波特率?波特率误差对异步串行通信有什么影响?有哪些因素影响波特率误差?**

**答** (1) 串行通信波特率的设置

80C51 UART 串行通信中,有四种工作方式。其中,方式 0 和方式 2 的波特率是不变的。方式 0 的波特率为 $f_{osc}/12$;方式 2 的波特率视 SMOD 位设置选择而定:

SMOD＝1 时,波特率为 $f_{osc}/32$;SMOD＝0 时,波特率为 $f_{osc}/64$。

方式1和方式3中的波特率是可变的,其具体数值由定时器T1的溢出率和SMOD位确定,即:

$$波特率=\frac{2^{SMOD}}{32}\times T1溢出率$$

定时器/计数器T1作波特率发生器使用时,通常选择计数初值自动重装的方式即方式2,工作在定时器状态,设初值为$X$,那么,每过$256-X$个机器周期,T1就会产生一次溢出,其溢出周期为

$$T_B=\frac{12}{f_{osc}}(256-X)$$

溢出率为溢出周期的倒数,故

$$波特率=\frac{2^{SMOD}}{32}\times\frac{f_{osc}}{12(256-X)}$$

(2) 波特率误差对异步串行通信的影响

为分析方便,假设传输的数据为10位,若发送和接收的波特率达到理想的一致,那么接收方时钟脉冲的出现时间保证对数据的采样都发生在每位数据有效时刻的中点。

如果接收一方的波特率比发送方的大或小5%,那么对10位一帧的串行数据,时钟脉冲相对数据有效时刻逐位偏移。当接收到第10位时,积累的误差达50%,则采样的数据已是第10位数据有效与无效的临界状态。这时就可能发生错位,所以5%是最大的波特率允许误差。对于常用的8位、9位和11位一帧的串行传输,其最大的波特率允许误差分别是6.25%、5.56%和4.5%。

(3) 影响波特率误差的因素

影响波特率的因素有两个方面:晶体振荡器频率的准确性和预置常数的选择。

**25. 串行数据通信中有哪些数据检验和纠错技术?**

**答** (1) 串行数据通信中的数据检验

在数据通信中,往往一次要传送较多的数据,如何保证数据传输的正确性就十分重要,因此数据传输过程中常伴随着数据的校验。通常,单片机数据通信中的校验方法有奇偶校验、累加和校验及循环冗余校验CRC(Cyclic Redundancy Check)。

① 奇偶校验

51系列单片机中,提供了奇偶校验的现成条件。当一个数据字节读入累加器A时,该字节的奇偶标志位P便出现在PSW (PSW.0)中。当累加器中1的个数为偶数时,P=1;为奇数时,P=0。

89C51数据通信使用7位的ASCII码时,奇偶校验位可放在字节的最高位;而8位数据通信时,使用方式2和方式3的9位数据通信,奇偶校验位为第9位。

奇偶校验的操作过程如下:当发送一个数据字节时,数据与奇偶位组成一帧一并发送;当接收方接收到一帧数据后,将数据和奇偶位分解,将接收数据送入A中,并

将PSW中的奇偶位与传送过来的奇偶位相比较,若不同,则传送出错。

② 累加和校验

如果传输的一个数据块中有 $n$ 个字节,在数据块传送之前,对 $n$ 个字节进行加运算,形成累加和,把累加和附在 $n$ 个字节后面传输。接收方接收到 $n$ 个字节后也按同样方法进行 $n$ 个字节的加运算,并将两个累加和进行比较,如果不同,表示数据块传输出错。

累加和的"加"运算一种是逻辑加(按位加),采用异或操作指令完成;另一种是算术加(按字节加),采用加法指令完成。

③ 循环冗余校验(CRC)

奇偶校验和累加和校验虽然使用较为方便,但校验功能有限。奇偶校验在干扰持续时间很短,差错常常为单个状态出现时,校验较为可靠;如果干扰持续时间较长、引起连续出错且出现差错是2、4、6个时,奇偶校验就不能检出了。虽然累加和可以发现几个连续位的差错,但不能检出数字之间的顺序错误(数据交换位置累加和不变)。因此,在重要的数据存储和数据通信中常采用循环冗余校验。

循环冗余校验的基本原理是:将一个数据块看成一个很长的二进制数(如将一个128 B的数据块看成是一个1 024位的二进制数),然后用一个特定的数去除它,将余数作校验码附在数据块后一起发送;在接收到该数据块和校验码后,对它们进行同样的运算,所得余数应为零,如果不为零表示数据传送出错。

目前CRC已广泛使用在数据存储与数据通信中,并在国际上形成规范,已有不少现成的CRC的软件算法。

(2) 串行数据通信中的纠错技术

无论采用上述哪种校验方法,只能发现数据通信中的错误,发现出错后要求对方重发一遍来纠正错误,这在实时信息系统中无法实现(因信源已变)的。即使保留有信源样本,当差错很频繁时会消耗大量的通信时间。这时就应借助具有纠错能力的编码来通信。

纠错码是采用加大码距的办法来区别非法代码的,其纠错原理建立在概率统计的基础上,即出现两个差错的概率远小于出现一个差错的概率,而出现三个差错的概率又远小于出现两个差错的概率。因此,当接收到一个非法代码时,其正确代码应是逻辑空间中离它最近的有效代码。

目前,常用的纠错码有汉明码、检二纠一码和矩形码等。

**26. 何谓波特率、溢出率?如何计算和设置80C51串行通信的波特率?**

**答** (1) 波特率、溢出率

波特率(Baud rate)是指每秒钟传输的数据位数,波特率发生器用于控制串口的数据传输速率。溢出率是指某定时器每秒钟溢出的次数,亦即定时器定时时间的倒数。

(2) 波特率的计算和设置

1) 串口方式0时的波特率

由振荡器的频率($f_{osc}$)所确定:

$$波特率=\frac{f_{osc}}{12}$$

2) 串口方式2时的波特率

由振荡器的频率($f_{osc}$)和SMOD(PCON.7)所确定:

$$波特率=\frac{f_{osc}}{32}\times\frac{2^{SMOD}}{2}$$

当SMOD=1时,波特率$=f_{osc}/32$;当SMOD=0时,波特率$=f_{osc}/64$。

3) 串口方式1和3时的波特率

由定时器T1和T2的溢出率和SMOD(PCON.7)所确定。定时器T1和T2是可编程的,可选择的波特率范围比较大,因此,串口的方式1和3是最常用的工作方式。

① 用定时器T1(C/T=0)产生波特率时:

$$波特率=\frac{2^{SMOD}}{32}\times 定时器T1的溢出率$$

定时器T1的溢出率与它的工作方式有关:

➢ 定时器T1工作于方式0:此时定时器T1相当于一个13位的计数器。

$$溢出率=\frac{f_{osc}}{12}\times\frac{1}{[2^{13}-T_C+X]}$$

式中:$T_C$——13位定时器定时常数(初值);

$X$——中断服务程序的机器周期数,在中断服务程序中重新对定时器置数。

➢ 定时器T1工作于方式1:此时定时器T1相当于一个16位的计数器。

$$溢出率=\frac{f_{osc}}{12}\times\frac{1}{[2^{16}-T_C+X]}$$

➢ 定时器T1工作于方式2:此时定时器T1工作于一个8位可重装的方式,用TL1计数,用TH1装初值。

$$溢出率=\frac{f_{osc}}{12}\times\frac{1}{[2^{8}-(TH1)]}$$

方式2是一种自动重装方式,无需在中断服务程序中送数,没有由于中断引起的误差,也应禁止定时器T1中断。

这种方式用于波特率设定最为有用。

② 用定时器T2(80C52)产生波特率时:

$$波特率=\frac{1}{16}\times 定时器T2的溢出率$$

$$溢出率=\frac{f_{osc}}{2}\times\frac{1}{[2^{16}-(RCAP2H,RCAP2L)]}$$

式中:(RCAP2H,RCAP2L)为定时器 T2 中,16 位寄存器的初值(定时常数)。

## 13.8 第 8 章习题及补充习题解答

**1. 简述单片机系统扩展的基本原则和实现方法。**

**答** (1) 以 P0 口作地址/数据总线,此地址总线是系统的低 8 位地址线。

(2) 以 P2 口的口线作高位地址线(不固定为 8 位,需要几位就从 P2 口引出几条口线)。

(3) 控制信号线:

① 使用 ALE 作为地址锁存的选通信号,以实现低 8 位地址的锁存;

② 以 $\overline{\text{PSEN}}$ 信号作为扩展程序存储器的读选通信号;

③ 以 $\overline{\text{EA}}$ 信号作内外程序存储器的选择信号;

④ 以 $\overline{\text{RD}}$ 和 $\overline{\text{WR}}$ 作为扩展数据存储器和 I/O 端口的读写选通信号,执行 MOVX 指令时,这两个信号分别自动有效。

**2. 存储器分几类? 各有何特点和用途?**

**答** 存储器的分类方法较多。例如,从其组成材料和单元电路类型上可分为磁芯存储器、半导体存储器(从制造工艺上又可分为 MOS 型存储器、双极型存储器)、电荷耦合存储器等;从其与微处理器的关系来划分,又可分为内存和外存。通常把直接同微处理器进行信息交换的存储器称为内存,其特点是存取速度快,但容量有限。而把通过内存间接与 CPU 进行信息交换的存储器称为外存,如磁带、磁盘、光盘等,其特点是容量大、速度较慢。外存的内容根据需要可随时调入内存。

通常人们习惯于按存储信息的功能分类,单片机中所使用的半导体存储器在功能上的分类方法和各自特点、用途如下:

(1) 只读存储器 ROM(Read Only Memory)

只读存储器在使用时,只能读出而不能写入,断电后 ROM 中的信息不会丢失。因此一般用来存放一些固定程序,如监控程序、子程序、字库及数据表等。ROM 按存储信息的方法又可分为 4 种。

① 掩膜 ROM

掩膜 ROM 也称固定 ROM。它是由厂家编好程序写入 ROM(称固化)供用户使用,用户不能更改它。其价格最便宜。

② 可编程序的只读存储器 PROM(Programmable Read Memory)

它的内容可由用户根据自己所编程序一次性写入,一旦写入,只能读出,而不能再进行更改。这些存储器现在也称为 OTP(Only Time Programmable)。

③ 可改写的只读存储器 EPROM(Erasable Programmable Read Only Memory)

前两种 ROM 只能进行一次性写入,因而用户较少使用。目前较为流行的 ROM

芯片为EPROM。因为它的内容可以通过紫外线照射而彻底擦除,擦除后又可重新写入新的程序。

④ 可电改写只读存储器$E^2$PROM(Electrically Erasable Programmable Read Only Memory)

$E^2$PROM可用电的方法写入和清除其内容,其编程电压和清除电压与微机CPU的5 V工作电压相同,不需另加电压。它既有与RAM一样读写操作简便,又有数据不会因掉电而丢失的优点,因而使用极为方便。现在这种存储器的使用最广泛。

(2) 随机存储器RAM(Random Access Memory)

这种存储器又叫读写存储器。它不仅能读取存放在存储单元中的数据,还能随时写入新的数据,写入后原来的数据就丢失了。断电后RAM中的信息全部丢失。因此,RAM常用于存放经常要改变的程序或中间计算结果等。

RAM按照存储信息的方式,又可分为静态和动态两种。

① 静态SRAM(Static RAM)

其特点为只要有电源加于存储器,数据就能长期保留。

② 动态DRAM(Dynamic RAM)

写入的信息只能保持若干ms(毫秒)时间,因此,每隔一定时间必须重新写入一次,以保持原来的信息不变。

(3) 可现场改写的非易失存储器

这种存储器的特点是:从原理上看,它们属于ROM型存储器;从功能上看,它们又可以随时改写信息,作用又相当于RAM。所以,ROM、RAM的定义和划分已逐渐失去意义。

下面对这类存储器中的两种予以简介:

① 快擦写存储器FLASH

这种存储器是在EPROM和$E^2$PROM的制造基础上产生的一种非易失存储器。其集成度高,制造成本低于DRAM,既具有SRAM读写的灵活性和较快的访问速度,又具有ROM在断电后可不丢失信息的特点,所以发展迅速。

② 铁电存储器FRAM

它是利用铁电材料极化方向来存储数据的。它的特点是集成度高,读写速度快,成本低,读写周期短。

**3. 假定一个存储器有4 096个存储单元,其首地址为0,则末地址为多少?**

**答** 其首地址为0,则末地址为FFFH。

**4. 除地线公用外,6根地址线和11根地址线各可选多少个地址?**

**答** 除地线公有外,6根地址线可选$2^6=64$个地址,11根地址线可选$2^{11}=2\ 048$个地址。

**5. 用到三片74LS373的某80C31应用系统的电路图如图13-10所示,现要求**

**通过 74LS373(2)输出 80H,请编写相应程序(此题三个或门应改为与门)。**

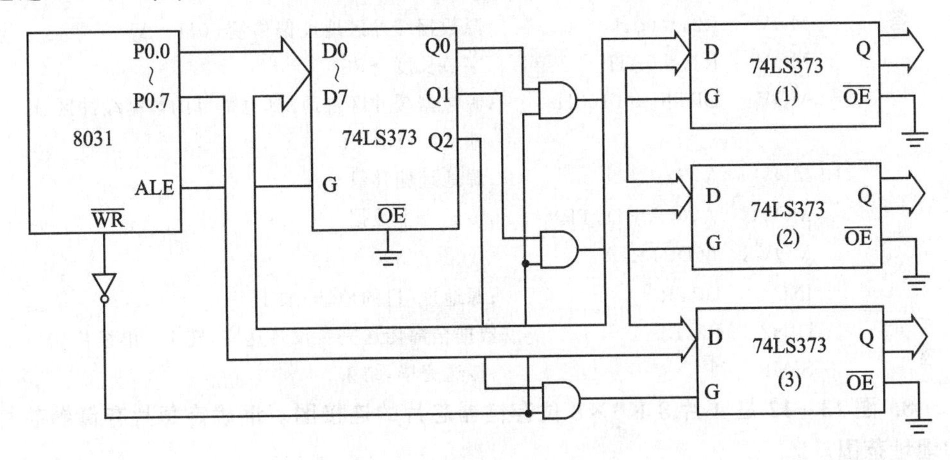


**图 13-10 8031 扩展三片 74LS373 电路**

**答**

```
MOV     DPTR,#0F2H
MOV     A,#80H
MOVX    @DPTR,A
```

**6. 试设计符合下列要求的 80C31 微机系统,有两个 8 位扩展输出口(两片 74LS377),要选通点亮 6 个数码。**

**解** 系统硬件连接如图 13-11 所示。

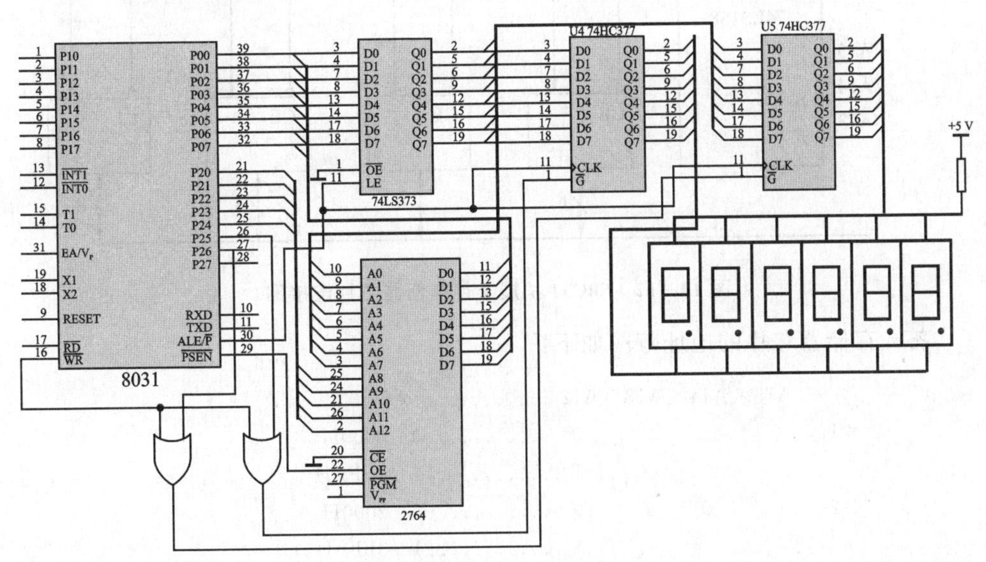


**图 13-11 电路连接图**

**7. 设单片机采用 89C51,未扩展片外 ROM,片外 RAM 采用一片 6116,编程将其片内 ROM 从 0100H 单元开始的 10 B 的内容依次外接到片外 RAM 从 100H 单元开始的**

**10 B 中去。**

答

```
     MOV    R2,#00H          ;源数据缓冲区地址偏移量 00H→A
     MOV    R3,#0AH          ;字节长度→R3
     MOV    DPTR,#0100H      ;源数据缓冲区首地址(也是目的数据缓冲区首
                             ;地址)→DPTR
L1:  MOV    A,R2             ;源地址偏移量→A
     MOVC   A,@A+DPTR   }    ;传送一个数据
     MOVX   @DPTR,A     }
     INC    DPTR             ;源地址(目的地址)加 1
     DJNZ   R3,L1            数据全部传送完?没传送完,转 L1,继续传送
     SJMP   $                ;传送完毕,结束
```

**8. 图 13-12 是 4 片 8 KB×8 位存储器芯片的连接图。请确定每片存储器芯片的地址范围。**

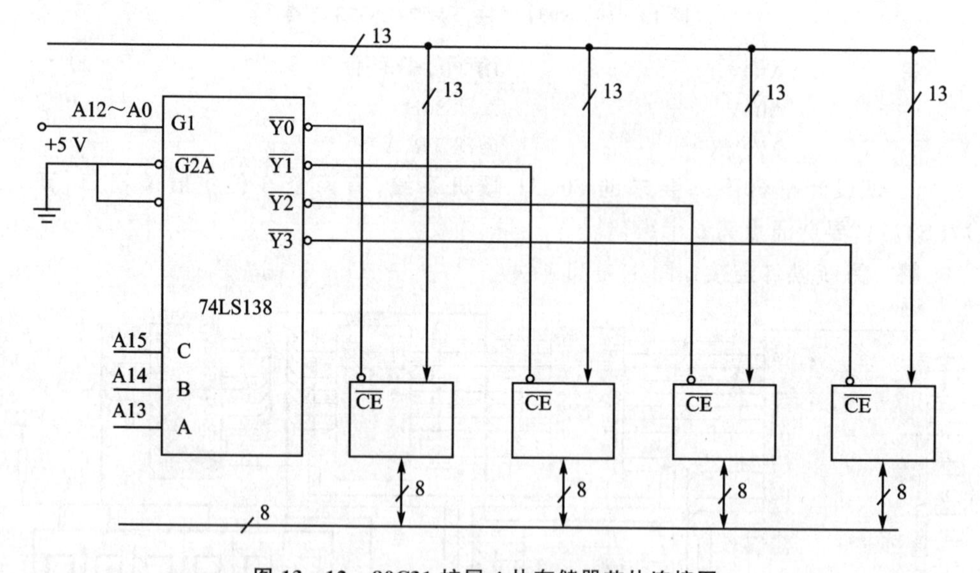


**图 13-12 80C31 扩展 4 片存储器芯片连接图**

答 存储器芯片的地址范围如下:

|  | A15 | A14 | A13 | A12 …………A0 |  |
|---|---|---|---|---|---|
| #1 | 0 | 0 | 0 | 0 …………0 | 0000H |
|  |  |  |  | 1 …………1 | 1FFFH |
| #2 | 0 | 0 | 1 | 0 …………0 | 2000H |
|  |  |  |  | 1 …………1 | 3FFFH |
| #3 | 0 | 1 | 0 | 0 …………0 | 4000H |
|  |  |  |  | 1 …………1 | 5FFFH |
| #4 | 0 | 1 | 1 | 0 …………0 | 6000H |
|  |  |  |  | 1 …………1 | 7FFFH |

**9. 根据图 13-13 的线路设计程序,其功能是按下 $K_0$~$K_3$ 按键后,对应 $LED_4$~$LED_7$ 发光;按下 $K_4$~$K_7$ 时,对应 $LED_0$~$LED_3$ 发光。**

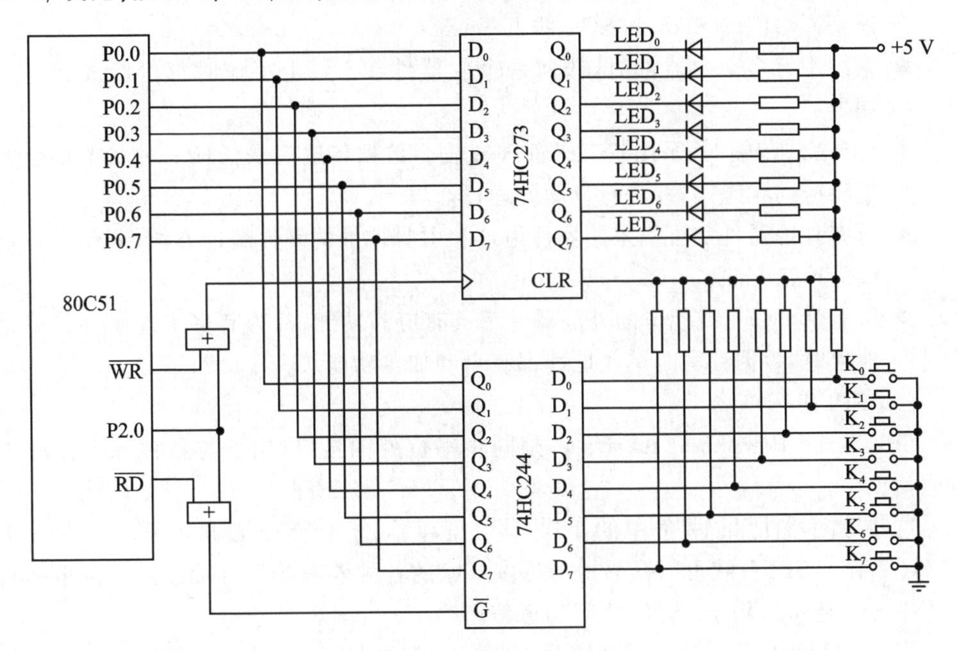


图 13-13 电路连接图

答 按要求编程序如下:

```
EX9_3: MOV    DPTR,#0FEFFH      ;数据指针指向扩展 I/O 地址
       MOVX   A,@DPTR           ;从 244 读入按键状态
       CJNE   A,#0FFH,EX3A      ;有键按下,转 EX3A
       LJMP   EX9_3             ;无键按下,继续
EX3A:  MOV    B,A               ;将键键值暂存
       LCALL  DLY_20MS          ;延时 20 ms
       MOVX   A,@DPTR           ;读键状态
       CJNE   A,B,EX9_3         ;和上次不相等为抖动,重新读入
       SWAP   A                 ;将读入数据高低 4 位交换
       MOVX   @DPTR,A           ;将数据从 273 送出显示
       LJMP   EX9_3             ;继续
```

**10. 说明 $I^2C$、SPI 两种串行总线接口的传输方法。它们与并行总线相比各有什么优缺点?**

答 (1) $I^2C$ 串行总线

$I^2C$(Inter Intergrated Circuit)总线是一种用于 IC 器件之间连接的二进制总线。它通过两根线(SDS,串行数据线;SCL,串行时钟线)使连到总线上的器件之间传送信息;根据地址识别每个器件,可以方便地构成多机系统和外围器件扩展系统。

$I^2C$总线串行数据传送的主要特点如下：

- 二线传输时，$I^2C$总线上的所有主器件(单片机和微处理器等)、外围器件等都连到同名端的SDA和SCL线上；
- 系统中有多个主器件时，任何一个主器件在$I^2C$上工作时都可以成为主控制器；
- $I^2C$总线传输时，采用状态码管理方法。数据传输时的任何一种状态都会产生相应的状态码，并进行自动处理；
- 所有外围器件都可以采用器件地址和引脚地址的硬件编址方法，避免了片选线的连接方法；
- 所有带$I^2C$总线接口的外围器件都具有应答功能；片内有多个连续存储单元地址时，数据读写时单元地址都有自动加1功能。

(2) SPI串行总线

SPI(Serial Peripheral Interface)是同步串行外围接口，用于与各种外围器件进行通信。

这些外围器件可以是简单的TTL移位寄存器、复杂的LCD显示驱动器或A/D转换子系统。SPI系统可以容易地与许多厂家的各种外围器件直接连接。在多主机系统中SPI还可以用于MCU之间的通信。

当MCU片内I/O功能或存储器不能满足需要时，可用SPI与各种外围器件相连，扩展I/O 功能。这也是扩展I/O功能的最方便和最简单的方法，突出优点是只需3～4根线就可实现I/O功能。

SPI主要特性如下：

- 全双工，三线同步传输；
- 主机或从机工作；
- 1.05 MHz最大主机位速率；
- 四种可编程主机位速率；
- 可编程串行时钟极性与相位；
- 发送结束中断标志；
- 写冲突保护；
- 总线竞争保护。

串行总线的主要优点是只需2～4根信号线，所以，器件间总线简单，结构紧凑，可大大缩小整个系统的尺寸。此外，串行总线可十分方便地用于构成由1个单片机和一些外围器件组成的单片机系统，在总线上加、接器件不影响系统正常工作，系统易修改且扩展性好。同时，连接和拆卸都很方便，使系统的设计简化。这种总线结构与并行总线相比的主要缺点是传输数据的吞吐能力小，速度慢。

**11. 设以89C51为主机的系统，拟扩展8 KB的片外数据存储器，请以并行方式和串行方式选择合适的芯处，并分别绘出电路原理图。请指出这两种电路各有什么**

**特点,各适用于什么情况,并给出串行方式时读取一个字节数据的程序。**

**答** ① 以 89C51 为主机的系统,以并行方式和串行方式扩展 8 KB 的片外数据存储器,电路原理如图 13-14 所示。其中,并行方式时如图 13-5(a)所示,采用的芯片有:8 KB 存储器 6264、地址锁存器 74HC373;串行方式时如图 13-5(b)所示,采用的芯片有:8 KB $E^2$PROM 芯片 24LC64。

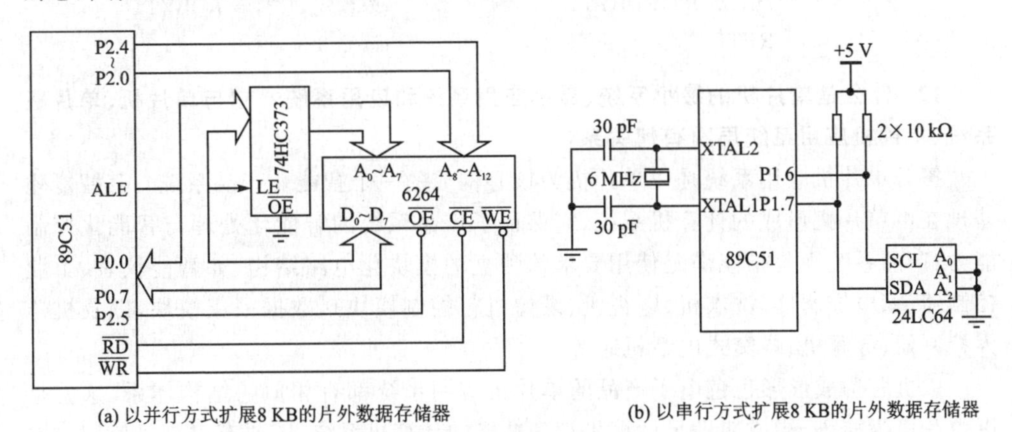


(a) 以并行方式扩展8 KB的片外数据存储器

(b) 以串行方式扩展8 KB的片外数据存储器

**图 13-14 电路原理图**

② 从图 13-14 可以看出这两种电路特点是:

并行方式扩展时,使用的是 80C31 所提供的并行扩展总线。占用的系统资源有:P0 口、P2 口、ALE 信号线以及相应的控制线 $\overline{RD}$、$\overline{WR}$;除此而外,还要提供地址锁存器芯片 74HC373。但是访问存储器 6264 时,只需使用 MOVX 指令,无需另外的软件开销。这种扩展方式对于以 80C31 为主机的系统还是有利的,因为在这种系统中,必须扩展片外程序存储器,所以 P0 口、P2 口、ALE 信号线以及地址锁存器芯片并不是为片外数据存储器单独开销。

串行方式扩展时,只使用 80C31 的两根口线 P1.6(SCL)和 P1.7(SDA)。仅就数据存储器的扩展来说是节省了系统资源的占用,但是在以 80C31 为主机的系统,仍然必须外扩程序存储器,因而 P0 口、P2 口、ALE 信号线以及地址锁存器的开销是不可避免的。串行扩展时,访问数据存储器的开销将大大增加,访问速率降低。

③ 串行方式扩展时,单字节接收子程序:

从 SDA 线上读一个字节的数据,存入累加器 ACC 中。

```
SDA       EQU   P1.7
SCL       EQU   P1.6
;
RDBYT:    MOV   R7,#8                    ;接收 8 位
RDBYT1:   SETB  SDA                      ;P1.7 为输入状态
          SETB  SCL                      ;时钟脉冲开始
```

```
        MOV  C,SDA                   ;读 SDA 线
        MOV  A,R6                    ;取回暂存结果
        RLC  A                       ;移入新接收位
        MOV  R6,A                    ;将结果暂存 R6
        CLR  SCL                     ;时钟脉冲结束
        DJNZ R7,RDBYT1               ;未读完 8 位,转 RDBYT1
        RET                          ;读完 8 位,返回
```

**12. 什么是单片机的最小系统、最小应用系统和应用系统？它与单片机、单片机系统、单片机应用系统层次有何关系？**

**答** 单片机应用系统是以单片机为核心构成的一个智能化产品系统。其智能化体现在由单片机形成的计算机系统,它保证了产品系统的智能化处理与智能化控制能力;产品系统则是指能满足使用要求的独立的模块化电路结构,如智能仪表、工业控制器、家电控制器(洗衣机、电视机、录像机等控制模块)、数据采集模块,以及机器人控制器、寻呼机、蜂窝式电话机芯等。

以机芯构成形形色色电子产品的单片机应用系统都有相似的结构体系,这就是以单片机为核心,构成能满足计算机管理功能的计算机系统,还要有以满足使用要求的外围接口电路。

这样就形成了单片机、单片机系统、单片机应用系统的典型结构,如图 13-15 所示。

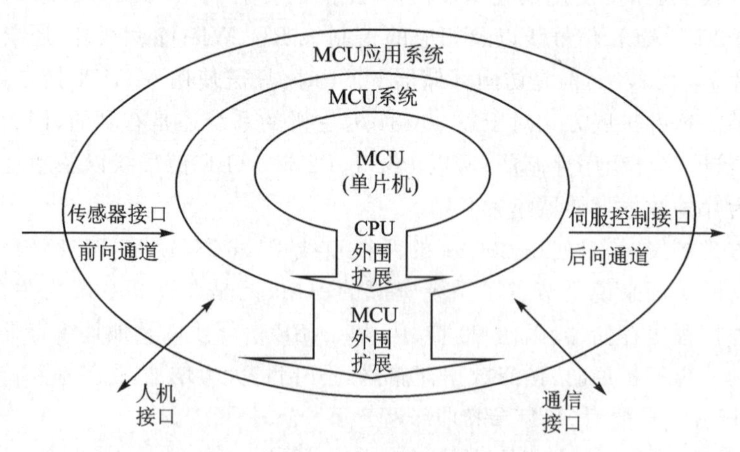


图 13-15 结构示意图

(1) 单片机

单片机是单片机应用系统的核心器件,它提供了构成单片机应用系统的硬件基础和软件基础。构成系统硬件的基础是单片机所提供的总线(并行总线、串行总线)、通用 I/O 口、特殊功能的输入/输出口线(如时钟、中断、PWM、ADC、模拟比较器、功率驱动等);构成系统应用软件的基础则是单片机的指令系统。

(2) 单片机系统

单片机系统是单片机应用系统中的计算机电路系统。通常而言，单片机本身就是一个计算机系统的芯片集成，但常常不能构成满足产品要求的一个完整的计算机系统。首先，单片机不能把一个单片机的全部电路集成到芯片中，如石英谐振器、复位电路等；其次，在开发一个具体的应用系统产品时，单片机中某些电路资源不够，需要在外部扩展相应的资源以满足应用系统对计算机系统的要求。因此，将单片机、必要的外部器件和资源扩展电路所构成的一个完整的计算机系统才可称之为单片机系统。

(3) 单片机最小系统

单片机最小系统是指没有外围器件及外设接口扩展的单片机系统。

(4) 单片机应用系统

单片机应用系统是满足使用要求，能在使用环境中可靠地实现预定功能的产品系统。它的构成是以单片机、单片机系统作为核心，再配以满足产品要求的各种接口电路和外部设备接口电路。如用于数据采集的传感器接口与ADC(模拟/数字转换)电路；用于人机对话的键盘、显示电路；用于伺服控制驱动的DAC(数字/模拟转换)电路；以及用于通信的串行通信接口等。

从上可以看出，典型的单片机应用系统应具有单片机器件、计算机系统和满足使用功能要求的产品系统三个结构层次。

**13. 什么是单片机的扩展总线？并行扩展总线与串行扩展总线各有哪些特点？目前单片机应用系统中较为流行的扩展总线是哪些？为什么？**

**答** (1) 单片机的扩展总线

单片机中的扩展总线有并行扩展总线和串行扩展总线两种。

① 并行扩展总线

单片机中利用并行方式进行扩展的总线。并行扩展总线，通常包含地址总线(AB)、数据总线(DB)、控制总线(CB)的三种总线。地址总线规定了外围器件的寻址范围，如16位地址总线的寻址范围为0000H～FFFFH；数据总线提供了单片机与外围器件的数据传输通道，通常，单片机的机型决定了数据总线并行通信的数据宽度，4、8、16、32位机其数据总线宽度分别为4、8、16、32位；基本的控制总线是读(RD)、写(WR)控制线，对于不同的单片机还会提供一些其他控制功能的控制线。总线型单片机都提供了并行扩展总线引脚。

早期的外围器件，如存储器、I/O口、日历时钟、定时器/计数器、中断编码器、可编程键盘/显示器件，都是通过并行总线扩展的。这些外围器件都有与单片机并行总线相兼容的总线接口。

② 串行扩展总线

单片机中利用串行方式进行扩展的总线。

(2) 并行扩展总线与串行扩展总线的特点

并行扩展总线的特点:并行总线扩展外围器件及外围接口时,数据传输速度高、实时性好,常用来扩展要求传送速度高的并行接口外围器件,如存储器、I/O口、中断源、ADC及DAC等。由于使用并行总线,并且外加地址译码及锁存,占用引脚数量多,扩展电路复杂,可使用的I/O口少。

串行扩展总线的特点:数据传输速度低,但是由于单片机外围器件要求数据传送速度不高,一般的串行数据传送速度都能满足实时性要求,加之外围器件采用串行扩展方式可以大大简化系统连接方式,增加了系统构成的灵活性和可靠性。

(3) 流行的串行扩展总线

目前,在单片机应用系统中广泛应用的串行扩展总线有以下几种:

① $I^2C$总线为两线(SDA、SCL)同步串行总线。所有串行扩展的$I^2C$总线外围器件都可通过数据线引脚SDA和时钟线引脚SCL挂接到$I^2C$总线的SDA/SCL线上,总线上所有的外围器件通过软件编码寻址。

② 串行外围接口SPI为三线(MISO、MOSI、SCK)同步接口,外围器件通过数据线MISO、MOSI,时钟线SCK引脚与MISO、MOSI、SCK总线相连。由于总线上所有器件都必须另外加接片选(CS)线寻址,故SPI不是真正意义上的总线。

③ Microwire是三线(SI、SO、SK)同步串行总线,外围器件通过数据线SI、SO,时钟线SCK引脚与SI、SO、SK总线相连,所有总线上的外围器件都要依靠片选线(CS)实现寻址,也不是真正意义上的总线。

④ 单总线1-Wire是内含CPU的总线。单总线上所有外围器件都是通过一根引线实现寻址和双向数据传送。可用它来构成外围器件网络,如用于温度场测量的多点温度测量网络。

⑤ 在一些单片机的异步串行通信接口UART中,提供了移位寄存器的串行同步工作方式。采用这种方式,也可将UART接口用做外围器件的串行扩展。

上述是近年来十分流行的单片机外围串行扩展总线。随着带有串行接口的外围器件逐渐增多,单片机应用系统设计中串行扩展会成为一个主流扩展技术。

**14. 为什么目前单片机应用系统中已很少使用片外程序存储器扩展?**

**答** ROMLess型单片机内没有程序存储器,必须在外部通过并行总线扩展相应的程序存储器。由于目前许多单片机都可以提供价格便宜的片内OTP ROM和Flash ROM型产品,ROMLess在正式的单片机应用系统中已很少使用了。因而对大多数系统而言,已没有必要扩展外部程序存储器了。

随着单片机技术发展,在片程序存储器OTP ROM、MTP ROM供应状态大量涌现,并行总线不再是必须的外部扩展方式。许多新型的单片机已经不设并行总线,这样省去了大量封装引脚,降低了单片机的成本。

**15. 随着单片机技术的发展,为什么并行总线外围扩展方式日渐衰落?目前外围设备(器件)的主要扩展方式是什么?**

**答** 由于单片机外围器件要求数据传送速度不高,一般的串行数据传送速度都能满足实时性要求;加之外围器件采用串行扩展方式可以大大简化系统连接方式,并增加系统构成的灵活性,因此,串行扩展总线是目前广泛应用的扩展总线。在非总线型单片机应用系统中的系统扩展和系统配置只能通过串行扩展总线。

目前,在单片机应用系统中广泛应用的串行扩展总线有 $I^2C$ BUS、SPI、Microwire、1-Wire 等。

**16. 目前最通行的串行扩展总线与串行扩展接口有哪些?怎样区别扩展总线与扩展接口?**

**答** (1) 目前最通行的串行扩展总线与串行扩展接口

目前最通行的串行扩展总线有 $I^2C$ 总线、1-Wire 总线,串行扩展接口有 SPI 以及移位寄存器方式的串行口。

$I^2C$ 总线是串行扩展中最完善的扩展总线,具有完善的总线协议,可以实现多主方式扩展,并有相应的总线冲突状态检测及处理软件模块、总线上的器件寻址方式以及数据传送操作格式。目前,许多单片机及外围器件上都带有 $I^2C$ 总线端口,为串行扩展带来极大方便。但是,对于大多数单主方式的应用系统来说,单片机与外围器件的通信都是主从方式。不具有 $I^2C$ 总线端口的单片机,可以使用单主方式的虚拟 $I^2C$ 总线软件包 VIIC,可以任意设置两个 I/O 口作为 $I^2C$ 总线虚拟端口。在虚拟软件包 VIIC 支持下,用 3 条标准命令的操作方式可以实现最简化的 $I^2C$ 总线扩展。

1-Wire 通过一个 I/O 端口扩展外围器件,没有提供总线冲突的仲裁能力,总线上只能有一个主控器件(单片机),是单主方式的串行扩展总线,可在一根总线上实现器件寻址与数据传输,总线结构最为简单。

SPI(Serial Peripheral Interface)之所以称为串行外设接口,是因为它不具备总线寻址能力。所有挂接到 SPI 上的外围器件,都需要有单独的片选线 CS 来寻址。

对于主器件扩展单个外围器件时,采用移位寄存器的串行扩展方式最为简单。在 80C51 系列单片机的串行通信接口 UART 中专门保留了方式 0,用于移位寄存器的串行扩展。

(2) 扩展总线与扩展接口的区别

单片机应用系统实现外围器件的串行扩展时,外围器件必须有相应的串行接口。但是,对于主控器的单片机来说,串行总线接口不一定是必需的条件。在单主系统中,可以用简单的虚拟方式实现虚拟端口的串行外围器件扩展。

一个完善的虚拟串行通信应有端口虚拟、时序虚拟和虚拟软件包。在端口虚拟下,可以任意指定 I/O 口作为串行通信端口;通过时序虚拟,要编写出时序虚拟的子程序;最终实现的虚拟软件包,是一个具有傻瓜化应用界面的归一化通用软件平台,利用这样一个软件包可以用最简单的方式实现所有外围器件的扩展。$I^2C$ 总线虚拟都是按照通用软件平台的观念设计的。

**17. 为什么说目前单片机应用系统中的主要扩展方式是串行扩展方式?**

**答** 早期,单片机应用系统的外围电路,如键盘、LED 显示器和 ADC 等,大多数是并行接口,这要求单片机有大量的并行I/O端口,或有能扩展并行I/O口的并行总线系统。增加I/O口的引脚必然导致集成电路成本增加,因此这一时期单片机的I/O口大多采用复用技术,如MCS-51系列单片机的P1口,除了作通用I/O口外,还可作各种特殊用途;有的I/O口还实现了多重复用。

当I/O口不能满足要求时,需要在单片机外部扩展。早期计算机的外围通用I/O口器件如8255、8155都是并行总线扩展方式,要求有完善的地址总线AB、数据总线DB与控制总线CB。因此,在MCS-51系列单片机中,沿袭了通用计算机I/O口的总线扩展方式,为外围电路扩展提供了并行扩展的三总线方式。

与并行扩展方式相比,I/O口的串行扩展电路简单,可大量节省单片机引脚数量,但数据传输不及并行快。但由于外围电路多为低速响应要求,单片机运行速度的发展已能满足绝大多数外围器件的数据传输要求,因此,串行扩展成为单片机外围电路发展的一个重要技术特点。在MCS-51系列单片机的串行口(UART)中的移位寄存器方式(方式0),便是为串行外围扩展而设置的,可以通过串入并出移位寄存器74HC164来扩展并行输出口;可以通过并入串出移位寄存器74HC165来扩展并行输入口。

如今,单片机外围器件的串行扩展已成主流之势,不仅仅是I/O口,几乎所有的外围器件都能提供串行扩展接口。因此,不少单片机已废除外部并行扩展总线,并导致单片机应用系统向片上最大化加串行外围扩展的体系结构发展。

## 13.9 第9章习题及补充习题解答

**1. 为什么要消除键盘的机械抖动?有哪些方法?**

**答** 通常的按键所用开关为机械弹性开关。由于机械触点的弹性作用,按键在闭合及断开的瞬间均伴随有一连串的抖动。键抖动会引起一次按键被误读多次。为了确保CPU对键的一次闭合仅作一次处理,必须去除键抖动。

消除键抖动的方法有硬件和软件两种方法。硬件方法常用RS触发器电路。软件方法是当检测出键闭合后执行一个5～10 ms的延时程序,再一次检测键的状态,如仍保持闭合状态,则确认真正有键按下。

**2. 试述A/D转换器的种类及特点。**

**答** A/D转换器的种类有很多,主要有计数比较型、逐次逼近型、双积分型等。

逐次逼近型A/D转换器的特点是精度、速度和价格都适中,是比较常用的A/D转换器。双积分型A/D转换器的特点是精度高,抗干扰性好,价格低廉,但转换速度慢。

**3. 设计一个2×2行列式键盘电路并编写键扫描子程序。**

**答** (1) 2×2行列式(同在P1口)键盘电路如图13-16所示。

(2) 键扫描子程序:

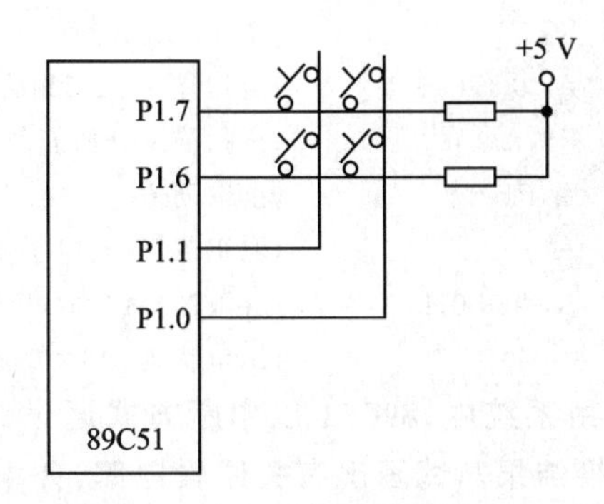


图 13-16 2×2 行列式键盘电路图

```
KEY1:  ACALL  KS1          ;调用判断有无键按下子程序
       JNZ    LK1          ;有键按下,转 LK1
       AJMP   KEY1         ;无键按下,返回
LK1:   ACALL  T12MS        ;调延时 12 ms 子程序
       ACALL  KS1          ;查有无键按下
       JNZ    LK2          ;若有,则为键确实按下,转逐列扫描
       AJMP   KEY1         ;无键按下,返回
LK2:   MOV    R4,#00H      ;首列号→R4
       MOV    R2,#0FEH     ;首列扫描字→R2
LK4:   MOV    A,R2  }      ;列扫描字→P1 口
       MOV    P1,A  }      ;使第 0 列线为 0
       MOV    A,P1         ;读入行状态
       JB     ACC.6,LONE   ;第 0 行无键按下,转查第 1 行
       MOV    A,#00H       ;第 0 行有键按下,该行首键号#00H→A
       AJMP   LKP          ;转求键号
LONE:  JB     ACC.7,NEXT   ;第 1 行无键按下,转查下一列
       MOV    A,#02H       ;第 1 行有键按下,该行首键号#02→A
LKP:   ADD    A,R4         ;键号=首行号+列号
       PUSH   ACC          ;键号进栈保护
LK3:   ACALL  KS1          ;等待键释放
       JNZ    LK3          ;未释放,等待
       POP    ACC          ;键释放,键号→A
       RET                 ;键扫描结束,出口状态:(A)=键号
NEXT:  INC    R4           ;列号加 1,指向下一列
       MOV    A,R2         ;列扫描字→A
       JNB    ACC.1,KND    ;判断 2 列全扫描完? 全扫描完,转 KND
       RL     A            ;没扫描完,扫描字左移一位,形成下一列扫描字
       MOV    R2,A         ;扫描字→R2
       AJMP   LK4          ;扫描下一列
```

```
KND:  AJMP   KEY1          ;全扫描完,返回
KS1:  MOV    A,#0FCH       ;全扫描字 11111100B→A
      MOV    P1,A          ;全扫描字→所有行
      MOV    A,P1          ;读取列值
      CPL    A             ;取正逻辑,高电平表示有键按下
      ANL    A,#0C0H       ;屏蔽低6位,取高2位
      RET                  ;出口状态(A)≠0,有键按下
```

**4. 在一个89C51应用系统中,89C51以中断方式通过并行接口74LS244读取A/D器件5G14433的转换结果。试画出有关逻辑电路,并编写读取A/D结果的中断服务程序。**

答　(1) 逻辑电路如图13-17所示。

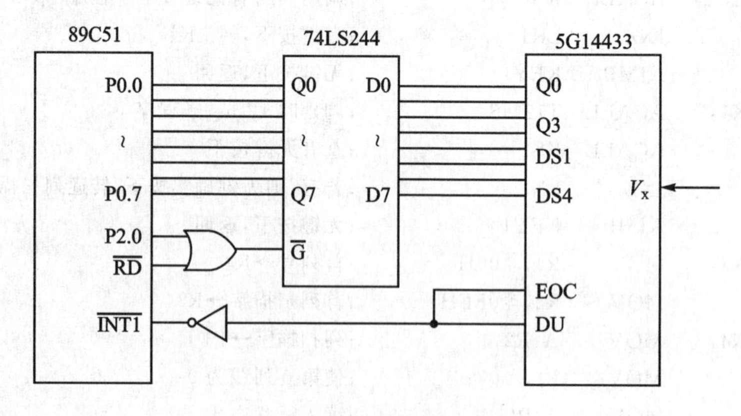


图13-17　逻辑电路图

(2) 读取A/D结果的中断服务程序:

```
MOV    DPTR,#0FE00H
MOVX   A,@DPTR
MOV    30H,A
RETI
```

**5. 在一个 $f_{OSC}$ 为12 MHz的89C51系统中接有一片D/A器件DAC0832,它的地址为7FFFH,输出电压为0 V～5 V。请画出有关逻辑框图,并编写一个程序,使其运行后能在示波器上显示锯齿波(设示波器 *X* 方向扫描频率为50 μs/格,*Y* 方向扫描频率为1 V/格)。**

答　(1) 逻辑电路如图13-18所示、波形如图13-19所示。图中89C51的P2.7接DAC0832的片选,这是因为DAC0832地址为7FFFH。

(2) 程序设计:因为示波器 *X* 方向扫描频率为50 μs/格,*Y* 方向扫描频率为1 V/格,所以选择DAC0832的输出电压为0 V～2 V,对应数字量为00H～66H(0～102);每次数据量增值为3,共34次循环,34×5 μs=170 μs,如图13-10所示。

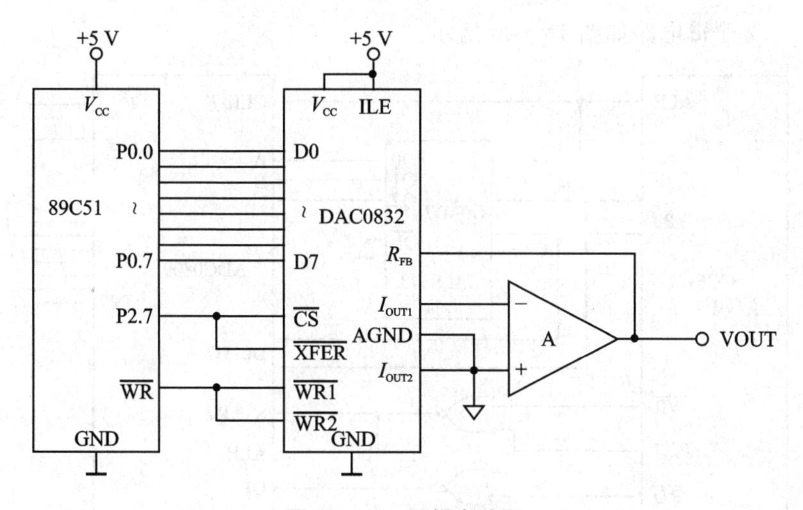


图 13－18 逻辑电路图

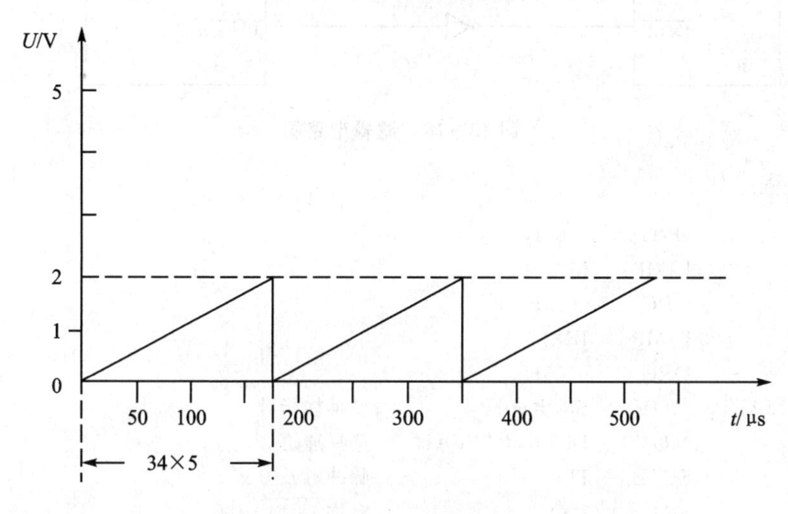


图 13－19 波形图

```
        ORG     0080H
MAIN：  MOV     DPTR,＃7FFFH      ;DAC0832 口地址
LOOP1： MOV     A,＃00H           ;初始数据量为 00H
LOOP2： MOVX    @DPTR,A           ;输出进行 D/A 转换          ⎫
        ADD     A,＃03H           ;增值 3                     ⎬ 5 μs
        CJNE    A,＃66H,LOOP2     ;未到 2 V,继续增值转换输出  ⎭
        SJMP    LOOP1             ;到 2 V,从 00H 开始转换输出
```

**6. 在一个 $f_{OSC}$ 为 12 MHz 的 89C51 系统中接有一片 A/D 器件 ADC0809,它的地址为 7FF8H～7FFFH。试画出有关逻辑框图,并编写 ADC0809 初始化程序和定时采样通道 2 的程序(假设采样频率为 1 ms 一次,每次采样 4 个数据,存于 89C51 片内 RAM 70H～73H 中)。**

**答** (1) 逻辑电路如图 13-20 所示。

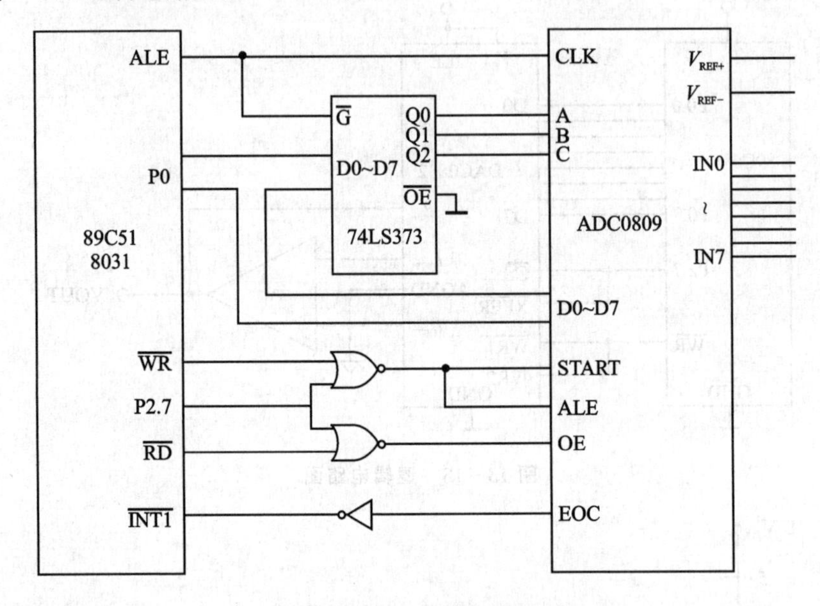


**图 13-20 逻辑电路图**

(2) 程序如下:

```
        ORG     0000H
        LJMP    MAIN
        ORG     0013H
        LJMP    IEX1
        ORG     0100H
MAIN:   MOV     SP,#60H         ;设堆栈指针
        MOV     DPTR,#7FFAH     ;选择通道 2
        SETB    IT1             ;脉冲触发方式
        SETB    EX1             ;允许 INT1 中断
        SETB    EA              ;CPU 开放中断
LOOP1:  MOV     R0,#70H         ;R0 指向数据暂存区首地址
        MOV     R7,#04H         ;每次采样数据个数→R7
LOOP2:  MOVX    @DPTR,A         ;启动 A/D 转换
HERE:   SJMP    HERE            ;等待中断
        DJNZ    R7,LOOP2        ;本次采样完否?未采完转 LOOP2,继续采样
        LCALL   D1MS            ;采完,调用 1 ms 延时子程序
        SJMP    LOOP1           ;重复循环
D1MS:   MOV     R5,#32H    ┐
D1MS1:  MOV     R6,#64H    │
D1MS2:  DJNZ    R6,D1MS2   ├    ;1 ms 延时子程序
        DJNZ    R5,D1MS1   │
        RET                ┘
```

```
        ORG     0200H
IEX1:   MOVX    A,@DPTR         ;读取数据
        MOV     @R0,A           ;存放数据
        RETI                    ;中断返回
```

**7. 在一个 89C51 系统中扩展一片 74LS 245,通过光电隔离器件外接 8 路 TTL 开关量输入信号。试画出其有关的硬件电路。**

答 硬件电路如图 13-21 所示。

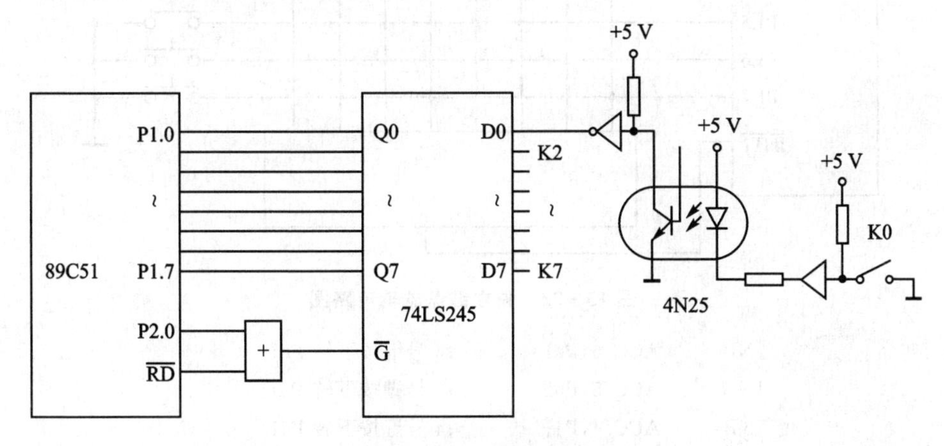


图 13-21 硬件电路图

**8. 用 89C51 的 P1 口作 8 个按键的独立键盘接口。试画出其中断方式的接口电路及其相应的键盘处理程序。**

答 (1) 逻辑电路如图 13-22 所示。

(2) 键盘处理程序:

```
        ORG     0000H
        LJMP    MAIN
        ORG     0013H
        LJMP    IEX1
        ORG     0100H
MAIN:   MOV     SP,#60H         ;设置堆栈指针
        SETB    IT1             ;脉冲触发方式
        SETB    EX1             ;允许 INT1 中断
        SETB    EA              ;CPU 开放中断
        SJMP    $               ;等待中断
IEX1:   MOV     A,#0FFH  }      ;输入时先置 P1 口为全 1
        MOV     P1,A     }
        MOV     A,P1            ;键状态输入
        JNB     ACC.7,P7F       ;7 号键按下转 P7F
```

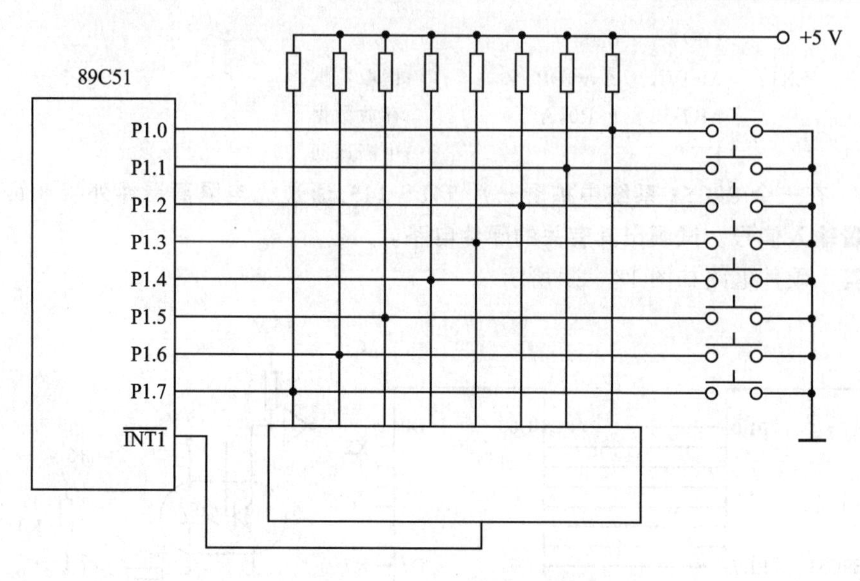


图 13-22 独立键盘逻辑电路图

```
        JNB     ACC.6,P6F        ;6 号键按下转 P6F
        JNB     ACC.5,P5F        ;5 号键按下转 P5F
        JNB     ACC.4,P4F        ;4 号键按下转 P4F
        JNB     ACC.3,P3F        ;3 号键按下转 P3F
        JNB     ACC.2,P2F        ;2 号键按下转 P2F
        JNB     ACC.1,P1F        ;1 号键按下转 P1F
        JNB     ACC.0,P0F        ;0 号键按下转 P0F
        RETI
P7F:    LJMP    PROM7
P6F:    LJMP    PROM6
P5F:    LJMP    PROM5
P4F:    LJMP    PROM4            ;入口地址表(键功能处理程序地址入口)
P3F:    LJMP    PROM3
P2F:    LJMP    PROM2
P1F:    LJMP    PROM1
P0F:    LJMP    PROM0
        …
```

**9. 试说明非编码键盘的工作原理。如何去键抖动?如何判断是否释放?**

答 (1) 非编码键盘是靠软件识别的键盘。根据系统中按键数目的多少来选择不同的键盘结构。键数少时,可采用独立式按键结构;当键数多时可采用行列式按键结构。无论采用什么结构,都是通过单片机对它控制,因此可有三种控制方式:程序控制扫描方式、定时扫描方式及中断扫描方式。以行列式非编码键盘,采用程序控制扫描方式为例,其工作原理为:首先判断键盘上有无键按下,若有键按下则去键的机械抖动影响，然后逐列(行)扫描，判别闭合键的键号，再判别键是否释放，如果键释放则按键号处理相应程序。

(2) 当判断有键按下时，执行 5 ms～10 ms 的延时程序后再判断键盘的状态。如果仍为键按下状态，则认为确实有一个键按下；否则按照键抖动处理。

(3) 判断键是否释放时，先判断键是否仍为闭合状态，如果是，则执行 5 ms～10 ms 延时程序后再判断键直到键释放，以便达到对键的一次闭合仅作一次处理。

**10. DAC0832 与 89C51 单片机连接时有哪些控制信号？其作用是什么？**

答 (1) DAC0832 与 89C51 单片机连接时的控制信号有：

$\overline{\text{ILE}}$：数据锁存允许信号；

$\overline{\text{CS}}$：输入寄存器选择信号；

$\overline{\text{WR1}}$：输入寄存器的"写"选通信号；

$\overline{\text{WR2}}$：DAC 寄存器的"写"选通信号；

$\overline{\text{XFER}}$：数据转移控制信号线。

(2) 作用(对应《单片机原理及接口技术(第 4 版)》的图 9-54)：

当 $\overline{\text{CS}}=0$，$\overline{\text{WR1}}=0$，ILE=1 时，DAC0832 片内输入寄存器的锁存信号 $\overline{\text{LE1}}=1$，输入寄存器的输出随输入变化；当 $\overline{\text{CS}}=0$，ILE=1，$\overline{\text{WR1}}$ 变高时，$\overline{\text{LE1}}=0$，输入寄存器便将输入数据锁存。

当 $\overline{\text{WR2}}=0$，$\overline{\text{XFER}}=0$ 时，DAC0832 片内 DAC 寄存器的锁存信号 $\overline{\text{LE2}}=1$，DAC 寄存器的输出随寄存器的输入变化；当 $\overline{\text{XFER}}=0$，$\overline{\text{WR2}}$ 变高时，输入寄存器的信息锁存在 DAC 寄存器中。

**11. 在一个 89C51 单片机与一片 DAC0832 组成的应用系统中，DAC0832 的地址为 7FFFH，输出电压为 0～5 V。试画出有关逻辑电路图，并编写产生矩形波，其波形占空比为 1∶4，高电平为 2.5 V，低电平为 1.25 V 的转换程序。**

答 (1) 逻辑电路如图 13-23 所示。

(2) $V_{out}=2.5\ \text{V}$，$D=2.5\times256/5=128=80\text{H}$；

$V_{out}=1.25\ \text{V}$，$D=1.25\times256/5=64=40\text{H}$；

程序如下：

```
        MOV     DPTR,#7FFFH
NEXT:   MOV     A,#80H
        MOVX    @DPTR,A
        ACALL   DELAY
        MOV     R4,#04H
        MOV     A,#40H
        MOVX    @DPTR,A
LOOP:   ACALL   DELAY
        DJNZ    R4,LOOP
```

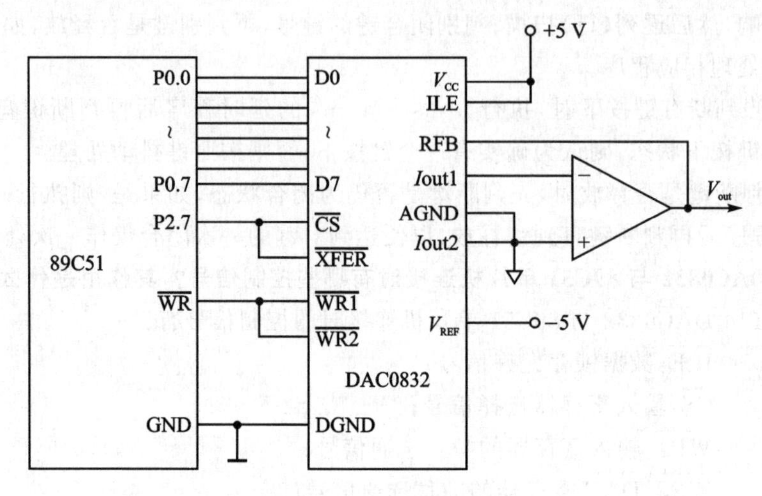


图 13-23 逻辑电路图

```
        AJMP    NEXT
DELAY:…
```

**12. 在一个由 89C51 单片机与一片 ADC0809 组成的数据采集系统中，ADC0809 的地址为 7FF8H～7FFFH。试画出有关逻辑电路图，并编写出程序，每隔 1 min 轮流采集一次 8 个通道数据共采集 100 次，其采样值存入片外 RAM 3000H 开始的存储单元中。**

答 (1) 逻辑电路如图 13-24 所示。

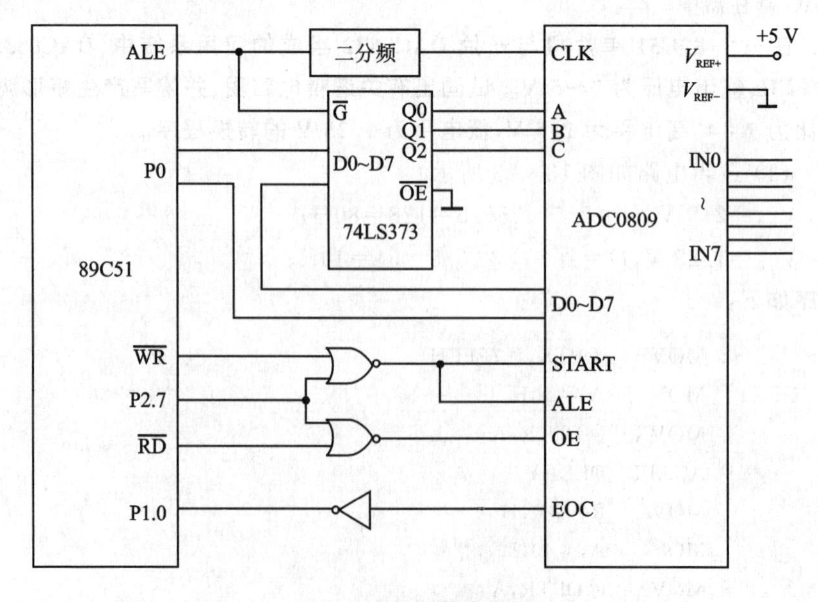


图 13-24 逻辑电路图

(2) 设 $f_{OSC}=6$ MHz,用定时器定时 100 ms,用软件记数 10×60 实现定时 1 min。A/D 转换采用查询(P1.0)方式。程序如下:

```
        ORG     0000H
        AJMP    MAIN
        ORG     001BH
        AJMP    SERVE
MAIN:   MOV     SP,#60H         ;设堆栈指针
        MOV     R7,#100         ;置采集次数
        MOV     R1,#30H         ;片外 RAM 地址高位
        MOV     R0,#00H         ;片外 RAM 地址低位
        MOV     R2,#10          ;R2 为"100 ms"计数器,置入初值 10(计 1 s)
        MOV     R3,#60          ;R3 为秒计数器,置入初值 60(计 1 min)
        MOV     TOMD,#10H       ;定时器 T1 工作于模式 1
        MOV     TH1,#3CH  }     ;计数器初值
        MOV     TL1,#0B0H }
        SETB    ET1             ;定时器 T1 允许中断
        SETB    EA              ;开中断
        SETB    TR1             ;启动定时器 T1
LOOP:   SJMP    LOOP            ;等待中断
        DJNZ    R7,LOOP         ;是否到 100 次?
        SJMP    $
SERVE:  MOV     TH1,#3CH        ;中断服务程序,重新赋计数器初值
        MOV     TL1,#0B0H
        DJNZ    R2,RETURN       ;1 s 未到,返回
        MOV     R2,#0AH         ;重新置"100 ms"计数器初值
        DJNZ    R3,RETURN       ;1 min 未到,返回
        MOV     R6,#8           ;8 个通道计数器初值
        MOV     DPTR,#7FF8H     ;IN0 地址
NEXT:   MOVX    @DPTR,A         ;启动 A/D 转换
        JB      P1.0,$          ;判转换是否结束
        MOVX    A,@DPTR         ;读取转换结果
        PUSH    DPH             ;将通道地址压入堆栈
        PUSH    DPL             ;
        MOV     DPH,R1          ;将片外 RAM 地址送 DPTR
        MOV     DPL,R0
        MOVX    @DPTR,A         ;将转换结果存入片外 RAM
        INC     DPTR            ;片外 RAM 地址增 1
        MOV     R1,DPH          ;保存片外 RAM 地址
        MOV     R0,DPL
```

```
        POP     DPL                 ;恢复通道地址
        POP     DPH
        DJNZ    R6,NEXT             ;8个通道是否采集结束
RETURN: RETI                        ;中断返回
```

**13. 以DAC0832为例,说明D/A的单缓冲与双缓冲有何不同。**

答 在本书9.3.4小节。

**14. 以DAC0832为例,说明D/A的单极性输出与双极性输出有何不同。**

答 在本书9.3.5小节。

**15. A/D和D/A的主要技术指标中,"分辨率"与"转换精度"(即"量化误差"或"转换误差")有何不同?**

答 在本书9.3.6小节。

**16. 在什么情况下要使用D/A转换器的双缓冲方式?试以DAC0832为例绘出双缓冲方式的接口电路。**

答 (1) 要使用D/A转换器的双缓冲方式的情况

有些D/A转换器(如DAC0832)的内部具有两级缓冲结构,即芯片内有一个8位输入寄存器和一个8位DAC寄存器。这样的双缓冲结构,可使DAC转换输出前一个数据的同时,将下一个数据传送到8位输入寄存器,以提高D/A转换的速度。更重要的是,能够使多个D/A转换器在分时输入数据之后,同时输出模拟电压。

(2) D/A转换器DAC0832的双缓冲方式的接口电路

如图13-25所示的接口电路采用的是双缓冲方式。用口线P1.7控制向第一片还是向第二片传送数据,用口线P1.6控制第二级缓冲。

若第一片的数据在R5中,第二片的数据在R6中,此时传送数据用汇编语序编写的程序如下:

```
SETB    P1.6        ;禁止DAC输出
SETB    P1.7        ;第一片禁止,第二片开通
MOV     A,R6        ;取来第二片数据
MOVX    @R0,A       ;第二片数据锁存
CLR     P1.7        ;第一片开通,第二片禁止
MOV     A,R5        ;取来第一片数据
MOVX    @R0,A       ;第一片数据锁存
CLR     P1.6        ;DAC输出
```

用C语言编写的程序如下:

```
#include <reg51.h>
#include <absacc.h>
define OUT_PORT XBYTE[0xffff]
sbit P1^6=OE
```

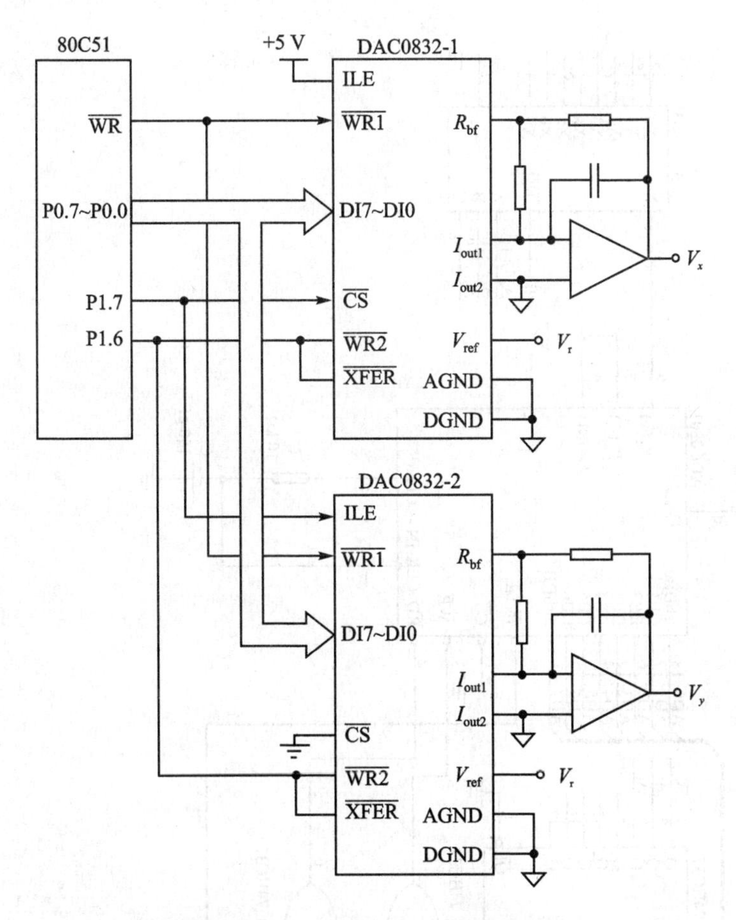


图 13-25 双缓冲方式的接口电路

```
sbit P1^7=DATA_OUT
void dac2b (data1,data2)
{
ucar data1,data2;
OE=1;                /* 禁止 DAC 输出 */
DATA_OUT=1;          /* 第一片禁止,第二片允许 */
OUT_PORT=data2;      /* 送出第二片数据
DATA_OUT=0;          /* 第一片允许,第二片禁止 */
OUT_PORT=data1;      /* 送出第一片数据 */
OE=0;                /* DAC 输出 */
OE=1;                /* 禁止 DAC 输出 */
}
```

**17. 设计串行 A/D 芯片 ADC0801 以 89C51 为控制器的 8 路输入巡回检测系统。**

答 ADC0801 与 89C51 的接口电路如图 13-26 所示。

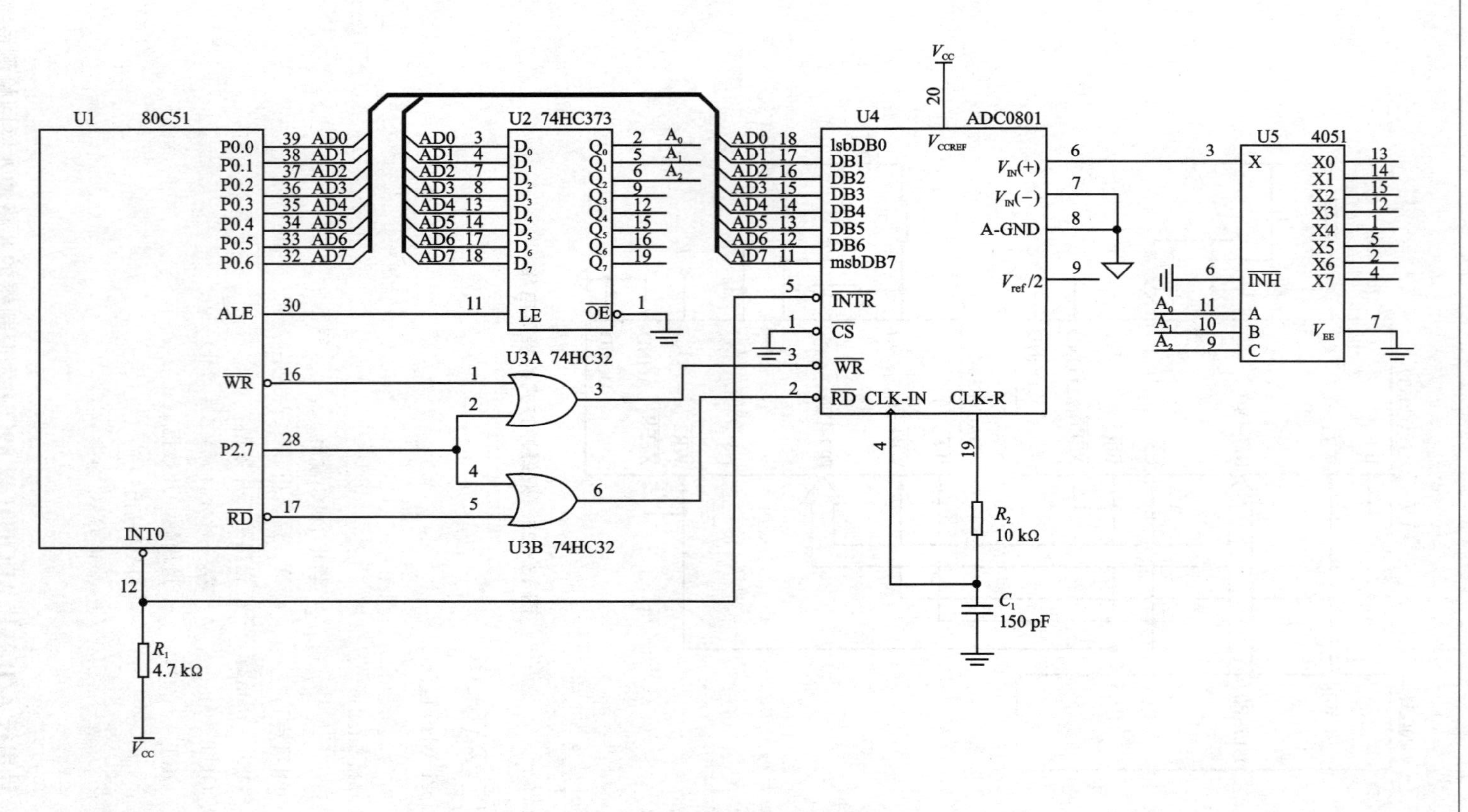


图13-26 ADC0801与80C51的接口电路

P0 口直接与 ADC0801 的数据线相接。P2.7 与单片机的读($\overline{RD}$)和写($\overline{WR}$)信号分别相“或”而得到 ADC0801 的读($\overline{RD}$)和写($\overline{WR}$)信号。

P0 口的低 3 位通过锁存器 74HC373 与输入多路开关 4051 的 $A_0$、$A_1$、$A_2$ 相连,锁存器的锁存信号是 80C51 的 ALE 信号。

从图 13-26 中可以看出,4051 的 8 个通道所占用的外部 RAM 地址为 7FF8H~7FFFH。

采集数据可以用中断法,也可用延时等待法。

中断法:

```
          ORG      0003H          ;外部中断 0 入口地址
          LJMP     INTDATA
          ORG      0100H          ;数据采集子程序
SAMP:     MOV      R0,#20H        ;数据缓冲区首址
          MOV      R2,#8          ;通道计数器
          MOV      DPTR,#7FF8H    ;指向 0 通道
          MOVX     A,@DPTR        ;复位 INTR
START:    SETB     F0             ;置中断标志
          MOVX     @DPTR,A        ;启动 A/D
          CLR      IT0            ;选择电平触发方式,低电平有效
          SETB     EX0            ;允许外部中断 0
          SETB     EA             ;开中断
LOOP:     JB       F0,LOOP
          DJNZ     R2,START
          RET
INTDATA:  MOVX     A,@DPTR        ;读数据,撤销中断
          MOV      @R0,A          ;存数据
          INC      R0
          INC      DPTR
          CLR      F0             ;撤销中断标志
          RETI
```

用 C 语言编写的程序如下:

```
#include <reg51.h>
#include <absacc.h>
#define IN_PORT0 XBYTE [0x7FF8]          /* 设置 AD0809 的通道 0 的地址 */
unsigned char Data [8];
  int i;
void delay (void){
  int i;
```

```
  for (i=0;i<0x20;i++)
    {;}
}
void int_0 (void) interrupt 0 using 0
{
    for (i=0;i<8;i++)                              /* 处理8个通道
      {
          Data [i]= * ad_adr;
          ad_adr++
      }
}
void main (void)
{
  uchar i;
  uchar xdata * ad_adr;
  IT0=1;
  EX0=1;
  EA0=1;
  ad_adr=& IN_PORT0;
  * ad_adr=0;                                     /* 启动A/D0 */
  delay( )
}
```

**18. 在一个晶振频率为12 MHz的AT89S51系统中,接有1片A/D器件ADC0809,它的地址为0EFF8H~0EFFFH。试画出有关逻辑框图,并编写0~3通道的定时采样程序。设采样频率为2 ms一次,每个通道采50个数。把所采的数按0、1、2、3通道的顺序存放在以3000H为首址的片外数据存储区中。**

答　逻辑框图见图13-27,程序如下:

```
    MOV     R1,#50          ;设置采样次数
    MOV     R5,#30H         ;数据存放首地址
    MOV     R6,#00H
EX10_9A:
    MOV     R2,#04H         ;采样通道数
    MOV     R3,#0EFH        ;设置0通道地址
    MOV     R4,#0F8H
EX10_9B:
    MOV     DPH,R3
    MOV     DPL,R4
    MOVX    @DPTR,A         ;启动当前通道
```

```
NOP
JB       P3.3,$            ;等待转换完成
MOVX     A,@DPTR           ;将转换结果读入
INC      R4                ;通道地址加 1
MOV      DPH,R5            ;取存储地址
MOV      DPL,R6
MOVX     @DPTR,A           ;保存结果
INC      DPTR              ;修改地址
MOV      R5,DPH            ;保存地址
MOV      R6,DPL
LCALL    DLY_2MS           ;调延时 2 ms 子程序(省略)
DJNZ     R2,EX10_9B        ;4 路转换未完,继续
DJNZ     R1,EX10_9A        ;50 次转换未完,继续
LJMP      $                ;结束
```

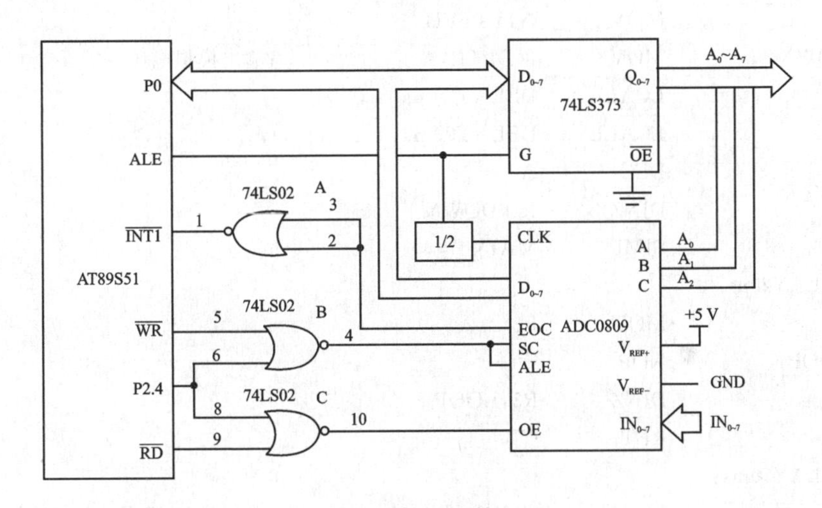


图 13-27 逻辑框图

**19. 使用 D/A 转换器 DAC0832 产生梯形波,梯形波的上升段和下降段宽度各为 5 ms 和 10 ms,波峰宽度为 50 ms,请编程实现。加上必要的伪指令,并对源程序加以注释。**

答 设定 DAC0832 最大输出为 249(0～249),那么上升段每一步需要延时 5 ms/250=20 μs,下降段每步延时 40 μs(不需考虑指令本身延时),波峰延时 50 ms,因此,需要两个延时子程序,一个 20 μs,一个 50 ms。假设 0832 寄存器地址为 2000H,晶振为 12 MHz。

程序如下:

```
        ORG      0000H
        AJMP     MAIN
```

```
        ORG     0100H
MAIN:
        MOV     DPTR,#2000H
        MOV     R2,#250
        MOV     R1,#0
UP:     MOV     A, R1               ;上升段
        MOVX    @DPTR,A             ;输出一步模拟电压
        LCALL   DELAY 20 μs
        INC     R1
        DJNZ    R2,UP
LEVEL:  MOV     A,#0FFH             ;波峰
        MOVX    @DPTR,A             ;输出模拟电压
        LCALL   DELAY50ms           ;波峰延时 50 ms
        MOV     R2,#250             ;下降段
        MOV     A,#0FFH
DOWN:   MOVX    @DPTR,A             ;输出模拟电压
        LCALL   DELAY20 μs
        LCALL   DELAY20 μs
        DEC     A
        DJNZ    R2,DOWN
        SJMP    MAIN
DELAY20μs:
        MOV     R3,#2
LOOP:   NOP
        DJNZ    R3,LOOP
        RET
DELAY50ms:
        MOV     TMOD,#10H           ;定时器/计数器 T1 定时器方式 1
        MOV     TH1,#3CH            ;T1 定时 50 ms
        MOV     TL1,#0B0H
        CLR     ET1
        SETB    TR1
WT:     JBC     TF1,DOK             ;查询 50 ms 定时
        AJMP    WT
DOK:    RET
        ENDI
```

**20. 如何用静态方式实现多位 LED 显示？请画出接口电路图，并编写 LED 显示程序。**

答　静态 LED 显示电路如图 13－28 所示。

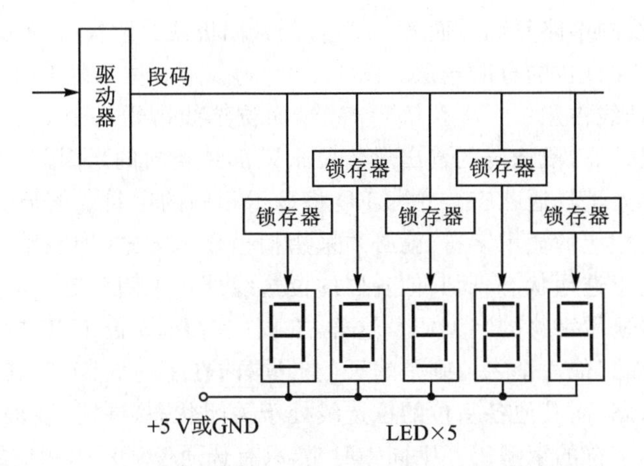


图 13-28 静态 LED 显示电路

LED 静态显示方式的特点是字位同时被选通。LED 显示器工作于静态显示方式时,各位的共阴极(或共阳极)连接在一起并接地(或 5 V);每位的段选线(a~dp)分别与一个 8 位的锁存器输出相连。之所以称为静态显示,是由于显示器中的各字位相互独立,而且其显示字符一经确定,相应锁存器的输出将维持不变,直到显示另一个字符为止。因此,静态显示器的亮度都比较高。

图 13-28 为一个 5 位静态 LED 显示器电路。电路中各字位 LED 可独立显示,只要在该字位的段选线上保持段选码电平,该字位就能保持相应的显示字符。由于各字位分别由一个 8 位锁存器控制段选码,故在同一时间里,每一位显示的字符可以各不相同。

**21. 如何用动态方式实现多位 LED 显示?请画出接口电路图,并编写 LED 显示程序。**

答 动态 LED 显示电路如图 13-29 所示。

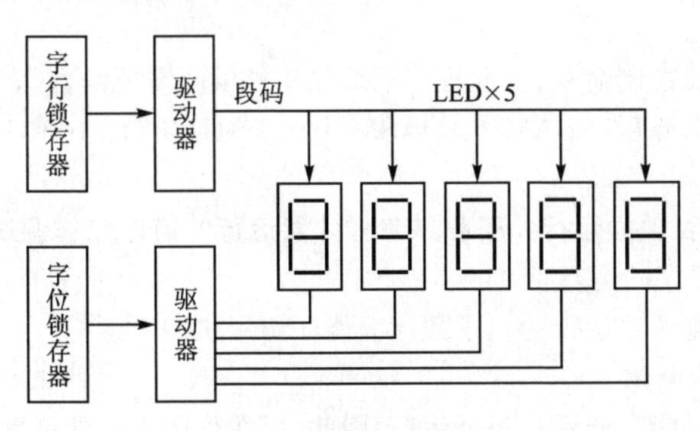


图 13-29 动态 LED 显示电路

采用 LED 动态显示方式时,LED 各字位分时选通。通常将所有 LED 字位的段选线相应地并联在一起,由一个(7 段 LED)或两个("米"字段 LED)8 位 I/O 口控制,形成LED段选线的多路复用。而各LED位的共阳极或共阴极分别由相应的I/O口线控制,实现各LED位的分时选通。图13-29为一个5位7段LED动态显示电路原理图,其中段选线占用一个8位I/O口线,而位选线占用一个5位I/O口线。由于各位的段选线并联,段选码的输出对各位来说都是相同的。因此,在同一时刻,如果各位的选线都处于选通状态,5位LED将显示相同的字符。若要各位LED能够显示出与本字位相应的显示字符,就必须采用扫描显示方式,即在某一时刻,只让某一位的位选线处于选通状态,而其他各位的位选线处于关闭状态,同时,在段选线上输出相应字位要显示字符的字型码。这样,在同一时刻,5位LED中只有选通的字位显示出字符,而其他4个字位则是熄灭的。同样,在下一时刻,只让下一字位的位选线处于选通状态,而其他各字位的位选线处于关闭状态,同时,在段选线上输出相应字位将要显示字符的字型码。则同一时刻,只有选通位显示出相应的字符,而其他各位则是熄灭的。如此循环下去,就可以使各字位显示出将要显示的字符,虽然这些字符是在不同时刻出现的,而且同一时刻,只有一个字位显示,其他各个字位熄灭,但由于人眼有视觉暂留现象,只要每字位显示间隔足够短,则可造成多字位同时亮的假象,达到显示的目的。

## 13.10 第10章习题及补充习题解答

**1. 什么是汇编语言程序设计中的编辑与汇编?常用的80C51编辑软件是什么?为什么要对源文件进行汇编?源文件中的伪指令起什么作用?**

**答** 应用程序设计时,在进入程序调试前,应完成源程序的编写和汇编,这就是调试前的编辑与汇编工作。

汇编语言源程序由许多汇编语句组成,它的文件扩展名为.ASM。通常采用QE或PE编辑软件来编写汇编语言源程序。在80C51中,对源程序进行汇编的软件工具为MASM-51。

伪指令为汇编控制命令,为源程序汇编操作提供所需要的数据信息,只在源程序中使用。如教材中源程序SAMPLE.ASM中用于地址定位的ORG和汇编终止标记END等。

**2. 子程序能否独立运行?子程序怎样才能运行?通常怎样调试一个子程序?**

**答** (1) 子程序的运行

子程序是不能独立运行的。子程序只能在调用状态下运行。

(2) 子程序的调试

由于子程序只能在调用状态下运行,因此,可在程序入口处设置一子程序调用指令,而子程序返回后设置一循环指令即可。如下所示,用伪指令ORG将程序定位在某一指令空间,例如1000H。

```
        ORG     1000H
```

```
        MOV     R0,#FRQNM       ;结果缓冲区首址入R0
        LCALL   SMPNM           ;调用SMPNM子程序
        SJMP    $               ;子程序返回后原地循环
SMPNM:  MOV     TMOD,#55H       ;SMPNM子程序,详见SMPNM子程序清单,
                                ;其中省去了"MOV   R0,#FRQNM"指令
        CLR     A
        MOV     @R0,TL0
        RET
```

**3. 子程序调用和返回时,堆栈起什么作用?如何利用堆栈特性实现中断程序中的散转操作?**

答 (1) 子程序调用和返回时堆栈的作用

通常,在调用子程序时,调用指令的下一条指令地址自动进栈(低位在先,高位在后);子程序返回时,地址自动弹出,形成子程序返回地址。一般子程序的调用过程如图13-30所示。

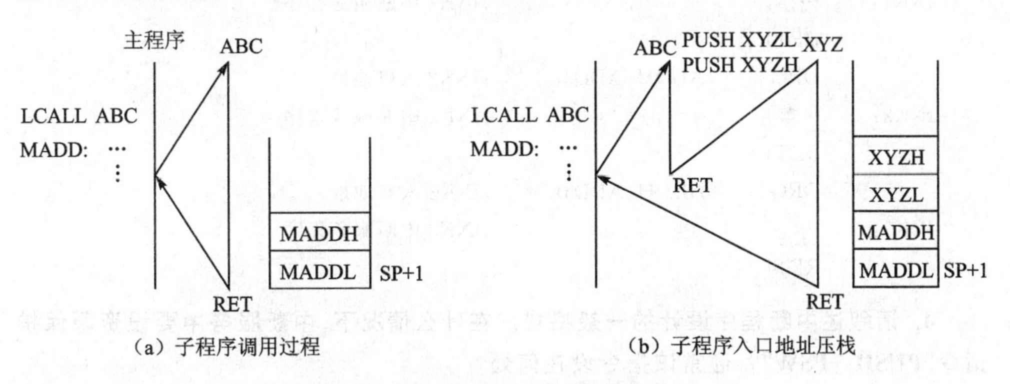

(a) 子程序调用过程　　(b) 子程序入口地址压栈

**图13-30 子程序调用及堆栈示意图**

(2) 利用堆栈特性实现中断程序中的散转操作

① 子程序中压栈的程序转移原理:在子程序返回前将转移地址进行入栈操作,就可以实现子程序的任意转移操作。

主程序调用某ABC子程序时,如调用指令的下一条标号为MADD的指令地址(MADDH、MADDL)入栈保护。执行完ABC子程序后,栈中地址弹出,程序返回到主程序MADD处。

如果在执行子程序ABC中,将某个子程序的入口地址XYZ压入堆栈,如图13-30(b)所示。当ABC子程序返回时,堆栈中弹出的地址是XYZ。这时ABC子程序不会返回主程序,而是转向XYZ子程序。只有执行完XYZ子程序,在子程序返回指令RET操作下,弹出MADDH、MADDL,程序才返回MADD处。

② 多中断源的散转操作:利用上述的程序转移原理可以实现多中断源的散转操作。将散转的入口地址ADDiL、ADDiH依次压入堆栈,随后执行子程序返回指令,

程序就会转移到入口地址。不同的中断源输入，转移到不同的入口处，实现了多中断源的散转。如图13-31所示。

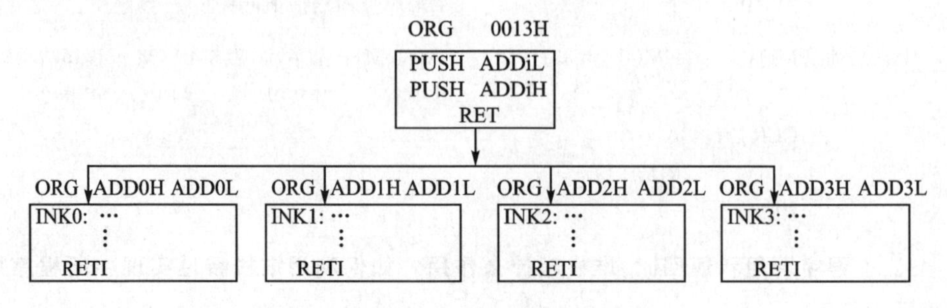


图13-31　多中断源散转操作示意图

```
INK0:   …                        ;INK0 中断服务程序
        RETI
        ORG     ADDH、ADD1L      ;INK1 入口地址
INK1:   …                        ;INK1 中断服务程序
        RETI
        ORG     ADDH、ADD2L      ;INK2 入口地址
INK2:   …                        ;INK2 中断服务程序
        RETI
        ORG     ADDH、ADD3L      ;INK3 入口地址
INK3:   …                        ;INK3 中断服务程序
        RETI
```

**4. 请叙述中断程序设计的一般格式。在什么情况下，中断服务中要设资源保护指令"PUSH　PSW"？通常该指令设在何处？**

答　(1) 中断程序设计的一般格式

中断程序一般都包含有两个部分，即主程序中的中断初始化和实现中断操作任务的中断服务程序，如图13-32所示。

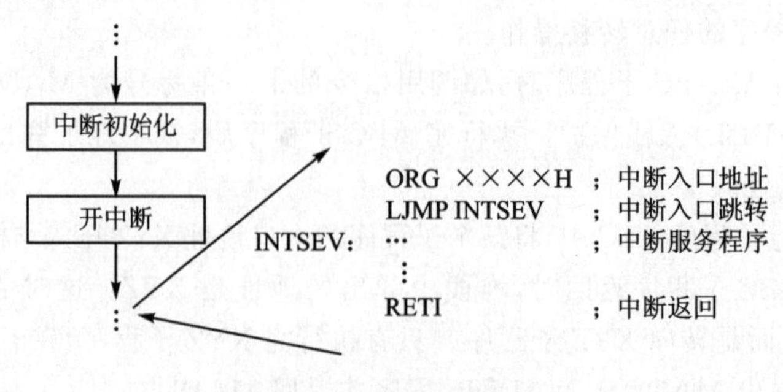


图13-32　中断程序示意图

在主程序中任何地点都可设置中断初始化，但只有在中断初始化开中断之后，有

中断源请求中断时才响应中断，将程序立即转移到该中断源的入口地址处，进入中断服务操作。

中断服务操作结束后，程序又返回到主程序的中断出口处，继续执行原来被中断的主程序。

(2) 中断服务中资源保护指令的设置

由于中断响应是对主程序的随机插入性操作，在主程序断点前后资源必须连续使用，若该资源会被中断服务程序占用时，必须将主程序中的该资源压入堆栈保护，待中断返回前退出堆栈。

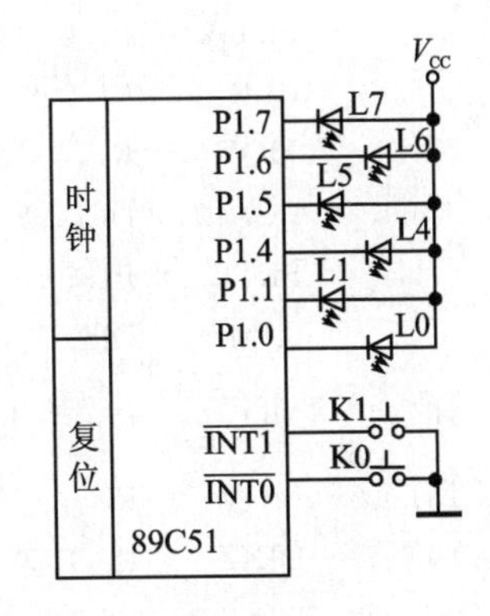


图 13 – 33 循环点亮主程序

例如：如图 13 – 33 所示，设计一个循环点亮 L4～L7 的主程序，每次点亮的时间由 data 给定。在主程序起始处设置 $\overline{INT0}$、$\overline{INT1}$ 中断初始化。在中断服务程序中分别点亮 L0 和 L1 片刻，其时间由常数 data0、data1 给定。

主程序清单如下：

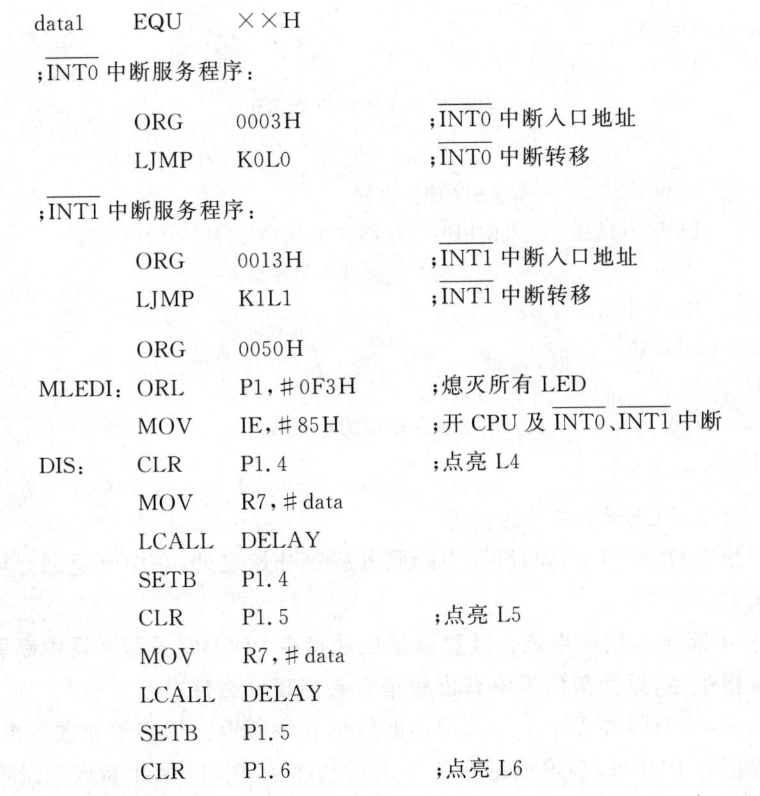

```
data      EQU    ××H              ;延时时间常数
data0     EQU    ××H
data1     EQU    ××H
;INT0 中断服务程序：
          ORG    0003H            ;INT0 中断入口地址
          LJMP   K0L0             ;INT0 中断转移
;INT1 中断服务程序：
          ORG    0013H            ;INT1 中断入口地址
          LJMP   K1L1             ;INT1 中断转移
          ORG    0050H
MLEDI:    ORL    P1,#0F3H         ;熄灭所有 LED
          MOV    IE,#85H          ;开 CPU 及 INT0、INT1 中断
DIS:      CLR    P1.4             ;点亮 L4
          MOV    R7,#data
          LCALL  DELAY
          SETB   P1.4
          CLR    P1.5             ;点亮 L5
          MOV    R7,#data
          LCALL  DELAY
          SETB   P1.5
          CLR    P1.6             ;点亮 L6
```

```
        MOV     R7,＃data
        LCALL   DELAY
        SETB    P1.6
        CLR     P1.7            ;点亮 L7
        MOV     R7,＃data
        LCALL   DELAY
        SETB    P1.7
        AJMP    DIS
DELAY:  MOV     R6,＃0FFH       ;延时子程序,延时常数预装在 R7 中
DL1:    MOV     R5,＃0FFH
DL0:    DJNZ    R5,DL0
        DJNZ    R6,DL1
        DJNZ    R7,DELAY
        RET
K0L0:   PUSH    PSW             ;PSW 保护进栈
        MOV     PSW,＃18H       ;使用的寄存器组 2,保护主程序中的寄存器
        CLR     P1.0            ;点亮 L0,延时片刻后熄灭
        MOV     R7,＃data0
        LCALL   DELAY
        SETB    P1.0
        POP     PSW             ;恢复主程序中的寄存器组
        RETI
K1L1:   PUSH    PSW             ;PSW 保护进栈
        MOV     PSW,＃18H       ;使用的寄存器组 3,保护主程序中的寄存器
        CLR     P1.0            ;点 0 亮 L1,延时片刻后熄灭
        MOV     R7,＃data1
        LCALL   DELAY
        SETB    P1.0
        POP     PSW             ;恢复主程序中的寄存器组
        RETI
```

(3) 资源保护指令(PUSH PSW)的位置

通常资源保护指令(PUSH PSW)设在中断服务程序开始之处,在中断返回之前再从堆栈中弹出来。

**5. 在子程序及中断服务程序中能否随意设置压栈指令 PUSH? 子程序及中断服务程序中设置压栈指令后,返回前如果没有出栈指令会出现什么情况?**

答　正常情况下,中断服务程序中压入堆栈的数据在中断返回前必须如数退出,即设置了几条压栈指令 PUSH,必须也设置几条出栈指令 POP,以保证断点地址在

堆栈顶部,中断返回时能准确返回到中断响应的断点处。

如果压入和弹出的个数不等,即有的压栈指令没有对应的出栈指令,将会改变子程序和中断服务程序的返回地址。如果有意识地利用这一特性,可以在子程序和中断服务中实现程序的转移。

## 13.11 第 11 章习题及补充习题解答

**1. 在 C 语言的逻辑运算中,代表逻辑值“真”和“假”的数字分别是什么?**

答 “1”代表逻辑值“真”,“0”代表逻辑值“假”。

**2. C51 编译器支持两种类型的指针,分别是什么指针?**

答 分别是一般指针和指向存储器的指针。

**3. C51 程序由函数构成,C51 程序总是从什么函数开始执行?**

答 从主函数开始执行。

**4. 若用数组名作为函数调用的实参,则传递给形参的是数组第几个元素的值?**

答 传递给形参的是数组第 1 个元素的值。

**5. 若有“int i=10,j=0;”,则执行完语句“if(j=0)i−−; else i++;”后 i 的值为多少?**

答 i 的值为 11。

**6. 若有语句 char ch[]="Ganzhou";则编译后分配给数组 ch 的内存占用的字节数为多少?**

答 分配给数组 ch 的内存占用的字节数为 8。

**7. C51 语言程序的 3 种基本结构是什么?**

答 是顺序结构、选择结构和循环结构。

**8. 当 a=8,b=4,c=2 时,表达式 y=a>b>c 的值是多少?**

答 为 0。

9. 设 a 和 b 均为 int 型变量,且 a=1,b=2,则表达式 2.5+a/b 的值是多少?

答 为 2.5。

**10. 若 x 为 int 型变量,则执行以下语句后 x 的值是多少?**

```
x=12;
x+=x-=x*x;
```

答 x 的值为−264。

**11. 请写出以下程序的输出结果。**

```
main()
{
int  x=50;
  if(x>50)  printf("%d\n",x>50);
```

```
else   printf("%d\n",x<=50);
}
```

答 程序输出结果为：1。

**12. 指出属于 C51 扩展的数据类型都有哪些？**

答 C51 增加了一些特殊的数据类型,包括 bit、sfr、sfr16、sbit。

**13. 答** (1) Y=1

(2) Y=2

(3) Y=3

**14. 答** (SP)=60H+1=61H

**15. 答** (20H)=20H,(21H)=00H,(22H)=17H,(23H)=01H,
CY=1,A=17H,R0=23H,R1=28H

**16. 答** ADC0809 与 89C51 接线图如图 13-34 所示。

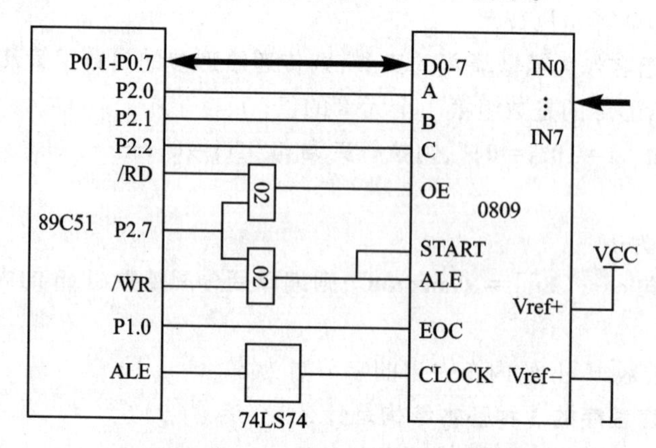


**图 13-34 ADC0809 与 89C51 接线图**

0～7 通道地址：fef8h～feffh

```
        ORG     000H
        LJMP    MAIN
        ORG     0003H
        LJMP    I_INT0
        ORG     000BH
        LJMP    I_T0
        ORG     050H
MAIN:   MOV     SP,#60H
        SETB    IT1
        SETB    ET0
        SETB    EX1
        SETB    EA
```

```
        MOV     TMOD,#00000010B
        MOV     TH0,#06H
        MOV     TL0,#06H
        MOV     R4,#240
        MOV     R5,#250
        MOV     R7,#8
        MOV     R6,#50
        MOV     R0,#20H
        SETB    TR0
        SJMP    $
I_T0:   DJNZ    R4,GORET
        MOV     R4,#240
        DJNZ    R5,GORET
        MOV     R5,#250
        MOV     DPTR,#0FEF8H
        MOVX    @DPTR,A
        DEC     R7
GORET:  REIT
I_INT0: MOVX    A,@DPTR
        MOV     @R0,A
        INC     DPTR
        INC     R0
        MOVX    @DPTR,A
        DJNZ    R7,GORETI
        MOV     R7,#8
        DJNZ    R6,GORETI
        CLR     TR0
        CLR     EX1
GORETI: RETI
```

**17. A/D 芯片 ADC0809 与单片机的接口电路如图 13-35 所示。编写采用查询方式采集数据的 C51 应用程序。**

答 C51 程序如下：

```
# include "reg51.h"
# include "absacc.h"
# define uchar unsigned char
# define IN0 XBYTE[0x7ff8]
sbit ad_busy = P3^3;
```

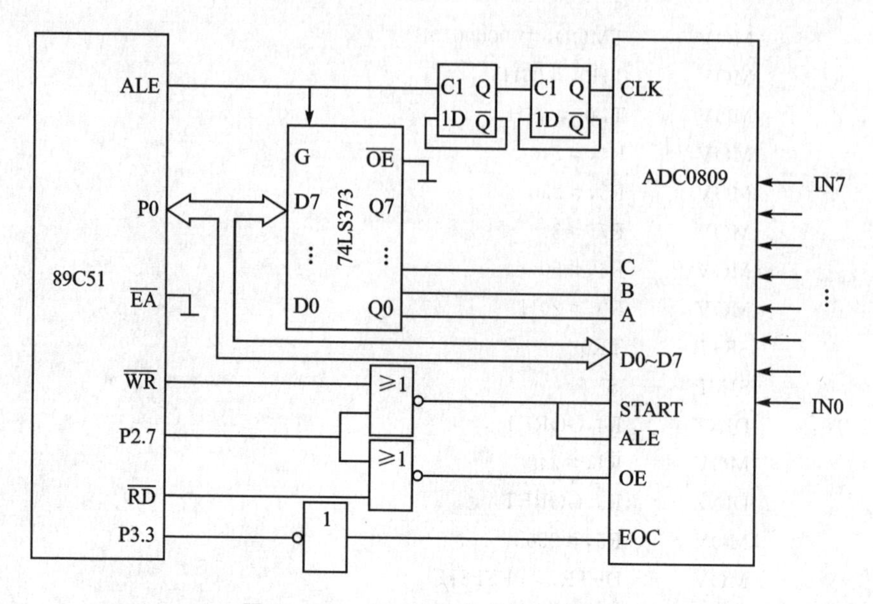


图 13-35　ADC0809 与单片机的接口

```
void ad0809(uchar idata * x)
{
    uchar i;
    uchar xdata * ad_adr;
    ad_adr = & IN0;
    for(i = 0;i<8;i + + )
        {
        * ad_adr = 0;                          /* 启动转换 */
        i = i;                                 /* 延时等待 */
        i = i;
        while (ad_bush!  = 0);
        x[i] = * ad_adr;                       /* 存转换结果 */
        ad_adr + + ;                           /* 下一通道 */
    }
}

void  main(void)
{
    static uchar idata ad[10];
    ad0809(ad);
}
```

**18. 在单片机领域,目前最广泛使用的是哪种语言?有哪些优越性?这种语言,单片机能否直接执行?**

答 ① 在单片机领域,汇编语言和 C 语言是目前最广泛使用的两种语言。

② 汇编语言的优越性:

汇编语言要比机器语言前进了一大步。它醒目、易懂、不易出错,即使出错,也容易发现和修改。这给编制、阅读和修改程序带来了极大的方便,因此,它是微型计算机所使用的主要语言之一。

汇编语言是计算机能提供给用户的最快而又最有效的语言,也是能利用计算机所有硬件特性并能直接控制硬件的唯一语言。因而,在对于程序的空间和时间要求很高的场合,汇编语言是必不可缺的。很多需要直接控制硬件的应用场合,则更是非用汇编语言不可的了。

但是,汇编语言同机器语言一样,都脱离不开具体的机器,因此这两种语言均为“面向机器”的语言。由于汇编语言是面向机器的语言,因此使用汇编语言进行程序设计必须熟悉计算机的系统结构、指令系统和寻址方式等功能,才能编写出符合要求的程序。

从前,汇编语言是单片机工程师进行软件开发的唯一选择,但汇编语言程序的可读性和可移植性较差,采用汇编语言编写单片机应用系统程序的周期长,而且调试和排错也比较困难。

汇编语言不能为单片机所直接执行,必须通过汇编之后生成能为机器直接执行的机器码。

③ C 语言的优越性:

C 语言是一种通用的编译型结构化计算机程序设计语言,在国际上十分流行,它兼顾了多种高级语言的特点,并具备汇编语言的功能。它支持当前程序设计中广泛采用的由顶向下的结构化程序设计技术。C 语言有功能丰富的库函数、运算速度快、编译效率高,并且采用 C 语言编写的程序能够很容易在不同类型的计算机之间进行移植。因此,C 语言的应用范围越来越广泛。

用 C 语言来编写目标系统软件,会大大缩短开发周期,且明显地增加软件的可读性,便于改进和扩充,从而研制出规模更大、性能更完备的系统。

因此,用 C 语言进行单片机程序设计是单片机开发与应用的必然趋势。对汇编语言掌握到只要可以读懂程序,在时间要求比较严格的模块中进行程序的优化即可。采用 C 语言也不必对单片机和硬件接口的结构有很深入的了解,编译器可以自动完成变量的存储单元的分配,编程者就可以专注于应用软件部分的设计,大大加快了软件的开发速度。采用 C 语言可以很容易地进行单片机的程序移植工作,有利于产品中的单片机重新选型。

一般的高级语言难以实现汇编语言对计算机硬件直接进行操作(如对内存地址的操作、移位操作等)的功能,而 C 语言既具有一般高级语言的特点,又能直接对计算机的硬件进行操作。C 语言具有直接访问单片机物理地址的能力,可以直接访问片内或片外存储器,还可以进行各种位操作。C语言的模块化程序结构特点,可以使程序模块共享,不断丰富。C语言可读性好的特点,更容易借鉴前人的开发经验,提高自己的软件设计水平。采用C语言,可针对单片机常用的接口芯片编制通用的驱动函数;可针对常用的功能模块、算法等编制相应的函数。这些函数经过归纳整理可形成专家库函数,供广大的单片机爱好者使用,这样可大大提高国内单片机软件设计水平。

众所周知,汇编语言程序目标代码的效率是最高的。这就是为什么汇编语言仍是编写计算机系统软件的重要工具的原因。但是统计表明,对于同一个问题,用C语言编写程序生成代码的效率仅比用汇编语言编写的程序低10%～20%。目前世界上最好的51系列单片机的C编译器——Keil C51,能够产生形式非常简洁、效率极高的程序代码,在代码质量上可以与汇编语言相媲美。

因此,目前C语言逐渐成为国内外开发单片机的主流语言。

尽管C语言具有很多的优点,但和其他任何一种程序设计语言一样也有其自身的缺点,如不能自动检查数组的边界,各种运算符的优先级别太多,某些运算符具有多种用途等。但总的来说,C语言的优点远远超过了它的缺点。经验表明,程序设计人员一旦学会使用C语言之后,就会对它爱不释手,尤其是单片机应用系统的程序设计人员更是如此。

与汇编语言一样,C语言也不能为单片机所直接执行,必须通过编译之后生成能为机器直接执行的机器码。

# 附　　录

## 附录 A　MCS-51 指令表

MCS-51 指令系统所用符号和含义：

| | |
|---|---|
| addr11 | 11 位地址 |
| addr16 | 16 位地址 |
| bit | 位地址 |
| rel | 相对偏移量，为 8 位有符号数（补码形式） |
| direct | 直接地址单元（RAM、SFR） |
| #data | 立即数 |
| Rn | 工作寄存器 R0～R7 |
| A | 累加器 |
| Ri | i=0 或 1，数据指针 R0 或 R1 |
| X | 片内 RAM 中的直接地址或寄存器 |
| @ | 间接寻址方式中，表示间址寄存器的符号 |
| (X) | 在直接寻址方式中，表示直接地址 X 中的内容；在间接寻址方式中，表示间址寄存器 X 指出的地址单元中的内容 |
| → | 数据传送方向 |
| ∧ | 逻辑"与" |
| ∨ | 逻辑"或" |
| ⊕ | 逻辑"异或" |
| √ | 对标志位产生影响 |
| × | 不影响标志位 |

表 A-1　算术运算指令

| 十六进制代码 | 助记符 | 功能 | 对标志位影响 | | | | 字节数 | 周期数 |
|---|---|---|---|---|---|---|---|---|
| | | | P | OV | AC | CY | | |
| 28～2F | ADD A,Rn | A+Rn→A | √ | √ | √ | √ | 1 | 1 |
| 25 | ADD A,direct | A+(direct)→A | √ | √ | √ | √ | 2 | 1 |

**续表 A-1**

| 十六进制代码 | 助记符 | 功能 | 对标志位影响 | | | | 字节数 | 周期数 |
|---|---|---|---|---|---|---|---|---|
| | | | P | OV | AC | CY | | |
| 26,27 | ADD A,@Ri | A+(Ri)→A | √ | √ | √ | √ | 1 | 1 |
| 24 | ADD A,#data | A+data→A | √ | √ | √ | √ | 2 | 1 |
| 38～3F | ADDC A,Rn | A+Rn+CY→A | √ | √ | √ | √ | 1 | 1 |
| 35 | ADDC A,direct | A+(direct)+CY→A | √ | √ | √ | √ | 2 | 1 |
| 36,37 | ADDC A,@Ri | A+(Ri)+CY→A | √ | √ | √ | √ | 1 | 1 |
| 34 | ADDC A,#data | A+data+CY→A | √ | √ | √ | √ | 2 | 1 |
| 98～9F | SUBB A,Rn | A−Rn−CY→A | √ | √ | √ | √ | 1 | 1 |
| 95 | SUBB A,direct | A−(direct)−CY→A | √ | √ | √ | √ | 2 | 1 |
| 96,97 | SUBB A,@Ri | A−(Ri)→CY→A | √ | √ | √ | √ | 1 | 1 |
| 94 | SUBB A,#data | A−data−CY→A | √ | √ | √ | √ | 2 | 1 |
| 04 | INC A | A+1→A | √ | × | × | × | 1 | 1 |
| 08～0F | INC Rn | Rn+1→Rn | × | × | × | × | 1 | 1 |
| 05 | INC direct | (direct)+1→(direct) | × | × | × | × | 2 | 1 |
| 06,07 | INC @Ri | (Ri)+1→(Ri) | × | × | × | × | 1 | 1 |
| A3 | INC DPTR | DPTR+1→DPTR | | | | | 1 | 2 |
| 14 | DEC A | A−1→A | √ | × | × | × | 1 | 1 |
| 18～1F | DEC Rn | Rn−1→Rn | × | × | × | × | 1 | 1 |
| 15 | DEC direct | (direct)−1→(direct) | × | × | × | × | 2 | 1 |
| 16,17 | DEC @Ri | (Ri)−1→(Ri) | × | × | × | × | 1 | 1 |
| A4 | NUL AB | A·B→AB | √ | √ | × | 0 | 1 | 4 |
| 84 | DIV AB | A/B→AB | √ | √ | × | 0 | 1 | 4 |
| D4 | DA A | 对A进行十进制调整 | √ | × | √ | √ | 1 | 1 |

**表 A-2 逻辑运算指令**

| 十六进制代码 | 助记符 | 功能 | 对标志位影响 | | | | 字节数 | 周期数 |
|---|---|---|---|---|---|---|---|---|
| | | | P | OV | AC | CY | | |
| 58～5F | ANL A,Rn | A∧Rn→A | √ | × | × | × | 1 | 1 |
| 55 | ANL A,direct | A∧(direct)→A | √ | × | × | × | 2 | 1 |
| 56,57 | ANL A,@Ri | A∧(Ri)→A | √ | × | × | × | 1 | 1 |
| 54 | ANL A,#data | A∧data→A | √ | × | × | × | 2 | 1 |
| 52 | ANL direct,A | (direct)∧A→(direct) | × | × | × | × | 2 | 1 |
| 53 | ANL direct,#data | (direct)∧data→(direct) | × | × | × | × | 3 | 2 |
| 48～4F | ORL A,Rn | A∨Rn→A | √ | × | × | × | 1 | 1 |
| 45 | ORL A,direct | A∨(direct)→A | √ | × | × | × | 2 | 1 |
| 46,47 | ORL A,@Ri | A∨(Ri)→A | √ | × | × | × | 1 | 1 |

续表 A-2

| 十六进制代码 | 助记符 | 功能 | 对标志位影响 P | OV | AC | CY | 字节数 | 周期数 |
|---|---|---|---|---|---|---|---|---|
| 44 | ORL A,#data | A∨data→A | √ | × | × | × | 2 | 1 |
| 42 | ORL direct,A | (direct)∨A→(direct) | × | × | × | × | 2 | 1 |
| 43 | ORL direct,#data | (direct)∨data→(direct) | × | × | × | × | 3 | 2 |
| 68～6F | XRL A,Rn | A⊕Rn→A | √ | × | × | × | 1 | 1 |
| 65 | XRL A,direct | A⊕(direct)→A | √ | × | × | × | 2 | 1 |
| 66,67 | XRL A,@Ri | A⊕(Ri)→A | √ | × | × | × | 1 | 1 |
| 64 | XRL A,#data | A⊕data→A | √ | × | × | × | 2 | 1 |
| 62 | XRL direct,A | (direct)⊕A→(direct) | × | × | × | × | 2 | 1 |
| 63 | XRL direct,#data | (direct)⊕data→(direct) | × | × | × | × | 3 | 2 |
| E4 | CLR A | 0→A | √ | × | × | × | 1 | 1 |
| F4 | CPL A | $\bar{A}$→A | × | × | × | × | 1 | 1 |
| 23 | RL A | A循环左移一位 | × | × | × | × | 1 | 1 |
| 33 | RLC A | A带进位循环左移一位 | √ | × | × | √ | 1 | 1 |
| 03 | RR A | A循环右移一位 | × | × | × | × | 1 | 1 |
| 13 | RRC A | A带进位循环右移一位 | √ | × | × | √ | 1 | 1 |
| C4 | SWAP A | A半字节交换 | × | × | × | × | 1 | 1 |

表 A-3　数据传送指令

| 十六进制代码 | 助记符 | 功能 | 对标志位影响 P | OV | AC | CY | 字节数 | 周期数 |
|---|---|---|---|---|---|---|---|---|
| E8～EF | MOV A,Rn | Rn→A | √ | × | × | × | 1 | 1 |
| E5 | MOV A,direct | (direct)→A | √ | × | × | × | 2 | 1 |
| E6,E7 | MOV A,@Ri | (Ri)→A | √ | × | × | × | 1 | 1 |
| 74 | MOV A,#data | data→A | √ | × | × | × | 2 | 1 |
| F8～FF | MOV Rn,A | A→Rn | × | × | × | × | 1 | 1 |
| A8～AF | MOV Rn,direct | (direct)→Rn | × | × | × | × | 2 | 2 |
| 78～7F | MOV Rn,#data | data→Rn | × | × | × | × | 2 | 1 |
| F5 | MOV direct,A | A→(direct) | × | × | × | × | 2 | 1 |
| 88～8F | MOV direct,Rn | Rn→(direct) | × | × | × | × | 2 | 2 |
| 85 | MOV direct1,direct2 | (direct2)→(direct1) | × | × | × | × | 3 | 2 |
| 86,87 | MOV direct,@Ri | (Ri)→(direct) | × | × | × | × | 2 | 2 |
| 75 | MOV direct,#data | data→(direct) | × | × | × | × | 3 | 2 |
| F6,F7 | MOV @Ri,A | A→(Ri) | × | × | × | × | 1 | 1 |

续表 A-3

| 十六进制代码 | 助记符 | 功能 | 对标志位影响 P | OV | AC | CY | 字节数 | 周期数 |
|---|---|---|---|---|---|---|---|---|
| A6,A7 | MOV @Ri,direct | (direct)→(Ri) | × | × | × | × | 2 | 2 |
| 76,77 | MOV @Ri,#data | data→(Ri) | × | × | × | × | 2 | 1 |
| 90 | MOV DPTR,#data16 | data16→DPTR | × | × | × | × | 3 | 2 |
| 93 | MOVC A,@A+DPTR | (A+DPTR)→A | √ | × | × | × | 1 | 2 |
| 83 | MOVC A,@A+PC | PC+1→PC,(A+PC)→A | √ | × | × | × | 1 | 2 |
| E2,E3 | MOVX A,@Ri | (Ri)→A | √ | × | × | × | 1 | 2 |
| E0 | MOVX A,@DPTR | (DPTR)→A | √ | × | × | × | 1 | 2 |
| F2,F3 | MOVX @Ri,A | A→(Ri) | × | × | × | × | 1 | 2 |
| F0 | MOVX @DPTR,A | A→(DPTR) | × | × | × | × | 1 | 2 |
| C0 | PUSH direct | SP+1→SP,(direct)→(SP) | × | × | × | × | 2 | 2 |
| D0 | POP direct | (SP)→(direct),SP-1→SP | × | × | × | × | 2 | 2 |
| C8～CF | XCH A,Rn | A↔Rn | √ | × | × | × | 1 | 1 |
| C5 | XCH A,direct | A↔(direct) | √ | × | × | × | 2 | 1 |
| C6,C7 | XCH A,@Ri | A↔(Ri) | √ | × | × | × | 1 | 1 |
| D6,D7 | XCHD A,@Ri | A0～A3↔(Ri)0～3 | √ | × | × | × | 1 | 1 |

**表 A-4 位操作指令**

| 十六进制代码 | 助记符 | 功能 | 对标志位影响 P | OV | AC | CY | 字节数 | 周期数 |
|---|---|---|---|---|---|---|---|---|
| C3 | CLR C | 0→CY | × | × | × | √ | 1 | 1 |
| C2 | CLR bit | 0→bit | × | × | × |  | 2 | 1 |
| D3 | SETB C | 1→CY | × | × | × | √ | 1 | 1 |
| D2 | SETB bit | 1→bit | × | × | × |  | 2 | 1 |
| B3 | CPL C | $\overline{CY}$→CY | × | × | × | √ | 1 | 1 |
| B2 | CPL bit | $\overline{bit}$→bit | × | × | × |  | 2 | 1 |
| 82 | ANL C,bit | CY∧bit→CY | × | × | × | √ | 2 | 2 |
| B0 | ANL C,/bit | CY∧$\overline{bit}$→CY | × | × | × | √ | 2 | 2 |
| 72 | ORL C,bit | CY∨bit→CY | × | × | × | √ | 2 | 2 |
| A0 | ORL C,/bit | CY∨$\overline{bit}$→CY | × | × | × | √ | 2 | 2 |
| A2 | MOV C,bit | bit→CY | × | × | × | √ | 2 | 1 |
| 92 | MOV bit,C | CY→bit | × | × | × | × | 2 | 2 |

**表 A-5　控制转移指令**

| 十六进制代码 | 助记符 | 功能 | 对标志位影响 | | | | 字节数 | 周期数 |
|---|---|---|---|---|---|---|---|---|
| | | | P | OV | AC | CY | | |
| *1 | ACALL addr11 | PC+2→PC,SP+1→SP,PCL→(SP),SP+1→SP,PCH→(SP),addr11→$PC_{10\sim 0}$ | × | × | × | × | 2 | 2 |
| 12 | LCALL addr16 | PC+3→PC,SP+1→SP,PCL→(SP),SP+1→SP,PCH→(SP),addr16→PC | × | × | × | × | 3 | 2 |
| 22 | RET | (SP)→PCH,SP-1→SP,(SP)→PCL,SP-1→SP | × | × | × | × | 1 | 2 |
| 32 | RETI | (SP)→PCH,SP-1→SP,(SP)→PCL,SP-1→SP 从中断返回 | × | × | × | × | 1 | 2 |
| *2 | AJMP addr11 | PC+2→PC,addr11→$PC_{10\sim 0}$ | × | × | × | × | 2 | 2 |
| 02 | LJMP addr16 | addr16→PC | × | × | × | × | 3 | 2 |
| 80 | SJMP rel | PC+2→PC,PC+rel→PC | × | × | × | × | 2 | 2 |
| 73 | JMP @A+DPTR | (A+DPTR)→PC | × | × | × | × | 1 | |
| 60 | JZ rel | PC+2→PC,若 A=0,PC+rel→PC | × | × | × | × | 2 | 2 |
| 70 | JNZ rel | PC+2→PC,若 A 不等于 0,则 PC+rel→PC | × | × | × | × | 2 | 2 |
| 40 | JC rel | PC+2→PC,若 CY=1,则 PC+rel→PC | × | × | × | × | 2 | 2 |
| 50 | JNC rel | PC+2→PC,若 CY=0,则 PC+rel→PC | × | × | × | × | 2 | 2 |
| 20 | JB bit,rel | PC+3→PC,若 bit=1,则 PC+rel→PC | × | × | × | × | 3 | 2 |
| 30 | JNB bit,rel | PC+3→PC,若 bit=1,则 PC+rel→PC | × | × | × | × | 3 | 2 |
| 10 | JBC bit,rel | PC+3→PC,若 bit=1,则 0→bit,PC+rel→PC | | | | | 3 | 2 |
| B5 | CJNE A,direct, rel | PC+3→PC,若 A 不等于(direct),则 PC+rel→PC;若 A<(direct),则 1→CY | × | × | × | × | 3 | 2 |
| B4 | CJNE A,#data,rel | PC+3→PC,若 A 不等于 data,则 PC+rel→PC,若 A 小于 data,则 1→CY | × | × | × | √ | 3 | 2 |
| B8~BF | CJNE Rn,#data,rel | PC+3→PC,若 Rn 不等于 data,则 PC+rel→PC;若 Rn 小于 data,则 1→CY | × | × | × | √ | 3 | 2 |
| B6~B7 | CJNE @Ri,#data,rel | PC+3→PC,若 Ri 不等于 data,则 PC+rel→PC;若 Ri 小于 data,则 1→CY | × | × | × | √ | 3 | 2 |
| D8~DF | DJNZ Rn,rel | Rn-1→Rn,PC+2→PC,若 Rn 不等于 0,则 PC+rel→PC | × | × | × | √ | 2 | 2 |
| D5 | DJNZ direct,rel | PC+2→PC,(direct)-1→(direct),若(direct)不等于 0,则 PC+rel→PC | × | × | × | × | 3 | 2 |
| 00 | NOP | 空操作 | × | × | × | × | 1 | 1 |

注:*1 代表 $a_{10}a_9a_8 10001 a_7a_6a_5a_4a_3a_2a_1a_0$,其中 $a_{10}\sim a_0$ 为 $addr_{11}$ 各位;

*2 代表 $a_{10}a_9a_8 00001 a_7a_6a_5a_4a_3a_2a_1a_0$,其中 $a_{10}\sim a_0$ 为 $addr_{11}$ 各位。

# 附录B MCS-51指令矩阵(汇编/反汇编表)

**表 B-1 MCS-51 指令矩阵**

| 高 | 低 | | | | | | | |
|---|---|---|---|---|---|---|---|---|
| | 0 | 1 | 2 | 3 | 4 | 5 | 6,7 | 8～F |
| 0 | NOP | AJMP0 | LJMP addr16 | RR A | INC A | INC dir | INC @Ri | INC Rn |
| 1 | JBC bit, rel | ACALL0 | LCALL addr16 | RRC A | DEC A | DEC dir | DEC @Ri | DEC Rn |
| 2 | JB bit, rel | AJMP1 | RET | RL A | ADD A,#da | ADD A,dir | ADD A,@Ri | ADD A,Rn |
| 3 | JNB bit,rel | ACALL1 | RETI | RLC A | ADDC A,#da | ADDC A,dir | ADDC A,@Ri | ADDC A,Rn |
| 4 | JC rel | AJMP2 | ORL dir,A | ORL dir,#da | ORL A,#da | ORL A,dir | ORL A,@Ri | ORL A,Rn |
| 5 | JNC rel | ACALL2 | ANL dir,A | ANL dir,#da | ANL A,#da | ANL A,dir | ANL A,@Ri | ANL A,Rn |
| 6 | JZ rel | AJMP3 | XRL dir,A | XRL dir,#da | XRL A,#da | XRL A,dir | XRL A,@Ri | XRL A,Rn |
| 7 | JNZ rel | ACALL3 | ORL C,bit | JMP @A+DPTR | MOV A,#da | MOV dir,#da | MOV @Ri,#da | MOV Rn,#da |
| 8 | SJMP rel | AJMP4 | ANL C,bit | MOVC A,@A+PC | DIV AB | MCV dir,dir | MOV dir,@Ri | MOV dir,Rn |
| 9 | MOV DPTR, #da | ACALL4 | MOV bit,C | MOVC A, @A+DPTR | SUBB A,#da | SUBB A,dir | SUBB A,@Ri | SUBB A,Rn |
| A | ORL C,/bit | AJMP5 | MOV C,bit | INC DPTR | MUL AB | | MOV @Ri,dir | MOV Rn,dir |
| B | ANL C,/bit | ACALL5 | CPL bit | CPL C | CJNE A,#da,rel | CJNE A, dir, rel | CJNE @Ri, #da,rel | CJNE Rn, #da,rel |
| C | PUSH dir | AJMP6 | CLR bit | CLR C | SWAP A | XCH A,dir | XCH A,@Ri | XCH A,Rn |
| D | POP dir | ACALL6 | SETB bit | SETB C | DA A | DJNZ dir,rel | XCHD A,@Ri | DJNZ Rn,rel |
| E | MOVX A, @DPTR | AJMP7 | MOVX A,@R0 | MOVX A,@R1 | CLR A | MOV A,dir | MOV A,@Ri | MOV A,Rn |
| F | MOVX @DPTR,A | ACALL7 | MOVX @R0,A | MOVX @R1,A | CPL A | MOV dir,A | MOVX @Ri,A | MOV Rn,A |

说明:表中纵向高、横向低的十六进制数构成的一个字节为指令的操作码,其相交处的框内就是相对应的汇编语言,在横向低半字节的6,7对应于工作寄存器@Ri的@R0和@R1;8～F对应工作寄存器Rn的R0～R7。

# 附录 C　二进制逻辑单元图形符号对照表

表 C-1　二进制逻辑单元图形符号对照表

| 序　号 | 名　称 | 原电子部标准 | 原国际通用符号 | 原国家标准 | 国家标准 | 备　注 |
|---|---|---|---|---|---|---|
| 1 | 与门 | F A B | F A B | & F A B | & | F=A·B |
| 2 | 或门 | + F A B | F A B | ≥1 F A B | ≥1 | F=A+B |
| 3 | 非门 | F A | F A　F A | 1 F A | 1 | $F=\overline{A}$ |
| 4 | 与非门 | F A B | F A B　F A B | & F A B | & | $F=\overline{A\cdot B}$ |
| 5 | 或非门 | F A B | F A B　F A B | ≥1 F A B | ≥1 | $F=\overline{A+B}$ |
| 6 | 与或非门 | + F ABCD | F ABCD | ≥1 & F AB CD | & ≥1 | $F=\overline{A\cdot B+C\cdot D}$ |
| 7 | 异或门 | ⊕ F A B | F A B | =1 F A B | =1 | F=A⊕B |

# 附录 D　8255A 可编程外围并行接口芯片及接口

8255A 是 Intel 公司生产的可编程外围接口芯片。它具有 3 个 8 位的并行 I/O 口，分别称为 PA 口、PB 口和 PC 口，其中 PC 口又分为高 4 位口和低 4 位口。它们都可通过软件编程来改变其 I/O 口的工作方式。8255A 可与 89C51 单片机系统总线直接接口，其引脚配置见图 D-1。

单片机与 8255A 之间的接口是通过对其数据总线、标准的读/写以及片选信号的控制来完成的。对 8255A 设置不同的控制字，可使其选择以下 3 种基本的工作方式：

- 方式 0——基本输入/输出；
- 方式 1——选通输入/输出；
- 方式 2——口 A 为双向总线。

## 1. 8255A 的内部结构和引脚

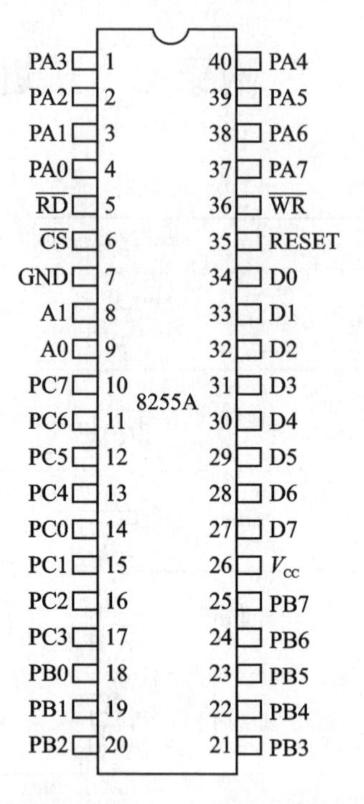

**图 D-1　8255A 引脚配置**

8255A 的方框图如图 D-2 所示。它主要由以下几部分组成：

数据端口 A、B、C，每一个端口都是 8 位的，可以编程选择为输入或输出端口。端口 C 也可以编程分为两个 4 位的端口来用。在具体结构上 3 者略有差别。

A 口输入/输出均有锁存器，而 B 口和 C 口只有输出有锁存器，输入无锁存器，但有输入缓冲器。

数据总线缓冲器是双向三态的 8 位缓冲驱动器，用于和单片机的数据总线(P0 口)连接，以实现单片机和接口之间的数据传送和控制信息的传送。

内部控制电路分为 A 组和 B 组，A 组控制端口 A 和端口 C 的高 4 位；B 组控制端口 B 和端口 C 的低 4 位。控制电路的工作受一个控制寄存器的控制，控制寄存器中存放着决定端口工作方式的信息，即工作方式控制字。

读/写控制逻辑部分控制端口的数据交换，对外共有 6 种控制信号。其中：

- $\overline{CS}$：片选信号，低电平有效。
- A1、A0：端口选择信号。8255A 有 A、B、C 三个数据口，还有一个控制寄存器，一般称为控制端口。故可以用 A1A0 的状态来选择 4 个端口。在和 CPU 连接时，A1A0 总是和 P0 口的 P0.1 和 P0.0 分别相连的，这样，一片 8255A 要占用 4 个外设地址，其中最低位地址应能被 4 整除。
- $\overline{RD}$：读信号，低电平有效。
- $\overline{WR}$：写信号，也是低电平有效。
- RESET：复位信号。高电平有效时，控制寄存器被清除，各端口被置成输入方式。

8255A 的 PA 口、PB 口、PC 口和控制字寄存器的地址由 A1 和 A0 的不同编码确定，89C51/80C31 的低二位地址线 P0.1 和 P0.0 分别与 8255A 的 A1 和 A0 端连接，以确定 4 个端口地址，如图 D-3 所示。

用 P2 口的一根高地址线与 8255A 的 $\overline{CS}$ 端相连，用以选中 8255A 芯片。例如，P2.0 为低电平时，8255A 的 $\overline{CS}$ 有效，选中该 8255A 芯片。设 P2.7～P2.1 全为高电平，则各端口地址确定如下：

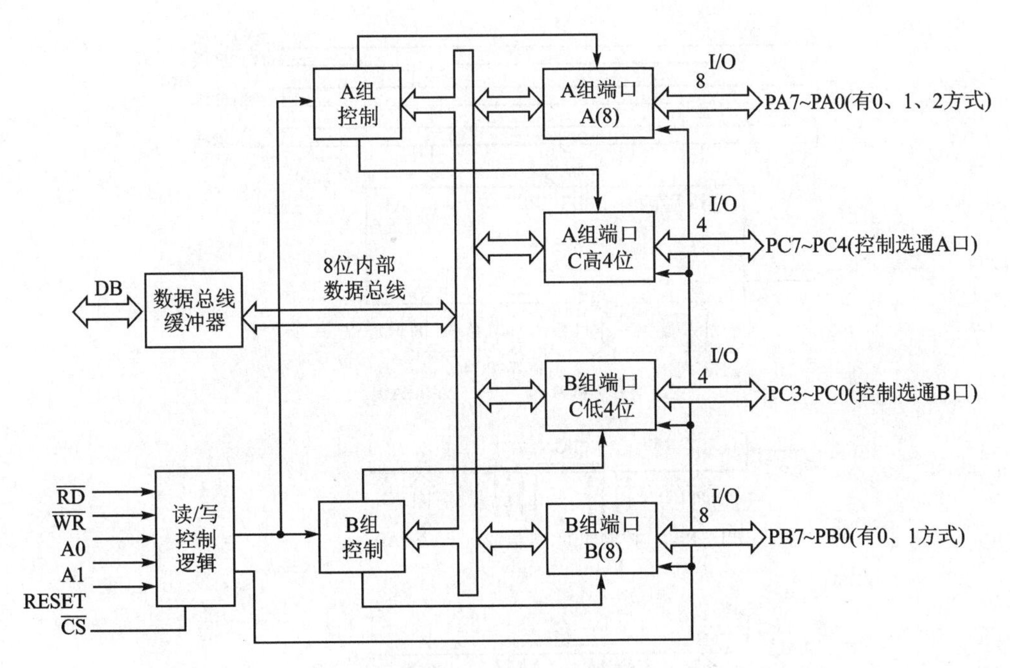


图 D-2 8255A 内部结构

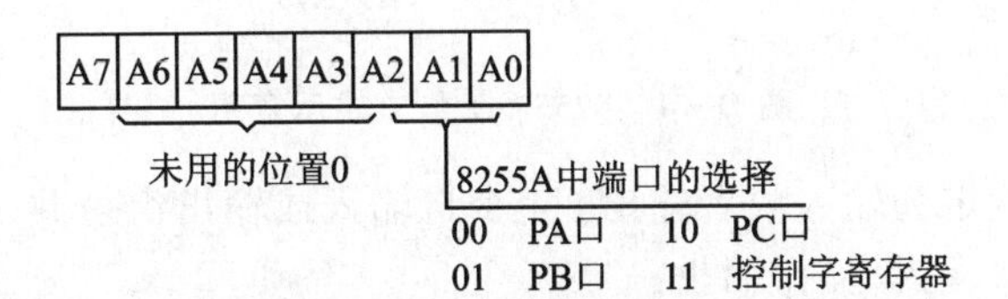


图 D-3 8255A 端口选择

PA 口：FE00H

PB 口：FE01H

PC 口：FE02H

控制字寄存器：FE03H

## 2. 8255A 的工作方式

8255A 有 3 种工作方式：方式 0——基本 I/O；方式 1——选通 I/O；方式 2——双向传送（仅端口 A 有此工作方式）。工作方式由方式控制字来选择，如图 D-4 所示。

对于 8255A 的读/写（I/O）控制是由单片机发来的 A0、A1、$\overline{RD}$、$\overline{WR}$、RESET 和 $\overline{CS}$ 信号，对 8255A 进行硬件管理，并决定 8255A 使用的端口对象、芯片的选择、是否被复位以及 8255A 与 CPU 之间的数据传输方向。具体操作情况如表 D-1 所列。

**(1) 方式 0(基本输入/输出方式)**

基本输入/输出方式是无条件数据传送方式。此方式下两个 8 位口 A、B 和 C 口

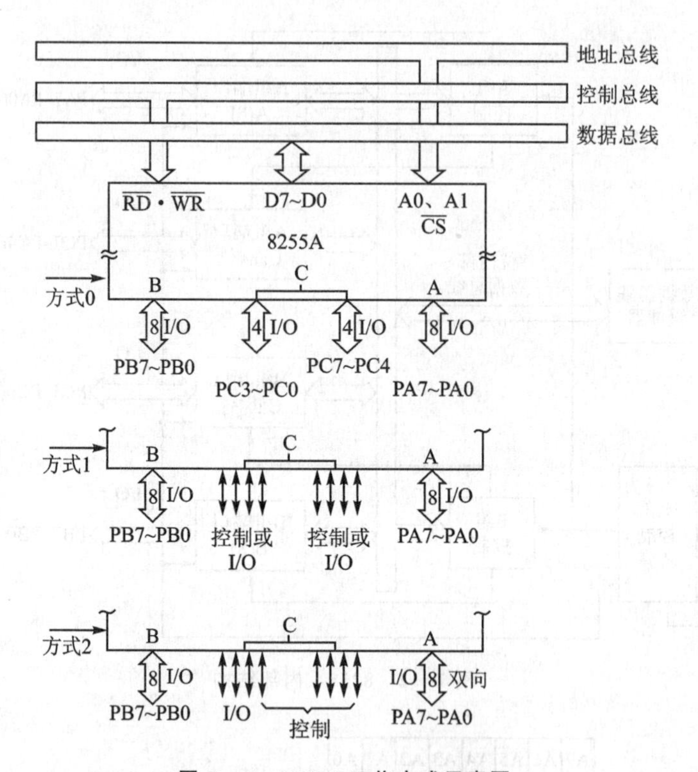


**图 D-4 8255A 工作方式示意图**

的两个4位口可设定为输入或者输出。4个口输入或输出组合共16种状态,各I/O口线不能同时既作输入,又作输出。

**表 D-1 8255A 的端口选择及操作**

| A1 | A0 | $\overline{CS}$ | $\overline{RD}$ | $\overline{WR}$ | 所选端口 | 功 能 | 端口操作 |
|---|---|---|---|---|---|---|---|
| 0 | 0 | 0 | 0 | 1 | A | 读端口<br>(输入) | A口→数据总线 |
| 0 | 1 | 0 | 0 | 1 | B | | B口→数据总线 |
| 1 | 0 | 0 | 0 | 1 | C | | C口→数据总线 |
| 0 | 0 | 0 | 1 | 0 | A | 写端口<br>(输出) | 数据总线→A口 |
| 0 | 1 | 0 | 1 | 0 | B | | 数据总线→B口 |
| 1 | 0 | 0 | 1 | 0 | C | | 数据总线→C口 |
| 1 | 1 | 0 | 1 | 0 | 控制寄存器 | | 数据总线→控制寄存器 |
| × | × | 1 | × | × | | | 数据总线缓冲器为高阻态 |
| 1 | 1 | 0 | 0 | 1 | | | 非法条件 |
| × | × | 0 | 1 | 1 | | | 数据总线缓冲器为高阻态 |

方式0下89C51可对8255进行数据传送,外设的I/O数据可在8255A的各端口锁存和缓冲,也可指定某些位为状态信息,进行查询式数据传送。

**(2) 方式1(选通输入/输出方式)**

方式1有选通输入和选通输出两种工作方式。A口、B口作为两个独立并行的I/O口,可设置为选通输入口或选通输出口,不能同时双向传送。端口C中的部分引脚作为A口和B口的控制联络信号线,实现中断方式传送输入/输出数据。

**(3) 方式2(双向数据传送方式)**

方式2只有A口可选择,是双向的输入/输出口。A口工作在方式2时,其输入或输出都有独立的状态信息,占用C口的5根联络线。因此,当A口工作在方式2时,C口就不能为B口提供足够的联络线,从而B口不能工作在方式2,但可以工作在方式1或方式0。

8255A的端口工作方式和C口联络信号分布如表D-2所列。

① 用于输入的联络信号

- $\overline{STB}$(Strobe):选通脉冲输入,低电平有效。当外设送来$\overline{STB}$信号时,输入数据装入8255A的锁存器。
- IBF(Input Buffer Full):输入缓冲器满,高电平有效,输出信号。IBF=1时,表示数据已装入锁存器,可作为状态信号。
- INTR:中断请求信号,高电平有效。是在IBF为高,$\overline{STB}$为高时变为有效,以向CPU申请中断服务。

输入操作的过程:当外设的数据准备好时,发出$\overline{STB}$=0的信号,输入数据装入8255A,并使IBF=1。CPU可以查询这个状态信号,以决定是否可以输入数据。或者当$\overline{STB}$重新变高时,INTR有效,向CPU发出中断申请。CPU在中断服务程序中读入数据,并使INTR恢复低电位(无效),也使IBF变低,可以用来通知外设再一次输入数据。

**表D-2　8255A的端口工作方式和C口联络信号分布**

| 端口 | | 方式0 | 方式1 | | 方式2 |
|---|---|---|---|---|---|
| | | | 输入 | 输出 | 双向输入/输出 |
| C口 | PC0 | 基本I/O | INTR B | INTR B | I/O |
| | PC1 | | IBF B | $\overline{OBF}$ B | I/O |
| | PC2 | | $\overline{STB}$ B | $\overline{ACK}$ B | I/O |
| | PC3 | | INTR A | INTR A | INTR A |
| | PC4 | 基本I/O | $\overline{STB}$ A | I/O | $\overline{STB}$ A |
| | PC5 | | IBF A | I/O | IBF A |
| | PC6 | | I/O | $\overline{ACK}$ A | $\overline{ACK}$ A |
| | PC7 | | I/O | $\overline{OBF}$ A | $\overline{OBF}$ A |
| A口 | | 基本I/O | 选通I/O | | 双向数据传送 |
| B口 | | 基本I/O | 选通I/O | | |

② 用于输出的联络信号

- $\overline{\text{ACK}}$(Acknowledge)：外设响应信号,低电平有效。当外设取走并且处理完8255A 的数据后发出的响应信号。
- $\overline{\text{OBF}}$(Ouput Buffer Full)：输出缓冲器满信号,低电平有效。当 CPU 把一数据写入 8255A 锁存器后有效,用来通知外设开始接收数据。
- INTR：输出中断请求信号,高电平有效。在外设处理完一组数据(如打印完毕),发出 $\overline{\text{ACK}}$ 脉冲后,使 $\overline{\text{OBF}}$ 变高,然后在 $\overline{\text{ACK}}$ 变高后使 INTR 有效,申请中断,进入下一次输出过程。

CPU 在中断服务中,把数据写入 8255A,写入以后使 $\overline{\text{OBF}}$ 有效,启动外设工作。但注意 $\overline{\text{OBF}}$ 是一个电平信号,有的外设需要一个负脉冲才能开始工作,这时就能直接利用 $\overline{\text{OBF}}$。外设工作开始后,取走并处理 8255A 中的数据,直到处理完毕,发出 $\overline{\text{ACK}}$ 响应脉冲。$\overline{\text{ACK}}$ 信号的下降沿使 $\overline{\text{OBF}}$ 变高,表示输出缓冲器空,表示缓冲器中的数据不再保留,并在 $\overline{\text{ACK}}$ 的上升沿使 INTR 有效,向 CPU 申请中断。因此,要求外设发出的 $\overline{\text{ACK}}$ 信号也是一个负脉冲信号。

如果需要,可以通过软件使 C 口对应于 $\overline{\text{STB}}$ 或 $\overline{\text{ACK}}$ 的相应位置位或复位,来实现 8255A 的开中断或关中断。

### 3. 8255A 的两个控制字

8255A 只有一个控制寄存器可写入两个控制字：一个为方式选择控制字,决定8255A 的端口工作方式;另一个为 C 口按位复位/置位控制字,控制 C 口某一位的状态。这两个控制字共用一个地址,根据每个控制字的最高位 D7 来识别是何种控制字：D7=1 为方式选择控制字;D7=0 为 C 口置位/复位控制字。

#### (1) 方式选择控制字

方式选择控制字控制端口 A 在 3 种工作方式下输入或者输出,端口 B 在 2 种工作方式下输入或者输出,端口 C 低 4 位和高 4 位输入或者输出。在方式 1 或方式 2下对端口 C 的定义不影响作为联络线使用的 C 口各位功能。格式如图 D-5 所示。

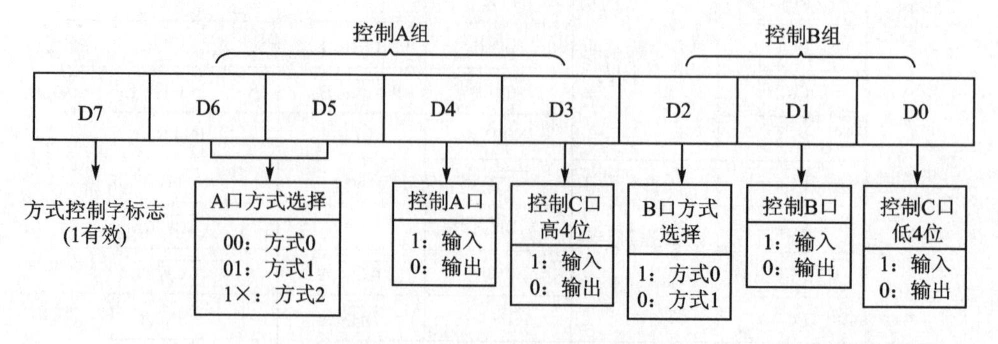


图 D-5 8255A 方式选择控制字

**(2) C 口按位复位/置位控制字**

C 口的各位具有位控制功能，在 8255A 工作于方式 1、2 时，某些位是状态信号和控制信号。为实现控制功能，可以单独地对某一位复位/置位。格式如图 D-6 所示。

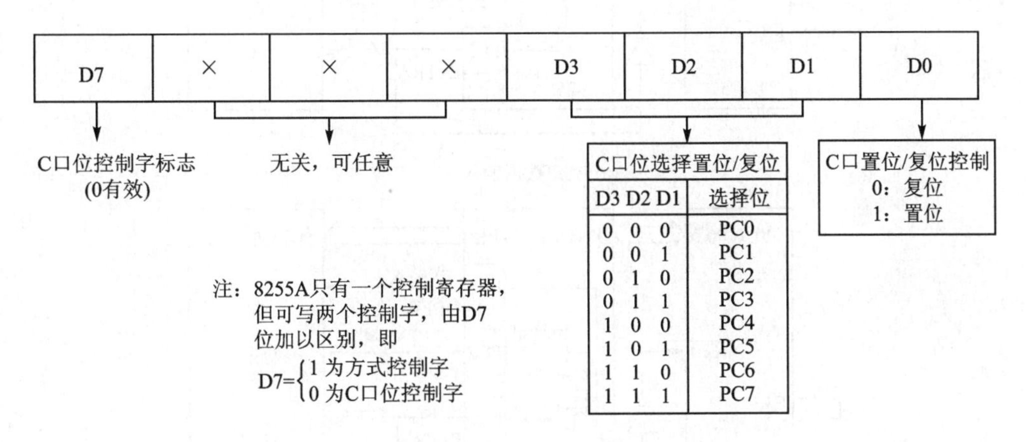


**图 D-6　C 口位控制字**

## 4. 数据输入/输出操作

**(1) 数据输入操作**

外设数据准备好后，向 8255A 发出选通脉冲 $\overline{STB}$，数据送入 8255A 缓冲器，使缓冲器满信号 IBF 变高有效，表明数据已装入缓冲器。若采用查询方式，则 IBF 供查询使用；若采用中断方式，则在 $\overline{STB}$ 的后沿(由低变高)产生 INTR 中断请求。单片机响应中断后，执行中断服务程序，从 8255A 缓冲器中读入数据，然后撤销 INTR 的中断请求，并使 IBF 变低，以此通知外设准备下一个数据。

**(2) 数据输出操作**

外设接收并处理完一组数据后，发回 $\overline{ACK}$ 响应信号，该信号使 $\overline{OBF}$ 变高，表明输出缓冲器已空。若采用查询方式，则 $\overline{OBF}$ 供查询使用；若采用中断方式，则 $\overline{ACK}$ 的后沿(由低变高)使 INTR 有效，向单片机发出中断请求。在中断服务程序中，将下一个数据写入 8255A 输出缓冲器，写入后 OBF 有效，表明输出数据再次装满，并由此信号启动外设工作，取走 8255A 输出缓冲器中的数据。

方式 1 选通输入/输出工作示意图如图 D-7 所示。

## 5. 8255A 与单片机接口

并行接口芯片 8255A 与 89C51 单片机相连接是很简单的，除了需要一个 8 位锁存器来锁存 P0 口送出的地址信息外，几乎不需要任何附加的硬件(采用中断方式时，要用一个反相器使 INTR 信号反相)。其电路如图 D-8 所示。

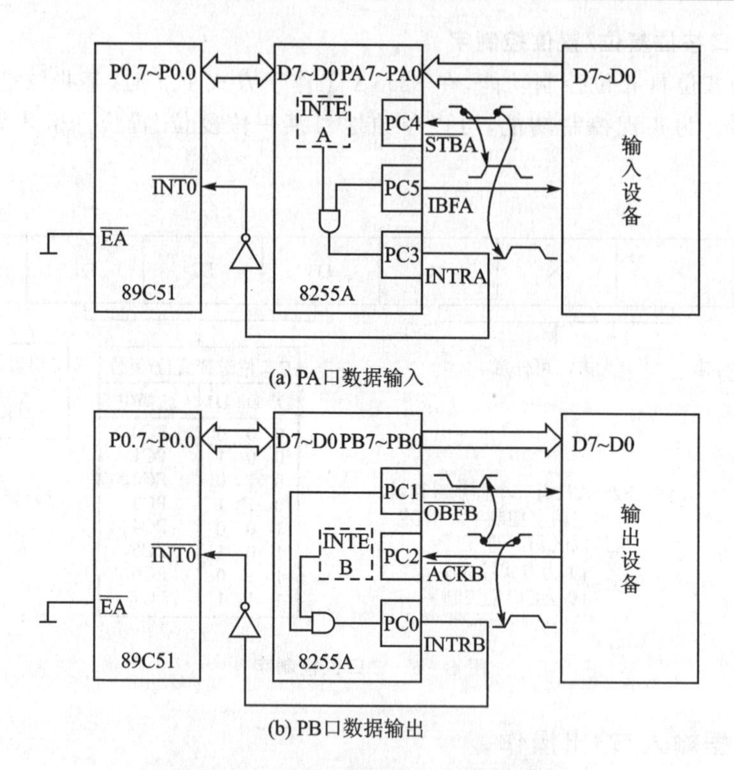


(a) PA口数据输入

(b) PB口数据输出

**图 D-7 方式1选通输入/输出示意图**

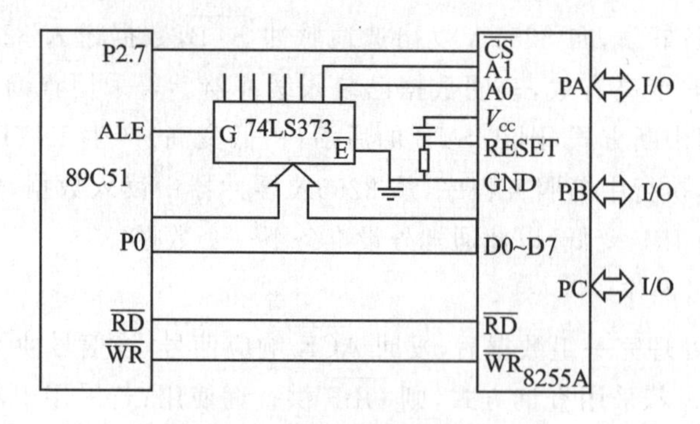


**图 D-8 89C51 8255A 外扩芯片**

图中,8255A 的 RD 和 WR 分别连 89C51 的 $\overline{RD}$ 和 $\overline{WR}$;8255A 的 D0～D7 接 89C51 的 P0 口。采用线选法寻址 8255A,即 89C51 的 P2.7 接 8255A 的 $\overline{CS}$,89C51 的最低两位地址线连 8255A 的端口选择线 A1A0,所以 8255A 的 PA 口、PB 口、PC 口和控制口的地址分别为 7FFCH、7FFDH、7FFEH 和 7FFFH。

假设图中 8255A 的 PA 口接一组开关,PB 口接一组指示灯,如果要将 89C51 寄存器 R2 的内容送指示灯显示,将开关状态读入 89C51 的累加器 A,则 8255A 初始化和输入/输出程序如下:

```
R8255：MOV    DPTR,＃7FFFHD    ;写方式控制字(PA口方式0输入、
       MOV    A,＃98H          ;PB口方式0输出)
       MOVX   @DPTR,A
       MOV    DPTR,＃7FFDH     ;将R2内容从PB口输出
       MOV    A,R2
       MOVX   @DPTR,A
       MOV    DPTR;＃7FFCH     ;将PA口内容读入累加器A
       MOVX   A,@DPTR
       RET
```

# 参考文献


1　李朝青. 单片机原理及接口技术(简明修订版). 北京:北京航空航天大学出版社,1999

2　余永权. ATMEL 89 系列单片机应用技术. 北京:北京航空航天大学出版社,2002

3　余永权. Flash 单片机原理及应用. 北京:电子工业出版社,1997

4　张迎新. 单片机初级教程. 北京:北京航空航天大学出版社,2001

5　张俊谟,张迎新. 单片机教程习题与解答. 北京:北京航空航天大学出版社,2003

6　李广弟. 单片机基础(修订版). 北京:北京航空航天大学出版社,2001

7　李勋. 单片机实用教程. 北京:北京航空航天大学出版社,2000

8　朱定华. 单片机原理及接口技术学习辅导. 北京:电子工业出版社,2001

9　李维祥. 单片机原理与应用. 天津:天津大学出版社,2001

10　李群芳. 单片微型计算机与接口技术. 北京:电子工业出版社,2001

11　钱逸秋. 单片机原理与应用. 北京:电子工业出版社,2002

12　李晓荃. 单片机原理与应用. 北京:电子工业出版社,2000

13　武庆生. 单片机及接口实用教材. 成都:电子科技大学出版社,1995

14　张俊谟,张迎新. 单片机教程习题与解答. 2 版. 北京: 北京航空航天大学出版社,2008

15　高锋. 单片机习题与试题解析. 北京: 北京航空航天大学出版社, 2006